软件开发视频大讲堂

HTML5+CSS3+JavaScript
从入门到精通

明日科技　编著

清华大学出版社
北　京

内 容 简 介

《HTML5+CSS3+JavaScript 从入门到精通》从初学者角度出发，通过通俗易懂的语言、丰富多彩的实例，详细介绍了使用 HTML5、CSS3 和 JavaScript 进行程序开发需要掌握的各方面技术。全书分为 5 篇，共 30 章，内容包括 HTML5 入门，HTML5 文档结构，HTML5 文本，HTML5 表格、列表和超链接，HTML5 表单，HTML5 图像与多媒体，HTML5 绘图，CSS3 概述，CSS3 选择器，字体和文本相关属性，背景和列表相关属性，CSS3 盒模型，网页布局，CSS3 变形与动画，响应式网页设计，JavaScript 语言基础，流程控制，函数，JavaScript 对象，事件处理机制，BOM 编程，DOM 编程，文件与拖放，本地存储，离线应用，线程的使用，通信 API，Vue.js 编程，Bootstrap 应用，51 购商城。书中的大多数知识点都结合具体实例进行介绍，涉及的程序代码给出了详细的注释，这可以帮助读者轻松领会使用 HTML5、CSS3 和 JavaScript 进行程序开发的精髓，快速提高开发技能。

另外，本书除了纸质内容，还配备了 Web 前端在线开发资源库，主要内容如下：

☑ 同步教学微课：共 276 集，时长 31 小时
☑ 技术资源库：439 个技术要点
☑ 实例资源库：393 个应用实例
☑ 项目资源库：13 个实战项目
☑ 源码资源库：406 项源代码
☑ 视频资源库：677 集学习视频
☑ PPT 电子教案

本书可作为软件开发入门者的自学用书，也可作为高等院校相关专业的教学参考用书，还可供开发人员查阅、参考。

图书在版编目（CIP）数据

HTML5+CSS3+JavaScript 从入门到精通 / 明日科技编著. —北京：清华大学出版社，2023.7（2024.7重印）
（软件开发视频大讲堂）
ISBN 978-7-302-63982-4

Ⅰ. ①H… Ⅱ. ①明… Ⅲ. ①超文本标记语言－程序设计 ②网页制作工具 ③JAVA 语言－程序设计 Ⅳ. ①TP312.8 ②TP393.092.2

中国国家版本馆 CIP 数据核字（2023）第 115241 号

责任编辑：贾小红
封面设计：刘　超
版式设计：文森时代
责任校对：马军令
责任印制：杨　艳

出版发行：清华大学出版社
网　　址：https://www.tup.com.cn，https://www.wqxuetang.com
地　　址：北京清华大学学研大厦 A 座　　邮　　编：100084
社 总 机：010-83470000　　邮　　购：010-62786544
投稿与读者服务：010-62776969，c-service@tup.tsinghua.edu.cn
质量反馈：010-62772015，zhiliang@tup.tsinghua.edu.cn
印 装 者：三河市天利华印刷装订有限公司
经　　销：全国新华书店
开　　本：203mm×260mm　　**印　　张：**32　　**字　　数：**873 千字
版　　次：2023 年 8 月第 1 版　　**印　　次：**2024 年 7 月第 3 次印刷
定　　价：99.80 元

产品编号：101079-01

如何使用本书开发资源库

本书赠送价值 999 元的“Web 前端在线开发资源库”一年的免费使用权限，结合图书和开发资源库，读者可快速提升编程水平和解决实际问题的能力。

1．VIP 会员注册

Web 前端
开发资源库

刮开并扫描图书封底的防盗码，按提示绑定手机微信，然后扫描右侧二维码，打开明日科技账号注册页面，填写注册信息后将自动获取一年（自注册之日起）的 Web 前端在线开发资源库的 VIP 使用权限。

读者在注册、使用开发资源库时有任何问题，均可咨询明日科技官网页面上的客服电话。

2．纸质书和开发资源库的配合学习流程

Web 前端开发资源库中提供了技术资源库（439 个技术要点）、实例资源库（393 个应用实例）、项目资源库（13 个实战项目）、源码资源库（406 项源代码）、视频资源库（677 集学习视频），共计五大类、1928 项学习资源。学会、练熟、用好这些资源，读者可在最短的时间内快速提升自己，从一名新手晋升为一名软件开发工程师。

《HTML5+CSS3+JavaScript 从入门到精通》纸质书和“Web 前端在线开发资源库”的配合学习流程如下。

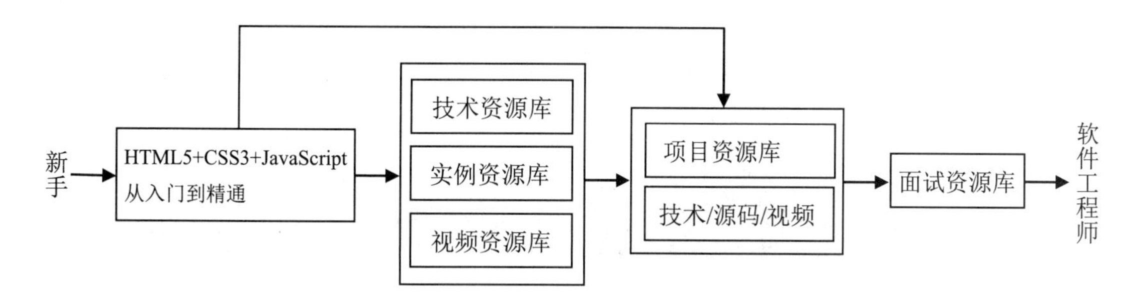

3．开发资源库的使用方法

在学习到本书某一章节时，可利用实例资源库对应内容提供的大量热点实例和关键实例，巩固所学编程技能，提升编程兴趣和信心。需要查阅某个技术点时，可利用技术资源库锁定对应知识点，随时随地深入学习，也可以通过视频资源库，对某个技术点进行系统学习。

学习完本书后，读者可以通过项目资源库中的 13 个经典前端项目，全面提升个人的综合编程技能和解决实际开发问题的能力，为成为 Web 前端开发工程师打下坚实的基础。

另外，利用页面上方的搜索栏，读者还可以对技术、实例、项目、源码、视频等资源进行快速查阅。

万事俱备后，读者该到实际开发的主战场上接受洗礼了。本书资源包提供了 Web 前端各方向的面试真题，这些是软件开发人员求职面试的绝佳指南。读者可扫描图书封底的“文泉云盘”二维码获取。

Web前端面试资源库
- 第1部分 Web前端 企业面试真题汇编
- 第2部分 Vue.js 企业面试真题汇编
- 第3部分 Node.js 企业面试真题汇编

前　言

Preface

丛书说明：“软件开发视频大讲堂”丛书第1版于2008年8月出版，因其编写细腻、易学实用、配备海量学习资源和全程视频等，在软件开发类图书市场上产生了很大反响，绝大部分品种在全国软件开发零售图书排行榜中名列前茅，2009年多个品种被评为“全国优秀畅销书”。

“软件开发视频大讲堂”丛书第2版于2010年8月出版，第3版于2012年8月出版，第4版于2016年10月出版，第5版于2019年3月出版，第6版于2021年7月出版。十五年间反复锤炼，打造经典。丛书迄今累计重印680多次，销售400多万册，不仅深受广大程序员的喜爱，还被百余所高校选为计算机、软件等相关专业的教学参考用书。

“软件开发视频大讲堂”丛书第7版在继承前6版所有优点的基础上，进行了大幅度的修订。第一，根据当前的技术趋势与热点需求调整品种，拓宽了程序员岗位就业技能用书；第二，对图书内容进行了深度更新、优化，如优化了内容布置，弥补了讲解疏漏，将开发环境和工具更新为新版本，增加了对新技术点的剖析，将项目替换为更能体现当今IT开发现状的热门项目等，使其更与时俱进，更适合读者学习；第三，改进了教学微课视频，为读者提供更好的学习体验；第四，升级了开发资源库，提供了程序员“入门学习→技巧掌握→实例训练→项目开发→求职面试”等各阶段的海量学习资源；第五，为了方便教学，制作了全新的教学课件PPT。

浏览网页已经成为人们生活和工作中不可或缺的一部分，网页随着技术的发展越来越丰富，越来越美观，制作精美的网页已变成了一种流行。HTML是网页设计的一种基础语言，自从HTML5、CSS3和JavaScript出现以来，网页设计在外观上更炫、在技术上更简单。因此，HTML5、CSS3和JavaScript设计语言受到很多程序员的青睐，并成为Web开发人员使用的主流编程语言之一。

本书内容

本书提供了HTML5、CSS3和JavaScript开发从入门到编程高手所必需的各类知识，全书共分为5篇，具体内容如下。

第1篇：HTML5基础。本篇详解HTML5入门，HTML5文档结构，HTML5文本，HTML5表格、列表和超链接，HTML5表单，HTML5图像与多媒体，HTML5绘图等内容。通过学习本篇，读者能够快速掌握HTML5的基础知识，然后能够搭建基本的网页框架。

第2篇：CSS3基础。本篇包括CSS3概述、CSS3选择器、字体和文本相关属性、背景和列表相关属性、CSS3盒模型、网页布局、CSS3变形与动画、响应式网页设计等内容。通过学习本篇，读者能够熟练掌握CSS3技术，实现网页样式设计。

第3篇：JavaScript基础。本篇详解JavaScript语言基础、流程控制、函数、JavaScript对象、事件处理机制、BOM编程、DOM编程等内容。通过学习本篇，读者能够快速掌握JavaScript语言，熟练编写网页脚本，实现网页动态效果。

第 4 篇：高级开发。本篇详解文件与拖放、本地存储、离线应用、线程的使用、通信 API、Vue.js 编程、Bootstrap 应用等内容。通过学习本篇，读者不仅可以学习一些前端开发的高级技术，还可以初步接触当今最流行的前端框架，并进一步提升前端开发技能。

第 5 篇：项目实战。本篇使用 HTML5、CSS3 和 JavaScript 技术开发一个具有时代气息的购物类网站——51 购商城。通过学习本篇，读者可以一步一步地体验 Web 前端项目开发的实际过程，加深对本书所讲基础技术的理解，积累开发经验。

本书的知识结构和学习要点如下图所示。

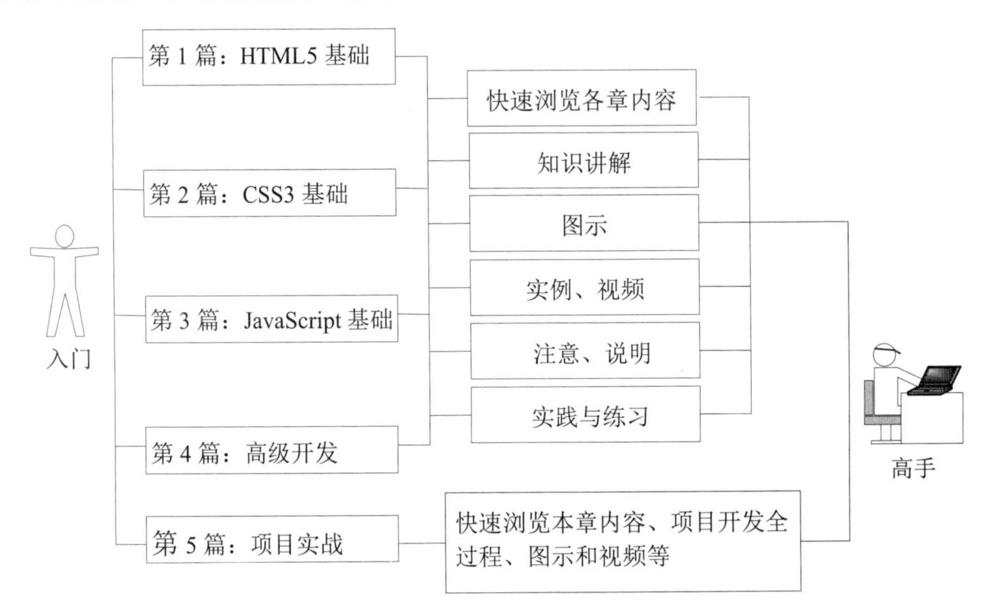

本书特点

- ☑ **由浅入深，循序渐进。**本书以零基础入门读者和初、中级程序员为对象，带领读者先从 HTML5 基础学起，再学习 CSS3 的核心技术，然后学习 JavaScript 的基础和高级应用，最后学习开发一个完整项目。在讲解过程中，步骤详尽，版式新颖。
- ☑ **微课视频，讲解详尽。**为便于读者直观感受程序开发的全过程，书中重要章节配备了教学微课视频（共 276 集，时长 31 小时），使用手机扫描章节标题旁的二维码，即可观看学习。便于初学者快速入门，感受编程的快乐，获得成就感，进一步增强学习的信心。
- ☑ **基础示例+编程训练+综合练习+项目案例，实战为王。**通过例子学习是最好的学习方式，本书核心知识讲解通过“一个知识点、一个示例、一个结果、一段评析、一个综合应用”的模式，详尽透彻地讲述了实际开发中所需的各类知识。全书共计有 205 个应用实例，141 个编程训练，81 个综合练习，1 个项目案例，为初学者打造“学习+训练”的强化实战学习环境。
- ☑ **精彩栏目，贴心提醒。**本书根据学习需要在正文中设计了很多“注意”“说明”等小栏目，使读者在学习的过程中能更轻松地理解相关知识点及概念，更快地掌握相关技术的应用技巧。

读者对象

- ☑ 初学编程的自学者
- ☑ 编程爱好者
- ☑ 大中专院校的老师和学生
- ☑ 相关培训机构的老师和学员
- ☑ 进行毕业设计的学生
- ☑ 初、中级程序开发人员
- ☑ 程序测试及维护人员
- ☑ 参加实习的“菜鸟”程序员

本书学习资源

本书提供了大量的辅助学习资源，读者需刮开图书封底的防盗码，扫描并绑定微信后，获取学习权限。

❑ **同步教学微课**

学习书中知识时，扫描章节名称处的二维码，可在线观看教学视频。

❑ **在线开发资源库**

本书配备了强大的 Web 前端开发资源库，包括技术资源库、实例资源库、项目资源库、源码资源库、视频资源库。扫描右侧二维码，可登录明日科技网站，获取 Web 前端开发资源库一年的免费使用权限。

Web 前端
开发资源库

❑ **学习答疑**

关注清大文森学堂公众号，可获取本书的源代码、PPT 课件、视频等资源，加入本书的学习交流群，参加图书直播答疑。

读者扫描图书封底的“文泉云盘”二维码，或登录清华大学出版社网站（www.tup.com.cn），可在对应图书页面下查阅各类学习资源的获取方式。

清大文森学堂

致读者

本书由明日科技前端程序开发团队组织编写。明日科技是一家专业从事软件开发、教育培训以及软件开发教育资源整合的高科技公司，其编写的教材既注重选取软件开发中的必需、常用内容，又注重内容的易学、方便以及相关知识的拓展，深受读者喜爱。其编写的教材多次荣获“全行业优秀畅销品种”“中国大学出版社优秀畅销书”等奖项，多个品种长期位居同类图书销售排行榜的前列。

在编写本书的过程中，我们始终本着科学、严谨的态度，力求精益求精，但疏漏之处在所难免，敬请广大读者批评指正。

感谢您购买本书，希望本书能成为您编程路上的领航者。

“零门槛”编程，一切皆有可能。祝读书快乐！

编　者

2023 年 8 月

目　录

Contents

第1篇　HTML5基础

第 2 篇　CSS3 基础

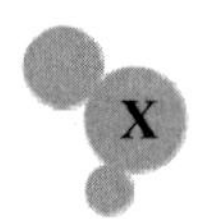

第 3 篇 JavaScript 基础

第4篇　高级开发

第 5 篇 项 目 实 战

第 1 篇

HTML5 基础

本篇详解HTML5入门，HTML5文档结构，HTML5文本，HTML5表格、列表和超链接，HTML5表单，HTML5图像与多媒体，HTML5绘图等内容。通过学习本篇，读者可以快速掌握HTML5的基础知识，然后能够搭建基本的网页框架。

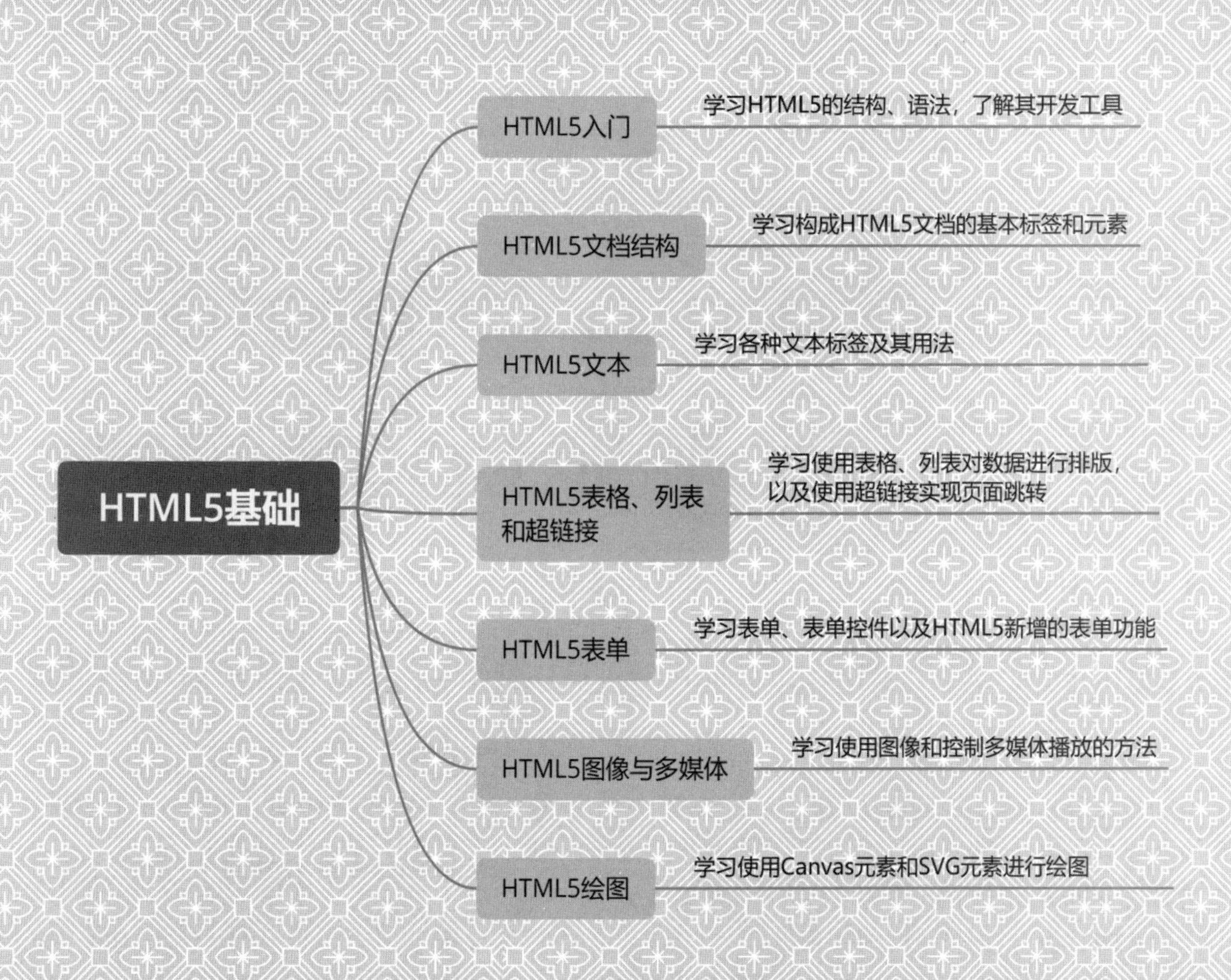

第 1 章

HTML5 入门

浏览网页已经成为人们生活和工作中不可或缺的一部分，网页随着技术的发展越来越丰富，越来越美观，网页上不仅有文字、图片，还有影像、动画效果等。利用 HTML 可以实现网页设计和制作，尤其是可以开发动态网站。那么什么是 HTML？如何编写 HTML 文件？使用什么工具编写呢？带着这些问题我们来学习本章内容。

本章知识架构及重难点如下。

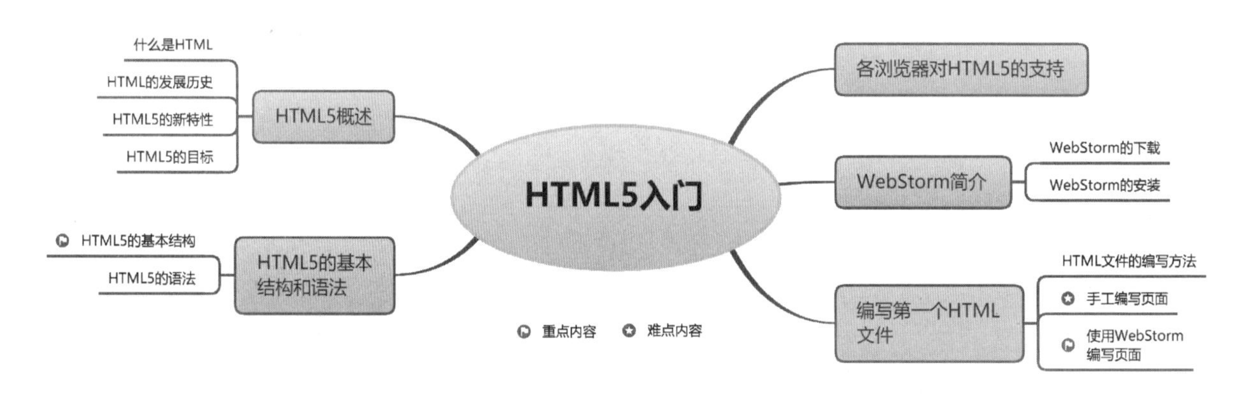

1.1　HTML5 概述

1.1.1　什么是 HTML

HTML 是纯文本类型的语言，它是 Internet 上用于编写网页的主要语言，使用 HTML 编写的网页文件是标准的纯文本文件。

可以使用文本编辑器（如 Windows 系统中的记事本程序）打开 HTML，查看其中的 HTML 源代码，也可以在用浏览器打开网页时，通过选择“查看网页源代码”命令，查看网页中的 HTML 代码。HTML 文件可以直接由浏览器解释执行，而无须编译。当用浏览器打开网页时，浏览器读取网页中的 HTML 代码，分析其语法结构，然后根据解释的结果显示网页内容。

HTML 是一种简易的文件交换标准，它旨在定义文件内的对象和描述文件的逻辑结构，而并不定义文件的显示。HTML 描述的文件由于具有极高的适应性，因此特别适合于 WWW（World Wide Web，万维网）的出版环境。

1.1.2　HTML 的发展历史

HTML 的历史可以追溯到很久以前。1993 年，HTML 首次以因特网草案的形式发布。20 世纪 90 年代的人见证了 HTML 的大幅发展，从 2.0 版到 3.2 版，再到 1999 年的 4.01 版，一直到现在正逐步普及的 HTML5。

在快速发布了 HTML 的前 4 个版本之后，业界普遍认为 HTML 已经“无路可走”了，对 Web 标准的焦点也开始转移到了 XML 和 XHTML，HTML 被放在次要位置。不过在此期间，HTML 体现了顽强的生命力，主要的网站内容还是基于 HTML 的。为能支持新的 Web 应用，同时克服现有的缺点，HTML 迫切需要添加新功能，制定新规范。

为了将 Web 平台提升到一个新的高度，2004 年成立了 WHATWG（Web Hypertext Application Technology Working Group，Web 超文本应用技术工作组），他们创立了 HTML5 规范，同时开始专门针对 Web 应用开发新功能，这被 WHATWG 认为是 HTML 中最薄弱的环节。Web 2.0 这个新词也就是在那个时候被发明的，开创了 Web 的第二个时代，旧的静态网站逐渐让位于需要更多特性的动态网站和社交网站。

2006 年，W3C 又重新介入 HTML，并于 2008 年发布了 HTML5 的工作草案。2009 年，XHTML2 工作组停止工作。因为 HTML5 能解决非常实际的问题，所以在规范还没有具体定下来的情况下，各大浏览器厂家就已经按捺不住了，开始对旗下产品进行升级以支持 HTML5 的新功能。这样，得益于浏览器的实验性反馈，HTML5 规范也得到了不断的完善，HTML5 以这种方式迅速融入对 Web 平台的实质性改进中。

2012 年中期，W3C 推出了一个新的编辑团队，负责创建 HTML 5.0 推荐标准，并为下一个 HTML 版本准备工作草案。2014 年 10 月，W3C 组织宣布历经 8 年努力，HTML5 标准规范终于定稿，HTML5 作为稳定 W3C 推荐标准发布。2015 年 1 月，YouTube 彻底抛弃了 Flash，实现向 HTML5 的全面过渡。随后，各个网站都开始从 Flash 转向 HTML5。

2017 年 12 月 14 日，W3C 的 Web 平台工作组发布 HTML 5.2 正式推荐标准，并将淘汰过时的 HTML 5.1 推荐标准。HTML 5.2 是超文本标记语言第五版（即 HTML5）的第二次更新。在此版本中，添加了可以帮助 Web 应用程序开发者的新特征，同时基于开发者的普遍使用习惯进一步引入了新的元素，重点关注定义清晰的一致性准则，以确保 Web 应用和内容在不同用户代理浏览器中的互操作性。工作组同时还发布了 HTML 5.3 的首个公开工作草案，HTML 5.3 是超文本标记语言第五版的第三次更新。

1.1.3　HTML5 的新特性

HTML5 给人们带来了众多惊喜：

☑　基于 HTML、CSS、DOM 和 JavaScript。

☑　减少了对外部插件的需求（如 Flash）。

☑　更优秀的错误处理。

☑　更多取代脚本的标记。

☑　HTML5 独立于设备。

☑ 用于绘画的 canvas 元素。
☑ 用于媒介回放的 video 和 audio 元素。
☑ 对本地离线存储的更好的支持。
☑ 新元素和表单控件。

这些新特性正在如今的浏览器最新版本中得到越来越普遍的实现，越来越多的开发者开始学习和利用这些新特性。

1. 兼容性

虽然到了 HTML5 时代，但是并不代表用 HTML4 创建出来的网站就必须全部重建。HTML5 并不是颠覆性的革新。实际上 HTML5 的一个核心理念就是保持一切新特性平滑过渡。一旦浏览器不支持 HTML5 的某项功能，针对功能的备选行为就会悄悄进行。另外，互联网上有些 HTML 文档已经存在了 20 多年，因此支持所有现存 HTML 文档是非常重要的。

尽管 HTML5 标准的一些特性非常具有革命性，但是 HTML5 旨在进化而非革命，这一点正是通过兼容性体现出来的。正是因为保障了兼容性才能让人们毫不犹豫地选择 HTML5 开发网站。

2. 实用性和用户优先

HTML5 规范是基于用户优先准则编写的，其宗旨是“用户即上帝”，这意味着在遇到无法解决的冲突时，规范会把用户放到第一位，其次是页面的作者，再次是实现者（或浏览器），接着是规范制定者，最后才考虑理论的纯粹实现。因此，HTML5 的绝大部分是实用的，只是在某些情况下还不够完美。实用性是指能够解决实际问题。HTML5 只封装了切实有用的功能，不封装复杂而没有实际意义的功能。

3. 化繁为简

HTML5 要的就是简单，避免复杂。HTML5 的口号是“简单至上，尽可能简化”。因此，HTML5 做了以下改进：

☑ 以浏览器原生能力替代复杂的 JavaScript 代码。
☑ 新的简化的 DOCTYPE。
☑ 新的简化的字符集声明。
☑ 简单而强大的 HTML5 API。

我们会在后面的章节中详细讲解这些改进。

为了实现所有的这些简化操作，HTML5 规范已经变得非常大，因为它需要比以前更加精确。实际上要比以往任何版本的 HTML 规范都要精确。为了能够真正实现浏览器互通的目标，HTML5 规范明确定义了一系列行为，任何歧义和含糊都可能延缓这一目标的实现。

另外，HTML5 规范比以往的任何版本都要详细，为的是避免造成误解。HTML5 规范的目标是完全、彻底地给出定义，特别是对 Web 应用。

基于多种改进过的、强大的错误处理方案，HTML5 具备了良好的错误处理机制。非常有现实意义的一点是，HTML5 提倡重大错误的平缓恢复，再次把最终用户的利益放在了第一位。例如，如果页面中有错误，在以前可能会影响整个页面的显示，而 HTML5 不会出现这种情况，取而代之的是以标准

方式显示“broken”标记，这要归功于 HTML5 中精确定义的错误恢复机制。

4．无插件范式

过去，很多功能只能通过插件或者复杂的 hack（本地绘图 API、本地 socket 等）来实现，但在 HTML5 中提供了对这些功能的原生支持。插件的方式存在以下问题：

☑　插件安装可能失败。

☑　插件可能被禁用或屏蔽。

☑　插件自身会成为被攻击的对象。

☑　插件不容易与 HTML 文档的其他部分集成（因为插件边界、剪裁和透明度问题）。

虽然一些插件的安装率很高，但是在控制严格的公司内部网络环境中经常会被封锁。此外，由于插件经常还会给用户带来广告，因此一些用户也会选择屏蔽此类插件。一旦用户禁用了插件，就意味着依赖该插件显示的内容也无法表现出来了。

在我们已经设计好的页面中，要想把插件显示的内容与页面上其他元素进行集成也比较困难，因为会引起剪裁和透明度等问题。插件使用的是自带的模式，与普通 Web 页面使用的模式不一样，所以当弹出菜单或者其他可视化元素与插件重叠时，会特别麻烦。这时，就需要 HTML5 应用原生功能来解决，它可以直接用 CSS 和 JavaScript 的方式控制页面布局。实际上这也是 HTML5 的最大亮点，是先前任何 HTML 版本都不具备的强大能力。HTML5 不仅仅是提供新元素、支持新功能，更重要的是添加了对脚本和布局之间的原生交互能力，鉴于此我们可以实现以前不能实现的效果。

以 HTML5 中的 canvas 元素为例，有很多非常底层的事情以前是无法做到的（例如在 HTML4 的页面中就很难画出对角线），而有了 canvas 就可以很容易地实现这些事情。更为重要的是新 API 释放出来的潜能，以及仅需寥寥几行 CSS 代码就能完成布局的能力。基于 HTML5 的各类 API 的优秀设计，我们可以轻松地对它们进行组合应用。HTML5 的不同功能组合应用为 Web 开发注入了一股强大的新生力量。

1.1.4　HTML5 的目标

HTML5 的目标主要是创建更简单的程序，书写出更简洁的代码。例如，为了使 Web 应用程序的开发变得更加容易，HTML5 中提供了很多 API。为了使 HTML 代码变得更简洁，在 HTML5 中开发出了新的属性、新的元素等。总体来说，HTML5 为下一代 Web 平台提供了许多新的功能。

先来了解 HTML5 究竟提供了哪些革命性的新功能。

首先，在 HTML5 之前，很多功能必须使用 JavaScript 等脚本语言才能实现，例如在运行页面时经常使用的让文本框获得光标焦点的功能。如果使用 HTML5，只需使用元素的属性标签就可以实现相同的功能。这样，整个页面就变得非常清楚直观，容易理解。因此，Web 设计者可以放心地使用 HTML5 中新增的属性标签。由于 HTML5 提供了大量的可以替代脚本的属性标签，因此开发的界面语言也变得更加简洁易懂。

不但如此，HTML5 使页面的结构也变得更加清楚。之前使用的 div 标签也不再使用了，而是使用更加语义化的结构标签。这样，书写出来的界面结构就会显得非常清晰，页面中的各个部分要展示什么内容也会让人一目了然。

虽然 HTML5 宣称的立场是“非革命性的发展”，但是它带来的功能是让人渴望的，使用它进行的设计也是很简单的，因此它深受 Web 设计者与开发者的欢迎。

1.2 HTML5 的基本结构和语法

一个 HTML 文件是由一系列的元素和标签组成的。元素是 HTML 文件的重要组成部分，而 HTML5 用标签来规定元素的属性和它在文件中的位置。本节将对 HTML 元素、HTML 标签以及 HTML 文件结构进行详细介绍。

1.2.1 HTML5 的基本结构

1. HTML 标签

HTML 的标签分为单独出现的标签（以下简称为单独标签）和成对出现的标签（以下简称为成对标签）两种。

☑ 单独标签：单独标签的格式为<元素名称>，其作用是在相应的位置插入元素。例如，
标签就是单独出现的标签，意思在该标签所在位置插入一个换行符。

☑ 成对标签：大多数标签都是成对出现的，由首标签和尾标签组成。首标签的格式为<元素名称>，尾标签的格式为</元素名称>。其语法格式如下：

```
<元素名称>要控制的元素</元素名称>
```

成对标签仅对包含在其中的文件部分发生作用。例如，<title>和</title>标签就是成对出现的标签，用于界定标题元素的范围，也就是说，<title>和</title>标签之间的部分是此 HTML5 文件的标题。

在 HTML 标签中不区分大小写。例如，<HTML>、<Html>和<html>，其结果都是一样的。

在每个 HTML 标签中，还可以设置一些属性，用来控制 HTML 标签建立的元素。这些属性将位于首标签中，因此首标签的基本语法如下：

```
<元素名称　属性 1="值 1" 属性 2="值 2"……>
```

而尾标签的建立方式则为：

```
</元素名称>
```

因此，在 HTML 文件中某个元素的完整定义语法如下：

```
<元素名称　属性 1="值 1" 属性 2="值 2"……>元素资料</元素名称>
```

在 HTML 语法中，可省略用于设置各属性的“""”。

2．HTML 元素

当用一对 HTML 标签将一段文字包含在中间时，这段文字与包含文字的 HTML 标签被称为一个元素。

在 HTML 语法中，每个由 HTML 标签与文字形成的元素内，还可以包含另一个元素。因此，整个 HTML 文件就像是一个大元素包含了许多小元素。

在所有的 HTML 文件中，最外层的元素是由<html>标签建立的。在<html>标签建立的元素中，包含了两个主要的子元素，这两个子元素是由<head>标签与<body>标签建立的。<head>标签建立的元素内容为文件标题，而<body>标签建立的元素内容为文件主体。

3．HTML 文件结构

在介绍 HTML 文件结构之前，先来看一个简单的 HTML 文件及其在浏览器上的显示结果。

下面使用文件编辑器（如 Windows 自带的记事本）编写一个 HTML 文件，代码如下：

```
<html>
<head>
<title>文件标题</title>
</head>
<body>
文件正文
</body>
</html>
```

用浏览器打开该文件，运行效果如图 1.1 所示。从上述代码和运行效果图中可以看出 HTML 文件的基本结构，如图 1.2 所示。其中，<head>标签与</head>标签之间的部分是 HTML 文件的文件头部分，用以说明文件的标题和整个文件的一些公共属性。<body>标签与</body>标签之间的部分是 HTML 文件的主体部分，下面介绍的标签，如果不加特别说明，均是嵌套在这一对标签中使用的。

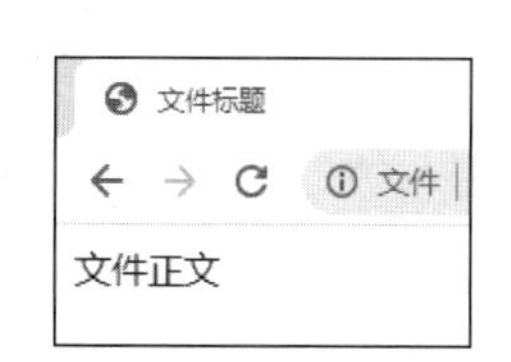

图 1.1　HTML 示例运行效果

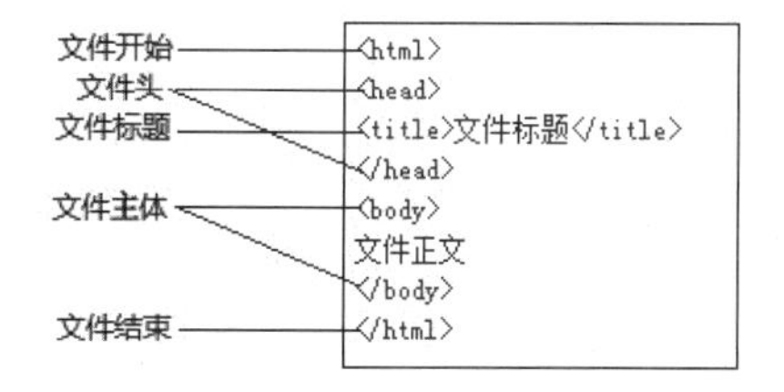

图 1.2　HTML 文件的基本结构

1.2.2　HTML5 的语法

HTML5 中规定的语法，在设计上兼顾了与现有 HTML 之间最大程度的兼容性。例如，在 Web 上充斥着“<p>没有结束标签”等 HTML 现象。HTML5 没有将这些视为错误，反而采取了“允许这些现象存在，并明确记录在规范中”的方法。因此，尽管与 XHTML 相比标签比较简洁，但是在遵循 HTML5

的 Web 浏览器中也能保证生成相同的 DOM。下面就来看看具体的 HTML5 语法。

1. 可以省略标签的元素

在 HTML5 中，有些元素可以省略标签。主要有以下两种情况。

（1）可以省略结束标签的元素。主要有 li、dt、dd、p、rt、rp、optgroup、option、colgroup、thead、tbody、tfoot、tr、td 和 th 元素。

（2）可以省略整个标签的元素（即连开始标签都不用写明）。主要有 html、head、body、colgroup 和 tbody。需要注意的是，这些元素虽然可以省略，但实际上却是隐式存在的。例如，<body>标签可以省略，但它存在于 DOM 树中，并且可以永久访问“document.body”。

2. 不允许写结束标签的元素

不允许写结束标签的元素是指不允许使用开始标签与结束标签将元素括起来的形式，只允许使用<元素/>的形式。例如：“
…</br>”的写法是错误的，应该写成
。当然，沿袭下来的
这种写法也是允许的。不允许写结束标签的元素有 area、base、br、col、command、embed、hr、img、input、keygen、link、meta、param、source、track 和 wbr。

3. 允许省略属性值的属性

取得布尔值（boolean）的属性（如 disabled、readonly 等），并通过省略属性的值来表达“值为 true”。如果要表达“值为 false”，则直接省略属性本身即可。此外，在写明属性值来表达“值为 true”时，可以将属性值设为属性名称本身，也可以将属性值设为空字符串。例如：

```
<!-- 以下的 checked 属性值皆为 true -->
<input type="checkbox" checked>
<input type="checkbox" checked="checked">
<input type="checkbox" checked="">
```

表 1.1 列出了 HTML5 中允许省略属性值的属性。

表 1.1　HTML5 中允许省略属性值的属性

HTML5 属性	XHTML 语法
checked	checked="checked"
readonly	readonly="readonly"
disabled	disablcd="disabled"
selected	selected="selected"
defer	defet="defer"
ismap	ismap="ismap"
nohref	nohref="nohref"
noshade	noshade="noshade"
nowrap	nowrap="nowrap"
multiple	multiple="multiple"
noresize	noresize="noresize"

4．可以省略引号的属性

设置属性值时，可以使用双引号或单引号来引用。在 HTML 语法中，如果属性值不包含空格、“<”、“>”“ ”“"”“`”“=”等字符，则可以省略属性的引用符。例如：

```
<input type="text">
<input type='text'>
<input type=text>
```

在上面这三行代码中，type 的属性值为 text，没有上面提及的几种字符，因此可以省略双引号和单引号。

1.3　各浏览器对 HTML5 的支持

自 2014 年，HTML5 作为稳定的 W3C 推荐标准发布以来，各大浏览器厂商，包括微软、苹果、谷歌、Mozilla、Opera 等不断升级浏览器版本，以适应 HTML5 的新特性。截止到 2022 年，各大主流浏览器对 HTML5 的支持日趋完善。为了清楚地对比各大浏览器厂商产品对 HTML5 的支持情况，在 HTML5TEST 官网中对主流浏览器支持 HTML5 的情况进行测评，如图 1.3 所示。

OVERVIEW

	Chrome	Opera	Firefox	Edge	Safari
Upcoming	68 528		60 497	18 496	11.2 477
Current	66 528	45 518	59 491	17 492	11.1 471
Older	65 528	37 489	58 486	16 476	11 452
	64 528	30 479	57 486	15 473	10.1 406
	63 528	12.10 309	56 478	14 460	10.0 383
	62 528		55 478	13 433	9.1 370
	61 526		54 474	12 377	9.0 360
	60 523		53 474	Internet Explorer	8.0 354
				11 312	

图 1.3　测评浏览器对 HTML5 的支持度

在这个测评中：第一名是谷歌的 Chrome，得分是 528 分；第二名是 Opera，得分是 518 分；第三名是 Firefox，得分是 497 分；第四名是 Edge，得分是 496 分；第五名是苹果的 Safari，得分是 477 分，仍有较大提升空间；第六名是 Internet Explorer（IE），得分是 312 分。目前，微软宣称已经关闭 IE 浏览器，取而代之的是 Edge 浏览器。

1.4　WebStorm 简介

WebStorm 是 JetBrains 公司开发的一款 JavaScript 开发工具，该工具可以提供多种浏览器的支持，

并且支持项目中自定义的函数。WebStorm 的代码补全功能包含了所有流行的库，如 jQuery、YUI、Dojo、Prototype 等，被广大 JavaScript 开发者誉为 Web 前端开发神器、最强大的 HTML5 编辑器、最智能的 JavaScript IDE 等。由于 WebStorm 的版本会不断更新，因此这里以当前的最新版本 WebStorm 2022.2.3（以下简称 WebStorm）为例，介绍 WebStorm 的下载和安装。

1.4.1　WebStorm 的下载

WebStorm 的不同版本可以通过官方网站进行下载。下载 WebStorm 的步骤如下。

（1）在浏览器的地址栏中输入 https://www.jetbrains.com/webstorm，按 Enter 键进入 WebStorm 的主页面，如图 1.4 所示。

（2）单击图 1.4 右上角的 Download 按钮，进入 WebStorm 的下载页面，如图 1.5 所示。

图 1.4　WebStorm 的主页面

图 1.5　WebStorm 的下载页面

（3）单击图 1.5 中的 Download 按钮开始下载 WebStorm，下载完成以后，页面中会弹出对话框，询问是否保留下载的 WebStorm，如图 1.6 所示。单击“保留”按钮即可将 WebStorm 安装包保留至本地计算机上。

图 1.6　弹出是否保留文件对话框

1.4.2　WebStorm 的安装

WebStorm 的安装步骤如下。

（1）下载完成 WebStorm 后，双击 WebStorm-2022.2.3.exe 安装文件，打开 WebStorm 的安装欢迎界面，如图 1.7 所示。

（2）单击图 1.7 中的 Next 按钮，打开 WebStorm 的选择安装路径界面，如图 1.8 所示。在该界面中可以设置 WebStorm 的安装路径，这里将安装路径设置为 D:\WebStorm 2022.2.3。

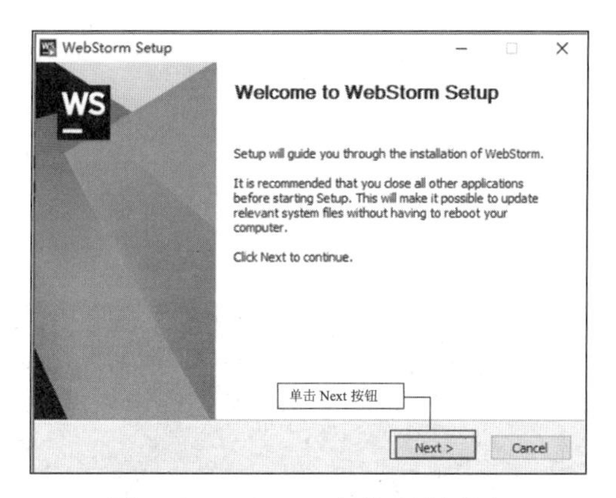

图 1.7　WebStorm 安装欢迎界面

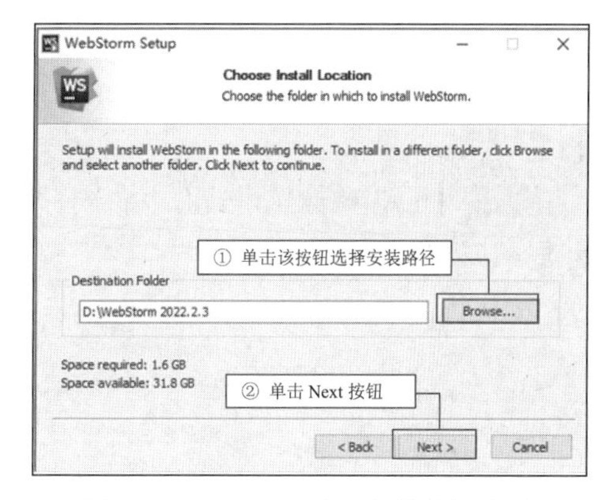

图 1.8　WebStorm 选择安装路径界面

（3）单击图 1.8 中的 Next 按钮，打开 WebStorm 的安装选项界面，如图 1.9 所示。在该界面中可以设置是否创建 WebStorm 的桌面快捷方式，以及选择创建关联文件等。

（4）单击图 1.9 中的 Next 按钮，打开 WebStorm 的选择开始菜单文件夹界面，如图 1.10 所示。

（5）单击图 1.10 中的 Install 按钮开始安装 WebStorm，正在安装界面如图 1.11 所示。

（6）安装结束后会打开如图 1.12 所示的完成安装界面，在该界面中选中 I want to manually reboot later 单选按钮，然后单击 Finish 按钮完成安装。

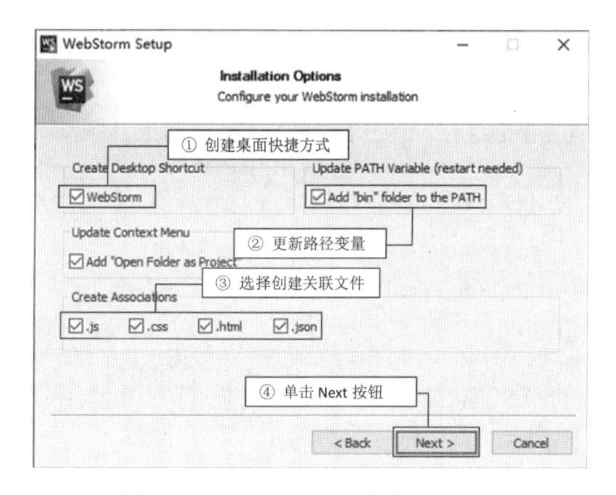

图 1.9　WebStorm 安装选项界面

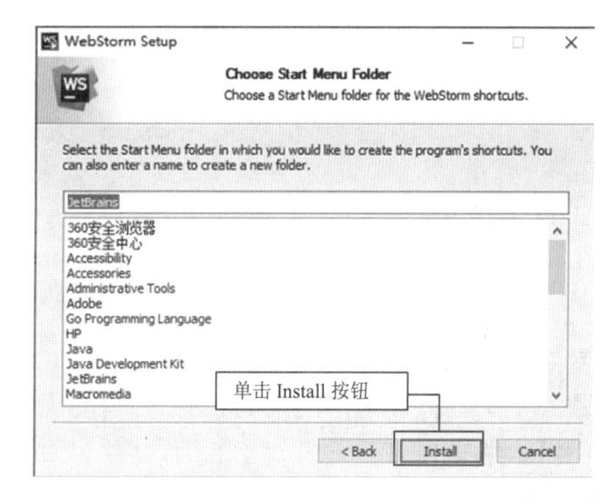

图 1.10　WebStorm 选择开始菜单文件夹界面

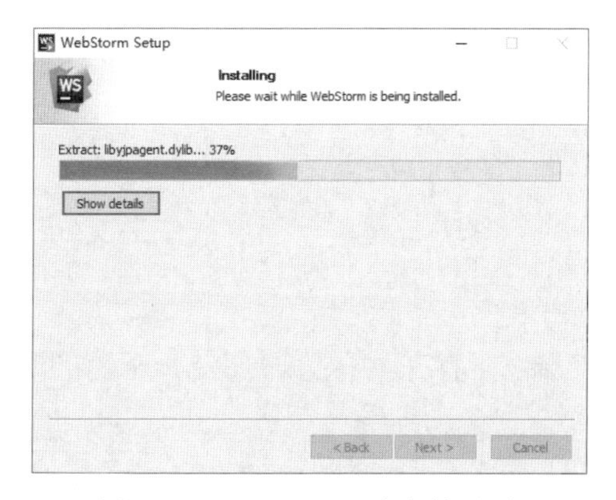

图 1.11　WebStorm 正在安装界面

图 1.12　WebStorm 完成安装界面

（7）单击桌面上的 WebStorm 2022.2.3 快捷方式运行 WebStorm。在首次运行 WebStorm 时会弹出如图 1.13 所示的对话框，提示用户是否需要导入 WebStorm 之前的设置，这里选中 Do not import settings 单选按钮。

（8）单击图 1.13 中的 OK 按钮，将会打开 WebStorm 的欢迎界面，如图 1.14 所示。这时就表示 WebStorm 启动成功。

图 1.13　是否导入 WebStorm 设置提示对话框

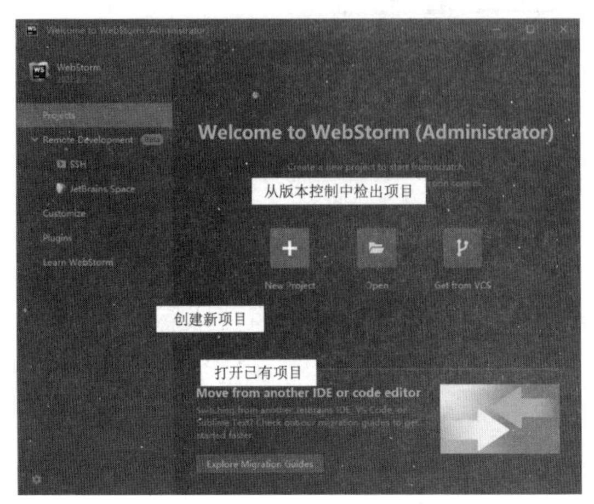

图 1.14　WebStorm 欢迎界面

1.5　编写第一个 HTML 文件

1.5.1　HTML 文件的编写方法

编写 HTML 文件主要有以下 3 种方法。

☑ 手工直接编写：由于 HTML 编写的文件是标准的 ASCII 文本文件，因此我们可以使用任何文本编辑器打开并编写 HTML 文件，如 Windows 系统中自带的记事本。

☑ 使用可视化软件：可以使用 WebStorm、Dreamweaver、Sublime 等软件进行可视化的网页编辑制作。

☑ 由 Web 服务器一方实时动态生成：这需要进行后端的网页编程来实现，如 JSP、ASP，PHP 等，一般情况下都需要数据库的配合。

1.5.2　手工编写页面

下面先使用记事本编写第一个 HTML 文件，操作步骤如下。

（1）选择“开始”→“Windows 附件”→“记事本”命令，打开 Windows 系统自带的记事本，如图 1.15 所示。

（2）在记事本中直接输入 HTML 代码，具体代码如下：

```
<html>
<head>
    <title>简单的 HTML 文件</title>
</head>
<body text="blue">
<h2>欢迎来到 HTML5 的世界</h2>
<hr>
<p>让我们一起体验超炫的 HTML5 旅程吧</p>
</body>
</html>
```

（3）输入代码后，代码的内容将显示在记事本中，如图 1.16 所示。

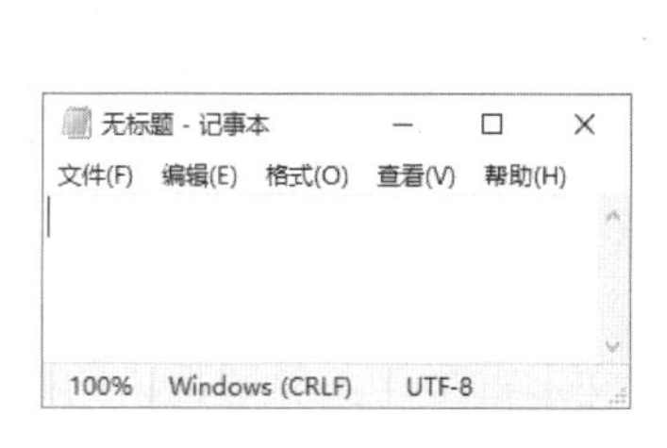

图 1.15　打开记事本

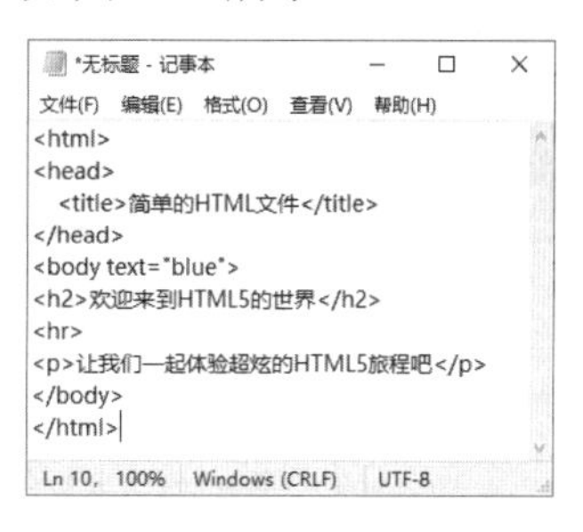

图 1.16　显示了代码的记事本

（4）打开记事本菜单栏中的“文件”→“保存”命令，弹出如图 1.17 所示的“另存为”对话框。

（5）在“另存为”对话框中，首先选择存储的文件夹，然后在“保存类型”下拉列表中选择“所有文件”，在“编码”中选择 UTF-8，并填写文件名，例如将文件命名为 index.html，最后单击“保存”按钮。

（6）关闭记事本，返回存储的文件夹，双击 index.html 文件，可以在浏览器中看到最终的页面效果，如图 1.18 所示。

图 1.17　“另存为”对话框

图 1.18　页面效果

1.5.3　使用 WebStorm 编写页面

下面以实例的形式讲解使用可视化工具 WebStorm 编写页面的过程。

【例 1.1】输出“hello HTML5”。（**实例位置：资源包\TM\sl\1\01**）

编写 HTML 文件，在 WebStorm 工具中输入 HTML 代码，在页面中输出“hello HTML5”。实现步骤如下。

（1）启动 WebStorm，如果还未创建过任何项目，则会弹出如图 1.19 所示的界面。

（2）单击图 1.19 中的 New Project 按钮弹出创建新项目对话框，如图 1.20 所示。在该对话框中选择项目存储路径，并输入项目名称 sl，将项目文件夹存储在计算机的 E 盘中，然后单击 Create 按钮创建项目。

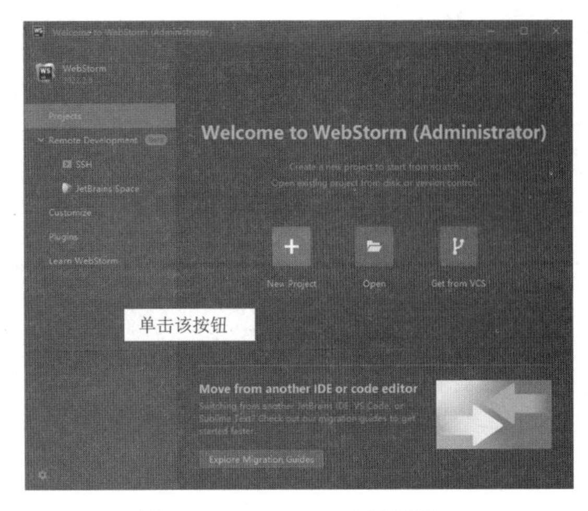

图 1.19　WebStorm 欢迎界面

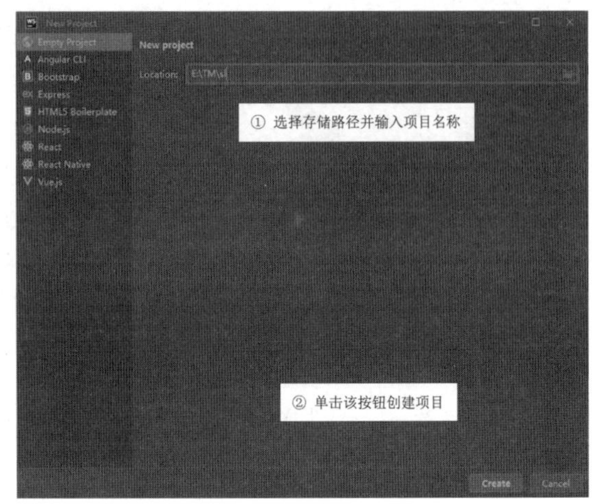

图 1.20　创建新项目对话框

（3）在项目名称 sl 上右击，然后依次选择 New→Directory 命令，如图 1.21 所示。

（4）此时弹出新建目录对话框，如图 1.22 所示，在文本框中输入新建目录的名称 1 作为本章实例文件夹，然后按 Enter 键，完成文件夹的创建。

图 1.21　在项目中创建目录　　图 1.22　输入新建目录名称

（5）按照同样的方法，在文件夹 1 下创建第一个实例文件夹 01。

（6）在第一个实例文件夹 01 上右击，然后依次选择 New→HTML File 命令，如图 1.23 所示。

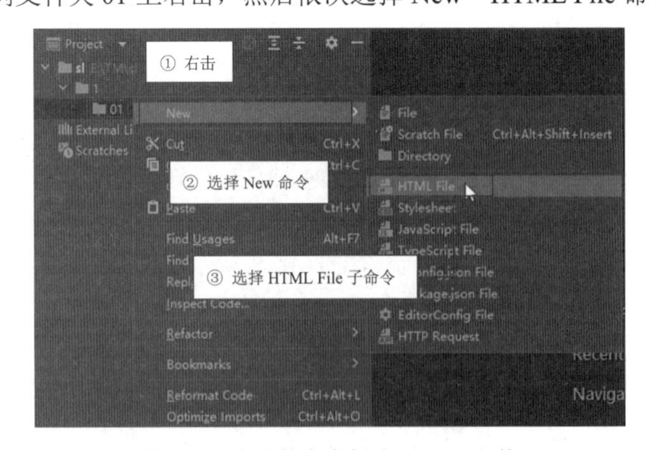

图 1.23　在文件夹中创建 HTML 文件

（7）此时弹出新建 HTML 文件对话框，如图 1.24 所示，在文本框中输入新建文件的名称 index，然后按 Enter 键，完成 index.html 文件的创建。此时，开发工具会自动打开刚刚创建的文件，结果如图 1.25 所示。

图 1.24　新建 HTML 文件对话框

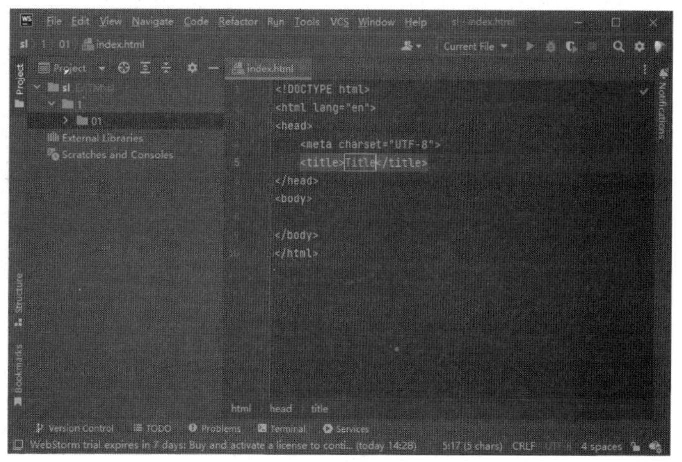

图 1.25　打开新创建的文件

（8）可以通过在<body>标签中输入文字来编辑 HTML5 文件，代码如下：

```
<!DOCTYPE html>
<html lang="en">
<head>
    <meta charset="UTF-8">
    <title>输出文本</title>
</head>
<body>
hello HTML5
</body>
</html>
```

使用谷歌浏览器运行“E:\TM\sl\1\01”目录下的 index.html 文件，在浏览器中将会查看到运行结果，如图 1.26 所示。

图 1.26　运行 HTML5 文件

1.6　实践与练习

（答案位置：资源包\TM\sl\1\实践与练习）

综合练习 1：输出文本　编写 HTML 文件，在 WebStorm 工具中输入 HTML 代码，在页面中输出

“HTML5+CSS3+JavaScript”，效果如图 1.27 所示。

综合练习 2：输出孔子的名言　编写 HTML 文件，在 WebStorm 工具中输入 HTML 代码，在页面中输出孔子的名言“学而不思则罔，思而不学则殆。”运行结果如图 1.28 所示。

图 1.27　输出文本

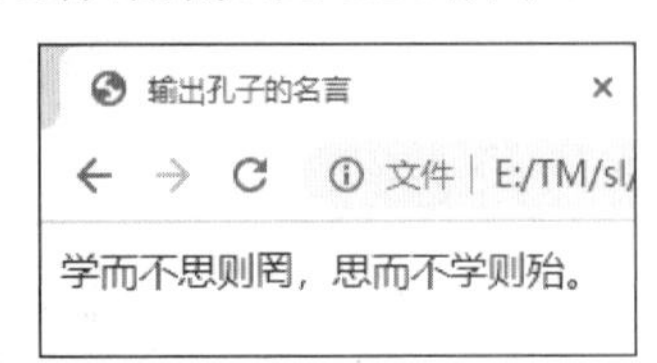

图 1.28　输出孔子的名言

第 2 章

HTML5 文档结构

一个 HTML 文件是由各种各样的元素和标签组成的，这些元素和标签构成了页面的支架。在 HTML5 中增加了一些与文档结构相关联的结构元素。本章将对这些构成 HTML5 文档的基本标签和元素进行详细介绍。

本章知识架构及重难点如下。

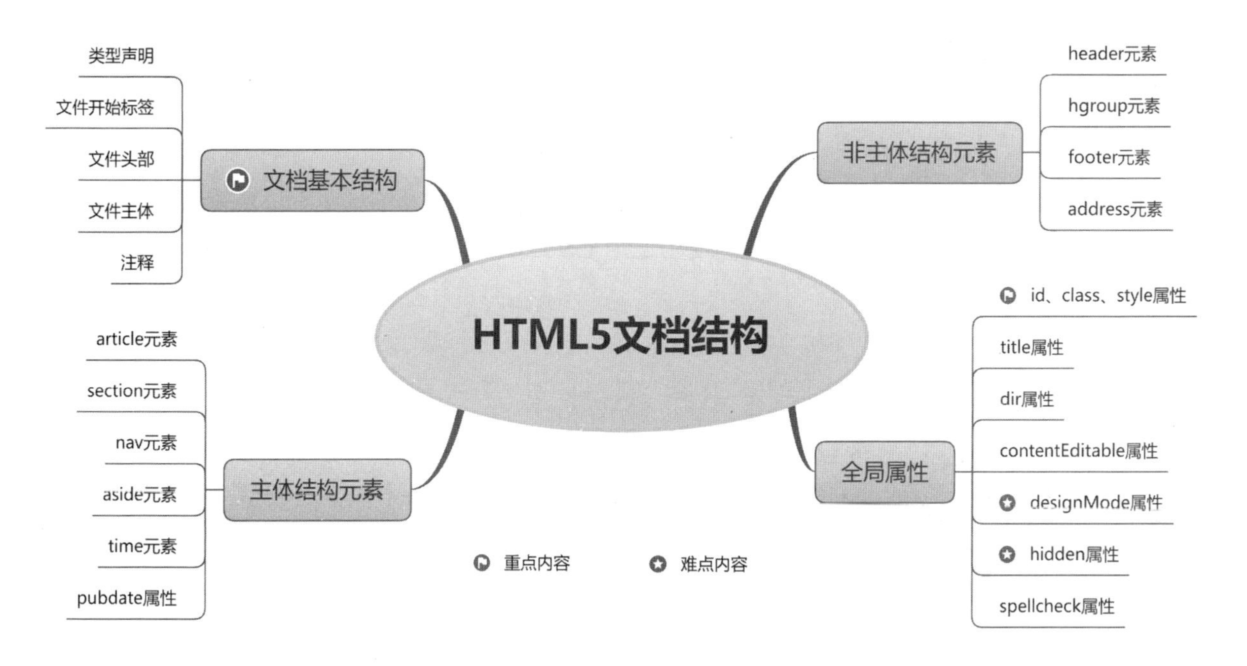

2.1　文档基本结构

一个完整的 HTML5 文档一般包括类型声明、文件开始标签（html）、文件头部（head）、文件主体（body）等部分。下面分别进行介绍。

2.1.1　类型声明

HTML5 文件的扩展名和内容类型（content type）没有发生变化，即扩展名还是“.html”或“.htm”，内容类型还是“.text/html”。要使用 HTML5 标记，必须先进行如下所示的 DOCTYPE 声明（不区分大小写）。

```
<!DOCTYPE html>
```

Web 浏览器通过判断文件开头有没有这个声明，将解析器和渲染类型切换成对应 HTML5 的模式。

另外，当使用工具时，也可以在 DOCTYPE 声明方式中加入 SYSTEM 标识（不区分大小写。此外，还可将双引号改为单引号），声明方法如下面的代码：

```
<!DOCTYPE HTML SYSTEM "about:legacy-compat">
```

2.1.2 文件开始标签

在任何一个 HTML 文件里，最先出现的 HTML 标签就是<html>，它用于表示该文件是以超文本标识语言（HTML）编写的。<html>是成对出现的，首标签<html>和尾标签</html>分别位于文件的最前面和最后面，文件中的所有内容和 HTML 标签都包含在其中。例如：

```
<html>
文件的全部内容
</html>
```

该标签不带任何属性。

事实上，现在常用的 Web 浏览器都可以自动识别 HTML 文件，并不要求有<html>标签，也不对该标签进行任何操作。但是，为了提高文件的适用性，使编写的 HTML 文件能适应不断变化的 Web 浏览器，还是应该养成使用这个标签的习惯。

2.1.3 文件头部

文件头部用来规定该文件的标题（出现在 Web 浏览器窗口的标题栏中）和文件的一些属性。

定义文件头部需要使用<head>标签。在由<head>标签定义的元素中，并不放置网页的任何内容，只放置关于 HTML 文件的信息，也就是说它并不属于 HTML 文件的主体。它包含文件的标题、编码方式及 URL 等信息。这些信息大部分用于提供索引、辨认或其他方面的应用。

HTML 文件如果并不需要提供相关信息，则可以省略<head>标签。

在 HTML 文档的头元素中，一般需要包括标题和元信息。HTML 的头元素以<head>为开始标签，以</head>为结束标签。一般情况下，CSS 和 JavaScript 都在头元素中定义，而在 HTML 头部定义的内容往往不会直接显示在网页上。HTML 的头元素用于包含当前文档的相关信息。

1. 定义文件标题

每个 HTML 文件都需要有一个文件标题。在浏览器中，文件标题作为窗口名称显示在该窗口的最上方。网页的标题要写在<title>标签和</title>标签之间，并且<title>标签应包含在<head>与</head>标签之中。

语法如下：

```
<title>…</title>
```

标签内部就是标题的内容。示例代码如下：

```
<!DOCTYPE html>
<html>
<head>
<meta charset="utf-8">
<title>HTML5 文件的标题</title>
</head>
<body>
</body>
</html>
```

上面的代码中的粗体显示的就是页面的标题。保存页面后，在浏览器中打开它，可以看到浏览器的标题栏中显示了刚才设置的标题“HTML5 文件的标题”，结果如图 2.1 所示。

图 2.1　HTML 页面的标题

2. 定义元信息

定义网页元信息需要使用<meta>标签，该标签提供的信息不会显示在页面中。<meta>标签一般用来定义网页编码格式、页面关键字、作者信息等。在 HTML 中，<meta>标签不需要设置结束标签，一对尖括号中的所有内容就是一个 meta 的信息，而在一个 HTML 头页面中可以有多个<meta>标签。

☑ 设置网页编码格式：在 HTML5 中，设置网页编码格式更加简单，直接在<meta>标签中通过 charset 属性设置编码格式即可，其语法如下：

```
<meta charset="utf-8">
```

说明

从 HTML5 开始，文件的字符编码推荐使用 UTF-8。

☑ 设置页面关键字：设置页面关键字是为了向搜索引擎说明这一网页的关键词，从而帮助搜索引擎对该网页进行查找和分类。这可以提高被搜索到的概率，一般可设置多个关键字，关键字之间用逗号隔开。但是，由于很多搜索引擎在检索时会限制关键字数量，因此在设置关键字时不要过多，应“一击即中”。语法如下：

```
<meta name="keyname" content="具体的关键字">
```

在该语法中，name 为属性名，设置为 keyname，也就是设置网页的关键字属性，而在 content 中则定义了具体的关键字的内容。

☑ 设置作者信息：在页面的源代码中，可以显示页面制作者的姓名及个人信息。这可以在源代码中保留作者希望保留的信息。语法如下：

```
<meta name="author" content="作者的姓名">
```

在该语法中，name 为属性名，设置为 author，也就是设置作者信息，在 content 中定义具体的信息。

2.1.4　文件主体

文件主体部分就是在 Web 浏览器窗口的用户区内看到的内容。定义文件的主体需要使用<body>标签。在该标签中包含文档的所有内容，如文本、超链接、图像、表格和列表等。示例代码如下：

```
<!DOCTYPE html>
<html>
<head>
        <meta charset="utf-8">
<title>文档标题</title>
</head>
<body>
文档内容
</body>
</html>
```

运行结果如图 2.2 所示。

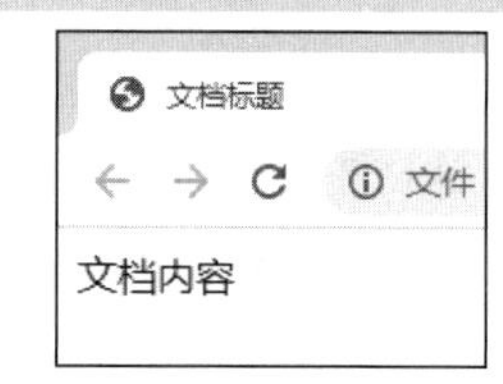

图 2.2　定义文件主体

1. 使用<div>标签

<div>标签用来为 HTML 文档的内容提供结构和背景的元素。<div>开始标签和</div>结束标签之间的所有内容都是用来构成这个块的，其中包含标签的特性由<div>标签中的属性来控制，或者是通过使用样式表格式化这个块来进行控制的。

div 全称 division，意为“分隔”。<div>标签被称为分隔标签，表示一块可以显示 HTML 的区域，用于设置文字、图片、表格等的摆放位置。另外，<div>标签是块级标签，需要使用结束标签</div>来构成块。

说明

块级标签又名块级元素（block element），与其对应的是内联元素（inline element），也叫行内标签，它们都是 HTML 规范中的概念。

语法格式如下：

```
<div>
…
</div>
```

例如，使用<div>标签输出一首古诗。将古诗标题和诗句内容分别定义在<div>标签中。具体代码如下：

```
<!DOCTYPE html>
<html>
<head>
      <meta charset="UTF-8">
      <title>输出古诗</title>
</head>
<body>
        <div>---春晓---</div>
<div>春眠不觉晓，</div>
<div>处处闻啼鸟。</div>
<div>夜来风雨声，</div>
<div>花落知多少。</div>
</body>
</html>
```

运行效果如图 2.3 所示。

2. 使用<span>标签

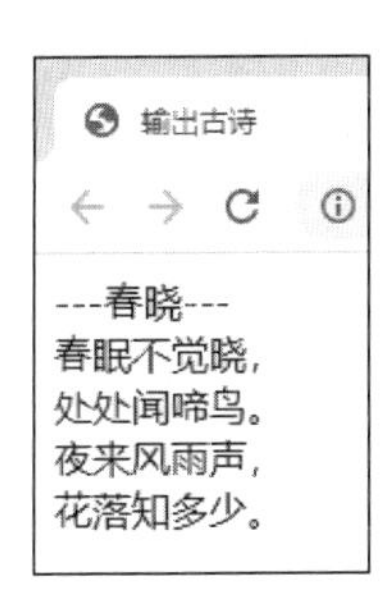

图 2.3　输出古诗

HTML 只是赋予内容的手段，大部分 HTML 标签都有其意义，然而<span>和<div>标签似乎没有任何内容上的意义，但当与 CSS 结合使用时，它们的应用范围非常广泛。

<span>标签与<div>标签非常类似。<span>是 HTML 中组合用的标签，可以作为插入 CSS 这类风格的容器，或插入 class、id 等语法内容的容器。语法格式如下：

```
<span>
...
</span>
```

例如，使用<span>标签实现一个“我爱你”各国语言版本的便签，将需要着重显示的内容放入<span>标签中进行样式控制。具体代码如下：

```
<!DOCTYPE html>
<html>
<head>
    <meta charset="UTF-8">
    <title><span>标签应用</title>
</head>
<body>
<span style="color:red">"我爱你"</span>这句话，不同的语言是怎么说的呢？
英语中是<span style="color:red">"I love you"</span>,
韩语中是<span style="color:red">"撒浪嘿"</span>。
</body>
</html>
```

运行效果如图 2.4 所示。

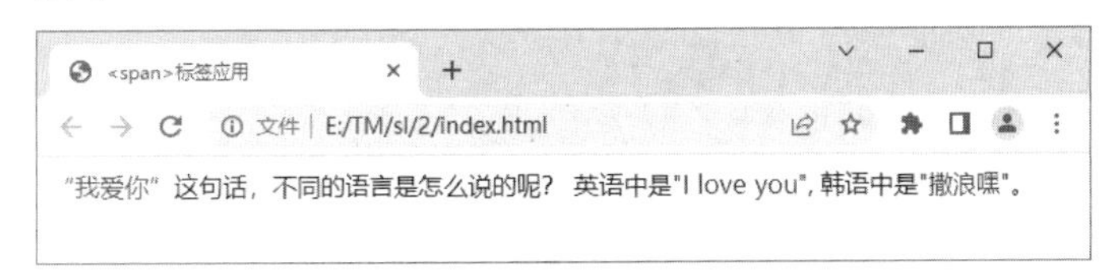

图 2.4　输出“我爱你”各国语言版本

说明

为了突出显示<span>标签的效果，本示例使用了 CSS 样式。关于 CSS 样式的讲解，读者可参考本书后面的章节内容。

2.1.5　注释

除了基本元素，网页还包含一种不显示在页面中的元素，那就是代码的注释文字。适当的注释可以帮助用户更好地了解网页中各个模块的划分，也有助于以后对代码的检查和修改。给代码加注释是一种很好的编程习惯。语法格式如下：

```
<!--注释的文字-->
```

注释文字的标记很简单，只需要在语法中“注释的文字”的位置上添加需要的内容即可。

2.2 主体结构元素

为了使文档的结构更加清晰明确，HTML5 追加了几个与页眉、页脚、内容区块等文档结构相关联的结构元素。接下来将详细地讲解 HTML5 在页面的主体结构方面新增加的结构元素。

2.2.1 article 元素

article 元素表示文档、页面、应用程序或站点中的自包含成分构成的一个页面的一部分，并且这部分专用于独立地分类或复用，如聚合。一个博客帖子、一个教程、一个新的故事、视频及其脚本，都很好地符合这一定义。

除了内容部分，一个 article 元素通常有它自己的标题（通常放在一个 header 元素里面），有时还有自己的脚注。

【例 2.1】使用 article 元素实现博客。（**实例位置：资源包\TM\sl\2\01**）

使用 article 元素实现一篇简单的博客文章。代码如下：

```
<article>
    <header>
        <h1>编程词典简介</h1>
        <p>发表日期: <time pubdate="pubdate">2023/03/26</time></p>
    </header>
    <p><b>编程词典</b> ，是明日科技公司数百位程序员...（“编程词典”文章正文）</p>
    <footer>
        <p><small>著作权归***公司所有。</small></p>
    </footer>
</article>
```

运行这段代码，效果如图 2.5 所示。

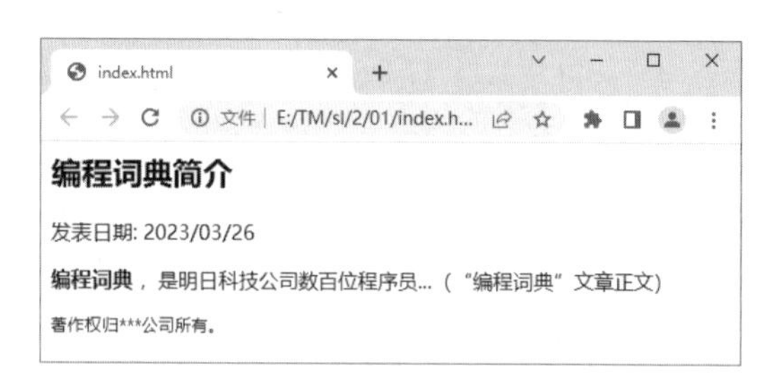

图 2.5 article 元素的实例运行效果

这个示例是一篇讲述编程词典的博客文章，在 header 元素中嵌入了文章的标题部分，在这部分中，文章的标题“编程词典简介”被嵌在 h1 元素中，文章的发表日期被嵌在 p 元素中。在标题下部的 p 元素中，嵌入了一大段该博客文章的正文，在结尾处的 footer 元素中，嵌入了文章的著作权，作为脚注。整个实例的内容相对比较独立、完整，因此对这部分内容使用了 article 元素。

另外，article 元素是可以嵌套使用的，内层的内容在原则上需要与外层的内容相关联。例如，博客文章的评论就可以使用嵌套 article 元素的方式；用来呈现评论的 article 元素被包含在表示整体内容的 article 元素里面。

【例 2.2】实现博客文章评论。(**实例位置：资源包\TM\sl\2\02**)

使用 article 元素的嵌套实现博客文章的评论。代码如下：

```
<article>
    <header>
        <h1>编程词典简介</h1>
        <p>发表日期:
            <time pubdate datetime="2023/03/26">2023/03/26</time>
        </p>
    </header>
    <p><b>编程词典</b> ，是明日科技公司研发...（“编程词典”文章正文）</p>
    <section>
        <h2>评论</h2>
        <article>
            <header>
                <h3>发表者：张三</h3>
                <p><time pubdate datetime="2023-03-27T19:10-08:00">1 小时前</time></p>
            </header>
            <p>编程词典，里面的内容很全面。</p>
        </article>
        <article>
            <header>
                <h3>发表者：李四</h3>
                <p><time pubdate datetime="2023-03-27T19:15-08:00">1 小时前</time></p>
            </header>
            <p>编程词典个人版和珍藏版有什么区别呢？</p>
              </article>
    </section>
</article>
```

运行这段代码，效果如图 2.6 所示。

这个实例为博客文章添加了评论内容，实例的整体内容还是比较独立、完整的，因此对其使用 article 元素。具体来说，实例内容又分为几部分，文章标题放在了 header 元素中，文章正文放在了 header 元素后面的 p 元素中，然后 section 元素把正文与评论进行了区分，在 section 元素中嵌入了评论的内容，每一个人在评论中的评论都是相对比较独立、完整的，因此对它们都使用一个 article 元素，在评论的 article 元素中，又可以分为标题与评论内容部分，分别放在 header 元素与 p 元素中。

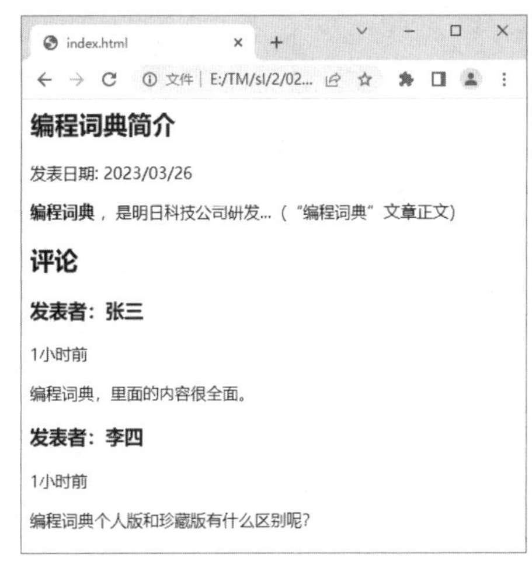

图 2.6　article 元素嵌套博客评论

另外，article 元素也可以用来表示插件，它的作用是使插件看起来好像内嵌在页面中一样。

【例 2.3】视频播放。(**实例位置：资源包\TM\sl\2\03**)

通过 article 元素表示插件，实现视频的播放功能。代码如下：

```
<article>
    <h1>明日科技教学视频</h1>
    <video src="videos/1.mp4" width="400" height="295" controls="controls">
      您的浏览器不支持 video 元素！
      </video>
</article>
```

运行这段代码，效果如图 2.7 所示。

图 2.7 应用 article 元素表示插件的运行效果

2.2.2 section 元素

section 元素代表文档或应用程序中一般性的“段”或者“节”。“段”在这里的上下文中，指的是对内容按照主题进行分组，通常还附带标题。例如，书本的章节，带标签页的对话框的每个标签页，或者一篇论文的编节号。网站的主页也可以分为不同的节，如介绍、新闻列表和联系信息。一个 section 元素通常由内容及其标题组成。但 section 元素并非一个普通的容器元素；当一个容器需要被直接定义样式或通过脚本定义行为时，推荐使用 div 元素而非 section 元素。

section 元素的作用是对页面上的内容进行分块，或者说对文章进行分段，但是不要与 article 元素混淆，因为 article 元素有自己的完整、独立的内容。

下面我们来看 article 元素与 section 元素结合使用的两个实例，以便更好地理解 article 元素与 section 元素的区别。

首先来看一个带有 section 元素的 article 元素实例，实例代码如下：

```
<article>
    <h1>葡萄</h1>
    <p><b>葡萄</b> ，植物类水果，...</p>
    <section>
        <h2>巨峰</h2>
        <p>欧美杂交，为四倍体葡萄品种...</p>
    </section>
    <section>
        <h2>赤霞珠</h2>
        <p>本身带有黑加仑、黑莓子等香味...</p>
    </section>
</article>
```

运行这段代码，效果如图 2.8 所示。

上面的代码中，内容首先是独立、完整的，因此使用 article 元素。该内容是一篇关于葡萄的文章，该文章分为 3 段，每一段都有一个独立的标题，因此使用了两个 section 元素。这里需要注意的是，对文章分段的工作也是使用 section 元素完成的。

接着，我们再来看一个包含 article 元素的 section 元素实例，实例代码如下：

```
  <section>
    <h1>水果</h1>
    <article>
        <h2>苹果</h2>
        <p>苹果，植物类水果，多次花果...</p>
    </article>
    <article>
        <h2>橘子</h2>
        <p>橘子，是芸香科柑橘属的一种水果...</p>
    </article>
```

```
    <article>
        <h2>香蕉</h2>
        <p>香蕉,属于芭蕉科芭蕉属植物，又指其果实...</p>
    </article>
</section>
```

运行这段代码，效果如图 2.9 所示。

图 2.8　带有 section 元素的 article 元素实例　　图 2.9　包含 article 元素的 section 元素实例

这个实例比前面的实例复杂了一些，首先，它是一篇文章中的一段内容，因此最初没有使用 article 元素。但是，在这一段中有几块独立的内容，因此嵌入了几个独立的 article 元素。

通过上面的两个实例，可能大家还会感到疑惑，这两个元素可以互换使用吗？它们的区别到底是什么呢？事实上，在 HTML5 中，article 元素可以被看作一种特殊种类的 section 元素，它比 section 元素更强调独立性，即 section 元素强调分段或分块，而 article 元素强调独立性。总结来说，如果一段内容相对比较独立、完整，则应该使用 article 元素。但是，你如果想将一段内容分成几段，则应该使用 section 元素。另外，需要注意的是，在 HTML5 中，div 元素变成了一种容器，当使用 CSS 样式的时候，可以对这个容器进行一个总替 CSS 样式的套用。最后对 section 元素的注意事项进行总结：

☑　不要将 section 元素用作设置样式的页面容器，那是 div 元素的工作。

☑　当 article 元素、aside 元素或 nav 元素更符合页面要求时，尽量不要使用 section 元素。

☑　不要为没有标题的内容区块使用 section 元素。

2.2.3　nav 元素

nav 元素用来构建导航。导航被定义为一个页面中的链接（例如，一篇文章顶端的一个目录，它可以链接到同一页面的锚点）或一个站点内的链接。但是，并不是链接的每一个集合都是一个 nav 元素，只需要将主要的、基本的链接组放入 nav 元素中。例如，在页脚中通常会有一组链接，包括服务条款、版权声明、联系方式等，这些链接可以放入 nav 元素中。一个页面中可以拥有多个 nav 元素，作为页面整体或不同部分的导航。

nav 元素的内容可能是链接的一个列表，标记为一个无序的列表或者一个有序的列表，这里需要注意的是，nav 元素是一个包装器，不会替代<ol>或<ul>元素，但是会包围它。通过这种方式，不理解该元素的遗留的浏览器将会看到列表元素和列表项，并且它们行为正常。

【例 2.4】使用 nav 元素实现导航。（**实例位置：资源包\TM\sl\2\04**）

下面是一个 nav 元素的使用实例，在这个实例中，一个页面由几部分组成，每个部分都带有链接，但只将最主要的链接放入 nav 元素中。代码如下：

```
<h1>编程词典简介</h1>
<nav>
    <ul>
        <li><a href="/">主页</a></li>
        <li><a href="/TM">简介文档</a></li>
        ...more...
    </ul>
</nav>
<article>
   <header>
        <h1>编程词典功能介绍</h1>
        <nav>
            <ul>
                <li><a href="#gl">管理功能</a></li>
                <li><a href="#kf">开发功能</a></li>
                ...more...
            </ul>
        </nav>
    </header>
    <section id="gl">
        <h1>编程词典的管理模式</h1>
        <p>编程词典的管理模式介绍</p>
    </section>
    <section id="kf">
        <h1>编程词典的开发模式</h1>
        <p>编程词典的开发模式介绍</p>
          </section>
    ...more...
    <footer>
        <p>
            <a href="?edit">编辑</a> |
            <a href="?delete">删除</a> |
            <a href="?rename">重命名</a>
        </p>
    </footer>
</article>
<footer>
    <p><small>版权所有：明日科技</small></p>
</footer>
```

运行这段代码，效果如图 2.10 所示。

在这个例子中，第一个 nav 元素用于页面的导航，将页面重定向到其他页面（网站主页或开发文档目录页面）；第二个 nav 元素被放置在 article 元素中，用作这篇文章组成部分的页内导航。

具体来说，nav 元素可以用于以下场合。

☑ 传统导航条：现在主流网站上都有不同层级的导航条，其作用是将当前画面重定向到网站的其他主要页面。

☑ 侧边栏导航：现在主流博客网站及商品网站上都有侧边栏导航，其作用是将页面从当前文章或当前商品重定向到其他文章或其他商品页面上去。

☑ 页内导航：页内导航的作用是在本页面几个主要的组成部分之间进行跳转。

☑ 翻页操作：翻页操作是指在多个页面的上下页或博客网站的

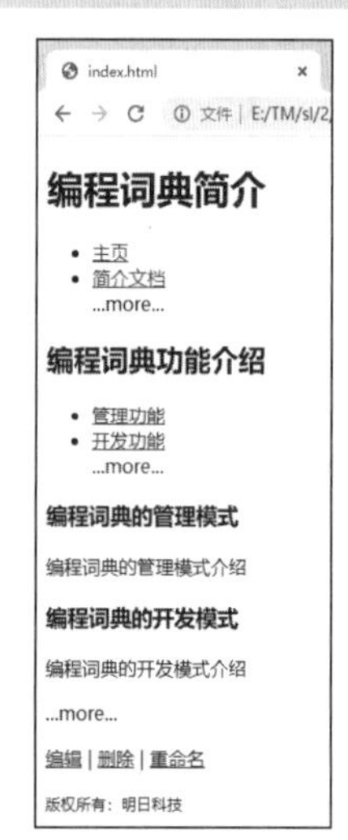

图 2.10　nav 元素的使用实例

上下篇文章之间进行滚动。

除此之外，nav 元素也可以用于一些比较重要的、基本的导航链接组中。

注意

在 HTML5 中不要用 menu 元素代替 nav 元素，因为 menu 元素是用在一系列发出命令的菜单上的，是一种交互性的元素，或者更确切地说是使用在 Web 应用程序中的。

2.2.4　aside 元素

aside 元素表示由与 aside 元素周围的内容无关的内容组成的一个页面的一节，也可以认为该内容与 aside 周围的内容是分开独立的，这样的节往往在印刷排版中用边栏表示。aside 元素可以用于摘录引用或边栏这样的排版效果，用于广告、一组导航元素，以及认为应该与页面的主内容区分开来的其他内容。

aside 元素主要有以下两种使用方法。

☑ 被包含在 article 元素中作为主要内容的附属信息部分，其中的内容可以是与当前文章有关信息、名词解释等。

☑ 在 article 元素之外使用，可以作为页面或站点全局的附属信息部分。最典型的形式就是侧边栏，其中的内容可以是友情链接，博客中其他文章列表、广告单元等。

下面是网页中一个侧边栏的友情链接的实例。

```
<aside>
    <nav>
        <h2>友情链接</h2>
        <ul>
            <li><a href="http://www.mrbccd.com">编程词典网</a></li>
            <li><a href="http://www.mingrisoft.com">明日学院网站</a></li>
            <li>
                <a href="http://www.mingribook.com">明日图书网</a>
            </li>
        </ul>
    </nav>
</aside>
```

运行这段代码，效果如图 2.11 所示。

该实例为一个典型的网站“友情链接”的侧边栏部分，因此它被放置在 aside 元素中，但是该侧边栏又是具有导航作用的，因此它被放置在 nav 元素中，该侧边栏的标题是“友情链接”，它被放置在 h2 元素中，在标题之后使用了一个 ul 列表，用来存储具体的导航链接。

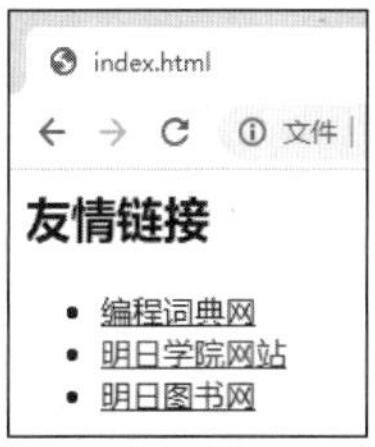

图 2.11　用 aside 元素实现的侧边栏实例

2.2.5　time 元素

time 是一个新元素，用于明确地对机器的日期和时间进行编码，并且以让人易读的方式展现出来。

time 元素代表 24 小时中的某个时刻或某个日期，表示时刻允许带时差。它可以定义很多格式的日期和时间，代码如下：

```
<time datetime="2023-05-27">2023 年 10 月 12 日</time>
<time datetime="2023-05-27">5 月 27 日</time>
<time datetime="1992-07-26">我的生日</time>
<time datetime="2023-05-27T20:00">今天晚上 8 点吃饭</time>
<time datetime="2023-05-27T20:00Z">今天晚上 8 点吃饭</time>
<time datetime="2023-05-27T20:00+09:00">现在是晚上 8 点的美国时间</time>
```

time 元素的机器可读部分通常被放在元素的 datetime 属性中，而元素的开始标签与结束标签中间的部分是显示在网页上的。datetime 属性中日期与时间之间要用“T”文字分隔，“T” 表示时间。在代码的倒数第二个时间示例中，可以看到时间上加上了 Z 文字，这表示给机器编码时使用 UTC 标准时间，在最后一个示例中则加上了时差，表示向机器编码另一地区时间，如果是编码本地时间，则不需要添加时差。

2.2.6 pubdate 属性

pubdate 是一个布尔属性，用来表示这个特定的<time>是一篇<article>或整个<body>内容的发布日期。你可能会奇怪，为什么需要 pubdate 属性，为什么不假设一篇<article>的<header>中的任何一个<time>元素就是其发布日期呢？为了解决这个疑问，我们来看下面的这个实例。

```
<article>
    <header>
        <h1>明日科技<time datetime=2023-03-26>3 月 26 日</time>的放假通知</h1>
        <p>发布日期:<time datetime=2023-03-26 pubdate>2023 年 3 月 26 日</time></p>
    </header>
    <p>通知：由于公司 3 月 26 日,......(关于放假的通知)</p>
</article>
```

在这个例子中，有两个 time 元素，分别定义了两个日期——一个是放假的日期，另一个是通知发布日期。两个日期由于都使用了 time 元素，因此需要使用 pubdate 属性表明哪个 time 元素代表了通知的发布日期。

编程训练（答案位置：资源包\TM\sl\2\编程训练）

【训练 1】制作网页导航　使用 nav 标签与 ul 标签实现网页的导航。

【训练 2】制作网页的导航和侧边栏　仿制明日科技官网的读书页面的导航与侧边栏。

2.3 非主体结构元素

除了以上几个主要的结构元素，HTML5 还增加了一些表示逻辑结构或附加信息的非主体结构元素。下面分别介绍这些元素。

2.3.1 header 元素

header 元素是一种具有引导和导航作用的结构元素，通常用来放置整个页面或页面内的一个内容

区块的标题，但也可以包含其内容，如搜索表单或相关的 logo 图片。

很明显，应该把整个页面的标题放在页面的开头，我们可以用如下代码所示的形式书写页面的标题：

```
<header><h1>页面标题</h1></header>
```

这里需要强调一下，一个网页内并未限制 header 元素的个数，可拥有多个，可以为每个内容区块加一个 header 元素，代码如下：

```
<header>
    <h1>页面标题</h1>
</header>
<article>
    <header>
    <h1>文章标题</h1>
   </header>
   <p>文章正文</p>
</article>
```

在 HTML5 中，一个 header 元素通常包括至少一个 heading 元素（h1～h6），也可以包括 hgroup、table、form、nav 元素。

2.3.2　hgroup 元素

hgroup 元素是对标题及其子标题进行分组的元素。hgroup 元素通常会对 h1～h6 元素进行分组，例如将一个内容区块的标题及其子标题算作为一个组。通常，如果文章只有一个主标题，则不需要 hgroup 元素，代码如下：

```
<article>
    <header>
        <h1>文章标题</h1>
      <p><time datetime="2023-03-26">2023 年 3 月 26 日</p>
   </header>
   <p>文章正文</p>
</article>
```

但是，如果文章有主标题，主标题下有子标题，就需要使用 hgroup 元素，代码如下：

```
<article>
    <header>
    <hgroup>
            <h1>文章主标题</h1>
        <h1>文章子标题</h1>
      </hgroup>
      <p><time datetime="2023-03-26">2023 年 3 月 26 日</p>
   </header>
   <p>文章正文</p>
</article>
```

2.3.3　footer 元素

footer 元素可以作为其上层父级内容区块或是一个根区块的脚注。footer 通常包括其相关区块的脚注信息，如作者、相关阅读链接及版权信息等。

在 HTML5 出现之前，我们在编写页脚时使用了下面的方式，代码如下：

```
<div id="footer">
        <ul>
        <li>版权信息</li>
            <li>站点地图</li>
            <li>联系方式</li>
      </ul>
<div>
```

但是到了 HTML5 之后，这种方式将不再使用，而是使用更加语义化的 footer 元素来替代，代码如下：

```
<footer>
        <ul>
        <li>版权信息</li>
            <li>站点地图</li>
            <li>联系方式</li>
      </ul>
</footer>
```

与 header 元素一样，一个页面中也没有限制 footer 元素的个数。同时，可以为 article 元素或 section 元素添加 footer 元素，如下面的两个实例。

一个是在 article 元素中添加 footer 元素的实例。

```
<article>
        文章内容
      <footer>
        文章的脚注
      </footer>
</article>
```

另一个是在 section 元素中添加 footer 元素的实例。

```
<section>
        分段内容
      <footer>
        分段内容的脚注
      </footer>
</section>
```

2.3.4 address 元素

address 元素用于定义当前的 article 元素或文档的作者或拥有者的联系信息，但不应该使用 address 元素来描述邮政地址。联系信息可以是 Email 地址、邮政地址或者其他形式。例如，在下面的代码中，展示了一些博客中某篇文章评论者的名字及其在博客中的网址链接。

```
<address>
        <a href="http://blog.***.com.cn/damai571">大麦</a>
        <a href="http://blog.***.com.cn/hongri">红日</a>
        <a href="http://blog.***.com.cn/tieshou">铁手</a>
</address>
```

我们还可以把 footer 元素、time 元素和 address 元素结合起来使用，示例代码如下：

```
<!DOCTYPE html>
<head>
<meta charset="utf-8">
<title>文章内部的 aside 元素示例</title>
</head>
<body>
<footer>
    <div>
        <address>
            <a href="http://blog.***.com.cn/damai571" title="作者：大麦">大麦</a>
        </address>
        发表于<time datetime="2023-02-27">2023 年 2 月 27 日</time>
    </div>
</footer>
</body>
```

在这个示例中，把博客文章的作者、博客的链接作为作者信息放在了 address 元素中，把文章发表的日期放在了 time 元素中，把这个 address 元素与 time 元素中的总体内容作为脚注信息放在了 footer 元素中。

2.4 全局属性

所谓全局属性，是指可以对任何元素都使用的属性，与全局属性相对应的是局部属性，全局属性可以用来配置指定元素的共有行为。

2.4.1 id、class、style 属性

id 属性用于指定 HTML 元素的唯一的 id，元素的 id 在 HTML 文档中必须是唯一的。class 属性用于指定元素的类名，大多数时候用于指向 CSS 样式表中的类。style 属性用于指定元素的行内样式，该属性将覆盖任何全局的样式设定，例如在<style>标签或在外部样式表中规定的样式。

2.4.2 title 属性

title 属性用于指定元素的额外信息，当鼠标移到元素上时会显示这些额外信息。title 属性经常与 form 以及 a 元素一起使用，用于提供关于输入格式和链接目标的信息。语法格式如下：

```
<element title="value">
```

参数 value 用于指定当鼠标移到元素上时的提示文本。

2.4.3 dir 属性

dir 属性用于指定元素内容的文本方向。语法格式如下：

```
<element dir="ltr|rtl">
```

☑ ltr：表示从左向右的文本方向。

☑ rtl：表示从右向左的文本方向。

示例代码如下：

```
<!DOCTYPE html>
<html>
<head>
    <meta charset="UTF-8">
    <title>dir 属性</title>
</head>
<body>
<p dir="rtl">hello HTML5!</p>
</body>
</html>
```

运行结果如图 2.12 所示。

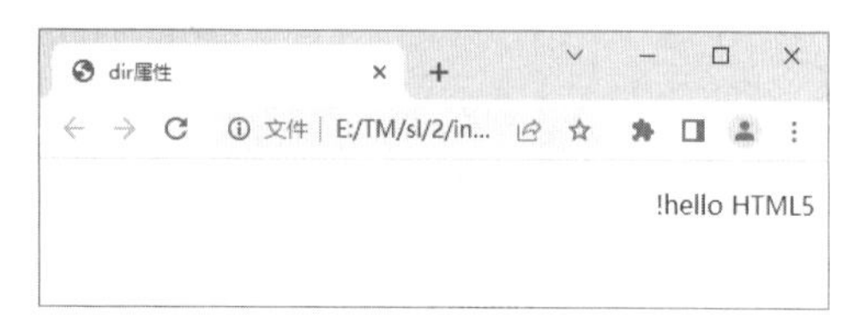

图 2.12　从右向左的文本方向

2.4.4　contentEditable 属性

由 Microsoft 发明，经过反向工程后由所有其他的浏览器实现，contentEditable 现在成为 HTML 的正式的部分。

该属性的主要功能是允许用户编辑元素中的内容，因此该元素必须是可以获得鼠标焦点的元素，而且在单击后要向用户提供一个插入符号，提示用户该元素中的内容是可编辑的。contentEditable 是一个布尔类型属性，因此可以将其设置为 true 或 false。

除此之外，该属性还有一个隐藏的 inherir（继承）状态：属性为 true 时，元素被指定为可编辑；属性为 false 时，元素被指定为不可编辑；未指定 true 或 false 时，则由 inherir 状态来决定，如果元素的父元素是可编辑的，则该元素就是可编辑的。

另外，除了 contentEditable 属性，元素还具有一个 isContentEditable 属性，当元素可编辑时，该属性为 true；当元素不可编辑时，该属性为 false。

【例 2.5】可编辑的列表。（**实例位置：资源包\TM\sl\2\05**）

对列表使用 contentEditable 属性，使该列表变成可编辑的列表，代码如下：

```
<!DOCTYPE html >
<head>
<meta   charset="utf-8">
<title>contentEditable 属性示例</title>
</head>
<h2>可编辑列表</h2>
<ul contentEditable="true">
<li>列表元素 1</li>
<li>列表元素 2</li>
<li>列表元素 3</li>
</ul>
```

运行这段代码，效果如图 2.13 所示。

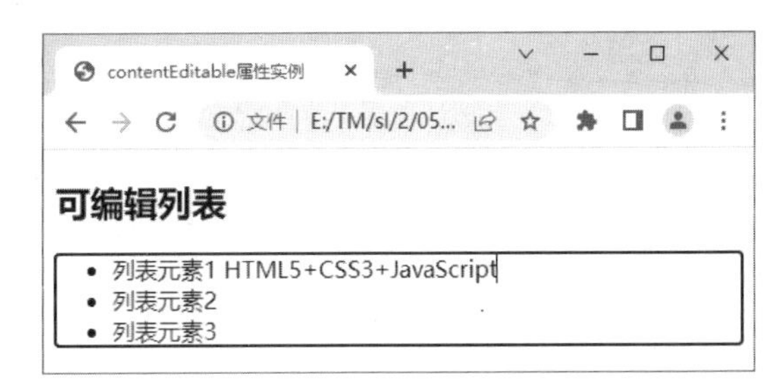

图 2.13　可编辑的列表

在编辑完元素中的内容后，如果想要保存其中的内容，只能把该元素的 innerHTML 发送到服务器进行保存，因为改变元素内容后，该元素的 innerHTML 内容也会随之改变，目前还没有特别的 API 来保存编辑后元素中的内容。

contentEditable 属性具有“可继承”的特点，如果一个 HTML 元素的父元素是可编辑的，那么它默认也是可编辑的，除非显式地指定 contentEditable="false"。

2.4.5　designMode 属性

designMode 属性用来指定整个页面是否可编辑，当页面可编辑时，页面中任何支持上文所述的 contentEditable 属性的元素都变成了可编辑状态。designMode 属性只能在 JavaScript 脚本里被编辑修改。该属性有两个值——“on”与“off”。当属性被指定为“on”时，页面可编辑；被指定为“off”时，页面不可编辑。使用 JavaScript 脚本来指定 designMode 属性的方法如下所示：

```
document.designMode="on"
```

【例 2.6】将元素变成可编辑状态。（**实例位置：资源包\TM\sl\2\06**）

通过单击页面打开整个页面的 designMode 状态，将所有支持 contentEditable 属性的元素都转换成可编辑状态。代码如下：

```
<html>
<head>
<title>打开页面 designMode 状态</title>
</head>
<body onclick="document.designMode='on';">
<table style="width:420px;border-collapse:collapse" border="l">
        <tr>
                        <td>JavaScript</td>
                <td>PHP</td>
        </tr>
        <tr>
                <td>C#</td>
                <td>Java</td>
        </tr>
</table>
</body>
</html>
```

运行该实例，可以看到如图 2.14 所示的效果。

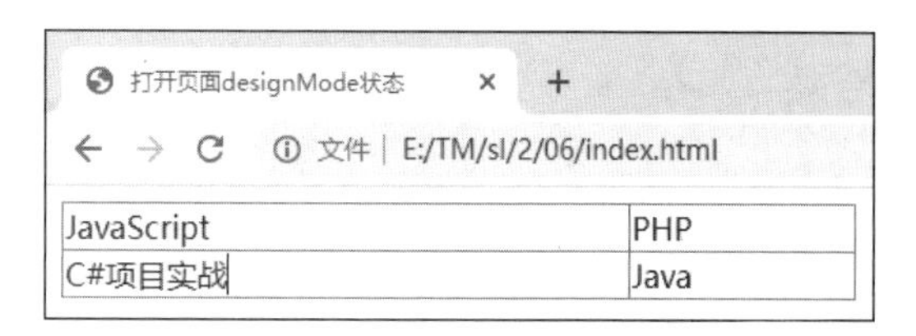

图 2.14　打开 designMode 属性

绝大部分浏览器都支持 designMode 属性，如 Internet Explorer、Chrome、Firefox、Opera 和 Safari 等浏览器都可支持 designMode 属性。

2.4.6　hidden 属性

hidden 属性类似于 aria-hidden，它告诉浏览器这个元素的内容不应该以任何方式显示。但是，元素中的内容还是浏览器创建的，也就是说页面装载后允许使用 JavaScript 脚本将该属性取消，取消后该元素变为可见状态，同时元素中的内容也即时显示出来。hidden 属性是一个布尔值的属性：当设为 true 时，元素处于不可见状态；当设为 false 时，元素处于可见状态。

hidden 属性可以代替 CSS 样式中的 display 属性，设置 hidden="true"相当于在 CSS 中设置 display:none。

【例 2.7】控制元素的显示状态。（**实例位置：资源包\TM\sl\2\07**）

使用 hidden 属性来控制 HTML 元素的显示和隐藏。代码如下：

```
<html>
<head>
<title> HTML5 从入门到精通</title>
</head>
<body>
<div id="target" hidden="true" style="height:80px">
天生我材必有用
</div>
<button onclick="var target=document.getElementById('target');
target.hidden=!target.hidden;">显示/隐藏</button>
</body>
</html>
```

运行实例，当用户单击页面上的按钮时，<div>元素将会在显示和隐藏两种状态之间进行切换，效果如图 2.15 和图 2.16 所示。

图 2.15　使用 hidden 属性来控制 HTML 元素的隐藏

图 2.16　使用 hidden 属性来控制 HTML 元素的显示

2.4.7　spellcheck 属性

spellcheck 属性是布尔型，它告诉浏览器检查元素的拼写和语法。如果没有这个属性，则浏览器会根据默认行为来操作，可能会根据父元素的 spellcheck 状态来操作。因为 spellcheck 属性属于布尔值属性，因此它具有 true 或 false 两种值。但是它在书写时有一个特殊的地方，就是必须明确声明属性值为 true 或 false，书写方法如下：

```
<!--以下两种书写方法正确--!>
<textarea spellcheck="true">
<input type=text spellcheck=false />
<!--以下书写方法为错误--!>
<textarea spellcheck>
```

说明

（1）支持 spellcheck 属性的浏览器有 Chrome、Firefox、Opera 和 Safari。

（2）如果元素的 readOnly 属性或 disabled 属性设为 true，则不执行拼写检查。

【例 2.8】拼写检查。（**实例位置：资源包\TM\sl\2\08**）

使用 spellcheck 属性执行拼写检查。代码如下：

```
<!DOCTYPE html>
<html>
<head>
<title>spellcheck 属性的使用</title>
</head>
<body>
	<h5>输入框中语法检测属性</h5>
	<p>需要检测<br/>
		<textarea spellcheck="true"></textarea>
	</p>
	<p>不需要检测<br/>
		<textarea spellcheck="false"></textarea>
	</p>
</body>
</html>
```

运行实例，在两个文本域中分别输入“I love musci”可以看到不同的效果，如图 2.17 所示。

图 2.17　使用 spellcheck 属性执行拼写检查

说明

在新版本的 Chrome 浏览器中，要实现 spellcheck 属性的效果，需要在浏览器中打开语言拼写检查功能。

2.5 实践与练习

（**答案位置：资源包\TM\sl\2\实践与练习**）

综合练习 1：实现明日学院介绍　显示明日学院网站中的明日学院介绍板块，效果如图 2.18 所示。

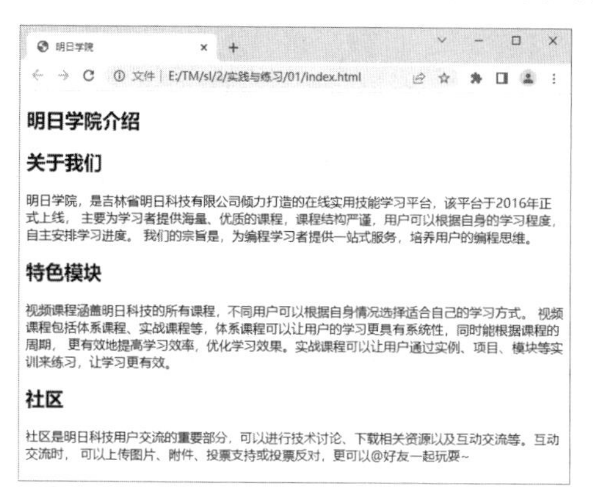

图 2.18　明日学院简介板块

综合练习 2：可编辑的 div 和表格　将 div 和 table 元素转换为可编辑状态。运行结果如图 2.19 所示。

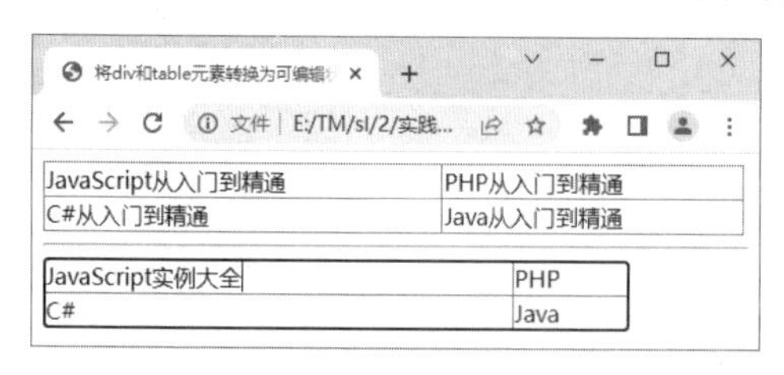

图 2.19　可编辑的 div 和表格

综合练习 3：控制图片的显示状态　使用 hidden 属性来控制图片的显示和隐藏。当单击页面上的按钮时，图片可以在显示和隐藏两种状态之间进行切换。运行结果如图 2.20 和图 2.21 所示。

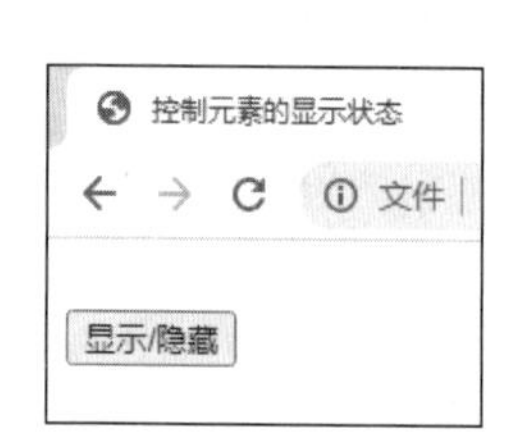

图 2.20　隐藏图片

图 2.21　显示图片

第3章

HTML5 文本

在网页创作中，文字是最基本的元素之一。增强文字的易读性，可以使浏览者在短时间内阅读更多的文字并理解更多的信息。同时，我们可以为文字设置视觉效果，以达到网页创作者追求的目标。

本章知识架构及重难点如下。

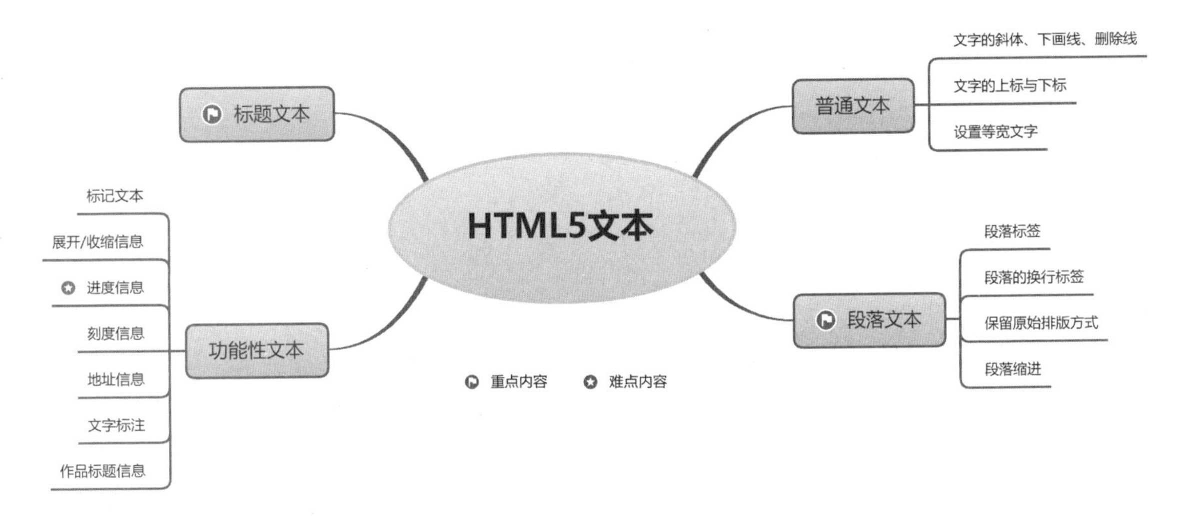

3.1 标题文本

标题是对一段文字内容的概括和总结。书籍文本少不了标题，网页文本也不能没有标题。一个文档的好坏往往与其标题的设计密切相关。在越来越追求“视觉美感”的今天，一个好标题的设计，对用户的留存尤为关键。

标题标签共有6个，分别是<h1>、<h2>、<h3>、<h4>、<h5>和<h6>，每一个标签在字体大小上都有明显的区别，从<h1>标签到<h6>标签依次变小。<h1>标签表示最大的标题，<h6>标签表示最小的标题。一般使用<h1>标签来表示网页中最上层的标题，而且有些浏览器会默认把<h1>标签用非常大的字体显示，因此一些开发者会使用<h2>标签代替<h1>标签来显示最上层的标题。标题标签语法如下：

```
<h1>文本内容</h1>
<h2>文本内容</h2>
<h3>文本内容</h3>
<h4>文本内容</h4>
<h5>文本内容</h5>
<h6>文本内容</h6>
```

说明

在 HTML5 中，标签主要由起始标签和结束标签组成。例如，<h1>标签在编码使用时，首先编写<h1>起始标签和</h1>结束标签，然后将文本内容放入这两个标签之间。

【例 3.1】巧用标题标签，编写开心一笑。（**实例位置：资源包\TM\sl\3\01**）

本实例巧用<h1>标签、<h4>标签和<h5>标签，实现一则关于程序员笑话的对话内容。把“程序猿的笑话”放入<h1>标签中，代表文章的标题，把发布时间、发布者和阅读数等内容放入较小字号的<h5>标签中，最后将笑话的对话内容放入字号适中的<h4>标签中。具体代码如下：

```
<!DOCTYPE html>
<html>
<head>
<!--指定页面编码格式-->
<meta charset="UTF-8">
<!--指定页头信息-->
<title>程序猿的笑话</title>
</head>
<body>
<!--表示文章标题-->
<h1>程序猿的笑话</h1>
<!--表示相关发布信息-->
<h5>发布时间：19:20 03/24 | 发布者：程序源 | 阅读数：156 次</h5>
<!--表示对话内容-->
<h4>甲：《c++面向对象程序设计》这本书怎么比《c 程序设计语言》厚了好几倍？</h4>
<h4>乙：当然了，有“对象”后肯定麻烦呀！</h4>
</body>
</html>
```

运行效果如图 3.1 所示。

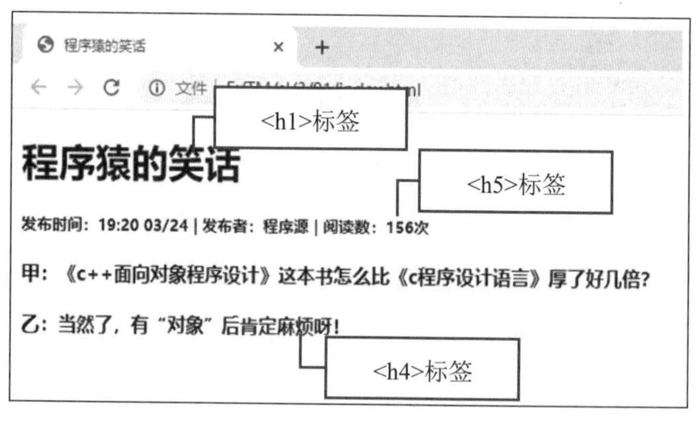

图 3.1　使用标题标签写笑话

编程训练（答案位置：资源包\TM\sl\3\编程训练）

【训练 1】对比各级标题的样式区别　分别使用<h1>～<h6>标题标签显示“明日科技”四个字。

【训练 2】显示一首古诗　使用一级标题标签和四级标题标签在网页中显示一首古诗。

3.2　普通文本

除了标题文字，在网页中普通的文本信息也不可缺少，多种多样的文字装饰效果更可以让用户眼前一亮，记忆深刻。在网页的编码中，我们可以直接在<body>标签和</body>之间输入文字（这些文字可以显示在页面中），同时可以为这些文字添加装饰效果的标签，如斜体、下画线等。下面将详细讲解这些文字装饰标签。

3.2.1　文字的斜体、下画线、删除线

在浏览网页时，常常可以看到一些特殊效果的文字，如斜体字、带下画线的文字和带删除线的文字，而这些文字效果也可以通过设置 HTML 语言的标签来实现。语法格式如下：

```
<em>斜体内容</em>
<u>带下画线的文字</u>
<strike>带删除线的文字</strike>
```

这几种文字装饰效果的语法类似，只是标签不同。其中，斜体字也可以使用标签<I>或标签<cite>来标示。

【例 3.2】活用文字装饰，推荐商品信息。（**实例位置：资源包\TM\sl\3\02**）

本实例使用<em>文字斜体标签、<u>文字下画线标签和<strike>文字删除线标签，为图书商品的推荐内容增添更多的文字特效，可以让读者眼前一亮，提高商品购买率。例如，如果商品打折，可以在商品原来价格的文字上添加<strike>删除线标签，表示不再以原来价格销售。具体代码如下：

```
<!DOCTYPE html>
<html>
<head>
    <!--指定页面编码格式-->
    <meta charset="UTF-8">
    <!--指定页头信息-->
    <title>斜体、下画线、删除线</title>
</head>
<body>
<!--显示商品图片-->
<img src="book.jpg"/>
<!--显示图书名称，书名文字用斜体效果-->
<h3>书名：<em>《Java 从入门到精通（第 6 版）》</em></h3>
<!--显示出版社-->
<h3>出版社：清华大学出版社</h3>
<!--显示出版时间，文字用下画线效果-->
<h3>出版日期：<u>2021 年 7 月</u></h3>
<!--显示页数-->
<h3>页数：492 页</h3>
<!--显示图书价格，文字使用删除线效果-->
<h3>原价：<strike>79.80</strike>元　促销价格：42.00 元</h3>
</body>
</html>
```

运行效果如图 3.2 所示。

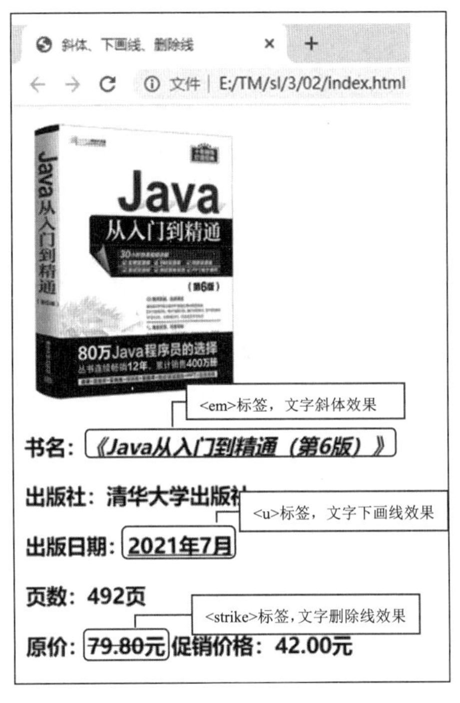

图 3.2　活用文字装饰的页面效果

3.2.2　文字的上标与下标

除了设置不同的文字装饰效果，有时还需要设置一种特殊的文字装饰效果，即上标和下标。上标或下标经常会在数学公式或方程式中出现。语法格式如下：

```
<sup>上标标签内容</sup>
<sub>下标标签内容</sub>
```

在该语法中，上标标签和下标标签的使用方法基本相同，只需要将文字放在标记中间即可。

【例 3.3】使用上标与下标，展示数学公式表。（**实例位置：资源包\TM\sl\3\03**）

本实例使用<sup>上标标签和<sub>下标标签，实现数学方程式的网页展示。首先输入数学方程式中所有数字符号，如输入方程式“$X^3+9X^2-3=0$”，然后将需要置上或置下的数字符号放入上标或下标标签中。具体代码如下：

```
<!DOCTYPE html>
<html>
<head>
<!--指定页面编码格式-->
<meta charset="UTF-8">
      <!--指定页头信息-->
<title>上标和下标</title>
</head>
<body>
<!--表示文章标题-->
<h1>上标和下标标签</h1>
```

```
<h3>在数字计算中:</h3>
<!--使用上标标签，将文字置上-->
<h3>上标：X<sup>3</sup>+9X<sup>2</sup>-3=0</h3>
<!--使用下标标签，将文字置下-->
<h3>下标：3X<sub>1</sub>+2X<sub>2</sub>=10</h3>
</body>
</html>
```

运行效果如图 3.3 所示。

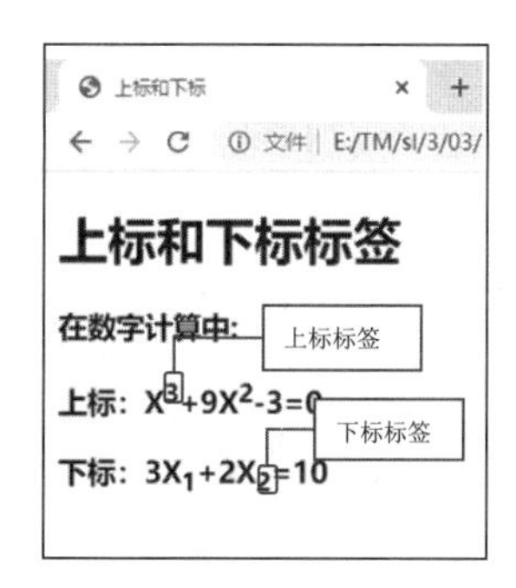

图 3.3　上标与下标标签的界面效果

3.2.3　设置等宽文字

等宽文字标签<code>常用于英文效果，使用该标签可以实现网页中字体的等宽效果。使用等宽效果能够使页面显得更加整齐。语法如下：

```
<code>文字</code>
<samp>文字</samp>
```

在该语法中的两种标签都可以实现文字的等宽显示，而在应用时只要把需要等宽显示的文字放置在标签中间即可。

【例 3.4】等宽文字标签的效果展示。（**实例位置：资源包\TM\sl\3\04**）

在网页中添加两句英文，其中第二句英文使用了等宽文字标记，通过本实例为大家演示<code>标签的作用效果。

```
    <!DOCTYPE html>
<html>
<head>
<meta charset="utf-8">
<title>设置等宽文字</title>
</head>
<body>
<!--下面这段英文使用了正常的效果显示-->
普通英文效果<br/>
A day without sunshine is like night.<br/><br/>
<!--下面这段英文使用了等宽的效果显示-->
等宽文字效果<br/>
<code>A day without sunshine is like night.</code>
</body>
</html>
```

运行这段代码，可以看到如图 3.4 所示的效果。

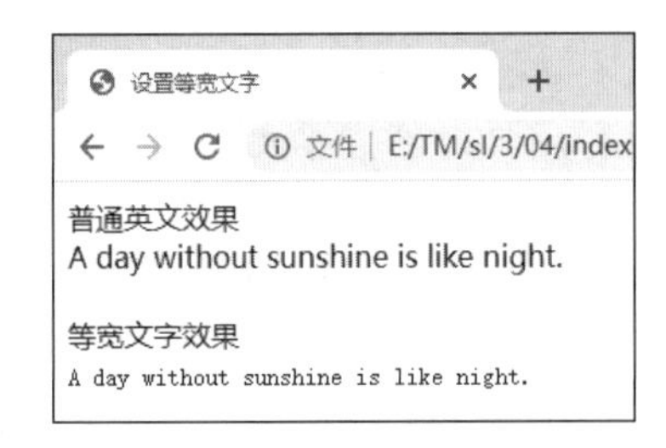

图 3.4　等宽文字的效果

编程训练（答案位置：资源包\TM\sl\3\编程训练）

【训练 3】斜体注释文字　试着使用<em>标签，实现一段文字的斜体注释功能效果。

【训练 4】显示一元一次方程　在网页中显示方程式 $2X+4^2=16$。

3.3　段 落 文 本

一块块砖瓦的组合就形成了高楼大厦，一行行文字的组合就形成了段落篇章。在实际的文本编码中，输入完一段文字后，按 Enter 键就生成了一个段落，但是在 HTML5 中需要通过标签来实现段落的效果，下面具体介绍和段落相关的一些标签。

3.3.1　段落标签

在 HTML5 中，段落效果是通过<p>标签来实现的。<p>标签会自动在其前后创建一些空白，浏览器则会自动添加这些空间。语法格式如下：

```
<p>段落文字</p>
```

其中，可以使用成对的<p>标签来包含段落，也可以使用单独的<p>标签来划分段落。

【例 3.5】巧用段落标签，介绍创意文字。（**实例位置：资源包\TM\sl\3\05**）

本实例使用<p>段落标签，实现明日学院的内容介绍。首先结合特殊文字符号将“明日学院，专注编程十八年”放入<p>段落标签中，然后将明日学院的具体介绍内容分别放在<p>标签中，最后结合特殊符号将明日学院的网址放入底部的段落标签中。具体代码如下：

```
<!DOCTYPE html>
<html>
<head>
<!--指定页面编码格式-->
<meta charset="UTF-8">
<!--指定页头信息-->
<title>段落标签</title>
</head>
<body>
<!--使用段落标签，进行创意性排版-->
<p> ╭══════════┤      明日学院，专注编程教育十八年  ├══════════╮ </p>
<p>‖         明日学院，
    是吉林省明日科技有限公司倾力打造的在线实用  ‖</p>
<p>‖  技能学习平台，该平台于 2016 年正式上线，主要为学习者提供海 ‖</p>
```

```
<p>‖  量、优质的课程，课程结构严谨，用户可以根据自身的学习程度, ‖</p>
<p>‖  自主安排学习进度。我们的宗旨是，为编程学习者提供一站式服  ‖</p>
<p>‖  务，培养用户的编程思维，小白手册，视频教程，一学就会。   ‖</p>
<p> ╰══════════┤ 网址:http://www.mingrisoft.com ├══════════╯ </p>
</body>
</html>
```

运行效果如图 3.5 所示。

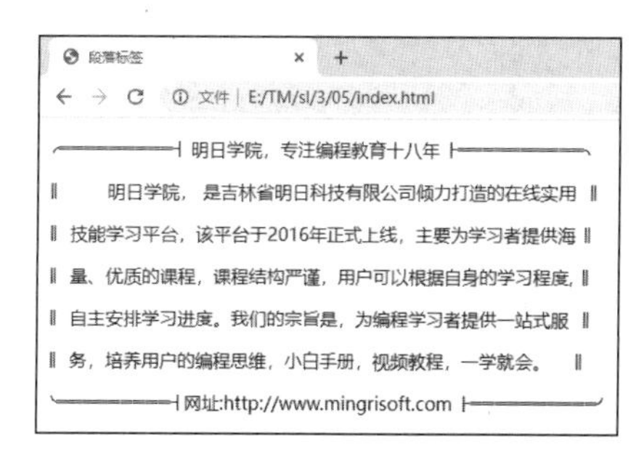

图 3.5　使用段落标签的界面效果

3.3.2　段落的换行标签

段落与段落之间是隔行换行的，这样会导致文字的行间距过大，这时可以使用换行标签来完成文字的紧凑换行显示。语法格式如下：

```
<p>
一段文字<br/>一段文字
</p>
```

其中，
标签代表换行，如果要多次换行，可以连续使用多个换行标签。

【例 3.6】巧用换行，书写古诗。（**实例位置：资源包\TM\sl\3\06**）

本实例巧用
换行标签，实现唐诗《早发白帝城》中诗句的页面布局。通常可以使用多个<p>段落标签达到换行的目的，也可以使用
换行标签在<p>段落标签内部进行换行。具体代码如下：

```
<!DOCTYPE html>
<html>
<head>
    <!--指定页面编码格式-->
    <meta charset="UTF-8">
    <!--指定页头信息-->
    <title>段落的换行标签</title>
</head>
<body>
     <!--使用段落标签书写古诗-->
<p>
    <!--使用两个换行标签-->
    《早发白帝城》    李白<br><br>
    <!--使用 1 个换行标签-->
    朝辞白帝彩云间，千里江陵一日还。<br>
    <!--使用 1 个换行标签-->
    两岸猿声啼不住，轻舟已过万重山。<br>
</p>
</body>
</html>
```

运行效果如图 3.6 所示。

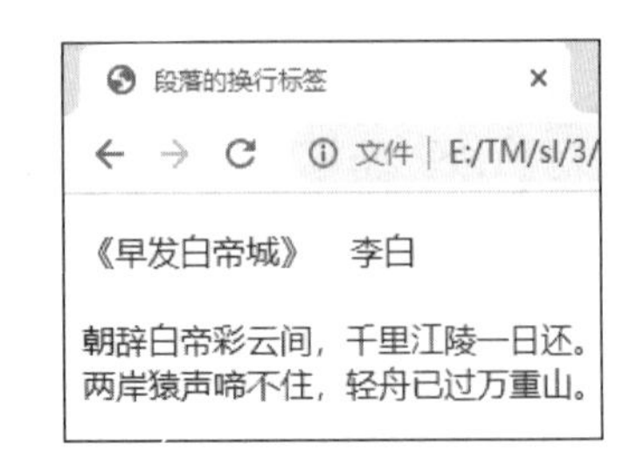

图 3.6 段落换行标签的页面效果

3.3.3 保留原始排版方式

在网页创作中，一般是通过各种标记对文字进行排版的。但是在实际应用中，往往需要一些特殊的排版效果，这样使用标记控制起来会比较麻烦。解决的方法就是保留文本格式的排版效果，如空格、制表符等。如果要保留原始的文本排版效果，则需要使用<pre>标签。

【例 3.7】巧用原始排版标签，输入“元旦快乐”。（**实例位置：资源包\TM\sl\3\07**）

本实例使用原始排版标签，实现一个字母“o”组成的“元旦快乐”字符画。具体代码如下：

```
<!DOCTYPE html>
<html>
<head>
    <!--指定页面编码格式-->
    <meta charset="UTF-8">
    <!--指定页头信息-->
    <title>原格式标签</title>
</head>
<body>

<h1>原格式标签--pre</h1>
<!--使用原始排版标签，输入文字字符画-->
<pre>
           oooooooo          ooooooooo       o      o           oooooooo
         ooooooooooooo        o      o      o    ooooooo        o   o
             o  o           ooooooooo      oo       o  o       oooooooooo
             o  o           o       o    o oo   ooooooooo          o
            o   o           ooooooooo       o  o    o           o  o o
           o    o     o                    o      o o         o  oo   o
           o    ooooooo    ooooooooooooo     o     o    o       o   o    o
</pre>
</body>
</html>
```

运行这段代码，可以看到运行效果和文本中的效果相同，如图 3.7 所示。

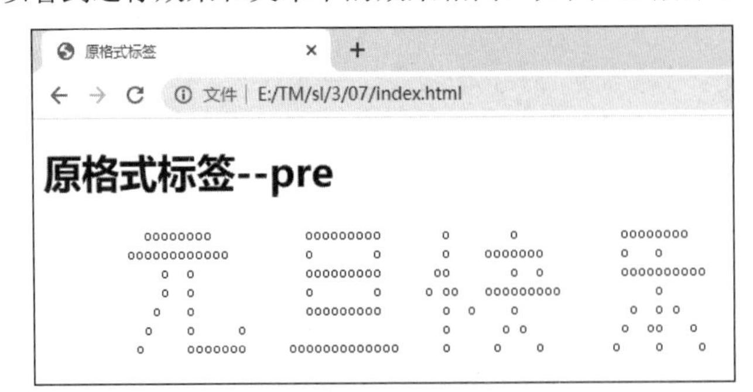

图 3.7 保留原始的排版效果

3.3.4　段落缩进

使用<blockquote>标签可以实现页面文字的段落缩进。这一标签也是每使用一次，段落就缩进一次，并且可以嵌套使用，以达到不同的缩进效果。语法如下：

```
<blockquote>文字</blockquote>
```

在该标签之间的文字会自动缩进。

【例 3.8】巧用<blockquote>标签阶梯式呈现古文名句。（**实例位置：资源包\TM\sl\3\08**）

本实例使用<blockquote>标签以阶梯式缩进的形式呈现古文名句。每向右缩进一个单位就是使用了一次<blockquote>标签。具体代码如下：

```
<!DOCTYPE html>
<html>
<head>
    <meta charset="utf-8">
    <title>段落的缩进效果</title>
</head>
<body>
《陋室铭》
<blockquote>山不在高</blockquote>
<blockquote><blockquote>有仙则名</blockquote></blockquote>
<blockquote><blockquote><blockquote>水不在深</blockquote></blockquote></blockquote>
<blockquote><blockquote><blockquote><blockquote>有龙则灵</blockquote></blockquote></blockquote></blockquote>
</body>
</html>
```

在上面的代码中，多次嵌套使用了<blockquote>标签，运行这段代码，效果如图 3.8 所示。

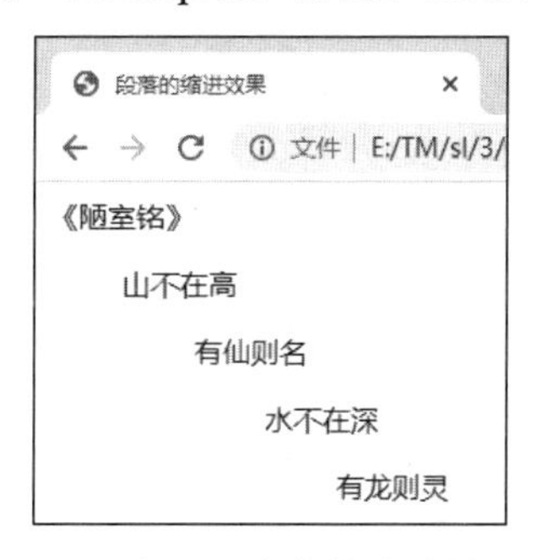

图 3.8　段落的缩进效果

编程训练（答案位置：资源包\TM\sl\3\编程训练）

【训练 5】实现新年快乐字符画　使用<pre>标签实现“新年快乐”字符画。

【训练 6】输出通告　试着使用<p>段落标签和
换行标签，完成一则通告内容。

3.4　功能性文本

HTML5 增加并改良了可以应用在整个页面中的元素，这些元素可以为文本实现一些特殊功能，本

节将针对这些元素进行介绍。

3.4.1　标记文本

mark元素用于表示页面中需要突出显示或高亮显示的一段文本，这段文本对于当前用户具有参考作用。它通常在引用原文以引起读者注意时使用。mark元素的作用相当于使用一支荧光笔在打印的纸张上标出一些文字。它与强调不同，对于强调，我们使用<em>标签。但是如果有一些已有的文本，并且想要让文本中没有强调的内容处于显眼的位置，可以使用<mark>标签并将其样式化为斜体等。

能够体现mark元素作用的最好的例子就是在网页上全文搜索某个关键词时显示的检索结果。

【例3.9】在网页中高亮显示关键字。（**实例位置：资源包\TM\sl\3\09**）

在浏览器中使用mark元素高亮显示对于HTML关键词搜索结果的实例。实例代码如下：

```
<!DOCTYPE html>
<html>
<head>
<meta charset="UTF-8" />
<title> mark 元素应用在网页检索时的示例</title>
</head>
<body>
<h1>搜索"<mark>HTML 5</mark>",找到相关网页约 10,210,000 篇，用时 0.041 秒</h1>
<section id="search-results">
    <article>
        <h2>
            <a href="http://developer.51cto.com/art/200907/133407.htm">
                专题：<mark>HTML 5</mark> 下一代 Web 开发标准详解_51CTO.COM - 技术成就梦想 ...
            </a>
        </h2>
        <p><mark>HTML 5</mark>是近十年来 Web 开发标准最巨大的飞跃</p>
    </article>
    <article>
        <h2>
            <a href="http://paranimage.com/list-of-html-5/">
                <mark>HTML 5</mark>一览 | 帕兰映像
            </a>
        </h2>
        <p><mark>html 5</mark>最近被讨论的越来越多，越来越烈...</p>
    </article>
    <article>
        <h2>
            <a href="http://www.chinabyte.com/keyword/HTML+5/">
                <mark>html 5</mark>_比特网
            </a>
        </h2>
        <p><mark>HTML 5</mark>提供了一些新的元素和属性，反映典型...</p>
    </article>
    <article>
        <h2>
            <a href="http://www.slideshare.net/mienflying/html5-4921810">
                <mark>HTML 5</mark>表单
            </a>
        </h2>
        <p>about <mark>HTML 5</mark> Form,the web form 2.0 tech</p>
    </article>
</section>
```

```
</body>
</html>
```

运行这段代码，效果如图 3.9 所示。

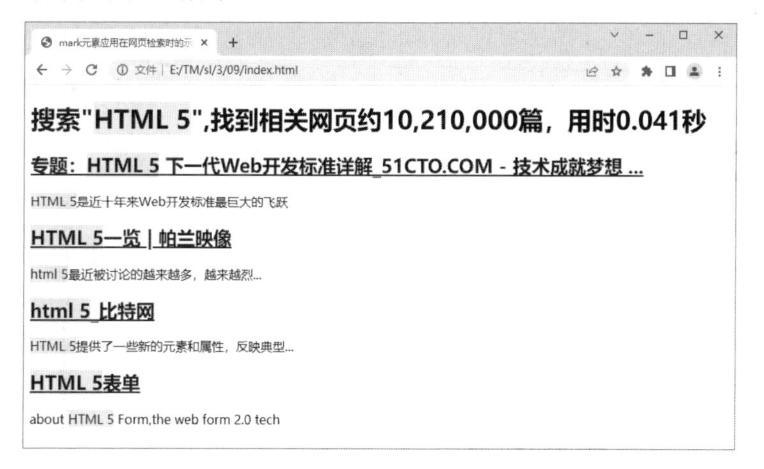

图 3.9　mark 元素应用在网页检索时的实例

除了在检索结果中高亮显示关键词，mark 元素的另一个主要作用是在引用原文时，为了某种特殊目的而把原文作者没有特别重点标示的内容标示出来。

【例 3.10】使用 mark 元素标注网页重点。（**实例位置：资源包\TM\ sl\3\10**）

下面的实例是引用了一篇关于“明日科技的介绍”，在原文中并没有把“编程词典”标示出来，但在网页中为了强调“编程词典”，特意把这个词高亮显示出来了。具体实例代码如下：

```
<!DOCTYPE html>
<meta charset=UTF-8 />
<title>mark 元素应用在文章引用时的示例</title>
明日科技：数字化出版的倡导者
<p>
明日科技成立于 1999 年，多年从事编程图书的开发以及网站和程序的制作。<mark>编程词典</mark>，明日科技是数字化出版的先锋，有丰富的资源。
</p>
```

运行这段代码，效果如图 3.10 所示。

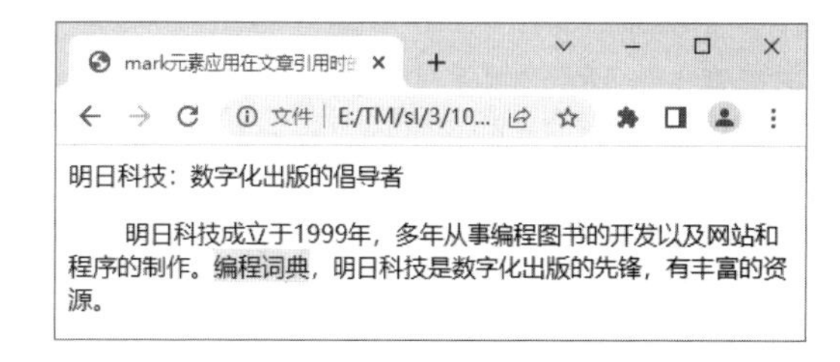

图 3.10　mark 元素应用在文章引用时的示例

最后需要强调 mark、em、strong 元素的区别。mark 元素的标示目的与原文作者无关，或者说它不是原文作者用来标示文字的，而是在后来引用时添加上的，它的目的是吸引当前用户的注意，提供给用户做参考，希望能对用户有帮助。strong 元素是原文作者用来强调一段文字的重要性的，如警告信息、错误信息等。em 元素是作者为了突出文章重点而使用的。

3.4.2　展开/收缩信息

details 元素提供了一种替代 JavaScript 的方法，它主要是提供了一个展开/收缩区域。details 元素的示例代码如下。

```
<details>
    <summary>明日科技</summary>
    <p>明日科技，成立于 1999 年... </p>
</details>
```

从上面的代码中可以看出 summary 元素从属于 details 元素，单击 summary 元素中的内容文字时，details 元素中的其他所有从属元素将会展开或收缩。如果没有找到 summary 元素，浏览器将提供自己默认的控件文本，如 details 或一个本地化版本。浏览器将可能添加某种图标来表示该文本是“可扩展的”，如一个向下的箭头。

details 元素可以可选地接受 open 属性，以确保在页面载入时该元素是展开的。

```
<details open>
```

注意

details 元素并没有严格地限制于纯文本标记，因此它可以是一个登录表单、一段说明性的视频、一个以图形为源数据的表格，或者提供给使用辅助性技术的用户的一个表格式的结构说明。

【例 3.11】弹出图片和文字。（**实例位置：资源包\TM\sl\3\11**）

本实例主要应用 details 元素和 summary 元素来弹出图片和文字，summary 元素通常是 details 元素的第一个子元素，用来包含 details 元素的标题。标题是可见的，当用户单击标题时会显示 details 元素中的其他所有从属元素的详细信息。

（1）创建 index.html 文件，定义 details 元素，在该元素内部定义 summary 元素，在 summary 元素中输入文本“明日科技”，然后定义一个 img 元素用于显示公司图片，再定义一个 div 元素用于显示公司简介，代码如下：

```
<details>
    <summary>明日科技</summary>
    <img src="images/1.png" />
    <div>
    <h3>吉林省明日科技有限公司</h3>
        <p>    吉林省明日科技有限公司是一家以计算机软件技术为核心的高科技型企业，公司创建于 1999 年 12 月，是专业的应用软件开发商和服务提供商。多年来始终致力于行业管理软件开发、数字化出版物开发制作、计算机网络系统综合应用、行业电子商务网站开发等领域，涉及生产、管理、控制、仓储、物流、营销、服务等行业。公司拥有软件开发和项目实施方面的资深专家和学习型技术团队，公司的开发团队不仅是开拓进取的技术实践者，更致力于成为技术的普及和传播者，并以软件工程为指导思想建立了软件研发和销售服务体系。公司基于长期研发投入和丰富的行业经验，本着“让客户轻松工作，同客户共同成功”的奋斗目标，努力发挥“专业、易用、高效”的产品优势，竭诚为广大用户提供优质的产品和服务。
    </p>
    </div>
</details>
```

（2）定义 details 元素以及该元素内部文本的 CSS 样式，代码如下：

```
<style type="text/css">
<!--
details {
    overflow: hidden;
    background: #e3e3e3;
    margin-bottom: 10px;
    display: block;
}
```

```
details summary {
        cursor: pointer;
        padding: 10px;
}
details div {
        float: left;
        width: 75%;
}
details div h3 {
        margin-top: 0;
}
details img {
        float: left;
        width: 200px;
        padding: 0 30px 10px 10px;
}
-->
</style>
```

在 Chrome 浏览器中运行本实例，在网页中显示文本“明日科技”，效果如图 3.11 所示。单击该文本后，将在下方弹出一个下拉区域，并在里面显示出图片和文字，结果如图 3.12 所示。

图 3.11　页面运行初始效果

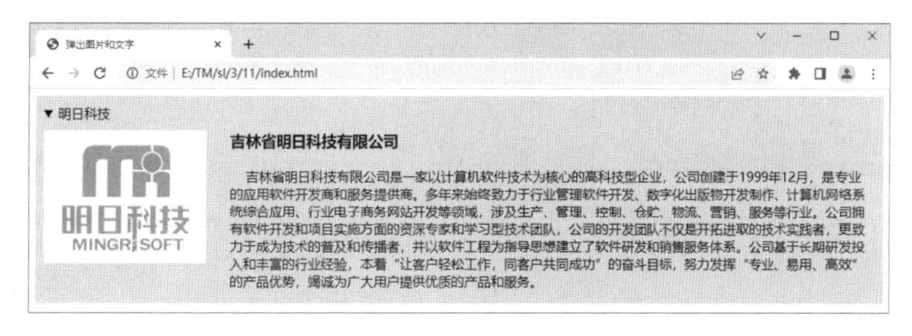

图 3.12　弹出图片和文字

3.4.3　进度信息

定义进度信息使用的是 progress 元素。它表示一个任务的完成进度，这个进度可以是不确定的，只是表示进度正在进行，但是不清楚还有多少工作量没有完成，也可以用 0 到某个最大数字（如 100）之间的数字来表示准确的完成情况（如进度百分比）。

progress 元素主要有两个属性：value 属性表示已经完成了多少工作量，max 属性表示总共有多少工作量。工作量的单位是随意的，不用指定。

注意

value 属性和 max 属性的值必须大于 0，value 属性的值小于或等于 max 属性的值。

下面是一个 progress 元素的使用实例。

【例 3.12】progress 元素的使用。（**实例位置：资源包\TM\sl\3\12**）

在网页中使用 progress 元素添加进度条。具体代码如下：

```
<!DOCTYPE html>
<meta charset="UTF-8"/>
<title>progress 元素的使用实例</title>
<script>
var progressBar = document.getElementById('p');
function button_onclick(){
    var progressBar = document.getElementById('p');
    progressBar.getElementsByTagName('span')[0].textContent ="0";
    for(var i=0;i<=100;i++)
        updateProgress(i);
}
function updateProgress(newValue) {
    var progressBar = document.getElementById('p');
    progressBar.value = newValue;
    progressBar.getElementsByTagName('span')[0].textContent = newValue;
}
</script>
<section>
    <h2>progress 元素的使用实例</h2>
    <p>完成百分比: <progress id="p" max=100><span>0</span>%</progress></p>
    <input type="button" onclick="button_onclick()"  value="请点击"/>
</section>
```

在 Opera 浏览器中运行本实例，如图 3.13 所示。当单击页面中的“请点击”按钮时，会发现进度条由 0%变成了 100%，如图 3.14 所示。

图 3.13　单击按钮之前的进度条效果

图 3.14　单击按钮之后的进度条效果

3.4.4　刻度信息

定义刻度信息使用的是 meter 元素，该元素用来表示规定范围内的数量值，如磁盘使用量比例、关键词匹配程度等。

需要注意的是，meter 元素不可以用来表示那些没有已知范围的任意值，如重量、高度，除非已经设定了这些值的范围。meter 元素共有 6 个属性。

- ☑ value：表示当前标量的实际值。如果不指定当前标量的实际值，那么<meter>标签中的第一个数字就会被认为是其当前实际值，例如<meter>2 out of 10</meter>中的 2；如果标签内没有数字，那么标量的实际值就是 0。
- ☑ min：当前标量的最小值。如不做指定，则为 0。

☑ max：当前标量的最大值。如不做指定则为 1；如果指定的最大值小于最小值，那么最小值会被认为是最大值。

☑ low：当前标量的低值区。低值区数字必须小于或等于标量的高值区数字。低值区数字如果小于标量最小值，那么它会被认为是最小值。

☑ high：当前标量的高值区。

☑ optimum：最佳值，其取值范围为最小值与最大值之间，并且可以处于高值区。

meter 元素的使用方法如下：

```
<p>磁盘使用量：<meter value="50" min="0" max="160">50/160</meter>GB</p>
<p>你的得分是：<meter value="91" min="0" max="100" low="10" high="90" optimum="100">A+</meter>
```

运行效果如图 3.15 所示。

图 3.15　使用 meter 元素实现百分比效果

不设定任何属性时，也可以使用百分比及分数形式，代码如下：

```
<meter>80%</meter>
<meter>3/4</meter>
```

3.4.5　地址信息

<address>标签可定义一个地址（如电子邮件地址）。我们可以使用它来定义地址、签名或者文档的作者身份等信息。该标签主要用于英文字体的显示。语法如下：

```
<address>文字</address>
```

在标签之间的文字就是地址等内容。

【例 3.13】在网页中添加地址文字。（**实例位置：资源包\TM\sl\3\13**）

在网页中添加一段文字，使用<address>标签显示 HTML 技术服务地址，具体代码如下：

```
<!DOCTYPE html>
<html>
<head>
    <meta charset="utf-8">
    <TITLE>页面的地址文字</TITLE>
</head>
<body>
<p>这是一本内容详尽的 HTML 书籍</p>
有任何技术问题请访问：<address>http://www.mrbook.com</address>
</body>
</html>
```

运行结果如图 3.16 所示。

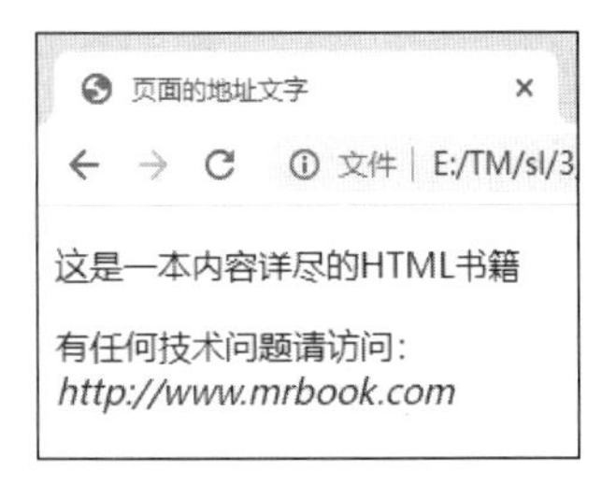

图 3.16　设置地址文字标签

说明

<address>和</address>标签之间的内容通常被显示为斜体。大多数浏览器会在<address>标签的前后添加一个换行符，如果有必要，还可以在地址文本的内容中添加额外的换行符。

3.4.6　文字标注

在网页中可以通过添加对文字的标注来说明网页中的某段文字。为文字添加标注使用的是<ruby>标签。<ruby>标签和<rt>标签必须一起使用，单独使用没有任何意义。语法如下：

```
<ruby>
   被说明的文字
   <rt>
   文字的标注
  </rt>
</ruby>
```

在这段代码中，被说明的文字就是网页中需要添加标注的那段文字，而文字的标注则是真正的说明文字。

【例 3.14】 使用<ruby>标签为文本添加标注。（**实例位置：资源包\TM\sl\3\14**）

使用<ruby>标签和<rt>标签在网页中添加一句古诗，并且为其标注作者。具体代码如下：

```
<!DOCTYPE html>
<html>
<head>
    <meta charset="utf-8">
    <title>添加文字标注</title>
</head>
<body>
<ruby>
    飞流直下三千尺，疑是银河落九天。<br /><br />
    <rt>
        作者李白
    </rt>
</ruby>
</body>
</html>
```

运行这段代码，可以在古诗的上面看到标注文字“作者李白”，如图 3.17 所示。

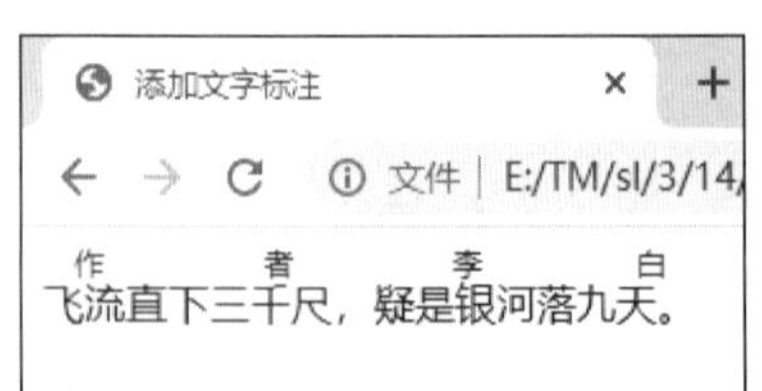

图 3.17　添加标注文字

说明

在默认情况下，标注文字很小，但是在 HTML 中也可以像设置其他文字一样调整标注文字的各种属性，包括大小、颜色等。

3.4.7　作品标题信息

cite 元素表示作品（如一本书、一篇文章、一首歌曲等）的标题。该作品可以在页面中被详细引用，也可以只在页面中提一下。下面是一个使用 cite 元素的示例，代码如下：

```
<!DOCTYPE html>
<html>
<head>
<meta charset="UTF-8"/>
<title>cite 元素示例</title>
</head>
<body>
<h3>cite 元素示例</h3>
<p>我最喜欢的电影是一部美国电影<cite>变相怪杰</cite>。</p>
</body>
</html>
```

这段代码的运行结果如图 3.18 所示。

图 3.18　cite 元素示例

【例 3.15】使用 cite 元素引用文档。（**实例位置：资源包\TM\sl\3\15**）

创建 index.html 文件，在文件中，首先通过<p>元素显示一段文档；然后，在文档的下面使用 cite 元素标识这段文档引用的文档名称。代码如下：

```
<h2>HTML</h2>
<p>
    HTML 语言（hyper text markup language，中文通常称为超文本置标语言或超文本标记语言）是一种文本类、解释执行的标记语言，它是 internet 上用于编写网页的主要语言……</p>
<p>
    --- 引自 << <cite>HTML 语言简介</cite> >> ---
</p>
```

运行这段代码，效果如图 3.19 所示。

图 3.19　使用 cite 元素引用文档

编程训练（答案位置：资源包\TM\sl\3\编程训练）

【训练 7】实现气温变化图　使用 meter 元素实现气温变化图。

【训练 8】显示自己计算机硬盘的使用情况　使用 progress 元素显示自己计算机磁盘的空间使用情况。

3.5　实践与练习

（答案位置：资源包\TM\sl\3\实践与练习）

综合练习 1：输出打折商品清单　使用<strike>标签，完成一个“打折商品清单”的页面效果。

综合练习 2：实现字符画　使用<pre>标签显示情人节的心形字符画，运行结果如图 3.20 所示。

综合练习 3：实现电影的经典台词　显示一则电影中的经典台词，并且用 cite 元素标明台词出处，运行结果如图 3.21 所示。

图 3.20　输出心形字符画

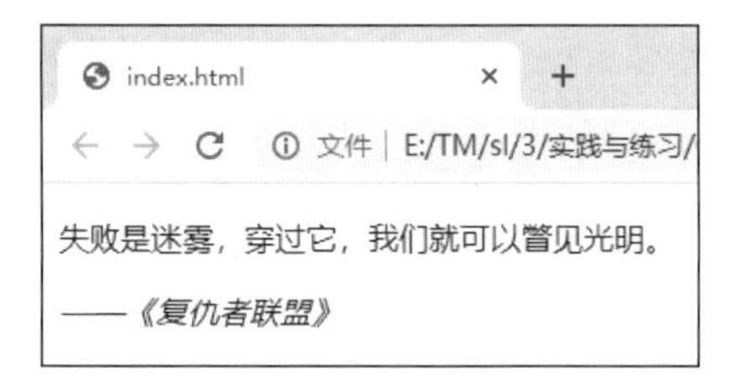

图 3.21　使用 cite 元素标明台词出处

第4章

HTML5表格、列表和超链接

在网页的设计制作过程中，除了使用文本，还可以使用表格或列表将页面上的信息整齐直观地显示出来。为了实现页面之间的跳转，需要使用超链接。这些要素在网站设计中都占有比较大的比重。本章将对这些内容进行详细介绍。

本章知识架构及重难点如下。

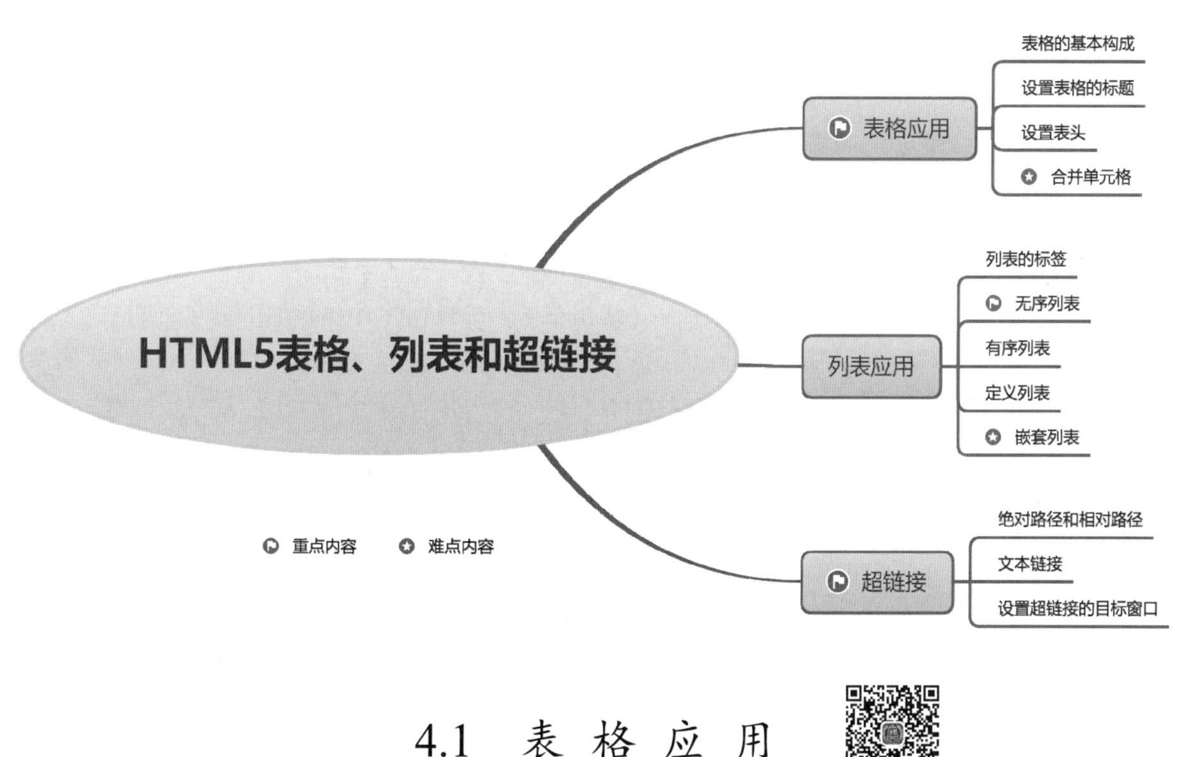

4.1 表格应用

表格是在网页设计中经常使用的一种信息展示形式，表格可以存储更多内容，方便信息的传达。在HTML页面中，可以使用表格对一些内容进行排版。

4.1.1 表格的基本构成

表格标签是<table>...</table>，表格的其他标签需要嵌套在表格的开始标签<table>和表格的结束标签</table>之间才有效。用于制作表格的主要标签如表4.1所示。

表 4.1　表格标签

标　签	含　义
<table>	表格标签
<tr>	行标签
<td>	单元格标签

语法格式如下：

```
<table>
<tr>
<td>单元格内的文字</td>
<td>单元格内的文字</td>
…
</tr>
<tr>
<td>单元格内的文字</td>
<td>单元格内的文字</td>
…
</tr>
…
</table>
```

在该语法中：<table>标签和</table>标签分别标志着一个表格的开始和结束；而<tr>标签和</tr>标签则分别表示表格中一行的开始和结束，在表格中包含几组<tr>…</tr>就表示该表格有几行；<td>标签和</td>标签表示一个单元格的开始和结束，也可以说表示一行中包含了几列。

【例 4.1】使用表格标签编写考试成绩单。（**实例位置：资源包\TM\sl\4\01**）

本实例巧用<table>表格标签、<tr>行标签和<td>单元格标签，实现一个考试成绩单的表格。首先通过<table>表格标签创建一个表格框架，然后通过<tr>行标签，创建表格中的一行，最后使用<td>单元格标签，输入具体的内容。具体代码如下：

```
<!DOCTYPE html>
<html>
<head>
<!--指定页面编码格式-->
<meta charset="UTF-8">
<!--指定页头信息-->
<title>基本表格</title>
</head>
<body>
<h2>基本表格--考试成绩表</h2>
<!--<table>为表格标记-->
<table>
    <!--<tr>为行标签-->
    <tr>
        <!--<td>为单元格-->
        <td>姓名</td>
        <td>语文</td>
        <td>数学</td>
        <td>英语</td>
    </tr>
    <tr>
        <td>张三</td>
        <td>96 分</td>
        <td>89 分</td>
```

```
            <td>67 分</td>
      </tr>
      <tr>
            <td>李四</td>
            <td>76 分</td>
                    <td>85 分</td>
            <td>98 分</td>
      </tr>
      <tr>
            <td>王五</td>
            <td>89 分</td>
            <td>82 分</td>
            <td>97 分</td>
      </tr>
</table>
</body>
</html>
```

运行效果如图 4.1 所示。

图 4.1　考试成绩表的界面效果

4.1.2　设置表格的标题

表格中除了<td>标签和</td>标签可用来设置表格的单元格，还可以通过<caption>标签来设置一种特殊的单元格——标题单元格。表格的标题一般位于整个表格的第一行，用于标识表格的标题行，就像在表格上方加一个没有边框的行来存储表格标题一样。语法格式如下：

```
<caption>表格的标题</caption>
```

示例代码如下：

```
<!DOCTYPE html>
<html>
<head>
<meta charset="utf-8">
</head>
<body>
      <table>
            <caption>销售情况</caption>
                <tr>
                        <td>商品</td>
                        <td>数量</td>
                        <td>单价</td>
            </tr>
            <tr>
                        <td>品牌计算机</td>
                        <td>2</td>
                                <td>3699</td>
            </tr>
            <tr>
                        <td>品牌手机</td>
                        <td>3</td>
                        <td>3999</td>
            </tr>
      </table>
</body>
</html>
```

运行这段代码，看到在表格内容的上方一行添加了一个标题“销售情况”，这一行标题在默认情况下居中显示，如图 4.2 所示。

图 4.2　添加表格的标题

4.1.3　设置表头

表格中还有一种特殊的单元格，称为表头。表头一般位于表格第一行，用来表明该列的内容类别，用<th>标签和</th>标签来表示。与<td>标签的使用方法相同，但是<th>标签中的内容是加粗显示的。语法格式如下：

```
<table>
    <caption>表格的标题</caption>
    <tr>
            <th>表格的表头</th>
            <th>表格的表头</th>
            …
    </tr>
    <tr>
            <td>单元格内的文字</td>
            <td>单元格内的文字</td>
            …
    </tr>
    ……
</table>
```

【例 4.2】使用表头标签制作简单课程表。（**实例位置：资源包\TM\sl\4\02**）

本实例使用<table>表格标签、<caption>表格标题标签、<th>表头单元格标签、<tr>行标签和<td>普通单元格标签，实现一个简单的课程表。首先通过<table>标签创建一个表格，然后利用<caption>标签定义表格的标题，最后使用<tr>行标签和<td>单元格标签，输入课程表的内容。具体代码如下：

```
<!DOCTYPE html>
<html>
<head>
<!--指定页面编码格式-->
<meta charset="UTF-8">
<!--指定页头信息-->
<title>简单课程表</title>
</head>
<body>
<!--<table>为表格标记-->
<table>
    <!--<caption>表头标签-->
    <caption>简单课程表</caption>
    <!--<tr>为行标签-->
    <tr>
        <!--<th>为表头标记-->
        <th>星期一</th>
        <th>星期二</th>
        <th>星期三</th>
        <th>星期四</th>
        <th>星期五</th>
    </tr>
    <tr>
        <!--<td>为单元格-->
```

```
            <td>数学</td>
            <td>语文</td>
            <td>数学</td>
            <td>语文</td>
            <td>数学</td>
        </tr>
            <tr>
            <td>语文</td>
            <td>数学</td>
            <td>语文</td>
            <td>数学</td>
            <td>语文</td>
        </tr>
        <tr>
            <td>体育</td>
            <td>语文</td>
            <td>英语</td>
            <td>综合</td>
            <td>语文</td>
        </tr>
</table>
</body>
</html>
```

运行效果如图 4.3 所示。

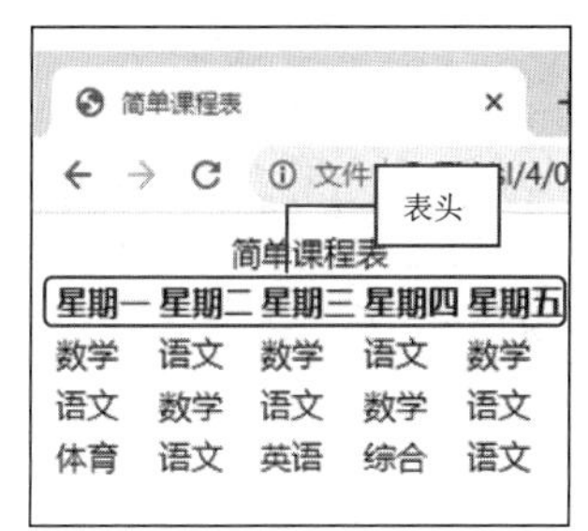

图 4.3　简单课程表的界面效果

4.1.4　合并单元格

在复杂的表格结构中，有些单元格可以跨多个列，有些单元格可以跨多个行。如果要将两个或多个列合并为一个列，可以使用<td>标签的 colspan 属性；如果要将两个或多个行合并为一个行，可以使用<td>标签的 rowspan 属性。语法格式如下：

```
<td colspan="跨的列数" rowspan="跨的行数">
```

在语法中，跨的列数指的是单元格可横跨的列数，跨的行数指的是单元格可横跨的行数。

【例 4.3】使用 rowspan 合并单元格。（**实例位置：资源包\TM\sl\4\03**）

制作一个课程表，并使用 rowspan 合并部分单元格。具体代码如下：

```
<!DOCTYPE html>
<html>
<head>
    <!--指定页面编码格式-->
    <meta charset="UTF-8">
    <!--指定页头信息-->
    <title>复杂课程表</title>
</head>
<body>
<h1>课程表</h1>
<!--<table>为表格标记-->
<table>
    <!--课程表日期-->
    <tr>
        <th></th>
        <th></th>
```

```
            <th>星期一</th>
            <th>星期二</th>
            <th>星期三</th>
            <th>星期四</th>
            <th>星期五</th>
        </tr>
        <!--课程表内容-->
        <tr>
            <!--使用 rowspan 属性进行列合并-->
            <td rowspan="2">上午</td>
            <td>1</td>
            <td>数学</td>
            <td>语文</td>
            <td>英语</td>
            <td>体育</td>
            <td>语文</td>
              </tr>
        <!--课程表内容-->
        <tr>
            <td>2</td>
            <td>音乐</td>
            <td>英语</td>
            <td>政治</td>
            <td>美术</td>
            <td>音乐</td>
        </tr>
        </tr>
        <!—省略其余课程表内容-->
        </tr>
</table>
</body>
</html>
```

运行效果如图 4.4 所示。

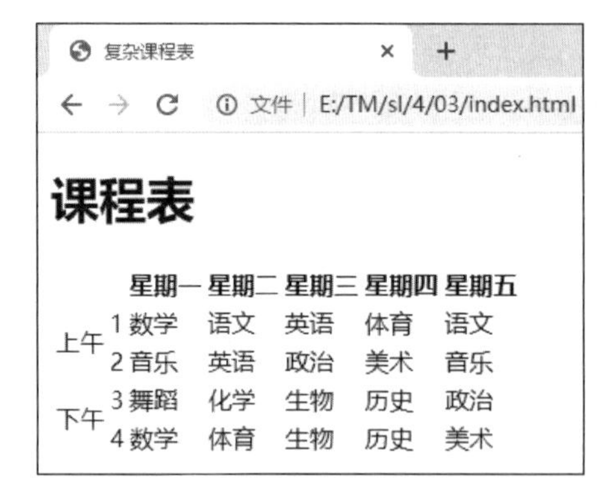

图 4.4 在课程表中合并单元格

编程训练（答案位置：资源包\TM\sl\4\编程训练）

【训练 1】输出上课签到表　试着利用<caption>标签完成一个上课签到表。

【训练 2】输出商品信息　使用表格实现一个商品价格表，列出商品名称和商品价格，使用<td>标签的 colspan 属性合并单元格，并输出商品总价。

4.2　列 表 应 用

列表形式在网站设计中发挥着重要作用，它可以使页面上的信息整齐、直观地显示出来，从而便于用户理解。在后面的学习中将会大量使用列表元素，并学习它们的高级运用。

4.2.1　列表的标签

列表分为两种类型，一是有序列表，二是无序列表。前者使用编号来记录项目的顺序，而后者则用项目符号来标记无序的项目。

所谓有序列表，是指按照数字或字母等顺序排列列表项目，如图 4.5 所示的列表。

所谓无序列表，是指以●、○、▽、▲等开头的，没有顺序的列表项目，如图 4.6 所示的列表。

图 4.5　有序列表

图 4.6　无序列表

列表的主要标签如表 4.2 所示。

表 4.2　列表的主要标签

标　　签	描　　述
<ul>	无序列表
<ol>	有序列表
<dl>	定义列表
<dt>、<dd>	定义列表的标记
<li>	列表项目的标记

4.2.2　无序列表

在无序列表中，各个列表项之间没有顺序级别之分，它通常使用一个项目符号作为每个列表项的前缀。无序列表主要使用<ul>标签、<li>标签和 type 属性。

1．无序列表标签

无序列表的特征在于提供一种不编号的列表方式，而在每一个项目文字之前，以符号作为分项标识。具体语法如下：

```
<ul>
```

```
        <li>第 1 项</li>
        <li>第 2 项</li>
            …
</ul>
```

在该语法中，<ul>标签和</ul>标签分别用于表示这一个无序列表的开始和结束，而<li>标签则表示这是一个列表项的开始。在一个无序列表中可以包含多个列表项。

【例 4.4】无序列表制作游戏难度分类。(**实例位置：资源包\TM\sl\4\04**)

使用无序列表定义游戏难度的分类，新建一个 HTML5 文件，文件的具体代码如下：

```
<!DOCTYPE html>
<html>
<head>
        <!--指定页面编码格式-->
<meta charset="UTF-8">
<title>创建无序列表</title>
</head>
<body>
<h2>游戏难度分类：</h2>
<ul>
      <li>简单</li>
      <li>一般</li>
      <li>困难</li>
</ul>
</body>
</html>
```

保存并运行这段代码，可以看到窗口中建立了一个无序列表，该列表共包含 3 个列表项，如图 4.7 所示。

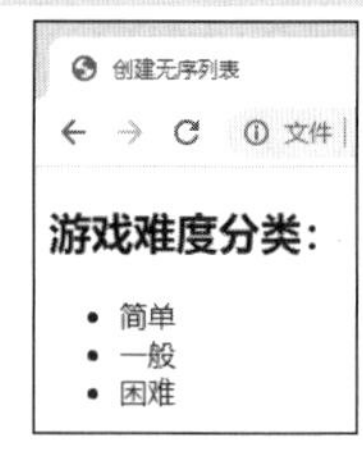

图 4.7 创建无序列表

2. 无序列表属性

默认情况下，无序列表的项目符号是●，而通过 type 参数可以调整无序列表的项目符号，避免列表符号的单调。具体语法如下：

```
<ul type=符号类型>
        <li>第 1 项</li>
        <li>第 2 项</li>
            …
</ul>
```

在该语法中，无序列表其他的属性不变，type 属性则决定了列表项开始的符号。type 属性可以设置的值有 3 个，如表 4.3 所示。其中 disc 是默认的属性值。

表 4.3 无序列表的符号类型

类 型 值	列表项目的符号
disc	●
circle	○
square	■

【例 4.5】使用无序列表制作企业部门分布。(**实例位置：资源包\TM\sl\4\05**)

新建一个 HTML5 文件，在文件的<body>标签中输入代码，具体代码如下：

```
<h2>明日科技部门分布：</h2>
<ul type="circle">
    <li>开发部</li>
    <li>设计部</li>
    <li>运营部</li>
    <li>人事部</li>
</ul>
<h2>开发部分布：</h2>
<ul type="square">
    <li>前端部</li>
    <li>Python 部</li>
    <li>C#/C 语言/C++部</li>
    <li>Java 部</li>
</ul>
```

运行这段代码，可以看到除了默认的列表项符号，还显示了另外两种列表项目符号的效果，结果如图 4.8 所示。

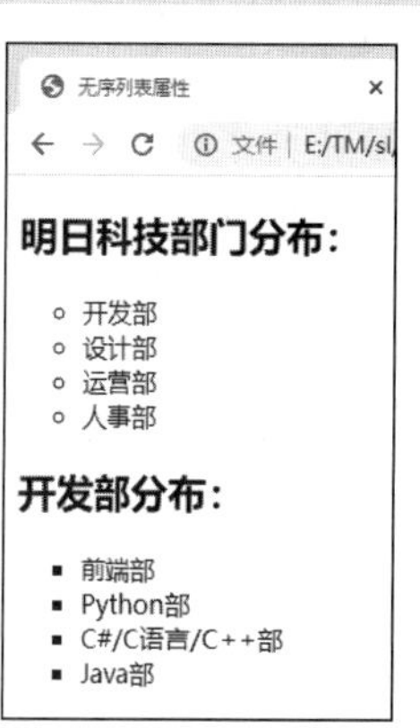

图 4.8　设置无序列表项目符号

4.2.3　有序列表

有序列表使用编号而不使用项目符号来编排项目。列表中的项目采用数字或英文字母开头，通常各项目间有先后的顺序性。在有序列表中，主要使用<ol>和<li>两个标签。

1．有序列表标签

在有序列表中，主要使用<ol>和<li>两个标签以及 type 和 start 两个属性。具体语法如下：

```
<ol>
    <li>第 1 项</li>
    <li>第 2 项</li>
    <li>第 3 项</li>
        …
</ol>
```

在该语法中，<ol>标签和</ol>标签分别表示有序列表的开始和结束，而<li>标签表示这是一个列表项的开始，默认情况下，采用数字序号进行排列。

【例 4.6】使用有序列表输出古诗。（**实例位置：资源包\TM\sl\4\06**）

使用有序列表输出古诗，具体代码如下：

```
    <h2>登鹳雀楼</h2>
<ol>
    <li>白日依山尽</li>
    <li>黄河入海流</li>
    <li>欲穷千里目</li>
    <li>更上一层楼</li>
</ol>
```

运行这段代码，可以看到有序列表前面包含了顺序号，如图 4.9 所示。

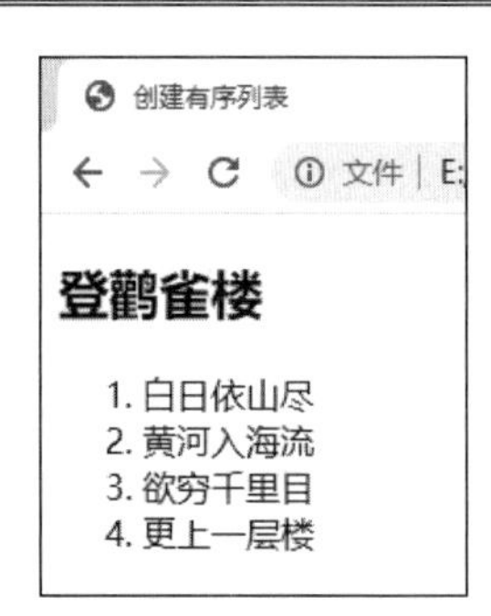

图 4.9　使用有序列表输出诗词

2．有序列表属性

默认情况下，有序列表的序号是数字，通过 type 属性可以调整序号的类型，例如将其修改成字母等。具体语法如下：

```
<ol type=序号类型>
    <li>第 1 项</li>
    <li>第 2 项</li>
    <li>第 3 项</li>
        ....
</ol>
```

在该语法中，序号类型有 5 种，如表 4.4 所示。

表 4.4　有序列表的序号类型

type 取值	列表项目的序号类型
1	数字 1,2,3,4,…
a	小写英文字母 a,b,c,d,…
A	大写英文字母 A,B,C,D,…
i	小写罗马数字 i,ii,iii,iv,…
I	大写罗马数字 I,II,III,IV,…

【例 4.7】使用有序列表实现测试题。（**实例位置：资源包\TM\sl\4\07**）

新建一个 HTML5 文件，使用有序列表实现一个生活测试题，在<body>标签中添加如下代码：

```
<h2>测试：你懂得享受生活吗？</h2>
家里装修完毕，又新添置一套高级音响，你会把豪华漂亮的音响放在哪里?<br>
<ol type="A">
    <li>卧室</li><br>
   <li>客厅</li><br>
   <li>餐厅</li><br>
   <li>浴室</li><br>
</ol>
<ol type="I">
    <li>卧室:喜欢拥有自己的私人空间，生活的快乐更多来自内心世界。</li><br>
   <li>客厅:喜欢热闹，异性缘佳。</li><br>
   <li>餐厅:享受亲情，家庭始终放在你的第一位，任何快乐的事，你都希望能和家人一起分享。</li><br>
   <li>浴室:对生活细节极度迷恋，生活即享受的观点早已深入你心。</li><br>
</ol>
```

运行这段代码，可以实现有序列表的不同类型的序号排列，效果如图 4.10 所示。

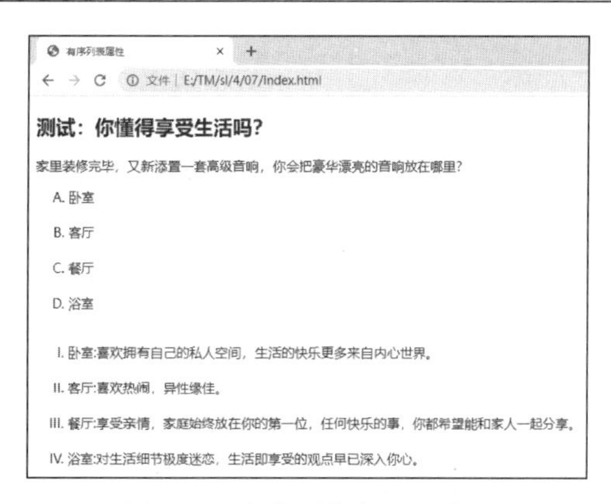

图 4.10　有序列表实现测试题

4.2.4　定义列表

在 HTML 中还有一种列表，称为定义列表（definition list）。不同于前两种列表，定义列表主要用于解释名词，它包含两个层次的列表，第一层次是需要解释的名词，第二层次是具体的解释。语法如下：

```
<dl>
	<dt>名词 1<dd>解释 1
	<dt>名词 2<dd>解释 2
	<dt>名词 3<dd>解释 3
			…
</dl>
```

在该语法中，<dl>标签和</dl>标签分别定义了定义列表的开始和结束，<dt>后面就是要解释的名称，而在<dd>后面则添加该名词的具体解释。作为解释的内容在显示时会自动缩进，类似字典中的词语解释。

另外，在定义列表中，一个<dt>标签下可以有多个<dd>标签作为名词的解释和说明，下面就是一个在<dt>标签下有多个<dd>标签的实例。

【例 4.8】使用定义列表测试适合你的旅游胜地。（**实例位置：资源包\TM\sl\4\08**）

本实例中使用定义列表显示测试题的答案选项以及选项的含义，具体代码如下：

```
<!doctype html>
<meta charset="utf-8">
<head>
    <title>定义列表标记</title>
</head>
<body>
<h2>测试适合你的旅游胜地</h2>
<p>秋高气爽的十月是人们旅游的黄金时期，那么最适合你的地方是哪里呢？快来测试一下吧，回答下面问题，单击答案查看测试结果吧。</p>
<fieldset>
    <legend>外出旅游你最担心什么问题？</legend>
    <details>
        <summary>A.气候</summary>
        <dl>
            <dt>你最适合的旅游胜地为苏州</dt>
            <dd>无论做任何事情，你总是很关注不利的客观条件，而这些条件总会束缚你的行动，苏州对你来
```

```
                说是一个不错的旅游胜地，无论是景色还是气候，以及人文素养对你来说都是无可挑剔的。
            </dd>
        </dl>
    </details>
    </details>
</fieldset>
</body>
</html>
```

运行结果如图 4.11 所示。

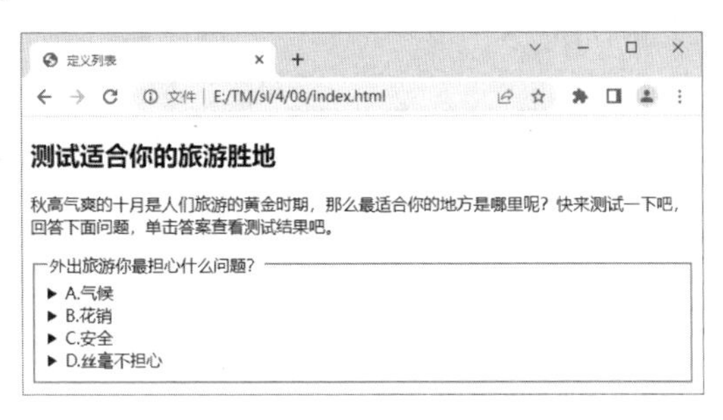

图 4.11　定义列表

4.2.5　嵌套列表

嵌套列表是指多于一级层次的列表，一级项目下面可以存在二级项目、三级项目等。项目列表可以进行嵌套，以实现多级项目列表的形式。

1. 定义列表的嵌套

定义列表是一种两个层次的列表，用于解释名词的定义，名词为第一层次，解释为第二层次，并且不包含项目符号。语法如下：

```
<dl>
    <dt>名词一</dt>
<dd>解释 1</dd>
<dd>解释 2</dd>
<dd>解释 3</dd>
    <dt>名词二</dt>
<dd>解释 1</dd>
<dd>解释 2</dd>
<dd>解释 3</dd>
    …
</dl>
```

在定义列表中，一个<dt>标签下可以有多个<dd>标签作为名词的解释和说明，以实现定义列表的嵌套。

【例 4.9】使用定义列表显示古诗。（**实例位置：资源包\TM\sl\4\09**）

使用定义列表显示古诗，其中诗名为<dt>标签中的内容，而作者、诗体以及古诗内容为<dd>标签中的内容，具体代码如下：

```
<!DOCTYPE html>
<html>
<head>
```

```
    <meta charset="utf-8">
    <title>定义列表嵌套</title>
</head>
<body>
     <p>古诗介绍</p>
<dl>
    <dt>赠孟浩然</dt>
    <dd>作者：李白</dd>
    <dd>诗体：五言律诗</dd>
    <dd>吾爱孟夫子，  风流天下闻。<br/>
        红颜弃轩冕，  白首卧松云。<br/>
        醉月频中圣，  迷花不事君。<br/>
        高山安可仰？  徒此揖清芬。<br/><br/>
    </dd>
    <dt>蜀相</dt>
    <dd>作者：杜甫</dd>
    <dd>诗体：七言律诗</dd>
    <dd>丞相祠堂何处寻？  锦官城外柏森森，<br/>
        映阶碧草自春色，  隔叶黄鹂空好音。<br/>
        三顾频烦天下计，  两朝开济老臣心。<br/>
        出师未捷身先死，  长使英雄泪满襟。<br/>
    </dd>
</dl>
</body>
</html>
```

运行这段代码，效果如图 4.12 所示。

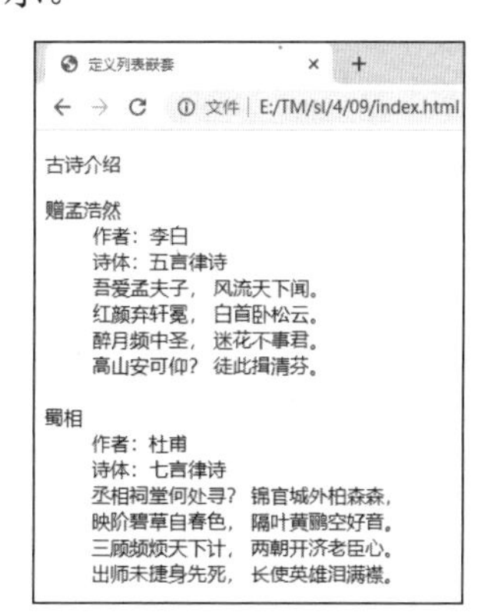

图 4.12　定义列表的嵌套

2. 无序列表和有序列表的嵌套

最常见的列表嵌套模式就是有序列表和无序列表的嵌套，可以重复地使用<ol>标签和<ul>标签的组合来实现。

【例 4.10】使用有序列表和无序列表嵌套实现导航栏。（**实例位置：资源包\TM\sl\4\10**）

利用有序列表和无序列表制作导航，具体代码如下：

```
<!doctype html>
<html>
<head>
    <meta charset="utf-8">
    <title>无序列表和有序列表嵌套</title>
    <link type="text/css" rel="stylesheet" href="css/mr-style.css"/>
</head>
```

```
<body>
<div class="mr-box">
    <ol class="mr-nav" type="none">
        <li class="mr-hover"><a href="#">商品分类</a></li>
        <li class="mr-hover"><a href="#">春节特卖</a>
            <ul class="mr-shopbox" type="none">
                <li><a href="#">服装服饰</a></li>
                <li><a href="#">母婴会场</a></li>
                <li><a href="#">数码家电</a></li>
                <li><a href="#">家纺家居</a></li>
                <li><a href="#">美妆会场</a></li>
                <li><a href="#">汽车特卖</a></li>
                <li><a href="#">进口尖货</a></li>
                <li><a href="#">医药保健</a></li>
            </ul>
        </li>
        <li class="mr-hover"><a href="#">会员</a></li>
        <li class="mr-hover"><a href="#">电器城</a></li>
        <li class="mr-hover"><a href="#">天猫会员</a></li>
    </ol>
</div>
</body>
</html>
```

运行这段代码，效果如图 4.13 所示。

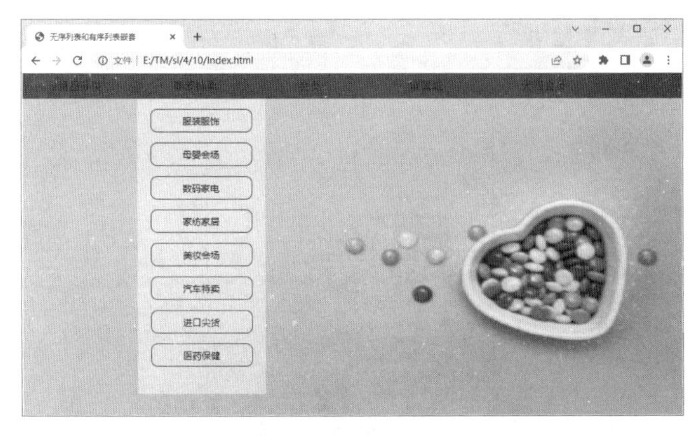

图 4.13　有序列表与无序列表的嵌套

3. 有序列表之间的嵌套

有序列表之间的嵌套就是有序列表的列表项同样是一个有序列表，在<ol>标签中可以重复使用<ol>标签来实现有序列表的嵌套。

【例 4.11】使用有序列表嵌套仿制目录层级。（**实例位置：资源包\TM\sl\4\11**）

使用有序列表和无序列表嵌套仿制目录层级。具体代码如下：

```
<!DOCTYPE html>
<html>
<meta charset="utf-8">
<head>
 <title>有序列表的嵌套</title>
</head>
<body>
<h2>HTML5 基础教程</h2>
```

```
<ol type="A">
    <li>第一篇</li>
    <ol type="1">
        <li>第一章
            <ol type="I">
                <li>第一节</li>
                <li>第二节</li>
                <li>第三节</li>
                <li>第四节</li>
                </ol>
        </li>
        <li>第二章</li>
        <li>第三章</li>
    </ol>
    <li>第二篇</li>
    <ol type="1">
        <li>第四章
            <ol type="I">
                <li>第一节</li>
                <li>第二节</li>
                <li>第三节</li>
            </ol>
        </li>
        <li>第五章</li>
        <li>第六章</li>
    </ol>
</ol>
</body>
</html>
```

运行结果如图 4.14 所示。

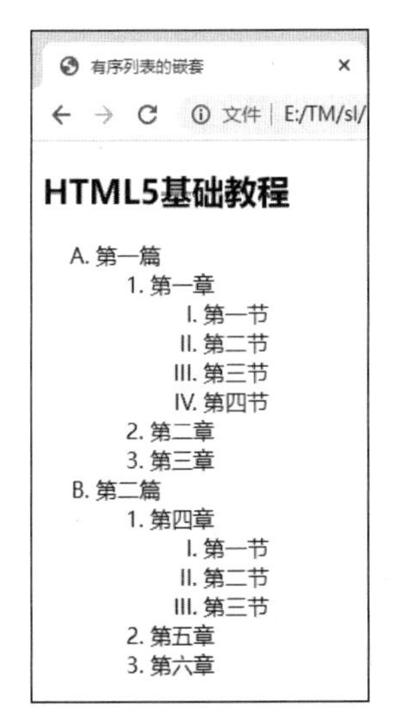

图 4.14　有序列表的嵌套

编程训练（答案位置：资源包\TM\sl\4\编程训练）

【训练 3】 制作电商网站效果　试着运用无序列表制作电商网站上的效果。

【训练 4】 模仿 QQ 联系人列表　试着运用有序列表制作 QQ 联系人列表部分内容。

4.3 超 链 接

超文本链接（hypertext link）通常简称为超链接（hyperlink），或者简称为链接（link）。链接是 HTML 的一个最强大和最有价值的功能，它可以实现将文档中的文字或者图像与另一个文档、文档的一部分或者一幅图像链接在一起。一个网站是由多个页面组成的，页面之间依据链接确定相互的导航关系。当在浏览器中单击这些对象时，浏览器可以根据指示载入一个新的页面或者转到页面的其他位置。下面具体介绍链接的使用方法。

4.3.1 绝对路径和相对路径

要学习超链接，首先需要了解绝对路径和相对路径的概念，下面分别进行介绍。

1. 绝对路径

绝对路径就是主页上的文件或目录在硬盘上的真正路径。使用绝对路径定位链接目标文件比较清晰，但是有两个缺点：一是需要输入更多的内容；二是如果该文件被移动了，就需要重新设置所有的相关链接。例如，在本地测试网页时，所有链接都可用，但是它们在网上就不可用了。这就是路径设置的问题。例如，设置路径为 D:\mr\5\5-1.html，在本地可以找到该路径下的文件，但是到了网站上该文件便不一定在该路径下了，因此就会出问题。

2. 相对路径

相对路径非常适用于网站的内部链接。文件只要属于同一网站，即使不在同一个目录中，也可以使用相对路径进行链接。文件相对地址是书写内部链接的理想形式。只要文件处于站点文件夹之内，相对地址就可以自由地在文件之间构建链接。这种地址形式利用的是构建链接的两个文件之间的相对关系，不受站点文件夹所处服务器位置的影响。因此，这种书写形式省略了绝对地址中的相同部分。这样做的优点是：站点文件夹所在服务器地址发生改变时，文件夹的所有内部链接都不会出问题。

相对路径的使用方法如下。

☑ 如果要链接到同一目录中的文件，则只需输入文件的名称，如 5-1.html。

☑ 如果要链接到下一级目录中的文件，则只需先输入目录名，然后加“/”，再输入文件名，如 mr/5-2.html。

☑ 如果要链接到上一级目录中的文件，则先输入“../”，再输入目录名、文件名，如../ ../mr/5-2.html。

除了绝对路径和相对路径，还有一种称为根目录。根目录常常在大规模站点需要放置在几个服务器上，或者一个服务器上同时放置多个站点时使用。其书写形式很简单，只需要以“/”开始，表示根目录，之后是文件所在的目录名和文件名，如/mr/5-1.html。

4.3.2 文本链接

在网页中，文本链接是最常见的一种。它通过网页中的文本和其他文件进行链接。语法格式如下：

```
<a href="链接地址">链接文字</a>
```

在该语法中，链接地址可以使用绝对路径，也可以使用相对路径。

【例 4.12】使用超链接实现旅游景点介绍。（**实例位置：资源包\TM\sl\4\12**）

在网页中显示“南湖公园”景点的介绍，然后添加超链接，链接文字为“下一篇：净月潭公园”，单击链接时，可以跳转到“净月潭公园”景点的介绍页面。具体代码如下：

```
<!DOCTYPE html>
<html>
<head>
    <meta charset="utf-8">
    <title>文本链接</title>
</head>
<body>
<h3>旅游景点介绍：南湖公园</h3>
<a href="index2.html">下一篇：净月潭公园</a><br/><br/>
  南湖公园位于吉林省长春市朝阳区，公园总面积 222 万多平方米，其中湖面面积 92 公顷，花园特色鲜明。从空中俯瞰南湖公园，可以清楚地看到它的全貌，形似哑铃状，东西窄，南北长。公园内湖水清澈，岸柳垂青，曲桥亭榭，鸟语花香，四季分明，胜似江南。
</body>
</html>
```

运行效果如图 4.15 所示。在图 4.15 中有一个文本链接“下一篇：净月潭公园”，它链接到当前目录下的 index2.html 文件。该文件的实例代码如下。

```
<!DOCTYPE html>
<html>
<head>
<meta charset="utf-8">
<title>文本链接</title>
</head>
<body>
<h3>旅游景点介绍：净月潭公园</h3>
<a href="index.html">上一篇：南湖公园</a><br /><br />
  净月潭景区位于吉林省长春市东南部长春净月经济开发区，距市中心人民广场仅 18 公里，景区面积为 96.38 平方公里，其中水域面积为 5.3 平方公里，森林覆盖率达到 96%以上。
</body>
</html>
```

运行效果如图 4.16 所示。在这个页面中同样有一个“上一篇：南湖公园”的文本链接，单击该链接，页面将跳转到 index.html 文件。

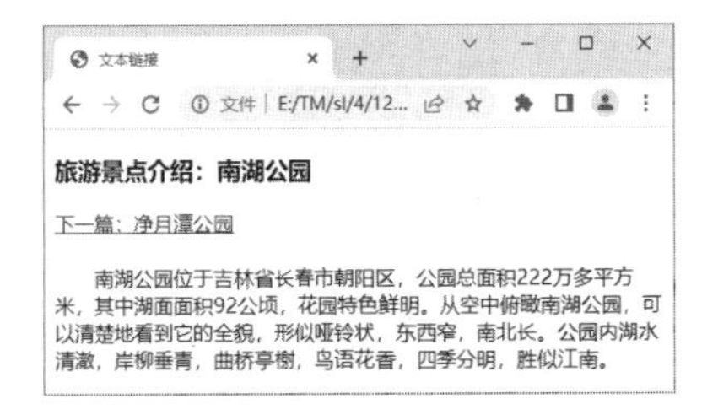

图 4.15　文本链接的页面效果

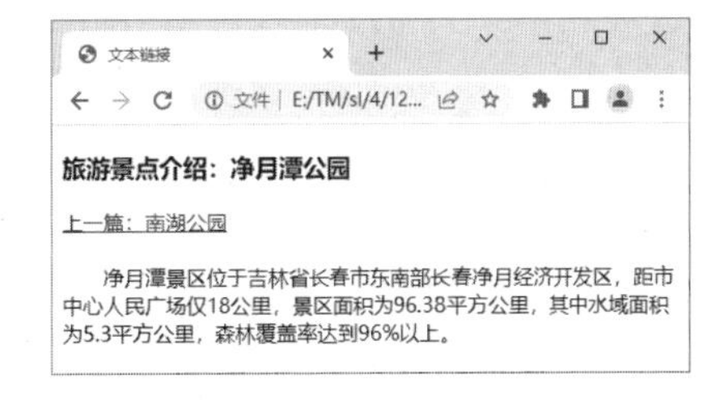

图 4.16　打开的链接页面

4.3.3　设置超链接的目标窗口

在创建网页的过程中，有时候并不希望超链接的目标窗口将原来的窗口覆盖，例如在打开新的窗口时，主页面的窗口仍保留在原处。这时可以通过 target 属性设置目标窗口的打开方式。语法格式如下：

```
<a href="链接地址" target="目标窗口的打开方式">链接元素</a>
```

在该语法中，target 属性的取值有 4 种，如表 4.5 所示。

表 4.5　target 参数的取值说明

target 值	目标窗口的打开方式
_parent	在上一级窗口打开，常在分帧的框架页面中使用
_blank	新建一个窗口打开
_self	在同一窗口打开，与默认设置相同
_top	在浏览器的整个窗口打开，将会忽略所有的框架结构

【例 4.13】使用超链接实现网页的导航。（**实例位置：资源包\TM\sl\4\13**）

在网页中使用超链接添加导航菜单，实现单击菜单项时跳转到其他页面，并设置在新窗口中打开该页面，具体代码如下：

```
<!DOCTYPE html>
<html lang="en">
<head>
    <meta charset="UTF-8">
    <title>超链接</title>
</head>
<body>
<div class="mr-cont">
    <img src="img/logo.png" alt="51 购商城">   
    <a href="#">首页</a>   
    <a href="link.html" target="_blank">手机酷玩</a>   
    <a href="link.html"target="_blank">精品抢购</a>   
    <a href="link.html"target="_blank">手机配件</a><br>
    <img src="img/ban.jpg" alt="">
</div>
</body>
</html>
```

设置这段代码的文件名为 index.html，在这段代码中包含超链接文本“首页”“手机酷玩”“精品抢购”“手机配件”，单击“首页”时，该页面不会发生跳转，单击其余文本时，可以在一个新窗口中打开 link.html 文件，该文件中的代码如下：

```
<!DOCTYPE html>
<html lang="en">
<head>
    <meta charset="UTF-8">
    <title>超链接</title>
</head>
<body>
<div>
<h1>欢迎来到 51 购商城</h1><p><a href="index.html">点击此处返回主页</a></p>
<img src="img/banner2.jpg" alt="">
</div>
</body>
</html>
```

运行文件 index.html，如图 4.17 所示。单击窗口中的“手机酷玩”超链接，可以在一个新的窗口

中打开文件 link.html，如图 4.18 所示。

图 4.17　页面初始运行效果

图 4.18　新窗口中打开文件

编程训练（答案位置：资源包\TM\sl\4\编程训练）

【训练 5】实现某公司网站的导航　制作一个某公司网站的导航页面，单击导航菜单项时，跳转到其他页面。

【训练 6】实现游戏介绍页面　实现一个象棋游戏介绍的网页，网页中包括“游戏大厅”“玩家登录”“进入房间”和“棋手对弈”4 个超链接，当单击不同的超链接时会跳转到对应的介绍页面。

4.4　实践与练习

（答案位置：资源包\TM\sl\4\实践与练习）

综合练习 1：实现某公司开发部员工的信息　将某公司开发部员工的信息定义在表格中，包括员工编号、员工姓名以及员工的职位，运行结果如图 4.19 所示。

综合练习 2：实现限时抢购页面　使用无序列表和定义列表实现网购商城中限时抢购页面，运行结果如图 4.20 所示。

图 4.19　某公司员工信息

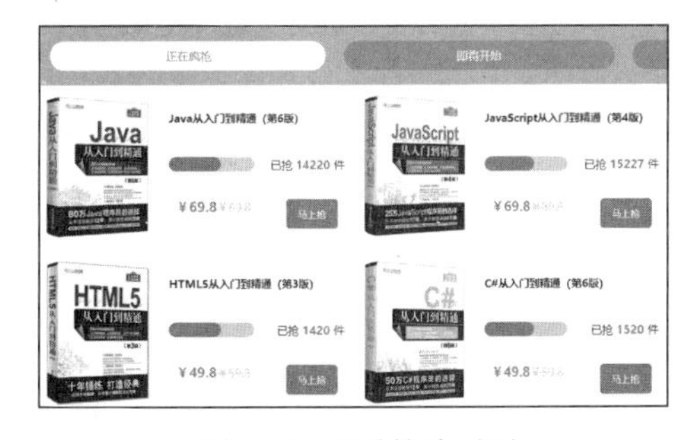

图 4.20　限时抢购页面

综合练习 3：二级导航菜单　通过嵌套列表实现二级导航菜单的功能，运行结果如图 4.21 所示。

图 4.21　二级导航菜单

第 5 章

HTML5 表单

表单的用途很多，在制作网页，特别是制作动态网页时常常会用到。表单主要用来收集客户端提供的相关信息，使网页具有交互的功能。另外，表单是 HTML 页面与浏览器实现交互的重要手段。在网页的制作过程中，常常需要使用表单，例如在进行用户注册时，就必须通过表单填写用户的相关信息。

本章知识架构及重难点如下。

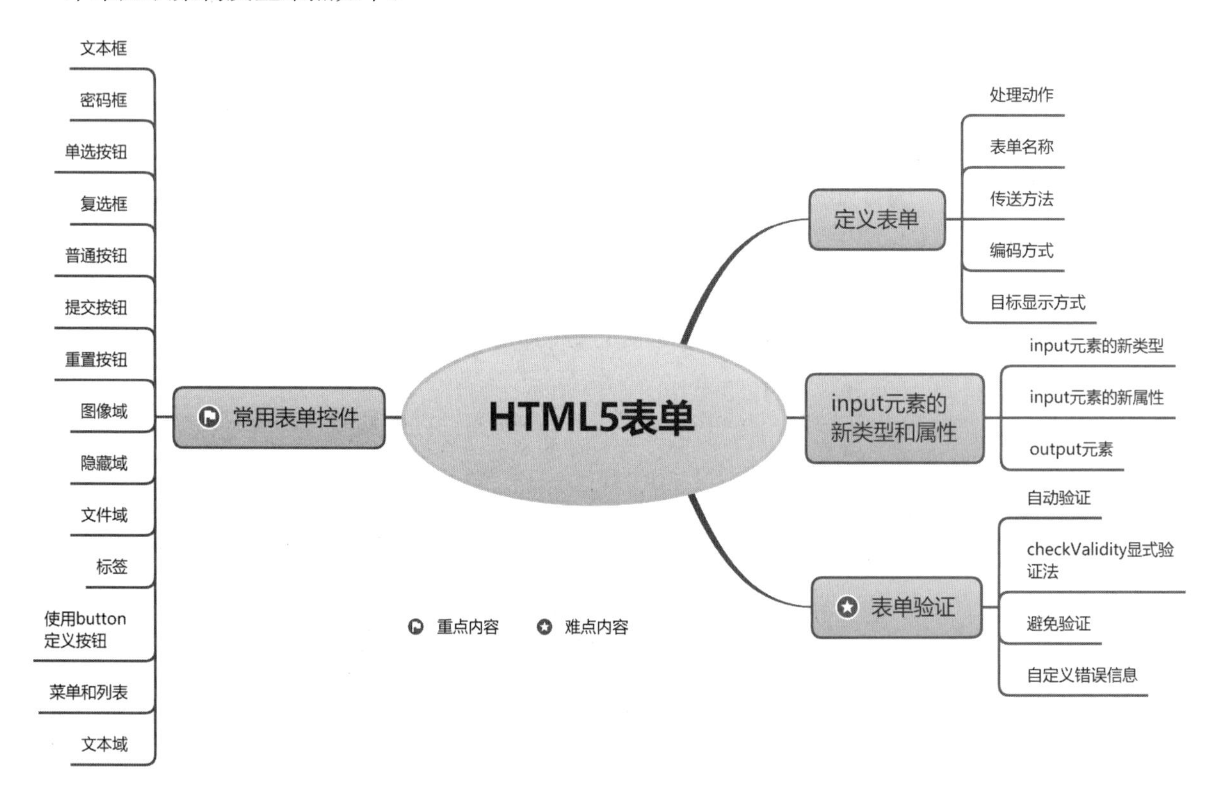

5.1 定 义 表 单

在 HTML 中，<form>和</form>标签对用来创建一个表单，即定义表单的开始和结束位置，在标签对之间的一切都属于表单的内容。

每个表单元素开始于 form 元素，可以包含所有的表单控件，还有任何必需的伴随数据，如控件的标签、处理数据的脚本或程序的位置等。在表单的<form>标签中，还可以设置表单的基本属性，包含表单的名称、处理程序、传送方法等。一般情况下，表单的处理程序 action 和传送方法 method 是必不可少的参数。

5.1.1　处理动作

真正处理表单的数据脚本或程序在 action 属性中，这个值可以是程序或脚本的一个完整 URL。语法格式如下：

```
<form action="表单的处理程序">
    ...
</form>
```

在该语法中，表单的处理程序定义的是表单要提交的地址，也就是表单中收集到的资料将要传递的程序地址。这一地址可以是绝对地址，也可以是相对地址，还可以是一些其他形式的地址，例如发送 E-mail 等。示例代码如下：

```
<!DOCTYPE html>
<html>
<head>
<meta charset="utf-8">
<title>设定表单的处理程序</title>
</head>
<body>
    <!--这是一个没有控件的表单-->
    <form action="mail:mingri@qq.com"></form>
</body>
</html>
```

在这个示例中，定义了表单提交的地址为一个邮件，当程序运行后会将表单中收集到的内容以电子邮件的形式发送出去。

5.1.2　表单名称

名称属性 name 用于给表单命名。这一属性不是表单的必需属性，但是为了防止表单信息在提交到后台处理程序时出现混乱，一般要设置一个与表单功能相匹配的名称，例如注册页面的表单可以被命名为 register。不同的表单尽量不使用相同的名称，以避免混乱。语法格式如下：

```
<form name="表单名称">
    ...
</form>
```

表单名称中不能包含特殊符号和空格。示例代码如下：

```
<!DOCTYPE html>
<html>
<head>
<meta charset="utf-8">
<title>设定表单的名称</title>
</head>
<body>
    <!--这是一个没有控件的表单-->
```

```
    <form action="mail:mingri@qq.com" name="register"></form>
</body>
</html>
```

在该示例中，表单被命名为 register。

5.1.3 传送方法

表单的 method 属性用来定义处理程序从表单中获得信息的方式，可取值为 get 或 post，它决定了表单中已收集的数据是用什么方法发送至服务器的。

method=get：使用这种设置时，表单数据会被视为 CGI 或 ASP 的参数发送，也就是来访者输入的数据会附加在 URL 之后，由用户端直接发送至服务器，因此速度上会比 post 快，但缺点是数据长度不能够太长。在没有指定 method 的情形下，一般都会视 get 为默认值。

method=post：使用这种设置时，表单数据是与 URL 分开发送的，用户端的计算机会通知服务器来读取数据，因此通常没有数据长度上的限制，缺点是速度上会比 get 慢。语法格式如下：

```
<form method="传送方式">
    ...
</form>
```

传送方式的值只有两种选择，即 get 或 post。示例代码如下：

```
<!DOCTYPE html>
<html>
<head>
<meta charset="utf-8">
<title>设定表单的传送方式</title>
</head>
<body>
    <!--这是一个没有控件的表单-->
    <form action="mail:mingri@qq.com" name="register" method="post"></form>
</body>
</html>
```

在这个示例里，表单 register 的内容将以 post 的方式通过电子邮件的形式传送出去。

5.1.4 编码方式

表单中的 enctype 参数用于设置表单信息提交的编码方式。语法格式如下：

```
<form enctype="编码方式">
...
</form>
```

enctype 属性为表单定义了 MIME 编码方式，编码方式的取值如表 5.1 所示。

表 5.1　编码方式的取值

enctype 取值	取值的含义
text/plain	以纯文本的形式传送
application/x-www-form-urlencoded	默认的编码形式
multipart/form-data	MIME 编码，上传文件的表单必须选择该项

示例代码如下：

```
<!DOCTYPE html>
<html>
<head>
<meta charset="utf-8">
<title>设定表单的编码方式</title>
</head>
<body>
	<!--这是一个没有控件的表单-->
	<form action="mail:mingri@qq.com" name="register" method="post" enctype="text/plain"></form>
</body>
</html>
```

在这个示例中，设置了表单信息以纯文本的编码形式发送。

5.1.5　目标显示方式

target 属性用来指定目标窗口的打开方式。表单的目标窗口往往用来显示表单的返回信息，如表单的内容是否成功提交、是否出错等。语法格式如下：

```
<form target="目标窗口的打开方式">
	...
</form>
```

目标窗口的打开方式包含 4 个取值：_blank、_parent、_self 和_top。其中：_blank 是指将返回的信息显示在新打开的窗口中；_parent 是指将返回信息显示在父级的浏览器窗口中；_self 则表示将返回信息显示在当前浏览器窗口中；_top 表示将返回信息显示在顶级浏览器窗口中。示例代码如下：

```
<!DOCTYPE html>
<html>
<head>
<meta charset="utf-8">
<title>设定目标窗口的打开方式</title>
</head>
<body>
	<!--这是一个没有控件的表单-->
	<form action="mail:mingri@qq.com" name="register" method="post" enctype="text/plain" target="_self"></form>
</body>
</html>
```

在这个示例中，设置表单的返回信息将在同一窗口中显示。

以上讲解的只是表单的基本构成标签，而表单的<form>标签只有和它包含的具体控件相结合才能真正实现表单收集信息的功能。下面就对表单中各种功能的控件的添加方法加以说明。

5.2　常用表单控件

在 HTML 表单中，input 元素是最常用的输入类控件，包括最常见的文本框、按钮都是使用这个元素，该元素的基本语法如下：

```
<form>
    <input name="控件名称" type="控件类型" />
</form>
```

在这里，控件名称是为了便于程序区分不同的控件，而 type 参数则是确定了控件的类型。在 HTML 中，input 元素的 type 可选值如表 5.2 所示。

表 5.2　input 元素的 type 可选值

type 取值	取值的含义
text	文本框
password	密码框，用户在页面中输入时不显示具体的内容，以*代替
radio	单选按钮
checkbox	复选框
button	普通按钮
submit	提交按钮
reset	重置按钮
image	图像域，也称为图像提交按钮
hidden	隐藏域，隐藏域将不显示在页面上，只将内容传递到服务器中
file	文件域

除了输入类型的控件，还有一些控件，如文本域、菜单列表都有自己的特定标签，如文本域直接使用<textarea>标签，菜单列表需要使用<select>标签和<option>标签相结合，这些将在后面做详细介绍。

5.2.1　文本框

在表单的输入类控件中，最常用的就是文本框，文本框中可以输入任何类型的文本、数字或字母，输入的内容以单行显示。语法格式如下：

```
<input type="text" name="控件名称" size="控件的长度" maxlength="最长字符数" value="文本框的默认取值">
```

在该语法中包含了很多参数，它们的含义和取值方法不同，如表 5.3 所示。其中 name、size、maxlength 参数一般是不会被省略的参数。

表 5.3　text 文本框的参数表

参 数 类 型	含　义
name	文本框的名称，用于和页面中其他控件加以区别，命名时不能包含特殊字符，也不能以 HTML 预留作为名称
size	定义文本框在页面中显示的长度，以字符作为单位
maxlength	定义在文本框中最多可以输入的文字数
value	用于定义文本框中的默认值

【例 5.1】在表单中添加文本框。（**实例位置：资源包\TM\sl\5\01**）

在网页中添加用户调整表单，表单中含有两个文本框。具体代码如下：

```
<!DOCTYPE html>
<html>
```

```
<head>
<meta charset="utf-8">
<title>在表单中添加文本框</title>
</head>
<body>
<h1>用户调整</h1>
    <form action="mail;mingri@qq.com" method="get" name="register">
        姓名：<input type="text" name="username" size="20" />
        <br /><br />
        网址：<input type="text" name="URL" size="20" maxlength="50" value="http://" />
    </form>
</body>
</html>
```

表单的名称为 register，将表单内容以电子邮件的方式传递，并使用 GET 传输方式。设定两个文本框：第一个“姓名”的文本框为 20 字符宽度；第二个“网址”的文本框为 20 字符宽度，但最大可以输入 50 个字符，并且显示 http://的初始值。图 5.1 就是文本框的显示结果。

图 5.1　在表单中添加文本框

5.2.2　密码框

在表单中还有一种文本域的形式是密码框，输入文本域中的文字均以星号“*”或圆点显示。语法格式如下：

```
<input type="password" name="控件名称" size="控件的长度" maxlength="最长字符数" value="密码框的默认取值" />
```

在该语法中包含了很多参数，它们的含义和取值如表 5.4 所示。其中，name、size、maxlength 参数一般是不会被省略的参数。

表 5.4　password 密码框的参数表

参 数 类 型	含　　义
name	域的名称，用于和页面中其他控件加以区别，命名不能包含特殊字符，也不能使用 HTML 预留字
size	定义密码框在页面中显示的长度，以字符作为单位
maxlength	定义在密码框中最多可以输入的文字数
value	用于定义密码框的默认值，同样以“*”显示

【例 5.2】实现商城中账号登录界面。（**实例位置：资源包\TM\sl\5\02**）

在商城的登录界面中，添加单行文本框和密码框，具体代码如下：

```
<!doctype html>
<html>
<head>
    <meta charset="utf-8">
    <title>文本框</title>
    <style type="text/css">
        /*页面整体布局*/
        .mr-cont{
            width:  365px;      /*整体大小*/
            height: 375px;
            margin: 20px auto;
            border: 1px solid #f00;
```

```
            background: url(img/4-2.png);     /*添加背景图片*/
        }
        /*表单整体位置*/
        form{
            padding: 65px 50px;
        }
        label{
            color: #fff;
            display: block;
            padding-top: 10px;
            position: relative;
        }
        /*设置单行文本框和密码框的样式*/
        label input{
            height: 25px;
            width: 200px;
            position: absolute;
        }
        label img{
            height: 28px;
        }
    </style>
</head>

<body>
<div class="mr-cont">
    <form>
        <!--使用<label>标签绑定单行文本框，实现单击图片时文本框也能获取焦点-->
        <label><img src="img/user.png"><input type="text"></label>
        <!--密码输入框-->
        <label><img src="img/pass.png"><input type="password"></label>
    </form>
</div>
</body>
</html>
```

运行这段代码，在页面中的密码框中输入密码，可以看到出现在密码框中的内容不是文字本身，而是圆点“• ”，如图 5.2 所示。

图 5.2　在密码框中输入文字

虽然在密码框中已经将所输入的字符以掩码形式显示了，但是它并没有实现真正保密，因为用户可以通过复制该密码框中的内容，将复制的密码粘贴到其他文档中，查看到密码的“真实面目”。为实现密码的真正安全，可以屏蔽密码框的复制功能，同时改变密码框的掩码符号。

下面就是一个使密码框更安全的实例。在实例中，主要通过控制密码框的 oncopy、oncut、onpaste 事件来实现禁止复制密码框内容的功能，并通过改变其 style 样式属性来实现改变密码框中掩码的样式。

【例 5.3】实现表单中的密码不可复制的功能。（**实例位置：资源包\TM\sl\5\03**）

使用表单布局表单页面，表单中包括密码框、文本框以及按钮，并使用 oncopy、oncut、onpaste 事件来实现禁止复制密码的功能，具体代码如下：

```
<table width="530" height="334" border="0" align="center" cellpadding="0" cellspacing="0" background="images/login.gif">
    <form name="form1">
        <tr height="160"><td colspan="6"> </td></tr>
        <tr>
            <td width="130"></td>
            <td colspan="2" align="right">管理员:</td>
            <td colspan="2"><input name="txt_name" type="text" size="18" maxlength="50"></td>
            <td></td>
        </tr>
        <tr>
            <td> </td>
            <td colspan="2" align="right">密   码:</td>
            <td colspan="2">
                <input name="txt_passwd" type="password" size="18" oncopy="return false" oncut="return false">
            </td>
            <td></td>
        </tr>
        <tr align="center">
            <td width="110"> </td>
            <td colspan="2"><input name="login" type="submit" id="login" value="登  录"></td>
            <td colspan="2"><input type="reset" name="Submit2" value="重  置"></td>
            <td> </td>
        </tr>
        <tr height="50"><td colspan="6"></td></tr>
    </form>
</table>
```

运行本实例，当输入密码并选中所输入的密码，然后右击时，可以发现原来的“复制”命令变为灰色，即为不可用状态，并且快捷键 Ctrl+C 也不可用。运行结果如图 5.3 所示。

图 5.3　让密码框更安全

5.2.3　单选按钮

单选按钮能够进行项目的单项选择，以一个圆框表示。语法格式如下：

```
<input type="radio" value="单选按钮的取值" name="单选按钮名称" checked="checked"/>
```

在该语法中，checked 属性表示这一单选按钮默认被选中，而在一个单选按钮组中只能有一项单选按钮控件被设置为 checked。value 则用来设置用户选中该项目后，传送到处理程序中的值。

【例 5.4】添加单选按钮实现心理测试。（**实例位置：资源包\TM\sl\5\04**）

在网页中实现一则心理测试，并且在测试题的每个选项前添加一个单选按钮，用于选择答案。具体代码如下：

```
<!DOCTYPE html>
<html>
<head>
<meta charset="utf-8">
<title>在表单中添加单选按钮</title>
</head>
<body>
<h2>心理小测试：测试你的心智</h2>
```

```
<hr>
在冬日的下午，你一个人在散步，这时你最希望看到什么景色？
<hr/>
<form action="" name="xlcs" method="post">
    <input type="radio" value="answerA" name="test"/>在沙滩上晒太阳的螃蟹
    <br />
    <input type="radio" value="answerB" name="test"/>风中摇曳的红枫
    <br />
    <input type="radio" value="answerB" name="test"/>美丽善良的采茶姑娘
    <br />
    <input type="radio" value="answerB" name="test"/>在空中飞行的一对黑鹤
</form>
</body>
</html>
```

运行程序，可以看到在页面中包含了 4 个单选按钮，如图 5.4 所示。

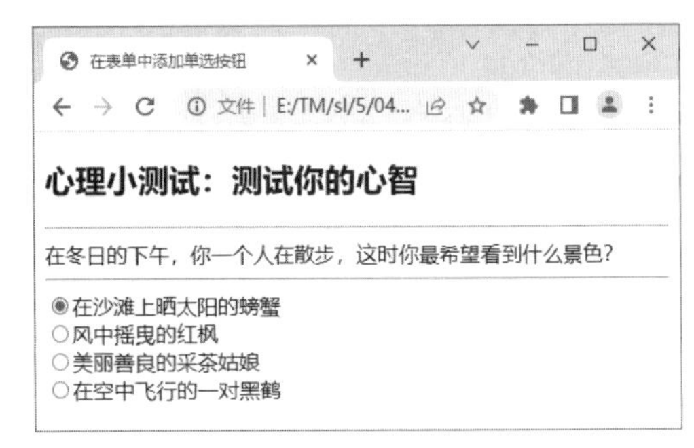

图 5.4　添加单选按钮

5.2.4　复选框

在网页设计中，有一些内容需要浏览者以选择的形式填写，而选择的内容可以是一个，也可以是多个，这时就需要使用复选框控件 checkbox。复选框在页面中以一个方框来表示。语法格式如下：

```
<input type="checkbox" value="复选框的值" name="名称" checked="checked" />
```

在该语法中，checked 参数表示该选项在默认情况下已经被选中，一组复选框中可以有多个复选框被选中。

【例 5.5】添加复选框以仿制购物车结算功能。（**实例位置：资源包\TM\sl\5\05**）

仿制购物网站中的购物车结算功能，注意本实例中的“全选”和“全不选”单选按钮没有实际功能。具体代码如下：

```
<!doctype html>
<html>
<head>
    <meta charset="utf-8">
    <title>单选按钮/复选框</title>
    <style type="text/css">
        .mr-cont{
            width: 510px;
            height: 405px;
            margin: 20px auto;
            border: 1px solid #f00;
            background:url(img/4-4.jpg);
        }
        /*通过内边距调整表单位置*/
        form{
            padding-top: 10px;
        }
        /*属性选择器设置复选框样式*/
        [type="checkbox"]{
            display: block;
```

```
                height: 125px;
            }
        </style>
</head>
<body>
<div class="mr-cont">
    <form>
    <!--使用<label>标签绑定单选按钮，选中“全选”或“全不选”单选按钮时，也能选中对应按钮-->
    <label><input type="radio" name="all"> 全选</label>
    <label><input type="radio" name="all"> 全不选</label>
    <!--复选框-->
            <input type="checkbox" class="checkbox1">
    <input type="checkbox" class="checkbox1">
    <input type="checkbox" class="checkbox1">
    </form>
</div>
</body>
</html>
```

运行代码，效果如图 5.5 所示。

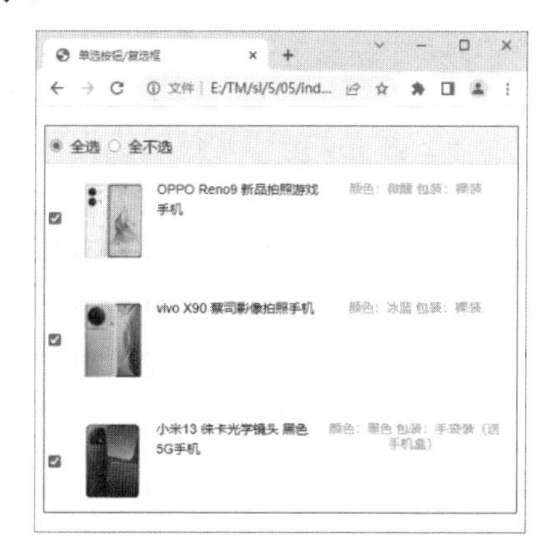

图 5.5　添加复选框的效果

5.2.5　普通按钮

在网页中按钮也很常见，在提交页面、恢复选项时常常用到。普通按钮一般情况下要配合脚本来进行表单处理。语法格式如下：

```
<input type="button" value="按钮的取值" name="按钮名" onclick="处理程序"/>
```

value 的取值就是显示在按钮上面的文字，而在 button 中可以通过添加 onclick 参数来实现一些特殊的功能，onclick 参数是设置当单击按钮时要进行的处理。

【例 5.6】使用<input>标签添加普通按钮。（**实例位置：资源包\TM\sl\5\06**）

在网页中添加三个按钮，并且为第二个按钮添加关闭当前窗口的功能，为第三个按钮添加打开窗口的功能。具体代码如下：

```
<!DOCTYPE html>
<html>
<head>
<meta charset="utf-8">
```

```
<title>在表单中添加普通按钮</title>
</head>
<body>
    下面是几个有不同功能的按钮：<br/><br/>
    <form name="ptan" action="" method="post">
      <!--在页面中添加一个普通按钮-->
      <input type="button" value="普通按钮" name="buttom1" />
      <!--在页面中添加一个关闭当前窗口-->
      <input type="button" value="关闭当前窗口" name="close" onclick="window.close()"/>
      <!--在页面中添加一个打开新窗口的按钮-->
      <input type="button" value="打开窗口" name="opennew" onclick="window.open()" />
   </form>
</body>
</html>
```

运行这段代码，效果如图 5.6 所示。单击页面中的“普通按钮”按钮，页面不会有任何变化，因为在“普通按钮”按钮的代码中没有设置处理程序；如果单击“关闭当前窗口”按钮，则关闭当前窗口；单击页面中的“打开窗口”按钮，会弹出一个新的窗口，如图 5.7 所示。

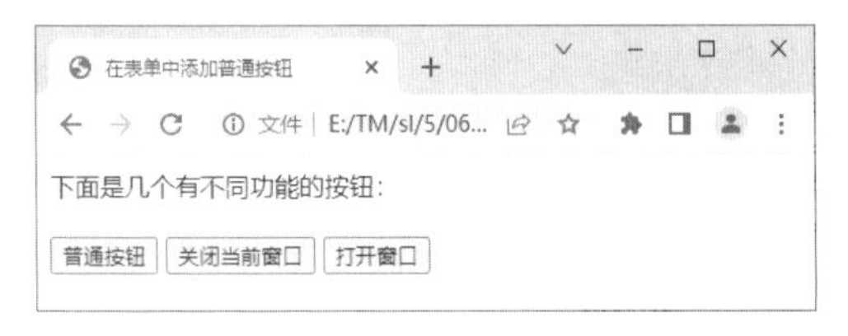

图 5.6　添加三个按钮

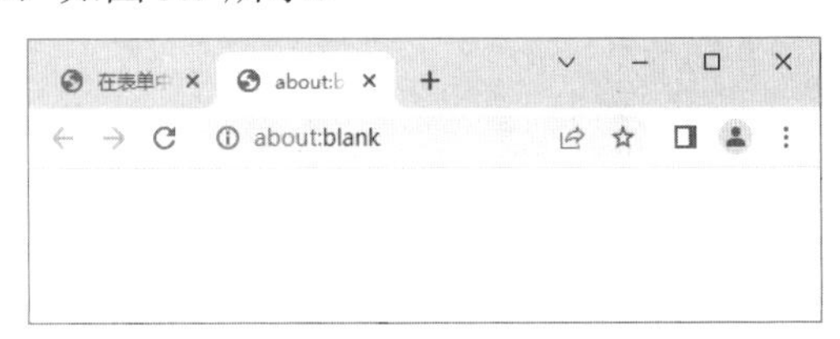

图 5.7　打开新的窗口

5.2.6　提交按钮

提交按钮是一种特殊的按钮，不需要设置 onclick 参数，在单击该类按钮时可以实现表单内容的提交。语法格式如下：

```
<input type="submit" name="按钮名" value="按钮的取值" />
```

在该语法中，value 同样用来设置按钮上显示的文字。

【例 5.7】使用提交按钮提交表单。(**实例位置：资源包\TM\sl\5\07**)

制作一个表单，表单中需要用户添加姓名、网址、密码以及选择喜欢的音乐和居住的城市，最后单击“提交表单”按钮可以提交表单。具体代码如下：

```
<!DOCTYPE html>
<html>
<head>
<meta charset="utf-8">
<title>设置提交按钮</title>
</head>
<body>
    <form method="post" name="invest" enctype="text/plain">
    姓名：<input type="text" name="username" size="20" /><br /><br/>
    网址：<input type="text" name="URL" size="20" maxlength="50" value="http://" /><br/><br/>
    密码：<input type="password" name="password" size="20" maxlength="8" /><br /><br/>
    确认密码：<input type="password" name="qurpassword" size="20" maxlength="8" /><br/><br/>
    请选择你喜欢的音乐：<input type="checkbox" name="m1" value="rock"/>摇滚乐
                        <input type="checkbox" name="m2" value="jazz"/>爵士乐
```

```
                        <input type="checkbox" name="m3" value="pop"   />流行乐<br/><br/>
    请选择你居住的城市：<input type="radio" name="city" value="beijing"   />哈尔滨市
                        <input type="radio" name="city" value="shanghai"   />长春市
                        <input type="radio" name="city" value="nanjing"   />沈阳市<br/><br/>
                        <input type="submit" name="submit" value="提交表单" />
    </form>
</body>
</html>
```

图 5.8 就是表单的显示结果，单击“提交表单”按钮后实现表单提交。

图 5.8　设置提交按钮

5.2.7　重置按钮

单击重置按钮后，可以清除表单的内容，恢复默认的表单内容设定。语法格式如下：

```
<input type="reset" name="按钮名" value="按钮的取值" />
```

在该语法中，value 同样用来设置按钮上显示的文字。

【例 5.8】实现收货信息填写。(**实例位置：资源包\TM\sl\5\08**)

实现收货信息填写表单，该表单的最下方分别添加了重置按钮、普通按钮（按钮上文字为保存）和提交按钮，具体代码如下：

```
<!doctype html>
<html>
<head>
    <meta charset="utf-8">
    <title>收货信息填写</title>
    <style type="text/css">
        .mr-cont {
            height: 474px;
            width: 685px;
            margin: 20px auto;
            border: 1px solid #f00;
            background: url(img/bg.png);
        }
        .mr-cont div {
            width: 400px;
            text-align: center;
            margin: 30px 0 0 140px;
        }
        .red {
            font-size: 12px;
```

```
            color: #f00;
        }
        .addr input {
            margin: auto 20px;
        }
        [type="radio"] {
            margin: 0 30px;
        }
        p {
            text-align: left;
            margin-left: 45px;
        }
        /*文本域的大小*/
        textarea {
            height: 80px;
            width: 390px;
        }
        #btn {
            margin-top: 10px;
        }
        /*设置“提交”“保存”“重填”按钮的大小*/
        #btn input {
            width: 80px;
            height: 30px;
        }
    </style>
</head>
<body>
<div class="mr-cont">
    <h2>收货信息填写</h2>
    <!--单击提交时,页面跳转至“login.html”页面-->
    <form action="login.html">
        <div>姓名：
            <!--单行文本框-->
            <input type="text"><span class="red">*****必填项</span>
        </div>
        <div>电话：<input type="text"><span class="red">*****必填项</span></div>
        <div>是否允许代收：
            <!--单选按钮-->
            <label>是<input type="radio" name="receive" checked></label>
            <label>否<input type="radio" name="receive"></label>
        </div>
        <div class="addr">地址：
            <input type="text" placeholder="--省" size="5">__
            <input type="text" placeholder="--市" size="5">
        </div>
        <div>
            <p>具体地址：<span class="red">*****必填项</span></p>
            <textarea></textarea>
        </div>
        <div id="btn">
            <!--提交按钮，单击后提交表单信息-->
            <input type="submit" value="提交">
            <!--普通按钮，通过 onclick 调用处理程序-->
            <input type="button" value="保存" onClick="alert('保存信息成功')">
            <!--重置按钮，单击后表单恢复默认状态-->
            <input type="reset" value="重填">
        </div>
    </form>
```

```
</div>
</body>
</html>
```

运行结果如图 5.9 所示。

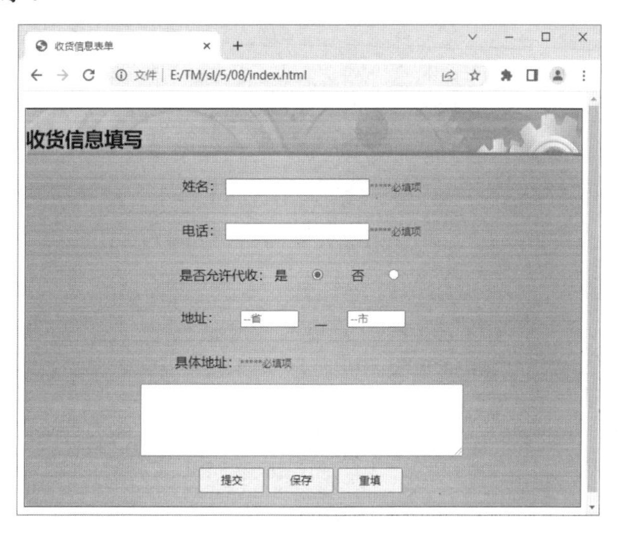

图 5.9　重置按钮的添加

5.2.8　图像域

图像域是指可以用在提交按钮位置上的图片，这幅图片具有按钮的功能。使用默认的按钮形式往往会让人觉得单调。如果网页使用了较为丰富的色彩，使用表单默认的按钮形式可能会破坏整体的美感。这时，可以使用图像域创建和网页整体效果相统一的图像提交按钮。语法格式如下：

```
<input type="image" src="图像地址" name="图像域名称" />
```

在该语法中，图像地址可以是绝对地址或相对地址。

【例 5.9】使用图像域添加表单中的按钮。（**实例位置：资源包\TM\sl\5\09**）

实现个人信息表单，表单下的“确定”和“取消”按钮使用图像域实现。具体代码如下：

```
<!DOCTYPE html>
<html>
<head>
<meta charset="utf-8">
<title>设置图像提交按钮</title>
</head>
<body>
    <form action="mailto:mingrisoft@mingrisoft.com" method="post" name="invest" enctype="text/plain">
    姓名：<input type="text" name="username" size="20" /><br /><br/>
    网址：<input type="text" name="URL" size="20" maxlength="50" value="http://" /><br/><br/>
    密码：<input type="password" name="password" size="20" maxlength="8" /><br /><br/>
    确认密码：<input type="password" name="qurpassword" size="20" maxlength="8" /><br/><br/>
    请选择你喜欢的音乐：<input type="checkbox" name="m1" value="rock"/>摇滚乐
                        <input type="checkbox" name="m2" value="jazz"/>爵士乐
                        <input type="checkbox" name="m3" value="pop"/>流行乐<br/><br/>
    请选择你居住的城市：<input type="radio" name="city" value="beijing"   />北京
                        <input type="radio" name="city" value="shanghai"   />上海
```

```
                              <input type="radio" name="city" value="nanjing"   />南京<br/><br/>
    <input type="image" src="images/11.png" name="image1" />
    <input type="image" src="images/22.png" name="image2" />
    </form>
</body>
</html>
```

图 5.10 就是图像提交按钮的显示结果。

图 5.10　图像提交按钮

5.2.9　隐藏域

表单中的隐藏域主要用来传递一些参数，而这些参数不需要在页面中显示。当浏览者提交表单时，隐藏域的内容会一起被提交给处理程序。语法格式如下：

```
<input type="hidden" name="隐藏域名称" value="提交的值" />
```

示例代码如下：

```
<!DOCTYPE html>
<html>
<head>
<meta charset="utf-8">
<title>插入表单</title>
</head>
<body>
    <form action="mailto:mingrisoft@mingrisoft.com" method="post" name="invest" enctype="text/plain">
    姓名：<input type="text" name="username" size="20" /><br /><br/>
    网址：<input type="text" name="URL" size="20" maxlength="50" value="http://" /><br/><br/>
    密码：<input type="password" name="password" size="20" maxlength="8" /><br /><br/>
    确认密码：<input type="password" name="qurpassword" size="20" maxlength="8" /><br/><br/>
    请选择你喜欢的音乐：<input type="checkbox" name="m1" value="rock"/>摇滚乐
                        <input type="checkbox" name="m2" value="jazz"/>爵士乐
                        <input type="checkbox" name="m3" value="pop"   />流行乐<br/><br/>
    请选择你居住的城市：<input type="radio" name="city" value="beijing"   />北京
                        <input type="radio" name="city" value="shanghai"   />上海
                        <input type="radio" name="city" value="nanjing"   />南京<br/><br/>
    <input type="image" src="../images/11.png" name="image1" />
    <input type="image" src="../images/22.png" name="image2" />
    <input type="hidden" name="from" value="invest" />
    </form>
</body>
</html>
```

运行这段代码，隐藏域的内容并不能显示在页面中，但是在提交表单时，其名称 from 和取值 invest 将会同时被传递给处理程序。

5.2.10　文件域

文件域在上传文件时经常用到。它用于查找硬盘中的文件路径，然后通过表单上传选中的文件。在设置电子邮件、上传头像、发送文件时经常会用到此控件。语法格式如下：

```
<input type="file" name="文件域的名称" />
```

【例 5.10】在表单中添加文件域。（**实例位置：资源包\TM\sl\5\10**）

在网页中添加文件域，实现选择文件功能，具体代码如下：

```
<!doctype html>
<html>
<head>
    <meta charset="utf-8">
    <title>文件和图像域</title>
    <link href="css/style.css" type="text/css" rel="stylesheet">
    <style type="text/css">
        .mr-cont {
            width: 800px;
            height: 600px;
            margin: 20px auto;
            text-align: center;
            border: 1px solid #f00;
            background: url(img/bg.png);
        }
        /*通过内边距调整标题位置*/
        h2 {
            padding: 40px 0 0 0;
        }
        /*表单整体样式*/
        form {
            width: 554px;
            height: 462px;
            margin: 0 0 0 150px;
            background: url(img/4-9.png);
        }
        .clear {
            height: 100px;
        }
        /*文件域样式*/
        [type="file"] {
            display: block;
            padding: 0 0 0 175px;
        }
        /*图像域样式*/
        [type="image"] {
            margin: 304px 0 0 100px;
        }
    </style>
</head>
<body>
<div class="mr-cont">
    <h2>用户信息注册</h2>
```

```
    <form>
        <!--添加一个空的 div，并且在 CSS 中设置其大小，以便于设置文件域的位置-->
        <div class="clear"></div>
        <input type="file">        <!--文件域-->
        <input type="image" src="img/btn.jpg">       <!--图像域-->
    </form>
</div>
</body>
</html>
```

运行这段代码，可以看到页面中添加了一个“选择文件”按钮，如图 5.11 所示。单击此按钮会打开选择文件的对话框。

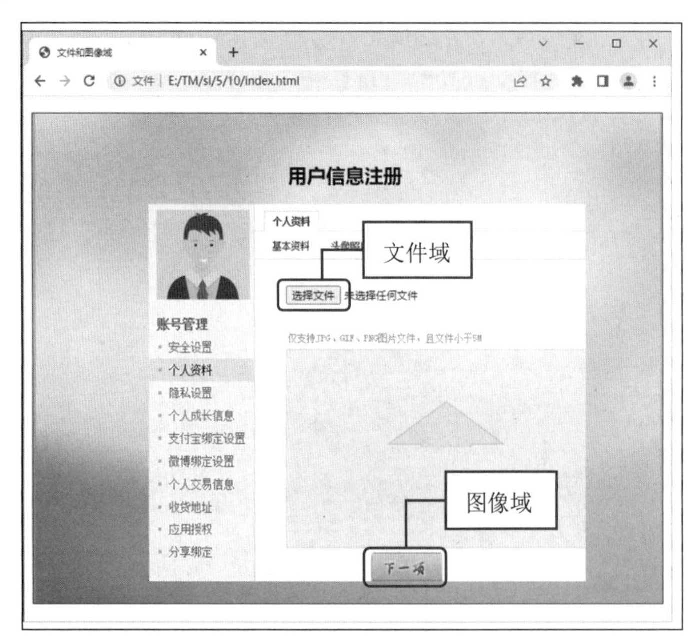

图 5.11　添加文件域

5.2.11　标签

<label>标签用于在表单元素中定义标签，这些标签可以对其他一些表单控件元素（如单行文本框、密码框等）进行说明。

<label>标签可以指定 id、style、class 等核心属性，也可以指定 onclick 等事件属性。除此之外，<label>标签还有一个 for 属性，该属性指定<label>标签与哪个表单控件相关联。

虽然<label>标签定义的标签只是输出普通的文本，但<label>标签生成的标签还有一个作用，那就是当用户单击<label>标签生成的标签时，与该标签关联的表单控件元素就会获得焦点。也就是说，当用户单击<label>标签生成的标签时，浏览器会自动将焦点转移到和该标签相关联的表单控件元素上。

标签和表单控件可以通过两种主要方式进行关联。

☑　隐式关联：使用 for 属性，指定<label>标签的 for 属性值为所关联的表单控件的 id 属性值。

☑　显式关联：将普通文本、表单控件一起放在<label>标签内部即可。

【例 5.11】使用<label>标签实现单击文字使输入框获取焦点。（**实例位置：资源包\TM\sl\5\11**）

在页面中添加一个文本框和密码框，然后将文本框与密码框的提示文字放在<label>标签中，并且通过<label>标签的 for 属性将<label>标签与文本框和密码框进行绑定，具体代码如下：

```
<!DOCTYPE html>
<html>
<head>
<meta charset="utf-8">
<title>标签和表单控件相关联</title>
</head>
<body>
        <form action="" method="post" name="invest">
    <label for="username">姓名：</label>
    <input type="text" name="username" id="username" size="20"><br><br>
    <label for="password">密码：</label>
    <input type="password" name="password" id="password"><br><br>
    <input type="submit" value="登录">
</form>
</body>
</html>
```

运行实例，当用户单击表单控件前面的标签时，该表单控件就可以获得焦点，结果如图 5.12 所示。

图 5.12　使用 label 生成标签

5.2.12　使用 button 定义按钮

<button>标签用于定义一个按钮，在<button>标签的内部可以包含普通文本、文本格式化标签和图像等内容。这也是<button>按钮和<input>按钮的不同之处。

与<input type="button" />相比，<button>按钮提供了更加强大的功能和更丰富的内容。<button>标签与</button>标签之间的所有内容都是该按钮的内容，其中包括任何可接受的正文内容，如文本或图像。

<button>标签可以指定 id、style、class 等核心属性，也可以指定 onclick 等事件属性。除此之外，还可以指定以下几个属性。

☑ disabled：指定是否禁用该按钮。该属性值只能是 disabled，或者省略这个属性值。

☑ name：指定该按钮唯一的名称。该属性值通常与 id 属性值保持一致。

☑ type：指定该按钮属于哪种按钮，该属性值只能是 button、reset 或 submit 其中之一。

☑ value：指定该按钮的初始值。该值可以通过脚本进行修改。

【例 5.12】使用 button 添加按钮。（**实例位置：资源包\TM\sl\5\12**）

在网页中，图片按钮是通过在 button 元素中嵌套 img 元素来实现的，具体代码如下：

```
<!DOCTYPE html>
<html>
<head>
<meta charset="utf-8">
<title>button 按钮的应用</title>
</head>
<body>
<form action="" method="post" name="invest">
    <label for="username">姓名：</label>
```

```
    <input type="text" name="username" id="username" size="20"><br><br>
    <label for="password">密码：</label>
    <input type="password" name="password" id="password"><br><br>
    <button type="submit"><img src="../images/11.png" /></button>
    <button type="reset"><img src="../images/22.png" /></button>
</form>
</body>
</html>
```

运行实例，可以看到在表单中定义了两个按钮，它们的内容都是图片，第一个图片相当于一个提交按钮，第二个图片相当于一个重置按钮，结果如图 5.13 所示。

图 5.13 使用 button 按钮设置图片按钮

5.2.13 菜单和列表

菜单和列表类的控件主要用来选择给定答案中的一种，这类选择往往答案比较多，使用单选按钮比较浪费空间。可以说，菜单和列表类的控件主要是为了节省页面空间而设计的。菜单和列表都是通过<select>和<option>标签来实现的。语法格式如下：

```
<select name="下拉菜单的名称">
     <option value="" selected="selected">选项显示内容</option>
 <option value="选项值">选项显示内容</option>
    ...
</select>
```

这些属性的含义如表 5.5 所示。

表 5.5 菜单和列表标签属性

菜单和列表标签属性	描　述
name	定义列表的名称
size	设置列表中可见选项的数目
multiple	设置是否可以选择多个选项
value	设置选项的值
selected	设置选项显示为选中状态

【例 5.13】实现兴趣调查页面。（**实例位置：资源包\TM\sl\5\13**）

实现一个兴趣调查的页面，首先需要新建 HTML 文件，然后在页面中通过列表选择你喜欢的音乐，通过菜单选择你所在的城市。代码如下：

```
<!doctype html>
<html>
<head>
    <meta charset="utf-8">
    <title>菜单和列表</title>
</head>
<body>
<h3>兴趣调查</h3>
<form method="post" name="invest">
    请选择你喜欢的音乐：<br /><br />
```

```
        <select name="music" size="5" multiple="multiple">
            <option value="rock" selected="selected">摇滚乐 </option>
            <option value="rock">流行乐 </option>
            <option value="rock">爵士乐 </option>
                <option value="rock">民族乐 </option>
            <option value="dj">打击乐 </option>
    </select>
        <br /><br />
        <select name="city">
            <option value="beijing" selected="selected">北京
            <option value="shanghai" >上海
            <option value="nangjing">南京
            <option value="changchun">长春
        </select>
  <input type="submit" name="submit" value="提交表单" />
</form>
</body>
</html>
```

运行这段代码，可以看到：页面中添加了包含 5 个选项的列表，其中“摇滚乐”选项被设置为默认；定义了一个下拉菜单，其中“北京”选项被设置为默认。图 5.14 就是菜单和列表的效果。

图 5.14　添加菜单和列表

5.2.14　文本域

除了以上讲解的两大类控件，还有一种特殊定义的文本样式，即文本域。它与文本框的区别在于，它可以添加多行文字，允许输入更多的文本。这类控件在一些留言本中最为常见。语法格式如下：

```
<textarea name="文本域名称" value="文本域默认值" rows="行数" cols="列数">
</textarea>
```

语法中各属性的含义如表 5.6 所示。

表 5.6　文本域标签属性

文本域标签属性	描　　述
name	文本域的名称
rows	文本域的行数
cols	文本域的列表
value	文本域的默认值

【例 5.14】实现商品评价页面中的评价输入框。（**实例位置：资源包\TM\sl\5\14**）

新建 HTML 文件，在该文件中，插入文本域标签实现评价输入框，其代码如下：

```
<!doctype html>
<html>
<head>
    <meta charset="utf-8">
    <title>文本域</title>
    <style type="text/css">
        .mr-content {
            width: 695px;
```

```
            height: 300px;
            margin: 0 auto;
            background: url(images/bg.png) no-repeat;
            border: 1px solid red;
        }

        /*文本域样式*/
        .mr-content textarea {
            margin: 103px 0 0 346px;
        }
    </style>
</head>
<body>
<div class="mr-content">
    <form>
        <!--文本域-->
        <textarea cols="44" rows="9" class="mr-message"></textarea>
    </form>
</div>
</body>
</html>
```

运行代码，可以看到页面上添加了一个行数为 5、列数为 40 的文本域，如图 5.15 所示。

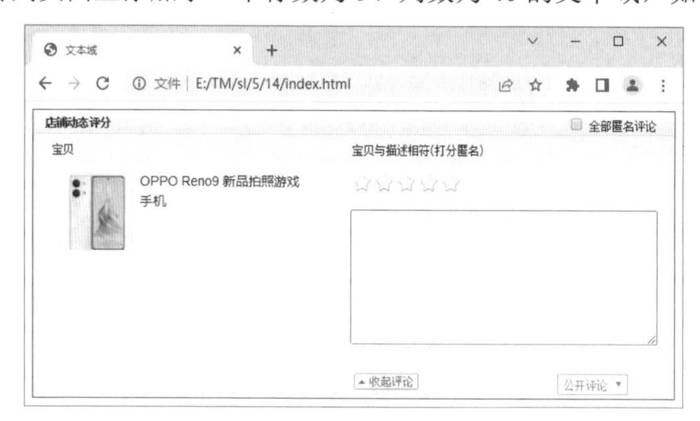

图 5.15　添加文本域的效果

编程训练（答案位置：资源包\TM\sl\5\编程训练）

【训练 1】仿制 QQ 登录页面　页面中包含输入账号的文本框、输入密码的密码框以及一个登录按钮（提示：登录按钮暂时用登录图片代替）。

【训练 2】仿制注册游戏账号页面　仿制游戏“棋说世界”的注册页面，页面中包含邮箱、密码和确认密码。

【训练 3】实现好友列表　用菜单和列表实现 QQ 好友列表。

【训练 4】实现留言板　用文本域实现留言板。

5.3　input 元素的新类型和属性

在创建 Web 应用程序时，不可避免地要使用大量的表单元素。HTML5 大幅度强化了表单元素的功

能，使得关于表单的开发更快、更方便。本节将详细介绍在 HTML5 中新增的 input 元素的类型和属性。

5.3.1 input 元素的新类型

HTML5 大幅度地增加与改良了 input 元素的种类，可以简单地使用这些元素来实现 HTML5 之前需要使用 JavaScript 才能实现的许多功能。

到目前为止，大部分浏览器都支持 input 元素的种类。对于不支持新增 input 元素的浏览器，input 元素被统一视为 text 类型。另外，HTML5 中也没有规定这些元素在各浏览器中的外观形式，因此同样的 input 元素在不同的浏览器中可能会有不同的外观。下面将详细介绍这些新增的 input 元素的类型。

1. email 输入类型

email 类型的 input 元素是一种专门用来输入电子邮件地址的文本框。提交时如果该文本框中内容不是电子邮件地址格式的文字则不允许提交，但是它不检查电子邮件地址是否存在，和所有的输入类型一样，用户可能提交带有空字段的表单，除非该字段是必填的（即加上 required 属性）。

email 类型的文本框具有一个 multiple 属性，它允许在该文本框中使用以逗号隔开的一个有效电子邮件地址的列表。email 类型的 input 元素的使用方法如下：

```
<form>
邮箱：<input type="email" name="email" value="mingrisoft@yahoo.com.cn"/>
<input type="submit" value="提交">
</form>
```

email 类型的 input 元素的运行效果如图 5.16 所示。

2. url 输入类型

url 类型的 input 元素是一种专门用来输入 URL 地址的文本框。在提交 URL 地址时，如果该文本框中的内容不是 URL 地址格式的文字，则不允许提交。url 类型的 input 元素的使用方法如下：

```
<form>
网址：<input name="url1" type="url" value="http://www.mingribook.com" />
<input type="submit" value="提交">
</form>
```

url 类型的 input 元素的运行效果如图 5.17 所示。

图 5.16 email 类型的 input 元素的运行效果

图 5.17 url 类型的 input 元素的运行效果

3. date 输入类型

date 输入类型是比较受开发者欢迎的一种元素，我们经常看到网页中要求我们输入各种各样的日期，如生日、购买日期、订票日期等。date 类型的 input 元素以日历的形式，以方便用户输入。在浏览器中，当该文本框获得焦点时，显示日历，可以在日历中选择日期进行输入。date 类型的 input 元素的使用方法如下：

```
日期：<input name="date1" type="date" value="2023-03-26">
```

date 类型的 input 元素的运行效果如图 5.18 所示。

4. time 输入类型

time 类型的 input 元素是一种专门用来输入时间的文本框，并且在提交时会对输入时间的有效性进行检查。它的外观取决于浏览器，可能是简单的文本框，只在提交时检查是否在其中输入了有效的时间，也可以以时钟形式出现，还可以携带时区。time 类型的 input 元素的使用方法如下：

```
时间：<input name="time1" type="time" />
```

time 类型的 input 元素的运行效果如图 5.19 所示。

图 5.18 date 类型的 input 元素的运行效果

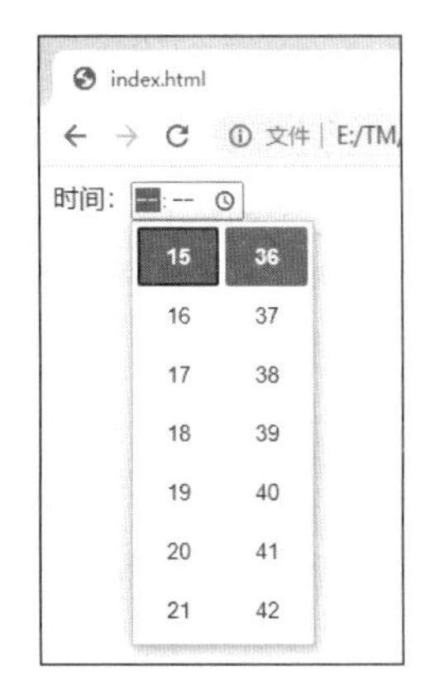

图 5.19 time 类型的 input 元素的运行效果

5. datetime 输入类型

datetime 类型的 input 元素是一种专门用来输入 UTC 日期和时间的文本框，并且在提交时会对输入的日期和时间进行有效性检查。datetime 类型的 input 元素的使用方法如下：

```
<input name="datetime1" type="datetime" />
```

6. datetime-local 输入类型

datetime-local 类型的 input 元素是一种专门用来输入本地日期和时间的文本框，并且在提交时会对输入的日期和时间进行有效性检查。datetime-local 类型的 input 元素的使用方法如下：

```
日期和时间：<input name="datetime-local" type="datetime-local" />
```

datetime-local 类型的 input 元素的运行效果如图 5.20 所示。

7. month 输入类型

month 类型的 input 元素是一种专门用来输入月份的文本框，并且在提交时会对输入的月份的有效性进行检查。month 类型的 input 元素的使用方法如下：

```
月份：<input name="month1" type="month" />
```

month 类型的 input 元素的运行效果如图 5.21 所示。

图 5.20　datetime-local 类型的 input 元素的运行效果

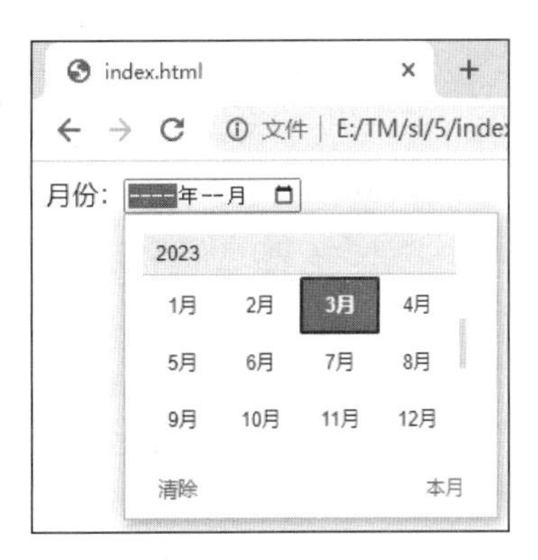

图 5.21　month 类型的 input 元素的运行效果

8．week 输入类型

week 类型的 input 元素是一种专门用来输入周号的文本框，并且在提交时会对输入的周号的有效性进行检查。它可能是一个简单的输入文本框，允许用户输入一个数字；它也可能更复杂、更精确。例如，2023-W07，它代表的是 2023 年第 7 个周。

浏览器提供了一个辅助输入的日历，可以在该日历中选取日期，选取完毕后，周号将自动显示在文本框中。week 类型的 input 元素的使用方法如下：

```
周：<input name="week1" type="week" />
```

week 类型的 input 元素的运行效果如图 5.22 所示。

9．number 输入类型

number 类型的 input 元素是一种专门用来输入数字的文本框，并且在提交时会检查其中的内容是否为数字。它与 min、max、step 属性能很好地进行协作。在浏览器中，它显示为一个微调器控件，将不能超出最大限制和最小限制（如果指定了的话），并且根据 step 中指定的增量来增加，当然用户也可以输入一个值。number 类型的 input 元素的使用方法如下：

```
数字：<input name="number1" type="number" value="25" min="10" max="100" step="5" />
```

number 类型的 input 元素的运行效果如图 5.23 所示。

图 5.22　week 类型的 input 元素的运行效果

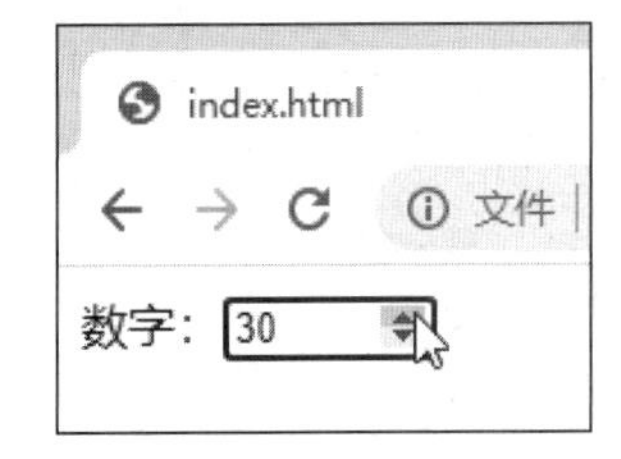

图 5.23　number 类型的 input 元素的运行效果

10．range 输入类型

range 类型的 input 元素是一种只允许输入一段范围内数值的文本框。它具有 min 和 max 属性，可以设定最小值与最大值（默认为 0 与 100）。它还具有 step 属性，可以指定每次拖动的步幅。在浏览器中，用滑动条的方式进行值的指定。range 类型的 input 元素的使用方法如下：

```
选择数值：<input name="range1" type="range" value="25" min="0" max="100" step="5" />
```

range 类型的 input 元素的运行效果如图 5.24 所示。

图 5.24　range 类型的 input 元素的运行效果

【例 5.15】使用 range 类型的 input 元素生成颜色。（**实例位置：资源包\TM\sl\5\15**）

使用 range 类型的 input 元素生成各种颜色。

（1）载入页面所需的 CSS 文件和 JavaScript 文件，然后创建表单，在表单中创建 3 个 range 类型的 input 元素，分别代表生成颜色的 3 个数值，代码如下：

```
<!doctype html>
<html>
<head>
<meta charset="utf-8" />
<title>range 类型的 input 元素</title>
</head>
<body>
	<form id="frmTmp">
		<fieldset>
			<legend>选择颜色值：</legend>
			<span id="spnColor">
				<input id="txtR" type="range" value="0"
				min="0" max="255" onChange="setSpnColor()" >
				<input id="txtG" type="range" value="0"
				min="0" max="255" onChange="setSpnColor()">
				<input id="txtB" type="range" value="0"
				min="0" max="255" onChange="setSpnColor()">
			</span>
			<span id="spnPrev"></span>
			<p id="pColor">rgb(0,0,0)</p>
		</fieldset>
	</form>
</body>
</html>
```

（2）添加 CSS 代码，设置样式，代码如下：

```
<style type="text/css">
fieldset {
		padding: 10px;
		width: 280px;
		float: left
	}
	#spnColor {
		width: 150px;
		float: left
	}
	#spnPrev {
		width: 100px;
```

```
            height: 70px;
            border: solid 1px #ccc;
            float: right
        }
        #pColor {
            font-weight: bold;
            clear: both;
            text-align: center
        }
</style>
```

（3）在<script>标签中添加 JS 代码，在<script>标签中创建 setSpnColor()函数，通过 3 个 range 类型的 input 元素的值生成颜色，代码如下：

```
function $$(id){
        return document.getElementById(id);
}
//定义变量
var intR,intG,intB,strColor;
//根据获取变化的值，设置预览方块的背景色函数
function setSpnColor(){
        intR=$$("txtR").value;
        intG=$$("txtG").value;
        intB=$$("txtB").value;
        strColor="rgb("+intR+","+intG+","+intB+")";
        $$("pColor").innerHTML=strColor;
        $$("spnPrev").style.backgroundColor=strColor;
}
//初始化预览方块的背景色
setSpnColor();
```

运行本实例，当拖动 3 个滑动条时，在右侧会生成不同的颜色。结果如图 5.25 所示。

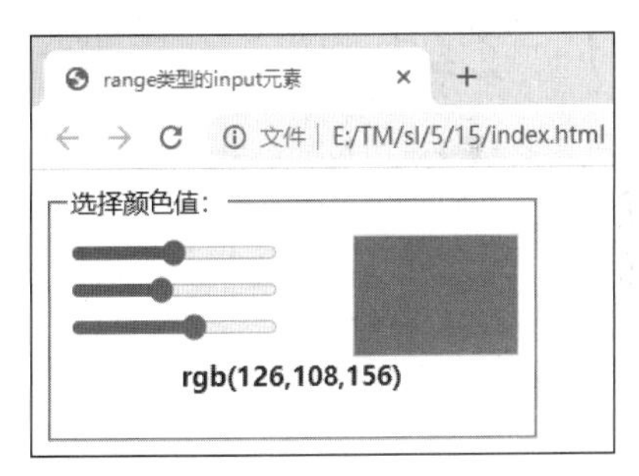

图 5.25　使用 range 类型的 input 元素生成颜色

11．search 输入类型

search 类型的 input 元素是一种专门用来输入搜索关键词的文本框。search 类型与 text 类型仅仅在外观上有所不同。在 Safari4 浏览器中，search 类型的外观为操作系统默认的圆角矩形文本框，但这个外观可以用 CSS 样式表进行改写。在其他浏览器中，search 类型的外观暂与 text 类型的文本框外观相同，但可以用 CSS 样式表进行改写，如下所示：

```
input[type="search"]{-webkit-appearance:textfield;}
```

【例 5.16】search 搜索类型的 input 元素。（**实例位置：资源包\TM\sl\5\16**）

利用 search 类型的 input 元素将要搜索的内容填入文本框中，并通过提交输出内容。

（1）载入页面所需的 CSS 文件和 JavaScript 文件，然后创建表单，在表单中创建一个 search 类型的 input 元素和一个“提交”按钮，代码如下：

```
<!doctype>
<html>
<head>
<meta charset="utf-8" />
```

```
<title>search 搜索类型的 input 元素</title>
</head>
<body>
	<form id="frmTmp" onSubmit="return ShowKeyWord();">
		<fieldset>
			<legend>请输入搜索关键字：</legend>
			<input id="txtKeyWord" type="search" class="inputtxt">
			<input name="frmSubmit" type="submit" class="inputbtn" value="提交">
		</fieldset>
		<p id="pTip"></p>
	</form>
</body>
</html>
```

（2）添加 CSS 代码，设置页面样式，具体代码如下：

```
	<style type="text/css">
		.inputtxt {
			padding: 3px;
			line-height: 18px;
		}

		fieldset {
			padding: 10px;
			width: 280px;
		}
	</style>
```

（3）添加<script>标签，在<script>标签中创建 ShowKeyWord()函数，将文本框中输入的内容输出在页面中，代码如下：

```
function $$(id){
	return document.getElementById(id);
}
//将获取的内容显示在页面中
function ShowKeyWord(){
	var strTmp="<b>您输入的查询关键字是：</b>";
	strTmp=strTmp+$$('txtKeyWord').value;
	$$('pTip').innerHTML=strTmp;
	return false;
}
```

运行本实例，在文本框中输入内容，然后单击“提交”按钮，可以看到输入的内容被输出在页面中。运行结果如图 5.26 所示。

图 5.26　search 搜索类型的 input 元素

12．tel 输入类型

tel 类型的 input 元素是一种专门用于输入电话号码的文本框。它没有特殊的校验规则，甚至不强调只输入数字，因为很多电话号码常常带有额外的字符，如 44-1234567。但是，在实际开发中可以通过 pattern 属性来指定对于输入的电话号码格式的验证。

13．color 输入类型

color 类型的 input 元素用来选取颜色，它提供了一个颜色选取器，其使用方法如下：

```
选择颜色：<input type="color" name="color1"/>
```

color 类型的 input 元素的运行效果如图 5.27 所示。

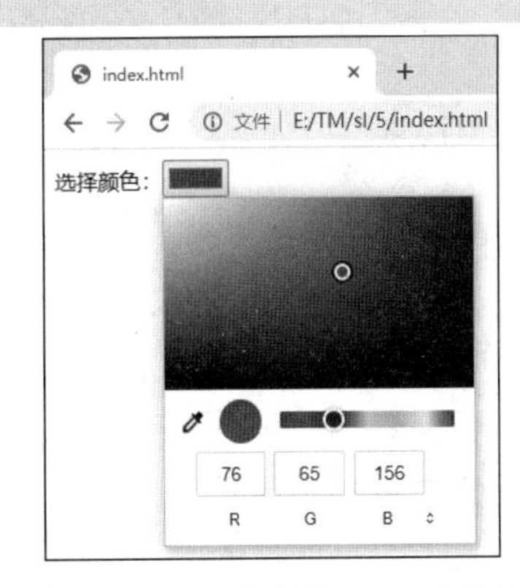

图 5.27　color 类型的 input 元素的运行效果

5.3.2　input 元素的新属性

1．placeholder

当用户还没有输入值时，输入型控件可以通过 placeholder 特性向用户显示描述性说明或者提示信息。使用 placeholder 特性只需要将说明性文字作为该特性值即可。除了普遍的文本输入框，email、number、url 等其他类型的输入框也都支持 placeholder 特性。placeholder 属性的使用方法如下：

```
<label>text:<input type="text" placeholder="write me"></label>
```

在支持 placeholder 特性的浏览器中，特性值会以浅灰色的样式显示在输入框中，当页面焦点切换到输入框中，或者输入框中有值了以后，该提示信息就会消失，如图 5.28 所示。

类似地，在输入值时，placeholder 文本也不会显示，如图 5.29 所示。

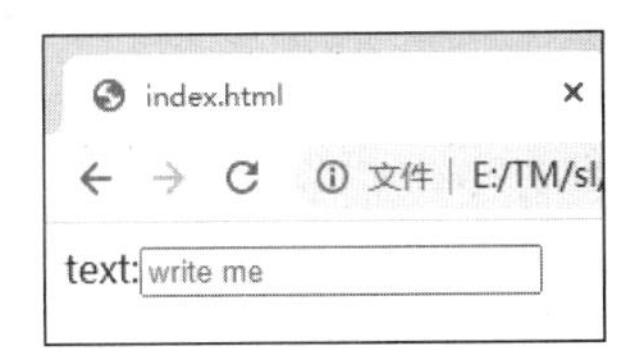

图 5.28　支持 placeholder 特性的浏览器运行效果

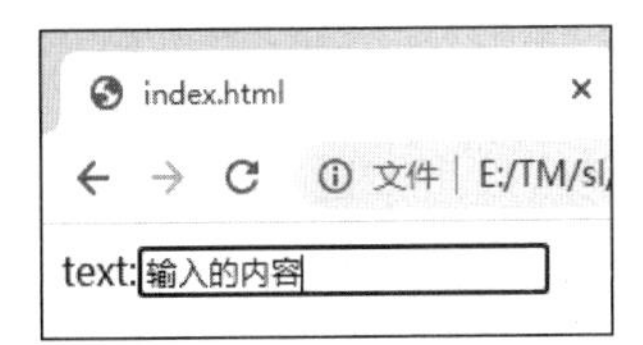

图 5.29　输入值时，placeholder 文本不会显示

2．autocomplete

浏览器通过 autocomplete 特性能够知晓是否应该保存输入值以备将来使用。不保存输入值的代码如下：

```
<input type="text" name="mr" autocomplete="off" />
```

autocomplete 特性应该用来保护敏感用户数据，避免本地浏览器对它们进行不安全的存储。对于 autocomplete 属性，可以指定“on”“off”与“”（不指定）这 3 种值。不指定时，使用浏览器的默认值（取决于各浏览器的决定）。把该属性设为 on 时，可以显示指定候补输入的数据列表。使用 datalist 元素与 list 属性提供候补输入的数据列表，自动完成时，可以将该 datalist 元素中的数据作为候补输入的数据在文本框中自动显示。autocomplete 属性的使用方法如下：

```
<input type="text" name="mr" autocomplete="on" list="mrs"/>
```

3．autofocus

给文本框、选择框或按钮控件加上该属性，当画面打开时，该控件自动获得光标焦点。到目前为止，要做到这一点，需要使用 JavaScript。autofocus 属性的使用方法如下：

```
<input type="text" autofocus>
```

一个页面上只能有一个控件具有该属性。从实际应用角度来说，不要滥用该属性。

注意

只有当一个页面是以使用某个控件为主要目的时，才对该控件使用 autofocus 属性，例如搜索页面中的搜索文本框。

4. list

该元素类似于选择框（select），但是当用户想要设置的值不在选择列表之内时，允许其自行输入。该元素本身并不显示，而是当文本框获得焦点时以提示输入的方式显示。为了避免在没有支持该元素的浏览器上出现显示错误，可以用 CSS 等将它设定为不显示。list 属性的使用方法如下面的代码所示：

```
<!DOCTYPE html><head>
<meta charset="UTF-8">
<title>list 属性示例</title>
</head>
text：<input type="text" name="mr" list="mr">
<!--使用 style="display:none;"将 datalist 元素设定为不显示-->
<datalist id="mr" style="display: none;">
    <option value="明日科技">明日科技</option>
    <option value="欢迎你">欢迎你</option>
    <option value="你好">你好</option>
</datalist>
```

这段代码运行结果如图 5.30 所示。

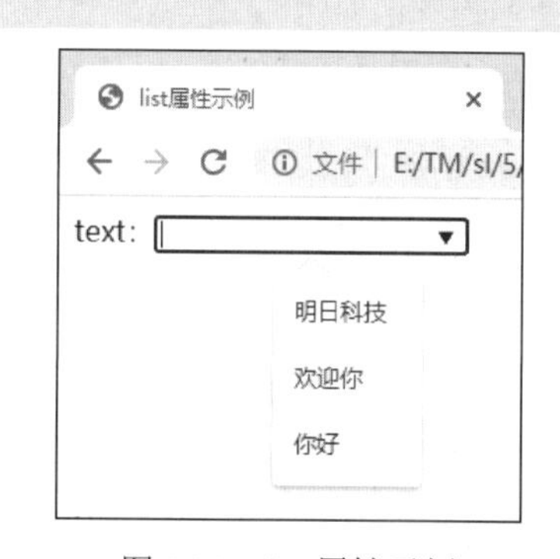

图 5.30 list 属性示例

5. min 和 max

通过设置 min 和 max 特性，它们可以将 range 输入框的数值输入范围限定在最低值和最高值之间。对于 min 和 max 这两个特性，可以只设置其中的一个特性，也可以同时设置两个特性，当然还可以两个特性都不设置（不设置时，默认的 min 为 0，max 为 100），输入型控件会根据设置的参数对值范围进行相应的调整。例如，创建一个表示大小范围的 range 控件，值范围为 0～100，代码如下：

```
<input id="confidence" name="mr" type="range" min="0" max="100" value="0">
```

上述代码会创建一个最小值为 0、最大值为 100 的 range 控件。

6. step

对于输入型控件，设置其 step 特性能够制定输入值递增或递减的梯度。例如，按如下方式将表示大小 range 控件的 step 特性设置为 5。

```
<input id="confidence" name="mr" type="range" min="0" max="100" step="5" value="0">
```

设置完成后，控件可接收的输入值只能是初始值与 5 的倍数之和。也就是说，只能输入 0，5，10，…，100，无论是在输入框中输入该值还是通过拖动滑动条指定该值，都由浏览器决定。

step 特性的默认值取决于控件的类型。对于 range 控件，step 默认值为 1。为了配合 step 特性，HTML5

引入了 stepUp 和 stepDown 两个函数对其进行控制。这两个函数的作用分别是根据 step 特性的值来增加或减少控件的值。如此一来，用户不必输入就能够调整输入型控件的值，这就给开发人员节省了时间。

7. required

一旦为某输入型控件设置了 required 特性，就必须填写此项，否则无法提交表单。以文本输入框为例，要将其设置为必填项，需要按照如下方式添加 required 特性。

```
<input type="text" id="firstname" name="mr" required>
```

说明

required 属性是最简单的一种表单验证方式。

5.3.3　output 元素

output 元素显示出一些计算的结果或者脚本的其他结果。output 元素必须从属于某个表单，也就是说，必须将该元素书写在表单内部，或者在该元素中添加 form 属性。

下面是一个 output 元素的示例，代码如下。

```
<!DOCTYPE html>
<html>
<head>
    <meta charset="utf-8">
    <title></title>
</head>
<body>
<form oninput="x.value=parseInt(number.value)">
    <input type="range" name="number">
    <output for="a" name="x"></output>
</form>
</body>
</html>
```

运行这段代码，效果如图 5.31 所示。

在这个示例中，output 元素被绑定到了一个 range 元素上，当拖动 range 元素的滑动条时，output 元素的父表单会接收到消息，同时通知 output 元素，将它的被绑定元素 range 的值显示出来。也可以在 output 元素上使用样式。

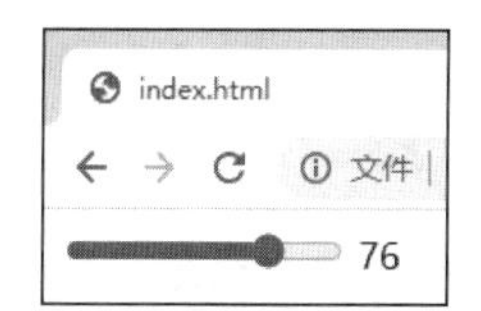

图 5.31　output 元素示例

【例 5.17】制作注册页面。（**实例位置：资源包\TM\sl\5\17**）

制作一个网页上常用的用户注册页面。在该例中，向元素中添加必要的验证属性。主要的代码如下：

```
<body>
<h1>注册表单</h1>
<form id=regForm onsubmit="return chkForm();" method=post>
<fieldset>
<ol>
    <li><label for=username>用户昵称：</label><input id=username name=username autofocus required>
    <li><label for=uemail>E-mail：</label><input id=uemail type=email name=
        uemail required placeholder="example@domain.com">
    <li><label for=age>工作年龄：</label><input id=age type=range   name=range1 max=
```

```
            "60" min="18"><output onforminput="value=range1.value">30</output>
        <li><label for=age2>年龄:</label>
            <input id=age2 type=number required placeholder="your age">
            <li><label for=birthday>出生日期：</label>
            <input id=birthday type=date>
        <li><label for=search>个人主页：</label>
            <input id=search type=url required list="searchlist">
        <datalist id=searchlist>
            <option label="Google" value="http://www.google.com" />
            <option label="Yahoo" value="http://www.yahoo.com" />
            <option label="Bing" value="http://www.bing.com" />
            <option label="Baidu" value="http://www.baidu.com" />
        </datalist></li>
</ol>
</fieldset>
<div><button type=submit>注册</button> </div></form>
</body>
```

为了表单样式的美观，在本例中应用 CSS 对表单的样式进行了设计，具体代码可以参考资源包中的程序，具体运行效果如图 5.32 所示。

图 5.32　注册表单

5.4　表 单 验 证

5.4.1　自动验证

通过在元素中使用属性的方法，该属性可以实现在表单提交时执行自动验证的功能。下面是关于对元素内输入内容进行限制的属性的指定。

1．required 属性

required 属性的主要目的是确保表单控件中的值已填写。在提交时，如果元素中内容为空白，则不允许提交，同时在浏览器中显示信息提示文字，提示用户这个元素中必须输入内容，如图 5.33 所示。

2．pattern 属性

pattern 属性的主要目的是根据表单控件上设置的格式规则验证输入是否为有效格式。通过在 input

元素中使用 pattern 属性，并将属性值设为某个格式的正则表达式，该属性实现在提交表单时会检查其内容是否符合给定格式。当输入的内容不符合给定格式时，则不允许提交，同时在浏览器中显示信息提示文字，提示输入的内容必须符合给定格式。如下面的代码所示，要求输入的内容必须为“一个数字与三个大写字母”。

```
<input pattern="[0-9][A-Z]{3}" name="mr" placeholder="输入内容：一个数字与三个大写字母。" />
```

图 5.34 显示了 pattern 属性在浏览器中的表现形式。

图 5.33　required 属性检查

图 5.34　pattern 属性检查

3．min 属性与 max 属性

min 与 max 这两个属性是数值类型或日期类型的 input 元素的专用属性，它们限制了在 input 元素中输入的数值与日期的范围。图 5.35 显示了 max 属性在浏览器中的表现形式。

4. step 属性

step 属性控制 input 元素中的值增加或减少时的增量。例如，当你想让用户输入的值为 0～100，但必须是 5 的倍数时，你可以指定 step 为 5。图 5.36 显示了 step 属性在浏览器中的表现形式。

图 5.35　max 属性检查

图 5.36　step 属性检查

5.4.2　checkValidity 显式验证法

除了对 input 元素添加属性进行元素内容有效性的自动验证，所有的表单元素和输入元素（包括 select 和 textarea）在其 DOM 节点上都有一个 checkValidity 方法。当想要覆盖浏览器的默认的验证和反馈过程时，可以使用这个方法。checkValidity 方法根据验证检查成功与否，返回 true 或 false，与此同时会告诉浏览器运行其检查。下面是关于 checkValidity 方法应用的示例，代码如下：

```
<!DOCTYPE html>
<meta charset=UTF-8 />
<title>checkValidity 示例</title>
<script language="javascript">
function check(){
    var email = document.getElementById("email");
    if(email.value==""){
        alert("请输入 E-mail 地址");
```

```
            return false;
        }
        else if(!email.checkValidity())
            alert("请输入正确的 E-mail 地址");
        else
            alert("您输入的 E-mail 地址有效");
}
</script>
<form id=testform onsubmit="return check();">
<label for=email>E-mail</label>
<input name=email id=email type=email /><br/>
<input type=submit value="提交">
</form>
```

注意

如果想要控制验证反馈的显示，那么不建议使用这个方法。

除了有 checkValidity 方法，还有一个有效性 DOM 属性，它能返回一个 validitystate 对象。该对象具有很多属性，但最简单、最重要的属性为 valid 属性，此属性用于表示表单内所有元素内容是否有效或单个 input 元素内容是否有效。

5.4.3 避免验证

前面我们介绍了对表单的验证，那么如果想要提交表单，但是不想让浏览器验证它，我们该怎么办呢？例如，一个非常大的表单需要分成两部分（或很多部分），在第二部分中有一个文本框中内容是必填的，如果填每一部分内容则会耗时较多，或填完第一部分之后，第二部分要过一段时间再填，在这种情况下应该允许用户先提交保存第一部分内容，但是同时需要临时取消第二部分的内容表单验证。

有两种方法取消表单验证，第一种方法是利用 form 元素的 novalidate 属性，它可以关闭整个表单验证。当整个表单的第二部分需要验证的内容比较多，但又想先提交表单的第一部分时，可以使用这种方法。先把属性设为 true，关闭表单验证，提交第一部分内容，然后在提交第二部分时再把其设为 false，打开表单验证，提交第二部分内容。

第二种方法是利用 input 元素或 submit 元素的 formnovalidate 属性，利用 input 元素的 formnovalidate 属性可以让表单验证对单个 input 元素失效，例如在前面所举例子中，当表单的第二部分中需要验证的元素数量很少时，可以只利用这些元素的 formnovalidate 属性，让表单验证对这些元素失效。

而如果对 submit 按钮使用了 formnovalidate 属性，单击该按钮时，相当于利用了 form 元素的 novalidate 属性，整个表单验证都失效了。

【例 5.18】创建用户登录表单并关闭验证。（**实例位置：资源包\TM\sl\5\18**）

创建一个用户登录表单，利用 form 元素的 novalidate 属性关闭整个表单验证。

首先在页面中创建登录表单，表单中包括“姓名”和“密码”文本框以及“登录”和“取消”按钮；然后在“姓名”和“密码”文本框中通过 pattern 属性对输入的姓名和密码进行验证，同时设置文本框的 required 属性验证输入内容是否为空；最后在 form 元素中设置 novalidate 属性关闭整个表单验证。代码如下：

```
<!DOCTYPE html>
<html>
```

```
<head>
<meta charset="utf-8" />
<title>novalidate 属性的使用</title>
<style type="text/css">
    .inputbtn {
        border:solid 1px #ccc;
        background-color:#eee;
        line-height:18px;
        font-size:12px
    }
    .inputtxt {
        border:solid 1px #ccc;
        padding:3px;
    }
    fieldset{
        padding:10px;
        width:280px;
    }
</style>
</head>
<body>
 <form id="frmTmp" novalidate>
  <fieldset>
   <legend>用户登录</legend>
   <p>姓名:
    <input name="UserName" id="UserName" type="text" class="inputtxt"   pattern="^[a-zA-Z] \w{3,5} $" required /> *
   </p>
   <p>密码:
    <input name="PassWord" id="PassWord" type="password" class="inputtxt"   pattern="^[a-zA-Z] \w {3,5}$" required /> *
   </p>
   <p class="p_center">
    <input name="Submit" type="submit" class="inputbtn" value="登录" />
    <input name="Reset" type="reset" class="inputbtn" value="取消" />
   </p>
  </fieldset>
 </form>
</body>
</html>
```

运行本实例，在两个文本框中分别输入不符合验证规则的登录信息，如图 5.37 所示。当单击“登录”按钮时可以看到，虽然在文本框中设置了 pattern 属性和 required 属性，但由于在 form 元素中设置了 novalidate 属性，文本框中的内容并没有经过任何验证就可以提交。结果如图 5.38 所示。

图 5.37 输入不符合验证规则的登录信息

图 5.38 未经过任何验证就可以提交

5.4.4 自定义错误信息

HTML5 中许多新的 input 元素都带有对于输入内容的有效性的检查，如果检查不通过，浏览器会针对该元素提供错误信息。但有时开发者不想使用这些默认的错误信息提示，而想使用自己定义的错误信息提示；或者有时，想给某个文本框增加一种错误信息提示，例如密码与确认密码不一致时用浏览器错误信息提示方式提供关于密码不一致的错误信息。

【例 5.19】使用 setCustomValidity 方法来自定义错误信息。（**实例位置：资源包\TM\sl\5\19**）

在 HTML5 中，可以使用 JavaScript 调用各 input 元素的 setCustomValidity 方法来自定义错误信息。具体代码如下：

```
<!DOCTYPE html>
<head>
<meta charset="UTF-8">
<title>自定义错误信息示例</title>
<script language="javascript">
function check(){
    var pass1=document.getElementById("pass1");
    var pass2=document.getElementById("pass2");
    if(pass1.value!=pass2.value)
        pass2.setCustomValidity("密码不一致。");
    else
        pass2.setCustomValidity("");
    var email=document.getElementById("email");
    if(!email.checkValidity())
        email.setCustomValidity("请输入正确的 E-mail 地址。");
  }
</script>
</head>
<body>
<form id="testform">
密码：<input type=password name="pass1" id="pass1" /><br/>
确认密码：<input type=password name="pass2"  id="pass2"/><br/>
E-mail：<input type=email name="email1" id="email"/><br/>
<div><input type="submit" onclick="return check()" /></div>
</form>
</body>
</html>
```

这段代码的运行结果如图 5.39 所示。

在这个例子中，追加了两种错误信息提示：第一种情况为确认密码与密码不一致时，为确认密码框追加的自定义错误信息提示，浏览器提供的确认密码框本来没有这项检查内容；第二种情况为浏览器提供的 E-mail 文本框本来就有检查输入的 E-mail 是否符合 E-mail 格式的功能，但是开发者自行修改了浏览器默认的错误信息提示。

图 5.39 自定义错误信息

编程训练（答案位置：资源包\TM\sl\5\编程训练）

【训练 5】开启表单自动验证功能　实现一个登录账号表单，并开启表单自动验证功能。

【训练 6】自定义文本框的错误信息　实现自定义账号和密码类型，并自定义错误信息。

5.5　实践与练习

（答案位置：资源包\TM\sl\5\实践与练习）

综合练习 1：实现某企业用户登录表单　实现企业用户登录入口页面，具体效果如图 5.40 所示。

综合练习 2：实现一则问卷调查　在网页中显示一份问卷，测试你对古文的了解，如图 5.41 所示。

图 5.40　企业用户登录入口页面

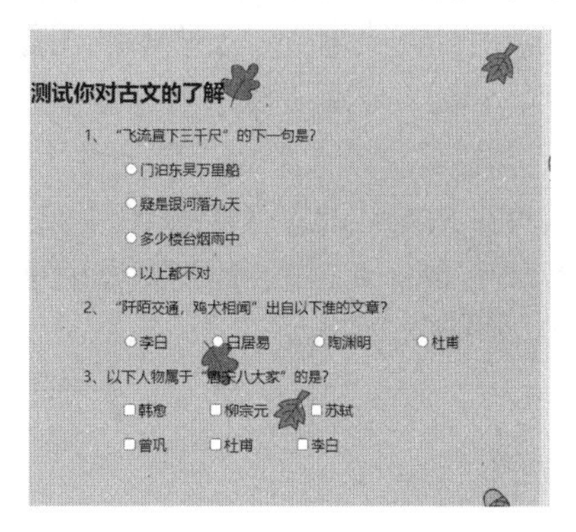

图 5.41　测试你对古文的了解的页面

综合练习 3：实现用户注册页面　注册页面中包括用户名、密码以及确认密码，效果如图 5.42 所示。

综合练习 4：实现顾客信息收集页面　信息收集页面中包含顾客的姓名、电话、生日、兴趣爱好等信息，如图 5.43 所示。

图 5.42　用户注册页面

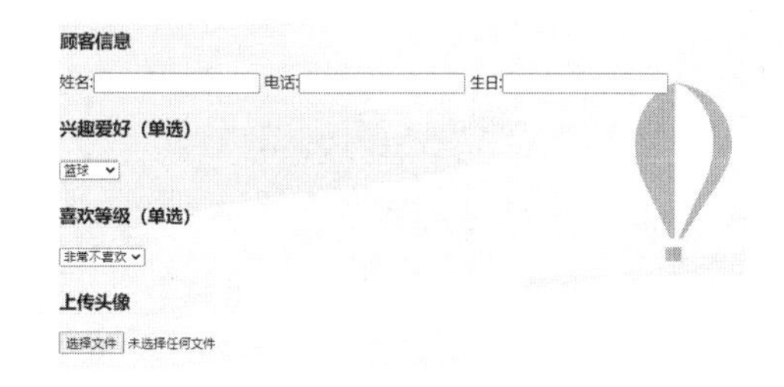

图 5.43　顾客信息收集页面

综合练习 5：实现游戏坦克大战的登录页面　登录页面中“重置”和“提交”按钮都是使用图片实现的，具体效果如图 5.44 所示。

图 5.44　坦克大战游戏登录页面

第 6 章

HTML5 图像与多媒体

在浏览网页时经常会看到丰富多彩的图像和音频、视频等多媒体。在 HTML5 出现之前，要在网络上展示视频、音频、动画，除了使用第三方自主开发的播放器，还需要使用 flash（这是最常用的工具），但是它们都需要在浏览器中安装插件才能使用。HTML5 的出现解决了这个问题。HTML5 提供了音频、视频的标准接口，通过 HTML5 中的相关技术，视频、动画、音频等多媒体播放不再需要安装插件，只要有一个支持 HTML5 的浏览器就可以了。

本章知识架构及重难点如下。

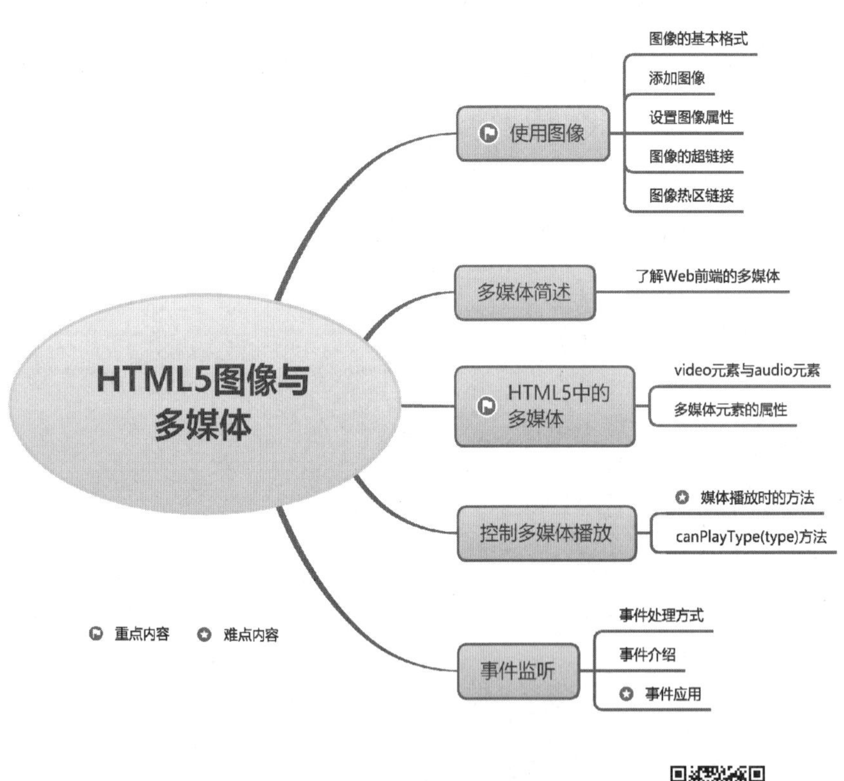

6.1 使用图像

万维网（world wide web）与其他网络类型（如 FTP）的最大区别在于，它在网页上可呈现丰富的色彩及图像。用户可以在网页中放入自己的照片，也可以放入公司的商标，还可以把图像作为一个按钮来链接到另一个网页，使网页变得更加丰富多彩。

6.1.1　图像的基本格式

我们今天看到的网页，之所以丰富多彩，是因为添加了各种各样的图像，对网页进行了美化。当前万维网上流行的图像格式以 GIF 及 JPEG 为主，另外还有一种 PNG 格式的图像文件，也越来越多地被应用于网络中。下面分别对这 3 种图像格式的特点进行介绍。

☑ GIF 格式：GIF 格式采用 LZW 压缩，是以压缩相同颜色的色块来减少图像大小的。由于 LZW 压缩不会造成任何品质上的损失，而且压缩效率高，再加上 GIF 在各种平台上都可使用，因此很适合在互联网上使用，但 GIF 只能处理 256 色。GIF 格式适用于商标、新闻式的标题或其他小于 256 色的图像。LZW 压缩是一种能将数据中重复的字符串加以编码制作成数据流的压缩法，通常应用于 GIF 图像文件的格式。

☑ JPEG 格式：照片之类的全彩图像通常被压缩为 JPEG 格式，也可以说，JPEG 格式通常用来保存超过 256 色的图像格式。JPEG 的压缩过程会造成一些图像数据的损失，所造成的“损失”是剔除了一些视觉上不容易觉察的部分。如果剔除适当，视觉上不但能够接受，而且图像的压缩效率也会提高，使图像文件变小；反之，如果剔除太多图像数据，则会造成图像过度失真。

☑ PNG 格式：PNG 图像格式是一种非破坏性的网页图像文件格式，它提供了将图像文件以最小的方式压缩却又不造成图像失真的技术。它不仅具备了 GIF 图像格式的大部分优点，而且支持 48-bit 的色彩，更快的交错显示，跨平台的图像亮度控制，更多层的透明度设置。

6.1.2　添加图像

有了图像文件之后，就可以使用<img>标签将图像插入网页中，以达到美化页面的效果。其语法格式如下：

```
<img src="图像文件的地址">
```

src 用来设置图像文件所在的地址，这一路径可以是相对地址，也可以是绝对地址。

绝对地址就是主页上的文件或目录在硬盘上的真正路径，如路径“D:\mr\5\5-1.jpg”。使用绝对路径定位链接目标文件比较清晰，但是其有两个缺点：一是需要输入更多的内容，二是如果该文件被移动了，就需要重新设置所有的相关链接。例如在本地测试网页时链接全部可用，但是到了网上就不可用了。

相对地址是最适合网站的内部文件引用。文件只要属于同一网站，即使不在同一个目录中，也可以使用相对地址进行引用。只要文件处于站点文件夹之内，相对地址就可以自由地在文件之间构建链接。这种地址形式利用的是构建链接的两个文件之间的相对关系，不受站点文件夹所处服务器位置的影响。因此这种书写形式省略了绝对地址中的相同部分。这样做的优点是：站点文件夹所在服务器地址发生改变时，文件夹的所有内部文件地址都不会出问题。

相对地址的使用方法如下：

☑ 如果要引用的文件位于该文件的同一目录中，则只需输入要链接文档的名称，如 5-1.jpg。

☑ 如果要引用的文件位于该文件的下一级目录中，则只需先输入目录名，然后加“/”，再输入文件名，如 mr/5-2.jpg。

☑ 如果要引用的文件位于该文件的上一级目录中，则先输入“../”，再输入目录名、文件名，如../ ../mr/5-2.jpg。

【例 6.1】使用<img>标签，实现五子棋游戏简介。（**实例位置：资源包\TM\sl\6\01**）

在 HTML 页面中，通过<h2>标签添加网页的标题，然后使用<p>标签和<img>标签分别添加文本和图片，实现五子棋的游戏简介，具体代码如下：

```
<body>
<!--插入五子棋游戏的文字简介-->
<h2>五子棋游戏简介</h2>
<p>  《五子棋》是明日科技研发的一款老少皆宜的休闲棋牌游戏，源于中国传统的黑白棋种之一，玩起来妙趣横生，引人入胜，不仅能增强思维能力，而且富含哲理，有助于修身养性。</p>
游戏规则：
<p>  玩游戏时，既可以随机匹配玩家，也可以与朋友对弈，或者无聊时选择人机对弈。画面简单大方。游戏中，最先在棋盘的横向、纵向或斜向形成连续的相同的五个棋子的一方为胜。</p>
<!--插入五子棋的游戏图片-->
<img src="img/wuzi.png">
</body>
```

编辑完代码后，在浏览器中打开文件，显示页面效果如图 6.1 所示。

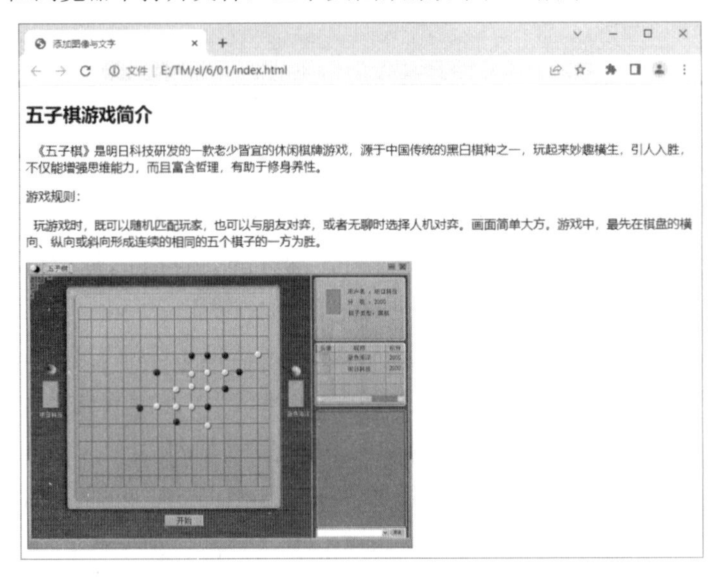

图 6.1　插入图片的效果

6.1.3　设置图像属性

1．图像大小

在网页中直接插入图片时，图像的大小和原图是相同的，而在实际应用时可以通过各种图像属性的设置来调整图像的大小、分辨率等内容。

在<img>标签中，height 属性和 width 属性可用于设置图片显示的高度和宽度。其语法格式如下：

```
<img src="图像文件的地址" height="" width="">
```

☑　height：用于设置图像的高度，单位是像素，可以省略。

☑　width：用于设置图像的宽度，单位是像素，可以省略。

设置图片大小时，如果只设置了高度或宽度，则另一个参数会按照相同比例进行调整。如果同时设置两个属性，并且缩放比例不同，则图像很可能会变形。

【例 6.2】改变手机商品详情页中图片的大小。（**实例位置：资源包\TM\sl\6\02**）

在商品详情页面中添加两张手机图片，将一张图片的高和宽均设置为 350 像素，将另一张图片的高和宽均设置为 50 像素，其代码如下：

```
<div class="mr-content">
    <!--添加第一张图片，并设置图片没有边框-->
<img src="images/img.jpg" height="350" width="350"><br/>
    <!--添加第二张图片，并设置图片边框大小为 2 像素-->
<img src="images/img.jpg" height="50" width="50">
</div>
```

运行效果如图 6.2 所示。

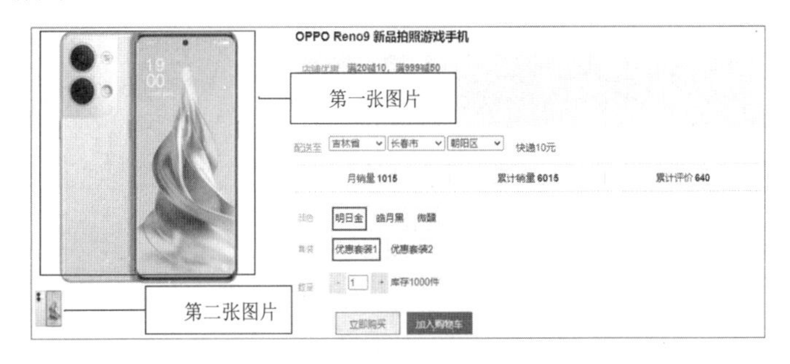

图 6.2　设置图片的大小

2. 替换文本与提示文字

在 HTML 中，你可以通过为图像设置替换文本和替换文字来添加提示信息，其中，提示文字在鼠标悬停在图像上时显示，而替换文本是在图像无法正常显示时显示，用以告知用户这是一张什么图片。

title 属性可用于为图像设置提示文字。当浏览网页时，如果图像下载完成，并将鼠标放在该图像上，则鼠标旁边会出现提示文字。也就是说，当鼠标指向图像上方时，稍等片刻，可以出现图像的提示性文字，用于说明或者描述图像。其语法格式如下：

```
<img src="图像文件的地址" title="">
```

其中，title 后面的双引号中的内容为图像的提示文字。

如果由于下载或者路径的问题而无法显示图片，则可以通过 alt 属性在图片的位置显示定义的替换文字。其语法格式如下：

```
<img src="图像文件的地址" alt="">
```

其中，alt 后面的双引号中的内容为图像的替换文本。

说明

在上面的语法中，提示文字和替换文本的内容既可以是中文，也可以是英文。

【例 6.3】设置图片的提示文字与替换文本。（**实例位置：资源包\TM\sl\6\03**）

在五子棋游戏简介页面中，为图片添加提示文字与替换文本。代码如下：

```
<body>
<h2>五子棋游戏简介</h2>
<p>  《五子棋》是明日科技研发的一款老少皆宜的休闲棋牌游戏，源于中国传统的黑白棋种之一，玩起来妙趣横生，引人入胜，不仅能增强思维能力，而且富含哲理，有助于修身养性。</p>
游戏规则：
<p>  玩游戏时，既可以随机匹配玩家，也可以与朋友对弈，或者无聊时选择人机对弈。画面简单大方。游戏中，最先在棋盘的横向、纵向或斜向形成连续的相同的五个棋子的一方获胜。</p>
<!--插入五子棋的游戏图片，并且分别设置其提示文字和替换文本-->
<img src="img/gamehall.jpg" alt="游戏大厅" title="欢迎进入五子棋游戏大厅">
<img src="img/welcome.png" alt="五子棋欢迎界面" title="欢迎体验五子棋游戏" height="400">
</body>
```

编辑完代码后，在浏览器中运行，页面效果如图 6.3 所示，左边图片由于格式错误，无法正常显示，因此在这张图片的位置显示替换文本“游戏大厅”，而当把鼠标放置在第二张图片时，图片上会显示提示文字“欢迎体验五子棋游戏”。

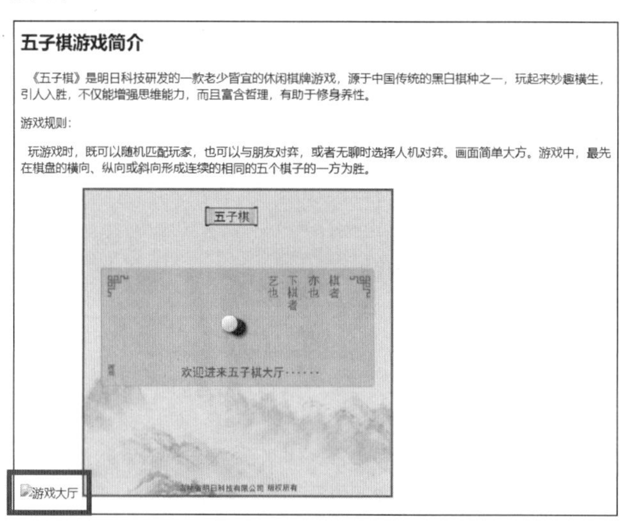

图 6.3　设置图片替换文本和提示文字

6.1.4　图像的超链接

为整个图像文件设置超链接的方法相对比较简单，实现方法与文本链接类似。其语法格式如下：

```
<a href="链接地址" target="目标窗口的打开方式"><img src="图像文件的地址"></a>
```

在该语法中，href 参数用来设置图像的链接地址，而在图像属性中可以添加图像的其他参数，如 height、border、hspace 等。

【例 6.4】添加图片链接，实现“手机风暴”模块。（**实例位置：资源包\TM\sl\6\04**）

新建一个 HTML 文件，应用<img>标签添加 5 张手机图片，并为其设置图像的超链接，然后应用<img>标签添加 5 张购物车图标，代码如下：

```
<div id="mr-content">
    <div class="mr-top">
```

```
        <h2>手机</h2>                                        <!--通过<h2>标签添加二级标题-->
        <p class="mr-p1">手机风暴</p>                        <!--通过<p>标签添加文字-->
        <p class="mr-p2">></p>
        <p class="mr-p2">更多手机</p>
        <p class="mr-p2">OPPO</p>
        <p class="mr-p2">联想</p>
        <p class="mr-p2">魅族</p>
        <p class="mr-p2">乐视</p>
        <p class="mr-p2">荣耀</p>
        <p class="mr-p2">小米</p>
    </div>
    <img src="images/8-1.jpg" alt="" class="mr-img1">       <!--通过<img>标签添加图片-->
    <div class="mr-right">
        <a href="images/link.png" target="_blank">
            <img src="images/8-1a.jpg" alt="" att="a"></a>
        <a href="images/link.png" target="_blank">
            <img src="images/8-1b.jpg" alt="" att="b"></a><br/>
        <a href="images/link.png" target="_blank">
            <img src="images/8-1c.jpg" alt="" att="c"></a>
        <a href="images/link.png" target="_blank">
            <img src="images/8-1d.jpg" alt="" att="d"></a>
        <a href="images/link.png" target="_blank">
            <img src="images/8-1e.jpg" alt="" att="e"></a>
        <img src="images/8-1g.jpg" alt="" class="mr-car1">
        <img src="images/8-1g.jpg" alt="" class="mr-car2">
        <img src="images/8-1g.jpg" alt="" class="mr-car3">
        <img src="images/8-1g.jpg" alt="" class="mr-car4">
        <img src="images/8-1g.jpg" alt="" class="mr-car5">
        <p class="mr-price1">vivo X90<br/><span>3999.00</span></p>
        <p class="mr-price2">小米 13<br/><span>4299.00</span></p>
        <p class="mr-price3">OPPO Reno9<br/><span>2699.00</span></p>
        <p class="mr-price4">华为 Mate 50<br/><span>4999.00</span></p>
        <p class="mr-price5">OPPO K10x<br/><span>1399.00</span></p>
    </div>
</div>
```

编辑完代码后，在浏览器中打开文件，可以看到如图 6.4 所示的页面。单击手机图片，将会跳转到展示商品详情的页面，如图 6.5 所示。

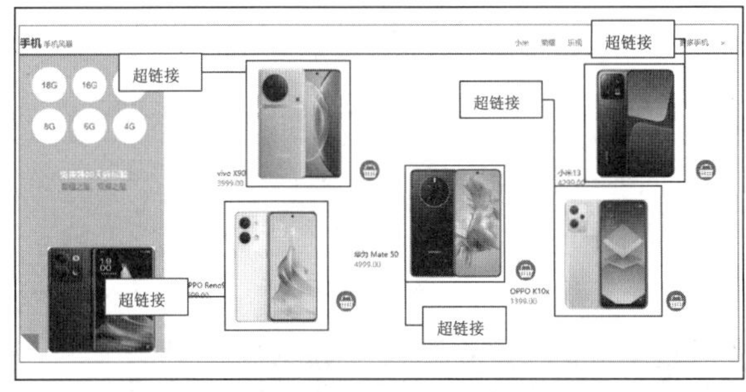

图 6.4　商品展示页面的效果

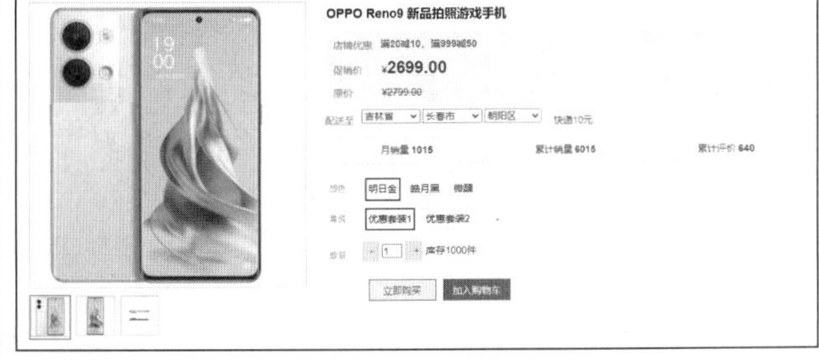

图 6.5　跳转后的商品详情页面

6.1.5　图像热区链接

除了对整个图像进行超链接的设置，还可以将图像划分成不同的区域进行链接设置。包含热区的图像也可以被称为映射图像。

为图像设置热区链接时，大致需要经过以下两个步骤。

首先，需要在图像文件中设置映射图像名。在添加图像的<img>标签中使用 usemap 属性添加图像要引用的映射图像的名称，语法格式如下：

```
<img src="图像地址" usemap="映射图像名称">
```

其次，需要定义热区图像以及热区的链接，语法格式如下：

```
<map name="映射图像名称">
    <area shape="热区形状" coords="热区坐标" href="链接地址" />
</map>
```

在该语法中，要先定义映射图像的名称，然后引用这个映射图像。在<area>标签中定义热区的位置和链接，其中：shape 用来定义热区形状，可以取值为 rect（矩形区域）、circle（圆形区域）以及 poly（多边形区域）；coords 参数则用来设置区域坐标，对于不同形状来说，coords 设置的方式也不同。

☑ 对于矩形区域 rect 来说，coords 包含 4 个参数，分别为 left、top、right 和 bottom。这 4 个参数也可以被看作矩形两个对角的点坐标。

☑ 对于圆形区域 circle 来说，coords 包含 3 个参数，分别为 center-x、center-y 和 tadius。这 3 个参数也可以分别被看作圆形的圆心坐标（x, y）与半径的值。

☑ 对于多边形区域 poly 设置坐标参数比较复杂，跟多边形的形状息息相关。coords 参数需要按照顺序（可以是逆时针，也可以是顺时针）取各个点的 x、y 坐标值。由于定义坐标比较复杂且难以控制，一般情况下都使用可视化软件进行这种参数的设置。

【例 6.5】使用热区链接，添加多个链接地址。（**实例位置：资源包\TM\sl\6\05**）

先新建一个 HTML 文件，然后使用<img>标签添加图片，并为图像添加热区链接。其代码如下：

```
<div id="mr-cont">
    <img class="addr" src="img/big.png" usemap="#mr-hotpoint" />
    <map name="mr-hotpoint">
        <area shape="rect" coords="45,126,143,203" href="img/ad.jpg" title="电脑精装" target="_blank"/>
        <area shape="rect"coords="410,80,508,174" href="img/ad4.png" title="常用家电" target="_blank" />
        <area shape="rect" coords="30,250,130,350" href="img/ad1.png" title="手机数码" target="_blank"   />
        <area shape="rect" coords="430,224,528,318" href="img/ad3.png"title="鲜货直达"target="_blank"/>
    </map>
</div>
```

编辑完代码后，在浏览器中运行该文件，可以看到打开的页面包含一张图片，如图 6.6 所示。当单击图片的“电脑精装”的会话框时，页面会跳转至一张电脑图片，如图 6.7 所示。

图 6.6　图像热区链接页面的效果

图 6.7　单击热区链接的跳转页面

编程训练（答案位置：资源包\TM\sl\6\编程训练）

【训练 1】制作商品展示页面　制作手机商城的商品展示页面，要求页面的图片大小统一。

【训练 2】单击图片实现跳转　制作一个商品展示页面，要求单击不同图片后将跳转到相应的页面。

6.2　多媒体简述

Web 上的多媒体指的是音效、音乐、视频和动画。它可以是你听到或看到的任何内容，如文字、图片、音乐、音效、录音、电影、动画等。在因特网上，你会经常发现嵌入网页中的多媒体元素，现代浏览器已支持多种多媒体格式。在本章中，你将了解不同的多媒体格式，以及如何在网页中使用它们。

在 HTML5 之前，如果开发者想要在 Web 页面中包含视频，则必须使用<object>元素和<embed>元素，而且要为这两个元素添加许多属性和参数。在 HTML4 中多媒体的应用代码如下：

```
<object width="425" height="344">
    <param name="movie" value="http://www.mingribok.com" />
    <param name="allowFullScreen" value="true" />
    <param name="aiiowscriptaccess" value="always" />
    <embed src="http://www.mingribok.com" type="application/x-shockwave-flash"
          allowscriptaccess="always" allowFullScreen="ture" width="425" height="344">
    </embed>
</object>
```

从上面的代码可以看出，在 HTML4 中使用多媒体有两方面的缺点：首先，代码冗长而笨拙；其次，需要使用第三方插件（Flash），用户如果没有安装第三方插件，则不能播放视频，画面上也会出现一片空白。

6.3　HTML5 中的多媒体

6.3.1　video 元素与 audio 元素

在 HTML5 中，新增了两个元素——video 元素与 audio 元素。video 元素专门用来播放网络上的视频或电影，而 audio 元素专门用来播放网络上的音频数据。使用这两个元素，就不再需要使用其他插件，只要使用支持 HTML5 的浏览器即可。表 6.1 中介绍了目前浏览器对 video 元素与 audio 元素的支持情况。

表 6.1　目前浏览器对 video 元素与 audio 元素的支持情况

浏　览　器	支 持 情 况
Chrome	8 位有符号整数
Firefox	16 位有符号整数

续表

浏 览 器	支 持 情 况
Opera	32 位有符号整数
Safari	64 位有符号整数

这两个元素的使用方法都很简单，以 audio 元素为例，只要把播放音频的 URL 给指定元素的 src 属性即可。audio 元素的使用方法如下所示：

```
<audio src="http://mingri/demo/test.mp3">
您的浏览器不支持 audio 元素!
</audio>
```

通过这种方法，可以把指定的音频数据直接嵌入网页中，其中“您的浏览器不支持 audio 元素!”为在不支持 audio 元素的浏览器中所显示的替代文字。

video 元素的使用方法也很简单，只要设定好元素的长、宽等属性，并把播放视频的 URL 地址指定给该元素的 src 属性即可。video 元素的使用方法如下所示：

```
<video width="640" height="360" src=" http://mingri/demo/test.mp3">
您的浏览器不支持 video 元素!
</video>
```

另外，还可以通过使用 source 元素为同一个媒体数据指定多个播放格式与编码方式，以确保浏览器可以从中选择一种自己支持的播放格式进行播放，浏览器的选择顺序为代码中的书写顺序，它会从上往下判断自己对该播放格式是否支持，直到选择到自己支持的播放格式。其使用方法如下所示：

```
<video width="640" height="360">
<!-- 在 Ogg theora 格式、Quicktime 格式与 MP4 格式之间选择自己支持的播放格式。 -->
<source src="demo/sample.ogv" type="video/ogg; codecs='theora, vorbis'"/>
<source src="demo/sample.mov" type="video/quicktime"/>
</video>
```

source 元素具有以下几个属性：

☑ src 属性是指播放媒体的 URL 地址。

☑ type 属性表示媒体类型，其属性值为播放文件的 MIME 类型，该属性中的 codecs 参数表示所使用的媒体的编码格式。

因为各浏览器对各种媒体类型及编码格式的支持情况各不相同，所以使用 source 元素来指定多种媒体类型是非常有必要的。

☑ Firefox 4 及以上、Opera 10 及以上：支持 Ogg Theora 和 VP8 视频编码格式；支持 Ogg vorbis 和 WAV 音频格式。

☑ Chrome 6 及以上：支持 H.264、VP8 和 Ogg Theora 视频编码格式；支持 Ogg vorbis 和 MP3 音频编码格式。

6.3.2 多媒体元素的属性

video 元素与 audio 元素具有的属性大致相同，我们接下来看这两个元素都具有哪些属性。

☑ src 属性和 autoplay 属性：src 属性用于指定媒体数据的 URL 地址，autoplay 属性用于指定媒体是否在页面加载后自动播放，使用方法如下：

```
<video src="sample.mov" autoplay="autoplay"></video>
```

☑ perload 属性：该属性用于指定视频或音频数据是否预加载。如果使用预加载，则浏览器会预先将视频或音频数据进行缓冲，这样可以加快播放速度，因为播放时数据已经预先缓冲完毕。该属性有 3 个可选值，分别是 none、metadata 和 auto，其默认值为 auto。
- none 表示不进行预加载。
- metadata 表示只预加载媒体的元数据（媒体字节数、第一帧、播放列表、持续时间等）。
- auto 表示预加载全部视频或音频。

该属性的使用方法如下：

```
<video src="sample.mov" preload="auto"></video>
```

☑ poster（video 元素独有属性）和 loop 属性：当视频不可用时，可以使用该元素向用户展示一幅替代用的图片；当视频不可用时，最好使用 poster 属性，以免展示视频的区域中出现一片空白。该属性的使用方法如下：

```
<video src="sample.mov" psoter="cannotuse.jpg"></video>
```

loop 属性用于指定是否循环播放视频或音频，其使用方法如下：

```
<video src="sample.mov" autoplay="autoplay" loop="loop"></video>
```

☑ controls 属性、width 属性和 height 属性（后两个为 video 元素独有属性）：controls 属性指定是否为视频或音频添加浏览器自带的播放用的控制条。控制条中具有播放、暂停等按钮。其使用方法如下：

```
<video src="sample.mov" controls="controls"></video>
```

图 6.8 显示了 Google Chrome 浏览器自带的播放视频时用的控制条的外观。

图 6.8　Google Chrome 浏览器自带的播放视频时用的控制条

说明

开发者也可以在脚本中自定义控制条，而不使用浏览器默认的控制条。

width 属性和 height 属性分别用于指定视频的宽度和高度（以像素为单位），使用方法如下：

```
<video src="sample.mov" width="500" height="500"></video>
```

☑ error 属性：在读取、使用媒体数据的过程中，在正常情况下，该属性为 null，但是任何时候只要出现错误，该属性就会返回一个 MediaError 对象，该对象的 code 属性返回对应的错误状态码，其可能的值包括：
- MEDIA_ERR_ABORTED（数值 1）：媒体数据的下载过程由于用户的操作原因而被中止。
- MEDIA_ERR_NETWORK（数值 2）：确认媒体资源可用，但是在下载时出现网络错误，媒体数据的下载过程被中止。

- ➢ MEDIA_ERR_DECODE（数值 3）：确认媒体资源可用，但是解码时发生错误。
- ➢ MEDIA_ERR_SRC_NOT_SUPPORTED（数值 4）：媒体资源不可用，媒体格式不被支持。

error 属性为只读属性。读取错误状态的代码如下：

```
<video id="videoElement" src="mingri.mov">
<script>
    var video=document.getElementById("videoElement");
    video.addEventListener("error",function(){
        var error=video.error;
        switch (error.code){
            case 1:
                alert("视频的下载过程被中止。");
                break;
            case 2:
                alert("网络发生故障，视频的下载过程被中止。");
                break;
            case 3:
                alert("解码失败。");
                break;
            case 4:
                alert("不支持播放的视频格式。");
                break;
            default:
                alert("发生未知错误。");
        }
    },false);
</script>
```

☑ networkState 属性：该属性在媒体数据加载过程中读取当前网络的状态，其值包括：

- ➢ NETWORK_EMPTY（数值 0）：元素处于初始状态。
- ➢ NETWORK_IDLE（数值 1）：浏览器已选择好用什么编码格式来播放媒体，但尚未建立网络连接。
- ➢ NETWORK_LOADING（数值 2）：媒体数据加载中。
- ➢ NETWORK_NO_SOURCE（数值 3）：没有支持的编码格式，不执行加载。

networkState 属性为只读属性，读取网络状态的示例代码如下：

```
<script>
    var video = document.getElementById("video");
    video.addEventListener("progress", function(e) {
        var networkStateDisplay=document.getElementById("networkState");
        if(video.networkState==2){
            networkStateDisplay.innerHTML="加载中...["+e.loaded+"/"+e.total+"byte]";
        }
        else if(video.networkState==3){
            networkStateDisplay.innerHTML="加载失败";
        }
    },false);
</script>
```

☑ currentSrc 属性和 buffered 属性：可以用 currentSrc 属性来读取播放中的媒体数据的 URL 地址，该属性为只读属性。buffered 属性返回一个实现 TimeRanges 接口的对象，以确认浏览器是否已缓存媒体数据。TimeRanges 对象表示一段时间范围，在大多数情况下，该对象表示的时间范围是一个单一的以“0”开始的范围，但是如果浏览器发出 Range Request 请求，这时

TimeRanges 对象表示的时间范围是多个时间范围。TimeRanges 对象具有一个 length 属性，表示有多少个时间范围，多数情况下存在时间范围时，该值为“1”，不存在时间范围时，该值为“0”。该对象有两个方法，即 start(index)和 end(index)，多数情况下将 index 设置为“0”即可。当用 element.buffered 语句来实现 TimeRanges 接口时，start(0)表示当前缓存区内从媒体数据的什么时间开始进行缓存，end(0)表示当前缓存区内的结束时间。buffered 属性为只读属性。

☑ readyState 属性：readyState 属性为只读属性。该属性返回媒体当前播放位置的就绪状态，其值包括：

  ➢ HAVE_NOTHING（数值 0）：没有获取到媒体的任何信息，当前播放位置没有可播放数据。
  ➢ HAVE_METADATA（数值 1）：已经获取到足够的媒体数据，但是当前播放位置没有有效的媒体数据（也就是说，获取到的媒体数据无效，不能播放）。
  ➢ HAVE_CURRENT_DATA（数值 2）：当前播放位置已经有数据可以播放，但没有获取到可以让播放器前进的数据。当媒体为视频时，意味着已经获取到当前帧的数据，但还没有获取到下一帧的数据，或者当前帧已经是播放的最后一帧。
  ➢ HAVE_FUTURE_DATA（数值 3）：当前播放位置已经有可播放的数据，并且已经获取到可以让播放器前进的数据。当媒体为视频时，意味着已经获取到当前帧的数据，并且已经获取到下一帧的数据，当前帧是播放的最后一帧时，readyState 属性不可能为 HAVE_FUTURE_DATA。
  ➢ HAVE_ENOUGH_DATA（数值 4）：当前播放位置已经有可播放的数据，同时获取到可以让播放器前进的数据，而且浏览器确认媒体数据以某一种速度进行加载，可以保证有足够的后续数据进行播放。

☑ seeking 属性和 seekable 属性：seeking 属性返回一个布尔值，表示浏览器是否正在请求某一特定播放位置的数据，true 表示浏览器正在请求数据，false 表示浏览器已停止请求。seekable 属性返回一个 TimeRanges 对象，该对象表示请求到的数据的时间范围。当媒体为视频时，开始时间为请求到视频数据第一帧的时间，结束时间为请求到视频数据最后一帧的时间。这两个属性均为只读属性。

☑ currentTime 属性、startTime 属性和 duration 属性：currentTime 属性用于读取媒体的当前播放位置，也可以通过修改 currentTime 属性来修改当前播放位置。如果修改的位置上没有可用的媒体数据，则将抛出 INVALID_STATE_ERR 异常；如果修改的位置超出了浏览器在一次请求中可以请求的数据范围，则将抛出 INDEX_SIZE_ERR 异常。startTime 属性用来读取媒体播放的开始时间，通常为“0”。duration 属性用来读取媒体文件总的播放时间。

☑ played 属性、paused 属性和 ended 属性：played 属性返回一个 TimeRanges 对象，从该对象中可以读取媒体文件的已播放部分的时间段。开始时间为已播放部分的开始时间，结束时间为已播放部分的结束时间。paused 属性返回一个布尔值，表示是否暂停播放，true 表示媒体暂停播放，false 表示媒体正在播放。ended 属性返回一个布尔值，表示是否播放完毕，true 表示媒体播放完毕，false 表示还没有播放完毕。三者均为只读属性。

☑ defaultPlaybackRate 属性和 playbackRate 属性：defaultPlaybackRate 属性用来读取或修改媒体默认的播放速率。playbackRate 属性用于读取或修改媒体当前的播放速率。

☑ volume 属性和 muted 属性：volume 属性用于读取或修改媒体的播放音量，范围为 0～1，0 为静音，1 为最大音量。muted 属性用于读取或修改媒体的静音状态，该值为布尔值，true 表示处于静音状态，false 表示处于非静音状态。

6.4 控制多媒体播放

6.4.1 媒体播放时的方法

多媒体元素常用的方法如下：

☑ 使用 play()方法播放视频，并将 paused()方法的值强行设为 false。

☑ 使用 pause()方法暂停视频，并将 paused()方法的值强行设为 ture。

☑ 使用 load()方法重新载入视频，并将 playbackRate 属性的值强行设为 defaultPlaybackRate 属性的值，将 error 属性的值强行设为 null。

【例 6.6】多功能的视频播放效果。（**实例位置：资源包\TM\sl\6\06**）

为了展示视频播放时应用的方法以及多媒体的基本属性，在控制视频的播放时，并没有应用浏览器自带的控制条来控制视频的播放，而是通过添加“播放”“暂停”和“停止”按钮来控制视频的播放、暂停和停止，并制作美观的进度条来显示播放视频的进度。本例实现的步骤如下。

（1）在 HTML5 文件中添加视频，添加播放、暂停等功能按钮的 HTML 代码。具体代码如下：

```
<body>
<!--添加视频   start-->
<div class="videoContainer">
  <!-- timeupdate 事件：当前播放位置（currentTime 属性）改变    -->
  <video id="videoPlayer"   ontimeupdate="progressUpdate()" >
    <source src="butterfly.mp4" type="video/mp4">
    <source src="butterfly.webm" type="video/webm">
  </video>
</div>
<!--添加视频   end-->
<!--进度条和时间显示区域  start-->
<div class="barContainer">
  <div id="durationBar">
    <div id="positionBar"><span id="displayStatus">进度条.</span></div>
  </div>
</div>
<!--进度条和时间显示区域    end-->
<!--6 个功能按钮   start-->
<div class="btn">
  <button onclick="play()">播放</button>
  <button onclick="pause()">暂停</button>
  <button onclick="stop()">停止</button>
  <button onclick="speedUp()">加速播放</button>
  <button onclick="slowDown()">减速播放</button>
  <button onclick="normalSpeed()">正常速度</button>
</div>
<!--6 个功能按钮    end-->
</body>
```

（2）首先，为播放、暂停、停止功能按钮绑定 3 个 onclick 事件，通过多媒体播放时的方法即可实现。其次，为加速播放、减速播放、正常速度功能按钮绑定 3 个 onclick 事件，在函数内部改变 playbackRate 属性值，即可实现不同速度的播放。最后，实现了进度条内部动态显示播放时间。显示播

放时间具体的实现方法是：首先通过 currentTime 和 duration 属性，获取到当前播放位置和视频播放总时间，其次利用 Math.round 对获取的时间进行处理，保留两位小数，最后通过 innerHTML 方法将时间的值写入<span>标签中即可。其具体实现的代码如下：

```
<script>
    var video;
    var display;
    window.onload = function() {                                    //页面加载时执行的匿名函数
      video = document.getElementById("videoPlayer");               //获取 videoPlayer 元素
      display = document.getElementById("displayStatus");           //通过 id 获取 span 元素
    }
    function play() {                                               //播放函数
      video.play();                                                 //多媒体暂停时的方法
    }
    function pause() {
      video.pause();                                                //多媒体暂停时的方法
    }
    //人为地改变当前播放位置，即 currentTime，将触发 timeUpdate 事件
    function stop() {                                               //单击停止按钮，视频停止的函数
      video.pause();
      video.currentTime = 0;                                        //将当前播放位置设置为 0
    }
    function speedUp() {                                            //视频加速播放函数
      video.play();
      video.playbackRate = 2;                                       //播放速率
    }
    function slowDown() {                                           //视频减速播放函数
      video.play();
      video.playbackRate = 0.5;
    }
    function normalSpeed() {                                        //视频以正常速度播放视频函数
      video.play();
      video.playbackRate = 1;
    }
    //进程更新函数
    function progressUpdate() {
      var positionBar = document.getElementById("positionBar");     //通过 id 获取进度条元素
      //时间转换为进度条的宽度
      positionBar.style.width = (video.currentTime / video.duration * 100)   + "%";
      //播放时间通过 innerHTML 方法添加到 span 标签内部（进度条），使其显示于页面
      displayStatus.innerHTML = (Math.round(video.currentTime*100)/100) + "  秒";
    }
  </script>
```

本例的运行结果如图 6.9 所示。

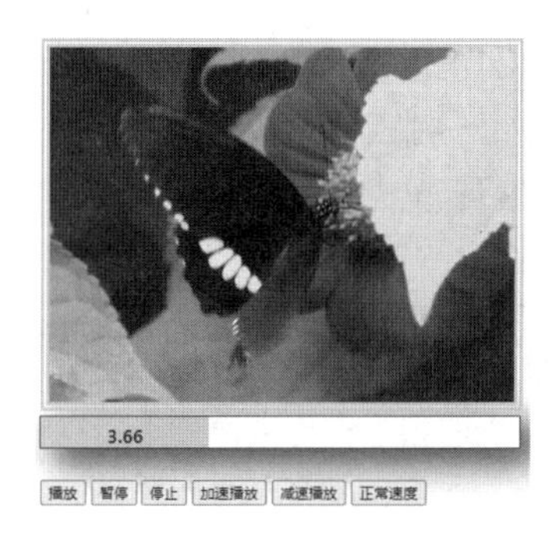

图 6.9　多媒体播放时的方法和属性的综合运用实例

6.4.2 canPlayType(type)方法

使用 canPlayType(type)方法测试浏览器是否支持指定的媒介类型，该方法的定义如下：

```
var support=videoElement.canPlayType(type);
```

videoElement 表示页面上的 video 元素或 audio 元素。该方法使用一个参数 type，该参数的指定方法与 source 元素的 type 参数的指定方法相同，都用播放文件的 MIME 类型来指定，可以在指定的字符串中加上表示媒体编码格式的 codes 参数。该方法返回 3 个可能值（均为浏览器判断的结果）。

☑ 空字符串：浏览器不支持此种媒体类型。

☑ maybe：浏览器可能支持此种媒体类型。

☑ probably：浏览器确定支持此种媒体类型。

编程训练（答案位置：资源包\TM\sl\6\编程训练）

【训练 3】加载视频文件　试着通过多媒体元素常用方法，加载一段视频文件。

【训练 4】自定义视频工具栏　实现在网页中播放视频的工具栏，工具栏中包含“视频大小”按钮以及“播放”按钮和“暂停”按钮。

6.5 事件监听

6.5.1 事件处理方式

在利用 video 元素或 audio 元素读取或播放媒体数据时，会触发一系列的事件，如果 JavaScript 脚本捕捉到这些事件，就可以对这些事件进行处理。对于这些事件的捕捉及其处理，可以按两种方式来进行。

一种是监听的方式。通过 addEventListener(事件名,处理函数,处理方式)方法来对事件的发生进行监听，该方法的定义如下：

```
videoElement.addEventListener(type,listener,useCapture);
```

videoElement 表示页面上的 video 元素或 audio 元素，type 为事件名称，listener 表示绑定的函数。useCapture 是一个布尔值，表示该事件的响应顺序，如果该值为 true，则浏览器采用 Capture 响应方式，如果该值为 false，则浏览器采用 bubbling 响应方式，一般采用 false，默认情况下也为 false。

另一种是直接赋值的方式。事件处理方式为 JavaScript 脚本中常见的获取事件句柄的方式，代码如下：

```
<video id="video1" src="mrsoft.mov" onplay="begin_playing()"></video>
function begin_playing(){
……（省略代码）
};
```

6.5.2　事件介绍

浏览器在请求媒体数据、下载媒体数据、播放媒体数据一直到播放结束这一系列过程中，都会触发一些事件。多媒体元素的事件及其说明如表 6.2 所示。

表 6.2　多媒体元素的事件及其说明

事　件	说　明
loadstart 事件	浏览器开始请求媒介
progress 事件	浏览器正在获取媒介
suspend 事件	浏览器非主动获取媒介数据，但没有加载完整个媒介资源
abort 事件	浏览器在完全加载前中止获取媒介数据，但是并不是由错误引起的
error 事件	获取媒介数据出错
emptied 事件	媒介元素的网络状态突然变为未初始化；可能引起的原因有两个：一是载入媒体过程中突然发生一个致命错误；二是在浏览器正在选择支持的播放格式时，又调用 load 方法重新载入媒体
stalled 事件	浏览器获取媒介数据异常
play 事件	即将开始播放，执行 play 方法时触发，或数据下载后元素被设为 autoplay（自动播放）属性
pause 事件	暂停播放，当执行了 pause 方法时触发
loadedmetadata 事件	浏览器获取完媒介资源的时长和字节
loadeddata 事件	浏览器已加载当前播放位置的媒介数据
waiting 事件	播放由于下一帧无效（如未加载）而已停止（但浏览器确认下一帧会马上有效）
playing 事件	已经开始播放
canplay 事件	浏览器能够开始媒介播放，但估计以当前速率播放不能直接将媒介播放完（播放期间需要缓冲）
canplaythrough 事件	浏览器估计以当前速率直接播放可以直接播放完整个媒介资源（播放期间不需要缓冲）
seeking 事件	浏览器正在请求数据（seeking 属性值为 true）
seeked 事件	浏览器停止请求数据（seeking 属性值为 false）
timeupdate 事件	当前播放位置（currentTime 属性）改变，可能是播放过程中的自然改变，也可能是被人为地改变，或由于播放不能连续而发生的跳变
ended 事件	播放由于媒介结束而停止
ratechange 事件	默认播放速率（defaultPlaybackRate 属性）改变或播放速率（playbackRate 属性）改变
durationchange 事件	媒介时长（duration 属性）改变
volumechange 事件	音量（volume 属性）改变或静音（muted 属性）

6.5.3　事件应用

浏览器在请求媒体数据、下载媒体数据、播放媒体数据一直到播放结束这一系列过程中，都会触发一些事件。接下来，我们通过一个实例来具体运用多媒体事件。

【例 6.7】多媒体元素重要事件的运用。（**实例位置：资源包\TM\sl\6\07**）

本例将在页面中显示要播放的多媒体文件，同时显示多媒体文件的总时间，当单击“播放”按钮时，将显示当前播放的时间。多媒体文件的总时间与当前时间将以（秒/秒）的形式显示。

本例实现的步骤如下：

（1）通过<video>标签添加多媒体文件，代码如下：

```
<!--添加视频-->
<video id="video">
        <source src="butterfly.mp4" type="video/mp4" />
        <source src="butterfly.webm" type="video/webm" />
</video>
```

（2）在页面中添加<button>标签和<span>标签，分别用于放置“播放/暂停”按钮媒体的总时间、当前播放时间。实现的 HTML 代码如下：

```
<!--播放按钮和播放时间-->
<button id="playButton" onclick="playOrPauseVideo()">播放</button>
<span id="time"></span>
```

（3）定义单击“播放”按钮时调用的函数 playOrPauseVideo()。在函数中获取 video 元素，对 video 元素的 timeupdate 事件进行监听，通过 currentTime 属性和 duration 属性获取视频播放的当前时间和总时间，利用 Math.floor()方法对获取的时间进行取整，以“当前时间/总时间”的形式输出。再通过 innerHTML 属性将值写入<span>标签中即可。其具体实现的代码如下：

```
//显示时间进度
function playOrPauseVideo() {
    var video = document.getElementById("video");
    //使用事件监听方式,捕捉 timeupdate 事件
    video.addEventListener("timeupdate", function () {
        var timeDisplay = document.getElementById("time");
        //用秒数来显示当前播放进度
        timeDisplay.innerHTML = Math.floor(video.currentTime) + " / " + Math.floor(video.duration) + "（秒）";
}, false);
}
```

（4）在 playOrPauseVideo()函数中对播放的进度进行判断，当播放完成后，将播放的当前时间 currentTime 设置为 0，并通过条件运算符执行播放或者暂停。其实现的代码如下：

```
if (video.ended) {                                    //如果媒体播放结束，播放时间从 0 开始
    video.currentTime = 0;
}
video[video.paused ? 'play' : 'pause']();             //通过三元运算执行播放和暂停
```

（5）在 playOrPauseVideo()函数中获取按钮元素，使用 video 元素的 addEventListener()方法对 play、pause、ended 等事件进行监听，同时绑定 playEvent()函数和 pausedEvent()函数，在这两个函数中，实现按钮文字在“播放”和“暂停”之间进行切换。代码如下：

```
var play=document.getElementById("playButton");       //获取按钮元素
video.addEventListener('play', playEvent, false);     //监听 play 事件
video.addEventListener('pause', pausedEvent, false);  //监听 pause 事件
video.addEventListener('ended', function () {         //监听 ended 事件
    this.pause();                                     //暂停播放
}, false);
function playEvent() {
    play.innerHTML = '暂停';
}
function pausedEvent() {
    play.innerHTML = '播放';
}
```

本例的运行结果如图 6.10 所示。

图 6.10　addEventListener 添加多媒体事件的实例

编程训练（答案位置：资源包\TM\sl\6\编程训练）

【训练 5】 为游戏添加音效　实现在页面中添加弹跳的小球，当小球碰到地面时，播放碰撞音效。

【训练 6】 自定义视频工具栏　在网页中添加视频，并自定义视频工具栏。

6.6　实践与练习

（答案位置：资源包\TM\sl\6\实践与练习）

综合练习 1：制作抽奖效果　制作抽奖效果，点击页面中的“开始抽奖”时，页面跳转到未中奖的页面，运行结果如图 6.11、图 6.12 所示。

图 6.11　抽奖界面

图 6.12　未中奖页面

综合练习 2：在浏览器中播放音频　在网页中添加音频文件，使该文件在浏览器中能够正常播放。

综合练习 3：网页中添加视频　在网页中添加视频，使该文件在浏览器中能够正常播放。

综合练习 4：自定义视频工具栏的显示与隐藏　在网页中添加视频，并且可以自定义工具栏的显示与隐藏。

第 7 章

HTML5 绘图

在 HTML5 中新增了两个用于绘图的元素——Canvas 元素和 SVG 元素。伴随 Canvas 元素而来的是一套编程接口——Canvas API。使用 Canvas API 可以在页面上绘制任何你想要的、非常漂亮的图形和图像，从而创建更加丰富多彩、赏心悦目的 Web 页面。SVG 意为可缩放矢量图形（scalable vector graphics），它是基于可扩展标记语言（XML）来描述二维矢量图形的一种图形格式。由于 SVG 具有诸多优势，目前它在网页设计中越来越受到用户的喜爱，而大多数浏览器也已支持 SVG。本章将对 HTML5 中的绘制图形进行详细讲解。

本章知识架构及重难点如下。

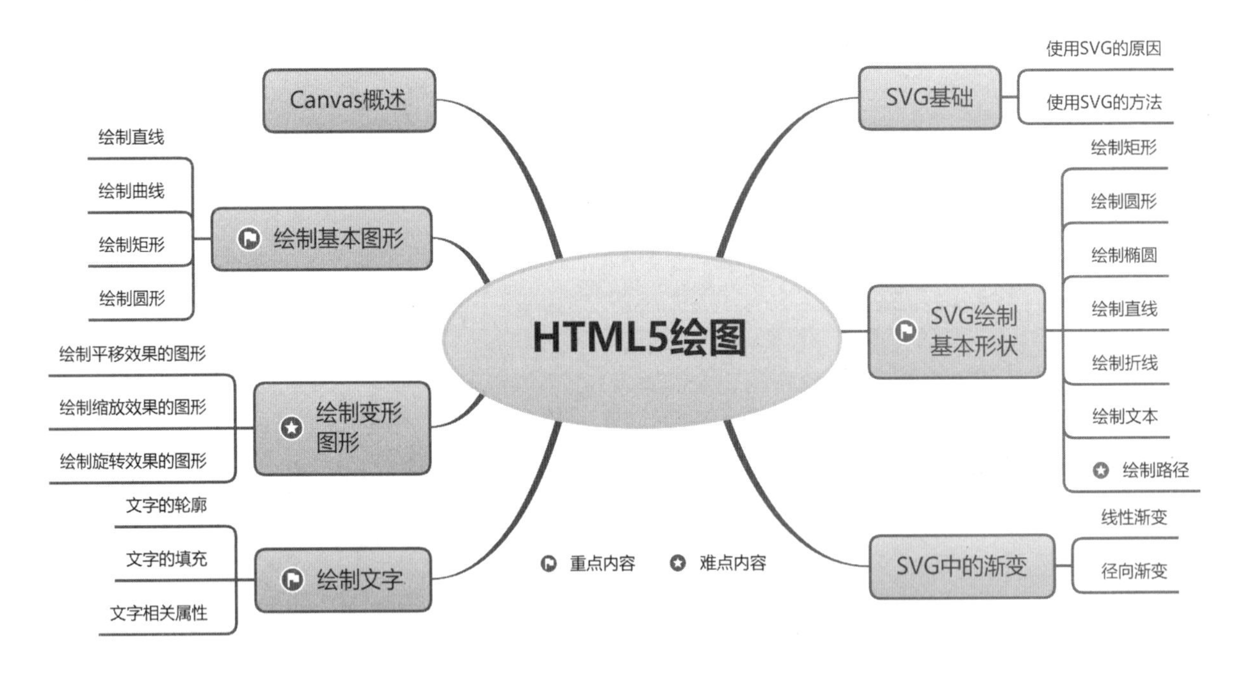

7.1 Canvas 概述

Canvas 是 HTML5 中新增的一个重要元素，专门用来绘制图形。当用户在 HTML5 页面中添加 Canvas 元素后，系统会自动生成一个宽 300 像素、高 150 像素的画布，用户可以在画布中绘制各种图形。

虽然 Canvas 画布有默认的大小，但是用户可以根据需要自定义其大小或者设置其他特性。在页面中加入了 Canvas 元素后，可以在其中添加图片、线条以及文字，也可以在里面绘制图形，还可以加入高级动画。在页面中创建 Canvas 画布的语法如下：

```
<canvas width="" height="" id=""> </canvas>
```

☑ width：要创建的画布的宽度，单位为像素。

☑ height：要创建的画布的高度。

☑ id：设置画布的 id 属性。主要是为了在开发过程中可以快速找到 Canvas 元素。对于任何 Canvas 元素来说，id 都是尤为重要的，这主要是因为对 Canvas 元素的所有操作都是通过脚本代码控制的，如果没有 id，则很难找到要操作的 Canvas 元素。

7.2　绘制基本图形

7.2.1　绘制直线

绘制直线时，一般会用到 moveTo()与 lineTo()两种方法。而在绘制图形时，需要对绘制图形的样式等进行设置，下面将对有关的方法和属性进行介绍。

1．moveTo()方法

moveTo()方法的作用是将光标移动到指定坐标点(x,y)，绘制直线时以这个坐标点为起点。语法如下：

```
moveTo(x,y)
```

2．lineTo()方法

lineTo()方法在上一个顶点与参数中指定的直线终点(x,y)之间绘制一条直线。语法如下：

```
lineTo(x,y)
```

3．closePath()方法

closePath()方法在当前点与起始点之间绘制一条路径，使图形成为封闭图形。语法如下：

```
closePath()
```

4．fillStyle 属性和 strokeStyle 属性

fillStyle 和 strokeStyle 两个重要属性都可以用于为图形添加颜色，它们以相同的方式表示颜色，不同之处在于 fillStyle 是给图形的内部填充颜色，而 strokeStyle 是给图形的边框添加颜色。语法如下：

```
cav.fillStyle = color
cav.strokeStyle = color
```

在该语法中，color 可以是表示 CSS 颜色值的字符串、渐变对象或者图案对象。在默认情况下，线条和填充颜色都是黑色（CSS 颜色值 #000000）。

5. 线型

设置线型的属性主要有以下 3 个。

☑ lineWidth：该属性用于设置当前绘线的粗细，属性值必须为正数。默认值是 1.0。线宽是指给定路径的中心到两边的粗细。换句话说就是在路径的两边各绘制线宽的一半。

☑ lineCap：线段端点显示的样子。其属性值有 butt、round 和 square。

- butt：向线条的每个末端添加平直的边缘，这是 Canvas 中默认的线段端点显示的样子。
- round：向线条的每个末端添加圆形线帽。
- square：向线条的每个末端添加正方形线帽。

☑ lineJoin：当两条线交汇时，两线段端点连接处所显示的样子。其属性值有 round（圆角）、bevel（斜角）和 miter（尖角），默认值是 miter。

注意

无论是 moveTo(x,y)还是 lineTo(x,y)，都不会直接绘制图形，只是定义路径的位置。只有在调用了 fill()或者 stroke()方法时才能绘制出图形。另外，一旦设置了 strokeStyle 或者 fillStyle 的值，那么这个新值就会成为新绘制的图形的默认值。如果想要给每个图形填充不同的颜色，就需要重新设置 fillStyle 或 strokeStyle 的值。

【例 7.1】绘制圣诞树上的五角星。（**实例位置：资源包\TM\sl\7\01**）

使用直线绘制五角星，然后通过按钮实现单击按钮时，五角星显示或隐藏。具体步骤如下。

首先，创建 HTML 文件，在 HTML 页面添加<canvas>标签和按钮，具体代码如下：

```
<div class="mr-con">
    <canvas id="cav" height="547" width="1000" onload="hug()"></canvas>
    <input type="button" value="挂星星" onclick="show()">
</div>
```

其次，在 JavaScript 页面中编辑实现五角星的函数，接下来通过调用该函数，实现绘制多个五角星，具体代码如下：

```
var ctx = document.getElementById("cav");
var cav = ctx.getContext("2d");
//x,y 为五角星最左边定点坐标，n 为五角星的缩小倍数，c 为五角星的填充颜色
function draw(x, y, n, c) {
    cav.beginPath();
    cav.fillStyle = c;
    cav.moveTo(x / n, y / n);                          //使用 moveTo()方法绘制起点(x/n,y/n)
    //lineTo()方法绘制从上一个顶点到((x+50)/n,y/n)顶点的路径
    cav.lineTo((x + 50) / n, y / n);
    cav.lineTo((x + 10) / n, (y + 30) / n);
    cav.lineTo((x + 25) / n, (y - 20) / n);
    cav.lineTo((x + 40) / n, (y + 30) / n);
    cav.closePath();                                   //将终点与起点连接以形成闭合路径
    cav.fill();                                        //绘制填充图形
}
function hug() {
    draw(160, 86, 0.7, '#ff0');                        //第一棵树的树顶大五角星
    draw(487, 86, 0.7, '#ff0');                        //第二棵树的树顶大五角星
    draw(357, 286, 1.3, '#0ff');                       //第一棵树的其他小的五角星
```

```
    draw(320, 386, 1.5, '#f0f');
    draw(600, 566, 2.0, '#eca9f2');
    draw(500, 666, 2.0, '#eca9f2');
    draw(1050, 286, 1.5, '#e0f084');                    //第二棵树挂的小五角星
    draw(1500, 486, 2.0, '#fe6869');
    draw(1700, 686, 2.5, '#88c7ef');
    draw(2550, 1000, 3.5, '#fff589');
    draw(1150, 450, 1.5, '#ebcd97');
    draw(2490, 1250, 3.5, '#f5d1ff');
}
```

最后，通过改变画布的隐藏与显示来实现五角星闪烁效果，具体代码如下：

```
function show() { //单击按钮隐藏或显示五角星
    //如果 canvas 状态为显示，则隐藏它
    if (ctx.style.display == "block") {
        ctx.style.display = "none";
    }
    else {
        ctx.style.display = "block";
         hug();
    }
}
```

实例实现效果如图 7.1 所示。

图 7.1　在圣诞树上绘制五角星的效果

7.2.2　绘制曲线

贝塞尔曲线有二次方和三次方的形式，常用于绘制复杂而有规律的形状。

绘制三次贝塞尔曲线主要使用 bezierCurveTo()方法，该方法可以说是 lineTo()方法的曲线版，将从当前坐标点到指定坐标点中间的贝塞尔曲线追加到路径中。语法如下：

```
bezierCurveTo(cp1x, cp1y, cp2x, cp2y, x, y)
```

bezierCurveTo()方法的参数说明如表 7.1 所示。

表 7.1　bezierCurveTo()方法的参数说明

参 数 名 称	参 数 含 义
cp1x	第一个控制点的横坐标
cp1y	第一个控制点的纵坐标
cp2x	第二个控制点的横坐标
cp2y	第二个控制点的纵坐标
x	贝塞尔曲线的终点横坐标
y	贝塞尔曲线的终点纵坐标

绘制二次贝塞尔曲线，使用的方法是 quadraticCurveTo()。语法如下：

```
quadraticCurveTo(cp1x, cp1y, x, y)
```

☑ cp1x：第一个控制点的横坐标。

☑ cp1y：第一个控制点的纵坐标。

☑ x：贝塞尔曲线的终点横坐标。

☑ y：贝塞尔曲线的终点纵坐标。

quadraticCurveTo()方法和 bezierCurveTo()方法的区别如图 7.2 所示。它们都是一个起点一个终点（图中的蓝点，起点由 moveTo()方法设定），二次贝塞尔曲线只有一个控制点（红色），而三次贝塞尔曲线有两个。

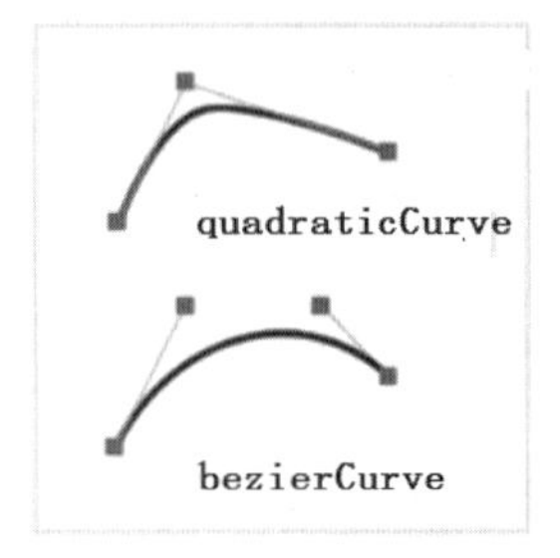

图 7.2　bezierCurve 与 quadraticCurve 的区别

【例 7.2】绘制七星瓢虫。（**实例位置：资源包\TM\sl\7\02**）

在页面中使用 Canvas 绘制七星瓢虫，首先需要在 HTML 页面中添加<canvas>标签并设置大小以及 id 属性。具体代码如下：

```
<div class="mr-cont">
    <canvas id="cav" height="300" width="300"></canvas>
</div>
```

然后在 JavaScript 页面中获取画布和图形上下文，并通过绘制多条曲线组合成七星瓢虫。具体代码如下：

```
var cav = document.getElementById("cav").getContext("2d");
cav.beginPath();                                               //body
cav.fillStyle = "#DC1534";
cav.moveTo(130, 90);                                           //设置起点
//三次贝塞尔曲线绘制瓢虫身体
cav.bezierCurveTo(90, 100, 90, 170, 130, 180);                 //left
cav.bezierCurveTo(170, 170, 170, 100, 130, 90);                //right
cav.fill();
cav.beginPath(); //head
cav.lineWidth = 3;
cav.moveTo(115, 99)
//三次贝塞尔曲线绘制瓢虫头部
cav.bezierCurveTo(120, 70, 139, 70, 145, 99);
cav.stroke();
cav.beginPath();                                               //feeler-left
cav.moveTo(125, 80)
cav.quadraticCurveTo(115, 55, 110, 75);
cav.stroke();
cav.beginPath();                                               //feeler-right
cav.moveTo(135, 80)
cav.quadraticCurveTo(145, 55, 150, 75);
cav.stroke();
circle(130, 130, 10, 130, 90, 130, 180);                       //center
circle(115, 115, 5, 105, 115, 90, 100);                        //left-top
circle(110, 140, 5, 100, 135, 85, 130);                        //left-center
circle(115, 160, 5, 105, 155, 90, 170);                        //left-bottom
circle(145, 115, 5, 155, 115, 170, 100);                       //right-top
circle(150, 140, 5, 160, 135, 175, 130);                       //right-center
circle(145, 160, 5, 155, 155, 170, 170);                       //right-bottom
//x,y,r 为七星瓢虫背部的圆圈的圆心和半径；x1,y1,x2,y2 为绘制昆虫六只脚的起点和终点
function circle(x, y, r, x1, y1, x2, y2) {                     //circle
```

```
    cav.beginPath();                                    //绘制七星瓢虫背部的圆圈
    cav.strokeStyle = "#b28335";
    cav.fillStyle = "#000";
    cav.arc(x, y, r, 0, Math.PI * 2, true);
    cav.fill();
    cav.stroke();
    cav.beginPath();                                    //绘制直线实现七星瓢虫脚
    cav.strokeStyle = "#000";
    cav.lineWidth = 3;
    cav.moveTo(x1, y1);
    cav.lineTo(x2, y2);
    cav.stroke();
}
```

实例运行效果如图 7.3 所示。

图 7.3　绘制的七星瓢虫

7.2.3　绘制矩形

绘制矩形时，一般会用到 rect()方法。语法如下：

```
rect(x,y,w,h)
```

☑　x：矩形左上角定点的横坐标。
☑　y：矩形左上角定点的纵坐标。
☑　w：矩形的宽度。
☑　h：矩形的高度。

【例 7.3】绘制五子棋棋盘。（**实例位置：资源包\TM\sl\7\03**）

下面通过使用 Canvas 绘制棋盘来了解使用 Canvas 的主要过程。该实例的实现步骤如下：

（1）在 HTML 页面中添加<canvas>标签，代码如下：

```
<div class="mr-cont">
    <!--设置画布高为 870 像素，宽为 1208 像素，并设置 id 为 cav-->
    <canvas id="cav" height="504" width="700"></canvas>
</div>
```

（2）创建 CSS 文件，在 CSS 文件中为 Canvas 画布添加背景图片等，代码如下：

```
.mr-cont{
    height: 504px;
    width: 700px;
    margin: 0 auto;
}
#cav{
    border: 1px solid #f00;
    background: url(../img/bg.png);
}
```

（3）创建 JavaScript 文件，在 JavaScript 文件中添加代码。首先需要使用 document.getElementById()方法取得 Canvas 元素，然后使用 Canvas 元素的 getContext()方法获得图形上下文，同时指明绘制的环境类型，这里传递的参数是“2d”，表示绘制的环境类型是二维的，它也是目前唯一的合法值。代码如下：

```
var cav = document.getElementById("cav").getContext("2d");
```

（4）获取画布和图形上下文以后，设定绘图样式（style）。绘图样式主要有两种，分别是 strokStyle 线条样式和 fillStyle 填充样式。所谓绘图的样式，主要是针对图形的颜色，但是并不限于图形的颜色。需要注意的是，如果不设定绘图样式，则系统默认绘图样式为黑色。本实例只设定了线条颜色。代码如下：

```
cav.strokeStyle = "rgb(147,109,70)";
```

（5）设置绘图样式以后，就可以开始绘制图形了。本实例使用 rect()方法绘制矩形，绘制以后，需要使用 fill()方法或者 stroke()方法绘制填充图形或者轮廓图形。填充图形是指填满图形内部；轮廓图形是指不填满图形内部，只绘制图形的外框。本实例绘制轮廓矩形，因此调用 stroke()函数，代码如下：

```
    for (var j = 0; j < 10; j++) {          //j 为棋盘列数
  for (var i = 0; i < 10; i++) {     //i 为棋盘行数
     cav.beginPath();
     //每个格子宽和高都为 50 像素
     cav.rect(115 + j * 30, 85 + i * 30, 30, 30);
     cav.stroke();
  }
}
//棋盘外部的大正方形
cav.beginPath();
//设置线宽
cav.lineWidth=4;
cav.strokeRect(100,70,330,330);
cav.stroke();
```

在浏览器中运行代码，效果如图 7.4 所示。

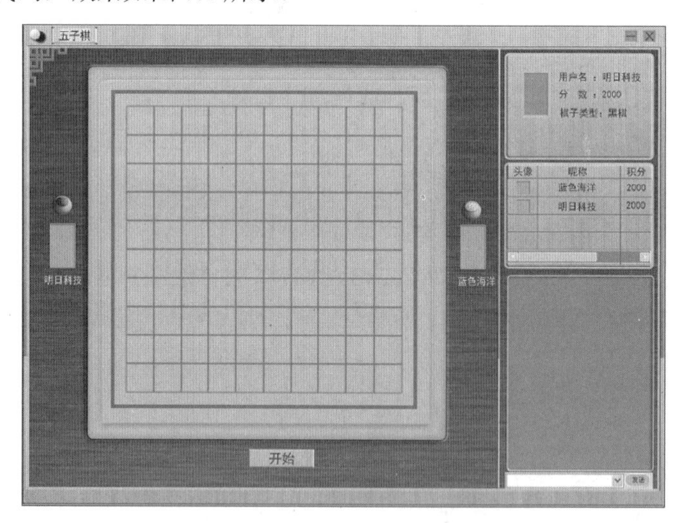

图 7.4　使用 Canvas 绘制五子棋棋盘

注意

绘制图形时，只用绘制矩形或者绘制圆形等方法是绘制不出来图形的，只有调用 stroke()方法或 fill()方法后，才能绘制出图形。

7.2.4　绘制圆形

绘制圆形时，一般使用 arc()方法。语法如下：

```
arc( x,y,radius,startAngle,endAngle,anticlockwise)
```

arc()方法的参数说明如表 7.2 所示。

表 7.2　arc()方法的参数说明

参数名称	参数说明
x	绘制圆形的圆心的横坐标
y	绘制圆形的圆心的纵坐标
radius	绘制圆形的半径
startAngle	绘制圆形的起始弧度
endAngle	绘制圆形的终止弧度
anticlockwise	圆形的绘制方向。值为 true 时表示逆时针，值为 false 时表示顺时针

【例 7.4】实现在画布中随机绘制圆形。（**实例位置：资源包\TM\sl\7\04**）

在 HTML 页面中添加<canvas>标签，并输入提示文字。具体代码如下：

```
<div class="mr-cont">
  <span>点击图中画布，实现自动绘制随机圆形</span>
  <canvas height="600" width="800" id="cav" onClick="setInterval(drew,1000)"></canvas>
</div>
```

在 JavaScript 文件中编辑绘制圆形的函数，并设置相关参数。具体代码如下：

```
var cav = document.getElementById("cav").getContext("2d");
function drew() {
   //圆形的相关参数
   var x = Math.round(Math.random() * 800);                    //圆心的横坐标
   var y = Math.round(Math.random() * 600);                    //圆心的纵坐标
   var r = Math.round(Math.random() * 40 + 1);                 //圆形的半径
   var c = Math.round(Math.random() * 5);                      //圆形的填充颜色
   circle(x, y, r, c);                                         //调用绘制圆形的函数
}
function circle(x, y, r, c) {
   //使用数组存储圆形填充颜色
   var style = ['rgba(255,0,0,0.5)', 'rgba(255,255,0,0.5)', 'rgba(255,0,255,0.5)', 'rgba(132,50,247,0.8)', 'rgba(34,236,182,0.5)',
'rgba(147,239,115,0.5)'];
   cav.beginPath();
   cav.fillStyle = style[c];
   cav.arc(x, y, r, 0, Math.PI * 2, true);                     //绘制圆形
   cav.fill();
}
```

实例运行效果如图 7.5 所示。

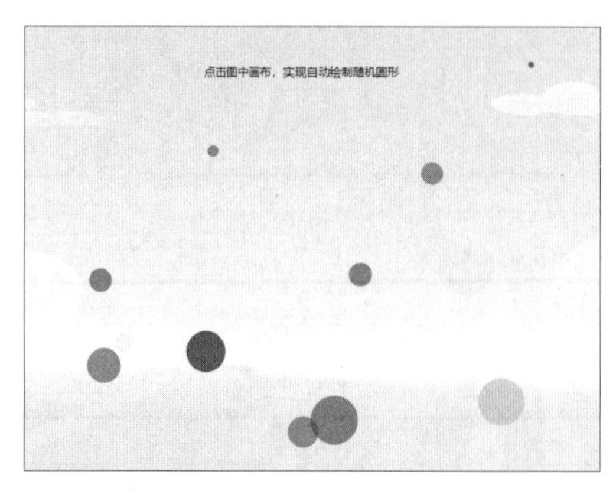

图 7.5　实现随机画圆

编程训练（答案位置：资源包\TM\sl\7\编程训练）

【训练 1】绘制简笔画房子　结合使用直线和矩形绘制简笔画房子。

【训练 2】绘制对号　使用贝塞尔曲线绘制表示正确的对号，要求线条平滑。

【训练 3】绘制同心圆　使用 Canvas 画布绘制同心圆。

7.3　绘制变形图形

使用 HTML5 中的 Canvas 不仅可以绘制基本的图形，还可以绘制变形图形，这里的变形是指平移、缩放以及旋转。下面具体介绍各种变形效果的实现方法。

7.3.1　绘制平移效果的图形

绘制平移效果的图形主要是通过 translate()方法来实现的，具体语法如下：

```
translate(x, y)
```

☑　x：表示将坐标轴原点向左移动多少个单位，默认情况下为像素。

☑　y：表示将坐标轴原点向下移动多少个单位。

【例 7.5】绘制“前进”的小车。（**实例位置：资源包\TM\sl\7\05**）

在 HTML 页面中插入<canvas>标签，并添加 input 按钮。具体代码如下：

```
<div class="mr-cont">
  <canvas id="cav" height="600" width="800"></canvas>
  <input type="button" onClick="go()" value="前进">
</div>
```

在 JavaScript 页面中绘制卡车图像，然后使用 translate()方法平移画布。具体代码如下：

```
    var cav=document.getElementById("cav").getContext("2d");
  var i=0;
  function go(){
      if(i<69){
      //清空一块矩形
```

```
    cav.clearRect(50,500,80,80);
    var img =new Image();
//绘制图形的路径
img.src="img/car.png";
    //当图片被加载时，执行此函数
    img.onload=function (){
    //绘制 img 图形
    cav.drawImage(img,50,500,80,80);
}
//将画布向右平移 10 像素
cav.translate(10,0);
    i++;
}
if(i==69){
    alert("前方没路了，不能再前进了")
}}
```

实例运行效果如图 7.6 所示。

图 7.6　绘制前进的小车

7.3.2　绘制缩放效果的图形

使用图形上下文对象的 scale()方法缩放图形。语法如下：

```
scale(x,y);
```

☑　x：表示水平方向的放大倍数。取值是 0～1 时，表示缩小图形；取值大于 1 时，表示扩大图形。

☑　y：表示垂直方向的放大倍数。取值范围及方法同上。

【例 7.6】绘制会“长大”的向日葵。（**实例位置：资源包\TM\sl\7\06**）

在 HTML 页面中添加<canvas>标签以及通过<input>标签添加按钮。具体代码如下：

```
<div class="mr-cont">
  <canvas id="cav" height="600" width="800"></canvas>
  <input type="button" value="快点长大" onClick="big()">
</div>
```

在 JavaScript 页面中绘制图形，并通过 scale()函数缩放画布，具体代码如下：

```
    var ctx = document.getElementById("cav")
var cav = ctx.getContext("2d");
//绘制中心平移至画布的中心
cav.translate(ctx.height / 2, ctx.width / 2);
function big() {
```

```
        //清空一块矩形
        cav.clearRect(-25, -25, 50, 50);
        var img = new Image();
        //绘制图像的路径
        img.src = "img/flower.png";
        img.onload = function () {
            //图像的起点坐标为(-25,-25)
            cav.drawImage(img, -25, -25, 50, 50);
        }
        //横向和纵向都放大 1.05 倍
        cav.scale(1.05, 1.05);
}
```

实例运行效果如图 7.7 所示。

图 7.7　绘制放大效果的向日葵

7.3.3　绘制旋转效果的图形

使用图形上下文对象的 rotate()方法旋转图形。该方法的语法如下：

```
rotate(angle)
```

在该语法中，angle 指旋转的角度，旋转的中心点是坐标轴的原点。默认按顺时针方向旋转，要想按逆时针旋转，只需要将 angle 设定为负数即可。

【例 7.7】绘制旋转效果手机。（**实例位置：资源包\TM\sl\7\07**）

在 HTML 页面中添加 Canvas 画布和要绘制的图形。具体代码如下：

```
<div class="mr-can">
    <canvas id="cav" width="1000" height="750"></canvas>
    <img src="images/phone.png" alt="" id="pic">
</div>
```

在 JavaScript 页面中绘制旋转效果图形，具体代码如下：

```
window.onload = function showpic() {
        var cav = document.getElementById('cav').getContext('2d');
        var pic = document.getElementById('pic');                    //获取 HTML 页面中的图形
        for (var i = 0; i < 5; i++) {
            cav.beginPath();
            cav.translate(890, -155);                                //平移画布
            cav.rotate(2 * Math.PI / 5);                             //将手机旋转 2*Math.PI 弧度
            cav.drawImage(pic, 450, 350, 88, 150);                   //绘制图形
        }
    }
```

实例运行效果如图 7.8 所示。

图 7.8　绘制旋转效果手机

编程训练（答案位置：资源包\TM\sl\7\编程训练）

【训练 4】绘制移动的矩形　使用 Canvas 绘制闪烁且移动的矩形。

【训练 5】绘制彩色同心圆盘　使用 Canvas 中的放大效果实现彩色同心圆盘。

【训练 6】绘制旋转风车　使用 Canvas 中的旋转效果绘制旋转风车。

7.4　绘 制 文 字

在 HTML5 中，可以使用 Canvas 元素绘制文字，同时可以指定绘制文字的字体、大小、对齐方式等，还可以进行文字的纹理填充等。

7.4.1　文字的轮廓

strokeText()方法用轮廓方式绘制字符串，语法如下：

```
strokeText(text,x,y,maxWidth);
```

☑　text：表示要绘制的文字。

☑　x：表示绘制文字的起点横坐标。

☑　y：表示绘制文字的起点纵坐标。

☑　maxWidth：可选参数，表示显示文字时的最大宽度，可以防止文字溢出。

【例 7.8】动态绘制文字。（**实例位置：资源包\TM\sl\7\08**）

在 HTML 页面中添加<canvas>标签和 input 文本框，该文本框用于按钮功能，单击该文本框即可实现绘制文字。代码如下：

```
<div class="mr-cont">
  <canvas id="cav" height="600" width="800"></canvas>
  <div>
    <input type="text" id="txt">
    <input type="button" value="draw" onClick="draw()">
  </div>
</div>
```

在 JavaScript 页面中实现绘制文字，具体代码如下：

```
var txt = document.getElementById("txt");
var cav = document.getElementById("cav").getContext("2d");
var font = ['宋体', '楷体', '华文中魏', '华文行楷', '方正书体', '方正姚体'];                    //字体
//设置文字颜色
var style = ['#f00', '#ff0', '#f0f', 'rgb(132,50,247)', 'rgb(34,236,182)', 'rgb(147,239,115)']
function draw() {
    //清除上一次绘制的文字
    cav.clearRect(0, 0, 600, 800);
    //生成一个随机数，实现随机字体和文字颜色
        var i = Math.round(Math.random() * 6);
    cav.beginPath();
    cav.font = "60px " + font[i];
    cav.strokeStyle = style[i];
    cav.strokeText(txt.value, 300, 300);    //绘制轮廓文字
    cav.stroke();
}
```

实例运行效果如图 7.9 所示。

图 7.9　绘制轮廓文字

7.4.2　文字的填充

fillText()方法用填充方式绘制字符串，该方法的语法如下：

```
fillText(text,x,y,[maxWidth]);
```

该方法的参数功能与 strokeText()方法相同。

【例 7.9】绘制汽车表盘。（**实例位置：资源包\TM\sl\7\09**）

在 HTML 页面中添加<canvas>标签，具体代码如下：

```
<div class="mr-cont">
    <canvas id="cav" height="540" width="540"></canvas>
</div>
```

在 JavaScript 页面中绘制文字，并通过平移、旋转效果实现表盘上文字，代码如下：

```
var cav = document.getElementById("cav").getContext("2d");
var text = [0, 10, 20, 30, 40, 50, 60, 70, 80, 90, 100, 110, 120, 130]
var temp = -Math.PI / (4 * 2.3);                              //旋转弧度
cav.textAlign = 'start';                                      //文本水平对齐方式
cav.textBaseline = 'middle';                                  //文本垂直方向，基线位置
```

```
cav.font = "25px 华文新魏";                              //字体和字号
cav.fillStyle = "rgb(2,167,255)";                        //字体颜色
for (var i = 0; i < text.length; i++) {
    cav.save();                                          //保存当前绘制状态
    cav.beginPath();                                     //开始绘制
    cav.translate(270, 270);                             //将圆心移至画布中心
    cav.rotate(temp * i);                                //每个字的旋转角度
    cav.fillText(text[i], 115, 115);                     //逐个绘制，绘制起点为(115,11,5)
    cav.fill();
    cav.restore();                                       //恢复保存状态
}
```

实例效果如图 7.10 所示。

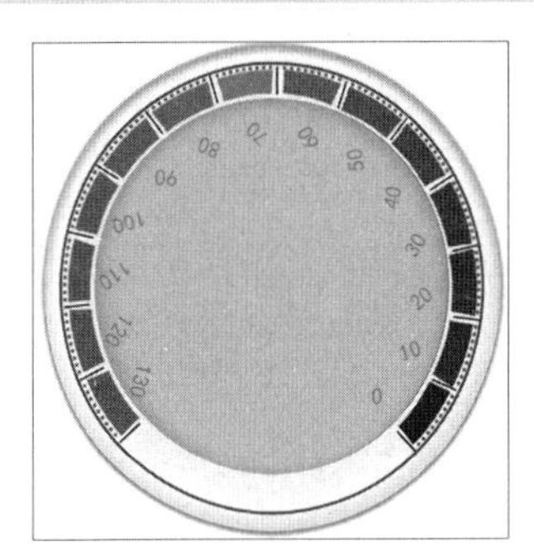

图 7.10　绘制填充文字

7.4.3　文字相关属性

在使用 Canvas API 绘制文字之前，需要对该对象的有关文字绘制的属性进行设置，主要有如下几个属性。

☑　font 属性：设置文字字体。

☑　textAlign 属性：设置文字水平对齐方式，属性值可以为 start、end、left、right 和 center。默认值为 start。

☑　textBaseline 属性：设置文字垂直对齐方式，属性值可以为 top、hanging、middle、alphabetic、ideographic 和 bottom。默认值为 alphabetic。

【例 7.10】实现动态打字效果。（**实例位置：资源包\TM\sl\7\10**）

程序开发步骤如下。

（1）在 HTML 页面中添加以下代码：

```
<div class="mr-cont">
<canvas id="cav" width="800" height="500"></canvas>
</div>
```

（2）绘制第一行文字。创建 JavaScript 文件，在 JavaScript 页面中添加以下代码：

```
window.onload = function () {
    var canvas = document.getElementById('cav');
    var cav = canvas.getContext('2d');                   //获取画布上下文
    var txt1 = ['降', '价', '促', '销'];                  //将第一行文字定义成一个数组
    cav.font = '60px 黑体';                              //设定字体和字号
    cav.fillStyle = '#fef200';                           //设定字体颜色
    var i = 0;
    //使用定时器，使文字逐个出现
    var ds = setInterval(txtline1, 90)
    function txtline1() {
        cav.beginPath();                                 //开始绘制
        cav.fillText(txt1[i], 230, 270);                 //绘制第 i 个文字
        cav.translate(70, 0);                            //将文字向右平移 70 像素
        cav.fill();
        i++;
        if (i == txt1.length) {                          //在绘制所有文字时，取消定时器
            clearInterval(ds)
        }
    };
    setTimeout(txtline2, 1000)
```

```
    function txtline2() {
        var txt2 = ['哪', '家', '强'];
        var j = 0;
        var ds1 = setInterval(function () {
            cav.beginPath();
            cav.fillText(txt2[j], 290, 340);
            cav.translate(70, 0);
                cav.fill();
            j++;
            if (j == txt2.length) {
                clearInterval(ds1)
            }
        }, 90);
        cav.translate(-300, 0);
    }
}
```

实例效果如图 7.11 所示。

图 7.11　使用 Canvas 元素实现动态打字效果

编程训练（答案位置：资源包\TM\sl\7\编程训练）

【训练 7】绘制当前日期与时间　使用 Canvas 绘制轮廓文字以显示当前日期与时间。

【训练 8】绘制填充文字　实现在页面中绘制随机颜色和随机字体的填充文字。

【训练 9】动态对齐文字　结合菜单和列表以及 Canvas 实现绘制文字时，动态选择文字的对齐方式。

7.5　SVG 基础

SVG 指可缩放矢量图形，是定义用于网络的基于矢量的图形，SVG 图形不会因为放大或改变尺寸而失真。与其他图形相比，SVG 图形有着诸多优势，下面将具体介绍。

7.5.1　使用 SVG 的原因

SVG 是一种和图像分辨率无关的矢量图形格式，它能得到广大编程者的青睐，自然是有着“过人之处”，其主要优点如下。

☑　高质量：由于 SVG 图像不依赖于分辨率，因此当改变图像尺寸时，图像的清晰度不会被破坏。

☑　交互性和动态性：与其他图像格式相比，动态性和交互性是 SVG 较典型的一个特性。SVG 是基于 XML 的，它提供强大的交互性，用户可以在 SVG 中嵌入动画元素，或通过脚本定义来达到高亮、声效、动画等特效。

☑　颜色控制：SVG 提供一个 1600 万种颜色的调色板，支持 ICC 颜色描述文件标准、RGB、线性填充、渐变和蒙版。

☑　文本独立性：SVG 图像中的文字独立于图像，即 SVG 中的图像是可选的，所以 SVG 图像中

的文字是可以被搜索的。

☑ 源文件更小：与 JPEG 和 GIF 格式的图像相比，SVG 格式源文件的尺寸更小，且可压缩性更强。

☑ 基于 XML：SVG 是基于 XML 的，这意味着 SVG 通过 XML 表达信息和传递数据时，不仅可以跨平台，还可以跨控件甚至跨设备。

7.5.2 使用 SVG 的方法

在 HTML 中使用 SVG 文件时，可以通过<embed>标签、<object>标签、<iframe>标签或者<a>标签引入该文件，当然，SVG 代码也可以直接被嵌入 HTML 页面中。下面具体介绍 SVG 的使用方法。

☑ 使用<embed>：使用<embed>标签的优点是，<embed>标签得到所有主流浏览器的支持，并且允许使用脚本；但<embed>标签的缺点是，不推荐用于 XHTML 和 HTML4 中。其语法如下：

```
<embed src="demo.svg" type="image/svg+xml">
```

☑ 使用<object>：<object>标签是 HTML4 中的标签，因此它可用于 XHTML、HTML4 以及 HTML5 中，并且同样受到所有主流浏览器的支持，但是使用该标签的缺点就是不允许使用脚本。其语法如下：

```
<object data="rect" type="image/svg+xml"></object>
```

☑ 使用<iframe>：<iframe>标签被大部分浏览器支持，并且允许使用脚本，但该标签的缺点是不推荐用于 XHTML 和 HTML4 中。其语法如下：

```
< iframe src="rect.svg" ></ iframe >
```

☑ 通过<a>标签链接到 SVG 文件：除了以上各标签，还可以使用链接标签<a>来导入一个 SVG 文件。其语法如下：

```
<a href="demo.svg">打开 svg 文件</a>
```

☑ 在 HTML 中直接添加 SVG 代码：在 Firefox、IE、Google Chrome 以及 Safari 中，可以直接在 HTML 嵌入 SVG 代码。本章主要通过直接嵌入 SVG 代码的方式来讲解 SVG 相关知识。其方法如下：

```
<svg xmlns="http://www.w3.org/2000/svg" version="1.1"></svg>
```

7.6 SVG 绘制基本形状

SVG 有一些预定义的形状元素，可用于绘制各种形状，包括矩形、圆形、椭圆、直线、折线、文本以及路径，下面将具体介绍。

7.6.1 绘制矩形

绘制矩形可以使用 rect 元素，其语法如下：

```
<rect rx="5" ry="5" x="50" y="20" width="150" height="70" fill="#FF5722" stroke="#00ffff "stroke-width=" 5"></rect>
```

该语法中，rect 元素的各属性的含义如表 7.3 所示。

表 7.3 rect 元素的各属性的含义

属　性	表示的含义
width	必需属性。定义矩形的长度
height	必需属性。定义矩形的宽度
x	可选属性。定义矩形 x 方向的起始位置
y	可选属性。定义矩形 y 方向的起始位置
rx	可选属性。x 轴的圆角半径
ry	可选属性。y 轴的圆角半径
fill	可选属性。矩形的填充样式，若不进行设置，则默认为黑色
stroke	可选属性。矩形的边框样式，若不进行设置，则默认为无边框
stroke-width	可选属性。矩形的边框宽度

说明

上述语法中，fill 属性、stroke 属性以及 stroke-width 属性并不是 rect 元素所特有的，即其他元素也可以使用该属性，当然，读者也可以使用 style 来设置其填充样式和边框样式等，若使用 style 则上述语法应该与以下语法相同。

```
<rect rx="5" ry="5" x="50" y="20" width="150" height="70" style="fill:#ff5722;stroke:#00ffff;stroke-width: 5"></rect>
```

【例 7.11】使用 SVG 绘制矩形。（**实例位置：资源包\TM\sl\7\11**）

在页面中嵌入<svg>标签，然后在<svg>标签中，通过 rect 元素添加矩形，并设置矩形的颜色为橙色（#ff5277），具体代码如下:

```
<!DOCTYPE html>
<html lang="en">
<head>
    <meta charset="UTF-8">
    <title>svg 绘制矩形</title>
</head>
<body>
<svg xmlns="http://www.w3.org/2000/svg" version="1.1">
    <rect x="50" y="20" width="150" height="70" fill="#0000FF"></rect>
</svg>
</body>
</html>
```

其运行效果如图 7.12 所示。

图 7.12　使用 SVG 绘制的矩形

7.6.2　绘制圆形

绘制圆形可以使用 circle 元素，其语法如下：

```
<circle cx="20" cy="30" r="10"/>
```

参数解释：

☑　cx 属性：定义圆心的 x 坐标。

☑　cy 属性：定义圆心的 y 坐标。

☑　r 属性：定义圆的半径。

【例 7.12】使用 SVG 绘制圆形。(**实例位置：资源包\TM\sl\7\12**)

在 html 中添加<svg>标签，然后在<svg>标签中添加<circle>标签，在<circle>标签中设置圆形的圆心、半径以及设置圆形的颜色和边框颜色等，具体代码如下：

```
<!DOCTYPE html>
<html lang="en">
<head>
    <meta charset="UTF-8">
    <title>svg 绘制圆形</title>
</head>
<body>
<svg xmlns="http://www.w3.org/2000/svg" version="1.1">
    <circle cx="140" cy="80" r="50" fill="#00FFFF" stroke="#0000FF" stroke-width="5"/>
</svg>
</body>
</html>
```

具体运行效果如图 7.13 所示。

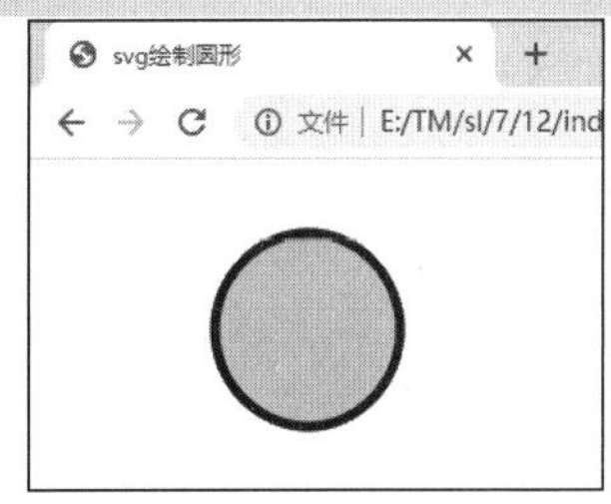

图 7.13　使用 SVG 绘制圆形

7.6.3　绘制椭圆

绘制椭圆需要使用 ellipse 元素，其原理与圆形相似，其不同之处在于椭圆有不同的 x 半径和 y 半径，而圆形的 x 半径和 y 半径是相同的，其具体语法如下：

```
<ellipse cx="140" cy="80" rx="50" ry="30"/>
```

参数解释：

☑　cx 属性：定义椭圆中心的 x 坐标。

☑　cy 属性：定义椭圆中心的 y 坐标。

☑　rx 属性：定义椭圆的水平半径。

☑　ry 属性：定义椭圆的垂直半径。

【例 7.13】使用 SVG 绘制椭圆。(**实例位置：资源包\TM\sl\7\13**)

在网页中绘制一个椭圆，并设置椭圆的填充颜色和边框颜色，具体代码如下：

```
<!DOCTYPE html>
<html lang="en">
<head>
```

```
    <meta charset="UTF-8">
    <title>svg 绘制椭圆</title>
</head>
<body>
<svg xmlns="http://www.w3.org/2000/svg" version="1.1">
    <ellipse cx="140" cy="80" rx="50" ry="30" fill="#a5d9ff" stroke="#ff4d7d" stroke-width="5"/>
</svg>
</body>
</html>
```

其运行效果如图 7.14 所示。

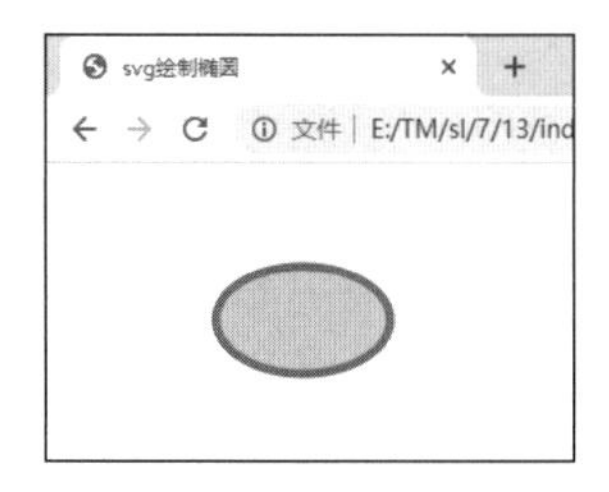

图 7.14　使用 SVG 绘制椭圆

7.6.4　绘制直线

绘制直线可以使用 line 元素，具体语法如下：

```
<line x1="0" y1="0" x2="50" y2="50" />
```

参数解释:

- ☑　x1 属性：定义线条起点的 x 坐标。
- ☑　y1 属性：定义线条起点的 y 坐标。
- ☑　x2 属性：定义线条终点的 x 坐标。
- ☑　y2 属性：定义线条终点的 y 坐标。

【例 7.14】使用 SVG 绘制五角星。（**实例位置：资源包\TM\sl\7\14**）

本实例通过绘制 5 条首尾相连的直线使其形成一个五角星，具体代码如下：

```
<!DOCTYPE html>
<html lang="en">
<head>
    <meta charset="UTF-8">
    <title>svg 绘制五角星</title>
</head>
<body>
<svg xmlns="http://www.w3.org/2000/svg" version="1.1" width="300" height="200">
    <line x1="50" y1="60" x2="250" y2="60" stroke="#004cff" stroke-width="5"/>
    <line x1="250" y1="60" x2="100" y2="180" stroke="#004cff" stroke-width="5"/>
    <line x1="100" y1="180" x2="150" y2="0" stroke="#004cff" stroke-width="5"/>
    <line x1="150" y1="0" x2="220" y2="180" stroke="#004cff" stroke-width="5"/>
    <line x1="220" y1="180" x2="50" y2="60" stroke="#004cff" stroke-width="5"/>
</svg>
</body>
</html>
```

其运行效果如图 7.15 所示。

图 7.15　使用 SVG 绘制五角星

7.6.5　绘制折线

绘制折线可以使用 polyline 元素，其语法如下：

```
<polyline points="x1,y1 x2,y2 x3,y3 ..." />
```

points 属性中定义的是每个折点的坐标，一个折点的 x 坐标和 y 坐标通过“,”分开，每个折点的坐标之间通过空格隔开。

【例 7.15】使用 SVG 绘制矩形旋涡。(**实例位置：资源包\TM\sl\7\15**)

本实例通过 polyline 元素绘制一个矩形旋涡，绘制矩形旋涡时需要通过 points 属性绘制矩形旋涡的各个顶点，具体代码如下：

```
<!DOCTYPE html>
<html lang="en">
<head>
    <meta charset="UTF-8">
    <title>svg 绘制曲线</title>
</head>
      <body>
<svg xmlns="http://www.w3.org/2000/svg"
      version="1.1" width="300" height="300">
      <polyline points="30,30 240 ,30 240,240 60,
      240 60,60 210,60 210,210 90,210 90,90 180,
      90,180,180 120,180   120,120, 150,120 150,150"
      style="fill:none;stroke:#ff67fa;stroke-width: 5"/>
</svg>
</body>
</html>
```

其具体运行效果如图 7.16 所示。

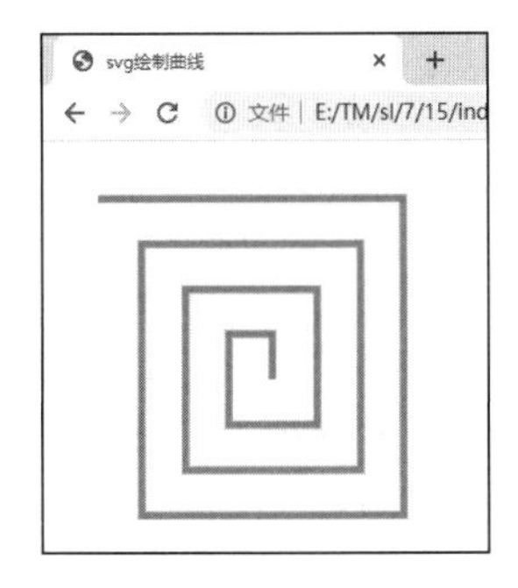

图 7.16　使用 SVG 绘制矩形旋涡

7.6.6 绘制文本

绘制文本需要使用 text 元素，其语法如下：

```
<text x="10" y="10">绘制文字</text>
```

上述语法中，x 表示绘制文字的起始横坐标，y 表示绘制文字的起始纵坐标。

【例 7.16】使用 SVG 显示一段文字。（**实例位置：资源包\TM\sl\7\16**）

具体代码如下：

```
<!DOCTYPE html>
<html lang="en">
<head>
    <meta charset="UTF-8">
    <title>svg 绘制文字</title>
</head>
<body>
<svg xmlns="http://www.w3.org/2000/svg" version="1.1">
    <text x="0" y="15" fill="rgb(1,79,249)">心有多大，舞台就有多大</text>
</svg>
</body>
</html>
```

具体的运行效果如图 7.17 所示。

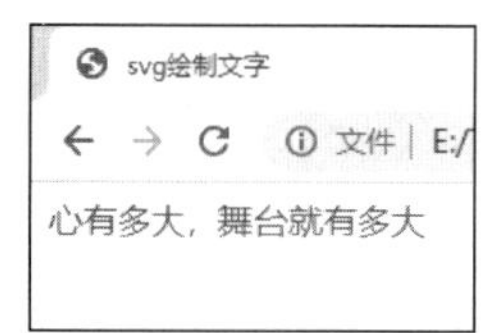

图 7.17　使用 SVG 绘制文字

SVG 还可以绘制变形文字，绘制变形文字时，需要使用 transform 属性，具体语法如下：

```
<text x="0" y="20" fill="rgb(1,79,249)" transform="rotate(30 40,40)">时间不等人</text>
```

该语法中，transform 属性提供以下 4 种变形。

☑ rotate(totate-angle[cx,cy])：该属性值表示旋转，该属性值提供 3 个参数，第一个参数用于指定旋转角度，第二个和第三个参数为可选参数，用于指定旋转中心坐标。

☑ translate(tx,ty)：该属性值表示将文字进行平移，当 tx 和 ty 为正值时，分别表示将文字水平向右和垂直向下平移；反之，当 tx 和 ty 为负数时，分别表示将文字水平向左和垂直向上平移。

☑ scale(sx,sy)：该属性值表示文字是水平和垂直缩放的，其值不能为负，若 sx 或 sy 的值大于 1，则表示将文字放大；若值为 0～1，则表示将文字缩小；若只提供一个值，则表示 sx=sy。

☑ skew：该属性值表示倾斜文字，具体有两个属性值，即 skewX()和 skewY()，其中 skewX()表示沿 x 轴倾斜，skewY()表示沿 y 轴倾斜。

【例 7.17】使用 SVG 绘制变形文字。（**实例位置：资源包\TM\sl\7\17**）

```
<!DOCTYPE html>
<html lang="en">
<head>
```

```
    <meta charset="UTF-8">
    <title>svg 绘制变形文字</title>
</head>
<body>
<svg xmlns="http://www.w3.org/2000/svg" version="1.1">
    <!--设置旋转中心点为(40,100)，然后将文字顺时针旋转 30 度，然后放大 1.5 倍-->
    <text x="0" y="20" fill="rgb(1,79,249)" transform="rotate(30 40,100) scale(1.5)">天才出于勤奋</text>
</svg>
</body>
</html>
```

具体运行效果如图 7.18 所示。

图 7.18　使用 SVG 绘制变形文字

7.6.7　绘制路径

在 SVG 中绘制路径使用的是 path 元素，而通过 path 元素中的 d 属性定义路径，其语法如下：

```
<path d="M30,30 L240 ,30 "/>
```

在使用该语法定义路径时，可以使用表 7.4 所示的命令指定路径的相关数据。

表 7.4　path 元素中的命令

命　　令	表示的含义
M	Moveto，路径的起点
L	lineto，将路径的上一个定点与该定点连接
H	horizontal lineto，绘制水平线
V	vertical lineto，绘制垂直线
C	curveto，曲线连接
S	smooth curveto，平滑的曲线连接
Q	quadratic Bézier curve，二次贝塞尔曲线
T	smooth quadratic Bézier curve，平滑的二次贝塞尔曲线
A	elloptical Arc，椭圆的弧线
Z	closepath，将路径的起点与终点连接

注意

表 7.4 中的命令可以使用大写也可以使用小写。若使用大写，则表示使用绝对定位；若使用小写，则表示使用相对定位。

如下所示的代码可以绘制一条贝塞尔曲线，效果如图 7.19 所示，曲线的起点为 A(70,50)，终点为 B(180,50)，而其控制点为 C(120,130)，即 Q 命令设置的是二次贝塞尔曲线的控制点和终点，而曲线的起点是 Q 命令的前一个定点。

```
<path d="M70,50 Q120,130,180,50" fill="none" stroke-width="3" stroke="blue"></path>
```

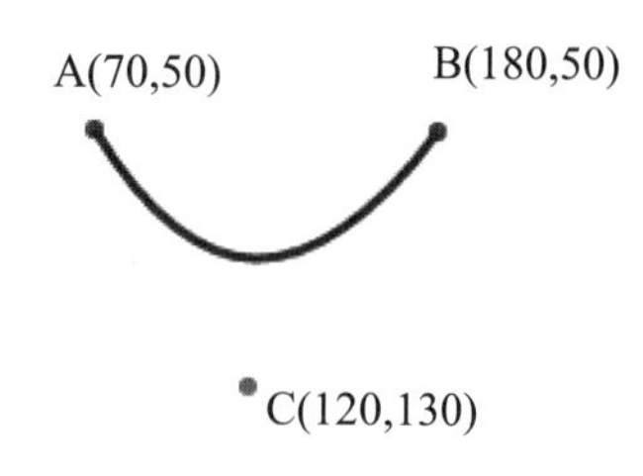

图 7.19　绘制一条贝塞尔曲线

【例 7.18】使用 SVG 绘制微信会话框。（**实例位置：资源包\TM\sl\7\18**）

本实例绘制会话框时，从起点开始按逆时针方向开始绘制，为方便理解，本实例会话框的圆角处的曲线为二次贝塞尔曲线，具体代码如下：

```
<!DOCTYPE html>
<html lang="en">
<head>
    <meta charset="UTF-8">
    <title>svg 绘制路径</title>
</head>
<body>
<svg xmlns="http://www.w3.org/2000/svg" version="1.1" width="300">
    <!--M200,30 为起点-->
        <!--Q200 10,190 10 绘制第一段贝塞尔曲线-->
    <!--Q60,10 65,30 绘制第二段贝塞尔曲线-->
    <!--Q65,65 85,62 绘制第三段贝塞尔曲线-->
    <!--Q200,62 200,45 绘制第四段贝塞尔曲线-->
<path d="M200,30L200,20Q200 10,190 10 L80 10 Q60,
10 65,30 L65,45Q65,65,85,62
L185,62Q200,62 200,45L 210,
38Z" fill="RGB(158,234,106)" stroke-width="3"/>
</svg>
</body>
</html>
```

具体运行效果如图 7.20 所示。

图 7.20　使用 SVG 绘制微信会话框

编程训练（答案位置：资源包\TM\sl\7\编程训练）

【训练 10】绘制灯笼　使用 SVG 绘制红灯笼。

【训练 11】绘制单车　使用 SVG 绘制单车。

7.7　SVG 中的渐变

渐变是指由一种颜色逐渐过渡到另一种颜色，常见的渐变分为两种，即线性渐变和径向渐变，在 SVG 中也是如此。下面具体介绍在 SVG 中这两种渐变方式的使用。

7.7.1　线性渐变

线性渐变指的是沿着一根轴线，从起点到终点从一种颜色渐变至另一种颜色。要实现线性渐变，需要使用<linearGradient>标签，其语法如下：

```
<defs>
    <linearGradient id="g1" x1="0" y1="1" x2= "1" y2="1" >
        <stop offset="0%" stop-color="#fff" stop-opacity="1"/>
        <stop offset="100%" stop-color="#00f" stop-opacity="1"/>
    </linearGradient>
</defs>
```

上述语法中，对于<defs>标签，读者可以理解为一个容器，在使用渐变时，必须将使用的渐变标签“放置”在该容器内，而<linearGradient>标签表示引用线性渐变，在线性渐变标签内部，通过<stop>标签添加渐变点的相关属性。

在<linearGradient>标签中，为了方便目标元素引用该渐变颜色，为其设置唯一 id 属性，而 x1 和 y1 指定渐变的起点坐标，x2 和 y2 指定渐变的终点坐标，这 4 个值均为 0～1 的小数，通过起点和终点，可以设置渐变的方向。

<stop>标签中的 offset 属性值指定渐变点的位置；stop-color 属性值表示设置渐变点的颜色，而 stop-opacity 属性值则指定渐变点颜色的透明度。

【例 7.19】绘制一个渐变色的矩形。（**实例位置：资源包\TM\sl\7\19**）

使用 SVG 绘制一个矩形，并且设置矩形的颜色从左到右依次从白色过渡至红色、绿色，最终为蓝色。具体代码如下。

```
<!doctype html>
<html>
<head>
    <meta charset="utf-8">
    <title>svg 中的线性渐变</title>
      </head>
<body>
<svg xmlns="http://www.w3.org/2000/svg" version="1.1">
    <defs>
        <linearGradient id="g1" x1="">
            <stop offset="0%" stop-color="#fff" stop-opacity="1"/>
            <stop offset="33.3%" stop-color="#f00" stop-opacity="1"/>
            <stop offset="67%" stop-color="#0f0" stop-opacity="1"/>
            <stop offset="100%" stop-color="#00f" stop-opacity="1"/>
        </linearGradient>
    </defs>
    <rect x="40" y="40" width="200" height="100" fill="url(#g1)"></rect>
```

```
</svg>
</body>
</html>
```

其实现效果如图 7.21 所示。

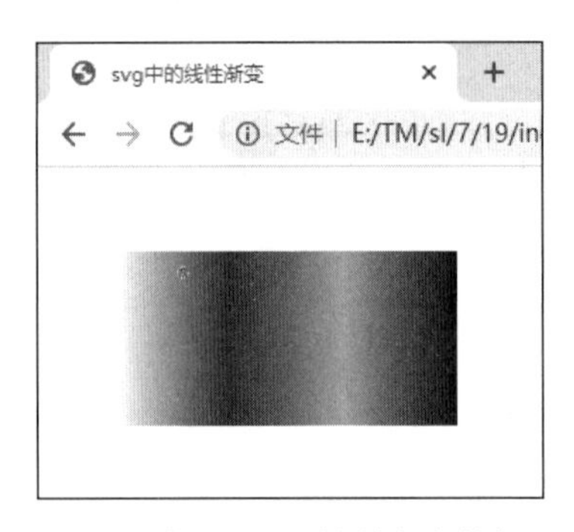

图 7.21　使用 SVG 绘制渐变的矩形

7.7.2　径向渐变

径向渐变，也称为放射性渐变，指的是从起点到终点进行圆形渐变。在 SVG 中，要实现径向渐变，需要使用<radialGradient>标签，使用该渐变的语法如下：

```
<defs>
    <radialGradient id="g1"cx="50%" cy="50%" r="50%" fx="50%" fy="50%">
        <stop offset="0%" stop-color="#fff" stop-opacity="1"/>
        <stop offset="100%" stop-color="rgb(252,239,169)" stop-opacity="1"/>
    </radialGradient>
</defs>
```

该语法的嵌套方式与使用线性渐变的语法类似，不同的是放射性渐变使用的标签为<radialGradient>，其 cx、cy 和 r 属性值定义了渐变的最外层圆，而 fx 和 fy 属性值则定义了渐变的焦点，同样，这 5 个属性值的范围都是 0～1。

【例 7.20】绘制一个渐变色的圆形。（**实例位置：资源包\TM\sl\7\20**）

绘制一个圆形，要求圆形的颜色从白色向四周渐变为粉色，最后渐变为米黄色。实例代码如下：

```
    <!doctype html>
<html>
<head>
    <meta charset="utf-8">
    <title>svg 中的径向渐变</title>
</head>
<body>
<svg xmlns="http://www.w3.org/2000/svg" version="1.1" height="220">
    <defs>
        <radialGradient id="g1">
            <stop offset="0%" stop-color="#fff" stop-opacity="1"/>
            <stop offset="80%" stop-color="rgb(255,128,192)" stop-opacity="1"/>
            <stop offset="100%" stop-color="rgb(252,239,169)" stop-opacity="1"/>
        </radialGradient>
    </defs>
```

```
    <circle cx="120" cy="120" r="100" fill="url(#g1)"/>
</svg>
</body>
</html>
```

其实现效果如图 7.22 所示。

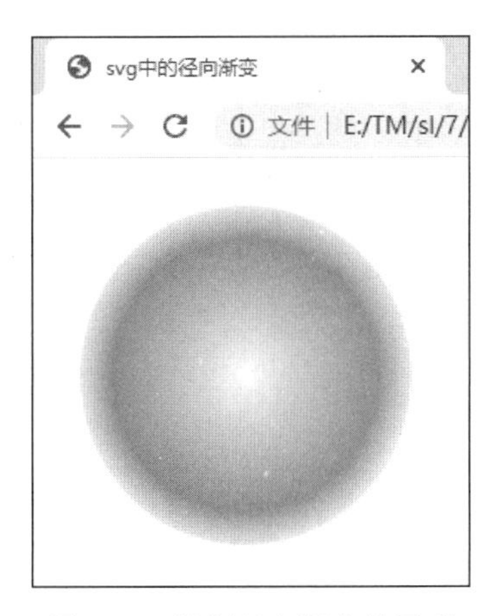

图 7.22　绘制径向渐变的圆形

编程训练（答案位置：资源包\TM\sl\7\编程训练）

【训练 12】绘制颜色线性渐变的文字　在 SVG 中绘制文字，然后设置文字颜色线性渐变。

【训练 13】绘制颜色径向渐变的文字　在 SVG 中绘制文字，然后设置文字颜色径向渐变。

7.8　实践与练习

（答案位置：资源包\TM\sl\7\实践与练习）

综合练习 1：绘制简笔画汽车　结合使用直线、矩形等图形绘制简笔画汽车，效果如图 7.23 所示。

综合练习 2：绘制可以控制的飞机　在页面中绘制飞机，并通过按键控制飞机向前或向右飞行，效果如图 7.24 所示。

图 7.23　简笔画汽车

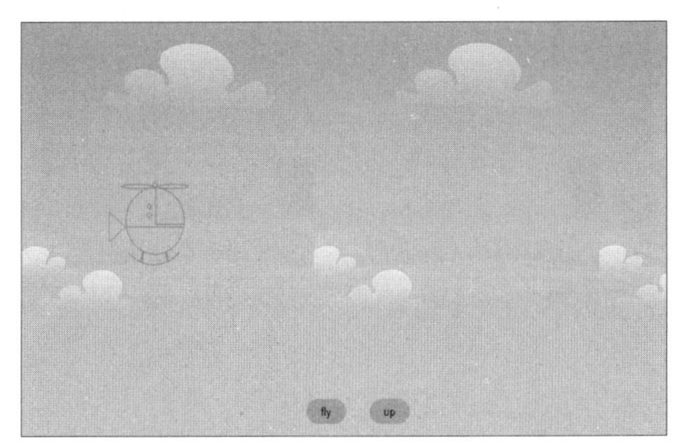

图 7.24　绘制飞机

综合练习 3：实现文字弹幕效果　使用 Canvas 实现游戏文字的弹幕效果，效果如图 7.25 所示。

综合练习 4：绘制圆弧状的文字　在网页中添加文字，并设置文字显示为圆弧形状，如图 7.26 所示。

图 7.25　游戏文字的弹幕效果

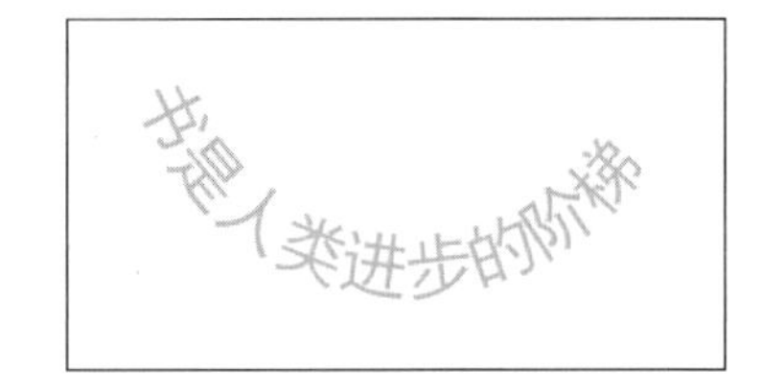

图 7.26　将文字显示为圆弧形状

第 2 篇

CSS3 基础

本篇包括CSS3概述、CSS3选择器、字体和文本相关属性、背景和列表相关属性、CSS3盒模型、网页布局、CSS3变形与动画、响应式网页设计等内容。通过学习本篇，读者能够熟练掌握CSS3技术，实现网页样式设计。

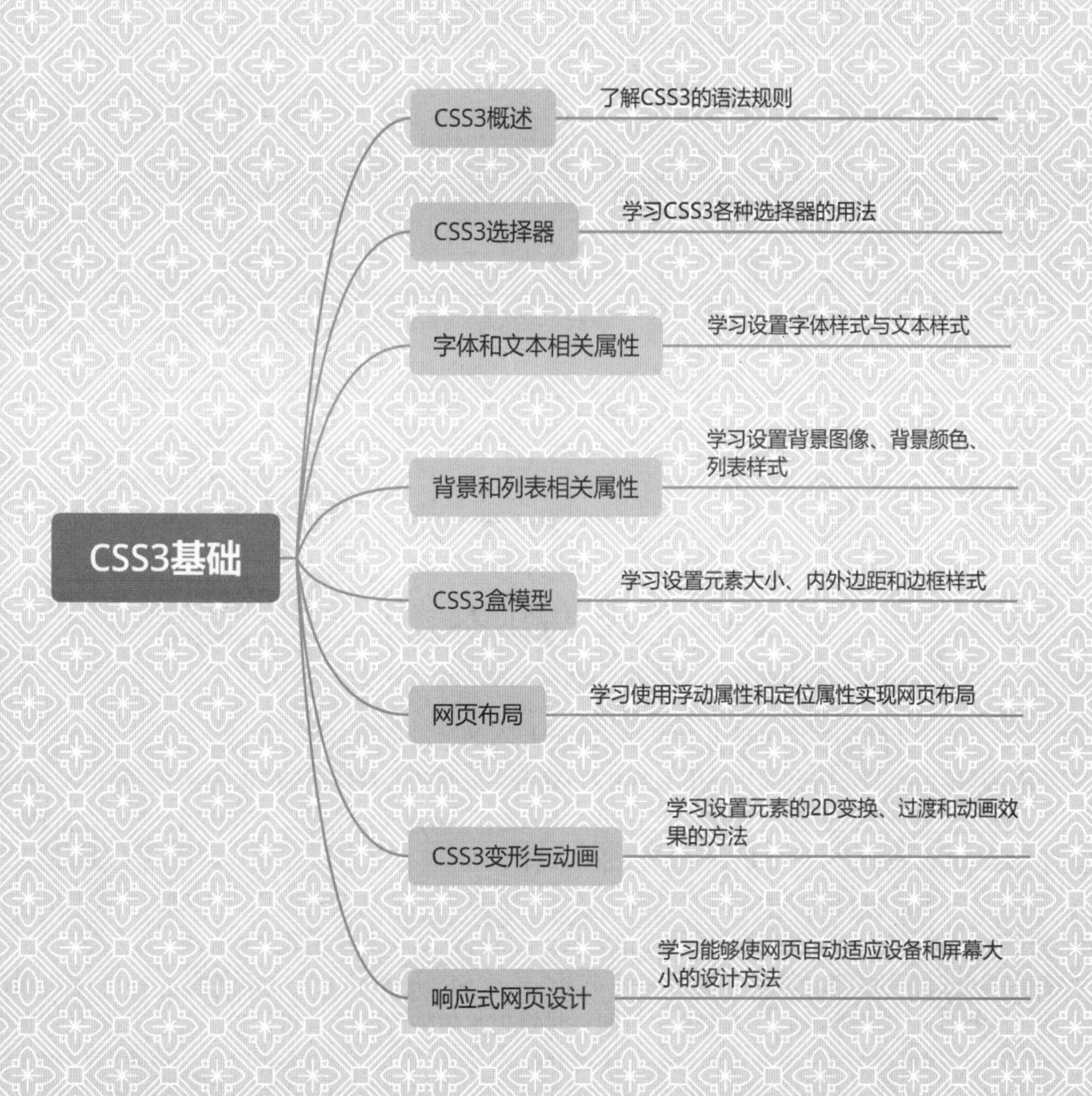

第 8 章

CSS3 概述

CSS（cascading style sheet，层叠样式表）是早在几年前就问世的一种样式表语言，至今还没有完成所有规范化的草案。虽然最终的、完整的、规范权威的 CSS3 标准还没有尘埃落定，但是各主流浏览器已经开始支持其中的绝大部分特性。如果想成为前卫的高级网页设计师，那么就应该从现在开始积极学习和实践，本章将对 CSS3 的概念和使用进行介绍。

本章知识架构及重难点如下。

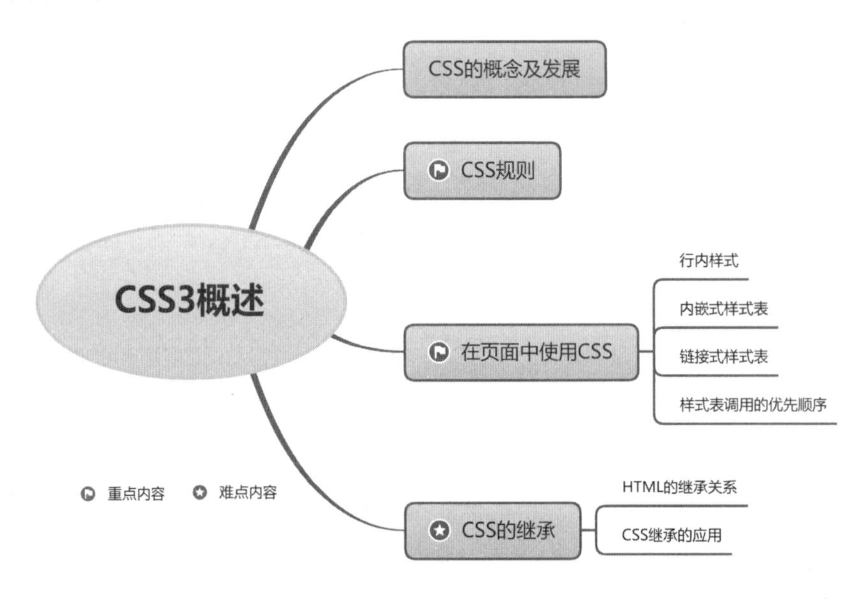

8.1 CSS 的概念及发展

CSS 是一种网页控制技术，采用 CSS 技术，可以有效地对页面布局、字体、颜色、背景和其他效果实现更加精准的控制。网页最初是用 HTML 标签定义页面文档及格式的，如标题标签<h1>、段落标签<p>等，但是这些标签无法满足更多的文档样式需求。为了解决这个问题，W3C 在 1997 年颁布 HTML4 标准的同时，也公布了 CSS 的第一个标准 CSS1。自 CSS1 版本之后，又在 1998 年 5 月发布了 CSS2 版本，在这个样式表中开始使用样式表结构。又过了 6 年，也就是 2004 年，CSS2.1 正式推出，它在 CSS2 的基础上做了略微改动，删除了许多诸如 text-shadow 等不被浏览器支持的属性。

然而，现在使用的 CSS 基本上是在 1998 年推出的 CSS2 的基础上发展而来的。10 年前在 internet 刚开始普及的时候，就能够使用样式表来对网页进行视觉效果的统一编辑，确实是一件可喜的事情。

但是在这 10 年间 CSS 可以说基本上没有太大的变化，直到后来推出了一个全新的版本——CSS3。

与 CSS 以前的版本相比较，CSS3 的变化是革命性的，而不是仅限于局部功能的修订和完善。尽管 CSS3 的一些特性还不能被很多浏览器支持，或者说支持得还不够好，但是它依然让我们看到了网页样式的发展方向和使命。

CSS3 规范的一个新特点是被分为若干个相互独立的模块。分成若干较小的模块不但有利于规范及时更新和发布，及时调整模块的内容，而且有利于 CSS3 的推广。截至 2021 年，CSS3 的一些主要模块的规范情况如表 8.1 所示。

表 8.1　CSS3 一些主要模块的规范情况

时　间	名　称	最后状态	模　块
1999-01-27 至 2019-08-13	文本修饰模块	候选推荐	css-text-decor-3
1999-06-22 至 2018-10-18	分页媒体模块	工作草案	css-page-3
1999-06-23 至 2019-10-15	多列布局	工作草案	css-multicol-1
1999-06-22 至 2018-06-19	颜色模块	推荐	css-color-3
1999-08-03 至 2018-11-06	选择器	推荐	selectors-3
2001-04-04 至 2012-06-19	媒体查询	推荐	css3-mediaqueries
2001-05-17 至 2020-12-22	文本模块	候选推荐	css-text-3
2001-07-13 至 2021-02-11	级联和继承	推荐	css-cascade-3
2001-07-13 至 2019-06-06	取值和单位模块	候选推荐	css-values-3
2001-07-26 至 2020-12-22	基本盒子模型	候选推荐	css-box-3
2001-07-31 至 2018-09-20	字体模块	推荐	css-fonts-3
2001-09-24 至 2020-12-22	背景和边框模块	候选推荐	css-backgrounds-3
2002-02-20 至 2020-11-17	列表模块	工作草案	css-lists-3
2002-05-15 至 2020-08-27	行内布局模块	工作草案	css-inline-3
2002-08-02 至 2018-06-21	基本用户界面模块	推荐	css-ui-3
2003-08-13 至 2019-07-16	语法模块	候选推荐	css-syntax-3

8.2　CSS 规则

CSS 样式表包括 3 部分内容，即选择器、属性和属性值，语法格式如下：

```
选择器{属性:属性值;}
```

参数说明：

☑ 选择器：又称选择符，是 CSS 中重要的概念，所有 HTML 语言中的标记都是通过不同的 CSS 选择器来控制的。

☑ 属性：包括字体属性、文本属性、背景属性、布局属性、边界属性、列表项目属性、表格属性等内容。其中一些属性只有部分浏览器支持，因此 CSS 属性的使用比较复杂。

☑ 属性值：某属性的有效值。属性与属性值之间使用“:”分隔。当有多个属性时，使用“;”分隔它们。图 8.1 标注了 CSS 语法中的选择器、属性与属性值。

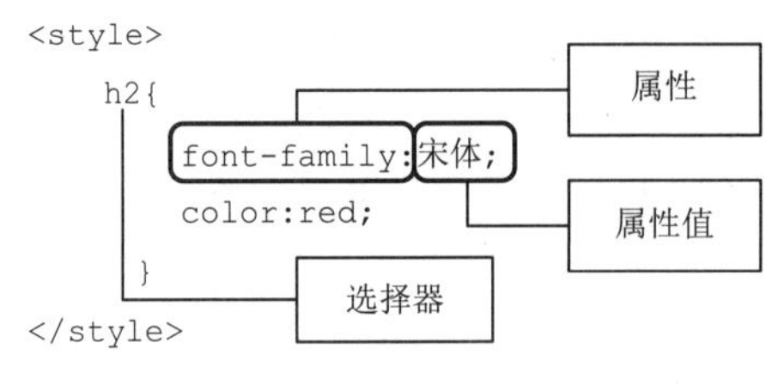

图 8.1　CSS 语法

8.3　在页面中使用 CSS

对 CSS 有了一定的了解后，下面介绍如何在页面中使用 CSS 样式，包括行内样式、内嵌式样式表和链接式样式表。

8.3.1　行内样式

行内样式是比较直接的一种样式，直接定义在 HTML 标签之内，并通过 style 属性来实现。这种方式比较容易学习，但是灵活性不强。

【例 8.1】应用行内样式控制页面。（**实例位置：资源包\TM\sl\8\01**）

在页面中使用 style 属性定义<p>标签中文字的 CSS 样式，包括文字的颜色和大小，代码如下：

```
<!--在页面文字中定义 CSS 样式-->
<p style="color:#F00; font-size:36px;">行内样式一</p>
<p style="color:#F00; font-size:24px;">行内样式二</p>
<p style="color:#F00; font-size:18px;">行内样式三</p>
<p style="color:#F00; font-size:14px;">行内样式四</p>
```

运行结果如图 8.2 所示。

图 8.2　定义文字的 CSS 样式

8.3.2　内嵌式样式表

内嵌式样式表就是使用<style>…</style>标签将 CSS 样式包含在页面中的。例 8.2 就使用了这种内嵌式样式表的模式。内嵌式样式表的形式没有行内样式表现得直接，但页面会更加规整。

【例 8.2】使用内嵌式样式表设计页面样式。（**实例位置：资源包\TM\sl\8\02**）

本例通过定义元素选择器，为页面中的<h1>、<h2>、<h3>标签设置文字字体与文字颜色，代码如下：

```
<head>
    <meta charset="UTF-8">
<title>使用内嵌式样式表</title>
<style type="text/css">
    h1,h2,h3{                                          /*在页面中定义元素选择器*/
```

```
            font-family:Tahoma, Geneva, sans-serif;         /*定义字体*/
            color:#F69;                                     /*文字颜色*/
    }
</style>
</head>
<body>
      <h1>大风起兮云飞扬</h1>
     <h2>威加海内兮归故乡</h2>
     <h3>安得猛士兮守四方</h3>
</body>
```

运行结果如图 8.3 所示。

与行内样式相比，内嵌式样式表更便于维护，但由于网站不可能只由一个页面构成，而且不同页面中相同的 HTML 标签都要求有相同的样式，因此使用内嵌式样式表就显得比较笨重。使用链接式样式表即可解决这一问题。

图 8.3　使用内嵌式样式表

8.3.3　链接式样式表

链接外部 CSS 样式表是最常用的一种引用样式表的方式。首先将 CSS 样式定义在一个单独的文件中，然后在 HTML 页面中通过<link>标签来引用它们，这是一种最为有效的使用 CSS 样式的方式。

<link>标签的语法结构如下：

```
<link rel='stylesheet' href='path' type='text/css'>
```

☑　rel：外部文档和调用文档间的关系。

☑　href：CSS 文档的绝对或相对路径。

☑　type：外部文件的 MIME 类型。

【例 8.3】在页面中引入 CSS 样式。（**实例位置：资源包\TM\sl\8\03**）

将 CSS 样式定义在一个 css.css 文件中，并通过链接样式表的形式在页面中引入 CSS 样式，具体步骤如下。

（1）创建名称为 css.css 的样式表，在该样式表中定义页面中<h1>、<h2>、<h3>、<p>标签的样式，代码如下：

```
h1,h2,h3{                                                   /*定义 CSS 样式 */
      color:#6CFF;
      font-family:"Trebuchet MS", Arial, Helvetica, sans-serif;
}
p{
      color:#F0CC;                                          /*定义颜色*/
      font-weight:200;
      font-size:24px;                                       /*设置字体大小*/
}
```

（2）在页面中通过<link>标签将 CSS 样式表引入页面中，此时 CSS 样式表定义的内容将自动加载到页面中，代码如下：

```
<head>
```

```
        <meta charset="UTF-8">
        <title>通过链接形式引入 CSS 样式</title>
        <link rel="stylesheet" href="css.css">     <!--在页面中引入 CSS 样式表-->
</head>
<body>
        <h2>春夜喜雨</h2>                            <!--在页面中添加文字-->
      <p>好雨知时节，当春乃发生。</p>
</body>
```

运行结果如图 8.4 所示。

图 8.4　使用链接式引入样式表

8.3.4　样式表调用的优先顺序

当对同一段文本应用多个层叠样式表时，文本中的元素将遵循一定的顺序依次调用样式。

样式表调用的优先顺序遵循以下原则。

☑ 内联样式中定义的样式优先级最高。

☑ 其他样式按其在 HTML 文件中出现或者被引用的顺序，遵循就近原则，越靠近文本，优先级就越高。

☑ 选择器的优先顺序为后代选择器、类选择器、ID 选择器，优先级依次降低。

☑ 未在任何文件中定义的样式，将遵循浏览器的默认样式。

说明

绝大多数浏览器对 CSS 都有着很好的支持，因此设计者不用担心。但由于不同浏览器在执行 CSS 的一些细节方面存在差异，这使得在不同浏览器上浏览相同页面可能会出现不同的效果。出现这一问题，主要是因为不同的浏览器对 CSS 样式默认值的设置不同。读者可以通过对 CSS 样式各细节的严格编写来使不同的浏览器达到基本相同的效果。

8.4　CSS 的继承

面向对象的程序开发人员对继承这一概念肯定不会感到陌生。CSS 语言中的继承概念并不像 C++ 和 Java 语言那样复杂。简单地说，所有 HTML 标签都被看作一个容器，定义在父级容器上的 CSS 样式会自动加载到子级容器中。

8.4.1　HTML 的继承关系

HTML 页面中的标签有一定的继承关系。例如，<p>标签可以包含在<body>标签中，这种结构就可以看作 HTML 中的继承关系。下面通过例子为大家演示 HTML 页面中标签的继承关系。

【例 8.4】在页面中定义文字内容。（**实例位置：资源包\TM\sl\8\04**）

定义一个 HTML 页面，通过页面中的标签体会它们的继承关系，代码如下：

```
<!DOCTYPE html>
<html lang="en">
<head>
    <meta charset="UTF-8">
<title>页面继承关系</title>
</head>
<body>
    <h1><b>明日科技</b></h1>
    <ul>
     <li>明日科技主打产品有：
            <ul>
                    <li>编程词典</li>
                <ul>
                    <li>个人版</li>
                   <li>标准版</li>
                    <li>企业版</li>
                </ul>
            </ul>
            <ul>
                    <li>明日图书</li>
                <ol>
                    <li>基础类</li>
                   <li>范例类</li>
                    <li>模块类</li>
                   <li>项目类</li>
                </ol>
            </ul>
        </li>
    </ul>
</body>
</html>
```

运行结果如图 8.5 所示。

通过例 8.4 可以看出，HTML 页面的根元素为<html>，其他标签都嵌套在该标签中。可以通过一个树形结构很好地表现本例中 HTML 的继承关系，如图 8.6 所示。

图 8.5　通过多层列表的形式显示文字

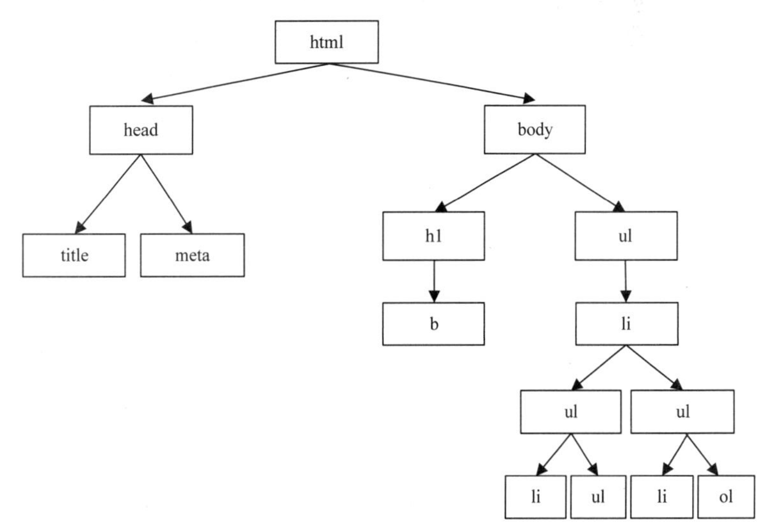

图 8.6　HTML 的继承关系

从图 8.6 中可以看出，<html>标签是所有标签的源头，其他标签都嵌套在该标签中，这样就形成了 HTML 页面中的继承关系。

8.4.2　CSS 继承的应用

了解了 HTML 页面的继承关系后，掌握 CSS 的继承关系就很简单了。CSS 样式中的继承关系指的是子标签会继承父标签定义的样式，并可在父标签样式的基础上加以修改，产生新的样式；反之，子标签的样式风格不会影响父标签。

灵活运用 CSS 的继承关系可大大缩减代码的编写量。

【例 8.5】设置字体显示样式。（**实例位置：资源包\TM\sl\8\05**）

将例 8.4 稍作修改，为<h1>标签添加下画线，并为<h1>标签中的<b>标签定义字体的颜色，代码如下：

```
<style>
	h1{						/*定义<h1>标签样式*/
		text-decoration:underline;
	}
	b{						/*定义<b>标签样式*/
		color:#FC3;
	}
</style>
```

修改后的运行结果如图 8.7 所示。

从图 8.7 中可以看出，标签<b>中文字的样式不仅包含页面中定义的 b 选择器的样式，还包括该标签的父标签<h1>定义的样式。

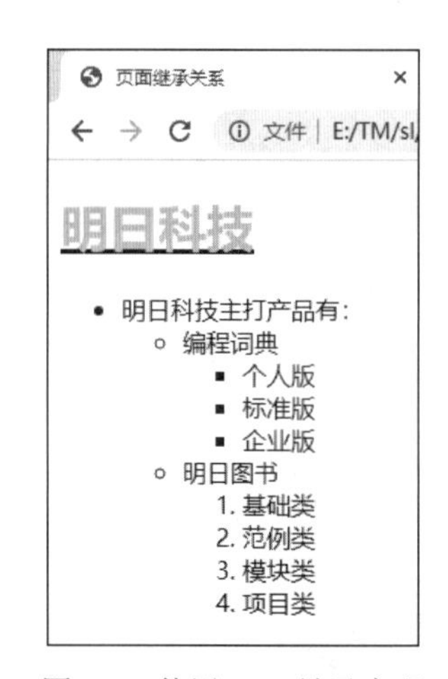

图 8.7　使用 CSS 继承实现页面样式定义

8.5　实践与练习

（**答案位置：资源包\TM\sl\8\实践与练习**）

综合练习 1：为古诗设置文字样式　使用行内样式为古诗《枫桥夜泊》的标题和每一行诗句设置文字样式，要求将标题和每一行诗句都设置为不同的颜色，运行结果如图 8.8 所示。

综合练习 2：为文章设置样式　使用内嵌式样式表为一篇文章设置样式，为文章中的文字设置字体与颜色，运行结果如图 8.9 所示。

图 8.8　为古诗设置文字样式

为文字设置3D效果

在一些动画类的网站中，经常会看到一些3D效果的文字，这样可以使页面更有立体感。下面我们介绍一下如何在页面中制作3D效果的文字。实现文字的3D效果需要使用CSS3中的text-shadow属性，通过该属性向文本添加多个阴影，多个阴影之间用逗号分隔，这样就可以实现3D效果的文字。

图 8.9　为文章设置样式

第 9 章

CSS3 选择器

CSS 可以改变 HTML 中的标签的样式，那么 CSS 是如何改变它的样式的呢？简单地说，就是告诉 CSS 三个问题：改变谁，改什么，怎么改。告诉 CSS 改变谁时就需要使用选择器。本章将介绍 CSS3 选择器的使用。

本章知识架构及重难点如下。

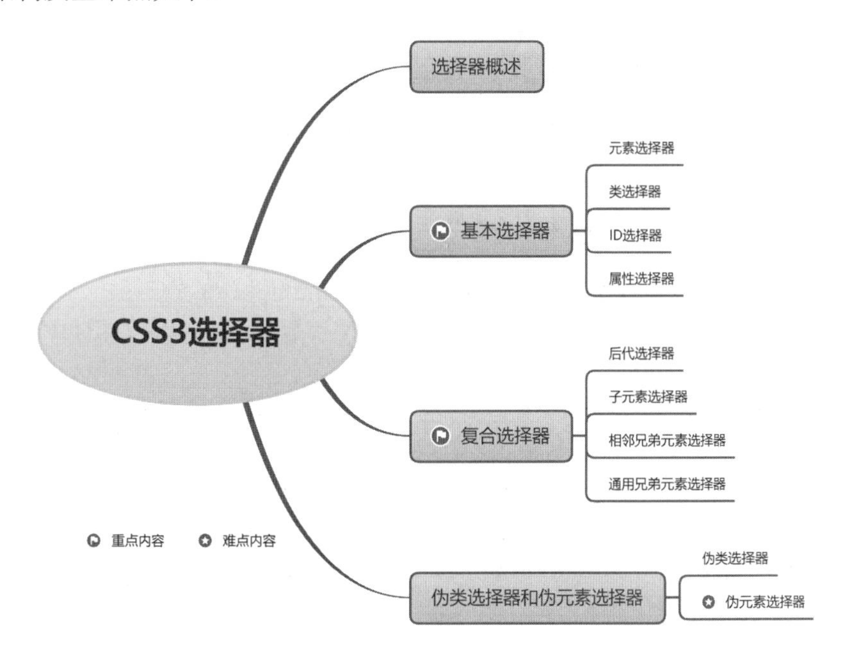

9.1 选择器概述

选择器是选择标签的一种方式，例如 ID 选择器就是通过 ID 选择标签的，类选择器就是通过类名选择标签的。在 CSS3 中有多种类型的选择器，常用的选择器如表 9.1 所示。

表 9.1　CSS3 中常用的选择器

选　择　器	类　　型	说　　明
*	通配选择器	选择文档中所有的元素
E{…}	元素选择器	指定该 CSS 样式对所有 E 元素起作用
#myid	ID 选择器	选择匹配 E 的元素，且匹配元素的 id 属性值等于 myid

续表

选 择 器	类 型	说 明
.warning	类选择器	选择匹配 E 的元素，且匹配元素的 class 属性值等于 warning
E[foo]	属性选择器	选择匹配 E 的元素，且该元素定义了 foo 属性。注意，E 选择符可以省略，表示选择定义了 foo 属性的任意类型的元素
E[foo="bar"]	属性选择器	选择匹配 E 的元素，且该元素将 foo 属性值定义为"bar"。注意，E 选择器可以省略，用法与上一个选择器类似
E[foo|="en"]	属性选择器	选择匹配 E 的元素，且该元素定义了 foo 属性，foo 属性值是一个用连字符（-）分割的列表，值开头的字符为"en"。注意，E 选择符可以省略，用法与上一个选择器类似
E F	包含选择器	选择匹配 F 的元素，且该元素被包含在匹配 E 的元素内。注意，E 和 F 不仅是指类型选择器，而且可以是任意合法的选择符组合
E > F	子包含选择器	选择匹配 F 的元素，且该元素为所匹配 E 的元素的子元素。注意，E 和 F 不仅是指类型选择器，而且可以是任意合法的选择符组合
E + F	相邻兄弟选择器	选择匹配 F 的元素，且该元素位于所匹配 E 的元素后面相邻的位置。注意，E 和 F 不仅是指类型选择器，而且可以是任意合法的选择符组合
E ~F	通用兄弟元素选择器	选择匹配 F 元素，且 F 元素与 E 同级且位于 E 的后面。注意，E 和 F 不仅是指类型选择器，而且可以是任意合法的选择符组合
E:link	链接伪类选择器	选择匹配 E 的元素，且匹配元素被定义了超链接并未被访问。例如，a:link 选择器能够匹配已定义 URL 的 a 元素
E:visited	链接伪类选择器	选择匹配 E 的元素，且匹配元素被定义了超链接并已被访问。例如，a:visited 选择器能够匹配已被访问的 a 元素
E:active	用户操作伪类选择器	选择匹配 E 的元素，且匹配元素被激活
E:hover	用户操作伪类选择器	选择匹配 E 的元素，且匹配元素正被鼠标经过
E:focus	用户操作伪类选择器	选择匹配 E 的元素，且匹配元素获取了焦点
E::first-line	伪元素选择器	选择匹配 E 的元素内的第一行文本
E::first-letter	伪元素选择器	选择匹配 E 的元素内的第一个字符
E:first-child	结构伪类选择器	选择匹配 E 的元素，且该元素为父元素的第一个子元素
E::before	伪元素选择器	在匹配 E 的元素前面插入内容
E::after	伪元素选择器	在匹配 E 的元素后面插入内容

9.2 基本选择器

9.2.1 元素选择器

最常见的 CSS 选择器是元素选择器。换句话说，文档的元素就是最基本的选择器。如果设置 HTML 样式，选择器通常是某个 HTML 元素，如 p、h1、a，甚至可以是 HTML 本身。示例代码如下：

```
p {color: black;}
h1 {color: red;}
a {color: yellow;}
```

【例 9.1】使用元素选择器实现生日贺卡的样式。(**实例位置：资源包\TM\sl\9\01**)

(1) 新建 HTML 文件，在 HTML 文件中添加贺卡的文字内容，具体代码如下：

```
<div>
    <h2>TO Kelly：</h2>
    <p style="text-align: left">挥手告别昨日的烦恼，<br>点燃生日的蜡烛，<br>吹去所有的忧愁，</p>
    <p>拥抱幸福的美好时光；<br>留住美好的记忆；<br>幸福快乐属于你，</p>
    <h3>生日快乐！</h3>
    <h4>Tony</h4>
</div>
```

(2) 新建 CSS 文件，在 CSS 文件中设置贺卡的具体样式，编写代码如下：

```
* {
    margin: 0;
    padding: 0
}
div {
    height: 500px;                                /*设置页面的整体大小*/
    width: 800px;
    margin: 0 auto;                               /*页面的位置*/
    background: no-repeat url(../img/bg.jpg);     /*页面的背景图片*/
}
/*h2 标题样式*/
h2 {
    padding: 75px 150px;                          /*内边距*/
    font-weight: 800;
    font-size: 25px;                              /*字体*/
}
/*p 标签样式*/
p {
    float: left;
    margin: 20px 128px 85px 112px;
    line-height: 30px;
    text-align: right;
    font-weight: bold;
}
/*h3 标题样式*/
h3 {
    clear: both;
    text-align: center;
    padding-top: 30px;
    font-size: 32px;
}
/*h4 标题样式*/
h4 {
    text-align: right;
    margin-right: 60px;
}
```

(3) 编写完成以后，返回 HTML 文件，在 HTML 文件中引入 CSS 文件，具体代码如下：

```
<link href="css/style.css" rel="stylesheet" type="text/css">
```

在浏览器中运行本实例，具体效果如图 9.1 所示。

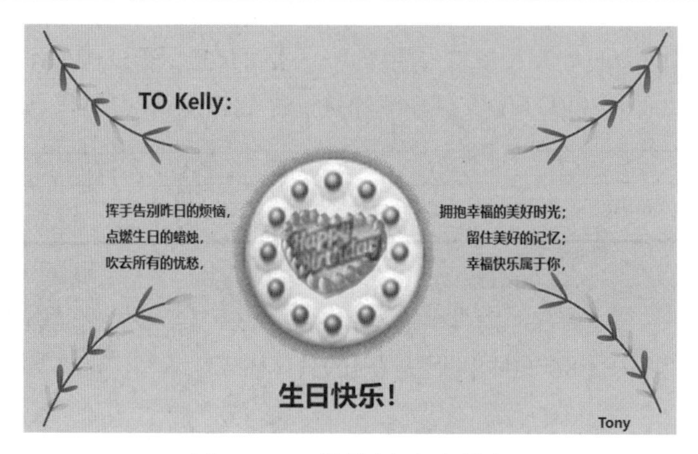

图 9.1　CSS 设置生日贺卡样式

9.2.2　类选择器

类选择器通过元素的 class 属性选择指定元素，使用类选择器的语法如下：

```
.classname{}
```

上面的语法表示选中 class 属性的值为 classname 的所有标签，使用类选择器时，选择器前面的“.”不可以省略。

下面通过一个示例来说明类选择器的使用。

（1）新建 HTML 文件，在 HTML 文件中编写一首古诗，其中：标题使用<h3>标签实现；作者以及古诗内容由<p>标签实现，并且为古诗的第 1、3 行添加 class 属性值为 color1；第 2、4 行添加 class 属性值为 color2。关键代码如下：

```
<h3>早发白帝城</h3>
<p>李白</p>
<p class="color1">朝辞白帝彩云间，</p>
<p class="color2">千里江陵一日还。</p>
<p class="color1">两岸猿声啼不住，</p>
<p class="color2">轻舟已过万重山。</p>
```

（2）新建 CSS 文件，在该文件中，使用元素选择器统一设置<h3>标签和所有<p>标签都居中显示，然后使用类选择器分别设置 class 属性值为 color1 和 color2 的标签的文字颜色，具体代码如下：

```
h3,p{
    text-align: center;
}
.color1{          /*选择 class 属性值为 color1 的标签*/
    color: #8bc34a;
}
.color2{          /*选择 class 属性值为 color2 的标签*/
    color: #ef5141;
}
```

完成以后，返回 HTML 文件，将 CSS 文件引入 HTML 文件中，然后运行本示例，具体效果如图 9.2 所示。

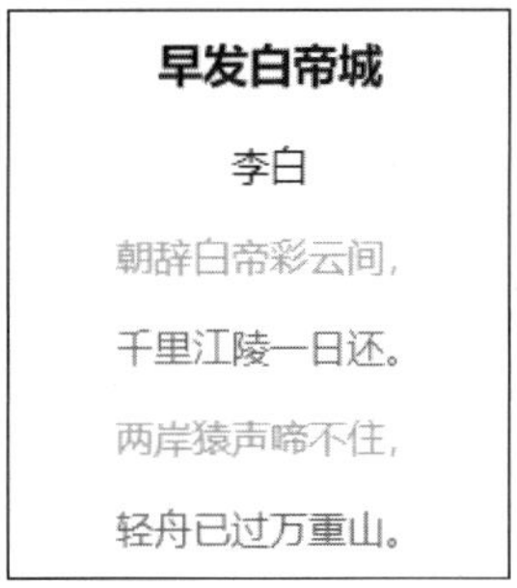

早发白帝城
李白
朝辞白帝彩云间，
千里江陵一日还。
两岸猿声啼不住，
轻舟已过万重山。

图 9.2　类选择器的使用示例

9.2.3　ID 选择器

在某些方面，ID 选择器类似于类选择器，不过也有一些区别。

第一个区别是 ID 选择器前面有一个“#”号，也称为棋盘号或井号，规则如下：

```
#intro{color:red;}
```

第二个区别是 ID 选择器根据 id 属性来选择唯一的元素。使用 ID 选择器时要注意，一个页面中的 id 属性值是不可以重复的。

下面通过一个示例来演示 ID 选择器的使用。

在 HTML 页面中添加一首古诗，并且为古诗的第二行添加 id 属性值为 color，具体代码如下：

```
<h3>早发白帝城</h3>
<p>李白</p>
<p>朝辞白帝彩云间，</p>
<p id="color">千里江陵一日还。</p>
<p>两岸猿声啼不住，</p>
<p>轻舟已过万重山。</p>
```

然后添加 CSS 代码，使用元素选择器使古诗在网页中居中显示，并使用 ID 选择器设置第二行的文字颜色，具体代码如下：

```
h3, p {
    text-align: center;
}
#color {                    /*选择 id 属性值为 color2 的标签*/
    color: #ef5141;
}
```

完成以后，将 CSS 代码引入 HTML 中，然后运行本示例，其效果如图 9.3 所示。

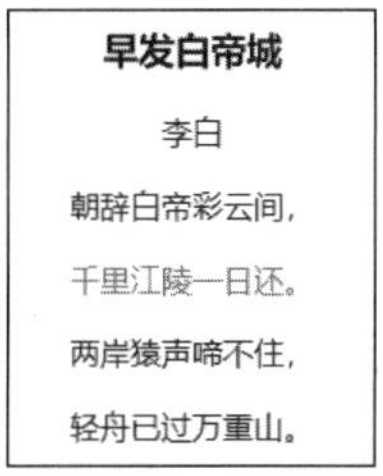

早发白帝城
李白
朝辞白帝彩云间，
千里江陵一日还。
两岸猿声啼不住，
轻舟已过万重山。

图 9.3　ID 选择器的使用

【例 9.2】设计手机宣传页面。(**实例位置：资源包\TM\sl\9\02**)

结合使用类选择器和 ID 选择器实现手机营业厅店铺宣传的页面，具体步骤如下。

(1) 新建 HTML 文件，在 HTML 文件中添加网页中的内容，并设置对应的 id 属性与 class 属性，关键代码如下：

```
<!--定义 id 属性-->
```

```
<div id="cont">
  <!--顶部文字-->
  <div id="top">
    <p class="txt1">腾飞手机</p>
    <p class="txt2">开业啦！！！</p>
    <p class="txt3">开业期间，优惠重重</p>
  </div>
  <!--图片内容-->
  <div id="content">
    <!--第一部分-->
    <div class="cont1">
      <h3 class="title">分期购机免利息</h3>
      <div>
        <div class="pic"><img src="img/phone1.jpg" alt=""> </div>
        <div class="pic"><img src="img/phone2.jpg" alt=""> </div>
        <div class="pic"><img src="img/phone3.jpg" alt=""> </div>
        <div class="pic"><img src="img/phone4.jpg" alt=""> </div>
      </div>
    </div>
    <!--第二部分-->
    <div class="cont1">
      <h3 class="title">直接购机送耳机</h3>
      <div>
        <div class="pic"><img src="img/ry1.jpg" alt=""> </div>
        <div class="pic"><img src="img/ry2.jpg" alt=""> </div>
        <div class="pic"><img src="img/ry3.jpg" alt=""> </div>
        <div class="pic"><img src="img/ry4.jpg" alt=""> </div>
      </div>
    </div>
    <!--第三部分-->
    <div class="cont1">
      <h3 class="title">预约购机有好礼</h3>
      <div>
        <div class="pic"><img src="img/ry5.jpg" alt=""> </div>
        <div class="pic"><img src="img/ry7.jpg" alt=""> </div>
        <div class="pic"><img src="img/ry8.jpg" alt=""> </div>
        <div class="pic"><img src="img/phone5.jpg" alt=""> </div>
      </div>
    </div>
  </div>
  <!--底部联系方式-->
  <div id="bottom">
    <p class="tel">联系电话：0431-********</p>
    <p class="addr">店面地址：吉林省长春市**区**街道</p>
  </div>
</div>
```

（2）新建 CSS 文件，在 CSS 文件中添加代码，实现页面的样式，具体代码如下：

```
/*清除标签的默认边距*/
* {
        margin: 0;
        padding: 0;
}
/*ID 选择器设置主体内容的大小位置以及背景颜色*/
#cont {
        height: 1000px;
        width: 800px;
        margin: 0 auto;
        text-align: center;
```

```
    background-color: rgba(222,184,135,0.6);
}
/*ID 选择器设置顶部内容的位置*/
#top {
    height: 150px;
    margin-left: 260px;
}
/*设置顶部文字的共同样式*/
.txt1, .txt2, .txt3 {
    margin-top: 50px;
    float: left;
    font-weight: 900;
    font-size: 35px;
    color: darksalmon;
    font-family: "华文新魏";
}

.txt2 {
    font-size: 50px;
    color: yellowgreen;
}
.txt3 {
    margin-top: 5px;
}
/*第一部分的高度和对齐方式*/
.cont1 {
    text-align: left;
    height: 240px;
}
/*ID 选择器实现主体内容的大小*/
#content {
    height: 705px;
    margin-top: 20px;
}
/*类选择器设置图片外边距*/
.pic {
    float: left;
    margin: 10px 15px;
}
/*设置每一板块标题的对齐方式*/
.title {
    text-align: left;
}
/*类选择器结合元素设置图片的大小*/
.pic img {
    width: 170px;
}
/*ID 选择器实现底部联系方式的样式*/
#bottom {
    height: 100px;
    margin-top: 20px;
    line-height: 30px;
    font-weight: bolder;
}
```

（3）编写完成以后，返回 HTML 文件，在 HTML 文件中引入 CSS 文件，具体代码如下：

```
<link href="css/style.css" rel=
"stylesheet" type="text/css">
```

在浏览器中运行本实例，运行效果如图 9.4 所示。

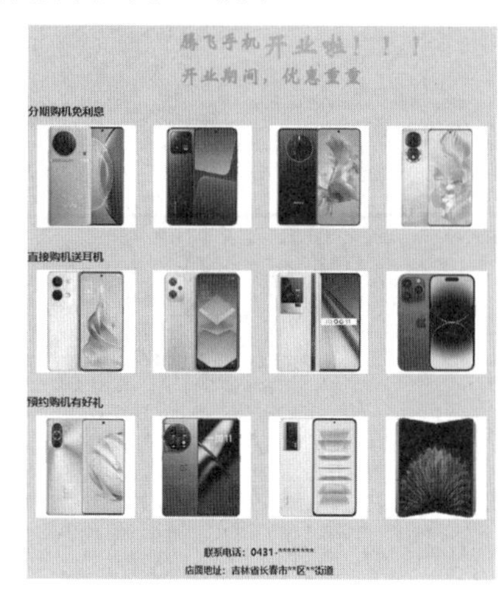

图 9.4　手机宣传页面

9.2.4　属性选择器

在 HTML 中，各种各样的属性可以给元素增加很多附加信息。例如：通过 height 属性，可以指定 div 元素的宽度；通过 id 属性，可以区分不同的 div 元素，并且可以通过 JavaScript 控制这个 div 元素的内容和状态。

在使用 CSS 的时候，也可以使用这些属性来指定元素，示例代码如下：

```
[color="red"] {
    color: red;
}
```

上面代码中“[]”表示使用属性选择器，“color="red"”表示选中 color 属性值为 red 的元素。

下面来看一个示例，在一个 HTML 页面中，具有很多 div 元素，并且为每个 div 添加了 id 属性或者 class 属性，示例代码如下：

```
<div id="type">编程图书</div>
<div class="red">Web 前端</div>
<div class="red">Java 编程</div>
<div id="type">抒情散文</div>
<div class="green">荷塘月色</div>
<div class="green">白杨礼赞</div>
```

接下来，使用属性选择器来设置这些 div 的样式，CSS 代码如下：

```
[id="type"] {
    font-size: 20px;
}
[class="red"] {
    color: red;
}
[class="green"] {
    color: green;
}
```

运行效果如图 9.5 所示。

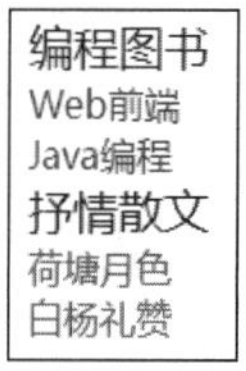

编程图书
Web前端
Java编程
抒情散文
荷塘月色
白杨礼赞

图 9.5　使用属性选择器的示例

【例 9.3】实现 51 购商城首页的手机风暴板块。(**实例位置：资源包\TM\sl\9\03**)

使用元素选择器实现手机风暴板块的样式，具体步骤如下。

（1）新建一个 HTML 文件，在 HTML 文件中使用<img>标签添加 5 张手机图片，并且通过<div> 标签对页面进行布局，代码如下：

```
<div id="mr-content">
  <img src="images/8-1.jpg" alt="" class="mr-img1">                              <!--通过<img>标签添加左边图片-->
  <div class="mr-right">
    <img src="images/8-1a.jpg" alt="" att="a">                                   <!--通过<img>标签添加 5 张手机图片-->
    <img src="images/8-1b.jpg" alt="" att="b"><br/>
    <img src="images/8-1c.jpg" alt="" att="c">
    <img src="images/8-1d.jpg" alt="" att="d">
    <img src="images/8-1e.jpg" alt="" att="e">
    <img src="images/8-1g.jpg" alt="" class="mr-car1">                          <!--通过<img>标签添加购物车图片-->
    <img src="images/8-1g.jpg" alt="" class="mr-car2">
    <img src="images/8-1g.jpg" alt="" class="mr-car3">
    <img src="images/8-1g.jpg" alt="" class="mr-car4">
    <img src="images/8-1g.jpg" alt="" class="mr-car5">
    <p class="mr-price1">vivo X90<br/><span>3999.00</span></p>    <!--通过<p>标签和<span>标签添加手机型号和价格-->
    <p class="mr-price2">vivo iQOO 11<br/><span>4399.00</span></p>
    <p class="mr-price3">iPhone 14 Pro<br/><span>9699.00</span></p>
    <p class="mr-price4">华为 Mate 50<br/><span>4999.00</span></p>
    <p class="mr-price5">OPPO K10x<br/><span>1399.00</span></p>
  </div>
</div>
```

（2）新建一个 CSS 文件，通过外部样式引入 HTML 文件中，然后使用类选择器与 ID 选择器设置页面以及图片的整体样式，代码如下：

```
#mr-content{                                        /*使用 ID 选择器设置页面布局*/
    width:1200px;
    height:480px;
    margin: 0 auto;
    border:1px solid red;
    text-align:left;
    font-size: 12px;                                /*设置文本对齐方式*/
    }
.mr-img1{                                           /*使用类选择器设置图片浮动*/
    float:left;
    }
.mr-right{                                          /*使用类选择器设置页面布局*/
    width:960px;                                    /*设置宽度*/
    height:527px;                                   /*设置高度*/
    float:left;                                     /*设置浮动*/
    position:relative;                              /*设置定位*/
    }
.mr-right *{
    position: absolute;
}
```

（3）使用属性选择器设置页面中商品图片的大小位置，具体代码如下：

```
[att=a],[att=b],[att=c],[att=d],[att=e]{
    width:180px;                                    /*设置宽度*/
    height:182px;                                   /*设置高度*/
```

```
}
[att=a]{                              /*使用属性选择器设置第 1 张手机图片位置及大小*/
    left:140px;
    top:20px;
    }
[att=b]{                              /*使用属性选择器设置第 2 张手机图片位置及大小*/
    left:700px;
    top:20px;
    }
[att=c]{                              /*使用属性选择器设置第 3 张手机图片位置及大小*/
    left:400px;
    top:180px;
    }
[att=d]{                              /*使用属性选择器设置第 4 张手机图片位置及大小*/
    left:100px;
    top:250px;
    }
[att=e]{                              /*使用属性选择器设置第 5 张手机图片位置及大小*/
    left:650px;
    top:230px;
    }
```

（4）使用类选择器，设置商品旁边的购物车图片的大小和位置、商品价格的大小和样式，部分代码如下：

```
.mr-car1{                             /*使用类选择器设置第 1 个购物车小图标位置*/
    left: 330px;
    top: 170px;
    }
.mr-car2{                             /*使用类选择器设置第 2 个购物车小图标位置*/
    left:890px;
    top:170px;
    }
.mr-price1{                           /*使用类选择器设置第 1 类手机品牌文字的位置*/
    left:90px;
    top:170px;
}
.mr-price2{                           /*使用类选择器设置第 2 类手机品牌文字的位置*/
    left:610px;
    top:170px;
}
span{                                 /*使用元素选择器设置 5 种手机价格的字体颜色以及大小*/
    font-size: 10px;
    color: #706A6A;
}
```

运行结果如图 9.6 所示。

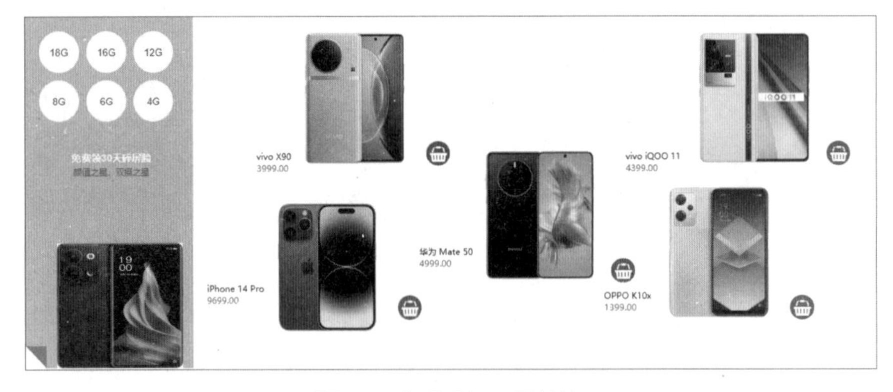

图 9.6　实现手机风暴板块

编程训练（答案位置：资源包\TM\sl\9\编程训练）

【训练 1】实现登录页面　设计一个登录页面，并通过 CSS 美化该页面。

【训练 2】实现爆款特卖页面　结合使用类选择器和 ID 选择器实现商城中的爆款特卖页面。

9.3　复合选择器

9.3.1　后代选择器

后代选择器，又称为包含选择器，可以选择作为某元素后代的元素。

我们可以定义后代选择器来创建一些规则，使用这些规则在某些文档结构中起作用，而在另一些结构中不起作用。

举例来说，如果只希望将 h1 元素后代 em 元素里的文本变为红色，而不改变其他位置的 em 元素里文本的颜色，则可以这样写：

```
h1 em{color:red;}
```

上面这个规则会把 h1 元素后代 em 元素的文本变为红色，其他文本则不会被这个规则选中。

```
<h1><em>我变红色</em></h1>
<p><em>我不变色</em></p>
```

在后代选择器中规则左边的选择器一端包括两个或多个用空格分隔的选择器。选择器之间的空格是一种结合符，每个空格结合符可以解释为“……作为……的一部分”“……作为……的后代”，但是要求必须从右向左读选择器。

下面通过一个示例来演示后代选择器的使用方法。

新建一个 HTML 文件，在 HTML 文件中添加一首古诗，然后在<head>标签中添加<style>标签，并且在<style>标签中设置古诗的样式。具体代码如下：

```
<head>
    <style>
        div {                          /*文字居中对齐*/
            text-align: center;
        }
        div h3 {                       /*设置标题文字颜色*/
            color: #009688
        }
        div h5 {                       /*设置作者文字颜色*/
            color: #a9a6a6;
        }
        div p {                        /*设置古诗文字颜色*/
            color: #e65100;
        }
    </style>
</head>
<body>
<div>
    <h3>春晓</h3>
    <h5>孟浩然</h5>
```

```
    <p>春眠不觉晓，</p>
    <p>处处闻啼鸟。</p>
    <p>夜来风雨声，</p>
    <p>花落知多少。</p>
</div>
```

上述代码使用后代选择器设置古诗中各部分内容的文字颜色，具体运行效果如图 9.7 所示。

春晓

孟浩然

春眠不觉晓，

处处闻啼鸟。

夜来风雨声，

花落知多少。

图 9.7　后代选择器的应用示例

9.3.2　子元素选择器

与后代选择器相比，子元素选择器只能选择某元素的子元素。子元素选择器用大于号作为结合符。

你如果不希望选择任意的后代元素，而希望缩小范围，只选择某个元素的子元素，则使用子元素选择器。例如，只想选择 h1 元素的子元素 strong 元素，可以这样写：

```
h1>strong{color:red;}
```

这个规则会把第一个 h1 下面的 strong 变为红色，而第二个 h1 中的 strong 不受影响。

```
<h1><strong>我变红色</strong></h1>
<h1><em><strong>我不变色</strong></em></h1>
```

下面通过一个示例来演示子元素选择器的运用。

新建一个 HTML 文件，在 HTML 文件中添加一首古诗，然后结合使用子元素选择器与后代选择器来设置古诗的样式。具体代码如下：

```
<head>
    <style>
        .cont {                                 /*文字居中对齐*/
            text-align: center;
        }
        .cont h3 {                              /*设置标题的文字颜色*/
            color: #009688
        }
        .cont p {                               /*使用后代选择器设置古诗作者的文字颜色*/
            color: #e65100;
            background-color: #ffe6b6;
        }
        .cont > p {                             /*使用子元素选择器设置内容的文字颜色*/
            color: #a9a6a6;
            background-color: transparent;
        }
    </style>
</head>
<body>
<div class="cont">
    <h3>春晓</h3>
    <p>孟浩然</p>
    <div>
        <p>春眠不觉晓，</p>
     <p>处处闻啼鸟。</p>
     <p>夜来风雨声，</p>
```

```
        <p>花落知多少。</p>
    </div>
</div>
```

上述代码的运行效果如图 9.8 所示。

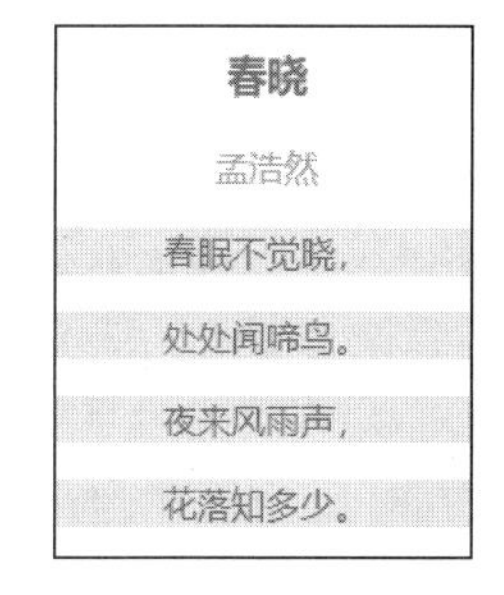

图 9.8　子元素选择器与后代选择器的综合使用示例

9.3.3　相邻兄弟元素选择器

相邻兄弟元素选择器可选择紧接在另一元素后的元素且二者有相同父元素，相邻兄弟元素选择器使用“+”作为结合符。

如果需要选择紧紧接在另一元素后的元素且二者有相同父元素，则可以使用相邻兄弟元素选择器。如要将紧接在 h1 元素后出现的段落变为黄色，则可以这样写：

```
h1+p{color:yellow;}
```

下面通过示例演示相邻兄弟元素选择器的使用。

新建一个 HTML 文件，在 HTML 文件中添加一首古诗，其中古诗标题使用 3 级标题实现，作者及古诗内容都使用<p>标签实现。然后设置古诗中标题和作者的文字颜色，其中设置作者的颜色时需要使用相邻兄弟元素选择器。具体代码如下：

```
<head>
    <style>
        .cont {                                 /*文字居中对齐*/
            text-align: center;
        }
        .cont h3 {                              /*设置标题的文字颜色*/
            color: #009688
        }
        h3+p {                                  /*使用相邻兄弟元素选择器设置古诗作者的文字颜色*/
            color: #e65100;
            background-color: transparent;
        }
    </style>
</head>
<body>
<div class="cont">
    <h3>春晓</h3>
    <p>孟浩然</p>
    <p>春眠不觉晓，</p>
    <p>处处闻啼鸟。</p>
    <p>夜来风雨声，</p>
    <p>花落知多少。</p>
</div>
```

上述代码的运行结果如图 9.9 所示。

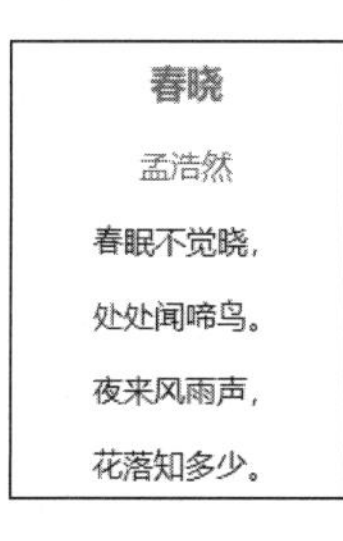

图 9.9　相邻兄弟元素选择器

9.3.4　通用兄弟元素选择器

通用兄弟元素选择器用来指定位于同一个父元素之中的某个元素之后的所有其他某个种类的兄弟元素所使用的样式，通用兄弟选择器用“~”作为结合符。

例如，要使 h1 元素后的 p 元素都变为蓝色，可以这样写：

```
h1~p{color:blue;}
```

说明

通用兄弟元素选择器和相邻兄弟元素选择器的区别在于，通用兄弟元素选择器选中的是与某元素同级且位于它后面的所有元素，而相邻兄弟元素选择器选中的是与某元素同级且位于某元素后面的相邻位置的元素（即只选中位于后面的一个元素）。

下面通过一个示例演示通用兄弟元素选择器和相邻兄弟元素选择器的使用。

新建一个 HTML 文件，在 HTML 文件中添加一首古诗，然后设置古诗各部分内容的样式，具体代码如下：

```
<head>
    <style>
        .cont {                                   /*文字居中对齐*/
            text-align: center;
        }
        .cont h3 {                                /*设置标题的文字颜色*/
            color: #009688
        }
        h3~p {                                    /*使用通用兄弟元素选择器设置古诗作者和古诗内容的文字颜色*/
            color: #e65100;
        }
        h3+p {                                    /*使用相邻兄弟元素选择器重新设置古诗内容的文字颜色*/
            color: #a9a6a6;
        }
    </style>
</head>
<body>
<div class="cont">
    <h3>春晓</h3>
    <p>孟浩然</p>
    <p>春眠不觉晓，</p>
    <p>处处闻啼鸟。</p>
    <p>夜来风雨声，</p>
    <p>花落知多少。</p>
</div>
```

上述代码的运行效果如图 9.10 所示。

春晓

孟浩然

春眠不觉晓，

处处闻啼鸟。

夜来风雨声，

花落知多少。

图 9.10　通用兄弟元素选择器和相邻兄弟元素选择器的综合使用

9.4　伪类选择器和伪元素选择器

我们在浏览网页时经常会遇到一种情况，就是每当把鼠标放在某个元素上时，这个元素就会发生一些变化，例如当鼠标滑过导航栏时，导航栏中的内容就会展开。这些特效的实现都离不开伪类选择器。而伪元素选择器则用来表示使用普通标记无法轻易修改的部分，如一段文字中的第一个文字等。

9.4.1　伪类选择器

伪类选择器是 CSS 中已经定义好的选择器，因此程序员不能随意命名。伪类选择器是用来将样式应用于处于某种特殊状态的目标元素。例如，用户正在单击的元素，或者鼠标正在经过的元素等。伪类选择器主要有以下 4 种。

☑　:link：表示对未访问的超链接应用样式。
☑　:visited：表示对已访问的超链接应用样式。
☑　:hover：表示对鼠标所停留的元素应用样式。
☑　:active：表示对用户正在单击的元素应用样式。

例如，下面的代码就是通过伪类选择器改变特定状态的标签样式。

```
a:link {                               /*表示对未访问的超链接应用样式*/
    color: #000;                       /*设置其字体为黑色*/
}
a:visited {                            /*表示对已访问的超链接应用样式*/
    color: #f00;                       /*设置其为红色*/
}
.hov:hover {                           /*表示对鼠标所停留的类名为 hov 的元素应用样式*/
    border: 2px red solid;             /*添加边框*/
}
.act:active {                          /*表示对鼠标所停留的类名为 act 的元素应用样式*/
    background: #ffff00;               /*添加背景颜色*/
}
```

说明

（1）:link 和:visited 只对链接标签起作用，对其他标签无效。

（2）在使用伪类选择器时，其在样式表中的顺序是很重要的，如果顺序不当，程序员可能无法达到希望的样式。它们的正确顺序是，:hover 伪类必须定义在:link 和:visited 两个伪类之后，而:actived 伪类必须定义在:hover 之后。为了方便记忆，可以采用“爱恨原则”，即“L(:link)oV(:visited)e, H(:hover)A(:actived)te”。

9.4.2　伪元素选择器

伪元素选择器是用来改变文档中特定部分的效果样式，而这一部分是无法通过普通选择器定义的。

在 CSS3 中，常用的伪元素选择器有以下 4 种。

☑ :first-letter：该选择器对应的 CSS 样式对指定对象内的第一个字符起作用。

☑ :first-line：该选择器对应的 CSS 样式对指定对象内的第一行内容起作用。

☑ :before：该选择器与内容相关的属性结合使用，用于在指定对象内部的前端插入内容。

☑ :after：该选择器与内容相关的属性结合使用，用于在指定对象内部的尾端添加内容。

下面代码就是通过伪元素选择器向页面中添加内容的，并且设置类名为“txt”的标签中第一行文本以及<p>标签第一个文字的样式。

```
.txt:first-line{                            /*设置第一行文本的样式*/
    font-size: 35px;                        /*设置第一行的字体*/
    height: 50px;                           /*设置第一行文本的高度*/
    line-height: 50px;                      /*设置第一行的行高*/
    color: #000;                            /*设置第一行文本的字体*/
}
p:first-letter{                             /*设置<p>标签中第一个文字的样式*/
    font-size: 30px;                        /*设置字体大小*/
    margin-left: 20px;                      /*设置想做的外边距*/
    line-height: 30px;                      /*设置行高*/
}
.txt:after{                                 /*在类名为 txt 的 div 后面添加内容*/
    content: url("../img/phone1.png");      /*添加的内容为一张图片，url 为图片地址*/
    position: absolute;                     /*设置所添加图片的定位方式*/
    top:75px;                               /*设置图片位置，相对于类名为 cont 的 div 的垂直间距*/
    left:777px;                             /*设置图片位置，相对于类名为 cont 的 div 的水平间距*/
}
```

说明

使用:before 和:after 选择器添加内容时，需要使用 content 属性添加内容，如果没有该属性，就无法添加内容，自然也无法为添加的内容设置样式。

【例 9.4】实现 vivo X90 手机的宣传页面。（**实例位置：资源包\TM\sl\9\04**）

结合类选择器、伪类选择器以及伪元素选择器实现对 vivo X90 手机的宣传页面进行美化。具体实现步骤如下。

（1）在 HTML 页面中添加标签以及文字介绍，并添加超链接，由于这里的超链接没有跳转的页面，因此链接地址使用“#”代替。具体代码如下：

```
<div class="cont">
    <h1><a href="#">vivo X90</a></h1>
    <div class="top">蔡司影像超越想象<br/>
        vivo X90 支持舒适模式，会随着时间不断调整色温，渐进式地减少蓝光，减少人体褪黑素的产生，从而较为科学地减少视觉疲劳</div>
</div>
```

（2）新建一个 CSS 文件，在 CSS 文件中设置页面的大小、外边距等基本布局。具体代码如下：

```
.cont{                                      /*类选择器设置页面的整体大小以及背景图片*/
    width: 1536px;                          /*设置整体页面宽度为 1536 像素*/
    height: 840px;                          /*设置页面整体高度 840 像素*/
    margin:0 auto;                          /*设置页面外边距上下为 0，左右自适应*/
    text-align: center;                     /*文字对齐方式为居中对齐*/
    background: url("../img/bg.jpg");       /*为页面设置背景图片*/
```

```
}
h1{                                   /*通过标签选择器选择 h1 标题标签*/
    padding-top: 80px;                /*设置向上的内边距*/
}
.top{                                 /*使用类选择器，改变主体内容的样式*/
    line-height: 30px;                /*类选择器设置页面的整体大小以及背景图片*/
    margin: 0 auto;                   /*设置主体部分的外边距*/
    text-align: center;               /*设置文字的对齐方式为居中对齐*/
    width: 650px;                     /*设置主体部分的宽度为 650 像素*/
    font-size: 20px                   /*设置文字的大小*/
}
```

（3）分别使用伪元素选择器向页面添加图片以及设置部分文字的样式。具体代码如下：

```
.top:after{                           /*在类名为 top 的 div 后面添加内容*/
    content: url("../img/phone.png"); /*添加的内容为 1 张图片，url 为图片地址*/
    display: block;                   /*设置显示方式*/
    margin-top: 50px;                 /*设置所添加内容的向上的外边距*/
}
.top:first-line{                      /*类选择器中第一行文字的样式*/
    font-size: 30px;                  /*设置第一行文字的字体*/
    line-height: 90px;                /*设置第一行文字行高*/
}
a:link{                               /*设置未被访问的超链接的样式*/
  text-decoration: none;              /*取消其默认的下画线*/
    color: #000;                      /*设置字体颜色为黑色*/
}
a:visited{                            /*设置访问后的超链接的样式*/
    color: purple;                    /*设置访问后的超链接字体为紫色*/
}
a:hover{                              /*设置鼠标停在超链接上的样式*/
    text-decoration: underline;       /*类选择器设置页面的整体大小以及背景图片*/
    color: #B49668;                   /*设置鼠标悬停在超链接上时的字体颜色*/
}
a:active{                             /*设置正在单击的超链接的样式*/
    color: red;                       /*设置正在被单击的超链接字体颜色*/
    text-decoration: none;            /*取消正在被单击的超链接的下画线*/
}
```

完成以后在浏览器中运行本程序，可以查看页面效果，如图 9.11 所示。在运行效果图中，当超链接“vivo X90”分别处于未被访问、鼠标悬停、正在单击和单击以后 4 种状态时，文字效果是不相同的，这 4 种效果都是通过伪类选择器实现的。文本内容的第一行文字的字体变大以及文本下方的图片都是通过伪元素选择器来实现的。

图 9.11　vivo X90 手机的宣传页面

编程训练（答案位置：资源包\TM\sl\9\编程训练）

【训练 3】制作购物商城的商品展示页面 制作一个购物商城的商品展示页面，当鼠标放置在商品上时，图片放大，并设置不同状态下超链接的字体颜色。

【训练 4】制作手机宣传网页 制作一个手机的宣传网页，注意设置网页中第一行文字以及手机介绍中第一个文字的样式。

9.5 实践与练习

（答案位置：资源包\TM\sl\9\实践与练习）

综合练习 1：网页版个人简历 尝试为自己制作一份网页版的个人简历，然后通过 CSS 美化简历页面，运行结果如图 9.12 所示。

综合练习 2：制作个人空间主页 编写一个自己的空间主页，并通过 CSS 美化自己的主页，运行结果如图 9.13 所示。

图 9.12 网页版个人简历

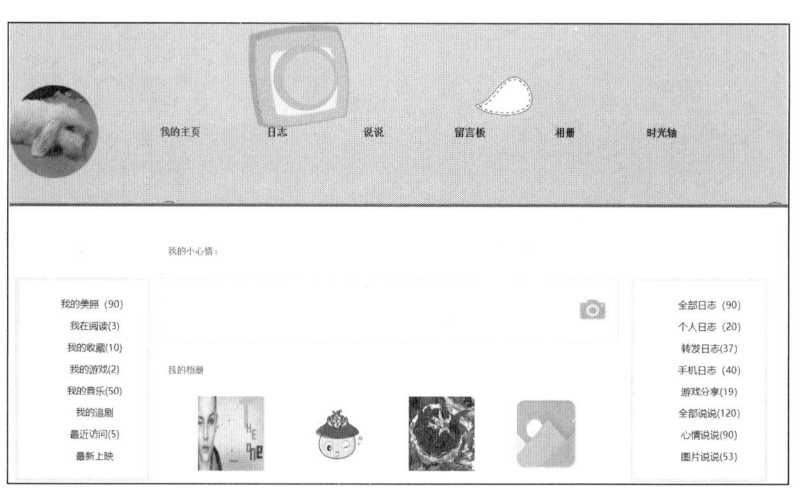

图 9.13 个人空间主页

综合练习 3：制作手机网站首页的 banner 制作手机网站首页的 banner，为手机信息的文字内容添加 CSS 样式，运行结果如图 9.14 所示。

图 9.14 手机网站首页效果

第 10 章

字体和文本相关属性

在浏览网页时，页面中整齐划一的文字是通过 CSS 中的一些和字体、文本相关的属性设置的。字体和文本的相关属性可以控制整个段落或整个<div>元素的显示效果。本章将对常用的字体和文本属性进行介绍。

本章知识架构及重难点如下。

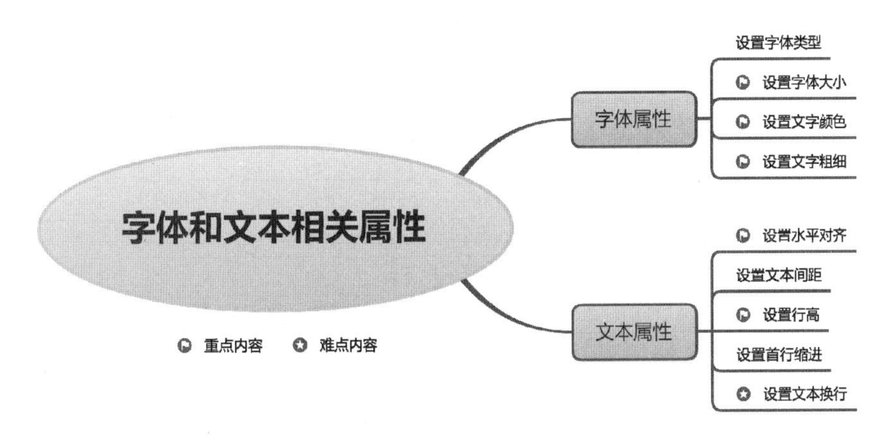

10.1 字 体 属 性

本节主要介绍 CSS3 中与字体相关的属性。这些属性包括字体类型、字体大小、字体颜色和字体粗细等。下面分别进行介绍。

10.1.1 设置字体类型

设置字体类型使用的是 font-family 属性。语法如下：

```
font-family: name,[name1],[name2],[name3]
```

属性值 name 表示字体的名称，name1、name2 和 name3 的含义类似于“备用字体”，即若计算机中含有 name 字体，则显示为 name 字体，若没有 name 字体，则显示为 name1 字体，若计算机中也没有 name1 字体，则显示为 name2 字体，以此类推，如果 name1、name2、name3 都没有找到，则使用计算机中的默认字体。

例如，下面代码的含义为，设置所有类名为“mr-font1”的标签中文字的字体为宋体，如果计算机中没有宋体，则将文字设置为黑体，如果计算机中也没有黑体，就设置为楷体。

```
.mr-font1 {
    font-family: "宋体","黑体","楷体";
}
```

10.1.2 设置字体大小

在 CSS 中，font-size 属性用于设置元素中包含的文本的字体大小。如果一个元素没有显式定义 font-size 属性，则会自动继承父元素的 font-size 属性的计算结果。语法如下：

```
font-size:length
```

length 指字体的尺寸，由数字和长度单位组成。这里的单位可以是相对单位也可以是绝对单位，绝对单位不会随着显示器的变化而变化。表 10.1 列举了常用的绝对单位。

表 10.1 绝对单位及其含义

绝对单位	说明
in	inch，英寸
cm	centimeter，厘米
mm	millimeter，毫米
px	pixel，像素
pt	point，印刷的点数，在一般的显示器中 1pt 相当于 1/72inch
pc	pica，1pc=12pt

常见的相对单位有%、em 和 ex，下面将逐一介绍各相对单位的用法。

☑ 相对长度单位%：将字体的大小设置为基于父元素的一个百分比值。如 100%相当于父元素的字体大小，200%相当于父元素 2 倍字体的大小。

☑ 相对长度单位 em 和 ex：如果 em 直接用于 font-size 属性，那么 1em 表示的长度是其父元素中的字体大小。例如，父元素中的字体大小是 12px，那么对于该元素，1em=12px，2em=24px。1ex 表示的长度是所用字体中小写字母“x”的高度。当父元素的文字大小变化时，使用这两个单位的子元素的大小会同比例变化。

【例 10.1】为文字设置大小。（**实例位置：资源包\TM\sl\10\01**）

分别使用长度单位 px、pt、%和 em 为文字设置大小，代码如下：

```
<style>
.px {
    font-size: 24px;
}
.pt {
    font-size: 16pt;
}
.per {
    font-size: 100%;
}
.em {
    font-size: 2em;
}
```

```
</style>
<p class="px">字体大小：24px</p>
<p class="pt">字体大小：16pt</p>
<p class="per">字体大小：100%</p>
<p class="em">字体大小：2em</p>
```

运行结果如图 10.1 所示。

字体大小：24px

字体大小：16pt

字体大小：100%

字体大小：2em

图 10.1　设置字体大小

10.1.3　设置文字颜色

设置文字颜色使用的是 color 属性。语法如下：

```
color：color
```

color 指的是具体的颜色值。颜色值的表示方法可以是颜色的英文单词、十六进制、RGB 或者 HSL。

文字的各种颜色配合其他页面标签组成了整个五彩缤纷的页面。在 CSS 中，文字颜色是通过 color 属性设置的。

【例 10.2】设置标题文字的颜色。（**实例位置：资源包\TM\sl\10\02**）

用不同的颜色值表示方法将 h3、h4、h5 和 h6 标题中的文字颜色都设置为蓝色，代码如下：

```
<style>
h3{                          /*使用颜色词表示颜色*/
    color:blue;
}
h4{                          /*使用十六进制表示颜色*/
    color:#0000ff;
}
h5{                          /*十六进制的简写，全写为#0000ff*/
    color:#00f;
}
/*分别给出红、绿、蓝 3 个颜色分量的十进制数值，也就是 RGB 格式*/
h6{
    color:rgb(0,0,255);
}
</style>
<h3>HTML5 从入门到精通</h3>
<h4>CSS3 从入门到精通</h4>
<h5>JavaScript 从入门到精通</h5>
<h6>Web 前端从入门到精通</h6>
```

运行结果如图 10.2 所示。

说明

如果读者对颜色的表示方法还不熟悉，或者希望了解各种颜色的具体名称，建议在互联网上继续检索相关信息。

HTML5从入门到精通

CSS3从入门到精通

JavaScript从入门到精通

Web前端从入门到精通

图 10.2　设置文字颜色

10.1.4　设置文字粗细

设置文字粗细使用的是 font-weight 属性。语法如下：

```
font-weight：weight
```

属性值 weight 用于指定字体的粗细值。该属性的取值如表 10.2 所示。

表 10.2 font-weight 属性的取值

取　值	说　明
normal	默认值。定义标准的字体
bold	定义粗体
bolder	定义更粗的字体
lighter	定义更细的字体
100~900	定义由细到粗的字体。400 等同于 normal，700 等同于 bold

【例 10.3】设置文字的粗细效果。(**实例位置：资源包\TM\sl\10\03**)

使用 font-weight 属性为文字设置粗细效果，代码如下：

```
<style>
.lighter {
	font-weight: lighter;
}
.normal {
	font-weight: normal;
}
.bold {
	font-weight: bold;
}
</style>
<p class="lighter">更细的字体</p>
<p class="normal">正常粗细的字体</p>
<p class="bold">加粗的字体</p>
```

运行结果如图 10.3 所示。

更细的字体

正常粗细的字体

加粗的字体

图 10.3　设置文字粗细

编程训练（答案位置：资源包\TM\sl\10\编程训练）

【训练 1】设置公司简介的样式　为公司简介中的文字设置字体类型和字体大小。

【训练 2】为通告文字设置样式　为一则通告内容中的文字设置颜色，并对通告中的关键内容进行加粗显示。

10.2 文 本 属 性

除了与字体相关的属性，文本的对齐方式、文本的换行风格等都可以通过 CSS 中文本的相关属性来设置。

10.2.1 设置水平对齐

设置文字水平对齐方式使用的是 text-align 属性。语法如下：

```
text-align:left|center|right|justify
```

☑ left：设置文本左对齐。

☑ center：设置文本居中对齐。

☑ right：设置文本右对齐。

☑ justify：设置文本两端对齐。

【例 10.4】为古诗设置样式。（**实例位置：资源包\TM\sl\10\04**）

使用 text-align 属性设置古诗居中显示的效果，代码如下：

```
<style>
h2,p{
	text-align: center;
}
p{
	font-size: 20px;
}
</style>
<h2>望天门山</h2>
<p>天门中断楚江开，</p>
<p>碧水东流至此回。</p>
<p>两岸青山相对出，</p>
<p>孤帆一片日边来。</p>
```

运行结果如图 10.4 所示。

望天门山

天门中断楚江开，

碧水东流至此回。

两岸青山相对出，

孤帆一片日边来。

图 10.4　设置古诗居中显示

10.2.2　设置文本间距

设置文本中的字符间距使用的是 letter-spacing 属性。语法如下：

```
letter-spacing: normal|length|inherit
```

☑ normal：默认值。指定字符之间没有额外的空间。

☑ length：定义字符间的距离，可以使用负值。

☑ inherit：指定从父元素继承 letter-spacing 属性的值。

例如，使用 letter-spacing 属性设置英文文本“Yesterday Once More”的不同间距，代码如下：

```
<style>
h2 {letter-spacing:2px;}
h3 {letter-spacing:-1px;}
</style>
<h2>Yesterday Once More</h1>
<h3>Yesterday Once More</h2>
```

运行结果如图 10.5 所示。

Yesterday Once More

Yesterday Once More

图 10.5　设置文本间距

10.2.3　设置行高

line-height 属性用于设置文本行间的距离（行高）。语法如下：

```
line-height: normal|number|length|%|inherit
```

line-height 属性的取值如表 10.3 所示。

表 10.3　line-height 属性的取值

取　　值	说　　明
normal	默认值。设置正常的行间距
number	设置数字，该数字与当前的字体大小相乘来设置行间距
length	设置固定的行间距
%	基于当前字体大小的百分比行间距
inherit	指定从父元素继承 line-height 属性的值

例如，使用 line-height 属性设置一段文本的行间距，代码如下：

```
<style>
.big{
	width:330px;
	line-height: 36px;
}
</style>
<p class="big">
  CSS 是一种网页控制技术，采用 CSS 技术，可以有效地对页面布局、字体、颜色、背景和其他效果实现更加精准的控制。
</p>
```

运行结果如图 10.6 所示。

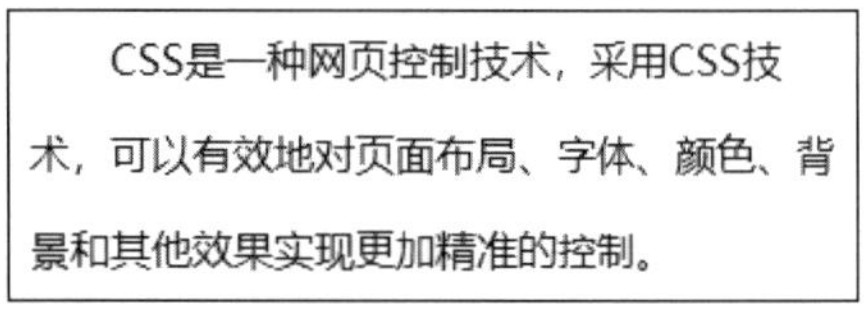

CSS是一种网页控制技术，采用CSS技术，可以有效地对页面布局、字体、颜色、背景和其他效果实现更加精准的控制。

图 10.6　设置行高

说明

设置文字的水平居中时，使用 text-align 属性；设置文字垂直居中时，使用 line-height 属性。但是，line-height 属性的设置需要与 height 属性保持一致，即行高与高相同时，才能使其垂直居中。

10.2.4　设置首行缩进

设置一段文本首行缩进使用的是 text-indent 属性。语法如下：

```
text-indent:length
```

length 就是由百分比数值或浮点数和单位标识符组成的长度值，允许为负值。可以这样理解，text-indent 属性定义了两种缩进方式：一种是直接定义缩进的长度，由浮点数和单位标识符组合表示，另一种是按百分比定义缩进。

例如，使用 text-indent 属性设置古诗的缩进显示效果，代码如下：

```
<style>
.one {text-indent:30px;}
.two {text-indent:60px;}
.three {text-indent:90px;}
.four {text-indent:120px;}
</style>
```

```
<p class="one">故人西辞黄鹤楼，</p>
<p class="two">烟花三月下扬州。</p>
<p class="three">孤帆远影碧空尽，</p>
<p class="four">唯见长江天际流。</p>
```

运行结果如图 10.7 所示。

故人西辞黄鹤楼，
烟花三月下扬州。
孤帆远影碧空尽，
唯见长江天际流。

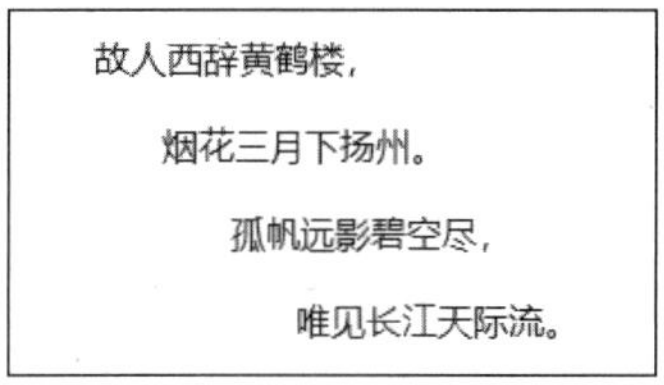

图 10.7　设置首行缩进

10.2.5　设置文本换行

当 HTML 元素不足以显示它里面的所有文本时，浏览器会自动换行显示它里面的所有文本。浏览器默认换行规则是：对于西方文字来说，浏览器只会在半角空格、连字符的地方换行，不会在单词中间换行；对于中文来说，浏览器可以在任何一个中文字符后换行。

如果要改变默认的换行规则，那么可以使用 word-break 属性来更改它。word-break 属性用于指定自动换行的处理方法。具体语法如下：

```
word-break:keep-all | break-all | normal
```

word-break 属性有 3 个属性值，其中：keep-all 表示在半角空格或者连字符处换行；break-all 表示允许在单词内换行；normal 表示使用浏览器默认的换行规则。

【例 10.5】为英文设置换行。（**实例位置：资源包\TM\sl\10\05**）

使用 word-break 属性为同一段英文内容设置不同的换行方法，代码如下：

```
<style>
.one{
	width:130px;
	border:1px solid #000000;
	word-break:keep-all;
}

.two{
	width:130px;
	border:1px solid #000000;
	word-break:break-all;
}
</style>
<p class="one"> The stage extends as far as the heart goes.</p>
<p class="two"> The stage extends as far as the heart goes.</p>
```

运行结果如图 10.8 所示。

The stage
extends as far as
the heart goes.
The stage exten
ds as far as the h
eart goes.

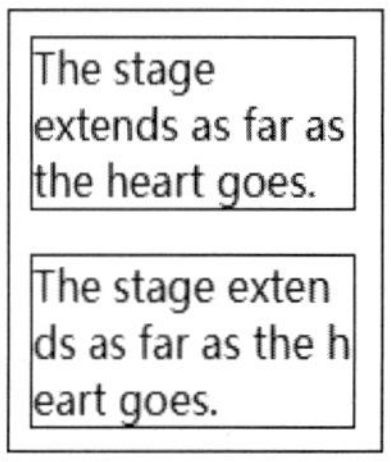

图 10.8　两种换行方法

编程训练（答案位置：资源包\TM\sl\10\编程训练）

【训练 3】为文章设置对齐方式　为文章的标题、创作日期和文章内容设置不同的对齐方式。

【训练 4】设置不同的换行方式　在<div>标签中添加一段英文内容，然后分别为它们设置不同的 word-break 属性值。

10.3 实践与练习

（答案位置：资源包\TM\sl\10\实践与练习）

综合练习 1：设置文本样式　在<div>标签中定义一段文本，设置字体大小为 36px，设置文字颜色为蓝色，设置文字粗细为粗体，运行结果如图 10.9 所示。

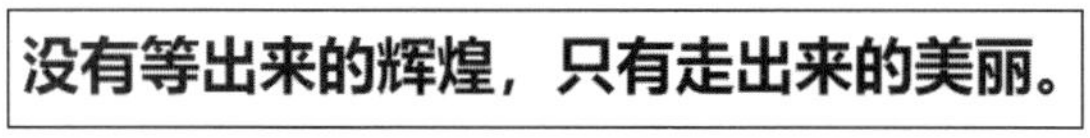

没有等出来的辉煌，只有走出来的美丽。

图 10.9　设置文本样式

综合练习 2：设置文本水平和垂直居中　在<div>标签中定义一段文本，并设置文本在 div 中水平和垂直居中显示，运行结果如图 10.10 所示。

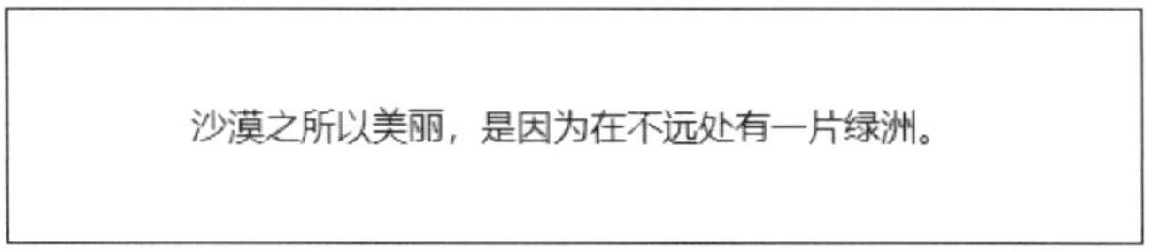

沙漠之所以美丽，是因为在不远处有一片绿洲。

图 10.10　设置文本水平和垂直居中

综合练习 3：制作网购商城的商品抢购页面　在商城的商品抢购页面中，实现设置商城抢购页面的文字样式，运行结果如图 10.11 所示。

HUAWEI Mate 50
观感出众，屏屏出彩
科学与文化结合，以技术驱动艺术。
.5699 .6699
立即购买

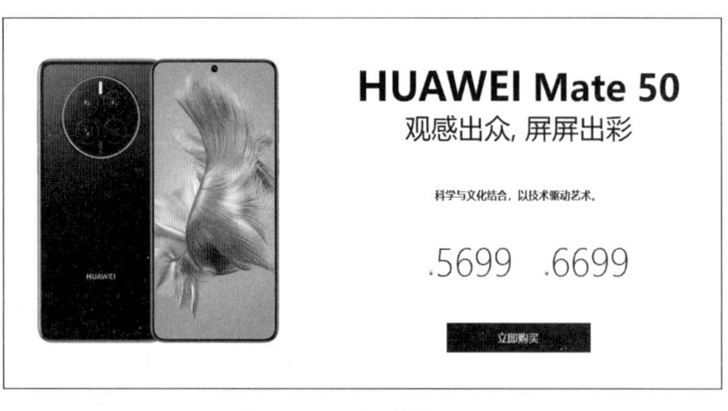

图 10.11　商城抢购页面

第 11 章

背景和列表相关属性

使用 CSS 控制网页背景可以使网页的视觉效果更加丰富多彩，但是使用的背景图像和背景颜色一定要与网页中的内容相匹配。另外，CSS 还提供了一些列表的属性，这些属性可以用来设置列表的样式。本章将对常用的背景和列表属性进行介绍。

本章知识架构及重难点如下。

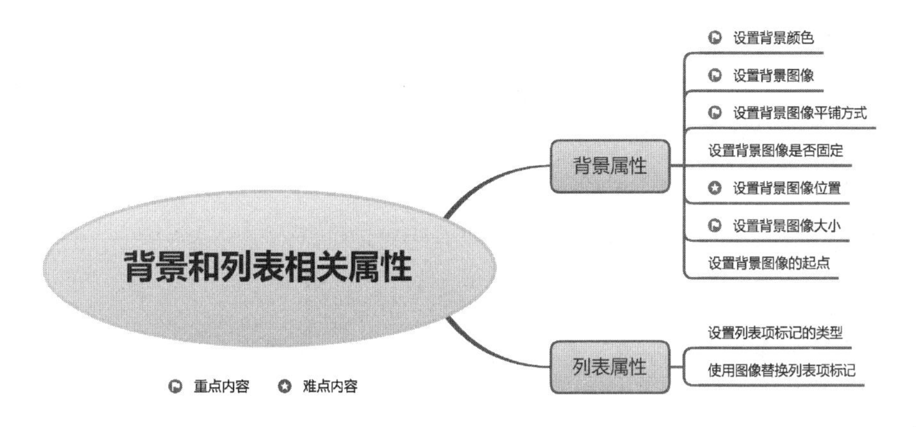

11.1 背景属性

为页面设置背景图像或背景颜色可以对整个页面起到画龙点睛的作用。设置背景图像或背景颜色需要使用背景属性，本节主要介绍 CSS 中和背景相关的一些属性。

11.1.1 设置背景颜色

为页面中的元素设置背景颜色需要使用 background-color 属性，该属性的语法如下：

```
background-color：color|transparent
```

☑ color：设置背景的颜色。它可以采用英文单词、十六进制、RGB、HSL、HSLA 和 RGBA。

☑ transparent：表示背景颜色透明。

【例 11.1】设置背景颜色。（**实例位置：资源包\TM\sl\11\01**）

分别为页面、页面中的<h1>标签和<p>标签设置不同的背景颜色，代码如下：

```
<style>
```

```
body{
	background-color:gray;
}
h1{
	background-color:#00FF00;
}
p{
	background-color:rgb(255,150,255);
}
</style>
<h1>天才出于勤奋</h1>
<p>时间是伟大的导师</p>
```

运行结果如图 11.1 所示。

图 11.1　设置背景颜色

11.1.2　设置背景图像

为页面中的元素设置背景图像需要使用 background-image 属性。这与 HTML 中插入图片不同，背景图像放在网页的最底层，而文字和图片等都位于其上。该属性的语法如下：

```
background-image:url()
```

url 为背景图像的地址，可以是相对地址也可以是绝对地址。

在默认情况下，background-image 属性设置的背景图像被放置在元素的左上角，并且在垂直和水平方向上重复显示。

【例 11.2】设置背景图像。（**实例位置：资源包\TM\sl\11\02**）

使用 background-image 属性为页面设置背景图像，代码如下：

```
<style>
body{
	background-image:url(images/bg.jpeg);
}
</style>
<h1>坚持就是胜利</h1>
```

运行结果如图 11.2 所示。

图 11.2　设置背景图像

11.1.3　设置背景图像平铺方式

在设置网页背景时，有时需要指定背景图像按照何种方式进行平铺显示。设置背景图像的平铺方式需要使用 background-repeat 属性。该属性的语法如下：

```
background-repeat：inherit|no-repeat|repeat|repeat-x|repeat-y
```

在 CSS 样式中，background-repeat 属性包含以上 5 个属性值。表 11.1 列举出了各属性值的含义。

表 11.1　background-repeat 的属性值的含义

属　性　值	含　　义
inherit	从父标签继承 background-repeat 属性的设置
no-repeat	背景图像只显示一次，不重复
repeat	默认值，在水平和垂直方向上重复显示背景图像
repeat-x	只沿 X 轴方向重复显示背景图像
repeat-y	只沿 Y 轴方向重复显示背景图像

【例 11.3】设置背景图像水平重复。（**实例位置：资源包\TM\sl\11\03**）

使用 background-repeat 属性设置页面的背景图像只沿水平方向重复显示，代码如下：

```
<style>
body{
	margin:0;
	background-image:url(images/bg.jpeg);
	background-repeat:repeat-x;
}
div{
	height:110px;
	line-height:110px;
	color:#FFFFFF;
	font-size:20px;
	text-align:center;
}
</style>
<div>先相信自己，然后别人才会相信你。</div>
```

运行结果如图 11.3 所示。

图 11.3　设置背景图像水平重复

11.1.4　设置背景图像是否固定

有时需要将设置的背景图像固定在页面中的指定位置，这就需要使用 background-attachment 属性。该属性用于设置背景图像是否固定或者随着页面中的内容滚动。语法如下：

```
background-attachment:scroll|fixed
```

☑　scroll：当页面滚动时，背景图像会随着页面一起滚动。

☑　fixed：将背景图像固定在页面的可见区域。

【例 11.4】设置背景固定居中。（**实例位置：资源包\TM\sl\11\04**）

将页面中的背景固定居中，当页面内容过多时，无论怎样移动滚动条，背景图片都将始终固定在居中位置。代码如下：

```
<style>
body{
	height: 1500px;
	background-image:url(images/bg.jpg);
	background-repeat:no-repeat;
	background-position:center;
	background-attachment:fixed;
}
</style>
```

运行结果如图 11.4 所示。

图 11.4　设置背景固定居中

11.1.5　设置背景图像位置

设置背景图像在页面中的位置需要使用 background-position 属性。该属性的语法如下：

```
background-position：length|percentage|top|center|bottom|left|right
```

在 CSS 样式中，background-position 属性包含 7 个属性值，表 11.2 列举出了各属性值的含义。

表 11.2　background-position 的属性值的含义

属　性　值	含　　义
length	设置背景图像与页面边距水平和垂直方向的距离，单位为 cm、mm、px 等
percentage	根据页面标签框的宽度和高度的百分比放置背景图像
top	设置背景图像顶部居中显示
center	设置背景图像居中显示
bottom	设置背景图像底部居中显示
left	设置背景图像左部居中显示
right	设置背景图像右部居中显示

【例 11.5】设置背景图像居中显示。（**实例位置：资源包\TM\sl\11\05**）

为 div 元素设置背景图像，使用 background-position 属性设置背景图像居中显示，代码如下：

```
<style>
div{
	border: 1px solid #000000;
	width: 300px;
	height:200px;
	line-height:200px;
	color:#FFFFFF;
	font-size:20px;
	text-align:center;
	background-image:url(images/bg.jpeg);
	background-repeat:no-repeat;
	background-position:center;
}
</style>
<div>天才出于勤奋</div>
```

运行结果如图 11.5 所示。

图 11.5　设置背景图像居中显示

11.1.6　设置背景图像大小

在 CSS3 之前，设置的背景图像都是以原始大小显示的。不过，在 CSS3 中，提供了用于指定背景图像大小的 background-size 属性。该属性的语法格式如下：

```
background-size：[ <length> | <percentage> | auto ] | cover | contain
```

☑ <length>：由浮点数字和单位标识符组成的长度值，不可为负值。该参数可以设置一个值，也可以设置两个值，如果只设置一个值，那么为宽度值，图像将进行等比例缩放，否则分别为宽度值和高度值，图像会按照指定的宽度和高度进行缩放。

☑ <percentage>：取值为 0%～100%的值，不可为负值。该参数可以设置一个值，也可以设置两个值，如果只设置一个值，那么为宽度的百分比，图像将进行等比例缩放，否则分别为宽度的百分比和高度的百分比，图像会按照指定的百分比进行缩放。

☑ auto：背景图像的原始尺寸。

☑ cover：将背景图像等比缩放到完全覆盖容器，背景图像有可能超出容器。

☑ contain：将背景图像等比缩放到宽度或高度与容器的宽度或高度相等，背景图像始终被包含在容器内。

【例 11.6】设置背景图像大小。（**实例位置：资源包\TM\sl\11\06**）

定义 3 个<div>标签，并且为这 3 个<div>标签设置不同的 background-size 属性，代码如下：

```
    <style>
        .box {
            width: 200px;
            height: 200px;
            float: left;
            margin: 20px;
            padding: 30px;
            border: 5px dashed #4db6ac;
            background: url("bg.png") no-repeat #e0f7fa;
        }
        .bg1 {background-size: cover;}
        .bg2 {background-size: contain;}
        .bg3 {background-size: 50% 50%;}
    </style>
<div class="box bg1"></div>
<div class="box bg2"></div>
<div class="box bg3"></div>
```

运行结果如图 11.6 所示。

图 11.6　设置背景图像大小

11.1.7　设置背景图像的起点

在 CSS3 之前，背景图像的起点是从边框以内开始的，而在 CSS3 中，提供了 background-origin 属性，该属性用于指定背景图像的起始点，也就是从哪里开始显示背景图像。

background-origin 属性的语法格式如下：

```
background-origin：border-box | padding-box | content-box
```

☑ border-box：从 border 区域（含 border）开始显示背景图像。

☑ padding-box：从 padding 区域（含 padding）开始显示背景图像。

☑ content-box：从 content 区域开始显示背景图像。

【例 11.7】设置背景图像的起点。（**实例位置：资源包\TM\sl\11\07**）

定义 3 个<div>标签，并且为这 3 个<div>标签设置不同的 background-origin 属性，关键代码如下：

```
    <style>
        .box {
            width: 200px;
            height: 200px;
            float: left;
            margin: 20px;
            padding: 30px;
            border: 5px dashed #4db6ac;
            background: url("bg.png") no-repeat;
        }
        .bg1 {background-origin: border-box;}
        .bg2 {background-origin: content-box;}
        .bg3 {background-origin: padding-box;}
    </style>
<div class="box bg1"></div>
<div class="box bg2"></div>
<div class="box bg3"></div>
```

运行结果如图 11.7 所示。

图 11.7　设置背景图像的起点

当需要为背景设置多个属性时，可以将属性写为“background”，然后将各属性值写在一行，并且以空格间隔。例如，下面的 CSS 代码：

```
.mr-cont{
    background-image: url(../img/bg.jpg);
    background-position: left top;
    background-repeat: no-repeat;
}
```

上面代码分别定义了背景图像、背景图像的位置和重复方式，但是代码比较多，为了简化代码也可以写成下面的形式：

```
.mr-cont{
    background: url(../img/bg.jpg) left top no-repeat;
}
```

编程训练（答案位置：资源包\TM\sl\11\编程训练）

【训练 1】用像素定位背景图像　为页面设置背景图像，设置背景图像到页面左上角的水平距离是 100 像素，到页面左上角的垂直距离是 200 像素。

【训练 2】设计手机宣传海报　使用背景图像和文字相关属性制作一张关于手机宣传的海报。

11.2 列 表 属 性

HTML 语言提供了列表标记，可用于以列表的形式依次排列文字或其他 HTML 元素。为了更好地控制列表的样式，CSS 提供了一些属性，可以用来设置列表的项目符号的种类和图片等。

11.2.1　设置列表项标记的类型

设置列表项标记的类型需要使用 list-style-type 属性，该属性的语法如下：

```
list-style-type：type
```

属性值 type 是设置的列表项标记的类型。list-style-type 常用的属性值及其含义如表 11.3 所示。

表 11.3　list-style-type 常用的属性值及其含义

属　性　值	含　　义
none	无标记
disc	默认。标记是实心圆
circle	标记是空心圆
square	标记是实心方块
decimal	标记是数字
decimal-leading-zero	0 开头的数字标记（01、02、03 等）
lower-roman	小写罗马数字（i、ii、iii、iv、v 等）
upper-roman	大写罗马数字（I、II、III、IV、V 等）
lower-alpha	小写英文字母（a、b、c、d、e 等）
upper-alpha	大写英文字母（A、B、C、D、E 等）

【例 11.8】设置无序列表项符号。（**实例位置：资源包\TM\sl\11\08**）

为 ul 列表设置两种不同的列表项符号，代码如下：

```
<style>
.one {list-style-type:circle;}
.two {list-style-type:square;}
</style>
<ul class="one">
  <li>HTML5</li>
  <li>CSS3</li>
  <li>JavaScript</li>
</ul>
<ul class="two">
  <li>HTML5</li>
  <li>CSS3</li>
  <li>JavaScript</li>
</ul>
```

运行结果如图 11.8 所示。

- ○ HTML5
- ○ CSS3
- ○ JavaScript

- ■ HTML5
- ■ CSS3
- ■ JavaScript

图 11.8　设置列表项符号

11.2.2　使用图像替换列表项标记

默认的列表项标记符号是一个实心圆点。在 CSS 中，可以使用图像替换列表项标记。使用图像替换列表项标记使用的是 list-style-image 属性，该属性的语法如下：

```
list-style-image：url()
```

url 为替换图像的地址，可以是相对地址也可以是绝对地址。

【例 11.9】 使用图像替换列表项标记。（**实例位置：资源包\TM\sl\11\09**）

定义一个无序列表，将列表项的默认标记符号替换为图像，代码如下：

```
<style>
.one {list-style-type:circle;}
.two {list-style-type:square;}
</style>
<ul class="one">
   <li>HTML5</li>
   <li>CSS3</li>
   <li>JavaScript</li>
</ul>
<ul class="two">
   <li>HTML5</li>
   <li>CSS3</li>
   <li>JavaScript</li>
</ul>
```

运行结果如图 11.9 所示。

HTML5
CSS3
JavaScript

图 11.9　使用图像替换列表项标记

编程训练（答案位置：资源包\TM\sl\11\编程训练）

【训练 3】制作商品列表页面　制作一个购物网站中的商品列表页面，要求使用列表添加商品信息。

【训练 4】制作手机参数页面　制作 vivo S16 手机的产品参数页面，要求使用列表添加每一条参数信息。

11.3　实践与练习

（**答案位置：资源包\TM\sl\11\实践与练习**）

综合练习 1：设置多个背景图像　在页面中设置两个背景图像，一个在页面左侧，一个在页面右侧，运行结果如图 11.10 所示。

综合练习 2：为登录页面插入背景图像　实现一个登录页面，并且为登录页面添加背景图像，运行结果如图 11.11 所示。

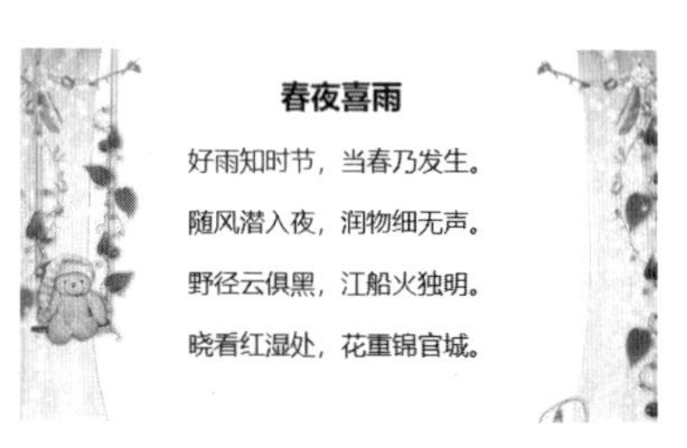

图 11.10　设置多个背景图像

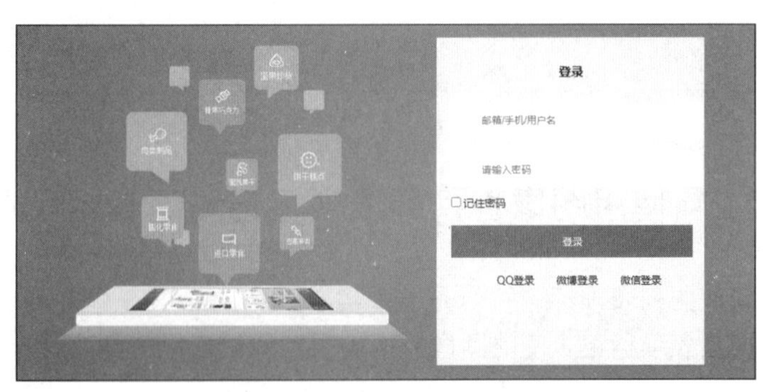

图 11.11　为登录页面添加背景图像

综合练习 3：更改导航菜单的列表项符号　实现购物商城的导航栏，并使用 CSS3 中的列表相关属性添加列表项的项目图标，运行结果如图 11.12 所示。

图 11.12　实现购物商城导航栏

第 12 章

CSS3 盒模型

所有的 HTML 元素都可以被看作盒子。CSS 盒模型本质上是一个盒子，它可以封装周围的 HTML 元素，包括内边距、边框、外边距和实际内容。本章将对盒模型进行介绍。

本章知识架构及重难点如下。

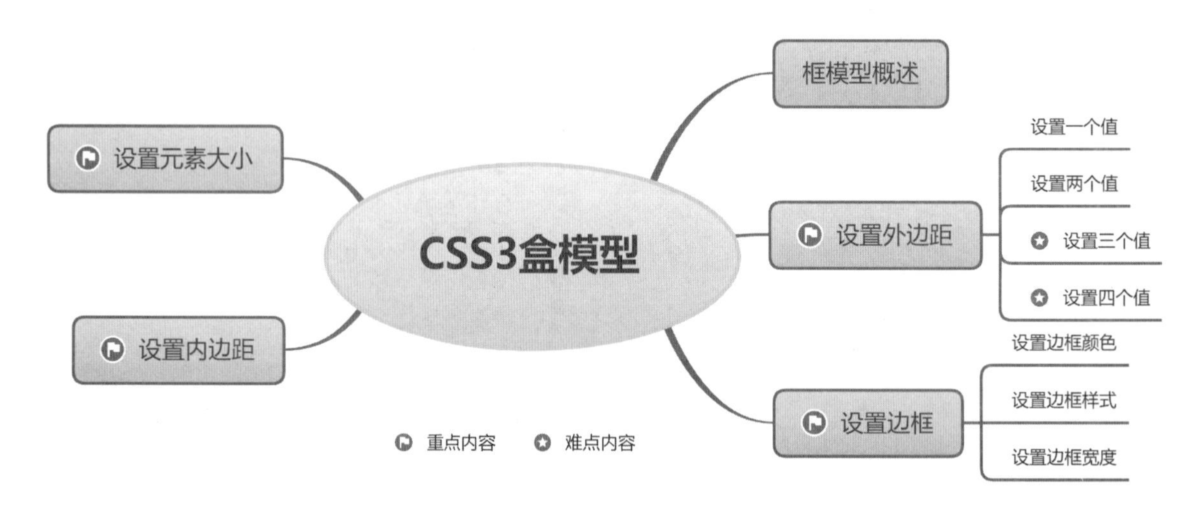

12.1 框模型概述

框模型（box model，也译作“盒模型”）是 CSS 中非常重要的概念，也是比较抽象的概念。文档树中的元素都可以产生矩形的框（box），这些框影响了元素内容之间的距离、元素内容的位置、背景图片的位置等。而浏览器根据视觉格式化模型（visual formatting model）来将这些框布局成访问者看到的样子。CSS 框模型 （box model）规定了元素框处理元素内容、内边距、边框和外边距的方式。

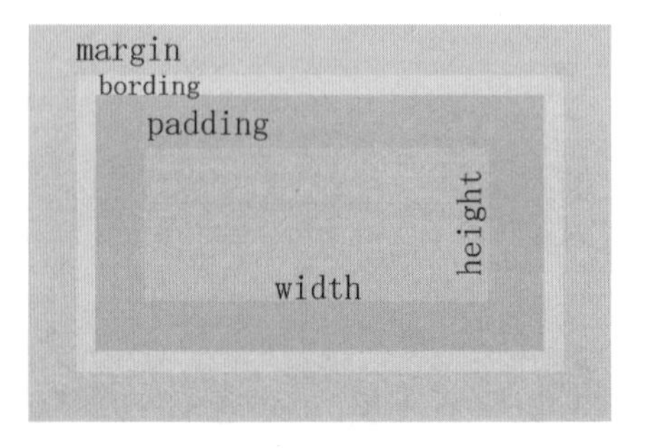

图 12.1 框模型

图 12.1 就是框模型的一个示意图。在这个图中，可以看到元素框的最内部分是实际的内容，它有 width（宽度）和 height（高度）两个基本属性，前面的示例中经常用到这两个属性，这里就不再过多解释它们。直接包围内容的是内边距。内边距呈现了元素的背景。内边距的边缘是边框。边框以外是外边距，

外边距默认是透明的，因此不会遮挡其后的任何元素。

说明

如果没有为元素设定 width 和 height 两个属性，则它们的值就是 auto 关键字，该关键字会根据元素的类型自动调整其大小，例如，当我们设置<div>元素的宽高为 auto 时，其宽度将横跨所有的可用空间，而高度则是能够容纳元素内部所有内容的最小高度。

12.2　设置元素大小

在图 12.1 中，最中间部分就是元素，元素的大小可以通过 width 和 height 两个属性来设置，其属性值可以是长度+单位，也可以是百分比。其中，width 属性用于设置元素的宽度，height 属性用于设置元素的高度。

例如，在页面中定义一个 div 元素，设置其宽度为 200 像素，高度为 100 像素，背景颜色设置为蓝色，代码如下：

```
<style>
div {
	width: 200px;			/*宽度为 200 像素*/
	height: 100px;			/*高度为 100 像素*/
	background-color: #0000FF;	/*背景颜色为蓝色*/
}
</style>
<div></div>
```

运行结果如图 12.2 所示。

图 12.2　设置 div 的大小和背景颜色

12.3　设置外边距

外边距也就是对象与对象之间的距离，它主要由四部分组成，分别是 margin-top（上外边距）、margin-right（右外边距）、margin-bottom（下外边距）、margin-left（左外边距）。这四部分既可以单独只设置其中一个属性，也可以使用 margin 将四个属性一起设置。当只需要单独设置某一个外边距时，以上边距为例，语法如下：

```
margin-top:<length>| auto |;
```

☑ auto：表示默认的外边距。

☑ length：使用百分比或者长度数值表示上边距。

如果需要同时设置上、下、左、右四个外边距的值，可以通过 margin 属性简写，简写时有四种表达方式，下面一一讲解。

12.3.1 设置一个值

当 margin 只有一个属性值时，语法如下：

```
margin: 5px;
```

上面语法中的“5px”就表示上、下、左、右四个外边距的值都为 5 像素。相当于下面的表达方式：

```
margin-top: 5px;
margin-right: 5px;
margin-bottom: 5px;
margin-left: 5px;
```

例如，为类名为 test 的 div 元素设置外边距，将元素的 margin 属性设置为一个值，代码如下：

```
<style>
.test{margin: 50px;}
</style>
<div>HTML5</div>
<div class="test">CSS3</div>
<div>JavaScript</div>
```

运行结果如图 12.3 所示。

HTML5

CSS3

JavaScript

图 12.3 将元素的 margin 属性设置为一个值

12.3.2 设置两个值

当 margin 有两个属性值时，语法如下：

```
margin: 5px 10px;
```

上面的语法中，两个属性值以空格分隔开，其含义为该元素的上下外边距为 5 像素，左右外边距为 10 像素，相当于下面的表达方式：

```
margin-top: 5px;
margin-right: 10px;
margin-bottom: 5px;
margin-left: 10px;
```

例如，为类名为 test 的 div 元素设置外边距，将元素的 margin 属性设置为两个值，代码如下：

```
<style>
.test{margin: 50px 150px;}
</style>
<div>HTML5</div>
<div class="test">CSS3</div>
<div>JavaScript</div>
```

运行结果如图 12.4 所示。

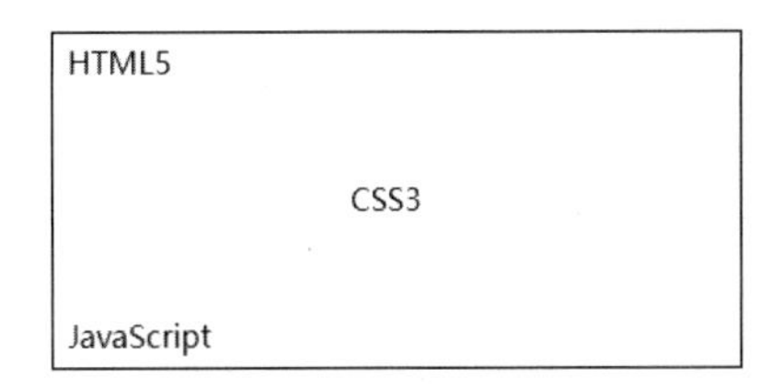

图 12.4　将元素的 margin 属性设置为两个值

12.3.3　设置三个值

当 margin 有三个属性值时，语法如下：

```
margin: 5px 10px 15px;
```

上面的语法中，三个属性值同样以空格分隔开，其含义为该元素的上外边距为 5 像素，左右外边距为 10 像素，下外边距为 15 像素，相当于下面的表达方式：

```
margin-top: 5px;
margin-right: 15px;
margin-bottom:: 10px;
margin-left 15px;
```

例如，为类名为 test 的 div 元素设置外边距，将元素的 margin 属性设置为三个值，代码如下：

```
<style>
.test{ margin: 50px 150px 10px;}
</style>
<div>HTML5</div>
<div class="test">CSS3</div>
<div>JavaScript</div>
```

运行结果如图 12.5 所示。

图 12.5　将元素的 margin 属性设置为三个值

12.3.4　设置四个值

当 margin 有四个属性值时，语法如下：

```
margin: 5px 10px 15px 20px;
```

当 margin 有四个属性值时，它表示从顶端开始，按照逆时针的顺序，依次描述各外边距的值，也就是依次设置上、右、下、左四个外边距的值。相当于下面的表达方式：

```
margin-top: 5px;
margin-right: 10px;
margin-bottom: 15px;
margin-left: 20px;
```

例如，为类名为 test 的 div 元素设置外边距，将元素的 margin 属性设置为四个值，代码如下：

```
<style>
.test{margin: 20px 30px 10px 100px;}
</style>
```

```
<div>HTML5</div>
<div class="test">CSS3</div>
<div>JavaScript</div>
```

运行结果如图 12.6 所示。

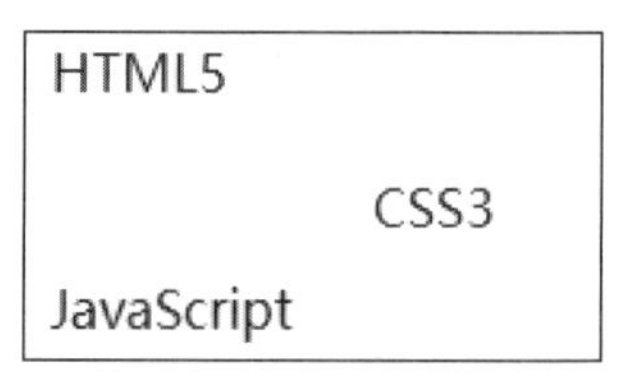

图 12.6 将元素的 margin 属性设置为四个值

【例 12.1】实现手机的儿童模式介绍。(**实例位置：资源包\TM\sl\12\01**)

实现手机的儿童模式介绍页面，首先需要在 HTML 页面中添加页面的基本内容，然后通过 CSS 对页面中的内容进行美化和合理布局。在 HTML 页面中添加内容的 HTML 代码如下：

```
<div class="cont">
    <dl>
        <dt>儿童模式</dt>
        <dd>日常生活中不可避免会有小孩喜欢玩大人的手机，手机的儿童模式为家长提供了贴心的解决方案，减少了儿童使用手机的担忧和困扰。</dd>
    </dl>
    <div><img src="img/phone1.png" alt=""> </div>
</div>
```

在 CSS 页面中，首先清除元素默认的内外边距，然后重新设置文字以及图片等的样式，具体代码如下：

```
*{
    padding: 0;
    margin: 0
}
.cont{                                     /*类选择器设置页面的整体样式*/
    width: 1388px;                         /*设置整体页面宽度为 536 像素*/
    height: 840px;                         /*设置页面整体高度 800 像素*/
    margin:0 auto;                         /*设置页面外边距上下为 0，左右自适应*/
    background: url("../img/bg1.jpg");     /*为页面设置背景图片*/
}
dl{                                        /*设置文本部分的样式*/
margin: 320px 0px 0 300px;                 /*设置文本部分的外边距*/
}
dl,.cont div{                              /*设置文本和图片的样式*/
    float: left;                           /*设置其浮动方式，使它们在一行显示*/
}
/*设置文本标题的样式*/
dl dt{
    font-size: 35px;
    height: 50px;
    line-height: 50px;
    color: #000;
}
/*设置文本内容的样式*/
dl dd{
    width: 284px;
    font-size: 18px;
    line-height: 25px;
}
img{
    width: 531px;
    height: 572px;
```

```
}
/*设置图片部分的样式，添加外边距*/
.cont div{
    margin: 40px 0px 0px 160px;
}
```

运行效果如图 12.7 所示。

编程训练（答案位置：资源包\TM\sl\12\编程训练）

【训练 1】制作手机商城页面　制作手机商城中的“精品配件”板块，并且通过外边距调整页面的位置。

【训练 2】制作游戏页面版块　制作“开心消消乐”游戏官网中“最新活动”板块。

图 12.7　实现 vivo X9 Plus 手机宣传页面

12.4　设置边框

设置边框的属性主要通过设置边框颜色（border-color）、边框样式（border-style）以及边框宽度（border-width）来完成。

12.4.1　设置边框颜色

要设置边框的颜色，需要使用 border-color 属性。可以将四条边设置为相同的颜色，也可以设置为不同的颜色。当设置元素的边框为相同颜色时，语法格式如下：

```
border-color: color;
```

该属性的值为颜色名称或是表示颜色的 RGB 值。例如，红色可以用 red 表示，也可以用#FF0000、#f00 或 rgb(255,0,0)表示。建议使用#rrggbb、#rgb、rgb()等表示的 RGB 值。

当然，如果为不同的边框设置不同的颜色值，其语法与外边距的语法类似。这里仅列举有四个边框的颜色值时的用法，如下所示：

```
border-color:#f00 #0f0 #00f #0ff;
```

上面这行代码依次设置了上、右、下以及左边框的颜色，这行代码也可以写成下面这种形式：

```
border-top-color: #f00;
border-right-color: #0f0;
border-bottom-color: #00f;
border-left-color: #0ff;
```

12.4.2　设置边框样式

要设置边框的样式，需要使用 border-style 属性。它的语法如下：

```
border-style: dashed|dotted|double|groove|hidden|inset|outset|ridge|solid|none;
```

border-style 属性的值及其含义如表 12.1 所示。

表 12.1 border-style 属性的值及其含义

属　性　值	含　　义
dashed	边框样式为虚线
dotted	边框样式为点线
double	边框样式为双线
groove	边框样式为 3D 凹槽
hidden	隐藏边框
inset	设置线条样式为 3D 凹边
outset	设置线条样式为 3D 凸边
ridge	设置线条样式为菱形边框
solid	设置线条样式为实线
none	没有边框

例如，图 12.8 展示了部分线条样式。

border-style: dashed dotted double groove;

图 12.8　部分线条样式的示意图

12.4.3　设置边框宽度

设置边框宽度主要依赖 border-width 属性，其语法结构如下：

```
border-width:medium|thin|thick|length
```

☑ medium：默认边框宽度。

☑ thin：比默认边框宽度窄。

☑ thick：比默认边框宽度宽。

☑ length：指定具体的线条的宽度。

注意

border-color 属性只有在设置了 border-style 属性，并且 border-style 属性值不为 none，border-width 属性值不为 0 像素时，边框才有效，否则不显示边框。

例如，为类名为 pic 的图片设置边框，将边框宽度设置为 3px，边框颜色设置为蓝色，边框样式设置为实线，代码如下：

```
<style>
.pic{
	border-width: 3px;
	border-color: #0000FF;
	border-style: solid;
```

```
}
</style>
<img class="pic" src="face.png">
```

运行结果如图 12.9 所示。

图 12.9　为图片设置边框

当然，除了前面这样单独设置线条的颜色、样式和宽度，还可以通过 border 属性综合设置线条所有属性。综合设置其属性时，语法如下：

```
border：border-width border-style border-color;
```

上面的语法中，各属性之间用空格分隔并且无顺序性。例如，将上述示例修改为使用 border 属性综合设置边框，如下所示：

```
<style>
.pic{
      border: 3px solid #0000FF;
}
</style>
<img class="pic" src="face.png">
```

运行结果同样如图 12.9 所示。

这种方法定义的是元素的四条边框的统一样式，如果要单独设置某条边框的样式，以上边框为例，语法如下：

```
border-top：border-width border-style border-color;
```

12.5　设置内边距

内边距也就是对象的内容与对象边框之间的距离，它可以通过 padding 属性进行设置。它同样有 padding-top、padding-right、paddin-bottom 以及 padding-left 四个属性值。设置内边距的方法与设置外边距的方法相同，既可以单独设置某个方向的内边距，也可以简写，从而设置多个方向的内边距，此处不再重复讲解。下面通过一个实例演示内边距的使用。

【例 12.2】实现手机商城中新品专区页面。（**实例位置：资源包\TM\sl\12\02**）

实现手机商城中新品专区的商品页面，需要合理地结合使用外边距 margin 和内边距 padding 来改变文字以及图片在网页中的位置。具体实现步骤如下。

（1）在 HTML 页面中，通过定义列表以及<h1>标题标签添加页面中的文字和图片，具体代码如下：

```
<div class="cont">
    <h1>新品专区</h1>
```

```
    <div class="bottom">
        <dl>
            <dt><img src="img/phone1.jpg" alt=""> </dt>
            <dd>OPPO Reno9 明日金</dd>
            <dd>超清曲面屏，轻薄机身</dd>
            <dd>￥2699</dd>
        </dl>
        <dl>
            <dt><img src="img/phone2.jpg" alt=""> </dt>
            <dd>OPPO Find N2 素黑</dd>
            <dd>骁龙 8+ 超轻折叠设计</dd>
            <dd>￥7999</dd>
        </dl>
        <dl>
            <dt><img src="img/phone3.png" alt=""> </dt>
            <dd>HUAWEI nova 10 10 号色</dd>
            <dd>内置 66W 华为超级快充</dd>
            <dd>￥2619</dd>
        </dl>
    </div>
</div>
```

（2）在 CSS 页面中，设置页面的整体样式，并且通过外边距调整定义列表之间的距离，通过内边距调整商品信息中的文字在定义列表中的位置。具体代码如下：

```
*{                                          /*清除文档中默认的内外边距*/
    padding: 0;
    margin: 0
}
.cont{                                      /*设置页面的整体样式*/
    width: 1200px;                          /*设置页面的整体宽度*/
    height: 620px;                          /*设置页面的整体高度*/
    margin: 0 auto;                         /*设置页面的整体外边距*/
    background: rgb(220,255,255);           /*设置整体的背景颜色*/
}
h1{                                         /*设置标题样式*/
    padding: 30px 50px 30px 525px;          /*设置标题文字的内间距*/
}
.bottom{                                    /*设置手机部分的整体样式*/
    height: 500px;                          /*设置其高度*/
}
dl{                                         /*设置每一个手机部分的样式*/
    float: left;                            /*设置浮动为左浮动*/
    height: 511px;                          /*设置高度*/
    width: 394px;                           /*设置宽度*/
    margin-left: 4px;                       /*设置想做的外边距*/
    background: #fff;                       /*设置背景颜色*/
}
dd{                                         /*设置文字介绍部分的样式*/
    border: 1px dashed #10bf70;             /*添加边框样式*/
    border-radius: 10px;                    /*设置圆角边框*/
    padding: 10px 90px;                     /*设置文字的内边距*/
    margin: 5px;                            /*设置文字的外边距*/
}
img{
    width: 250px;                           /*设置图片大小*/
    padding: 50px 65px;                     /*设置图片的内边距*/
}
```

运行效果如图 12.10 所示。

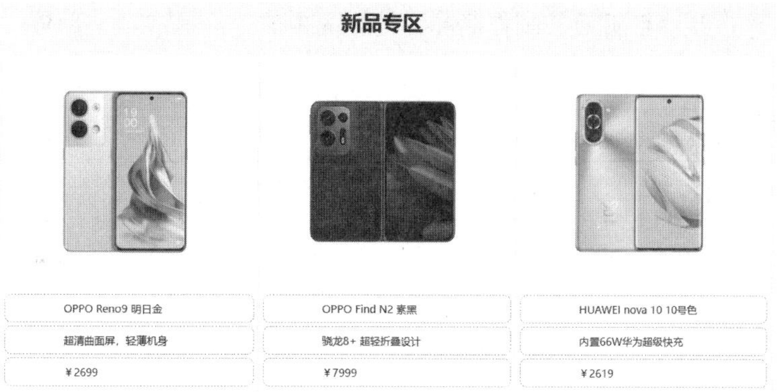

图 12.10　新品专区商品页面

注意

与外边距不同的是，关键字 auto 对 padding 属性是不起作用的，另外，padding 属性不接受负值，而 margin 可以。

编程训练（答案位置：资源包\TM\sl\12\编程训练）

【训练 3】制作手机宣传页面　制作手机官网中的手机宣传页面，并且通过内边距调整文字位置。

【训练 4】制作手机筛选页面　制作购物网站中的手机筛选页面，筛选项包括手机品牌、分类、网络类型和内存。

12.6　实践与练习

（答案位置：资源包\TM\sl\11\实践与练习）

综合练习 1：制作收货地址页面　制作网购商城中“新增收货地址”页面，并且为页面中每一项添加边框，运行结果如图 12.11 所示。

图 12.11　收货地址页面

综合练习 2：制作产品参数页面　制作商品详情页面中的“产品参数”部分，运行结果如图 12.12 所示。

产品参数

图案：卡通动漫	颜色：人物印花	袖型：中袖
上衣厚度：适中	上衣门襟：单排扣	穿着方式：开衫
尺码：S，M	衣长：30-40cm	版型：宽松
下摆：敞口	季节：夏季	材质：其他
领型：圆领	潮流：日系	风格：通勤（OL）

图 12.12　产品参数页面

综合练习 3：实现购物商城中的商品列表页面　应用 CSS 中的内外边距以及边框等属性来美化购物商城中商品列表页面，运行结果如图 12.13 所示。

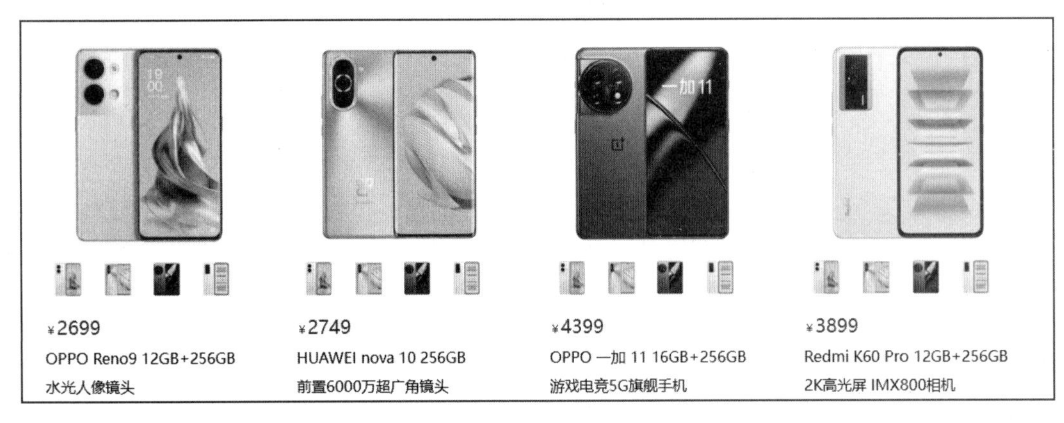

图 12.13　商品列表页面

第13章

网 页 布 局

浮动（float）和定位（position）是网页布局中常用的两个属性。在一个网页中，任何一个元素都被文本限制了自身的位置。在CSS中，float属性可以用于排列文档中的内容，而position属性可以用于改变元素的位置。这些属性只要应用得当，就可以实现各种炫酷的效果。本章将对网页布局进行介绍。

本章知识架构及重难点如下。

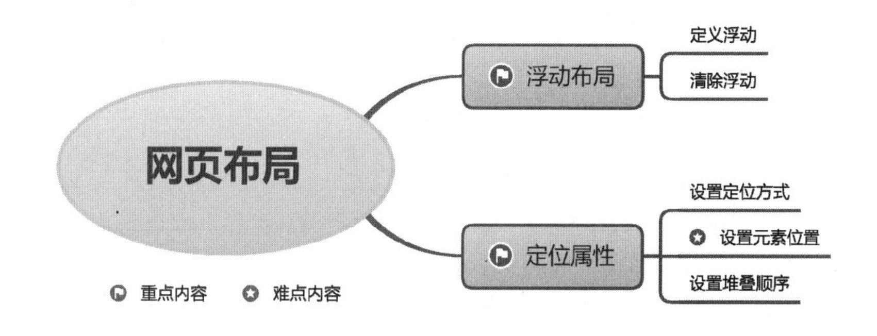

13.1 浮 动 布 局

在默认情况下，页面元素是按照普通流（也被称为标准流）的方式进行布局的。所谓普通流，就是标签按照规定好的默认方式进行排列。例如，块级元素（如div）会独占一行，从上向下顺序排列，而行内元素（如span）会按照顺序从左到右进行排列，碰到父元素的边缘则会自动换行。然而，有很多的布局效果是普通流无法实现的，此时就可以利用浮动来实现布局，浮动可以改变元素默认的排列方式。

13.1.1 定义浮动

float是CSS样式中的布局属性，用于设置标签对象（如<div>标签、<p>标签）的浮动布局。本节通过设置其浮动属性来改变元素的排列方式。float属性的语法如下：

```
float: left|right|none;
```

☑ left：元素浮动在左侧。

☑ right：元素浮动在右侧。

☑ none：元素不浮动。

例如，为页面中的3个div元素设置浮动属性，将元素设置为向左浮动，代码如下：

```
<style>
div{
	width: 80px;
	margin-right: 10px;
	padding: 10px;
	border: 1px solid #0000FF;
	float: left;
}
</style>
<div>HTML5</div>
<div>CSS3</div>
<div>JavaScript</div>
```

运行结果如图 13.1 所示。

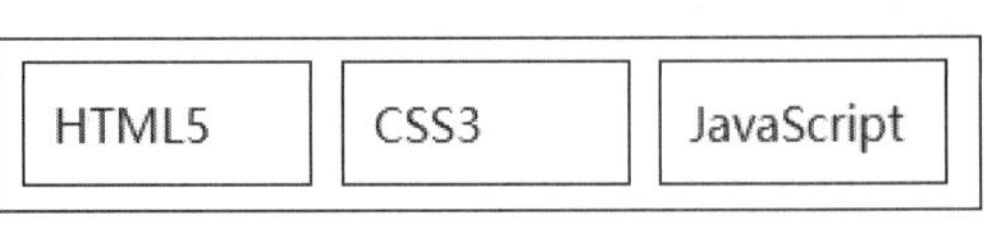

图 13.1　元素向左浮动

【例 13.1】实现表情包的浮动。（**实例位置：资源包\TM\sl\13\01**）

本例主要通过使用 float 属性来实现不同的表情包浮动效果。具体步骤如下。

（1）在 HTML 页面中添加表情图片以及提示文字，具体代码如下：

```
<div class="cont">
    <p>当前表情包的浮动属性为 none，当鼠标滑过本行文字时，浮动状态为 left，而单击文字时，则浮动状态为 right，快试一试吧*_*</p>
    <div><img src="img/cry.png" alt=""></div>
    <div><img src="img/amazed.png" alt=""></div>
    <div><img src="img/awkward.png" alt=""></div>
    <div><img src="img/laugh.png" alt=""></div>
</div>
```

（2）在 CSS 页面中添加 CSS 代码，并且结合伪类选择器设置不同的表情浮动方式。具体代码如下：

```
.cont {                                   /*设置页面的整体样式*/
    background: rgb(225, 255, 255);       /*设置页面的背景颜色*/
    width: 800px;                         /*设置页面的整体宽度*/
    height: 520px;                        /*设置页面的整体高度*/
    margin: 0 auto;                       /*设置页面的整体外边距*/
}
p {                                       /*设置提示文字的样式*/
    background: #ff0;                     /*设置提示文字的背景颜色*/
    font-size: 20px;                      /*设置字体的大小*/
    line-height: 30px;                    /*设置行高*/
}
img {                                     /*设置表情图片的样式*/
    height: 100px;                        /*设置图片统一高度*/
    width: 100px;                         /*设置图片统一宽度*/
}
p:hover~div {                             /*设置当把鼠标放置在 p 元素上时的图片 div 的样式*/
    float: left;                          /*设置浮动为左浮动*/
}
p:active~div {                            /*设置当单击 p 元素时的图片 div 的样式*/
    float: right;                         /*设置浮动为右浮动*/
}
```

运行效果如图 13.2 所示。该效果图没有为表情设置浮动方式，也就是浮动方式为“none”；当把鼠标放置在文字上时，图片的浮动方式为左浮动，也就是 float 的属性值为“left”，页面的效果如图 13.3

所示；当单击文字时，图片的浮动方式为右浮动，即 float 属性值为“right”，页面效果如图 13.4 所示。

图 13.2　未设置 float 属性时的图片排列效果

图 13.3　float 属性值为“left”时的图片排列效果

图 13.4　float 属性值为“right”时的图片排列效果

13.1.2　清除浮动

为某元素设置浮动之后，其后面的元素会因为浮动的影响而改变默认的布局方式。为了避免这种情况，需要使用 clear 属性清除受影响的元素的浮动。clear 属性的语法如下：

```
clear: left|right|both|none;
```

☑　left：清除左浮动的影响。

☑　right：清除右浮动的影响。

☑　both：清除左右浮动的影响。

☑　none：默认值。允许元素浮动。

例如，页面中有 4 个 div 元素，为前 3 个 div 元素设置浮动属性，将元素设置为向左浮动。为了消除设置的浮动对第 4 个 div 元素的影响，对第 4 个 div 元素使用 clear 属性清除浮动，代码如下：

```
<style>
.one, .two{
        width: 80px;
        margin: auto 10px 10px 0px;
        padding: 10px;
        border: 1px solid #0000FF;
}
.one{
        float: left;
}
.two{
        clear: left;
}
</style>
<div class="one">HTML5</div>
```

```
<div class="one">CSS3</div>
<div class="one">JavaScript</div>
<div class="two">网页设计</div>
```

运行结果如图 13.5 所示。

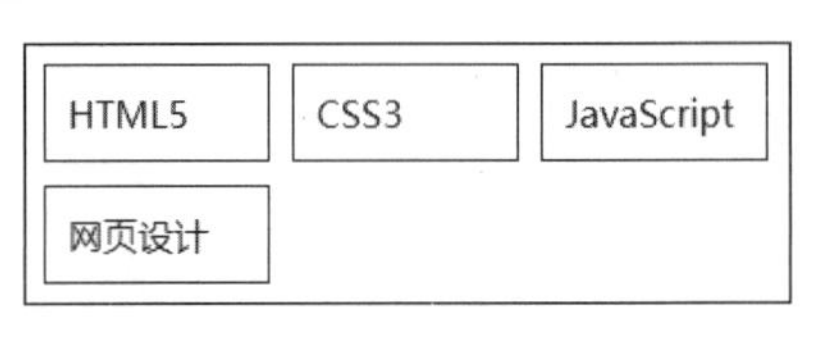

图 13.5　清除第 4 个 div 元素的浮动

编程训练（答案位置：资源包\TM\sl\13\编程训练）

【训练 1】制作商城“主题购”页面　制作购物网站中的“主题购”页面，要求在这个页面中，“新品上市”和“热销榜”这两部分在同一行显示。

【训练 2】制作横向导航栏　结合伪类选择器以及浮动等相关属性，制作一个购物商城的横向导航栏，要求鼠标指向导航菜单项时改变文字的背景颜色。

13.2　定 位 属 性

在一个网页中，任何一个元素都被文本限制了自身的位置。但是，CSS 定位可以改变这些元素的位置。CSS 定位简单来说就是利用 position 属性使元素出现在你定义的位置上。

定位的基本思想很简单，你可以将元素框定义在其正常位置应该出现的位置，或者相对于其他元素，甚至你想让其出现的位置。

定义元素的位置简单来说需要两步，第 1 步就是通过 position 来设置定位方式，第 2 步就是设置元素的位置。

13.2.1　设置定位方式

CSS 中提供了用于设置定位方式的属性——position。position 属性的语法格式如下：

```
position : static | absolute | fixed | relative;
```

☑　static：无特殊定位，对象遵循 HTML 定位规则。使用该属性值时，top、right、bottom 和 left 等属性设置无效。

☑　absolute：绝对定位，使用 top、right、bottom 和 left 等属性指定绝对位置。使用该属性值可以让对象漂浮于页面之上。

☑　fixed：固定定位且对象位置固定，不随滚动条移动而改变位置。

☑　relative：相对定位，遵循 HTML 定位规则，并由 top、right、bottom 和 left 等属性决定位置。

13.2.2　设置元素位置

设置了元素的定位方式以后，接下来就可以设置元素的具体位置了。设置元素位置主要通过以下属性。

☑　top：设置元素的上外边距边界与其包含块上边界之间的偏移。

☑　left：设置元素的左外边距边界与其包含块左边界之间的偏移。

☑　bottom：设置元素的下外边距边界与其包含块下边界之间的偏移。

☑　right：一个定位元素的右外边距边界与其包含块右边界之间的偏移。

例如，在网页中定义一个 div 元素，并且设置其定位方式为相对定位，在 div 中定义一个用于显示当前日期的 span 元素，并设置该元素的定位方式为绝对定位，使其显示在 div 元素的右下角，代码如下：

```
<style>
.box {
      width: 300px;                          /*宽度为 300px*/
      height: 200px;                         /*高度为 200px*/
      border: 1px solid #0000FF;
        position: relative;
}
.box span{
        position: absolute;
        right:20px;
        bottom:20px;
}
</style>
<div class="box">
        <span>2023 年 3 月 26 日</span>
</div>
```

运行结果如图 13.6 所示。

图 13.6　通过定位方式显示当前日期

说明

设置元素的具体位置时，并非 top、left、bottom、right 四个属性缺一不可，例如上面的示例代码中就只设置了 right 属性和 bottom 属性。

【例 13.2】实现商城主页选项卡切换。（**实例位置：资源包\TM\sl\13\02**）

在商城主页，当鼠标滑动到每个菜单项时，相应的内容就会呈现出来。实现原理就是在父标签<div>上设置相对定位，并且设置其子标签<li>为绝对定位。具体步骤如下。

（1）在 HTML 页面中添加垂直菜单，并且添加垂直菜单的隐藏内容。关键代码如下：

```
<div class="mr-shop">
         <ul>
            <li> 女装 /内衣
               <div class="mr-shop-items">
                  <div class="mr-item"> <img src="images1/2.jpg">
                     <p>HUAWEI Mate 50 超光变 XMAGE 影像 北斗卫星消息 256GB 曜金黑 华为鸿蒙手机</p>
                     <p>华为官方旗舰店</p>
                  </div>
               </div>
            </li>
            <!--省略相似其余列表项的代码-->
         </ul>
</div>
```

（2）在 CSS 文件中设置 div 元素和 li 元素的样式，以及设置当把鼠标悬停在菜单项上时，显示对应的内容。具体代码如下：

```
.mr-box {
	width: 969px;
	height: 560px;
	margin: 0 auto;
	border: 2px solid red;
	background-image: url(../images1/1.jpg);
	background-repeat: no-repeat;
	background-size: 90% 100%;
	background-position: 200px 0;
	position: relative;
}
.mr-shop {
	width: 201px;
	height: 496px;
	margin-top: -16px;
	background: #ccc;
}
ul {
	margin-left: -40px;
}
.mr-shop li:hover {
	background: #D8CACA;
}
/*垂直列表项的样式*/
li {
	list-style: none;
	width: 202px;
	height: 35px;
	text-align: center;
	background: #ddd;
	line-height: 35px;
	font-weight: bolder;
	font-size: 18px;
	cursor: pointer;
}
/*设置隐藏内容的样式*/
.mr-shop li .mr-shop-items {
	width: 767px;
	height: 560px;
	background:#eee;
	position: absolute;
	left: 202px;
	top: 0px;
	display: none;
}
/*当把鼠标悬停在菜单项上时，显示对应的内容*/
.mr-shop li:hover .mr-shop-items {
	display: block;
}
.mr-item {
	padding-top: 50px;
}
```

运行效果如图 13.7 所示。

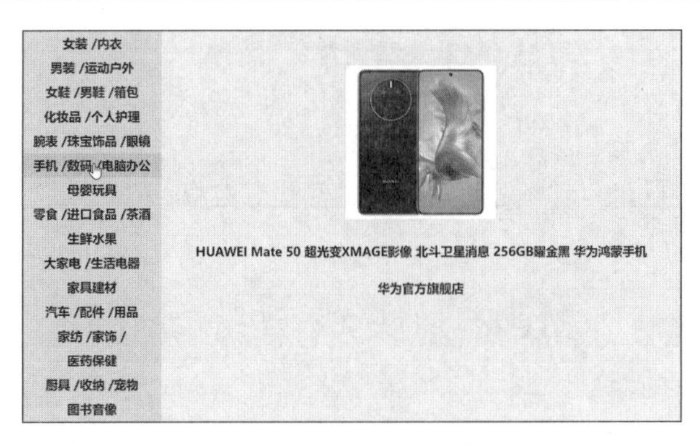

图 13.7　相对定位使用实例

13.2.3　设置堆叠顺序

在对元素进行定位时，有时需要将一个元素显示在另一个元素的上方，这时就需要用到 z-index 属性。z-index 属性用于设置一个元素的堆叠顺序（也叫元素层级）。当元素发生重叠时，层级高的元素会覆盖在层级低的元素的上面，使层级低的元素的重叠部分被遮盖住。z-index 属性的语法格式如下：

```
z-index : auto | number | inherit;
```

☑　auto：默认值，元素的层级顺序与父元素相等。如各级祖先元素均未设置该属性，则相当于 0。

☑　number：一个整数，用于设置元素的层级顺序。数值越大，层级越高，数值越小，层级越低。

☑　inherit：继承父元素的 z-index 属性值。

例如，在网页中定义一张图像和一个 h2 标题，设置图像显示在标题文字下方，代码如下：

```
<style>
img{
	position:absolute;
	left:0px;
	top:0px;
	z-index:-1;
}
</style>
<h2>一场说走就走的旅行</h2>
<img src="1.jpg">
```

上述代码中，因为图像元素的 z-index 属性值被设置为-1，所以它会显示在文字下方。运行结果如图 13.8 所示。

图 13.8　图像在文字下方

说明

如果两个元素都设置了定位属性且 z-index 属性值相同，那么它们的堆叠顺序由元素的书写顺序决定，即后面的元素会覆盖在前面的元素上面。

编程训练（答案位置：资源包\TM\sl\12\编程训练）

【训练 3】制作二级横向导航栏　结合使用 HTML 和 CSS 制作一个网页的二级横向导航栏，要求鼠标滑过时展开对应内容。

【训练 4】制作侧边导航栏　制作购物商城中的侧边导航栏。

13.3　实践与练习

（答案位置：资源包\TM\sl\11\实践与练习）

综合练习 1：商品图片展示　使用浮动布局对所有商品图片进行横向展示，运行结果如图 13.9 所示。

图 13.9　商品图片展示

综合练习 2：制作换季换新机促销页面　制作换季换新机的商品促销页面，该页面主要有三大模块，分别为左侧一个模块和右侧两个模块，运行结果如图 13.10 所示。

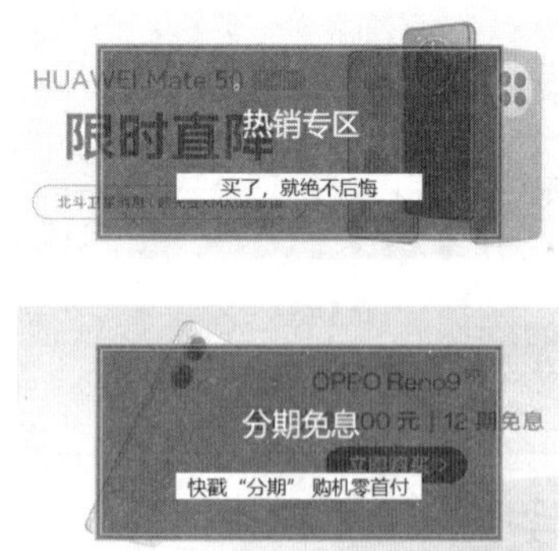

图 13.10　换季换新机促销页面

第 14 章

CSS3 变形与动画

CSS3 新增了一些用来实现动画效果的属性，这些属性可以实现以前通常需要使用 JavaScript 或者 Flash 才能实现的效果。例如，对 HTML 中的标签进行平移、缩放、旋转、倾斜，以及添加过渡效果等，并且可以将这些变化组合成动画效果来进行展示。本章将对 CSS3 新增的这些属性进行详细介绍。

本章知识架构及重难点如下。

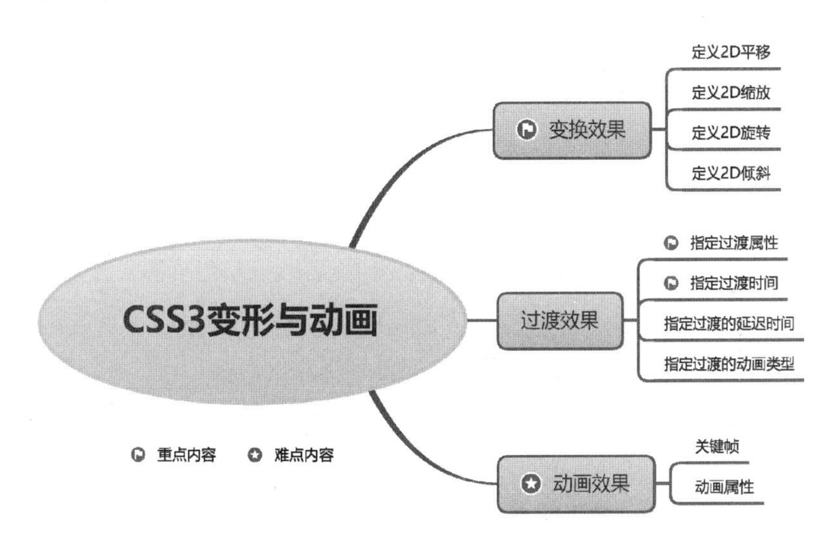

14.1 变 换 效 果

CSS3 提供了 transform 属性，用于实现元素的 2D 变换效果。该属性用于实现元素的平移、缩放、旋转和倾斜等 2D 变换。transform 属性的值及其说明如表 14.1 所示。

表 14.1　transform 属性的值及其说明

属　性　值	说　　明
none	表示无变换
translate(<length>[,<length>])	表示实现 2D 平移。第一个参数对应水平方向，第二个参数对应 Y 轴。如果第二个参数未提供，则默认值为 0
translateX(<length>)	表示在 X 轴（水平方向）上实现平移。参数 length 表示移动的距离
translateY(<length>)	表示在 Y 轴（垂直方向）上实现平移。参数 length 表示移动的距离
scaleX(<number>)	表示在 X 轴上进行缩放

续表

属　性　值	说　　明
scaleY(<number>)	表示在 Y 轴上进行缩放
scale(<number>[[,<number>])	表示进行 2D 缩放。第一个参数对应水平方向，第二个参数对应垂直方向。如果第二个参数未提供，则默认取第一个参数的值
skew(<angle>[,<angle>])	表示进行 2D 倾斜。第一个参数对应水平方向，第二个参数对应垂直方向。如果第二个参数未提供，则默认值为 0
skewX(<angle>)	表示在 X 轴上进行倾斜
skewY(<angle>)	表示在 Y 轴上进行倾斜
rotate(<angle>)	表示进行 2D 旋转。参数<angle>用于指定旋转的角度
matrix(<number>,<number>,<number>,<number>,<number>,<number>)	代表一个基于矩阵变换的函数。它以一个包含六个值(a,b,c,d,e,f）的变换矩阵的形式指定一个 2D 变换，相当于直接应用一个[a b c d e f]变换矩阵。也就是基于 X 轴（水平方向）和 Y 轴（垂直方向）重新定位标签，此属性值的使用涉及数学中的矩阵

14.1.1　定义 2D 平移

要实现元素的 2D 平移，需要将 transform 属性设置为 translate，语法格式如下：

```
transform:translate(x,y)
```

当设置一个参数时，表示沿着水平方向进行平移；当设置两个参数时，第一个参数表示沿着水平方向进行平移的距离，第二个参数表示沿着垂直方向进行平移的距离。

另外，还可以单独设置平移的方向。设置沿着水平方向平移的语法格式如下：

```
transform:translateX(x)
```

设置沿着垂直方向平移的语法格式如下：

```
transform:translateY(y)
```

例如，为页面中的 div 元素设置平移效果，将元素沿着水平方向移动 100px，沿着垂直方向移动 50px，代码如下：

```
<style>
.demo{
	background-color: #0000FF;
	width: 200px;
	height: 50px;
	line-height:50px;
	color: #FFFFFF;
	text-align:center;
	transform: translate(100px,50px);
}
</style>
<div class="demo">敏而好学，不耻下问。</div>
```

运行结果如图 14.1 所示。

敏而好学，不耻下问。

图 14.1　元素的平移效果

14.1.2　定义 2D 缩放

实现元素的 2D 缩放需要将 transform 属性设置为 scale，语法格式如下：

```
transform:scale(x,y)
```

当设置一个参数时，表示沿着水平方向进行缩放；当设置两个参数时，第一个参数表示沿着水平方向进行缩放的倍数，第二个参数表示沿着垂直方向进行缩放的倍数。

另外，还可以单独设置缩放的方向。设置沿着水平方向缩放的语法格式如下：

```
transform:scaleX(x)
```

设置沿着垂直方向缩放的语法格式如下：

```
transform:scaleY(y)
```

例如，为页面中的 div 元素设置缩放效果，将元素沿着水平方向和垂直方向都放大 2 倍，代码如下：

```
<style>
.demo{
	margin: 50px auto;
	background-color: #0000FF;
	width: 200px;
	height: 50px;
	line-height:50px;
	color: #FFFFFF;
	text-align:center;
	transform: scale(2,2);
}
</style>
<div class="demo">敏而好学，不耻下问。</div>
```

运行结果如图 14.2 所示。

敏而好学，不耻下问。

图 14.2　元素的缩放效果

14.1.3　定义 2D 旋转

要实现元素的 2D 旋转，需要将 transform 属性设置为 rotate。设置元素的 2D 旋转的语法格式如下：

```
transform:rotate(angle)
```

参数 angle 用来定义旋转的角度。

例如，为页面中的 div 元素设置旋转效果，将元素顺时针旋转 30 度，代码如下：

```
<style>
.demo{
	margin: 100px;
```

```
        background-color: #0000FF;
        width: 200px;
        height: 50px;
        line-height:50px;
        color: #FFFFFF;
        text-align:center;
        transform: rotate(30deg);
}
</style>
<div class="demo">敏而好学，不耻下问。</div>
```

运行结果如图 14.3 所示。

图 14.3　元素的旋转效果

14.1.4　定义 2D 倾斜

实现元素的 2D 倾斜需要将 transform 属性设置为 skew。设置元素倾斜角度的语法格式如下：

```
transform:skew(x-angle,y-angle)
```

当设置一个参数时，表示水平方向的倾斜角度；当设置两个参数时，第一个参数表示水平方向的倾斜角度，第二个参数表示垂直方向的倾斜角度。

另外，还可以单独设置倾斜的方向。设置沿着水平方向倾斜的语法格式如下：

```
transform:skewX(x)
```

设置沿着垂直方向倾斜的语法格式如下：

```
transform:skewY(y)
```

例如，为页面中的 div 元素设置倾斜效果，将元素沿着水平方向倾斜 30 度，代码如下：

```
<style>
.demo{
        margin: 100px;
        background-color: #0000FF;
        width: 200px;
        height: 50px;
        line-height:50px;
        color: #FFFFFF;
        text-align:center;
        transform: skew(30deg);
}
</style>
<div class="demo">敏而好学，不耻下问。</div>
```

运行结果如图 14.4 所示。

图 14.4　元素的倾斜效果

说明

transform 属性支持一个或多个变换函数。也就是说，通过 transform 属性可以实现平移、缩放、旋转和倾斜等组合的变换效果。不过，在为其指定多个属性值时，不是使用常用的逗号“,”进行分隔，而是使用空格进行分隔。

【例 14.1】设置图片和文字的旋转效果。（**实例位置：资源包\TM\sl\14\01**）

本例主要通过使用 transform 属性设置图片和文字的旋转效果。具体步骤如下。

（1）在页面中添加两个 div，在每个 div 中都添加一张图片和图片的说明文字，具体代码如下：

```
<div class="left">
<img src="images/HTML5.png">
<p>HTML5 从入门到精通</p>
</div>

<div class="right">
<img src="images/JavaScript.png">
<p>JavaScript 从入门到精通</p>
</div>
```

（2）在页面中添加 CSS 代码，设置页面样式和 div 的样式，并为左、右两张图片和文字设置旋转效果。具体代码如下：

```
<style>
body{
	margin:30px;
	background-color:#E6E6E6;
}
div{
	width:350px;
	padding:10px 10px 20px 10px;
	border:1px solid #BDBDBD;
	background-color:#FFFFFF;
}
div.left{
	float:left;
	transform:rotate(7deg);
}
div.right{
	float:left;
	transform:rotate(-8deg);
}
p{font-size:20px;}
</style>
```

运行效果如图 14.5 所示。

图 14.5　图片和文字的旋转效果

编程训练（答案位置：资源包\TM\sl\14\编程训练）

【训练 1】图片的平移效果　实现电子商城网站首页中类似“优惠活动”板块的鼠标悬停在图片上时所呈现的平移效果。

【训练 2】制作相册　当鼠标悬停在相册上时展开照片，当鼠标放置在照片上时放大照片。

14.2　过 渡 效 果

CSS3 提供了用于实现过渡效果的 transition 属性，该属性可以控制 HTML 标签的某个属性发生改

变时所经历的时间，并且以平滑渐变的方式发生改变，从而形成动画效果。下面逐一介绍 transition 的各属性。

14.2.1 指定过渡属性

CSS3 中指定参与过渡的属性为 transition-property，该属性的语法格式如下：

```
transition-property：all | none | <property>[ <property> ]
```

☑ all：默认值，表示所有可以进行过渡的 CSS 属性。

☑ none：表示不指定过渡的 CSS 属性。

☑ <property>：表示指定要进行过渡的 CSS 属性。可以同时指定多个属性值，用英文格式的逗号“,”进行分隔。

14.2.2 指定过渡时间

CSS3 中指定过渡持续时间的属性为 transition-duration，该属性的语法格式如下：

```
transition-duration：<time>[ ,<time> ]
```

<time>用于指定过渡持续的时间，默认值为 0，如果存在多个属性值，用英文格式的逗号“,”进行分隔。

说明

在设置过渡效果时，必须指定 transition-duration 属性，否则持续时间为 0，过渡不会有任何效果。

例如，为页面中的 div 元素设置过渡效果，指定过渡属性和过渡时间，当鼠标指向 div 元素时放大元素，并实现过渡效果，代码如下：

```
<style>
.demo{
	margin: 150px;
	background-color: #0000FF;
	width: 150px;
	height: 50px;
	line-height:50px;
	color: #FFFFFF;
	text-align:center;
	transition-property:width,height,line-height;
	transition-duration:2s;
}
.demo:hover{
	width:300px; height:100px; line-height:100px;
}
</style>
<div class="demo">有志者事竟成</div>
```

运行结果如图 14.6 和图 14.7 所示。

图 14.6　过渡前的效果

图 14.7　过渡后的效果

14.2.3　指定过渡的延迟时间

CSS3 指定过渡的延迟时间的属性为 transition-delay，即延迟多长时间才开始过渡。语法格式如下：

```
transition-delay：<time>[ ,<time> ]
```

<time>用于指定延迟过渡的时间，默认值为 0，如有多个属性值，用英文格式的逗号“,”进行分隔。

例如，对上面的示例代码进行修改，并为 div 元素设置过渡的延迟时间为 1 秒，代码如下：

```
<style>
.demo{
        margin: 150px;
        background-color: #0000FF;
        width: 150px;
        height: 50px;
        line-height:50px;
        color: #FFFFFF;
        text-align:center;
        transition-property:width,height,line-height;
        transition-duration:2s;
        transition-delay:1s;
}
.demo:hover{
        width:300px;
        height:100px;
        line-height:100px;
}
</style>
<div class="demo">有志者事竟成</div>
```

运行结果同样如图 14.6 和图 14.7 所示，不同的是，当鼠标指向 div 元素时，在经过 1 秒之后才会实现过渡效果。

14.2.4　指定过渡的动画类型

CSS3 中指定过渡动画类型的属性为 transition-timing-function，该属性的语法格式如下：

```
transition-timing-function：linear | ease | ease-in | ease-out | ease-in-out | cubic-bezier(x1,y1,x2,y2);
```

transition-timing-function 属性的值及其说明如表 14.2 所示。

表 14.2　transition-timing-function 属性的值及其说明

属　性　值	说　　明
linear	线性过渡，也就是匀速过渡

续表

属 性 值	说 明
ease	以慢速开始，然后变快，再慢速结束的过渡效果
ease-in	以慢速开始的过渡效果
ease-out	以慢速结束的过渡效果
ease-in-out	以慢速开始，并以慢速结束的过渡效果
cubic-bezier(x1,y1,x2,y2)	特定的贝塞尔曲线类型，由于贝塞尔曲线比较复杂，因此此处不做过多描述

当需要为元素设置多个过渡属性时，可以直接使用 transition 属性将各属性值写在一行，并且以空格间隔。语法如下：

```
transition: property duration timing-function delay;
```

例如，下面的 CSS 代码：

```
.demo{
        transition-property:width;
        transition-duration:2s;
        transition-timing-function:ease;
        transition-delay:1s;
}
```

可以简写如下：

```
.demo{
        transition:width 2s ease 1s;
}
```

【例 14.2】设置文字的旋转过渡效果。（**实例位置：资源包\TM\sl\14\02**）

使用 transition 属性来实现文本中的每个文字旋转时的过渡效果。具体步骤如下。

（1）定义一个 class 属性值为 box 的<div>标签，然后在该标签中添加多个<span>标签，并将文本中的每个文字分别定义在<span>标签中，具体代码如下：

```
<div class="box">
    <span>成</span><span>功</span><span>的</span>
    <span>秘</span><span>诀</span><span>在</span>
    <span>于</span><span>恒</span><span>心</span>
</div>
```

（2）在页面中添加CSS代码，首先为div元素设置样式，然后为span元素设置样式，再应用transform属性为文字设置旋转角度，并使用 transition 属性设置过渡效果。最后设置当把鼠标移到 span 元素上时该元素的样式，应用 transform 属性为文字设置旋转角度。具体代码如下：

```
.box{
    width:330px;                                    /*设置元素宽度*/
    margin:50px auto;                               /*设置外边距*/
    font-size:36px;                                 /*设置文字大小*/
    color:green;                                    /*设置文字颜色*/
}
.box span{
    display:block;                                  /*设置为块级元素*/
    float:left;                                     /*设置元素向左浮动*/
    transform:rotate(0deg);                         /*设置旋转角度*/
    transition:1s ease;                             /*设置过渡效果*/
```

```
}
.box:hover span{
    color:blue;                                    /*设置文字颜色*/
    transform:rotate(360deg);                      /*设置旋转角度*/
}
```

运行效果如图 14.8 和图 14.9 所示。

成功的秘诀在于恒心

图 14.8　文字的初始效果

成功的秘诀在于恒心

图 14.9　文字旋转的过渡效果

编程训练（答案位置：资源包\TM\sl\14\编程训练）

【训练 3】风车转动效果　制作一个旋转风车的网页，当鼠标放在风车上时，风车开始转动。

【训练 4】自动拼图的动画效果　实现自动拼图的动画效果，当鼠标指向拼图区域时，将所有拼图拼成一张完整的图片。

14.3　动 画 效 果

使用 CSS 实现动画效果需要两个步骤：定义关键帧和引用关键帧。首先介绍关键帧的定义方法。

14.3.1　关键帧

在实现 animation 动画时，需要先定义关键帧，定义关键帧的语法格式如下：

```
@keyframes name { <keyframes-blocks> };
```

☑　name：定义一个动画名称，该动画名称将由 animation-name 属性（指定动画名称属性）使用。

☑　<keyframes-blocks>：定义动画在不同时间段的样式规则。该属性值包括以下两种形式。

第一种形式为使用关键字 from 和 to 定义关键帧的位置，实现从一个状态过渡到另一个状态。语法如下：

```
from{
        属性 1:属性值 1;
        属性 2:属性值 2;
        …
        属性 n:属性值 n;
}
to{
        属性 1:属性值 1;
        属性 2:属性值 2;
        …
        属性 n:属性值 n;
}
```

例如，定义一个名称为 opacityAnim 的关键帧，用于实现从完全透明到完全不透明的动画效果，可以使用下面的代码：

```
@keyframes opacityAnim{
        from{opacity:0;}
        to{opacity:1;}
}
```

第二种形式为使用百分比定义关键帧的位置，实现通过百分比来指定过渡的各个状态，语法格式如下：

```
百分比 1{
        属性 1:属性值 1;
        属性 2:属性值 2;
        …
        属性 n:属性值 n;
}
…
百分比 n{
        属性 1:属性值 1;
        属性 2:属性值 2;
        …
        属性 n:属性值 n;
}
```

例如，定义一个名称为 complexAnim 的关键帧，用于实现将对象从完全透明到完全不透明，再逐渐收缩到 80%，最后从完全不透明过渡到完全透明的动画效果，可以使用下面的代码：

```
@keyframes complexAnim{
        0%{opacity:0;}
        20%{opacity:1;}
        50%{transform:scale(0.8);}
        80%{opacity:1;}
        100%{opacity:0;}
}
```

注意

在指定百分比时，一定要加%，例如，0%、50%和 100%等。

14.3.2 动画属性

要实现 animation 动画，在定义了关键帧以后，还需要使用与动画相关的属性来执行关键帧的变化。CSS 为 animation 动画提供了如表 14.3 所示的 9 个属性。

表 14.3 animation 动画的属性

属　　性	属 性 值	说　　明
animation	复合属性。以下属性的值的综合	指定对象所应用的动画特效
animation-name	name	指定对象所应用的动画名称
animation-duration	time+单位 s（秒）	指定对象动画的持续时间
animation-timing-function	其属性值与 transition-timing-function 属性值相关	指定对象动画的过渡类型
animation-delay	time+单位 s（秒）	指定对象动画延迟的时间
animation-iteration-count	number 或 infinite（无限循环）	指定对象动画的循环次数

续表

属　　性	属 性 值	说　　明
animation-direction	normal（默认值，表示正常方向）或 alternate（表示正常与反向交替）	指定对象动画在循环中是否反向运动
animation-play-state	running（默认值，表示运动）或 paused（表示暂停）	指定对象动画的状态
animation-fill-mode	none：表示不设置动画之外的状态，默认值 forwards：表示设置对象状态为动画结束时的状态 backwards：表示设置对象状态为动画开始时的状态 both：表示设置对象状态为动画结束或开始的状态	指定对象动画时间之外的状态

例如，设置动画属性，包括动画名称、动画持续时间、动画速度曲线、动画运动方向以及动画播放次数，代码如下：

```
.mr-in{
    animation-name: lun;
    animation-duration: 10s;
    animation-timing-function: linear;
    animation-direction: normal;
    animation-iteration-count: infinite;
}
```

在设置动画属性时，可以将多个动画属性写在一行里。例如，将上面代码中设置的动画属性值写在一行里，代码如下：

```
.mr-in{
    animation: lun 10s linear infinite normal;
}
```

【例 14.3】上下摇摆的文字动画效果。（**实例位置：资源包\TM\sl\14\03**）

通过使用 animation 属性实现文字上下摇摆的动画效果。具体步骤如下。

（1）定义一个<h1>标签，在标签中添加文字，具体代码如下：

```
<h1>理想是人生的太阳</h1>
```

（2）在页面中添加 CSS 代码，首先为<h1>标签设置样式，用 animation 属性为文字设置动画，然后应用@keyframes 规则创建动画，通过设置元素的旋转角度实现文字上下摇摆的效果。具体代码如下：

```
<style>
h1{
    font-size: 36px;                    /*设置字体大小*/
    margin:100px auto;                  /*设置元素外边距*/
    font-weight: 500;                   /*设置字体粗细*/
    text-align: center;                 /*设置文字居中*/
    color: #f35626;                     /*设置文字颜色*/
    animation:swing 2s infinite;        /*设置动画*/
}
@keyframes swing{                       /*创建动画*/
    20%{
        transform:rotate(15deg);
    }40%{
        transform:rotate(-15deg);
    }60%{
        transform:rotate(5deg);
```

```
    }80%{
        transform:rotate(-5deg);
    }100%{
        transform:rotate(0deg);
    }
}
</style>
```

运行效果如图 14.10 和图 14.11 所示。

图 14.10　左侧向上摇摆

图 14.11　左侧向下摇摆

编程训练（答案位置：资源包\TM\sl\14\编程训练）

【训练 5】图片的轮播效果　实现网站首页的图片轮播效果。

【训练 6】广告滚动显示效果　实现购物网站中促销广告滚动显示的效果。

14.4　实践与练习

（答案位置：资源包\TM\sl\11\实践与练习）

综合练习 1：鼠标滑过图片时的变换效果　当鼠标滑过不同的手机图片时，实现图片不同的变换效果，运行结果如图 14.12 所示。

综合练习 2：鼠标滑过图片时的展开效果　实现当打开网页时，页面背景自动切换，并且当鼠标滑过图片时，使页面中的图片自动展开，运行结果如图 14.13 所示。

综合练习 3：实现购物中的滚动广告　通过 animation 属性实现购物商城中商品详情页面的滚动播出广告，运行结果如图 14.14 所示。

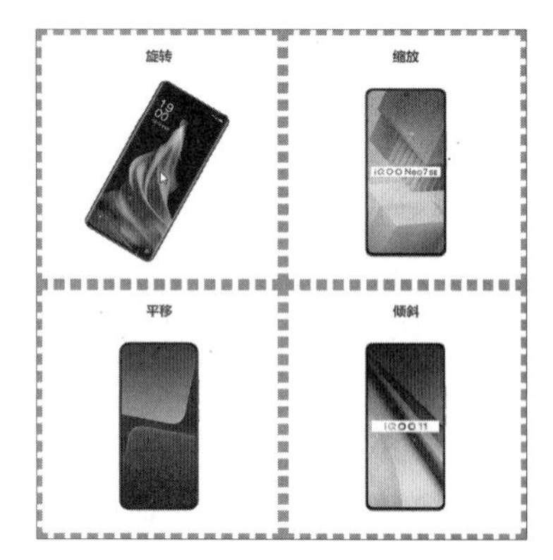

图 14.12　图片变换效果

图 14.13　图片的展开效果

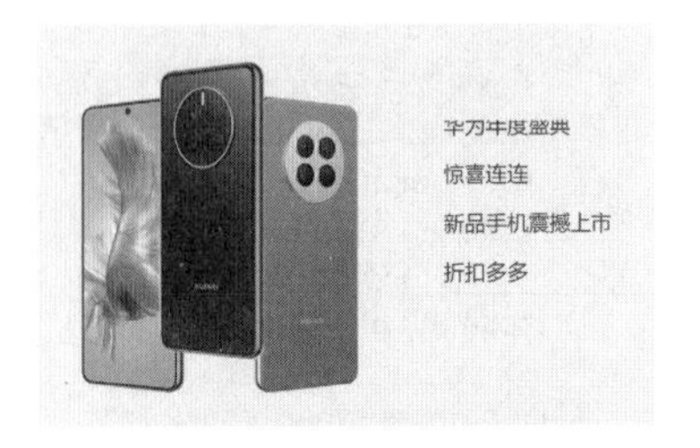

图 14.14　滚动广告效果

第15章

响应式网页设计

响应式网页设计（responsive web design）是指网页设计应根据设备环境（屏幕尺寸、屏幕定向、系统平台等）以及用户行为（改变窗口大小等）进行相应的响应和调整。具体的实现方式由多方面组成，包括弹性网格和布局、图片和CSS媒体查询的使用等。无论用户正在使用台式计算机还是智能手机，无论屏幕是大是小，网页都应该能自动响应式布局，并且可以在不同的设备上访问，以提供良好的用户体验。

本章知识架构及重难点如下。

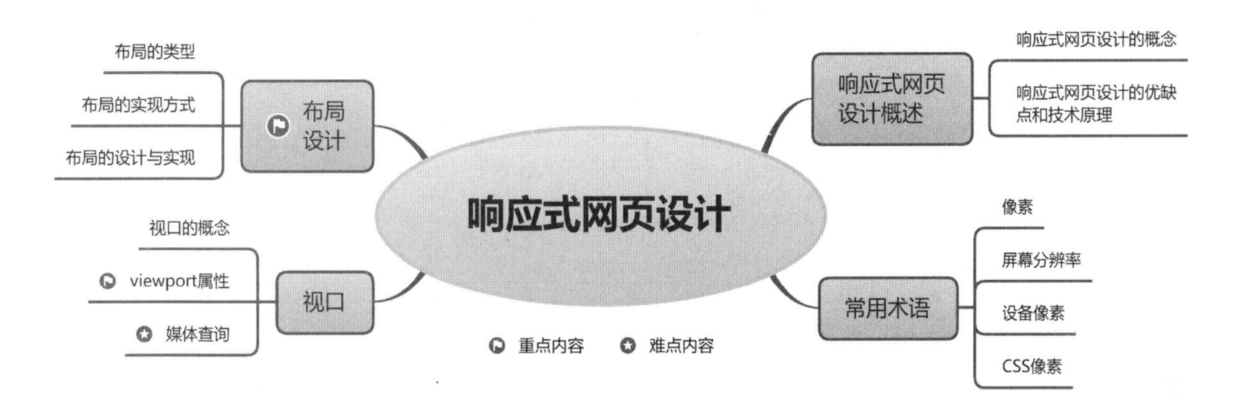

15.1 响应式网页设计概述

响应式网页设计是目前流行的一种网页设计形式。响应式网页设计的主要特色是页面布局可以根据不同设备（平板计算机、台式计算机或智能手机）自适应性地展示内容，以便用户可以在不同设备上都能够友好地浏览网页内容。

15.1.1 响应式网页设计的概念

响应式设计适用于计算机、iPhone、Android和iPad等设备。它在智能手机和平板计算机等多种智能移动终端上实现流畅的浏览效果，防止页面变形，能够使页面自动切换分辨率、图片尺寸及相关脚本功能等，以适应不同设备。它还可以在不同浏览器终端上进行网站数据的同步更新，可以为不同终端的用户提供更加舒适的界面和更好的用户体验。界面效果如图15.1所示。

图 15.1　主页界面（计算机端和移动端）

15.1.2　响应式网页设计的优缺点和技术原理

1. 响应式网页设计的优缺点

响应式网页设计是最近几年流行的前端技术，在提升用户使用体验的同时，也有自身的不足。

☑ 优点：

- 对用户友好。响应式设计可向用户提供友好的网页界面，可适应几乎所有设备的屏幕。
- 后台数据库统一。即在计算机端编辑了网站内容后，手机和平板等智能移动浏览终端能够同步显示修改之后的内容，网站数据的管理能够更加及时和便捷。
- 方便维护。 如果开发一个独立的移动端网站和计算机端网站，无疑会增加更多的网站维护工作。但如果只设计一个响应式网站，维护的成本会小很多。

☑ 缺点：

- 增加加载时间。在响应式网页设计中，增加了很多检测设备特性的代码，如设备的宽度、分辨率和设备类型等内容，同样增加了页面读取代码的加载时间。
- 开发时间。相比开发一个仅适配计算机端的网站，开发响应式网站的确是一项耗时的工作。因为考虑设计的因素会更多，如各个设备中网页布局的设计、图片在不同终端中大小的处理等。

2. 响应式网页设计的技术原理

☑ <meta>标签。位于文档的头部，不包含任何内容，<meta>标签是对网站发展非常重要的标签，它可以用于鉴别作者、设定页面格式、标注内容提要和关键字，以及刷新页面等，它回应给浏览器一些有用的信息，以帮助其正确和精确地显示网页内容。

☑　使用媒体查询（也称媒介查询）适配对应样式。通过不同的媒体类型和条件定义样式表规则，获取的值可以设置设备的手持方向（水平还是垂直）、设备的分辨率等。

☑　使用第三方框架。如使用 Bootstrap 框架，更快捷地实现网页的响应式设计。

Bootstrap 框架是基于 HTML5 和 CSS3 开发的响应式前端框架，包含了丰富的网页组件，如下拉菜单、按钮组件、下拉菜单组件和导航组件等。

15.2　常用术语

响应式设计的关键是适配不同类型的终端显示设备。在讲解响应式设计技术之前，应了解物理设备中关于屏幕适配的常用术语，如像素、屏幕分辨率、设备像素（device-width）和 CSS 像素（width）等，有助于理解响应式设计的实现过程。

15.2.1　像素

像素，全称为图像元素，表示数字图像中的一个最小单位。像素是尺寸单位，而不是画质单位。将一张数字图片放大数倍，会发现图像都是由许多色彩相近的小方点组成的。51 购商城的标志图片放大后，效果如图 15.2 所示。

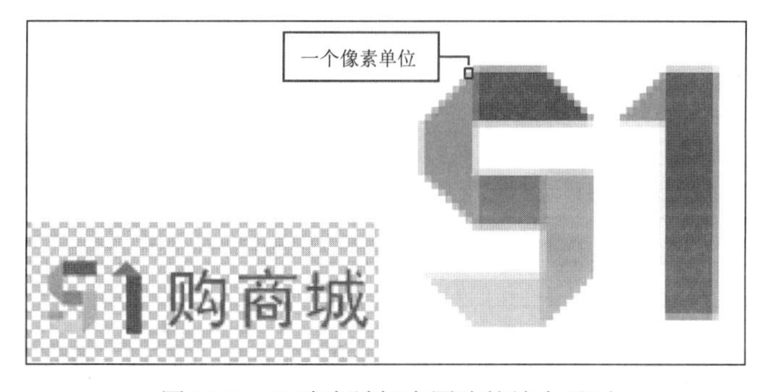

图 15.2　51 购商城标志图片的放大界面

15.2.2　屏幕分辨率

屏幕分辨率就是屏幕上显示的像素个数，通常以水平分辨率和垂直分辨率来衡量大小。屏幕分辨率低时（如 640×480），在屏幕上显示的像素少，但尺寸比较大。屏幕分辨率高时（如 1600×1200），在屏幕上显示的像素多，但尺寸比较小。分辨率 1600×1200 的意思是水平方向含有像素数为 1600 个，垂直方向含有像素数为 1200 个。屏幕尺寸一样的情况下，分辨率越高，显示效果就越精细和细腻。手机屏幕分辨率的效果如图 15.3 所示。

图 15.3　手机屏幕分辨率示意图

15.2.3　设备像素

设备像素是物理概念，是指设备中使用的物理像素。例如 iPhone 5 的屏幕分辨率为 640 像素×1136 像素。衡量一个物理设备的屏幕分辨率高低使用 ppi，即像素密度，表示每英寸（1 英寸等于 2.54 厘米）所拥有的像素数目。ppi 的数值越高，代表屏幕能以越高的密度显示图像。表 15.1 列出了常见机型的设备参数信息。

表 15.1　常见机型的设备参数

设　　备	屏幕大小/英寸	屏幕分辨率/像素	像素密度/ppi
华为 nova 10	6.78	2388×1080	387
iPad Air 5	10.9	2360×1640	264
iPhone 14	6.1	2532×1170	460
小米 13	6.36	2400×1080	413
OPPO Reno9	6.7	2412×1080	394
vivo X90	6.78	2800×1260	452

15.2.4　CSS 像素

CSS 像素是网页编程中的概念，指的是 CSS 样式代码中使用的逻辑像素。在 CSS 规范中，长度单位可以分为绝对（absolute）单位和相对（relative）单位。px 是一个相对单位，相对的是设备像素（device pixel）。

设备像素和 CSS 像素的换算是通过设备像素比来完成的，设备像素比即缩放比例，获得设备像素

比后，便可得知设备像素与 CSS 像素之间的比例。当这个比率为 1∶1 时，使用 1 个设备像素显示 1 个 CSS 像素；当这个比率为 2∶1 时，使用 4 个设备像素显示 1 个 CSS 像素；当这个比率为 3∶1 时，使用 9 个设备像素显示 1 个 CSS 像素。

关于设计师和前端工程师之间的协同工作，设计师通常会以设备像素为单位制作设计稿。前端工程师参照相关的设备像素比，进行换算以及编码。

说明

CSS 像素和设备像素之间的换算关系并不是响应式网页设计的关键知识内容，读者了解相关基本概念即可。

15.3　视　　口

视口（viewport）和窗口（window）是对应的概念。视口是与设备相关的一个矩形区域，坐标单位与设备相关。在使用代码布局时，使用的坐标总是窗口坐标，而实际的显示或输出设备各有自己的坐标。

15.3.1　视口的概念

视口的概念，在桌面浏览器中，等于浏览器中 Window 窗口的概念。视口中的像素指的是 CSS 像素，视口大小决定了页面布局的可用宽度。视口的坐标是逻辑坐标，与设备无关。视口的界面如图 15.4 所示。

图 15.4　桌面浏览器中的视口概念

移动浏览器中的视口分为可见视口和布局视口。由于移动浏览器的宽度限制，在有限的宽度内可见部分（可见视口）装不下所有内容（布局视口），因此在移动浏览器中，viewport 属性是通过<meta>标签引入的，以处理可见视口与布局视口的关系。引入代码形式如下：

```
<meta name="viewport" content="width=device-width, initial-scale=1.0>
```

15.3.2 viewport 属性

viewport 属性表示设备屏幕上能用来显示的网页区域，具体而言，就是移动浏览器上用来显示网页的区域，但 viewport 属性并不局限于浏览器可视区域的大小，它可能比浏览器的可视区域要大，也可能比浏览器的可视区域要小。常见设备上浏览器的 viewport 宽度如表 15.2 所示。

表 15.2 常见设备上浏览器的 viewport 宽度

设 备	宽度/px
iPhone	980
iPad	980
AndroidHTC	980
Chrome	980
IE	1024

<meta>标签中 viewport 属性首先是由苹果公司在 Safari 浏览器中引入的，目的就是解决移动设备的 viewport 问题。后来安卓以及各大浏览器厂商也都纷纷效仿，引入了对 viewport 属性的支持。事实证明，viewport 属性对于响应式设计起了重要作用。表 15.3 列出了 viewport 属性中常用的属性值及其含义。

表 15.3 viewport 属性中常用的属性值及其含义

属 性 值	含 义
width	设定布局视口宽度
height	设定布局视口高度
initial-scale	设定页面初始缩放比例（0～10）
user-scalable	设定用户是否可以缩放（yes/no）
minimum-scale	设定最小缩放比例（0～10）
maximum-scale	设定最大缩放比例（0～10）

15.3.3 媒体查询

媒体查询可以根据设备显示器的特性（如视口宽度、屏幕比例和设备方向）设定 CSS 的样式。媒体查询由媒体类型和一个或多个检测媒体特性的条件表达式组成。媒体查询中可用于检测的媒体特性有 width、height 和 color 等。使用媒体查询可以在不改变页面内容的情况下，为特定的一些输出设备定制显示效果。

使用媒体查询的步骤如下。

（1）在 HTML 页面<head>标签中，添加 viewport 属性的代码。代码如下：

```
<meta name="viewport content="width=device-width,initial-scale=1,maximum-scale=1,user-scalable=no"/>
```

其中，各属性值表示的含义如表 15.4 所示。

表 15.4　viewport 属性的各属性值及其含义

属　性　值	含　　义
width=device-width	设定布局视口宽度为设备的宽度
initial-scale=1	设定页面初始缩放比例为 1
maximum-scale=1	设定最大缩放比例为 1
user-scalable=no	设定用户不可以缩放

（2）使用@media 关键字编写 CSS 媒体查询代码。举例说明，当设备屏幕宽度为 320px～720px 时，媒体查询中设置 body 的背景色 background-color 属性值为 red，会覆盖原来的 body 背景色；当设备屏幕宽度小于或等于 320px 时，媒体查询中设置 body 背景色 background-color 属性值为 blue，会覆盖原来的 body 背景色。代码如下：

```
/*当设备宽度在 320px 和 720px 之间时*/
@media screen and (max-width:720px) and (min-width:320px){
    body{
        background-color:red;
    }
}
/*当设备宽度小于或等于 320px 时*/
@media screen and (max-width:320px){
    body{
        background-color:blue;
    }
}
```

15.4　布局设计

响应式网页设计涉及的知识点很多，如图片的响应式处理、表格的响应式处理和布局的响应式设计等内容。响应式网页布局设计的主要特点是页面布局能根据不同设备（平板计算机、台式计算机和智能手机等）适应性地展示内容，让用户可以在不同设备上都能友好地浏览网页内容。响应式页面设计的效果如图 15.5 所示。

图 15.5　响应式网页的布局设计

15.4.1 布局的类型

网站的布局类型可以根据列数的不同来划分，分为单列布局和多列布局。多列布局又可以进一步分为均分多列布局和不均分多列布局，下面详细介绍。

☑ 单列布局。适合内容较少的网站布局，一般由顶部的 Logo 和菜单（一行）、中间的内容区（一行）和底部的网站相关信息（一行），共 3 行组成。单列布局的效果如图 15.6 所示。

☑ 均分多列布局。列数大于或等于 2 列的布局类型。每列宽度相同，列与列间距相同，适合商品或图片的列表展示。效果如图 15.7 所示。

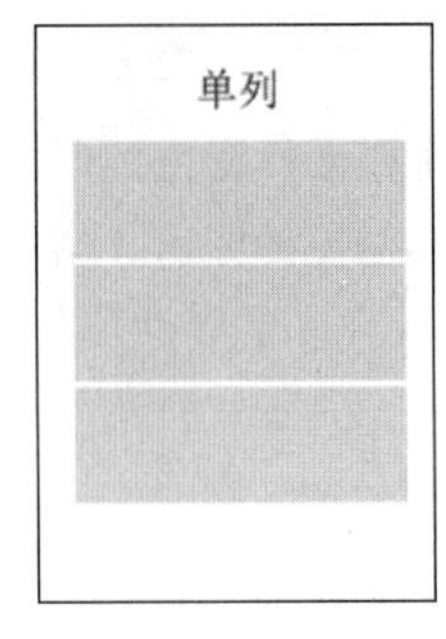

图 15.6　单列布局

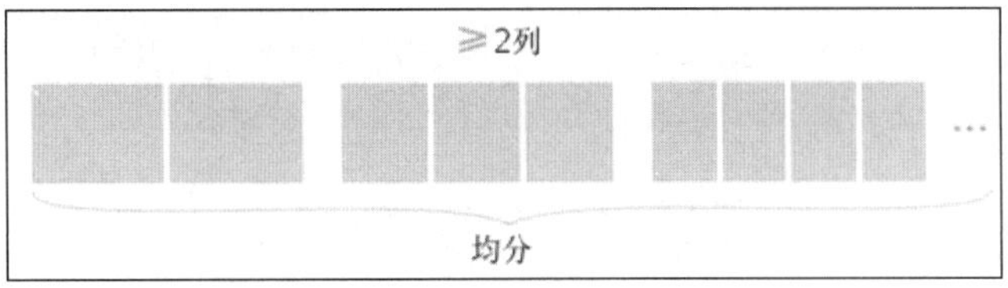

≥2列

均分

图 15.7　均分多列布局

☑ 不均分多列布局。列数大于或等于 2 列的布局类型。每列宽度不同，列与列间距不同，适合博客类文章内容页面的布局，一列布局文章内容，一列布局广告链接等内容。效果如图 15.8 所示。

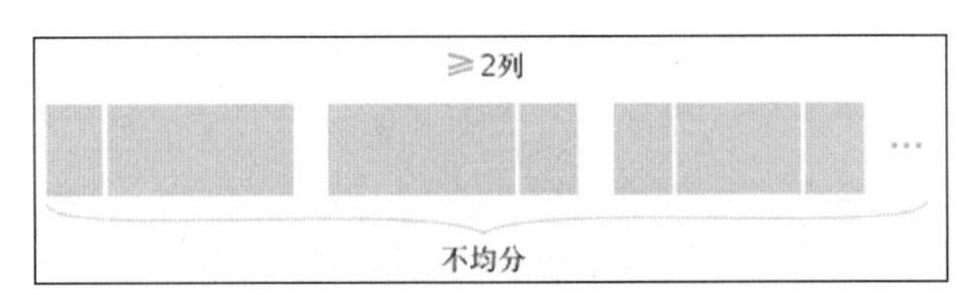

图 15.8　不均分多列布局

15.4.2 布局的实现方式

不同的布局设计有不同的实现方式。以页面的宽度单位（像素或百分比）来划分，可以分为单一式固定布局、响应式固定布局和响应式弹性布局 3 种实现方式。下面具体介绍。

☑ 单一式固定布局。以像素作为页面的基本单位，不考虑多种设备屏幕及浏览器宽度，只设计一套固定宽度的页面布局。技术简单，但适配性差。适合在单一终端中的网站布局，例如以安全为首位的某些政府机关事业单位，则可以仅设计制作适配指定浏览器和设备终端的布局。效果如图 15.9 所示。

☑ 响应式固定布局。同样以像素作为页面单位，参考主流设备尺寸，设计几套不同宽度的布局。通过媒体查询技术识别不同屏幕或浏览器的宽度，选择符合条件的宽度布局。效果如图 15.10 所示。

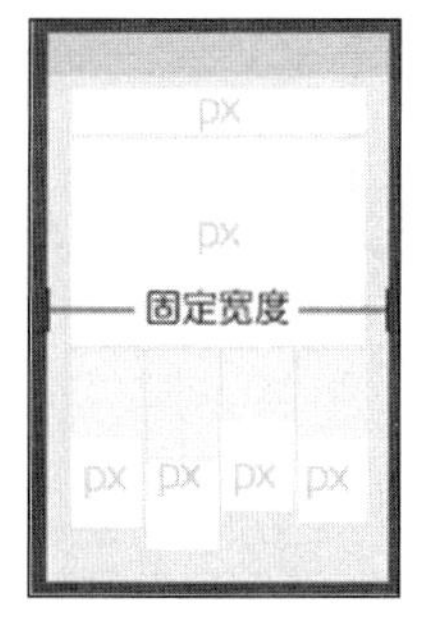

图 15.9　单一式固定布局

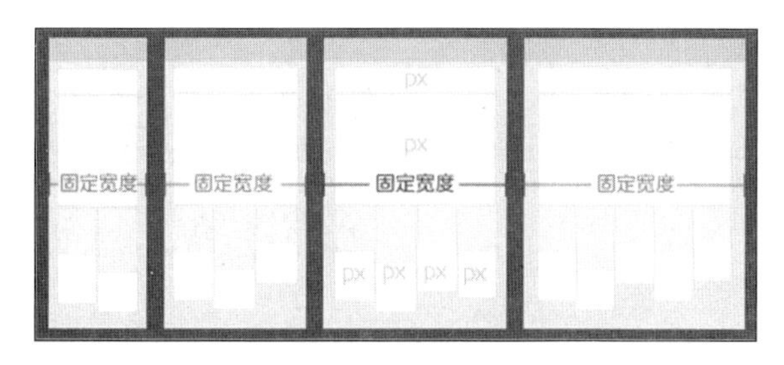

图 15.10　响应式固定布局

☑ 响应式弹性布局。以百分比作为页面的基本单位，可以适应一定范围内所有设备屏幕及浏览器的宽度，并能完美利用有效空间展现最佳效果，如图 15.11 所示。响应式固定布局和响应式弹性布局都是目前可采用的响应式布局方式。其中：响应式固定布局的实现成本最低，但拓展性比较差；响应式弹性布局是比较理想的响应式布局实现方式。但是，不同类型的页面排版布局需要采用不同的实现方式来实现响应式设计。

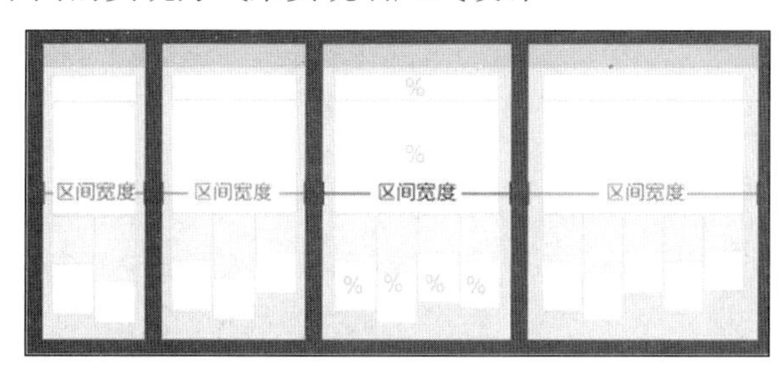

图 15.11　响应式弹性布局

15.4.3　布局的设计与实现

为实现页面的响应式设计，需要对相同内容进行不同宽度的布局设计，通常有两种方式：台式计算机端优先（即从台式计算机端开始设计）和移动端优先（即从移动端开始设计）。无论采用哪种方式进行设计，都需要考虑兼容所有设备，因此不可避免地需要对内容布局做一些变化调整。对于模块内容，可以通过两种方式进行设计：模块内容不变和模块内容改变。下面分别对这两种方式进行详细的介绍。

☑ 模块内容不变。采用这种方式，页面中整体模块内容不会发生变化，通过调整模块的宽度，可以将模块内容从挤压调整到拉伸，从平铺调整到换行。效果如图 15.12 所示。

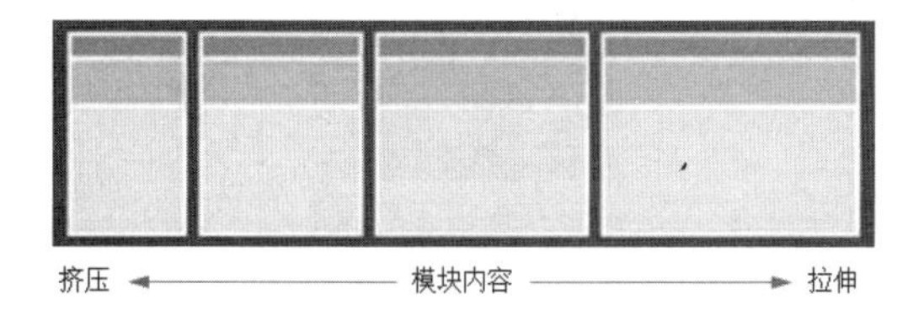

图 15.12　模块内容不变

☑ 模块内容改变。采用这种方式，页面中整体模块内容会发生变化，通过媒体查询，检测当前设备的宽度，动态隐藏或显示模块内容，增加或减少模块的数量。效果如图 15.13 所示。

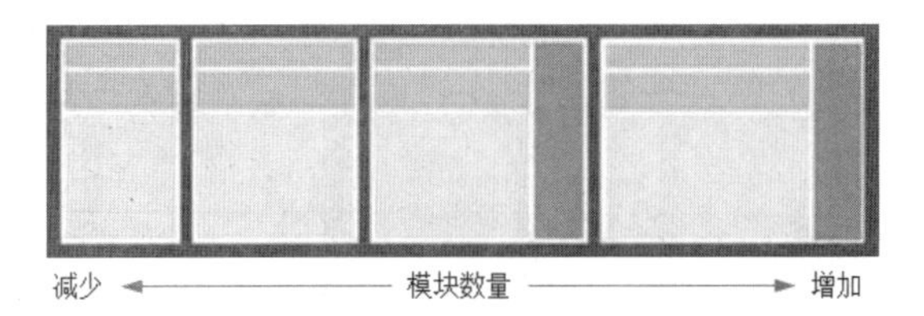

图 15.13　模块内容改变

15.5　实践与练习

（答案位置：资源包\TM\sl\15\实践与练习）

综合练习 1：实现响应式登录页面　采用“模块内容改变”的方式，根据当前设备的宽度，动态显示或隐藏相关模块的内容，运行结果如图 15.14 和图 15.15 所示。

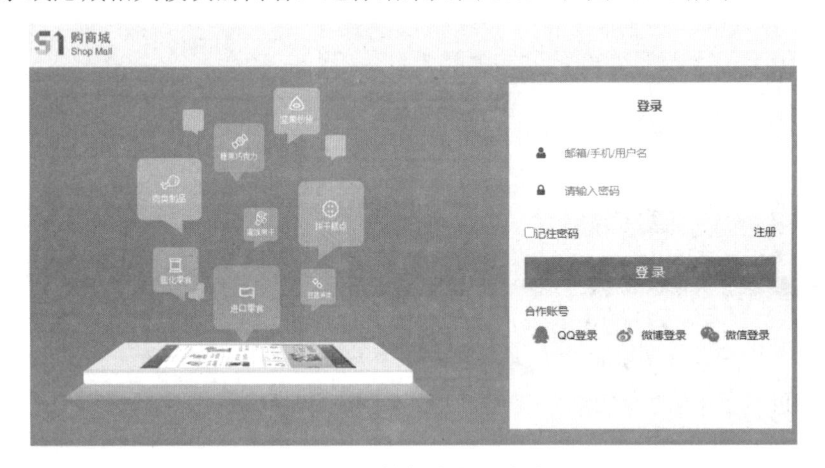

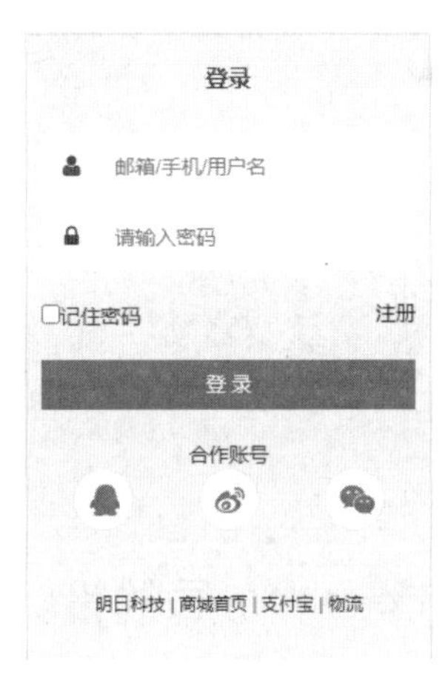

图 15.14　计算机端登录页面　　　图 15.15　移动端登录页面

综合练习 2：实现游戏主题网站的博客页面　使用响应式网页设计模式实现游戏主题网站的博客页面，运行结果如图 15.16 所示。

图 15.16　游戏主题网站的博客页面

第 3 篇

JavaScript 基础

本篇详解JavaScript语言基础、流程控制、函数、JavaScript对象、事件处理机制、BOM编程、DOM编程等内容。通过学习本篇，读者能够快速掌握JavaScript语言，熟练编写网页脚本，实现网页动态效果。

- JavaScript基础
  - JavaScript语言基础：了解JavaScript语言，学习其基本数据类型、变量、运算符等基础语法
  - 流程控制：学习如何控制脚本程序的执行流程
  - 函数：掌握如何定义实现指定功能的函数，减少代码冗余，提高程序的复用性
  - JavaScript对象：学习一种极为重要的复合数据类型，掌握对象的基本操作，熟悉一些常用的内部对象
  - 事件处理机制：掌握如何灵活使用JavaScript脚本中的各种常见事件
  - BOM编程：掌握一种独立于内容的、可与浏览器窗口进行交互的途径
  - DOM编程：掌握一种访问和操作Web页面的标准接口的使用，从而动态访问脚本，更新其内容、结构和文档风格

第 16 章

JavaScript 语言基础

要想熟练掌握一门编程语言，最好的方法就是充分了解、掌握其基础知识。本章从 JavaScript 的基础知识开始，首先介绍什么是 JavaScript，JavaScript 都有哪些特点，以及 JavaScript 的使用方法，然后对 JavaScript 的数据类型、变量以及运算符进行详细讲解。

本章知识架构及重难点如下。

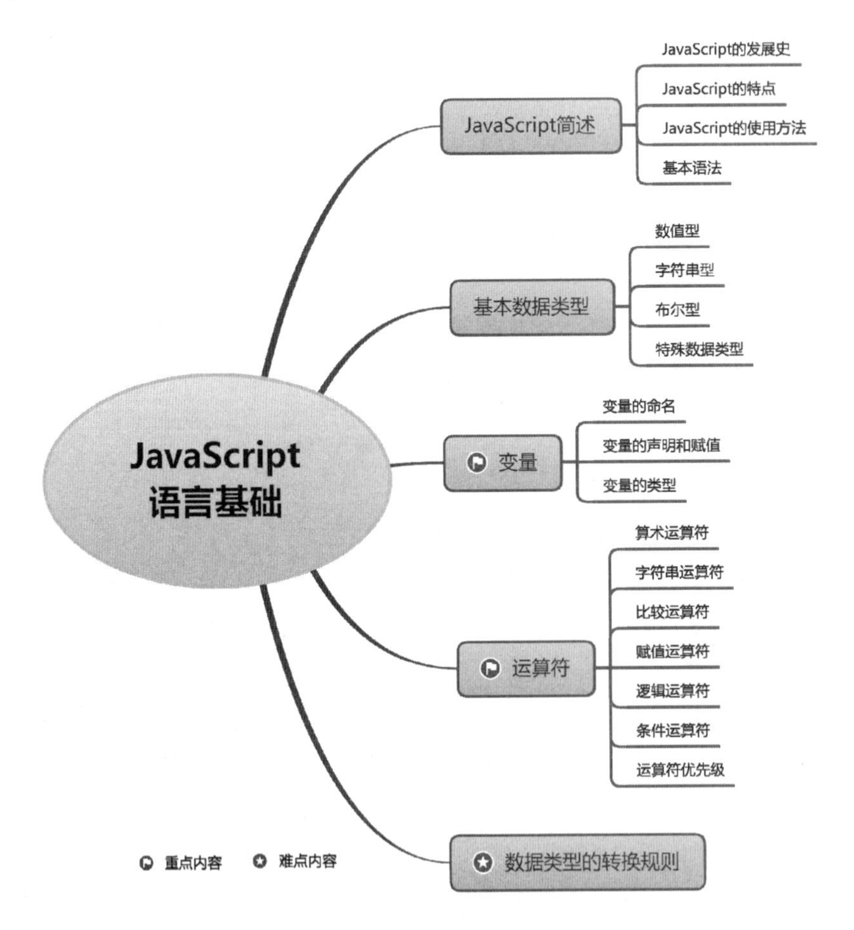

16.1 JavaScript 简述

JavaScript 是 Web 页面中的一种脚本编程语言，也是一种通用的、跨平台的、基于对象和事件驱动

并具有安全性的脚本语言。它不需要进行编译，而是直接嵌入 HTML 页面中，把静态页面转变成支持用户交互并响应相应事件的动态页面。

16.1.1　JavaScript 的发展史

JavaScript 语言的前身是 LiveScript 语言，它是由美国 Netscape（网景）公司的布兰登・艾奇（Brendan Eich）为即将在 1995 年发布的 Navigator 2.0 浏览器的应用而开发的一种脚本语言。在与 Sun（升阳）公司联手及时完成了 LiveScript 语言的开发后，就在 Navigator 2.0 即将正式发布前，Netscape 公司将其改名为 JavaScript，也就是最初的 JavaScript 1.0 版本。虽然当时 JavaScript 1.0 版本还有很多缺陷，但是拥有着 JavaScript 1.0 版本的 Navigator 2.0 浏览器几乎主宰着浏览器市场。

因为 JavaScript 1.0 如此成功，Netscape 公司在 Navigator 3.0 中发布了 JavaScript 1.1 版本。同时，微软开始进军浏览器市场，发布了 Internet Explorer 3.0 并搭载了一个 JavaScript 的类似版本，其注册名称为 JScript，这成为 JavaScript 语言发展过程中的重要一步。

在微软进入浏览器市场后，此时有 3 种不同的 JavaScript 版本同时存在，即 Navigator 中的 JavaScript、IE 中的 JScript 以及 CEnvi 中的 ScriptEase。与其他编程语言不同的是，JavaScript 并没有一个标准来统一其语法或特性，而这 3 种不同的版本恰恰突出了这个问题。1997 年，JavaScript 1.1 版本作为一个草案提交给欧洲计算机制造商协会（ECMA）。最终由来自 Netscape、Sun、微软、Borland 和其他一些对脚本编程感兴趣的公司的程序员组成了 TC39 委员会，该委员会被委派来标准化一个通用、跨平台、中立于厂商的脚本语言的语法和语义。TC39 委员会制定了“ECMAScript 程序语言的规范书”（又称为“ECMA-262 标准”），该标准通过国际标准化组织（ISO）采纳通过，作为各种浏览器生产开发所使用的脚本程序的统一标准。

ECMAScript 可以理解为是 JavaScript 的一个标准。截至 2012 年，所有浏览器都完全支持 ECMAScript 5.1，旧版本的浏览器至少支持 ECMAScript 3 标准。2015 年 6 月 17 日，ECMA 国际组织发布了 ECMAScript 的第六版，该版本正式名称为 ECMAScript 2015，但通常被称为 ES6。自 2015 年以来，TC39 委员会成员每年都会一起讨论可用的提案，并发布已接受的提案。2021 年 6 月 22 日，第 121 届 Ecma 国际（Ecma International）大会以远程会议形式召开。ECMAScript 2021（ES12）成为事实的 ECMAScript 标准，并被写入 ECMA-262 第 12 版。2022 年 6 月 22 日，第 123 届 Ecma 大会批准了 ECMAScript 2022 语言规范，这意味着其正式成为标准。

16.1.2　JavaScript 的特点

JavaScript 脚本语言的主要特点如下。

☑　解释性：JavaScript 不同于一些编译性的程序语言（如 C、C++等），它是一种解释性的程序语言，它的源代码不需要经过编译，而是在浏览器中运行时直接进行解释。

☑　基于对象：JavaScript 是一种基于对象的语言，这意味着它能运用自己已经创建的对象。因此，许多功能可以来自脚本环境中对象的方法与脚本的相互作用。

☑　事件驱动：JavaScript 可以直接对用户或客户的输入做出响应，而无须经过 Web 服务程序。它对用户的响应是以事件驱动的方式进行的。所谓事件驱动，就是指在主页中执行了某种操作所产生的动作，此动作被称为“事件”。如按下鼠标、移动窗口、选择菜单等都可以被视为事件。当事件发生后，可能会引起相应的事件响应。

☑ 跨平台：JavaScript 依赖于浏览器本身，与操作环境无关，只要能运行浏览器的计算机，并支持 JavaScript 的浏览器就可以正确执行。

☑ 安全性：JavaScript 是一种安全性语言，它不允许访问本地的硬盘，不允许将数据存入服务器上，不允许对网络文档进行修改和删除，只能通过浏览器实现信息浏览或动态交互。这样可有效地防止数据的丢失。

16.1.3 JavaScript 的使用方法

通常情况下，在 Web 页面中使用 JavaScript 有三种方法：一种是在页面中直接嵌入 JavaScript 代码，另一种是链接外部 JavaScript 文件，还有一种是作为标签的属性值使用。下面分别对这三种方法进行介绍。

1. 在页面中直接嵌入 JavaScript 代码

在 HTML 文档中可以使用<script>…</script>标签将 JavaScript 脚本嵌入其中，在 HTML 文档中可以使用多个<script>标签，每个<script>标签中可以包含多个 JavaScript 的代码集合，并且各个<script>标签中的 JavaScript 代码之间可以相互访问，如同将所有代码放在一对<script>…</script>标签之中的效果。<script>标签常用的属性及其说明如表 16.1 所示。

表 16.1　<script>标签常用的属性及其说明

属　性	说　明
src	设置一个外部脚本文件的路径位置
type	设置所使用的脚本语言，此属性已代替 language 属性
defer	此属性表示当 HTML 文档加载完毕后再执行脚本语言

☑ src 属性：src 属性用来指定外部脚本文件的路径，外部脚本文件通常使用 JavaScript 脚本，其扩展名为.js。src 属性使用的格式如下：

```
<script src="01.js">
```

☑ type 属性：type 属性用来指定 HTML 中使用的脚本类型。type 属性使用格式如下：

```
<script type="text/javascript">
```

☑ defer 属性：defer 属性的作用是当文档加载完毕后再执行脚本，当脚本代码不需要立即运行时，设置 defer 属性后，浏览器将不必等待脚本代码加载。这样页面加载会更快。但当有一些脚本需要在页面加载过程中或加载完成后立即执行时，就不需要使用 defer 属性。defer 属性使用格式如下：

```
<script defer>
```

【例 16.1】编写第一个 JavaScript 程序。（**实例位置：资源包\TM\sl\16\01**）

编写第一个 JavaScript 程序，在 WebStorm 工具中直接嵌入 JavaScript 代码，在页面中输出“hello JavaScript”。代码如下：

```
<!DOCTYPE html>
<html lang="en">
<head>
    <meta charset="UTF-8">
    <title>第一个 JavaScript 程序</title>
</head>
<body>
<script type="text/javascript">
    document.write("hello JavaScript");
</script>
</body>
</html>
```

运行结果如图 16.1 所示。

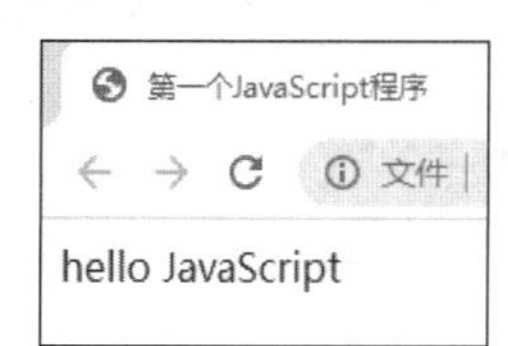

图 16.1　程序运行结果

说明

<script>标签可放在 Web 页面的<head>…</head>标签中，也可放在<body>…</body>标签中。

2. 链接外部 JavaScript 文件

在 Web 页面中引入 JavaScript 的另一种方法是采用链接外部 JavaScript 文件的形式。如果代码比较复杂或是同一段代码可以被多个页面使用，则可以将这些代码放置在一个单独的文件中（保存文件的扩展名为.js），然后在需要使用该代码的 Web 页面中链接该 JavaScript 文件。

在 Web 页面中链接外部 JavaScript 文件的语法格式如下：

```
<script type="text/javascript" src="javascript.js"></script>
```

说明

如果外部 JavaScript 文件保存在本机中，src 属性可以是绝对路径或是相对路径；如果外部 JavaScript 文件保存在其他服务器中，则 src 属性需要指定绝对路径。

【例 16.2】调用外部 JavaScript 文件。（**实例位置：资源包\TM\sl\16\02**）

在 HTML 文件中调用外部 JavaScript 文件，运行时在页面中显示对话框，对话框中输出“hello JavaScript”。具体步骤如下。

（1）创建 index.js 文件，并在该文件中编写 JavaScript 代码，代码如下：

```
alert("hello JavaScript");
```

说明

代码中使用的 alert 是 JavaScript 语句，其功能是在页面中弹出一个对话框，对话框中显示括号中的内容。

（2）创建 index.html 文件，在该文件中调用外部 JavaScript 文件 index.js，代码如下：

```
<!DOCTYPE html>
<html lang="en">
<head>
```

```
    <meta charset="UTF-8">
<title>链接外部 JavaScript 文件</title>
</head>
<body>
<script type="text/javascript" src="index.js"></script>
</body>
</html>
```

运行结果如图 16.2 所示。

图 16.2　程序运行结果

注意

（1）在外部 JavaScript 文件中，不能将代码用<script>标签和</script>标签括起来。

（2）在使用 src 属性引用外部 JavaScript 文件时，<script>…</script>标签中不能包含其他 JavaScript 代码。

（3）在<script>标签中使用 src 属性引用外部 JavaScript 文件时，</script>结束标签不能省略。

3．作为标签的属性值使用

在 JavaScript 脚本程序中，有些 JavaScript 代码可能需要立即执行，而有些 JavaScript 代码可能需要单击某个超链接或者触发一些事件（如单击按钮）之后才会执行。下面介绍将 JavaScript 代码作为标签的属性值使用。

☑ 通过“javascript:”调用：在 HTML 中， JavaScript 的函数或方法可以通过“javascript:”的方式来调用。示例代码如下：

```
<a href="javascript:alert('即将打开电影页面')">电影</a>
```

在上述代码中，alert()方法是通过使用“javascript:”调用的，但该方法并不是在浏览器解析到“javascript:”时就立刻执行，而是在单击该超链接时才会执行。

☑ 与事件结合调用：JavaScript 可以支持很多事件，事件可以影响用户的操作，如单击鼠标左键、按下键盘或移动鼠标等。与事件结合，可以调用执行 JavaScript 的方法或函数。示例代码如下：

```
<input type="button" value="登录" onclick="alert('登录成功')" />
```

在上述代码中，onclick 是单击事件，意思是当单击对象时将会触发 JavaScript 的方法或函数。

16.1.4　基本语法

JavaScript 作为一种脚本语言，其语法规则和其他语言有相同之处也有不同之处。下面简单介绍 JavaScript 的一些基本语法。

1．执行顺序

JavaScript 程序按照在 HTML 文件中出现的顺序逐行执行。如果需要在整个 HTML 文件中执行（如函数、全局变量等），最好将其放在 HTML 文件的<head>…</head>标签中。某些代码，如函数体内的代码，不会被立即执行，只有当所在的函数被其他程序调用时，该代码才会被执行。

2．大小写敏感

JavaScript 对字母大小写是敏感（严格区分字母大小写）的，也就是说，在输入语言的关键字、函数名、变量以及其他标识符时，都必须采用正确的大小写形式。例如，变量 username 与变量 userName 是两个不同的变量，这一点要特别注意，因为同属于与 JavaScript 紧密相关的 HTML 是不区分大小写的，所以很容易混淆。

注意

HTML 并不区分大小写。由于 JavaScript 和 HTML 紧密相连，这一点很容易混淆。许多 JavaScript 对象和属性都与其代表的 HTML 标签或属性同名，在 HTML 中，这些名称可以以任意的大小写方式输入而不会引起混乱，但在 JavaScript 中，这些名称通常都是小写的。例如，HTML 中的事件处理器属性 ONCLICK 通常被声明为 onClick 或 OnClick，而在 JavaScript 中只能使用 onclick。

3．空格与换行

在 JavaScript 中会忽略程序中的空格、换行和制表符，除非这些符号是字符串或正则表达式中的一部分。因此，你可以在程序中随意使用这些特殊符号进行排版，使代码更加易于阅读和理解。

JavaScript 中的换行有“断句”的意思，即换行能判断一条语句是否已经结束。如以下代码表示两条不同的语句：

```
m = 100
return true
```

如果将第二行代码写成：

```
return
true
```

此时，JavaScript 会认为这是两条不同的语句，这样一来将会产生错误。

4．每行结尾的分号可有可无

JavaScript 并不要求必须以英文分号（;）作为语句的结束标记。如果语句的结束处没有分号，JavaScript 会自动将该行代码的结尾作为语句的结尾。例如，下面的两行代码都是正确的。

```
alert("欢迎您的访问！")
alert("欢迎您的访问！");
```

说明

最好的代码编写习惯是在每行代码的结尾处加上分号，这样可以保证每行代码的准确性。

5．注释

为程序添加注释可以起到以下两种作用。

☑　它可以解释程序某些语句的作用和功能，使程序更易于理解。这通常用于解释代码。

☑　可以用注释来暂时屏蔽某些语句，使浏览器暂时忽略这些语句，等需要时再取消注释，这些语句就会发挥作用。这通常用于代码的调试。

JavaScript 提供了两种注释符号："//" 和 "/*…*/"。其中，"//" 用于单行注释，"/*…*/" 用于多行注释。多行注释符号分为开始和结束两部分，即在需要注释的内容前输入 "/*"，同时在注释内容结束后输入 "*/" 表示注释结束。下面是单行注释和多行注释的示例。

```
//这是单行注释
/*多行注释的第一行
 多行注释的第二行
 …
*/
/*多行注释在一行*/
```

编程训练（答案位置：资源包\TM\sl\16\编程训练）

【训练 1】 输出图片　应用 document.write 语句输出一张名称为 rabbit.jpg 的图片。

【训练 2】 输出古诗　应用 alert 语句输出古诗《枫桥夜泊》。

16.2　基本数据类型

每一种编程语言都有自己支持的数据类型。JavaScript 的数据类型分为基本数据类型和复合数据类型。复合数据类型中的对象、数组和函数等将在后面的章节进行介绍。在本节中，将详细介绍 JavaScript 的基本数据类型。JavaScript 的基本数据类型有数值型、字符串型、布尔型以及两个特殊的数据类型。

16.2.1　数值型

数值型（number）是 JavaScript 中最基本的数据类型。JavaScript 和其他程序设计语言（如 C 语言和 Java 语言）的不同之处在于，它并不区别整型数值和浮点型数值。在 JavaScript 中，所有的数值都是由浮点型表示的。JavaScript 采用 IEEE 754 标准定义的 64 位浮点格式表示数字，这意味着它能表示的最大值是 1.7976931348623157e+308，最小值是 5e-324。

当一个数字直接出现在 JavaScript 程序中时，我们称它为数值直接量（numeric literal）。JavaScript 支持多种形式的数值直接量，下面将详细介绍这些形式。

1. 十进制

在 JavaScript 程序中，十进制的整数是一个由 0~9 组成的数字序列。例如：

```
0
365
-16
```

JavaScript 的数字格式可以精确地表示-9007199254740991（$-(2^{53}-1)$）~9007199254740991（$2^{53}-1$）的所有整数（包括-9007199254740991（$-(2^{53}-1)$）和 9007199254740991（$2^{53}-1$））。如果使用超过这个范围的整数，就会失去尾数的精确性。需要注意的是，JavaScript 中的某些整数运算是对 32 位的整数执行的，它们的范围是-2147483648（-2^{31}）~2147483647（$2^{31}-1$）。

2. 十六进制

JavaScript 不但能够处理十进制的整型数据，还能识别十六进制（以 16 为基数）的数据。所谓十

六进制数据，是以“0x”或“0X”开头，其后跟随十六进制的数字序列。十六进制的数字可以是 0～9 的某个数字，也可以是 a（A）～f（F）的某个字母，它们用来表示 0～15（包括 0 和 15）的某个值，下面是十六进制整型数据的例子：

```
0xeec
0X123456
0xEFCC56
```

3．八进制

尽管 ECMAScript 标准不支持八进制数据，但是 JavaScript 的某些实现却允许采用八进制（基数为 8）格式的整型数据。八进制数据以数字 0 开头，其后跟随一个数字序列，这个序列中的每个数字都是 0～7（包括 0 和 7），例如：

```
04
0263
```

由于某些 JavaScript 实现支持八进制数据，而有些则不支持，因此最好不要使用以 0 开头的整型数据，因为不知道某个 JavaScript 的实现是将其解释为十进制还是解释为八进制。

4．浮点型数据

浮点型数据可以具有小数点，它的表示方法有以下两种。

☑ 传统记数法：传统记数法是将一个浮点数分为整数部分、小数点和小数部分，如果整数部分为 0，则可以省略整数部分。例如：

```
1.765
26.3796
.567
```

☑ 科学记数法：可以使用科学记数法表示浮点型数据，即实数后跟随字母 e 或 E，后面加上一个带正号或负号的整数指数，其中正号可以省略。例如：

```
7e+5
9.61e10
1.23E-6
```

说明

在科学记数法中，e（或 E）后面的整数表示 10 的指数次幂，因此这种记数法表示的数值等于前面的实数乘以 10 的指数次幂。

5．特殊值 Infinity

在 JavaScript 中有一个特殊的数值 Infinity（无穷大）。如果一个数值超出了 JavaScript 能表示的最大值的范围，JavaScript 就会输出 Infinity；如果一个数值超出了 JavaScript 能表示的最小值的范围，JavaScript 就会输出-Infinity。例如：

```
document.write(1/0);              //输出 1 除以 0 的值
document.write("<br>");           //输出换行标记
document.write(-1/0);             //输出-1 除以 0 的值
```

运行结果如下：

```
Infinity
-Infinity
```

6．特殊值 NaN

JavaScript 中还有一个特殊的数值 NaN（not a number 的简写），即“非数字”。在进行数学运算时产生了未知的结果或错误，JavaScript 就会返回 NaN，它表示该数学运算的结果是一个非数字。例如，用 0 除以 0 的输出结果就是 NaN，代码如下：

```
document.write(0/0);                //输出 0 除以 0 的值
```

运行结果如下：

```
NaN
```

16.2.2 字符串型

字符串（string）是由 0 个或多个字符组成的序列，它可以包含大小写字母、数字、标点符号或其他字符，也可以包含汉字。它是 JavaScript 用来表示文本的数据类型。程序中的字符串型数据是包含在单引号或双引号中的，由单引号定界的字符串中可以含有双引号，由双引号定界的字符串中也可以含有单引号。

说明

空字符串不包含任何字符，也不包含任何空格，用一对引号表示，即""或''。

例如：

☑ 单引号括起来的字符串，代码如下：

```
'hello JavaScript'
'http://www.mingrisoft.com'
```

☑ 双引号括起来的字符串，代码如下：

```
" "
"hello JavaScript"
```

☑ 单引号定界的字符串中可以含有双引号，代码如下：

```
'yesterday"today'
'hello "JavaScript"'
```

☑ 双引号定界的字符串中可以含有单引号，代码如下：

```
"I'm a singer"
"You can call me 'Tony'!"
```

注意

包含字符串的引号必须匹配，如果字符串前面使用的是双引号，那么在字符串后面也必须使用双引号，反之都使用单引号。

有的时候，字符串中使用的引号会产生匹配混乱的问题。例如：

```
"字符串是包含在单引号'或双引号"中的"
```

上述这种情况必须使用转义字符。JavaScript 中的转义字符是“\”，通过转义字符可以在字符串中添加不可显示的特殊字符，或者防止引号匹配混乱的问题。例如，字符串中的单引号可以使用“\'”来代替，双引号可以使用“\"”来代替。因此，上面一行代码可以写成如下的形式：

```
"字符串是包含在单引号\'或双引号\"中的"
```

JavaScript 常用的转义字符如表 16.2 所示。

表 16.2　JavaScript 常用的转义字符

转 义 字 符	描　　述	转 义 字 符	描　　述
\b	退格	\v	垂直制表符
\n	换行符	\r	回车符
\t	水平制表符，Tab 空格	\\	反斜杠
\f	换页	\OOO	八进制整数，范围 000~777
\'	单引号	\xHH	十六进制整数，范围 00~FF
\"	双引号	\uhhhh	十六进制编码的 Unicode 字符

例如，在 alert 语句中使用转义字符“\n”的代码如下：

```
alert("Web 前端：\nHTML\nCSS\nJavaScript");                //输出换行字符串
```

运行结果如图 16.3 所示。

图 16.3　输出换行字符串

由图 16.3 可知，转义字符“\n”在警告框中会产生换行，但是在 document.write();语句中使用转义字符时，只有将其放在格式化文本块中才会起作用，因此脚本必须放在<pre>和</pre>标签内。

例如，以下是应用转义字符使字符串换行的代码：

```
document.write("<pre>");                                        //输出<pre>标签
document.write("HTML5+CSS3+JavaScript\n 从入门到精通");         //输出换行字符串
document.write("</pre>");                                       //输出</pre>标签
```

运行结果如下：

```
HTML5+CSS3+JavaScript
从入门到精通
```

如果上述代码不使用<pre>标签和</pre>标签，则转义字符不起作用，代码如下：

```
document.write("HTML5+CSS3+JavaScript\n 从入门到精通");         //输出换行字符串
```

运行结果如下：

```
HTML5+CSS3+JavaScript 从入门到精通
```

16.2.3 布尔型

数值数据类型和字符串数据类型的值都无穷多，但是布尔数据类型只有两个值，即 true（真）和 false（假）。布尔数据类型说明某个事物是真还是假。

布尔值通常在 JavaScript 程序中用来作为比较所得的结果。例如：

```
n==100
```

这行代码测试了变量 n 的值是否和数值 100 相等。如果相等，比较的结果就是布尔值 true，否则结果就是 false。

有时候可以把两个可能的布尔值看作“on（true）”和“off（false）”，或者看作“yes（true）”和“no（false）”，这样比将它们看作“true”和“false”更为直观。有时候把它们看作 1（true）和 0（false）会更加有用（实际上 JavaScript 确实是这样做的，在必要时会将 true 转换成 1，将 false 转换成 0）。

16.2.4 特殊数据类型

☑ 未定义值：未定义值就是 undefined，表示变量还没有被赋值（如 var a;）。

☑ 空值（null）：JavaScript 中的关键字 null 是一个特殊的值，它表示为空值，用于定义空的或不存在的引用。这里必须注意的是，null 不等同于空的字符串（""）或 0。当使用对象进行编程时可能会用到这个值。

由此可见，null 与 undefined 的区别是，null 表示一个变量被赋予了一个空值，而 undefined 则表示该变量尚未被赋值。

16.3 变　　量

每一种计算机语言都有自己的数据结构。在 JavaScript 中，变量是数据结构的重要组成部分。本节将介绍变量的概念以及变量的使用方法。

变量是指程序中一个已经命名的存储单元，它的主要作用就是为数据操作提供存放信息的容器。变量的值可能会随着程序的执行而改变。变量有两个基本特征，即变量名和变量值。为了便于理解，可以把变量看作一个贴着标签的盒子，标签上的名字就是这个变量的名字（即变量名），而盒子里面的东西就相当于变量的值。对于变量的使用首先必须明确变量的命名、变量的声明、变量的赋值以及变量的类型。

16.3.1 变量的命名

JavaScript 变量的命名规则如下：

☑ 必须以字母或下画线开头，其他字符可以是数字、字母或下画线。

☑　变量名不能包含空格或加号、减号等符号。
☑　JavaScript 的变量名是严格区分大小写的。例如，UserName 与 username 代表两个不同的变量。
☑　不能使用 JavaScript 中的关键字。JavaScript 中的关键字如表 16.3 所示。

JavaScript 关键字（reserved words）是指在 JavaScript 语言中有特定含义，成为 JavaScript 语法中一部分的那些字。JavaScript 关键字是不能作为变量名和函数名使用的。使用 JavaScript 关键字作为变量名或函数名，会使 JavaScript 在载入过程中出现语法错误。

表 16.3　JavaScript 中的关键字

abstract	continue	finally	instanceof	private	this
boolean	default	float	int	public	throw
break	do	for	interface	return	typeof
byte	double	function	long	short	true
case	else	goto	native	static	var
catch	extends	implements	new	super	void
char	false	import	null	switch	while
class	final	in	package	synchronized	with

虽然 JavaScript 的变量可以任意命名，但是在编程的时候，最好使用便于记忆且有意义的变量名称，以增加程序的可读性。

16.3.2　变量的声明和赋值

在 JavaScript 中，使用变量前需要声明变量，所有的 JavaScript 变量都由关键字 var 声明，语法格式如下：

```
var variablename;
```

variablename 是声明的变量名，例如，声明一个变量 username，代码如下：

```
var username;                                    //声明变量 username
```

另外，可以使用一个关键字 var 同时声明多个变量，例如：

```
var a,b,c;                                       //同时声明 a、b 和 c 三个变量
```

在声明变量的同时也可以使用等于号（=）对变量进行初始化赋值，例如，声明一个变量 lesson 并对其进行赋值，值为一个字符串“Web 前端课程”，代码如下：

```
var lesson="Web 前端课程";                        //声明变量并对其进行初始化赋值
```

另外，还可以在声明变量之后再对变量进行赋值，例如：

```
var lesson;                                    //声明变量
lesson="Web 前端课程";                          //对变量进行赋值
```

在 JavaScript 中，变量可以不先声明而直接对其进行赋值。例如，给一个未声明的变量赋值，然后输出这个变量的值，代码如下：

```
str = "未声明的变量";                           //给未声明的变量赋值
document.write(str);                           //输出变量的值
```

运行结果如下：

```
未声明的变量
```

虽然在 JavaScript 中可以给一个未声明的变量直接进行赋值，但是建议在使用变量前就对其进行声明，因为声明变量的最大好处就是能及时发现代码中的错误。由于 JavaScript 是采用动态编译的，而动态编译是不易于发现代码中的错误的，特别是变量命名方面的错误。

说明

（1）如果只是声明了变量，并未对其进行赋值，则其值默认为 undefined。

（2）可以使用 var 语句重复声明同一个变量，也可以在重复声明变量时为该变量赋一个新值。

例如，定义一个未赋值的变量 a 和一个进行重复声明的变量 b，并输出这两个变量的值，代码如下：

```
var a;                                         //声明变量 a
var b = "从入门到实践";                          //声明变量 b 并初始化
var b = "从入门到精通";                          //重复声明变量 b
document.write(a);                             //输出变量 a 的值
document.write("<br>");                        //输出换行标记
document.write(b);                             //输出变量 b 的值
```

运行结果如下：

```
undefined
从入门到精通
```

16.3.3　变量的类型

变量的类型是指变量的值所属的数据类型，可以是数值型、字符串型和布尔型等，因为 JavaScript 是一种弱类型的程序语言，所以可以把任意类型的数据赋值给变量。

例如，先将一个数值型数据赋值给一个变量，在程序运行过程中，可以将一个字符串型数据赋值给同一个变量，代码如下：

```
var num=500;                                   //定义数值型变量
num="春夜喜雨" ;                                //定义字符串型变量
```

【例 16.3】输出演员信息。（**实例位置：资源包\TM\sl\16\03**）

威尔・史密斯是美国著名的男演员。将威尔・史密斯的姓名、身高、职业、代表作品以及主要成就分别定义在不同的变量中，并输出这些信息，关键代码如下：

```
<script type="text/javascript">
var name = "威尔・史密斯";                        //定义姓名变量
```

```
var height = 183;                                                   //定义身高变量
var occupation = "演员、歌手";                                      //定义职业变量
var works = "我是传奇、黑衣人";                                     //定义代表作品变量
var achievement = "第 94 届奥斯卡金像奖最佳男主角";                 //定义主要成就变量
document.write("姓名：");                                           //输出字符串
document.write(name);                                               //输出变量 name 的值
document.write("<br>身高：");                                       //输出换行标记和字符串
document.write(height);                                             //输出变量 height 的值
document.write("厘米<br>职业：");                                   //输出换行标记和字符串
document.write(occupation);                                         //输出变量 occupation 的值
document.write("<br>代表作品：");                                   //输出换行标记和字符串
document.write(works);                                              //输出变量 works 的值
document.write("<br>主要成就：");                                   //输出换行标记和字符串
document.write(achievement);                                        //输出变量 achievement 的值
</script>
```

实例运行结果如图 16.4 所示。

编程训练（答案位置：资源包\TM\sl\16\编程训练）

【训练 3】输出存款单信息　将存款人姓名、存款账号、存款金额定义在变量中，并输出存款单中的信息。

【训练 4】输出个人简历信息　将个人简历信息定义在变量中，并输出这些个人简历信息。

输出演员信息
E:/TM/sl/16/03/index.html
姓名：威尔·史密斯
身高：183厘米
职业：演员、歌手
代表作品：我是传奇、黑衣人
主要成就：第94届奥斯卡金像奖最佳男主角

图 16.4　输出演员信息

16.4　运　算　符

运算符也被称为操作符，它是完成一系列操作的符号。运算符用于对一个或几个值进行计算以生成一个新的值，对其进行计算的值称为操作数，操作数可以是一个值或变量。

JavaScript 的运算符按操作数的个数可以分为单目运算符、双目运算符和三目运算符；按运算符的功能可以分为算术运算符、比较运算符、赋值运算符、字符串运算符、逻辑运算符、条件运算符和其他运算符。

16.4.1　算术运算符

算术运算符用于在程序中进行加、减、乘、除等运算。在 JavaScript 中常用的算术运算符如表 16.4 所示。

表 16.4　JavaScript 中的算术运算符

运　算　符	描　　述	示　　例
+	加运算符	10+20　　//返回值为 30
-	减运算符	15-9　　//返回值为 6
*	乘运算符	2*6　　//返回值为 12
/	除运算符	30/6　　//返回值为 5
%	求模运算符	10%7　　//返回值为 3

续表

运　算　符	描　　述	示　　例
++	自增运算符。该运算符有两种情况：i++（在使用 i 之后，使 i 的值加 1）和++i（在使用 i 之前，先使 i 的值加 1）	i=1; j=i++　//j 的值为 1，i 的值为 2 i=1; j=++i　//j 的值为 2，i 的值为 2
--	自减运算符。该运算符有两种情况：i--（在使用 i 之后，使 i 的值减 1）；--i（在使用 i 之前，先使 i 的值减 1）	i=6; j=i--　//j 的值为 6，i 的值为 5 i=6; j=--i　//j 的值为 5，i 的值为 5

【例 16.4】将华氏度转换为摄氏度。（**实例位置：资源包\TM\sl\16\04**）

美国使用华氏度来作为计量温度的单位。将华氏度转换为摄氏度的公式为“摄氏度 = 5 / 9* (华氏度-32)”。假设某城市的当前气温为 86 华氏度，分别输出该城市以华氏度和摄氏度表示的气温。关键代码如下：

```
<h2>某城市当前气温</h2>
<script type="text/javascript">
var degreeF=86;                                        //定义表示华氏度的变量
var degreeC=0;                                         //初始化表示摄氏度的变量
degreeC=5/9*(degreeF-32);                              //将华氏度转换为摄氏度
document.write("华氏度："+degreeF+"&deg;F");           //输出华氏度表示的气温
document.write("<br>摄氏度："+degreeC+"&deg;C");       //输出摄氏度表示的气温
</script>
```

本实例运行结果如图 16.5 所示。

注意

在使用“/”运算符进行除法运算时，如果被除数不是 0，除数是 0，则得到的结果为 Infinity；如果被除数和除数都是 0，则得到的结果为 NaN。

图 16.5　输出以华氏度和摄氏度表示的气温

16.4.2　字符串运算符

字符串运算符是用于两个字符串型数据之间的运算符，它的作用是将两个字符串连接起来。在 JavaScript 中，可以使用+和+=运算符对两个字符串进行连接运算。其中，+运算符用于连接两个字符串，而+=运算符则用于连接两个字符串并将结果赋给第一个字符串。表 16.5 给出了 JavaScript 中的字符串运算符。

表 16.5　JavaScript 中的字符串运算符

运　算　符	描　　述	示　　例
+	连接两个字符串	"HTML"+"CSS"
+=	连接两个字符串并将结果赋给第一个字符串	var name = "HTML" name += "CSS"//相当于 name = name+"CSS"

【例 16.5】字符串运算符的使用。（**实例位置：资源包\TM\sl\16\05**）

将电影《阿凡达》的影片名称、导演、类型、主演和全球票房分别定义在变量中，应用字符串运算符对多个变量和字符串进行连接并输出结果。代码如下：

```
<script type="text/javascript">
var movieName,director,type,actor,boxOffice;                   //声明变量
movieName = "阿凡达";                                           //定义影片名称
director = "詹姆斯 · 卡梅隆";                                    //定义影片导演
type = "动作、科幻、剧情、冒险";                                   //定义影片类型
actor = "萨姆 · 沃辛顿、佐伊 · 索尔达娜";                          //定义影片主演
boxOffice = 27.98;                                             //定义影片全球票房
//连接变量和字符串并输出结果
alert("影片名称："+movieName+"\n 导演："+director+"\n 类型："+type+"\n
    主演："+actor+"\n 全球票房："+boxOffice+"亿美元");
</script>
```

运行本实例，结果如图 16.6 所示。

说明

JavaScript 脚本会根据操作数的数据类型来确定表达式中的“+”是算术运算符还是字符串运算符。在两个操作数中只要有一个是字符串类型，那么这个“+”就是字符串运算符，而不是算术运算符。

此网页显示
影片名称：阿凡达
导演：詹姆斯·卡梅隆
类型：动作、科幻、剧情、冒险
主演：萨姆·沃辛顿、佐伊·索尔达娜
全球票房：27.98亿美元
确定

图 16.6　输出字符串运算结果

16.4.3　比较运算符

比较运算符的基本操作过程是：首先对操作数进行比较，这个操作数可以是数字也可以是字符串，然后返回一个布尔值 true 或 false。在 JavaScript 中常用的比较运算符如表 16.6 所示。

表 16.6　JavaScript 中常用的比较运算符

运 算 符	描　述	示　例
<	小于	2<3　　//返回值为 true
>	大于	9>10　　//返回值为 false
<=	小于或等于	10<=10　　//返回值为 true
>=	大于或等于	32>=36　　//返回值为 false
==	等于。只根据表面值进行判断，不涉及数据类型	"16"==16　　//返回值为 true
===	绝对等于。根据表面值和数据类型同时进行判断	"16"===16　　//返回值为 false
!=	不等于。只根据表面值进行判断，不涉及数据类型	"16"!=16　　//返回值为 false
!==	不绝对等于。根据表面值和数据类型同时进行判断	"16"!==16　　//返回值为 true

【例 16.6】比较运算符的使用。（**实例位置：资源包\TM\sl\16\06**）

应用比较运算符实现两个数值之间的大小比较。代码如下：

```
<script type="text/javascript">
var number = 6;                              //定义变量
document.write("number="+number);            //输出字符串和变量的值
document.write("<p>");                       //输出换行标记
document.write("number>10：");               //输出字符串
document.write(number>10);                   //输出比较结果
document.write("<br>");                      //输出换行标记
```

```
document.write("number<10：");               //输出字符串
document.write(number<10);                   //输出比较结果
document.write("<br>");                      //输出换行标记
document.write("number==10：");              //输出字符串
document.write(number==10);                  //输出比较运算结果
</script>
```

运行本实例，结果如图 16.7 所示。

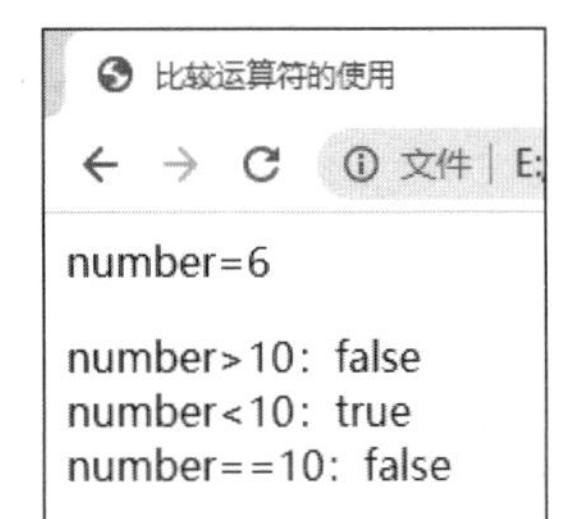

图 16.7　输出比较运算结果

16.4.4　赋值运算符

JavaScript 中的赋值运算可以分为简单赋值运算和复合赋值运算。简单赋值运算是将赋值运算符（=）右边表达式的值保存到左边的变量中；而复合赋值运算混合了其他操作（如算术运算操作）和赋值操作。例如：

```
sum+=i;                       //等同于 sum=sum+i;
```

JavaScript 中的赋值运算符如表 16.7 所示。

表 16.7　JavaScript 中的赋值运算符

运　算　符	描　　述	示　　例
=	将右边表达式的值赋给左边的变量	userName="Kelly"
+=	将运算符左边的变量加上右边表达式的值赋给左边的变量	m+=n　//相当于 m=m+n
-=	将运算符左边的变量减去右边表达式的值赋给左边的变量	m-=n　//相当于 m=m-n
*=	将运算符左边的变量乘以右边表达式的值赋给左边的变量	m*=n　//相当于 m=m*n
/=	将运算符左边的变量除以右边表达式的值赋给左边的变量	m/=n　//相当于 m=m/n
%=	将运算符左边的变量用右边表达式的值求模，并将结果赋给左边的变量	m%=n　//相当于 m=m%n

【例 16.7】赋值运算符的使用。（**实例位置：资源包\TM\sl\16\07**）

应用赋值运算符实现两个数值之间的运算并输出运算结果。代码如下：

```
<script type="text/javascript">
var a = 5;                            //定义变量
var b = 6;                            //定义变量
document.write("a=5,b=6");            //输出 a 和 b 的值
document.write("<p>");                //输出段落标记
document.write("a+=b 运算后：");       //输出字符串
a+=b;                                 //执行运算
document.write("a="+a);               //输出此时变量 a 的值
document.write("<br>");               //输出换行标记
document.write("a-=b 运算后：");       //输出字符串
a-=b;                                 //执行运算
document.write("a="+a);               //输出此时变量 a 的值
document.write("<br>");               //输出换行标记
document.write("a*=b 运算后：");       //输出字符串
a*=b;                                 //执行运算
document.write("a="+a);               //输出此时变量 a 的值
document.write("<br>");               //输出换行标记
document.write("a/=b 运算后：");       //输出字符串
a/=b;                                 //执行运算
document.write("a="+a);               //输出此时变量 a 的值
```

```
document.write("<br>");                     //输出换行标记
document.write("a%=b 运算后：");           //输出字符串
a%=b;                                       //执行运算
document.write("a="+a);                     //输出此时变量 a 的值
</script>
```

运行本实例，结果如图 16.8 所示。

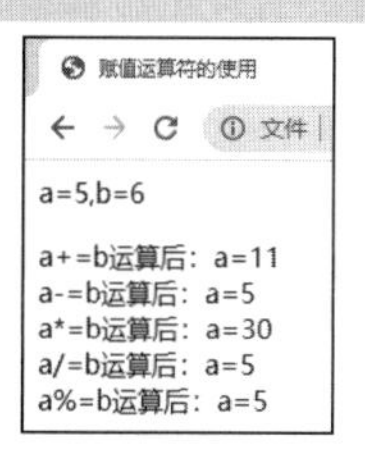

图 16.8　输出赋值运算结果

16.4.5　逻辑运算符

逻辑运算符用于对一个或多个布尔值进行逻辑运算。在 JavaScript 中有 3 个逻辑运算符，如表 16.8 所示。

表 16.8　逻辑运算符

运　算　符	描　　述	示　　例
&&	逻辑与	m && n　//当 m 和 n 都为真时，结果为真，否则为假
||	逻辑或	m || n　//当 m 为真或者 n 为真时，结果为真，否则为假
!	逻辑非	!m　//当 m 为假时，结果为真，否则为假

【例 16.8】逻辑运算符的使用。（**实例位置：资源包\TM\sl\16\08**）

应用逻辑运算符对逻辑表达式进行运算并输出运算结果。代码如下：

```
<script type="text/javascript">
var num = 10;                                        //定义变量
document.write("num="+num);                          //输出变量的值
document.write("<p>num>20 && num<30 的结果：");     //输出字符串
document.write(num>20 && num<30);                    //输出运算结果
document.write("<br>num>20 || num<30 的结果：");    //输出字符串
document.write(num>20 || num<30);                    //输出运算结果
document.write("<br>!(num<30)的结果：");            //输出字符串
document.write(!(num<30));                           //输出运算结果
</script>
```

运行本实例，结果如图 16.9 所示。

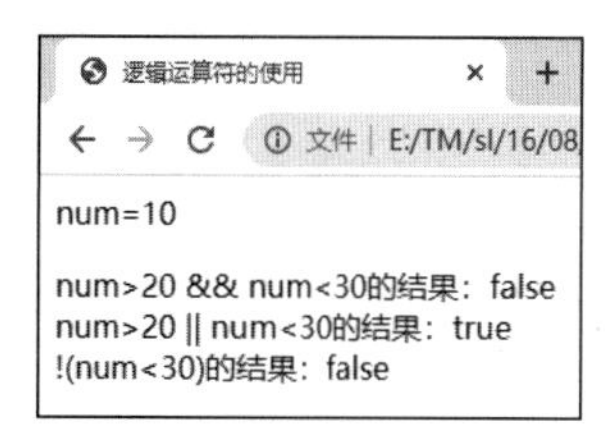

图 16.9　输出逻辑运算结果

16.4.6　条件运算符

条件运算符是 JavaScript 支持的一种特殊的三目运算符，其语法格式如下：

```
表达式?结果 1:结果 2
```

如果“表达式”的值为 true，则整个表达式的结果为“结果 1”，否则为“结果 2”。

例如，定义两个变量，值都为 100，然后判断两个变量是否相等，如果相等则输出“相等”，否则输出“不相等”，代码如下：

```
var a=100;                                   //定义变量
var b=100;                                   //定义变量
document.write(a==b?"相等":"不相等");        //应用条件运算符进行判断并输出判断结果
```

运行结果如下：

```
相等
```

【例 16.9】条件运算符的使用。（**实例位置：资源包\TM\sl\16\09**）

如果某年的年份值是 4 的倍数并且不是 100 的倍数，或者该年份值是 400 的倍数，那么这一年就是闰年。应用条件运算符判断 2023 年是否是闰年。代码如下：

```
<script type="text/javascript">
var year = 2023;                                    //定义年份变量
//应用条件运算符进行判断
result = (year%4 == 0 && year%100 != 0) || (year%400 == 0)?"是闰年":"不是闰年";
alert(year+"年"+result);                            //输出判断结果
</script>
```

运行本实例，结果如图 16.10 所示。

图 16.10　判断 2023 年是否是闰年

16.4.7　运算符优先级

JavaScript 运算符都有明确的优先级与结合性。优先级较高的运算符将先于优先级较低的运算符进行运算。结合性则是指具有同等优先级的运算符将按照怎样的顺序进行运算。JavaScript 运算符的优先级与结合性如表 16.9 所示。

表 16.9　JavaScript 运算符的优先级与结合性

优　先　级	结　合　性	运　算　符
最高	向左	.、[ ]、( )
由高到低依次排列		++、--、-、!、delete、new、typeof、void
	向左	*、/、%
	向左	+、-
	向左	<<、>>、>>>
	向左	<、<=、>、>=、in、instanceof
	向左	==、!=、===、!===
	向左	&
	向左	^
	向左	|
	向左	&&
	向左	||
	向右	?:
	向右	=
	向右	*=、/=、%=、+=、-=、<<=、>>=、>>>=、&=、^=、|=
最低	向左	,

例如，下面的代码显示了运算符优先顺序的作用：

```
var a;                                    //声明变量
```

```
a = 10-(5+7)<20&&6>5;                    //为变量赋值
alert(a);                                //输出变量的值
```

运行结果如图 16.11 所示。

当在表达式中连续出现的几个运算符优先级相同时，其运算的优先顺序由其结合性决定。结合性有向左结合和向右结合。例如：由于运算符“+”是左结合的，因此在计算表达式“a+b+c”的值时，会先计算“a+b”，即“(a+b)+c”；赋值运算符“=”是右结合的，因此在计算表达式“a=b=1”的值时，会先计算“b=1”。下面的代码说明了“=”的右结合性。

```
var a = 10;                              //声明变量并赋值
a = b = 20;                              //为变量 a 赋值
alert("a=" + a);                         //输出变量 a 的值
```

运行结果如图 16.12 所示。

图 16.11　使用运算符优先级的输出结果

图 16.12　使用运算符结合性的输出结果

【例 16.10】运算符优先级的使用。（**实例位置：资源包\TM\sl\16\10**）

假设手机原来的话费余额是 67 元，通话资费为 0.19 元/分钟，流量资费为 0.29 元/兆，在使用了 100 兆流量后，计算手机话费余额还可以进行多长时间的通话。代码如下：

```
<script type="text/javascript">
var balance = 67;                                        //定义手机话费余额变量
var call = 0.19;                                         //定义通话资费变量
var traffic = 0.29;                                      //定义流量资费变量
var minutes = (balance-traffic*100)/call;                //计算余额可通话分钟数
document.write("手机话费余额还可以通话"+minutes+"分钟");    //输出字符串
</script>
```

运行结果如图 16.13 所示。

图 16.13　输出手机话费余额可以进行通话的分钟数

编程训练（答案位置：资源包\TM\sl\16\编程训练）

【训练 5】*判断是否可以免票入园*　某公园规定，凡是年龄在 10 岁以下的儿童或者 60 岁以上的老年人都可以免票入园，判断一个 12 岁的儿童是否可以免票入园。

【训练 6】*计算梯形稻田的面积*　有一块梯形稻田，稻田上边缘长为 20 米，下边缘长为 30 米，高度为 20 米，计算这块梯形稻田的面积。

16.5　数据类型的转换规则

在对表达式进行求值时，通常需要所有的操作数都属于某种特定的数据类型。例如，进行算术运算要求操作数都是数值类型，进行字符串连接运算要求操作数都是字符串类型，而进行逻辑运算则要

求操作数都是布尔类型。

然而，JavaScript 语言并没有对此进行限制，而且允许运算符对不匹配的操作数进行计算。在代码执行过程中，JavaScript 会根据需要进行自动类型转换，但是在转换时也要遵循一定的规则。下面介绍几种数据类型之间的转换规则。

☑ 其他数据类型被转换为数值型数据，如表 16.10 所示。

表 16.10 转换为数值型数据

类 型	转换后的结果
undefined	NaN
null	0
逻辑型	若其值为 true，则结果为 1；若其值为 false，则结果为 0
字符串型	若内容为数字，则结果为相应的数字，否则为 NaN
其他对象	NaN

☑ 其他数据类型被转换为逻辑型数据，如表 16.11 所示。

表 16.11 转换为逻辑型数据

类 型	转换后的结果
undefined	false
null	false
数值型	若其值为 0 或 NaN，则结果为 false，否则为 true
字符串型	若其长度为 0，则结果为 false，否则为 true
其他对象	true

☑ 其他数据类型被转换为字符串型数据，如表 16.12 所示。

表 16.12 转换为字符串型数据

类 型	转换后的结果
undefined	"undefined"
null	"null"
数值型	NaN、0 或者与数值相对应的字符串
逻辑型	若其值为 true，则结果为"true"，若其值为 false，则结果为"false"
其他对象	若存在，则为其结果为 toString()方法的值，否则其结果为"undefined"

例如，根据不同数据类型之间的转换规则输出以下表达式的结果：7+"5"、7-"5"、true+10、true+"10"、true+false 和"a"-10。代码如下：

```
document.write(7+"5");                    //输出表达式的结果
document.write("<br>");                   //输出换行标记
document.write(7-"5");                    //输出表达式的结果
document.write("<br>");                   //输出换行标记
document.write(true+10);                  //输出表达式的结果
document.write("<br>");                   //输出换行标记
document.write(true+"10");                //输出表达式的结果
document.write("<br>");                   //输出换行标记
document.write(true+false);               //输出表达式的结果
document.write("<br>");                   //输出换行标记
document.write("a"-10);                   //输出表达式的结果
```

运行结果如下：

```
75
2
11
true10
1
NaN
```

16.6　实践与练习

（答案位置：资源包\TM\sl\16\实践与练习）

综合练习 1：计算员工收入　假设某员工的月薪为 6500 元，专项扣除费用共 500 元，个人所得税起征点是 5000 元，税率为 3%，计算该员工的实际收入。运行结果如图 16.14 所示。

综合练习 2：判断 2023 年 2 月的天数　闰年 2 月份的天数是 29 天，非闰年 2 月份的天数是 28 天。应用条件运算符判断 2023 年 2 月的天数。运行结果如图 16.15 所示。

综合练习 3：计算还款总额　假设商业贷款利率为 5%，贷款金额为 100000 元，贷款期限为 3 年，计算贷款到期后需要还款的总额是多少。运行结果如图 16.16 所示。

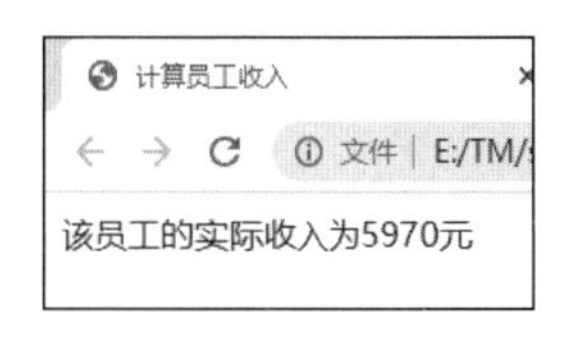

图 16.14　输出员工实际收入

图 16.15　输出 2023 年 2 月的天数

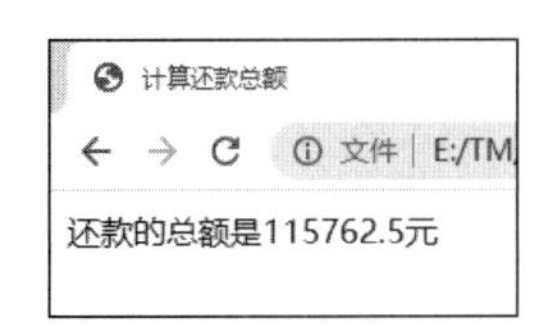

图 16.16　输出还款总额

第 17 章

流 程 控 制

流程控制语句对于任何一门编程语言都是至关重要的，JavaScript 也不例外。JavaScript 提供了 if 条件判断语句、switch 多路分支语句、for 循环语句、while 循环语句、do…while 循环语句、continue 语句和 break 语句 7 种流程控制语句，本章将对它们进行详细介绍。

本章知识架构及重难点如下。

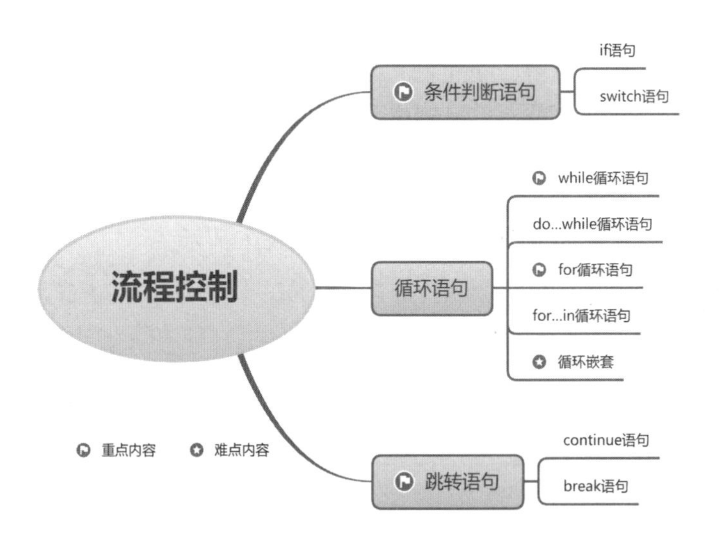

17.1 条件判断语句

在日常生活中，人们可能会根据不同的客观条件做出不同的选择。例如，根据路标选择走哪条路，根据第二天的天气情况选择做什么事情。在编写程序的过程中也经常会遇到这样的情况，这时就需要使用条件判断语句。所谓条件判断语句，就是对语句中不同条件的值进行判断，进而根据不同的条件执行不同的语句。条件判断语句主要包括两类：一类是 if 语句，另一类是 switch 语句。下面对这两种类型的条件判断语句进行详细的讲解。

17.1.1 if 语句

if 语句是最基本、最常用的条件判断语句。它通过判断条件表达式的值来确定是否执行一段语句，或者选择执行哪部分语句。

1．简单 if 语句

在实际应用中，if 语句有多种表现形式。简单 if 语句的语法格式如下：

```
if(表达式){
    语句
}
```

参数说明：

☑ 表达式：必选项，用于指定条件表达式，可以使用逻辑运算符。

☑ 语句：用于指定要执行的语句序列，可以是一条或多条语句。当表达式的值为 true 时，执行该语句序列。

简单 if 语句的执行流程如图 17.1 所示。

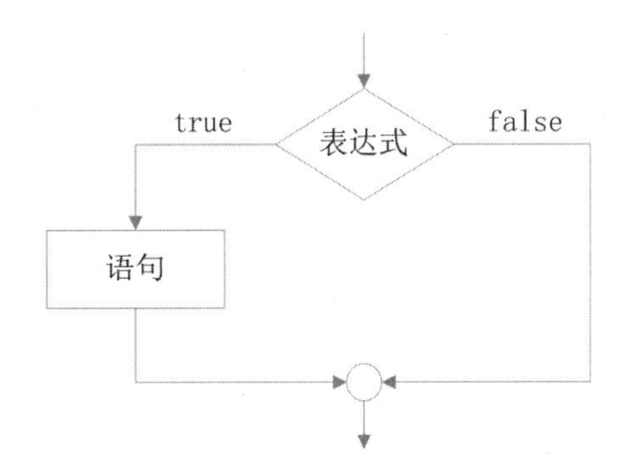

图 17.1　简单 if 语句的执行流程

在简单 if 语句中，首先对表达式的值进行判断，如果它的值是 true，则执行相应的语句，否则就不执行。

例如，判断 20 岁是否成年并输出结果。代码如下：

```
var age = 20;                              //定义变量 age，值为 20
if(age > 18){                              //判断变量 age 的值是否大于 18
    document.write("成年");                //输出成年
}
if(age < 18){                              //判断变量 age 的值是否小于 18
    document.write("未成年");              //输出未成年
}
```

运行结果如下：

```
成年
```

说明

当要执行的语句为单一语句时，其两边的大括号可以省略。

例如，下面的这段代码和上面代码的执行结果是一样的，都可以输出“成年”。

```
var age = 20;                              //定义变量 age，值为 20
if(age > 18)                               //判断变量 age 的值是否大于 18
    document.write("成年");                //输出成年
if(age < 18)                               //判断变量 age 的值是否小于 18
    document.write("未成年");              //输出未成年
```

【例 17.1】获取三个数中的最小值。（**实例位置：资源包\TM\sl\17\01**）

将三个数字 7、6、5 分别定义在变量中，应用简单 if 语句获取这三个数中的最小值。代码如下：

```
<script type="text/javascript">
    var a,b,c,minValue;                    //声明变量
    a=7;                                   //为变量赋值
    b=6;                                   //为变量赋值
    c=5;                                   //为变量赋值
    minValue=a;                            //假设 a 的值最小，定义 a 为最小值
    if(b<minValue){                        //如果 b 小于最小值
```

```
        minValue=b;                          //定义 b 为最小值
    }
    if(c<minValue){                          //如果 c 小于最小值
        minValue=c;                          //定义 c 为最小值
    }
    alert(a+"、"+b+"、"+c+"三个数的最小值为"+minValue);        //输出结果
</script>
```

运行结果如图 17.2 所示。

图 17.2　获取三个数中的最小值

2. if…else 语句

if…else 语句是 if 语句的标准形式，它在简单 if 语句的基础之上增加了一个 else 从句。当表达式的值是 false 时，则执行 else 从句中的内容。语法格式如下：

```
if(表达式){
    语句 1
}else{
    语句 2
}
```

参数说明：

☑ 表达式：必选项，用于指定条件表达式，可以使用逻辑运算符。

☑ 语句 1：用于指定要执行的语句序列。当表达式的值为 true 时，执行该语句序列。

☑ 语句 2：用于指定要执行的语句序列。当表达式的值为 false 时，执行该语句序列。

if...else 语句的执行流程如图 17.3 所示。

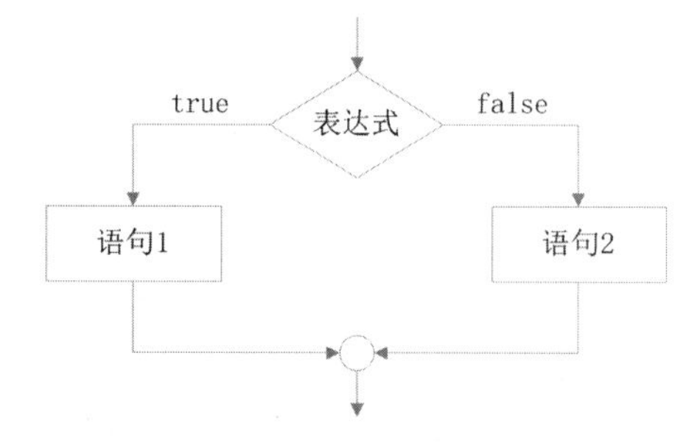

图 17.3　if...else 语句的执行流程

在 if 语句的标准形式中，首先对表达式的值进行判断，如果它的值是 true，则执行语句 1 中的内容，否则执行语句 2 中的内容。

例如，判断 20 岁是否成年并输出结果。代码如下：

```
var age = 16;                        //定义变量 age，值为 16
if(age > 18){                        //判断变量 age 的值是否大于 18
   document.write("成年");           //输出成年
} else {                             //否则
   document.write("未成年");         //输出未成年
}
```

运行结果如下：

```
未成年
```

说明

上述 if 语句是典型的二路分支结构。当语句 1、语句 2 为单一语句时，其两边的大括号也可以省略。

例如，上面代码中的大括号也可以省略，程序的执行结果是不变的，代码如下：

```
var age = 16;                                   //定义变量 age，值为 16
if(age > 18)                                    //判断变量 age 的值是否大于 18
    document.write("成年");                     //输出成年
else                                            //否则
    document.write("未成年");                   //输出未成年
```

【例 17.2】判断 65 分是否及格。（**实例位置：资源包\TM\sl\17\02**）

假设考试成绩的及格分数是 60 分，应用 if…else 语句判断 65 分是否及格。代码如下：

```
<script type="text/javascript">
    var score = 65;                             //定义变量
    if(score < 60){                             //如果 score 的值小于 60
        alert("考试成绩是" + score + "分，成绩不及格");
    }else{
        alert("考试成绩是" + score + "分，成绩及格");
    }
</script>
```

运行结果如图 17.4 所示。

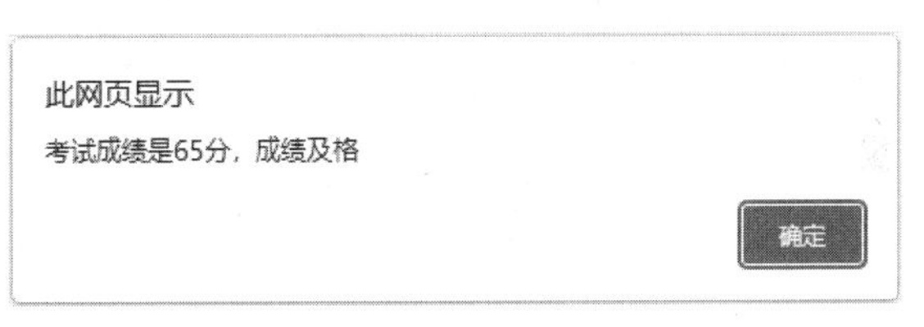

图 17.4　输出判断结果

3．if…else if 语句

if 语句是一种使用很灵活的语句，除了可以使用 if...else 语句的形式，还可以使用 if ... else if 语句的形式。这种形式可以进行更多的条件判断，不同的条件对应不同的语句。if...else if 语句的语法格式如下：

```
if (表达式 1){
    语句 1
}else if(表达式 2){
    语句 2
}
…
else if(表达式 n){
    语句 n
}else{
    语句 n+1
}
```

if...else if 语句的执行流程如图 17.5 所示。

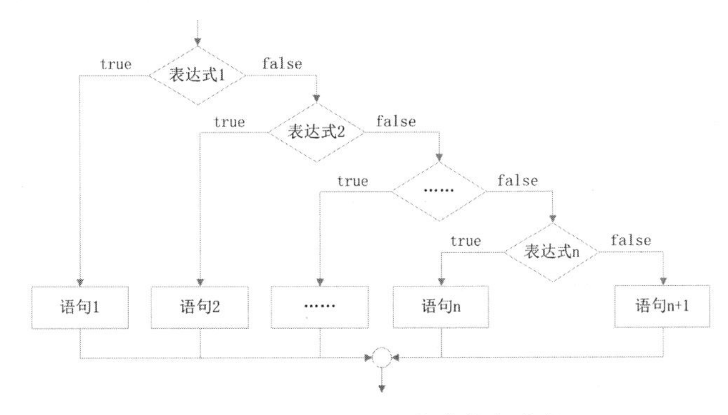

图 17.5　if...else if 语句的执行流程

【例 17.3】输出考试成绩对应的等级。(**实例位置：资源包\TM\sl\17\03**)

将某学校的学生成绩转化为不同等级，划分标准如下：

☑ “优秀”，大于或等于 90 分。

☑ “良好”，大于或等于 75 分。

☑ “及格”，大于或等于 60 分。

☑ “不及格”，小于 60 分。

假设某考生的考试成绩是 88 分，输出该成绩对应的等级。其关键代码如下：

```
<script type="text/javascript">
var grade = "";                         //定义表示等级的变量
var score = 88;                         //定义表示分数的变量 score 值为 88
if(score>=90){                          //如果分数大于或等于 90
    grade = "优秀";                      //将“优秀”赋值给变量 grade
}else if(score>=75){                    //如果分数大于或等于 75
    grade = "良好";                      //将“良好”赋值给变量 grade
}else if(score>=60){                    //如果分数大于或等于 60
    grade = "及格";                      //将“及格”赋值给变量 grade
}else{                                  //如果 score 的值不符合上述条件
    grade = "不及格";                    //将“不及格”赋值给变量 grade
}
alert("该考生的考试成绩"+grade);          //输出考试成绩对应的等级
</script>
```

运行结果如图 17.6 所示。

图 17.6　输出考试成绩对应的等级

4．if 语句的嵌套

if 语句不但可以单独使用，而且可以嵌套应用，即在 if 语句的从句部分嵌套另一个完整的 if 语句。基本语法格式如下：

```
if (表达式 1){
    if(表达式 2){
        语句 1
    }else{
        语句 2
    }
}else{
    if(表达式 3){
        语句 3
    }else{
        语句 4
    }
}
```

说明

在使用嵌套的 if 语句时，最好使用大括号{}来确定它们之间的层次关系；否则，由于大括号{}的使用位置不同，程序代码的含义可能完全不同，从而导致不同的输出内容。

【例 17.4】判断年龄段。(**实例位置：资源包\TM\sl\17\04**)

应用 if 语句的嵌套判断 20 岁正处在哪个年龄段（已知年龄在 18 岁以下为未成年，年满 18 岁为成

年，其中，年龄为 0～6 岁属于童年，年龄为 7～17 岁属于少年，年龄为 18～40 岁属于青年，年龄为 41～65 岁属于中年，年龄为 66 岁以上属于老年）。代码如下：

```
<script type="text/javascript">
var age = 20;                                  //定义年龄
var ageGroup = "";                             //定义年龄段
if(age < 18){                                  //如果年龄小于 18 岁，就执行下面的内容
	if(age > 0 && age <= 6){                   //如果年龄为 1～6 岁
		ageGroup = "童年";
	}else{
		ageGroup = "少年";
	}
}else{                                         //如果年龄不小于 18 岁，就执行下面的内容
	if(age >= 18 && age <= 40){                //如果年龄为 18～40 岁
		ageGroup = "青年";
	}else if(age >= 41 && age <= 65){          //如果年龄为 41～65 岁
		ageGroup = "中年";
	}else{
		ageGroup = "老年";
	}
}
alert("20 岁正处在"+ageGroup+"时期");            //输出结果
</script>
```

运行结果如图 17.7 所示。

图 17.7　输出 20 岁正处在哪个年龄段

17.1.2　switch 语句

switch 语句是典型的多路分支语句，其作用与 if ... else if 语句基本相同，但 switch 语句比 if ... else if 语句更具有可读性，它根据一个表达式的值，选择不同的分支执行，而且 switch 语句允许在找不到一个匹配条件的情况下执行默认的一组语句。switch 语句的语法格式如下：

```
switch (表达式){
    case 常量表达式 1:
        语句 1;
        break;
    case 常量表达式 2:
        语句 2;
        break;
    …
    case 常量表达式 n:
        语句 n;
        break;
    default:
        语句 n+1;
        break;
}
```

参数说明：

☑　表达式：它可以是任意的表达式或变量。

☑　常量表达式：它可以是任意的常量或常量表达式。如果表达式的值与某个常量表达式的值相等，则执行此 case 后面相应的语句；如果表达式的值与所有的常量表达式的值都不相等，则

执行 default 后面相应的语句。

☑ break：break 语句用于结束 switch 语句，从而使 JavaScript 只执行匹配的分支。如果没有了 break 语句，则该匹配分支之后的所有分支都将被执行，switch 语句也就失去了使用的意义。

switch 语句的执行流程如图 17.8 所示。

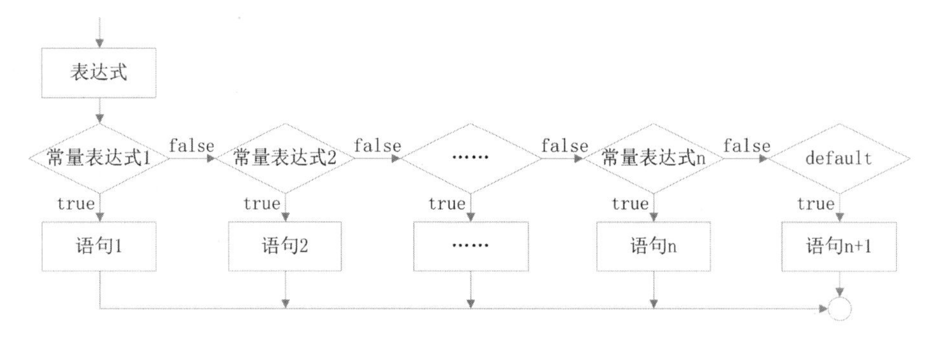

图 17.8　switch 语句的执行流程

说明

（1） default 语句可以省略。在表达式的值不能与任何一个 case 语句中的值相匹配的情况下，JavaScript 会直接结束 switch 语句，不进行任何操作。

（2）case 后面常量表达式的数据类型必须与表达式的数据类型相同，否则匹配会全部失败，并执行 default 语句中的内容。

【例 17.5】输出奖项级别及奖品。（**实例位置：资源包\TM\sl\17\05**）

某公司年会举行抽奖活动，中奖号码及其对应的奖品设置如下：

☑ “1”代表“一等奖”，奖品是“戴尔笔记本电脑”。

☑ “2”代表“二等奖”，奖品是“小米手机”。

☑ “3”代表“三等奖”，奖品是“数码相机”。

☑ 其他号码代表“安慰奖”，奖品是“运动背包”。

假设某员工抽中的奖号为 3，输出该员工抽中的奖项级别及所获得的奖品。代码如下：

```
<script type="text/javascript">
var grade="";                          //定义表示奖项级别的变量
var prize="";                          //定义表示奖品的变量
var code=3;                            //定义表示中奖号码的变量值为 3
switch(code){
    case 1:                            //如果中奖号码为 1
        grade="一等奖";                //定义奖项级别
            prize="戴尔笔记本电脑";    //定义获得的奖品
            break;                     //退出 switch 语句
    case 2:                            //如果中奖号码为 2
        grade="二等奖";                //定义奖项级别
            prize="小米手机";          //定义获得的奖品
            break;                     //退出 switch 语句
    case 3:                            //如果中奖号码为 3
        grade="三等奖";                //定义奖项级别
            prize="数码相机";          //定义获得的奖品
```

```
            break;                              //退出 switch 语句
        default:                                //如果中奖号码为其他号码
            grade="安慰奖";                      //定义奖项级别
            prize="运动背包";                    //定义获得的奖品
            break;                              //退出 switch 语句
}
//输出奖项级别和获得的奖品
document.write("该员工获得了"+grade+"<br>奖品是"+prize);
</script>
```

运行结果如图 17.9 所示。

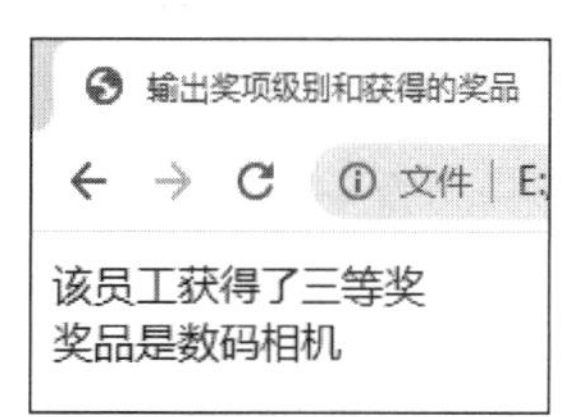

图 17.9　输出奖项和奖品

说明

在程序开发的过程中，可以根据实际情况决定使用 if 语句还是 switch 语句。一般情况下，if 条件语句用于较少的条件判断，而 switch 语句用于较多的条件判断。

编程训练（答案位置：资源包\TM\sl\17\编程训练）

【训练 1】判断空气污染程度　空气污染指数（API）是评估空气质量状况的一组数字。如果空气污染指数为 0～100，空气质量状况属于良好；如果空气污染指数为 101～200，空气质量状况属于轻度污染；如果空气污染指数为 201～300，空气质量状况属于中度污染；如果空气污染指数大于 300，空气质量状况属于重度污染；假设某城市今天的空气污染指数为 165，判断该城市的空气污染程度。

【训练 2】判断职工是否已经退休　假设某工种的男职工 60 岁退休，女职工 55 岁退休，应用 if 语句的嵌套来判断一个 53 岁的女职工是否已经退休。

17.2　循 环 语 句

在日常生活中，有时需要反复地执行某些事情。例如，运动员要完成 10000 米的比赛，需要在跑道上跑 25 圈，这就是循环的一个过程。类似这样反复执行同一操作的情况，在程序设计中经常会遇到，为了满足这样的开发需求，JavaScript 提供了循环语句。所谓循环语句，就是在满足条件的情况下反复地执行某一个操作。循环语句主要包括 while 循环语句、do…while 循环语句和 for 循环语句等，下面分别进行讲解。

17.2.1　while 循环语句

while 循环语句也被称为前测试循环语句，它利用一个条件来控制是否要继续重复执行这个语句。while 循环语句与 for 循环语句相比，无论是语法还是执行的流程，都较为简明易懂。while 循环语句的语法格式如下：

```
while(表达式){
    语句
}
```

参数说明：

☑ 表达式：一个包含比较运算符的条件表达式，用来指定循环条件。

☑ 语句：用来指定循环体，在循环条件的结果为 true 时，重复执行。

while 循环语句执行的过程是先判断条件表达式，如果条件表达式的值为 true，则执行循环体，并且在循环体执行完毕后，进入下一次循环，否则退出循环。

while 循环语句的执行流程如图 17.10 所示。

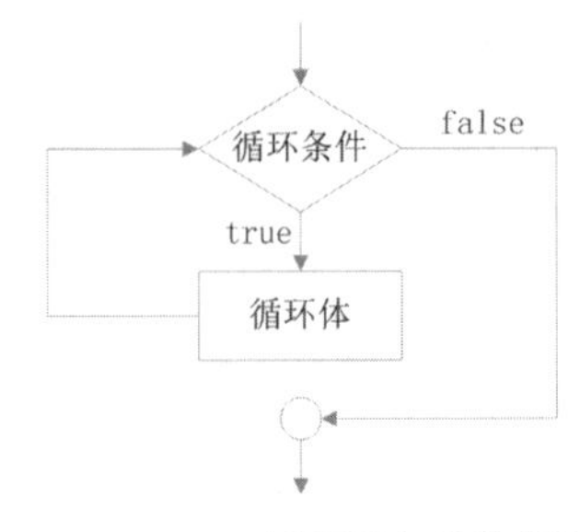

图 17.10 while 循环语句的执行流程

例如，应用 while 循环语句输出 1～10 的所有奇数，代码如下：

```
var m = 1;                      //声明变量
while(m<=10){                   //定义 while 循环语句
    document.write(m+" ");      //输出变量 m 的值
    m+=2;                       //变量 m 自加 2
}
```

运行结果如下：

```
1 3 5 7 9
```

注意

在使用 while 循环语句时，一定要保证循环可以正常结束，即必须保证条件表达式的值存在为 false 的情况，否则将形成死循环。

【例 17.6】计算 10000 米比赛的完整圈数。（**实例位置：资源包\TM\sl\17\06**）

运动员参加 10000 米比赛，已知标准的体育场跑道一圈是 400 米，应用 while 循环语句计算出在标准的体育场跑道上完成比赛需要跑完整的多少圈。代码如下：

```
<script type="text/javascript">
    var distance=400;                               //定义表示距离的变量
    var count=0;                                    //定义表示圈数的变量
    while(distance<=10000){
        count++;                                    //圈数加 1
        distance=(count+1)*400;                     //每跑一圈就重新计算距离
    }
    document.write("10000 米比赛需要跑完整的"+count+"圈");    //输出最后的圈数
</script>
```

运行本实例，结果如图 17.11 所示。

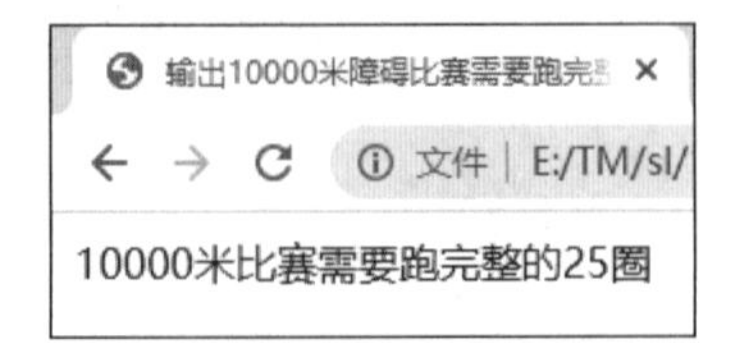

图 17.11 输出 10000 米比赛的完整圈数

17.2.2 do…while 循环语句

do…while 循环语句也被称为后测试循环语句，它也利用一个条件来控制是否要继续重复执行这个语句。与 while 循环语句不同的是，do…while 循环语句先执行一次循环语句，然后判断是否继续执行。do…while 循环语句的语法格式如下：

```
do{
    语句
} while(表达式);
```

参数说明：

☑ 语句：用来指定循环体，循环开始时首先被执行一次，然后在循环条件的结果为 true 时，重复执行。

☑ 表达式：一个包含比较运算符的条件表达式，用来指定循环条件。

说明

do…while 循环语句执行的过程是：先执行一次循环体，然后判断条件表达式，如果条件表达式的值为 true，则继续执行，否则退出循环。也就是说，do…while 循环语句中的循环体至少被执行一次。

do…while 循环语句的执行流程如图 17.12 所示。该语句同 while 循环语句类似，也常用于循环执行的次数不确定的情况下。

注意

do…while 循环语句结尾处的 while 语句括号后面有一个分号“;”，为了养成良好的编程习惯，建议读者在书写的过程中不要遗漏它。

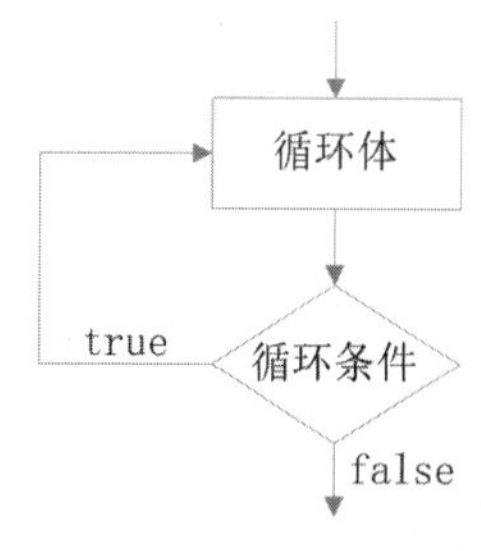

图 17.12　do…while 循环语句的执行流程

例如，应用 do…while 循环语句输出 1～10 的奇数，代码如下：

```
var m = 1;                              //声明变量
do{                                     //定义 do...while 循环语句
    document.write(m+" ");              //输出变量 m 的值
    m+=2;                               //变量 m 自加 2
}while(m<=10);
```

运行结果如下：

```
1 3 5 7 9
```

do…while 循环语句和 while 循环语句的执行流程很相似。由于 do…while 循环语句在对条件表达式进行判断之前就执行一次循环体，因此 do…while 循环语句中的循环体至少被执行一次。

【例 17.7】计算 10 的阶乘。（**实例位置：资源包\TM\sl\17\07**）

使用 do…while 循环语句计算 10 的阶乘（1*2*3*…*10），并输出计算结果。代码如下：

```
<script type="text/javascript">
var i = 1;                          //定义初始值
var product = 1;                    //定义乘积
do{
    product*=i;                     //计算乘积
    i++;                            //变量 i 自加 1
}while(i<=10);
alert("1*2*3*…*10="+product);       //输出结果
</script>
```

运行结果如图 17.13 所示。

图 17.13　计算 10 的阶乘

17.2.3　for 循环语句

for 循环语句也被称为计次循环语句，它一般用于循环次数已知的情况，在 JavaScript 中应用比较广泛。for 循环语句的语法格式如下：

```
for(初始化表达式;条件表达式;迭代表达式){
    语句
}
```

参数说明：

☑ 初始化表达式：它是一条初始化语句，用于对循环变量进行初始化赋值。
☑ 条件表达式：它用于指定循环条件，并且是一个包含比较运算符的表达式，该表达式用于限定循环变量的边限。如果循环变量超过了该边限，则停止该循环语句的执行。
☑ 迭代表达式：它用于改变循环变量的值，从而控制循环的次数。这通常是通过增大或减小循环变量来实现的。
☑ 语句：它用于指定循环体，当循环条件的结果为 true 时，循环体会被重复执行。

说明

for 循环语句执行的过程是：先执行初始化语句，然后判断循环条件，如果循环条件的结果为 true，则执行一次循环体，否则直接退出循环，最后执行迭代语句，改变循环变量的值，至此完成一次循环；接下来将进行下一次循环，直到循环条件的结果为 false，才结束循环。

for 循环语句的执行流程如图 17.14 所示。

例如，应用 for 循环语句输出 0～10 的所有偶数，代码如下：

```
for(var m=0;m<=10;m+=2){                //定义 for 循环语句
    document.write(m+" ");              //输出变量 m 的值
}
```

运行结果如下：

```
0 2 4 6 8 10
```

【例 17.8】循环输出年份和月份。（**实例位置：资源包\TM\sl\17\08**）

为了使用户能够方便地选择年、月、日等日期方面的信息，可以把它们放在下拉菜单中进行输出。本实例通过 for 循环语句输出年份和月份。代码如下：

```
请选择您的出生年月：
<script type="text/javascript">
document.write("<select name='year'>");
for(var i=1980;i<2000;i++){
    document.write("<option value='"+i+"'"+
                (i==1985?" selected":"")+">"+i+"年</option>");
}
document.write("</select> ");
```

```
document.write("<select name='month'>");
for(var i=1;i<=12;i++){
        document.write("<option value='"+i+"'>"+i+"月</option>");
}
document.write("</select>");
</script>
```

运行结果如图 17.15 所示。

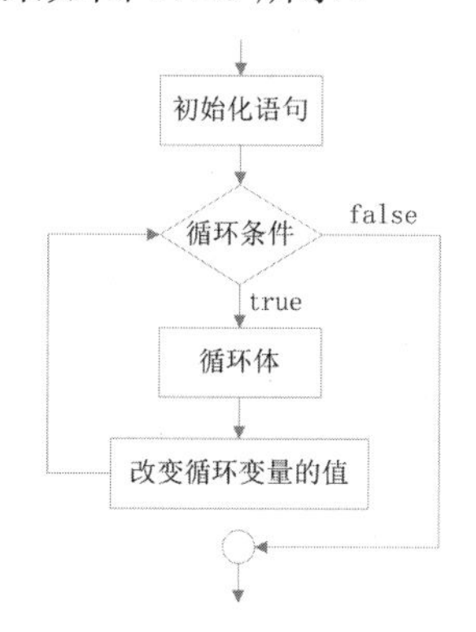

图 17.14　for 循环语句的执行流程

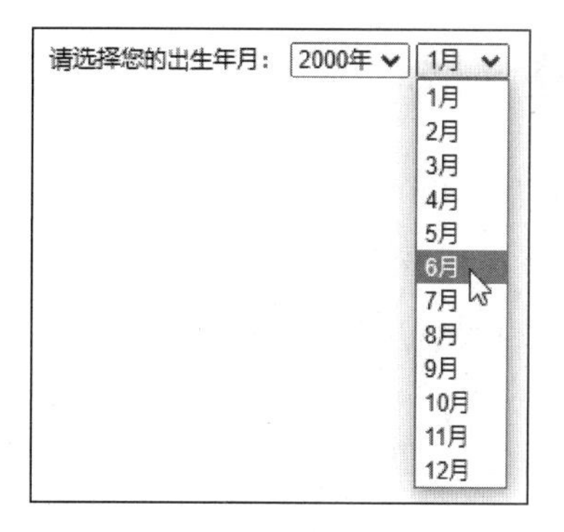

图 17.15　循环输出年份和月份

17.2.4　for…in 循环语句

for…in 循环语句和 for 循环语句十分相似，for…in 循环语句用来遍历对象的每一个属性，并且每次都将属性名作为字符串保存在变量里。语法如下：

```
for (变量 in 对象) {
    语句
}
```

参数说明：

☑　变量：用于存储某个对象的所有属性名。

☑　对象：用于指定要遍历属性的对象。

☑　语句：用于指定循环体。

for…in 循环语句用于对某个对象的所有属性进行循环操作。将某个对象的所有属性名称依次赋值给同一个变量，而不需要事先知道对象属性的个数。

注意

应用 for…in 循环语句遍历对象的属性，在输出属性值时一定要使用数组的形式（对象名[属性名]）进行输出，而不能使用“对象名.属性名”这种形式。

下面应用 for…in 循环语句输出对象中的属性名和属性值。首先创建一个对象，并且指定对象的属性，然后应用 for…in 循环语句输出对象中的所有属性和属性值。程序代码如下：

```
var object={user:"张三",sex:"男",age:20,interest:"看书、听音乐"};  //创建自定义对象
for (var example in object){                                     //应用 for...in 循环语句
    document.write(example+"："+object[example]+"<br>");          //输出各属性名及属性值
}
```

运行结果如图 17.16 所示。

说明

该示例应用了自定义对象的知识，后面的章节将会介绍自定义对象方面的内容。

```
user：张三
sex：男
age：20
interest：看书、听音乐
```

图 17.16　输出对象中的属性名及属性值

17.2.5　循环嵌套

在一个循环语句的循环体中也可以包含其他的循环语句，这被称为循环语句的嵌套。上述 3 种循环语句（while 循环语句、do…while 循环语句和 for 循环语句）都是可以互相嵌套的。

如果循环语句 A 的循环体中包含循环语句 B，而循环语句 B 中不包含其他循环语句，那么就把循环语句 A 叫作外层循环，而把循环语句 B 叫作内层循环。

例如，在 while 循环语句中包含 for 循环语句的代码如下：

```
var m,n;                                        //声明变量
m = 1;                                          //为变量赋初值
while(m<4) {                                    //定义外层循环
    document.write("第" + m + "次循环：");      //输出循环变量 m 的值
    for (n = 1; n <= 5; n++) {                  //定义内层循环
        document.write(n + "\n");               //输出循环变量 n 的值
    }
    document.write("<br>");                     //输出换行标记
    m++;                                        //变量 m 自加 1
}
```

运行结果如下：

```
第 1 次循环：1 2 3 4 5
第 2 次循环：1 2 3 4 5
第 3 次循环：1 2 3 4 5
```

【例 17.9】输出乘法口诀表。（**实例位置：资源包\TM\sl\17\09**）

应用嵌套的 for 循环语句输出乘法口诀表。代码如下：

```
<h3>乘法口诀表</h3>
<script type="text/javascript">
    var i,j;                                    //声明变量
    document.write("<pre>");                    //输出<pre>标签
    for(i=1;i<10;i++){                          //定义外层循环
        for(j=1;j<=i;j++){                      //定义内层循环
            if(j>1) document.write("\t");       //如果 j 大于 1，就输出一个 Tab 空格
            document.write(j+"x"+i+"="+j*i);    //输出乘法算式
        }
        document.write("<br>");                 //输出换行标记
    }
    document.write("</pre>");                   //输出</pre>标签
</script>
```

运行结果如图 17.17 所示。

乘法口诀表

```
1x1=1
1x2=2  2x2=4
1x3=3  2x3=6   3x3=9
1x4=4  2x4=8   3x4=12  4x4=16
1x5=5  2x5=10  3x5=15  4x5=20  5x5=25
1x6=6  2x6=12  3x6=18  4x6=24  5x6=30  6x6=36
1x7=7  2x7=14  3x7=21  4x7=28  5x7=35  6x7=42  7x7=49
1x8=8  2x8=16  3x8=24  4x8=32  5x8=40  6x8=48  7x8=56  8x8=64
1x9=9  2x9=18  3x9=27  4x9=36  5x9=45  6x9=54  7x9=63  8x9=72  9x9=81
```

图 17.17　输出乘法口诀表

编程训练（答案位置：资源包\TM\sl\17\编程训练）

【训练 3】输出头像　应用 for 循环语句循环输出用户头像。

【训练 4】输出三角形金字塔　输出一个形状呈三角形的金字塔。该金字塔共 5 行，第 1 行 1 颗星，第 2 行 3 颗星，第 3 行 5 颗星，第 4 行 7 颗星，第 5 行 9 颗星。

17.3　跳 转 语 句

假设在一个书架中寻找一本《新华字典》，如果在第二排第三个位置找到了这本书，那么就不需要去看第三排、第四排的书了。同样，在编写一个循环语句时，当循环还未结束就已经处理完了所有的任务，就没有必要让循环继续执行下去，继续执行下去既浪费时间又浪费内存资源。JavaScript 提供了两种用来控制循环的跳转语句：continue 语句和 break 语句。

17.3.1　continue 语句

continue 语句用于跳过本次循环并开始下一次循环。其语法格式如下：

```
continue;
```

注意

continue 语句只能应用在 while、for、do…while 循环语句中。

例如，在 for 循环语句中通过 continue 语句输出 10 以内不包括 4 和 8 的自然数，代码如下：

```
for(m=1;m<=10;m++){
    if(m==4 || m == 8) continue;          //如果 m 等于 4 或 8，就跳过本次循环
    document.write(m+" ");                //输出变量 m 的值
}
```

运行结果如下：

```
1 2 3 5 6 7 9 10
```

说明

当使用 continue 语句跳过本次循环后，如果循环条件的结果为 false，则退出循环，否则继续下一次循环。

【例 17.10】计算 100 以内所有 5 的倍数的和。(**实例位置：资源包\TM\sl\17\10**)

在 for 循环语句中应用 continue 语句，计算 1~100 以内所有 5 的倍数的和。关键代码如下：

```
<script type="text/javascript">
var i,sum;                              //声明变量
sum = 0;                                //对变量初始化
for(i=1;i<=100;i++){                    //应用 for 循环语句
    if(i%5!=0){                         //如果 i 的值不是 5 的倍数
        continue;                       //跳过本次循环
    }
    sum+=i;                             //对变量 i 的值进行累加
}
alert("1~100 以内所有 5 的倍数的和为："+sum);  //输出结果
</script>
```

运行结果如图 17.18 所示。

此网页显示

1~100以内所有5的倍数的和为：1050

确定

图 17.18　输出 100 以内所有 5 的倍数的和

17.3.2　break 语句

在第 16 章的 switch 语句中已经用到了 break 语句，当程序执行到 break 语句时就会跳出 switch 语句。除了 switch 语句，在循环语句中也经常会用到 break 语句。

在循环语句中，break 语句用于跳出循环。break 语句的语法格式如下：

```
break;
```

说明

break 语句通常用在 for、while、do…while 循环语句中或 switch 语句中。

例如，在 for 循环语句中通过 break 语句跳出循环的代码如下：

```
for(m=1;m<=10;m++){
    if(m==6) break;                     //如果 m 等于 6，就跳出整个循环
    document.write(m+"\n");             //输出变量 m 的值
}
```

运行结果如下：

```
1 2 3 4 5
```

注意

在嵌套的循环语句中，break 语句只能跳出当前这一层的循环语句，而不能跳出所有的循环语句。

例如，应用 break 语句跳出当前循环的代码如下：

```
var m,n;                                //声明变量
for(m=1;m<=3;m++){                      //定义外层循环语句
    document.write(m+"\n");             //输出变量 m 的值
    for(n=1;n<=3;n++){                  //定义内层循环语句
        if(n==2)                        //如果变量 n 的值等于 2
            break;                      //跳出内层循环
```

```
            document.write(n);                          //输出变量 n 的值
    }
    document.write("<br>");                             //输出换行标记
}
```

运行结果如下：

```
1 1
2 1
3 1
```

由运行结果可以看出，外层 for 循环语句一共执行了 3 次（输出 1、2、3），而内层循环语句在每次外层循环里只执行了一次（只输出 1）。

编程训练（答案位置：资源包\TM\sl\17\编程训练）

【训练 5】 逢七拍腿游戏　通过在 for 循环语句中使用 continue 语句实现逢七拍腿游戏，即计算从 1 数到 100（不包括 100），一共要拍多少次腿。

【训练 6】 输出尚未使用的卡位　某公司新建 3×3 个办公卡位，现只有第 1 排第 3 个和第 3 排第 2 个卡位被使用，输出尚未使用的卡位。

17.4　实践与练习

（答案位置：资源包\TM\sl\17\实践与练习）

综合练习 1：计算 100 以内所有奇数的和　应用 for 循环语句计算 100 以内所有奇数的和，并输出计算后的结果。运行结果如图 17.19 所示。

综合练习 2：输出表格　应用嵌套的循环语句输出 5 行 6 列的表格，在单元格中输出对应的数字，并实现表格隔行变色的功能。运行结果如图 17.20 所示。

图 17.19　输出 100 以内所有奇数的和

1	2	3	4	5	6
7	8	9	10	11	12
13	14	15	16	17	18
19	20	21	22	23	24
25	26	27	28	29	30

图 17.20　输出隔行变色的表格

综合练习 3：输出影厅座位图　星光影城 2 号影厅的观众席有 5 排，每排有 10 个座位。其中，3 排 5 座和 3 排 6 座已经出售，在页面中输出该影厅当前的座位图。运行结果如图 17.21 所示。

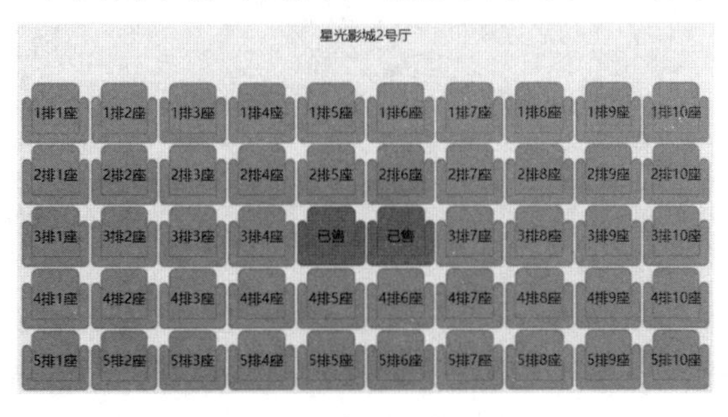

图 17.21　输出影厅座位图

第 18 章

函　　数

函数实质上是一组可以作为逻辑单元对待的 JavaScript 代码。使用函数最大的好处是可以使代码更为简洁，提高重用性。如果一段具有特定功能的程序代码需要在程序中多次使用，就可以先把它定义成函数，然后在所有需要这个功能的地方调用它，这样就不必多次重写这段代码。另外，将实现特定功能的代码段组织为一个函数也有利于编写大型程序。在 JavaScript 中，大约 95%的代码都是包含在函数中的。由此可见，函数在 JavaScript 中是非常重要的。本章将对函数进行详细介绍。

本章知识架构及重难点如下。

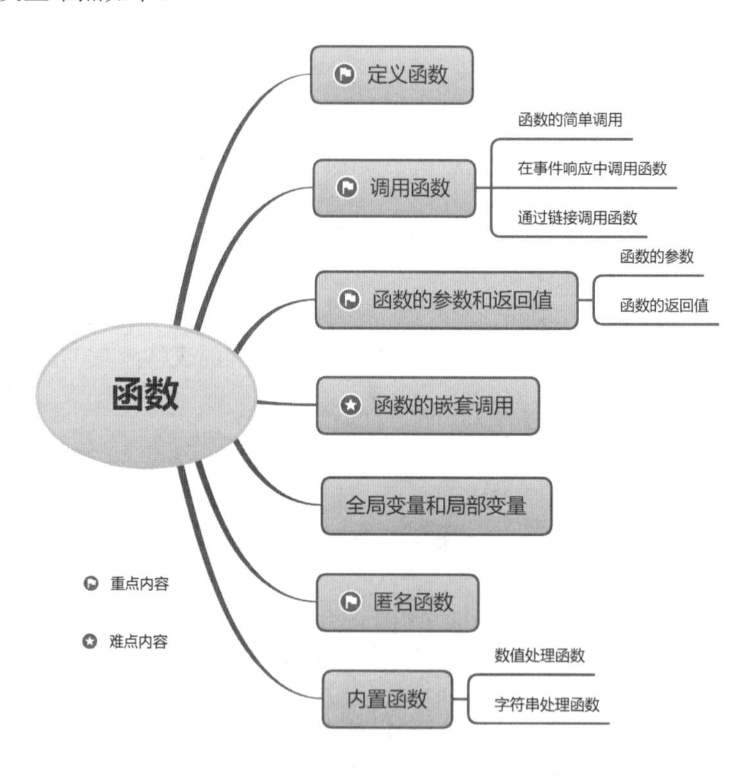

18.1　定 义 函 数

在程序中要使用自己定义的函数，必须首先对函数进行定义。在 JavaScript 中，你可以使用 function 语句来定义函数。定义函数的语法是由关键字 function、函数名加一组参数以及置于大括号中需要执行的一段代码构成的。使用 function 语句定义函数的基本语法如下：

```
function 函数名([参数 1, 参数 2,…]){
    语句
    [return 返回值]
}
```

参数说明：

☑　函数名：必选，用于指定函数名。在同一个页面中，函数名必须是唯一的，并且区分大小写。

☑　参数：可选，用于指定参数列表。当使用多个参数时，参数间使用逗号分隔。一个函数最多可以有 255 个参数。

☑　语句：必选，是函数体，用于实现函数功能的语句。

☑　返回值：可选，用于返回函数值。返回值可以是任意的表达式、变量或常量。

例如，定义一个不带参数的函数 add()，在函数体中计算 1～10 的所有整数的和并输出结果。具体代码如下：

```
function add(){                                    //定义函数名称为 add
    //定义函数体
    var count = 0;
    for(var i = 1; i <= 10; i++){
        count += i;
    }
    document.write("1+2+3+...+10="+count);
}
```

例如，定义一个用于计算商品金额的函数 calculate()，该函数有两个参数，分别用于指定单价和数量，返回值为计算后的金额。具体代码如下：

```
function calculate(unitPrice,number){              //定义含有两个参数的函数
    var price=unitPrice*number;                    //计算金额
    return price;                                  //返回计算后的金额
}
```

18.2　调 用 函 数

函数定义后并不会自动执行，要执行一个函数，需要在特定的位置调用该函数。调用函数的过程就像是启动一台机器，机器本身是不会自动工作的，只有按下相应的开关来调用这台机器，它才会执行相应的操作。调用函数需要创建调用语句，调用语句包含函数名称、参数具体值。

18.2.1　函数的简单调用

函数调用的语法如下：

```
函数名(传递给函数的参数 1,传递给函数的参数 2, …);
```

函数的定义语句通常放在 HTML 文件的<head>段中，而函数的调用语句可以放在 HTML 文件中的任何位置。

例如，定义一个函数 add()，这个函数的功能是在页面中弹出一个对话框，对话框中显示计算的 1~10

的所有整数的和，代码如下：

```
<!DOCTYPE html>
<html lang="en">
<head>
    <meta charSet="UTF-8">
    <title>函数的简单调用</title>
     <script type="text/javascript">
          function add(){          //定义函数名称为 add
               //定义函数体
               var count = 0;
               for(var i = 1; i <= 10; i++){
                    count += i;
               }
               alert("1+2+3+...+10="+count);
          }
     </script>
</head>
<body>
<script type="text/javascript">
     add();                         //调用函数
</script>
</body>
</html>
```

运行结果如图 18.1 所示。

图 18.1　调用函数弹出对话框

18.2.2　在事件响应中调用函数

当用户单击某个按钮或选中某个复选框时都将触发事件，通过编写程序对事件做出反应的行为称为响应事件，在 JavaScript 语言中，将函数与事件相关联就完成了响应事件的过程。例如，按下开关按钮打开电灯就可以看作一个响应事件的过程，按下开关相当于触发了单击事件，而电灯亮起就相当于执行了相应的函数。

例如，当用户单击某个按钮时执行相应的函数，可以使用如下代码实现该功能。

```
<script type="text/javascript">
     function add(){                                        //定义函数名称为 add
          //定义函数体
          var count = 0;
          for(var i = 1; i <= 10; i++){
               count += i;
          }
          alert("1+2+3+...+10="+count);
     }
</script>
<form name="form1">
    <!--在事件触发时调用函数-->
    <input type="button" value="计算" onClick="add();">
</form>
```

从上述代码中可以看出，首先定义一个名为 add()的函数，最后在按钮的 onClick 事件中调用 add()函数。当用户单击“计算”按钮时，会弹出相应的对话框。运行结果如图 18.2 所示。

图 18.2　在事件响应中调用函数

18.2.3　通过链接调用函数

函数除了可以在响应事件中被调用，还可以在链接中被调用，在<a>标签中的 href 属性中使用“javascript:函数名()”格式来调用函数，当用户单击这个链接时，相关函数将被执行。下面的代码实现了通过链接调用函数。

```
<script type="text/javascript">
	function add(){				//定义函数名称为 add
		//定义函数体
		var count = 0;
		for(var i = 1; i <= 10; i++){
			count += i;
		}
		alert("1+2+3+...+10="+count);
	}
</script>
<!--在链接中调用自定义函数-->
<a href="javascript:add();">计算</a>
```

运行程序，当用户单击“计算”超链接时，会弹出相应的对话框。运行结果如图 18.3 所示。

图 18.3　通过单击链接调用函数

18.3　函数的参数和返回值

18.3.1　函数的参数

我们把定义函数时指定的参数称为形式参数，简称形参；而把调用函数时实际传递的值称为实际参数，简称实参。如果把函数比喻成一台生产的机器，那么可以把运输原材料的通道看作形参，而把实际运输的原材料可以看作实参。在 JavaScript 中定义函数参数的格式如下：

```
function 函数名(形参 1,形参 2,...){
	函数体
}
```

定义函数时，可以在函数名后面的圆括号内指定一个或多个参数（参数之间用逗号“,”分隔）。指定参数的作用在于，当调用函数时，可以为被调用的函数传递一个或多个值。

如果定义的函数有参数，那么调用该函数的语法格式如下：

```
函数名(实参 1,实参 2,...)
```

通常，在定义函数时使用了多少个形参，在函数调用时也会给出多少个实参，这里需要注意的是，实参之间也必须用逗号“,”分隔。

例如，定义一个带有两个参数的函数，这两个参数分别用于指定商品名称和价格，然后对它们进行输出，代码如下：

```
<script type="text/javascript">
function userInfo(name,price){        //定义含有两个参数的函数
    alert("商品名称："+name+" 价格："+price);
}
userInfo("无线鼠标",66);               //调用函数并传递参数
</script>
```

运行结果如图 18.4 所示。

图 18.4　输出函数的参数

【例 18.1】输出完整的收货地址。（**实例位置：资源包\TM\sl\18\01**）

在某购物网站的收货地址栏中，地址由省、市、区和详细地址组成，试着定义一个 address()函数，该函数包含省、市、区和详细地址 4 个参数，在调用函数时通过传递的参数可以拼接一个完整的收货地址。代码如下：

```
<h2>请核对您的收货地址</h2>
<script type="text/javascript">
function address(province,city,area,detailed){
        document.write(province+city+area+detailed);          //在页面中弹出对话框
}
address("吉林省","长春市","南关区","幸福路 XXX 号");          //调用函数并传递参数
</script>
```

运行结果如图 18.5 所示。

请核对您的收货地址

吉林省长春市南关区幸福路XXX号

图 18.5　输出完整的收货地址

18.3.2　函数的返回值

函数调用，一方面可以通过参数向函数传递数据，另一方面也可以从函数中获取数据，这意味着函数可以返回值。在 JavaScript 的函数中，可以使用 return 语句为函数返回一个值。语法格式如下：

```
return 表达式;
```

这条语句的作用是结束函数，并把其后的表达式的值作为函数的返回值。例如，定义一个计算长方形面积的函数，并将计算结果作为函数的返回值，代码如下：

```
<script type="text/javascript">
    function product(length,width){                  //定义含有两个参数的函数
        var area=length*width;                       //获取两个参数的积
```

```
        return area;                                  //将变量 area 的值作为函数的返回值
    }
    alert("长方形的面积为"+product(15,17));            //调用函数并输出结果
</script>
```

运行结果如图 18.6 所示。

图 18.6　计算并输出长方形的面积

函数返回值可以直接赋给变量或用于表达式中，也就是说函数调用可以出现在表达式中。例如，将上面示例中函数的返回值赋给变量 result，然后进行输出，代码如下：

```
<script type="text/javascript">
    function product(length,width){                   //定义含有两个参数的函数
        var area=length*width;                        //获取两个参数的积
        return area;                                  //将变量 area 的值作为函数的返回值
    }
     var result=product(15,17);                       //将函数的返回值赋给变量 result
    alert("长方形的面积为"+result);                    //输出结果
</script>
```

【例 18.2】计算购物车中商品的总价。（**实例位置：资源包\TM\sl\18\02**）

模拟淘宝网计算购物车中商品总价的功能。假设购物车中有如下商品信息。

☑　数码相机：单价 566 元，购买数量 3 台。

☑　运动背包：单价 299 元，购买数量 2 台。

定义一个带有两个参数的函数 price()，将商品单价和商品数量作为参数进行传递。然后调用函数并传递不同的参数分别计算数码相机和运动背包的总价，最后计算购物车中所有商品的总价并输出。代码如下：

```
<script type="text/javascript">
        function price(unitPrice,number){             //定义函数，将商品单价和商品数量作为参数进行传递
            var totalPrice=unitPrice*number;          //计算单个商品总价
            return totalPrice;                        //返回单个商品总价
        }
          var phone = price(566,3);                   //调用函数，计算数码相机总价
         var computer = price(299,2);                 //调用函数，计算运动背包总价
         var total=phone+computer;                    //计算所有商品总价
         alert("购物车中商品总价："+total+"元");        //输出所有商品总价
</script>
```

运行结果如图 18.7 所示。

此网页显示
购物车中商品总价：2296元
确定

图 18.7　输出购物车中的商品总价

编程训练（答案位置：资源包\TM\sl\18\编程训练）

【训练 1】输出图书名称和图书作者　定义一个用于输出图书名称和图书作者的函数，在调用函数时将图书名称和图书作者作为参数进行传递。

【训练 2】获取三个数字的最大值　定义一个函数以获取三个数字中的最大值，将要比较的三个数字作为函数的参数进行传递，并输出 3、6、5 三个数字中的最大值。

18.4　函数的嵌套调用

JavaScript 允许在一个函数的函数体中对另一个函数进行调用，这被称为函数的嵌套调用。例如，在函数 two()中对函数 one()进行调用，代码如下：

```
function one(){                                              //定义函数 one()
    alert("HTML5+CSS3+JavaScript 从入门到精通");             //输出字符串
}
function two(){                                              //定义函数 two()
    one();                                                   //在函数 two()中调用函数 one()
}
two();                                                       //调用函数 two()
```

运行结果如图 18.8 所示。

【例 18.3】判断指定年份和月份对应的天数。（**实例位置：资源包\TM\sl\18\03**）

应用函数的嵌套实现判断指定年份和月份对应天数的功能，将年份和月份作为函数的参数进行传递，输出 2023 年 6 月有多少天。代码如下：

```
<script type="text/javascript">
function output(y,m,d){                                      //定义输出结果的函数
    alert(y+"年"+m+"月有"+d+"天");
}
function days(y,m){
    if(m == 2){                                              //2 月
        if((y%4 == 0 && y%100 != 0) || (y%400 == 0)){
            output(y,m,29);                                  //嵌套调用函数
        }else{
            output(y,m,28);                                  //嵌套调用函数
        }
    }else if(m == 4 || m == 6 || m == 9 || m == 11){         //4、6、9、11 月
        output(y,m,30);                                      //嵌套调用函数
    }else{
        output(y,m,31);                                      //嵌套调用函数
    }
}
days(2023,6);                                                //调用函数输出结果
</script>
```

运行结果如图 18.9 所示。

图 18.8　函数的嵌套调用并输出结果　　　　图 18.9　输出 2023 年 6 月的天数

编程训练（答案位置：资源包\TM\sl\18\编程训练）

【训练 3】获得选手的平均分　某歌唱比赛中有 3 位评委，在选手演唱完毕后，3 位评委分别给出

分数，将 3 个分数的平均分作为该选手的最后得分。某选手在演唱完毕后，3 位评委给出的分数分别为 91 分、89 分、93 分，通过函数的嵌套调用获取该选手的最后得分。

【训练 4】判断考生的成绩　某考生参加高考的考试成绩为：语文 106 分，数学 116 分，外语 123 分，理科综合 236 分。假设本科分数线是 550 分，应用函数的嵌套实现判断该考生的成绩是否达到了本科分数线。

18.5　全局变量和局部变量

在 JavaScript 中，变量根据作用域可以分为两种：全局变量和局部变量。全局变量是定义在所有函数之外的变量，作用范围是该变量定义后的所有代码；局部变量是定义在函数体内的变量，只有在该函数中，且该变量定义后的代码中才可以使用这个变量，函数的参数也是局部性的，只在函数内部起作用。例如，下面的程序代码说明了变量的作用域作用不同的有效范围：

```
var m="这是一个全局变量";                    //该变量在函数外声明，作用于整个脚本
function send(){                             //定义函数
    var n="这是一个局部变量";                //该变量在函数内声明，只作用于该函数体
    document.write(m+"<br>");                //输出全局变量的值
    document.write(n);                       //输出局部变量的值
}
send();                                      //调用函数
```

运行结果如下：

```
这是一个全局变量
这是一个局部变量
```

上述代码中，局部变量 n 只作用于函数体，如果在函数之外输出局部变量 n 的值，则会出现错误。错误代码如下：

```
var m="这是一个全局变量";                    //该变量在函数外声明，作用于整个脚本
function send(){                             //定义函数
    var n="这是一个局部变量";                //该变量在函数内声明，只作用于该函数体
    document.write(m+"<br>");                //输出全局变量的值
}
send();                                      //调用函数
document.write(n);                           //错误代码，不允许在函数外输出局部变量的值
```

18.6　匿名函数

JavaScript 提供了一种定义匿名函数的方法，就是在表达式中直接定义函数，它的语法和 function 语句非常相似。其语法格式如下：

```
var 变量名 = function(参数 1,参数 2,…) {
    函数体
};
```

这种定义函数的方法不需要指定函数名，把定义的函数赋值给一个变量，后面的程序就可以通过这个变量来调用这个函数，这种定义函数的方法有很好的可读性。

例如，在表达式中直接定义一个用于连接两个字符串的匿名函数，代码如下：

```
<script type="text/javascript">
var con = function(str1,str2){                    //定义匿名函数
    return str1+str2;                             //连接两个参数并返回
};
alert(con("欢迎访问","明日学院"));                //调用函数并输出结果
</script>
```

运行结果如图 18.10 所示。

图 18.10　输出连接的两个字符串

在以上代码中定义了一个匿名函数，并把对它的引用存储在变量 con 中。该函数有两个参数，分别为 str1 和 str2。该函数的函数体为“return str1+str2”，即连接参数 str1 与参数 str2 并返回。

【例 18.4】输出满足要求的正整数。（**实例位置：资源包\TM\sl\18\04**）

编写一个判断某个整数是否能同时被 3 和 5 整除的匿名函数，在页面中输出 1000 以内所有能同时被 3 和 5 整除的正整数，要求每行显示 6 个数字。代码如下：

```
<h3>1000 以内能同时被 3 和 5 整除的正整数</h3>
<pre>
<script type="text/javascript">
    var getNum=function(num){                    //定义匿名函数
        if(num%3==0 && num%5==0){                //判断参数是否能被 3 和 5 整除
            return true;
        }else{
            return false;
        }
    }
    var n=0;
    for(var i=1; i<=1000; i++){                 //从 1 循环到 1000
        if(getNum(i)){                          //调用匿名函数并判断
            n++;
            document.write(i+"\t");             //输出满足条件的数字
            if(n%6==0){                         //n 是 6 的倍数就换行
                document.write("<br>");
            }
        }
    }
</script>
</pre>
```

运行结果如图 18.11 所示。

1000以内能同时被3和5整除的正整数

15	30	45	60	75	90
105	120	135	150	165	180
195	210	225	240	255	270
285	300	315	330	345	360
375	390	405	420	435	450
465	480	495	510	525	540
555	570	585	600	615	630
645	660	675	690	705	720
735	750	765	780	795	810
825	840	855	870	885	900
915	930	945	960	975	990

图 18.11　输出 1000 以内能同时被 3 和 5 整除的正整数

编程训练（答案位置：资源包\TM\sl\18\编程训练）

【训练 5】输出星号金字塔形图案　编写一个带有一个参数的匿名函数，该参数用于指定显示多少层星号“*”，通过传递的参数在页面中输出 6 层星号的金字塔形图案。

【训练 6】模拟微信登录　模拟微信登录的功能。假设某用户的微信号为 mr，密码为 mrsoft，应用匿名函数判断微信号 mra 和密码 mrsoft 是否能登录成功。

18.7　内置函数

在使用 JavaScript 语言时，除了可以自定义函数，还可以使用 JavaScript 的内置函数，这些内置函数是由 JavaScript 语言自身提供的函数。JavaScript 中的一些内置函数如表 18.1 所示。

表 18.1　JavaScript 中的一些内置函数

函　数	说　明
parseInt()	将字符型转换为整型
parseFloat()	将字符型转换为浮点型
isNaN()	判断一个数值是否为 NaN
isFinite()	判断一个数值是否有限
eval()	求字符串中表达式的值
encodeURI()	对 URI 字符串进行编码
decodeURI()	对已编码的 URI 字符串进行解码

下面将对这些内置函数进行详细介绍。

18.7.1　数值处理函数

1．parseInt()函数

该函数主要将首位为数字的字符串转换成数字，如果字符串不是以数字开头，那么该函数将返回 NaN。语法如下：

```
parseInt(string,[n])
```

参数说明：

☑　string：需要转换为整型的字符串。

☑　n：用于指出字符串中的数据是几进制的数据。这个参数在函数中不是必须的。

例如，将字符串转换成数字的示例代码如下：

```
var str1="56abc";                                    //定义字符串变量
var str2="abc56";                                    //定义字符串变量
document.write(parseInt(str1)+"<br>");               //将字符串 str1 转换成数字并输出
document.write(parseInt(str1,8)+"<br>");             //对字符串 str1 中的八进制数字进行输出
document.write(parseInt(str2));                      //将字符串 str2 转换成数字并输出
```

运行结果如下：

```
56
46
NaN
```

2．parseFloat()函数

该函数主要将首位为数字的字符串转换成浮点型数字，如果字符串不是以数字开头，那么该函数将返回 NaN。语法如下：

```
parseFloat(string)
```

其中，string 是需要转换为浮点型的字符串。

例如，将字符串转换成浮点型数字的示例代码如下：

```
var str1="56.7mn";                          //定义字符串变量
var str2="mn56.7";                          //定义字符串变量
document.write(parseFloat(str1)+"<br>");    //将字符串 str1 转换成浮点数并输出
document.write(parseFloat(str2));           //将字符串 str2 转换成浮点数并输出
```

运行结果如下：

```
56.7
NaN
```

3．isNaN()函数

该函数主要用于检验某个值是否为 NaN。语法如下：

```
isNaN(num)
```

其中，num 是需要验证的数字。

说明

如果参数 num 为 NaN，则函数返回值为 true；如果参数 num 不是 NaN，则函数返回值为 false。

例如，判断其参数是否为 NaN 的示例代码如下：

```
var num1=365;                               //定义数值型变量
var num2="365mn";                           //定义字符串变量
document.write(isNaN(num1)+"<br>");         //判断变量 num1 的值是否为 NaN 并输出结果
document.write(isNaN(num2));                //判断变量 num2 的值是否为 NaN 并输出结果
```

运行结果如下：

```
false
true
```

4．isFinite()函数

该函数主要用于检验其参数是否有限。语法如下：

```
isFinite(num)
```

参数 num 是需要验证的数字。

说明

如果参数 num 是有限数字（或可转换为有限数字），则函数返回值为 true；如果参数 num 是 NaN 或无穷大，则函数返回值为 false。

例如，判断其参数是否为有限的示例代码如下：

```
document.write(isFinite(23765)+"<br>");              //判断数值 23765 是否为有限并输出结果
document.write(isFinite("23765xy")+"<br>");          //判断字符串"23765xy"是否为有限并输出结果
document.write(isFinite(1/0));                       //判断 1/0 的结果是否为有限并输出结果
```

运行结果如下：

```
true
false
false
```

18.7.2　字符串处理函数

1．eval()函数

该函数的功能是计算字符串表达式的值，并执行其中的 JavaScript 代码。语法如下：

```
eval(string)
```

参数 string 是需要计算的字符串，其中含有要计算的表达式或要执行的语句。

例如，应用 eval()函数计算字符串的示例代码如下：

```
document.write(eval("3+7-1"));                  //计算表达式的值并输出结果
document.write("<br>");                         //输出换行标签
eval("m=9;n=7;document.write(m*n)");            //执行代码并输出结果
```

运行结果如下：

```
9
63
```

2．encodeURI()函数

该函数主要用于对 URI 字符串进行编码。语法如下：

```
encodeURI(url)
```

参数 url 是需要编码的 URI 字符串。

说明

URI 与 URL 都可以表示网络资源地址，URI 比 URL 的表示范围更加广泛，但在一般情况下，URI 与 URL 可以是等同的。encodeURI()函数只对字符串中有意义的字符进行转义，例如将字符串中的空格转换为“%20”。

例如，应用 encodeURI()函数对 URI 字符串进行编码的示例代码如下：

```
var URI="http://127.0.0.1/index.html?type=前端";       //定义 URI 字符串
document.write(encodeURI(URI));                        //对 URI 字符串进行编码并输出结果
```

运行结果如下：

```
http://127.0.0.1/index.html?type=%E5%89%8D%E7%AB%AF
```

3. decodeURI()函数

该函数主要用于对已编码的 URI 字符串进行解码。语法如下：

```
decodeURI(url)
```

参数 url 是需要解码的 URI 字符串。

说明

decodeURI()函数可以将使用 encodeURI()转码的网络资源地址转换为字符串并返回，也就是说 decodeURI()函数是 encodeURI()函数的逆向操作。

例如，应用 decodeURI()函数对 URI 字符串进行解码的示例代码如下：

```
var URI=encodeURI("http://127.0.0.1/index.html?type=前端");      //对 URI 字符串进行编码
document.write(decodeURI(URI));                                  //对编码后的 URI 字符串进行解码并输出结果
```

运行结果如下：

```
http://127.0.0.1/index.html?type=前端
```

18.8 实践与练习

（**答案位置：资源包\TM\sl\18\实践与练习**）

综合练习 1：判断儿童需要购买哪种车票　如果儿童身高在 1.2 米以内，则免票；如果儿童身高为 1.2 米～1.5 米，则需购买儿童票；如果儿童身高超过 1.5 米，则需购买全价车票。将儿童的身高作为函数的参数进行传递，判断身高为 1.3 米的儿童需要购买哪种车票。运行结果如图 18.12 所示。

综合练习 2：输出自定义的表格　利用自定义函数向页面中输出自定义的表格，在调用函数时通过传递的参数指定表格的行数、列数、宽度和高度。运行结果如图 18.13 所示。

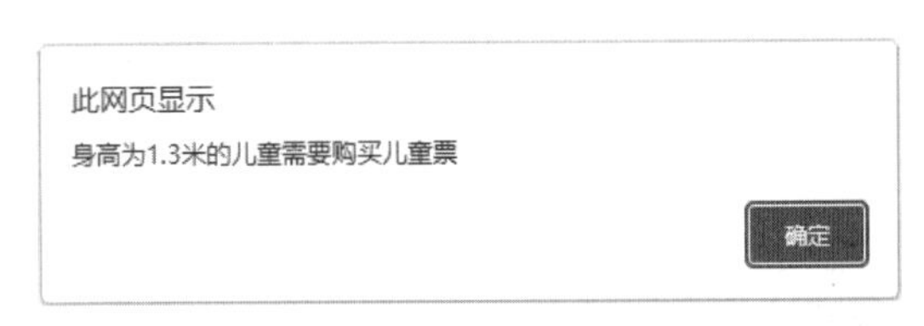

图 18.12　输出身高为 1.3 米的儿童需要购买哪种车票

第1行第1列	第1行第2列	第1行第3列	第1行第4列	第1行第5列
第2行第1列	第2行第2列	第2行第3列	第2行第4列	第2行第5列
第3行第1列	第3行第2列	第3行第3列	第3行第4列	第3行第5列
第4行第1列	第4行第2列	第4行第3列	第4行第4列	第4行第5列
第5行第1列	第5行第2列	第5行第3列	第5行第4列	第5行第5列
第6行第1列	第6行第2列	第6行第3列	第6行第4列	第6行第5列

图 18.13　输出自定义表格

第 19 章

JavaScript 对象

由于 JavaScript 是一种基于对象的语言，因此对象在 JavaScript 中是一个很重要的概念。JavaScript 语言本身提供了多种内部对象，如 Array 对象、Date 对象等。除此之外，JavaScript 还允许用户自定义对象。本章将对对象的基本概念、自定义对象以及四种常用内部对象（Array、String、Math、Date）进行介绍。

本章知识架构及重难点如下。

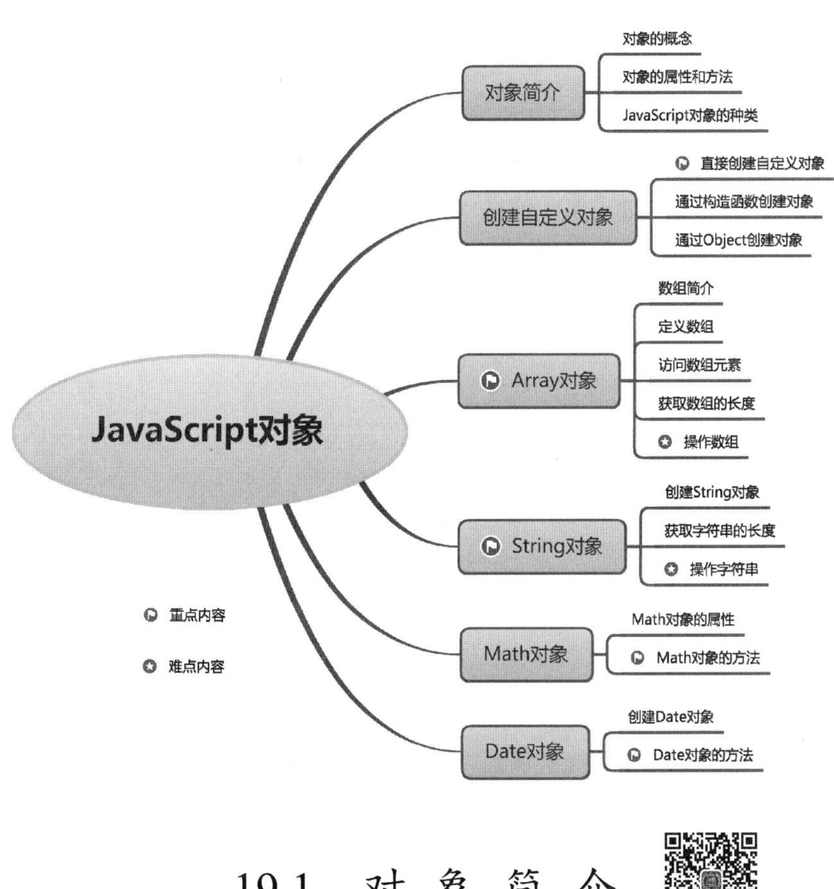

19.1 对象简介

对象是 JavaScript 中的一种复合数据类型，它将多种数据类型集中在一个数据单元中，并允许通过对象来存取这些数据的值。

19.1.1 对象的概念

对象的概念首先来自对客观世界的认识，它用于描述客观世界存在的特定实体。例如，“人”就是一个典型的对象，“人”既包括身高、体重等特性，又包含吃饭、睡觉等动作。在计算机的世界里，不仅存在来自客观世界的对象，也包含为解决问题而引入的比较抽象的对象。例如，一个用户可以被看作一个对象，它既包含用户名、用户密码等特性，也包含注册、登录等动作。其中，用户名和用户密码等特性可以用变量来描述，而注册、登录等动作可以用函数来定义。因此，对象实际上就是一些变量和函数的集合。

19.1.2 对象的属性和方法

在 JavaScript 中，对象包含两个要素：属性和方法。通过访问或设置对象的属性并调用对象的方法，你可以对对象进行各种操作，以获得所需的功能。

1. 对象的属性

将包含在对象内部的变量称为对象的属性，它是用来描述对象特性的一组数据。

在程序中使用对象的一个属性类似于使用一个变量，就是在属性名前加上对象名和一个句点“.”。获取或设置对象的属性值的语法格式如下：

```
对象名.属性名
```

以“用户”对象为例，该对象有用户名和密码两个属性，以下代码可以分别获取该对象的这两个属性值：

```
var name = 用户.用户名;
var pwd = 用户.密码;
```

也可以通过以下代码来设置“用户”对象的这两个属性值：

```
用户.用户名 = "Tony";
用户.密码 = "123456";
```

2. 对象的方法

将包含在对象内部的函数称为对象的方法，它可以用来实现某个功能。

在程序中调用对象的一个方法类似于调用一个函数，就是在方法名前加上对象名和一个句点“.”。调用对象方法的语法格式如下：

```
对象名.方法名(参数)
```

与函数一样，在对象的方法中有可能使用一个或多个参数，也可能不需要使用参数，同样以“用户”对象为例，该对象有注册和登录两个方法，以下代码可以分别调用该对象的这两个方法：

```
用户.注册();
用户.登录();
```

在 JavaScript 中，对象就是属性和方法的集合，这些属性和方法也叫作对象的成员。方法是作为对象成员的函数，表明对象所具有的行为；而属性是作为对象成员的变量，表明对象的状态。

19.1.3　JavaScript 对象的种类

JavaScript 中可以使用 3 种对象，即自定义对象、内置对象和浏览器对象。内置对象和浏览器对象又称为预定义对象。

在 JavaScript 中将一些常用的功能预先定义成对象，这些对象就是内置对象，用户可以直接使用。内置对象可以帮助用户在编写程序时实现一些最常用、最基本的功能，如 Math、Date、String、Array、Number、Boolean、Global、Object 和 RegExp 对象等。

浏览器对象是浏览器根据系统当前的配置和所装载的页面为 JavaScript 提供的一些对象，如 document、window 对象等。

自定义对象就是指用户根据需要自己定义的新对象。

19.2　创建自定义对象

创建自定义对象主要有 3 种方法：一是直接创建自定义对象，二是通过构造函数创建对象，三是通过 Object 创建对象。

19.2.1　直接创建自定义对象

直接创建自定义对象的语法格式如下：

```
var 对象名 ={属性名 1:属性值 1,属性名 2:属性值 2,属性名 3:属性值 3,...,属性名 n:属性值 n}
```

从以上语法格式中可以看出，直接创建自定义对象时，所有属性都放在大括号中，属性之间用逗号分隔，每个属性都由属性名和属性值两部分组成，属性名和属性值之间用冒号隔开。

例如，创建一个商品对象 goods，并设置 3 个属性，分别为 name、price 和 number，然后输出这 3 个属性的值，代码如下：

```
var goods = {                                               //创建 goods 对象
    name:"数码相机",
    price:566,
    number:6
}
document.write("商品名称："+goods.name+"<br>");              //输出 name 属性值
document.write("商品单价："+goods.price+"<br>");             //输出 price 属性值
document.write("商品数量："+goods.number+"<br>");            //输出 number 属性值
```

运行结果如图 19.1 所示。

```
商品名称：数码相机
商品单价：566
商品数量：6
```

图 19.1　创建商品对象并输出属性值

另外，还可以使用数组的方式对属性值进行输出，代码如下：

```
var goods = {                                          //创建 goods 对象
    name:"数码相机",
    price:566,
    number:6
}
document.write("商品名称："+goods['name']+"<br>");      //输出 name 属性值
document.write("商品单价："+goods['price']+"<br>");     //输出 price 属性值
document.write("商品数量："+goods['number']+"<br>");    //输出 number 属性值
```

19.2.2　通过构造函数创建对象

虽然直接创建自定义对象既方便又直观，但如果要创建多个相同的对象，用这种方法就显得很烦琐。在 JavaScript 中可以自定义构造函数，通过调用自定义的构造函数可以创建并初始化一个新的对象。与普通函数不同，调用构造函数必须使用 new 运算符。构造函数也可以和普通函数一样使用参数，其参数通常用于初始化新对象。在构造函数的函数体内通过 this 关键字初始化对象的属性与方法。

例如，要创建一个商品对象 goods，需要定义一个名称为 Goods 的构造函数，代码如下：

```
function Goods(name,price,number){                     //定义构造函数
    this.name = name;                                  //初始化对象的 name 属性
    this.price = price;                                //初始化对象的 price 属性
    this.number = number;                              //初始化对象的 number 属性
}
```

上述代码中，在构造函数内部对 3 个属性 name、price 和 number 进行了初始化，其中，this 关键字表示对对象自己属性、方法的引用。

利用该构造函数，可以用 new 运算符创建一个新对象，代码如下：

```
var goods1 = new Goods("数码相机",566,6);               //创建对象实例
```

上述代码创建了一个名为 goods1 的新对象，新对象 goods1 称为对象 goods 的实例。使用 new 运算符创建一个对象实例后，JavaScript 会接着自动调用所使用的构造函数执行构造函数中的程序。

另外，还可以创建多个 goods 对象的实例，每个实例都是独立的。代码如下：

```
var goods2 = new Goods("笔记本电脑",3699,2);            //创建其他对象实例
var goods3 = new Goods("无线鼠标",69,3);                //创建其他对象实例
```

对象不但可以拥有属性，还可以拥有方法。在定义构造函数时，也可以定义对象的方法。与对象的属性一样，在构造函数中也需要使用 this 关键字来初始化对象的方法。例如，在 goods 对象中定义 3 个方法 showName()、showPrice()和 showNumber()，代码如下：

```
function Goods(name,price,number){                     //定义构造函数
    this.name = name;                                  //初始化对象的属性
    this.price = price;                                //初始化对象的属性
    this.number = number;                              //初始化对象的属性
```

```
    this.showName = showName;                    //初始化对象的方法
    this.showPrice = showPrice;                  //初始化对象的方法
    this.showNumber = showNumber;                //初始化对象的方法
}
function showName(){                             //定义 showName()方法
    alert(this.name);                            //输出 name 属性值
}
function showPrice(){                            //定义 showPrice()方法
    alert(this.price);                           //输出 price 属性值
}
function showNumber(){                           //定义 showNumber()方法
    alert(this.number);                          //输出 number 属性值
}
```

另外，也可以在构造函数中直接使用表达式来定义方法，代码如下：

```
function Goods(name,price,number){               //定义构造函数
    this.name = name;                            //初始化对象的属性
    this.price = price;                          //初始化对象的属性
    this.number = number;                        //初始化对象的属性
    this.showName=function(){                    //应用表达式定义 showName()方法
        alert(this.name);                        //输出 name 属性值
    };
    this.showPrice=function(){                   //应用表达式定义 showPrice()方法
        alert(this.price);                       //输出 price 属性值
    };
    this.showNumber=function(){                  //应用表达式定义 showNumber()方法
        alert(this.number);                      //输出 number 属性值
    };
}
```

【例 19.1】输出演员个人简介。（**实例位置：资源包\TM\sl\19\01**）

应用构造函数创建一个演员对象 Actor，在构造函数中定义对象的属性和方法，通过创建的对象实例调用对象中的方法，输出演员的中文名、代表作品以及主要成就。程序代码如下：

```
function Actor(name,work,achievement){
    this.name = name;                                           //对象的 name 属性
    this.work = work;                                           //对象的 work 属性
    this.achievement = achievement;                             //对象的 achievement 属性
    this.introduction = function(){                             //定义 introduction()方法
        document.write("中文名："+this.name);                    //输出 name 属性值
        document.write("<br>代表作品："+this.work);               //输出 work 属性值
        document.write("<br>主要成就："+this.achievement);        //输出 achievement 属性值
    }
}
var Actor1 = new Actor("金・凯瑞","《楚门的世界》《变相怪杰》","金球奖最佳男主角");   //创建对象 Actor1
Actor1.introduction();                                          //调用 introduction()方法
```

运行结果如图 19.2 所示。

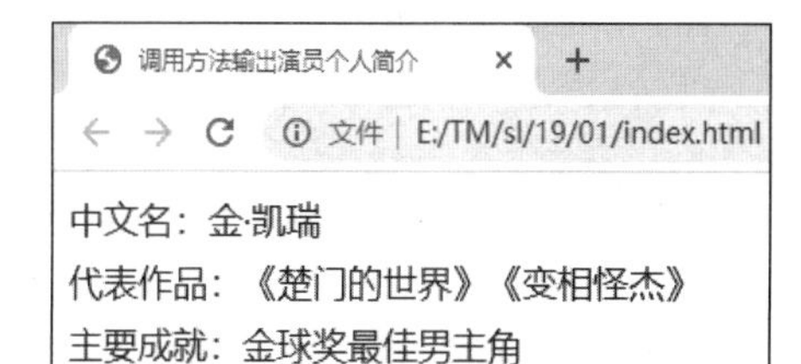

图 19.2　调用对象中的方法输出演员简介

调用构造函数创建对象需要注意一个问题，如果构造函数中定义了多个属性和方法，那么在每次创建对象实例时都会为该对象分配相同的属性和方法，这样会增加对内存的需求，这时可以通过 prototype 属性来解决这个问题。

prototype 属性是 JavaScript 中所有函数都有的一个属性。该属性可以向对象中添加属性或方法。语法如下：

```
object.prototype.name=value
```

参数说明：

☑ object：构造函数名。

☑ name：要添加的属性名或方法名。

☑ value：添加属性的值或执行方法的函数。

例如，在 goods 对象中应用 prototype 属性向对象中添加一个 show()方法，通过调用 show()方法输出对象中 3 个属性的值。代码如下：

```
function Goods(name,price,number){                              //定义构造函数
    this.name = name;                                           //初始化对象的属性
    this.price = price;                                         //初始化对象的属性
    this.number = number;                                       //初始化对象的属性
}
Goods.prototype.show=function(){                                //添加 show()方法
    alert("商品名称："+this.name+"\n 商品单价："+this.price+"\n 商品数量："+this.number);
}
var goods1=new Goods("数码相机",566,6);                         //创建对象实例
goods1.show();                                                  //调用对象的 show()方法
```

运行结果如图 19.3 所示。

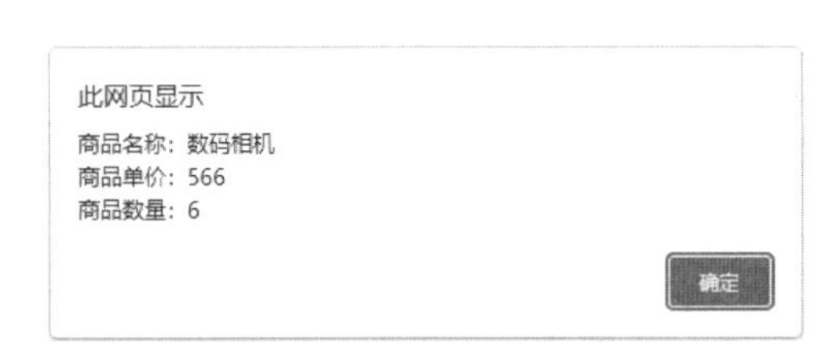

图 19.3　输出 3 个属性值

19.2.3　通过 Object 创建对象

Object 对象是 JavaScript 中的内部对象，它提供了对象的最基本功能，这些功能构成了所有其他对象的基础。Object 对象提供了创建自定义对象的简单方式，使用这种方式不需要再定义构造函数。可以在程序运行时为 JavaScript 对象随意添加属性，因此使用 Object 对象能很容易地创建自定义对象。创建 Object 对象的语法如下：

```
obj = new Object([value])
```

参数说明：

☑ obj：必选项。要赋值为 Object 对象的变量名。

☑ value：可选项。任意一种 JScript 基本数据类型（Number、Boolean 和 String）。如果 value 为一个对象，则返回不做改动的该对象；如果 value 为 null、undefined，或者没有给出，则产生没有内容的对象。

使用 Object 对象可以创建一个没有任何属性的空对象。如果要设置对象的属性，只需要将一个值赋给对象的新属性即可。例如，使用 Object 对象创建一个自定义对象 goods，并设置对象的属性，然后对属性值进行输出，代码如下：

```
var goods = new Object();                                       //创建一个空对象
goods.name = "笔记本电脑";                                       //设置对象的 name 属性
goods.price = 3699;                                             //设置对象的 price 属性
goods.number = 2;                                               //设置对象的 number 属性
document.write("商品名称："+goods.name+"<br>");                  //输出对象的 name 属性值
document.write("商品单价："+goods.price+"<br>");                 //输出对象的 price 属性值
document.write("商品数量："+goods.number+"<br>");                //输出对象的 number 属性值
```

运行结果如图 19.4 所示。

说明

一旦通过给属性赋值创建了该属性，就可以在任何时候修改这个属性的值。

商品名称：笔记本电脑
商品单价：3699
商品数量：2

图 19.4　创建 Object 对象并输出属性值

在使用 Object 对象创建自定义对象时，也可以定义对象的方法。例如在 goods 对象中定义方法 show()，然后对该方法进行调用，代码如下：

```
var goods = new Object();                              //创建一个空对象
goods.name = "笔记本电脑";                              //设置对象的 name 属性
goods.price = 3699;                                    //设置对象的 price 属性
goods.number = 2;                                      //设置对象的 number 属性
goods.show = function(){                               //定义对象的方法
    alert("商品名称："+goods.name+"\n 商品单价："+goods.price+"\n 商品数量："+goods.number);
};
goods.show();                                          //调用对象的方法
```

运行结果如图 19.5 所示。

如果在创建 Object 对象时没有指定参数，JavaScript 将会创建一个 Object 实例，但该实例并没有具体指定为哪种对象类型，这种方法多用于创建一个自定义对象；如果在创建 Object 对象时指定了参数，则可以直接将 value 参数的值转换为相应的对象。如以下代码就是通过 Object 对象创建了一个字符串对象。

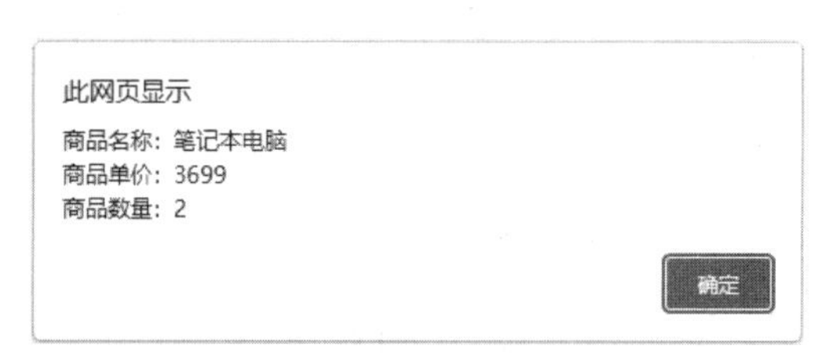

图 19.5　调用对象的方法

```
var myObj = new Object("Hello JavaScript");            //创建一个字符串对象
```

编程训练（答案位置：资源包\TM\sl\19\编程训练）

【训练 1】定义歌曲对象　定义一个歌曲对象，属性包括歌曲的名称（name）、歌曲原唱（original）、发行时间（time）和音乐风格（style），并输出这些属性。

【训练 2】定义商品对象　定义一个商品对象 shop，属性包括商品的名称（name）、类别（type）、品牌（brand）和价格（price），并输出这些属性。

19.3　Array 对象

Array 对象即数组对象。数组是 JavaScript 中常用的一种数据类型。数组提供了一种快速、方便地管理一组相关数据的方法，它是 JavaScript 程序设计的重要内容。数组可以对大量性质相同的数据进行存储、排序、插入及删除等操作，从而可以有效地提高程序开发效率及改善程序的编写方式。

19.3.1　数组简介

数组是 JavaScript 中的一种复合数据类型。变量中保存的是单个数据，而数组中则保存的是多个数据的集合。数组与变量的比较效果如图 19.6 所示。

1. 数组概念

数组（array）就是一组数据的集合。数组是 JavaScript 中用来存储和操作有序数据集的数据结构。可以把数组看作一个单行表格，该表格中的每一个单元格都可以存储一个数据。也就是说，一个数组可以包含多个元素，如图 19.7 所示。

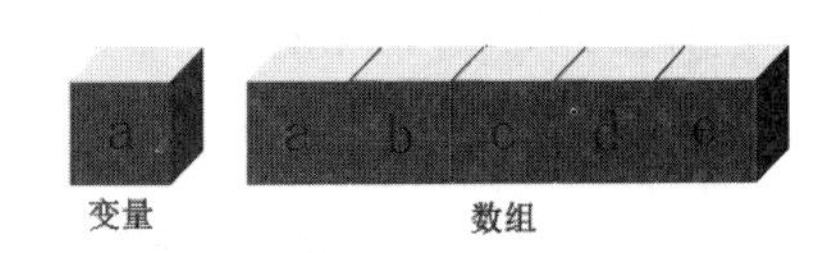

图 19.6　数组与变量的比较效果

图 19.7　数组示意图

由于 JavaScript 是一种弱类型的语言，因此在数组中的每个元素的类型可以是不同的。数组中的元素类型可以是数值型、字符串型和布尔型等，甚至可以是一个数组。

2. 数组元素

数组是数组元素的集合，在图 19.7 中，每个单元格里所存储的就是数组元素。例如，一个班级的所有学生就可以看作一个数组，每一位学生都是数组中的一个元素。又如，一个购物车中的所有商品就相当于一个数组，每一个商品都是这个数组中的一个元素。

每个数组元素都有一个索引号（数组的下标），通过索引号可以方便地引用数组元素。数组的下标是从 0 开始编号的，如第一个数组元素的下标是 0，第二个数组元素的下标是 1，以此类推。

19.3.2　定义数组

在 JavaScript 中，数组也是一种对象，这种对象被称为数组对象。因此在定义数组时，也可以使用构造函数。JavaScript 中定义数组的方法主要有 4 种。

1. 定义空数组

使用不带参数的构造函数可以定义一个空数组。空数组中是没有数组元素的，可以在定义空数组后再向数组中添加数组元素。语法如下：

```
arrayObject = new Array()
```

其中，arrayObject 为必选项，表示新创建的数组对象名。

例如，创建一个空数组，然后向该数组中添加数组元素。代码如下：

```
var arr = new Array();                //定义一个空数组
arr[0] = "HTML5";                     //向数组中添加第一个数组元素
arr[1] = "CSS3 ";                     //向数组中添加第二个数组元素
arr[2] = "JavaScript";                //向数组中添加第三个数组元素
```

在上述代码中定义了一个空数组，此时数组中元素的个数为 0。在为数组的元素赋值后，数组中才有了数组元素。

2. 指定数组长度

在定义数组的同时可以指定数组元素的个数。此时并没有为数组元素赋值，所有数组元素的值都是 undefined。语法如下：

```
arrayObject = new Array(size)
```

参数说明：

☑　arrayObject：必选项。新创建的数组对象名。

☑　size：设置数组的长度。由于数组的下标是从 0 开始的，因此创建元素的下标将从 0 到 size-1。

例如，创建一个数组元素个数为 3 的数组，并向该数组中存入数据。代码如下：

```
var arr = new Array(3);                         //定义一个元素个数为 3 的数组
arr[0] = 100;                                   //为第一个数组元素赋值
arr[1] = 200;                                   //为第二个数组元素赋值
arr[2] = 300;                                   //为第三个数组元素赋值
```

在上述代码中定义了一个元素个数为 3 的数组。在为数组元素赋值之前，这 3 个数组元素的值都是 undefined。

3．指定数组元素

在定义数组的同时可以直接给出数组元素的值。此时数组的长度就是在括号中给出的数组元素的个数。语法如下：

```
arrayObject = new Array(element1, element2, element3, ...)
```

参数说明：

☑　arrayObject：必选项。新创建的数组对象名。

☑　element：存入数组中的元素。使用该语法时必须有一个以上元素。

例如，创建数组对象的同时，向该对象中存入数组元素。代码如下：

```
var arr = new Array(100, "JavaScript", true);   //定义一个包含 3 个元素的数组
```

4．直接定义数组

在 JavaScript 中还有一种定义数组的方式，这种方式不需要使用构造函数，直接将数组元素放在一个中括号中，元素与元素之间用逗号分隔。语法如下：

```
arrayObject = [element1, element2, element3, ...]
```

参数说明：

☑　arrayObject：必选项。新创建的数组对象名。

☑　element：存入数组中的元素。使用该语法时必须有一个以上元素。

例如，直接定义一个含有 3 个元素的数组。代码如下：

```
var arr = [100, "JavaScript", true];            //直接定义一个包含 3 个元素的数组
```

19.3.3　访问数组元素

数组是数组元素的集合，在对数组进行访问时，实际上是对数组元素进行输出、添加或删除的操作。

1．数组元素的输出

数组元素的输出即获取数组中元素的值并输出。将数组对象中的元素值进行输出有 3 种方法。

☑ 用下标获取指定元素值。该方法通过数组对象的下标获取指定的元素值。例如，获取数组对象中的第三个元素的值。代码如下：

```
var arr = new Array("HTML5","CSS3","JavaScript");        //定义数组
var third = arr[2];                                      //获取下标为 2 的数组元素
document.write(third);                                   //输出变量的值
```

运行结果如下：

```
JavaScript
```

注意

数组对象的元素下标是从 0 开始的。

☑ 用 for 循环语句获取数组中的元素值。该方法利用 for 循环语句获取数组对象中的所有元素值。例如，获取数组对象中的所有元素值。代码如下：

```
var str = "";                                            //定义变量并进行初始化
var arr = new Array("a","b","c");                        //定义数组
for (var i=0;i<3;i++){                                   //定义 for 循环语句
    str=str+arr[i];                                      //将各个数组元素连接在一起
}
document.write(str);                                     //输出变量的值
```

运行结果如下：

```
abc
```

☑ 用数组对象名输出所有元素值。该方法用创建的数组对象本身显示数组中的所有元素值。例如，显示数组中的所有元素值。代码如下：

```
var arr = new Array("a","b","c");                        //定义数组
document.write(arr);                                     //输出数组中所有元素的值
```

运行结果如下：

```
a,b,c
```

【例 19.2】输出 3 个商品名称。（**实例位置：资源包\TM\sl\19\02**）

购物车中有 3 个商品，创建一个存储 3 个商品名称（微波炉、保温杯、运动背包）的数组，然后输出这 3 个数组元素。首先创建一个包含 3 个元素的数组，并为每个数组元素赋值，然后使用 for 循环语句遍历输出数组中的所有元素。代码如下：

```
<script type="text/javascript">
var students = new Array(3);              //定义数组
students[0] = "微波炉";                    //为下标为 0 的数组元素赋值
students[1] = "保温杯";                    //为下标为 1 的数组元素赋值
students[2] = "运动背包";                  //为下标为 2 的数组元素赋值
for(var i=0;i<3;i++){
    //循环输出数组元素
    document.write("第"+(i+1)+"个商品名称是："+students[i]+"<br>");
}
</script>
```

运行结果如图 19.8 所示。

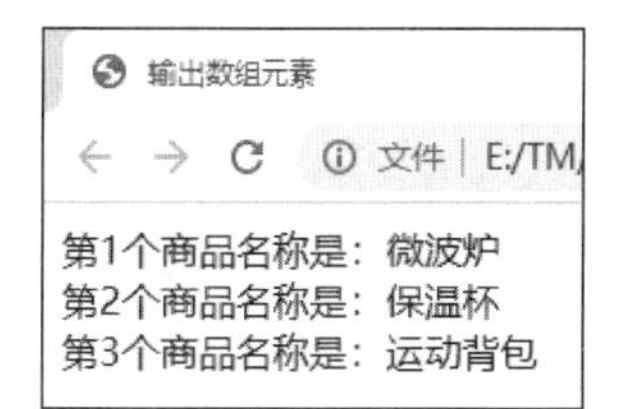

图 19.8　使用数组存储商品名称

2. 数组元素的添加

在定义数组时虽然已经设置了数组元素的个数，但是该数组的元素个数并不是固定的。可以通过添加数组元素的方法来增加数组元素的个数。添加数组元素的方法非常简单，只要对新的数组元素进行赋值就可以了。

例如，定义一个包含两个元素的数组，然后为数组添加 3 个元素，最后输出数组中的所有元素值，代码如下：

```
var arr = new Array("Tony","Kelly");                    //定义数组
arr[2] = "Tom";                                         //添加新的数组元素
arr[3] = "Jerry";                                       //添加新的数组元素
arr[4] = "Alice";                                       //添加新的数组元素
document.write(arr);                                    //输出添加元素后的数组
```

运行结果如下：

```
Tony,Kelly,Tom,Jerry,Alice
```

另外，还可以对已经存在的数组元素进行重新赋值。例如，定义一个包含两个元素的数组，将第二个数组元素进行重新赋值并输出数组中的所有元素值，代码如下：

```
var arr = new Array("Tony","Alice");                    //定义数组
arr[1] = "Kelly";                                       //为下标为 1 的数组元素重新赋值
document.write(arr);                                    //输出重新赋值后的新数组
```

运行结果如下：

```
Tony,Kelly
```

3. 数组元素的删除

使用 delete 运算符可以删除数组元素的值，但是只能将该元素恢复为未赋值的状态，即 undefined，而不能真正地删除一个数组元素，数组中的元素个数也不会减少。例如，定义一个包含 3 个元素的数组，然后应用 delete 运算符删除下标为 1 的数组元素，最后输出数组中的所有元素值。代码如下：

```
var arr = new Array("Tony","Alice","Kelly");            //定义数组
delete arr[1];                                          //删除下标为 1 的数组元素
document.write(arr);                                    //输出删除元素后的数组
```

运行结果如下：

```
Tony,,Kelly
```

19.3.4　获取数组的长度

获取数组的长度需要使用 Array 对象中的 length 属性。语法如下：

```
arrayObject.length
```

其中，arrayObject 为数组名称。

例如，获取已创建的数组对象的长度。代码如下：

```
var arr=new Array(1,2,3,4,5,6,7,8,9,10);                    //定义数组
document.write(arr.length);                                 //输出数组的长度
```

运行结果如下：

```
10
```

注意

（1）当用 new Array()创建数组时，并不对其进行赋值，length 属性的返回值为 0。

（2）数组的长度是由数组的最大下标决定的。

例如，用不同的方法创建数组，并输出数组的长度。代码如下：

```
var arr1 = new Array();                                     //定义数组 arr1
document.write("数组 arr1 的长度为："+arr1.length+"<p>");    //输出数组 arr1 的长度
var arr2 = new Array(6);                                    //定义数组 arr2
document.write("数组 arr2 的长度为："+arr2.length+"<p>");    //输出数组 arr2 的长度
var arr3 = new Array(1,2,3);                                //定义数组 arr3
document.write("数组 arr3 的长度为："+arr3.length+"<p>");    //输出数组 arr3 的长度
var arr4 = [2,3,5,6,7];                                     //定义数组 arr4
document.write("数组 arr4 的长度为："+arr4.length+"<p>");    //输出数组 arr4 的长度
var arr5 = new Array();                                     //定义数组 arr5
arr5[9] = 10;                                               //为下标为 9 的元素赋值
document.write("数组 arr5 的长度为："+arr5.length+"<p>");    //输出数组 arr5 的长度
```

运行结果如图 19.9 所示。

数组arr1的长度为：0

数组arr2的长度为：6

数组arr3的长度为：3

数组arr4的长度为：5

数组arr5的长度为：10

图 19.9　输出数组的长度

【例 19.3】输出省份、省会以及旅游景点。（**实例位置：资源包\TM\sl\19\03**）

将山东省、山西省和安徽省的省份名称、省会城市名称以及 3 个城市的旅游景点分别定义在数组中，应用 for 循环语句和数组的 length 属性，将省份、省会以及旅游景点循环输出在表格中。代码如下：

```
<table>
  <tr>
    <td style="width: 50px;">序号</td>
      <td style="width: 100px;">省份</td>
      <td style="width: 100px;">省会</td>
      <td style="width: 300px;">旅游景点</td>
  </tr>
<script type="text/javascript">
var province=new Array("山东省","山西省","安徽省");          //定义省份数组
var city=new Array("济南市","太原市","合肥市");              //定义省会数组
//定义旅游景点数组
var tourist=new Array("泰山、崂山、微山湖、沂蒙山、趵突泉","平遥古城、云冈石窟、乔家大院",
                      "黄山、九华山、天堂寨、三河古镇");
for(var i=0; i<province.length; i++){                        //定义 for 循环语句
      document.write("<tr>");                                //输出<tr>开始标签
      document.write("<td>"+(i+1)+"</td>");                  //输出序号
      document.write("<td>"+province[i]+"</td>");            //输出省份名称
      document.write("<td>"+city[i]+"</td>");                //输出省会名称
      document.write("<td>"+tourist[i]+"</td>");             //输出旅游景点
```

```
	document.write("</tr>");			//输出</tr>结束标签
}
</script>
</table>
```

运行结果如图 19.10 所示。

序号	省份	省会	旅游景点
1	山东省	济南市	泰山、崂山、微山湖、沂蒙山、趵突泉
2	山西省	太原市	平遥古城、云冈石窟、乔家大院
3	安徽省	合肥市	黄山、九华山、天堂寨、三河古镇

图 19.10　输出省份、省会和旅游景点

19.3.5　操作数组

数组是 JavaScript 中的一个内置对象，使用数组对象的方法可以更加方便地操作数组中的数据。下面对数组的常用方法进行介绍。

1．数组的添加和删除

数组的添加和删除可以使用 concat()、push()、unshift()、pop()、shift()和 splice()方法实现。

1）concat()方法

该方法用于将其他数组连接到当前数组的末尾。语法如下：

```
arrayObject.concat(arrayX,arrayX,......,arrayX)
```

参数说明：

☑　arrayObject：必选项。数组名称。

☑　arrayX：必选项。该参数可以是具体的值，也可以是数组对象。

返回值：返回一个新的数组，而原数组中的元素和数组长度不变。

例如，在数组的尾部添加数组元素。代码如下：

```
var arr=new Array("Tony","Kelly");			//定义数组
document.write(arr.concat("Tom","Jerry"));		//输出添加元素后的新数组
```

运行结果如下：

```
Tony,Kelly,Tom,Jerry
```

例如，在数组的尾部添加其他数组。代码如下：

```
var arr1=new Array(1,2,3);			//定义数组 arr1
var arr2=new Array(4,5,6);			//定义数组 arr2
document.write(arr1.concat(arr2));		//输出连接后的数组
```

运行结果如下：

```
1,2,3,4,5,6
```

2）push()方法

该方法向数组的末尾添加一个或多个元素，并返回添加后的数组长度。语法如下：

```
arrayObject.push(newelement1,newelement2,....,newelementn)
```

参数说明：

☑ arrayObject：必选项。数组名称。

☑ newelement1：必选项。要添加到数组中的第一个元素。

☑ newelement2：可选项。要添加到数组中的第二个元素。

☑ newelementn：可选项。要添加到数组中的第 n 个元素。

返回值：把指定的值添加到数组后的新长度。

例如，向数组的末尾添加两个数组元素，并输出原数组、添加元素后的数组长度和新数组。代码如下：

```
var arr=new Array("Tony","Kelly","Alice");                              //定义数组
document.write('原数组：'+arr+'<br>');                                   //输出原数组
//向数组末尾添加两个元素并输出数组长度
document.write('添加元素后的数组长度：'+arr.push("Tom","Jerry")+'<br>');
document.write('新数组：'+arr);                                          //输出添加元素后的新数组
```

运行结果如图 19.11 所示。

原数组：Tony,Kelly,Alice
添加元素后的数组长度：5
新数组：Tony,Kelly,Alice,Tom,Jerry

图 19.11　向数组的末尾添加元素

3）unshift()方法

该方法向数组的开头添加一个或多个元素。语法如下：

```
arrayObject.unshift(newelement1,newelement2,...,newelementn)
```

参数说明：

☑ arrayObject：必选项。它是数组名称。

☑ newelement1：必选项。它是添加到数组中的第一个元素。

☑ newelement2：可选项。它是添加到数组中的第二个元素。

☑ newelementn：可选项。它是添加到数组中的第 n 个元素。

返回值：把指定的值添加到数组后的新长度。

例如，向数组的开头添加两个数组元素，并输出原数组、添加元素后的数组长度和新数组。代码如下：

```
var arr=new Array("c","d","e","f");                                     //定义数组
document.write('原数组：'+arr+'<br>');                                   //输出原数组
//向数组开头添加两个元素并输出数组长度
document.write('添加元素后的数组长度：'+arr.unshift("a","b")+'<br>');
document.write('新数组：'+arr);                                          //输出添加元素后的新数组
```

运行程序，会将原数组和新数组中的内容显示在页面中，如图 19.12 所示。

原数组：c,d,e,f
添加元素后的数组长度：6
新数组：a,b,c,d,e,f

图 19.12　向数组的开头添加元素

4）pop()方法

该方法用于把数组中的最后一个元素从数组中删除，并返回删除元素的值。语法如下：

```
arrayObject.pop()
```

其中，arrayObject 为数组名称，方法返回值为在数组中删除的最后一个元素的值。

例如，删除数组中的最后一个元素，并输出原数组、删除的元素和删除元素后的数组。代码如下：

```
var arr=new Array("张三","李四","王五");                                  //定义数组
```

```
document.write('原数组：'+arr+'<br>');                //输出原数组
var del=arr.pop();                                    //删除数组中最后一个元素
document.write('删除元素为：'+del+'<br>');            //输出删除的元素
document.write('删除后的数组为：'+arr);               //输出删除后的数组
```

运行结果如图 19.13 所示。

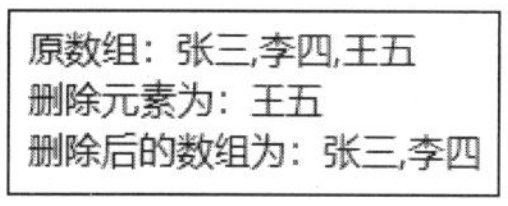

原数组：张三,李四,王五
删除元素为：王五
删除后的数组为：张三,李四

图 19.13 删除数组中最后一个元素

5）shift()方法

该方法用于把数组中的第一个元素从数组中删除，并返回删除元素的值。语法如下：

```
arrayObject.shift()
```

其中，arrayObject 为数组名称，方法返回值为在数组中删除的第一个元素的值。

例如，删除数组中的第一个元素，并输出原数组、删除的元素和删除元素后的数组。代码如下：

```
var arr=new Array("张三","李四","王五");              //定义数组
document.write('原数组：'+arr+'<br>');                //输出原数组
var del=arr.shift();                                  //删除数组中第一个元素
document.write('删除元素为：'+del+'<br>');            //输出删除的元素
document.write('删除后的数组为：'+arr);               //输出删除后的数组
```

运行结果如图 19.14 所示。

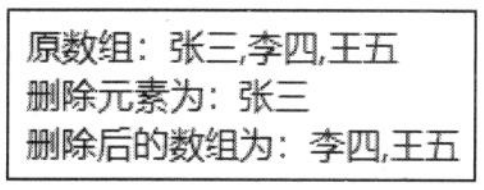

原数组：张三,李四,王五
删除元素为：张三
删除后的数组为：李四,王五

图 19.14 删除数组中第一个元素

6）splice()方法

pop()方法的作用是删除数组中的最后一个元素，shift()方法的作用是删除数组中的第一个元素，而要想更灵活地删除数组中的元素，可以使用 splice()方法。splice()方法可以用于删除数组中指定位置的元素，并向数组中的指定位置添加新元素。语法如下：

```
arrayObject.splice(start,length,element1,element2,…)
```

参数说明：

☑ arrayObject：必选参数，数组名称。

☑ start：必选参数，指定要删除数组元素的开始位置，即数组的下标。

☑ length：可选参数，指定删除数组元素的个数。如果未设置该参数，则删除从 start 开始到原数组末尾的所有元素。

☑ element：可选参数，要添加到数组的新元素。

例如，在 splice()方法中应用不同的参数，对相同的数组中的元素进行删除操作。代码如下：

```
var arr1 = new Array(10,20,30,40);            //定义数组
arr1.splice(1);                               //删除第 2 个元素和之后的所有元素
document.write(arr1+"<br>");                  //输出删除后的数组
var arr2 = new Array(10,20,30,40);            //定义数组
arr2.splice(1,2);                             //删除第 2 个和第 3 个元素
document.write(arr2+"<br>");                  //输出删除后的数组
var arr3 = new Array(10,20,30,40);            //定义数组
arr3.splice(1,2,"50","60");                   //删除第 2 个和第 3 个元素，并添加新元素
document.write(arr3+"<br>");                  //输出删除后的数组
var arr4 = new Array(10,20,30,40);            //定义数组
arr4.splice(1,0,"50","60");                   //在第 2 个元素前添加新元素
document.write(arr4+"<br>");                  //输出删除后的数组
```

运行结果如图 19.15 所示。

```
10
10,40
10,50,60,40
10,50,60,20,30,40
```

图 19.15　删除数组中指定位置的元素

2. 设置数组的排列顺序

reverse()和 sort()方法可以用于按照指定的顺序排列数组中的元素。

1）reverse()方法

该方法用于颠倒数组中元素的顺序。语法如下：

```
arrayObject.reverse()
```

其中，arrayObject 为数组名称。

注意

该方法会改变原来的数组，而不创建新数组。

例如，将数组中的元素顺序颠倒进行输出。代码如下：

```
var arr=new Array(1,2,3,4,5,6);                    //定义数组
document.write('原数组：'+arr+'<br>');              //输出原数组
arr.reverse();                                     //对数组元素顺序进行颠倒
document.write('颠倒后的数组：'+arr);                //输出颠倒后的数组
```

运行结果如图 19.16 所示。

```
原数组：1,2,3,4,5,6
颠倒后的数组：6,5,4,3,2,1
```

图 19.16　输出颠倒前和颠倒后的数组

2）sort()方法

该方法用于对数组的元素进行排序。语法如下：

```
arrayObject.sort(sortby)
```

参数说明：

☑ arrayObject：必选参数，数组名称。

☑ sortby：可选参数，规定排序的顺序，必须是函数。

如果调用该方法时没有使用参数，将按字母顺序对数组中的元素进行排序，也就是按照字符的编码顺序进行排序。如果想按照其他标准进行排序，就需要指定 sort()方法的参数。该参数通常是一个比较函数，该函数应该有两个参数（假设为 a 和 b）。在对元素进行排序时，每次比较两个元素都会执行比较函数，并将这两个元素作为参数传递给比较函数。其返回值有以下两种情况：

☑ 如果返回值大于 0，则交换两个元素的位置。

☑ 如果返回值小于或等于 0，则不进行任何操作。

例如，定义一个包含 5 个元素的数组，将数组中的元素按从小到大的顺序进行输出。代码如下：

```
var arr=new Array(9,17,2,6,15);                    //定义数组
document.write('原数组：'+arr+'<br>');              //输出原数组
function ascOrder(x,y){                            //定义比较函数
    if(x>y){                                       //如果第一个参数值大于第二个参数值
        return 1;                                  //返回 1
    }else{
        return -1;                                 //返回-1
    }
}
arr.sort(ascOrder);                                //对数组进行排序
document.write('排序后的数组：'+arr);                //输出排序后的数组
```

运行结果如图 19.17 所示。

原数组：9,17,2,6,15
排序后的数组：2,6,9,15,17

图 19.17　输出排序前与排序后的数组

3．获取某段数组元素

slice()方法用于获取数组中的某段数组元素。slice()方法可以从已有的数组中返回选定的元素。语法如下：

```
arrayObject.slice(start,end)
```

参数说明：

☑ start：必选参数。该参数用于规定从何处开始选取。该参数如果是负数，那么它规定从数组尾部开始算起的位置。也就是说，-1 指最后一个元素，-2 指倒数第二个元素，以此类推。

☑ end：可选参数。该参数用于规定从何处结束选取。该参数是数组片段结束处的数组下标。如果没有指定该参数，则切分的数组包含从 start 到数组结束的所有元素；如果这个参数是负数，则表示在数组中的倒数第几个元素结束选取。

返回值：返回截取后的数组元素，该方法返回的数据中不包括 end 索引对应的数据。

例如，获取指定数组中某段数组元素。代码如下：

```
var arr=new Array(10,20,30,40,50,60);                              //定义数组
document.write("原数组："+arr+"<br>");                             //输出原数组
//输出截取后的数组
document.write("第 3 个元素后的所有元素："+arr.slice(2)+"<br>");
document.write("第 3 个到第 5 个元素："+arr.slice(2,5)+"<br>");     //输出截取后的数组
document.write("倒数第 3 个元素后的所有元素："+arr.slice(-3));       //输出截取后的数组
```

运行程序，会将原数组以及截取数组中元素后的数据输出，运行结果如图 19.18 所示。

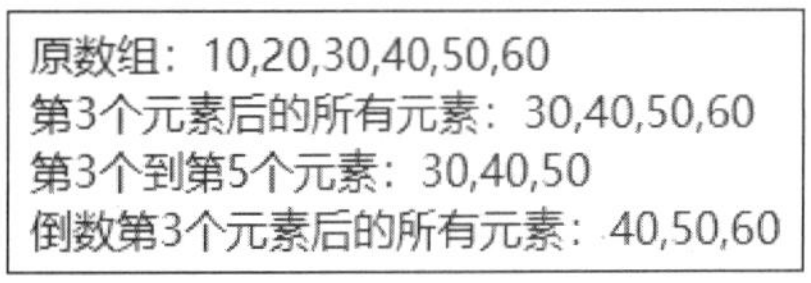

原数组：10,20,30,40,50,60
第3个元素后的所有元素：30,40,50,60
第3个到第5个元素：30,40,50
倒数第3个元素后的所有元素：40,50,60

图 19.18　获取数组中某段数组元素

4．数组转换成字符串

toString()方法和 join()方法用于将数组转换成字符串。

1）toString()方法

该方法可把数组转换为字符串，并返回结果。语法如下：

```
arrayObject.toString()
```

其中，arrayObject 为数组名称，toString()方法的返回值将数组对象显示为字符串，与没有参数的 join()方法返回的字符串相同。

注意

在转换成字符串后，数组中的各元素以逗号分隔。

例如，将数组转换成字符串。代码如下：

```
var arr=new Array("a","b","c","d","e","f","g");          //定义数组
document.write(arr.toString());                          //输出转换后的字符串
```

运行结果如下：

```
a,b,c,d,e,f,g
```

2）join()方法

该方法将数组中的所有元素放入一个字符串中。语法如下：

```
arrayObject.join(separator)
```

参数说明：

☑ arrayObject：必选参数，数组名称。

☑ separator：可选参数，指定要使用的分隔符。如果省略该参数，则使用逗号作为分隔符。

返回值：返回一个字符串。该字符串是把 arrayObject 的每个元素转换为字符串，然后把这些字符串用指定的分隔符连接起来。

例如，以指定的分隔符将数组中的元素转换成字符串。代码如下：

```
var arr=new Array("HTML5","CSS3","JavaScript");        //定义数组
document.write(arr.join("+"));                          //输出转换后的字符串
```

运行结果如下：

```
HTML5+CSS3+JavaScript
```

编程训练（答案位置：资源包\TM\sl\19\编程训练）

【训练 3】输出键盘中三排字母键的个数 把键盘上每一排字母按键都保存成一个数组，利用数组长度分别输出键盘中三排字母键的个数。

【训练 4】计算选手的最终得分 某歌手参加歌唱比赛，5 位评委分别给出的分数是 95、90、89、91、96，要获得最终的得分，需要去掉一个最高分和一个最低分，并计算剩余 3 个分数的平均分。试着计算出该选手的最终得分。

19.4 String 对象

在 JavaScript 中，String 对象可以用于对字符串进行查找、截取、大小写转换等操作。

19.4.1 创建 String 对象

String 对象是动态对象，可以使用构造函数显式创建。String 对象用于操纵和处理字符串文本。你可以通过该对象在程序中获取字符串长度、提取子字符串，以及将字符串转换为大写或小写字符。语法如下：

```
var newstr=new String(StringText)
```

参数说明：

☑ newstr：创建的 String 对象名。

☑ StringText：可选参数。字符串文本。

例如，创建一个 String 对象。代码如下：

```
var newstr=new String("HTML5+CSS3+JavaScript 从入门到精通");        //创建字符串对象
```

实际上，JavaScript 会自动地在字符串与字符串对象之间进行转换。因此，任何一个字符串常量（用单引号或双引号括起来的字符串）都可以被看作一个 String 对象，可以将其直接作为对象来使用，只要在字符变量的后面加“.”，就可以直接调用 String 对象的属性和方法。字符串与 String 对象的不同之处在于返回的 typeof 值，前者返回的是 string 类型，后者返回的是 object 类型。

19.4.2　获取字符串的长度

要获取字符串的长度，需要使用 String 对象中的 length 属性。字符串的长度为字符串中所有字符的个数，而不是字节数（一个英文字符占一个字节，一个中文字符占两个字节）。语法如下：

```
stringObject.length
```

其中，stringObject 表示当前获取长度的 String 对象名，也可以是字符变量名。

说明

通过 length 属性返回的字符串长度包括字符串中的空格。

例如，获取已创建的字符串对象 newString 的长度。代码如下：

```
var newString=new String("JavaScript 网页特效");          //创建字符串对象
var p=newString.length;                                   //获取字符串对象的长度
document.write(p);                                        //输出字符串对象的长度
```

运行结果如下：

```
14
```

例如，获取自定义的字符变量 newStr 的长度。代码如下：

```
var newStr="JavaScript 网页特效";                          //定义一个字符串变量
var p=newStr.length;                                      //获取字符串变量的长度
document.write(p);                                        //输出字符串变量的长度
```

运行结果如下：

```
14
```

19.4.3　操作字符串

String 对象提供了很多处理字符串的方法，通过这些方法可以对字符串进行查找、截取、大小写转换等操作。下面分别对这些方法进行详细介绍。

说明

String 对象中的方法与属性也可以用于字符串变量中，为了方便读者用字符串变量执行 String 对象中的方法与属性，下面的例子都用字符串变量进行操作。

1．查找字符串

字符串对象提供了几种用于查找字符串中的字符或子字符串的方法。下面对这几种方法进行详细介绍。

1）charAt()方法

该方法可以返回字符串中指定位置的字符。语法如下：

```
stringObject.charAt(index)
```

参数说明：

☑ stringObject：String 对象名或字符变量名。

☑ index：必选参数。表示字符串中某个位置的数字，即字符在字符串中的下标。

说明

字符串中第一个字符的下标是0，因此index参数的取值范围是0~string.length-1。如果参数index超出了这个范围，则返回一个空字符串。

例如，在字符串“山不在高，有仙则名。水不在深，有龙则灵。”中返回下标为3的字符。代码如下：

```
var str="山不在高，有仙则名。水不在深，有龙则灵。";            //定义字符串
document.write(str.charAt(3));                                  //输出字符串中下标为 3 的字符
```

运行结果如下：

```
高
```

2）indexOf()方法

该方法可以返回某个子字符串在字符串中首次出现的位置。语法如下：

```
stringObject.indexOf(substring,startindex)
```

参数说明：

☑ stringObject：String 对象名或字符变量名。

☑ substring：必选参数。该参数是要在字符串中查找的子字符串。

☑ startindex：可选参数。该参数用于指定在字符串中开始查找的位置。该参数的取值范围是 0～stringObject.length-1。如果省略该参数，则从字符串的首字符开始查找；如果要查找的子字符串没有出现，则返回-1。

例如，在字符串“山不在高，有仙则名。水不在深，有龙则灵。”中进行不同的检索。代码如下：

```
var str="山不在高，有仙则名。水不在深，有龙则灵。";            //定义字符串
document.write(str.indexOf("有")+"<br>");                       //输出字符"有"在字符串中首次出现的位置
//输出字符"有"在下标为 6 的字符后首次出现的位置
document.write(str.indexOf("有",6)+"<br>");
document.write(str.indexOf("山水"));                            //输出字符"山水"在字符串中首次出现的位置
```

运行结果如下：

```
5
15
-1
```

【例 19.4】找出含有 0431 的手机号码。（**实例位置：资源包\TM\sl\19\04**）

通讯录中有 6 位联系人，号码分别为 1385566****、1560431****、1304316****、1516369****、1580433****、139****0431。找到并输出通讯录中含有 0431 的所有手机号码。代码如下：

```
<script type="text/javascript">
var telArr=new Array("1385566****","1560431****","1304316****","1516369****","1580433****","139****0431");
var tetStr="";
for(var i=0; i<telArr.length; i++){
	if(telArr[i].indexOf("0431")!=-1){				//查找手机号中是否包含 0431
		tetStr+=telArr[i]+"<br>";
	}
}
document.write("通讯录中含有 0431 的手机号码如下：<p>"+tetStr);
</script>
```

运行结果如图 19.19 所示。

图 19.19　输出含有 0431 的手机号码

3）lastIndexOf()方法

该方法可以返回某个子字符串在字符串中最后出现的位置。语法如下：

```
stringObject.lastIndexOf(substring,startindex)
```

参数说明：

☑　stringObject：String 对象名或字符变量名。

☑　substring：必选参数。该参数是要在字符串中查找的子字符串。

☑　startindex：可选参数。该参数用于指定在字符串中开始查找的位置，在这个位置从后向前查找。它的取值范围是 0～stringObject.length-1。如果省略该参数，则从字符串的最后一个字符开始查找；如果要查找的子字符串没有出现，则返回-1。

例如，在字符串“山不在高，有仙则名。水不在深，有龙则灵。”中进行不同的检索。代码如下：

```
var str="山不在高，有仙则名。水不在深，有龙则灵。";		//定义字符串
document.write(str.lastIndexOf("有")+"<br>");		//输出字符“有”在字符串中最后出现的位置
//输出字符“有”在下标为 9 的字符前最后出现的位置
document.write(str.lastIndexOf("有",9)+"<br>");
document.write(str.lastIndexOf("山水"));			//输出字符“山水”在字符串中最后出现的位置
```

运行结果如下：

```
15
5
-1
```

2．截取字符串

字符串对象提供了 3 种截取字符串的方法，分别是 slice()方法、substr()方法和 substring()方法。下面分别进行详细介绍。

1）slice()方法

该方法可以提取字符串的片段，并在新的字符串中返回被提取的部分。语法如下：

```
stringObject.slice(startindex,endindex)
```

参数说明：

☑ stringObject：String 对象名或字符变量名。

☑ startindex：必选参数。该参数用于指定要提取的字符串片段的开始位置。该参数可以是负数，如果是负数，则从字符串的尾部开始算起。也就是说，-1 指字符串的最后一个字符，-2 指倒数第二个字符，以此类推。

☑ endindex：可选参数。该参数用于指定要提取的字符串片段的结束位置。如果省略该参数，表示结束位置为字符串的最后一个字符；如果该参数是负数，则从字符串的尾部开始算起。

说明

使用 slice()方法提取的字符串片段中不包括 endindex 下标所对应的字符。

例如，在字符串“JavaScript 网页特效”中提取子字符串。代码如下：

```
var str="JavaScript 网页特效";                  //定义字符串
document.write(str.slice(10)+"<br>");           //从下标为 10 的字符提取到字符串末尾
document.write(str.slice(10,12)+"<br>");        //从下标为 10 的字符提取到下标为 11 的字符
document.write(str.slice(0,-4));                //从第一个字符提取到倒数第 5 个字符
```

运行结果如下：

```
网页特效
网页
JavaScript
```

2）substr()方法

该方法可以从字符串的指定位置开始提取指定长度的子字符串。语法如下：

```
stringObject.substr(startindex,length)
```

参数说明：

☑ stringObject：String 对象名或字符变量名。

☑ startindex：必选参数，指定要提取的字符串片段的开始位置。该参数可以是负数，如果是负数，则从字符串的尾部开始算起。

☑ length：可选参数，用于指定提取的子字符串的长度。如果省略该参数，则表示结束位置为字符串的最后一个字符。

例如，在字符串“JavaScript 网页特效”中提取指定个数的字符。代码如下：

```
var str="JavaScript 网页特效";                  //定义字符串
document.write(str.substr(10)+"<br>");          //从下标为 10 的字符提取到字符串末尾
document.write(str.substr(4,6));                //从下标为 4 的字符开始提取 6 个字符
```

运行结果如下：

```
网页特效
Script
```

【例 19.5】截取 QQ 邮箱地址中的 QQ 号。（**实例位置：资源包\TM\sl\19\05**）

明日科技的企业 QQ 邮箱地址为“4006751066@qq.com”，应用 substr()方法截取该 QQ 邮箱地址中

的 QQ 号。代码如下：

```
<script type="text/javascript">
var email="4006751066@qq.com";                    //定义邮箱字符串
var length=parseInt(email).toString().length;
var QQ=email.substr(0,length);                    //截取 QQ 号
document.write("邮箱地址：4006751066@qq.com");
document.write("<br>该邮箱地址中的 QQ 号为"+QQ);
</script>
```

运行结果如图 19.20 所示。

图 19.20　截取 QQ 邮箱地址中的 QQ 号

3）substring()方法

该方法用于提取字符串中两个指定的索引号之间的字符。语法如下：

```
stringObject.substring(startindex,endindex)
```

参数说明：

☑　stringObject：String 对象名或字符变量名。

☑　startindex：必选参数。一个非负整数，指定要提取的字符串片段的开始位置。

☑　endindex：可选参数。一个非负整数，指定要提取的字符串片段的结束位置。如果省略该参数，则表示结束位置为字符串的最后一个字符。

说明

使用 substring()方法提取的字符串片段中不包括 endindex 下标对应的字符。

例如，在字符串“JavaScript 网页特效”中提取子字符串。代码如下：

```
var str="JavaScript 网页特效";                      //定义字符串
document.write(str.substring(10)+"<br>");          //从下标为 10 的字符提取到字符串末尾
document.write(str.substring(4,10)+"<br>");        //从下标为 4 的字符提取到下标为 9 的字符
```

运行结果如下：

```
网页特效
Script
```

3．大小写转换

字符串对象提供了两种用于对字符串进行大小写转换的方法，分别是 toLowerCase()方法和 toUpperCase()方法。下面对这两种方法进行详细介绍。

1）toLowerCase()方法

该方法用于把字符串转换为小写。语法如下：

```
stringObject.toLowerCase()
```

其中，stringObject 表示 String 对象名或字符变量名。

例如，将字符串“HTML5+CSS3+JavaScript”中的大写字母转换为小写。代码如下：

```
var str="HTML5+CSS3+JavaScript";                   //定义字符串
document.write(str.toLowerCase());                 //将字符串转换为小写
```

运行结果如下：

```
html5+css3+javascript
```

2）toUpperCase()方法

该方法用于把字符串转换为大写。语法如下：

```
stringObject.toUpperCase()
```

其中，stringObject 表示 String 对象名或字符变量名。

例如，将字符串“HTML5+CSS3+JavaScript”中的小写字母转换为大写。代码如下：

```
var str="HTML5+CSS3+JavaScript";                    //定义字符串
document.write(str.toUpperCase());                  //将字符串转换为大写
```

运行结果如下：

```
HTML5+CSS3+JAVASCRIPT
```

4．连接和拆分

字符串对象还提供了两种用于连接和拆分字符串的方法，分别是 concat()方法和 split()方法。下面对这两种方法进行详细介绍。

1）concat()方法

该方法用于连接两个或多个字符串。语法如下：

```
stringObject.concat(stringX,stringX,…)
```

参数说明：

☑ stringObject：String 对象名或字符变量名。

☑ stringX：必选参数。将被连接的字符串，可以是一个或多个。

注意

使用 concat()方法可以返回连接后的字符串，而原字符串对象并没有改变。

例如，定义两个字符串，然后应用 concat()方法对两个字符串进行连接。代码如下：

```
var names=new Array("关云长","张翼德","赵子龙");              //定义人物姓名数组
var achievements=new Array("单刀赴会","义释严颜","单骑救主"); //定义主要成就数组
for(var i=0;i<nicknames.length;i++){
    document.write(nicknames[i].concat(names[i])+"<br>");     //对人物姓名和主要成就进行连接
}
```

运行结果如下：

```
关云长单刀赴会
张翼德义释严颜
赵子龙单骑救主
```

2）split()方法

该方法用于把一个字符串分割成字符串数组。语法如下：

```
stringObject.split(separator,limit)
```

参数说明：

☑ stringObject：String 对象名或字符变量名。

☑ separator：必选参数，指定的分割符。如果把空字符串（""）作为分割符，那么字符串对象中的每个字符都会被分割。

☑ limit：可选参数。该参数可指定返回的数组的最大长度。如果设置了该参数，则返回的数组元素个数不会多于这个参数；如果省略该参数，则整个字符串都会被分割，不考虑数组元素个数。

例如，将字符串“How are you”按照不同方式进行分割。代码如下：

```
var str="How are you";                            //定义字符串
document.write(str.split(" ")+"<br>");            //以空格为分割符对字符串进行分割
document.write(str.split("")+"<br>");             //以空字符串为分割符对字符串进行分割
document.write(str.split(" ",2));                 //以空格为分割符对字符串进行分割并返回两个元素
```

运行结果如下：

```
How,are,you
H,o,w, ,a,r,e, ,y,o,u
How,are
```

编程训练（答案位置：资源包\TM\sl\19\编程训练）

【训练 5】获取字符“四”在绕口令中的出现次数　有这样一段绕口令：四是四，十是十，十四是十四，四十是四十。应用 String 对象中的 indexOf()方法获取字符“四”在绕口令中出现的次数。

【训练 6】截取网站公告标题　在开发 Web 程序时，为了保持整个页面的合理布局，经常需要对一些超长输出的字符串内容（如公告标题、公告内容、文章的标题、文章的内容等）进行截取，并通过“...”代替省略内容。应用 substr()方法对网站公告标题进行截取并输出。

19.5　Math 对象

Math 对象提供了大量的数学常量和数学函数。在使用 Math 对象时，不能使用 new 关键字创建对象实例，而应直接使用“对象名.成员”的格式来访问其属性或方法。下面将对 Math 对象的属性和方法进行介绍。

19.5.1　Math 对象的属性

Math 对象的属性是数学中常用的常量。表 19.1 列出了 Math 对象的属性。

表 19.1　Math 对象的属性

属　性	描　述	属　性	描　述
E	欧拉常量（2.718281828459045）	LOG2E	以 2 为底数的 e 的对数（1.4426950408889634）
LN2	2 的自然对数（0.6931471805599453）	LOG10E	以 10 为底数的 e 的对数（0.4342944819032518）
LN10	10 的自然对数（2.302585092994046）	PI	圆周率常数 π（3.141592653589793）
SQRT2	2 的平方根（1.4142135623730951）	SQRT1_2	0.5 的平方根（0.7071067811865476）

例如，已知一个圆的半径是 5，计算这个圆的周长和面积。代码如下：

```
var r = 5;                                                          //定义圆的半径
var circumference = 2*Math.PI*r;                                    //定义圆的周长
var area = Math.PI*r*r;                                             //定义圆的面积
document.write("圆的半径为"+r+"<br>");                               //输出圆的半径
document.write("圆的周长为"+parseInt(circumference)+"<br>");          //输出圆的周长
document.write("圆的面积为"+parseInt(area));                          //输出圆的面积
```

运行结果如下：

```
圆的半径为 5
圆的周长为 31
圆的面积为 78
```

19.5.2 Math 对象的方法

Math 对象的方法是数学中常用的函数。表 19.2 列出了 Math 对象的方法。

表 19.2 Math 对象的方法

方　法	描　述	示　例
abs(x)	返回 x 的绝对值	Math.abs(-6);　　//返回值为 6
acos(x)	返回 x 弧度的反余弦值	Math.acos(1);　　//返回值为 0
asin(x)	返回 x 弧度的反正弦值	Math.asin(1);　　//返回值为 1.5707963267948965
atan(x)	返回 x 弧度的反正切值	Math.atan(1);　　//返回值为 0.7853981633974483
atan2(x,y)	返回从 x 轴到点（x,y）的角度，其值为-PI～PI	Math.atan2(10,5);　　//返回值为 1.1071487177940904
ceil(x)	返回大于或等于 x 的最小整数	Math.ceil(1.27);　　//返回值为 2 Math.ceil(-1.27);　　//返回值为-1
cos(x)	返回 x 的余弦值	Math.cos(0);　　//返回值为 1
exp(x)	返回 e 的 x 乘方	Math.exp(4);　　//返回值为 54.598150033144236
floor(x)	返回小于或等于 x 的最大整数	Math.floor(1.27);　　//返回值为 1 Math.floor(-1.27);　　//返回值为-2
log(x)	返回 x 的自然对数	Math.log(1);　　//返回值为 0
max(n1,n2…)	返回参数列表中的最大值	Math.max(15,16,17);　　//返回值为 17
min(n1,n2…)	返回参数列表中的最小值	Math.min(15,16,17);　　//返回值为 15
pow(x,y)	返回 x 对 y 的次方	Math.pow(2,6);　　//返回值为 64
random()	返回 0～1 的随机数	Math.random();　//返回值为类似 0.919675421397883 的随机数
round(x)	返回最接近 x 的整数，即四舍五入函数	Math.round(1.65);　　//返回值为 2 Math.round(-1.65);　　//返回值为-2
sin(x)	返回 x 的正弦值	Math.sin(0);　　//返回值为 0
sqrt(x)	返回 x 的平方根	Math.sqrt(2);　　//返回值为 1.4142135623730951
tan(x)	返回 x 的正切值	Math.tan(90);　　//返回值为-1.995200412208242

【例 19.6】生成指定位数的随机数。（**实例位置：资源包\TM\sl\19\06**）

应用 Math 对象中的方法实现生成指定位数的随机数的功能。实现步骤如下。

（1）在页面中创建表单，在表单中添加一个用于输入随机数位数的文本框和一个“生成”按钮，代码如下：

```
生成随机数的位数：<p>
<form name="form">
   <input type="text" name="digit">
   <input type="button" value="生成">
</form>
```

（2）编写生成指定位数的随机数的函数 ran()，该函数只有一个参数 digit，用于指定生成的随机数的位数。代码如下：

```
function ran(digit){
    var result="";                                          //声明变量并初始化
    for(i=0;i<digit;i++){
        result=result+(Math.floor(Math.random()*10));       //将生成的单个随机数连接起来
    }
    alert(result);                                          //输出随机数
}
```

（3）在“生成”按钮的 onClick 事件中调用 ran()函数生成随机数，代码如下：

```
<input type="button" value="生成" onclick="ran(form.digit.value)" />
```

运行程序，结果如图 19.21 所示。

图 19.21　生成指定位数的随机数

编程训练（答案位置：资源包\TM\sl\19\编程训练）

【训练 7】 生成指定位数的 1～6 的随机数　生成指定位数的随机数，要求每位数字都为 1～6。

【训练 8】 猜数字大小　做一个简单的猜数字大小的游戏（0～4 为小，5～9 为大）。

19.6　Date 对象

在 Web 开发过程中，可以使用 JavaScript 的 Date 对象（日期对象）来实现对日期和时间的控制。如果想在网页中显示计时时钟，就要重复生成新的 Date 对象来获取当前计算机的时间。用户可以使用 Date 对象执行各种使用日期和时间的过程。

19.6.1　创建 Date 对象

Date 对象是对一个对象数据类型求值，该对象主要负责处理与日期和时间有关的数据信息。在使用 Date 对象前，要创建该对象，其创建格式如下：

```
dateObj = new Date()
dateObj = new Date(dateVal)
dateObj = new Date(year, month, date[, hours[, minutes[, seconds[,ms]]]])
```

Date 对象的参数说明如表 19.3 所示。

表 19.3 Date 对象的参数说明

参 数	说 明
dateObj	必选项。要赋值为 Date 对象的变量名
dateVal	必选项。如果是数字值，dateVal 表示指定日期与 1970 年 1 月 1 日午夜间全球标准时间的毫秒数；如果是字符串，常用的格式为“月 日,年 小时:分钟:秒”，其中月份用英文表示，其余用数字表示，时间部分可以省略；另外，还可以使用“年/月/日 小时:分钟:秒”的格式
year	必选项。四位完整的年份
month	必选项。表示月份，为 0～11 的整数（1 月～12 月）
date	必选项。表示日期，为 1～31 的整数
hours	可选项。如果提供了 minutes，则必须给出。表示小时，为 0～23 的整数（午夜到 11pm）
minutes	可选项。如果提供了 seconds，则必须给出。表示分钟，为 0～59 的整数
seconds	可选项。如果提供了 ms，则必须给出。表示秒钟，为 0～59 的整数
ms	可选项。表示毫秒，为 0～999 的整数

下面以示例的形式来介绍如何创建日期对象。

例如，输出当前的日期和时间。代码如下：

```
var newDate=new Date();                    //创建当前 Date 对象
document.write(newDate);                   //输出当前日期和时间
```

运行结果如下：

```
Wed Mar 01 2023 16:31:53 GMT+0800 (中国标准时间)
```

例如，用年、月、日（2023-6-26）来创建 Date 对象。代码如下：

```
var newDate=new Date(2023,5,26);           //创建指定年月日的 Date 对象
document.write(newDate);                   //输出指定日期和时间
```

运行结果如下：

```
Mon Jun 26 2023 00:00:00 GMT+0800 (中国标准时间)
```

例如，用年、月、日、小时、分钟、秒（2023-6-26 17:15:26）来创建 Date 对象。代码如下：

```
var newDate=new Date(2023,5,26,17,15,26);  //创建指定时间的 Date 对象
document.write(newDate);                   //输出指定日期和时间
```

运行结果如下：

```
Mon Jun 26 2023 17:15:26 GMT+0800 (中国标准时间)
```

例如，以字符串形式创建 Date 对象（2023-6-26 17:15:26）。代码如下：

```
var newDate=new Date("Jun 26,2023 17:15:26");  //以字符串形式创建 Date 对象
document.write(newDate);                       //输出指定日期和时间
```

运行结果如下：

```
Mon Jun 26 2023 17:15:26 GMT+0800 (中国标准时间)
```

例如，以另一种字符串的形式创建 Date 对象（2023-6-26 17:15:26）。代码如下：

```
var newDate=new Date("2023/6/26 17:15:26");        //以字符串形式创建 Date 对象
document.write(newDate);                            //输出指定日期和时间
```

运行结果如下：

```
Mon Jun 26 2023 17:15:26 GMT+0800 (中国标准时间)
```

19.6.2　Date 对象的方法

Date 对象是 JavaScript 的一种内部对象。该对象没有可以直接读写的属性，所有对日期和时间的操作都是通过方法完成的。Date 对象的方法如表 19.4 所示。

表 19.4　Date 对象的方法

方　　法	说　　明
getDate()	从 Date 对象返回一个月中的某一天（1～31）
getDay()	从 Date 对象返回一周中的某一天（0～6）
getMonth()	从 Date 对象返回月份（0～11）
getFullYear()	从 Date 对象以四位数字返回年份
getHours()	返回 Date 对象的小时（0～23）
getMinutes()	返回 Date 对象的分钟（0～59）
getSeconds()	返回 Date 对象的秒数（0～59）
getMilliseconds()	返回 Date 对象的毫秒（0～999）
getTime()	返回 1970 年 1 月 1 日至今的毫秒数
setDate()	设置 Date 对象中月的某一天（1～31）
setMonth()	设置 Date 对象中月份（0～11）
setFullYear()	设置 Date 对象中的年份(四位数字)
setHours()	设置 Date 对象中的小时（0～23）
setMinutes()	设置 Date 对象中的分钟（0～59）
setSeconds()	设置 Date 对象中的秒钟（0～59）
setMilliseconds()	设置 Date 对象中的毫秒（0～999）
setTime()	通过从 1970 年 1 月 1 日午夜添加或减去指定数目的毫秒来计算日期和时间
toString()	把 Date 对象转换为字符串
toTimeString()	把 Date 对象的时间部分转换为字符串
toDateString()	把 Date 对象的日期部分转换为字符串
toUTCString()	根据世界时，把 Date 对象转换为字符串
toLocaleString()	根据本地时间格式，把 Date 对象转换为字符串
toLocaleTimeString()	根据本地时间格式，把 Date 对象的时间部分转换为字符串
toLocaleDateString()	根据本地时间格式，把 Date 对象的日期部分转换为字符串

说明

（1）UTC 是协调世界时（coordinated universal time）的简称，GMT 是格林尼治标准时（Greenwich mean time）的简称。

（2）应用 Date 对象的 getMonth()方法获取的值要比系统中实际月份的值小 1。

【例 19.7】输出当前的日期和时间。（**实例位置：资源包\TM\sl\19\07**）

应用 Date 对象的方法获取当前的完整年份、月份、日期、星期、小时数、分钟数和秒数，将当前的日期和时间分别连接在一起并输出。程序代码如下：

```
var now=new Date();                                          //创建 Date 对象
var year=now.getFullYear();                                  //获取当前年份
var month=now.getMonth()+1;                                  //获取当前月份
var date=now.getDate();                                      //获取当前日期
var day=now.getDay();                                        //获取当前星期
var weekArr=["星期日","星期一","星期二","星期三","星期四","星期五","星期六"];   //星期数组
var week=weekArr[day];                                       //获取当前中文星期
var hour=now.getHours();                                     //获取当前小时数
var minute=now.getMinutes();                                 //获取当前分钟数
var second=now.getSeconds();                                 //获取当前秒数
//为字体设置样式
document.write("<span style='font-size:18px;color:#9900FF'>");
document.write("今天是："+year+"年"+month+"月"+date+"日 "+week);       //输出当前的日期和星期
document.write("<br>现在是："+hour+":"+minute+":"+second);          //输出当前的时间
document.write("</span>");                                   //输出</span>结束标签
```

运行结果如图 19.22 所示。

输出当前的日期和时间
文件 | E:/TM/sl/19/
今天是：2023年3月1日 星期三
现在是：16:33:57

图 19.22　输出当前的日期和时间

应用 Date 对象的方法除了可以获取日期和时间，还可以设置日期和时间。在 JavaScript 中只要定义了一个 Date 对象，就可以针对该对象的日期部分或时间部分进行设置。示例代码如下：

```
var myDate=new Date();                  //创建当前 Date 对象
myDate.setFullYear(2023);               //设置完整的年份
myDate.setMonth(5);                     //设置月份
myDate.setDate(15);                     //设置日期
myDate.setHours(19);                    //设置小时
myDate.setMinutes(10);                  //设置分钟
myDate.setSeconds(26);                  //设置秒钟
document.write(myDate);                 //输出 Date 对象
```

运行结果如下：

```
Thu Jun 15 2023 19:10:26 GMT+0800 (中国标准时间)
```

在脚本编程中可能需要处理许多对日期的计算，例如计算经过固定天数或星期之后的日期或计算两个日期之间的天数。在这些计算中，JavaScript 日期值都是以毫秒为单位的。

【例 19.8】获取当前日期距离明年劳动节的天数。（**实例位置：资源包\TM\sl\19\08**）

应用 Date 对象中的方法获取当前日期距离明年劳动节的天数。程序代码如下：

```
var date1=new Date();                       //创建当前的 Date 对象
var theNextYear=date1.getFullYear()+1;      //获取明年的年份
```

```
date1.setFullYear(theNextYear);                    //设置 Date 对象 date1 中的年份
date1.setMonth(4);                                 //设置 Date 对象 date1 中的月份
date1.setDate(1);                                  //设置 Date 对象 date1 中的日期
var date2=new Date();                              //创建当前的 Date 对象
var date3=date1.getTime()-date2.getTime();         //获取两个日期相差的毫秒数
var days=Math.ceil(date3/(24*60*60*1000));         //将毫秒数转换成天数
alert("今天距离明年劳动节还有"+days+"天");           //输出结果
```

运行结果如图 19.23 所示。

Date 对象的方法还提供了一些以“to”开头的方法，这些方法可以将 Date 对象转换为不同形式的字符串，示例代码如下：

```
<script type="text/javascript">
    var newDate=new Date();                                //创建当前 Date 对象
    document.write(newDate.toString()+"<br>");             //将 Date 对象转换为字符串
    document.write(newDate.toTimeString()+"<br>");         //将 Date 对象的时间部分转换为字符串
    document.write(newDate.toDateString()+"<br>");         //将 Date 对象的日期部分转换为字符串
    document.write(newDate.toLocaleString()+"<br>");       //将 Date 对象转换为本地格式的字符串
    //将 Date 对象的时间部分转换为本地格式的字符串
    document.write(newDate.toLocaleTimeString()+"<br>");
    //将 Date 对象的日期部分转换为本地格式的字符串
    document.write(newDate.toLocaleDateString());
</script>
```

运行结果如图 19.24 所示。

此网页显示
今天距离明年劳动节还有427天
确定

图 19.23　输出当前日期距离明年劳动节的天数

Wed Mar 01 2023 16:36:57 GMT+0800 (中国标准时间)
16:36:57 GMT+0800 (中国标准时间)
Wed Mar 01 2023
2023/3/1 16:36:57
16:36:57
2023/3/1

图 19.24　将日期对象转换为不同形式的字符串

编程训练（答案位置：资源包\TM\sl\19\编程训练）

【训练 9】获取间隔小时数　获取 2023 年 6 月 1 日—7 月 1 日的间隔小时数。

【训练 10】网页闹钟　实现网页闹钟的功能，当系统的当前时间运行到 5 月 1 日时，给出提示信息“五一劳动节快乐！”。

19.7　实践与练习

（答案位置：资源包\TM\sl\19\实践与练习）

综合练习 1：对考试成绩进行升序排列　某学生的期末考试成绩为数学 80 分、语文 85 分、英语 76 分、物理 91 分、化学 88 分，对该学生的考试成绩进行升序排列，将结果输出在表格中。运行结果如图 19.25 所示。

综合练习 2：2022 年中国电影票房排行榜　将 2022 年中国电影票房排行榜前十名的电影名称和票房定义在数组中，对数组按电影票房进行降序排列，将排序后的排名、电影名称和票房输出在页面中。运行结果如图 19.26 所示。

学科	分数
英语	76分
数学	80分
语文	85分
化学	88分
物理	91分

图 19.25　将考试成绩进行升序排列

排名	电影名称	票房
1	长津湖之水门桥	40.67亿
2	独行月球	31亿
3	这个杀手不太冷静	26.27亿
4	人生大事	17.12亿
5	万里归途	14.16亿
6	奇迹·笨小孩	13.79亿
7	侏罗纪世界3	10.59亿
8	熊出没·重返地球	9.77亿
9	神探大战	7.12亿
10	明日战记	6.76亿

图 19.26　输出 2022 年中国电影票房排行榜

综合练习 3：生成指定位数的随机字符串　在开发网络应用程序时，经常会遇到由系统自动生成指定位数的随机字符串的情况，如生成随机密码或验证码等。实现生成指定位数的随机字符串的功能。运行结果如图 19.27 所示。

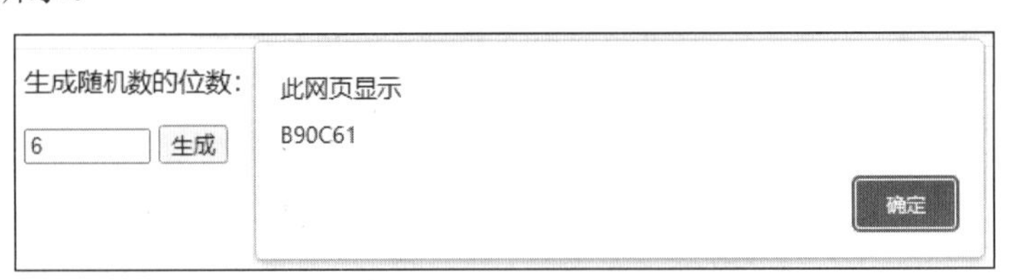

图 19.27　生成指定位数的随机字符串

第 20 章

事件处理机制

JavaScript 是一种基于对象（object-based）的语言。它的一个最基本的特征就是采用事件驱动（event-driven）。它可以使在图形界面环境下的一切操作变得简单。通常鼠标或热键的动作被称为事件（event）。由鼠标或热键引发的一连串程序动作被称为事件驱动（event driver），而对事件进行处理的程序或函数被称为事件处理程序（event handler）。本章将对 JavaScript 中的事件进行介绍。

本章知识架构及重难点如下。

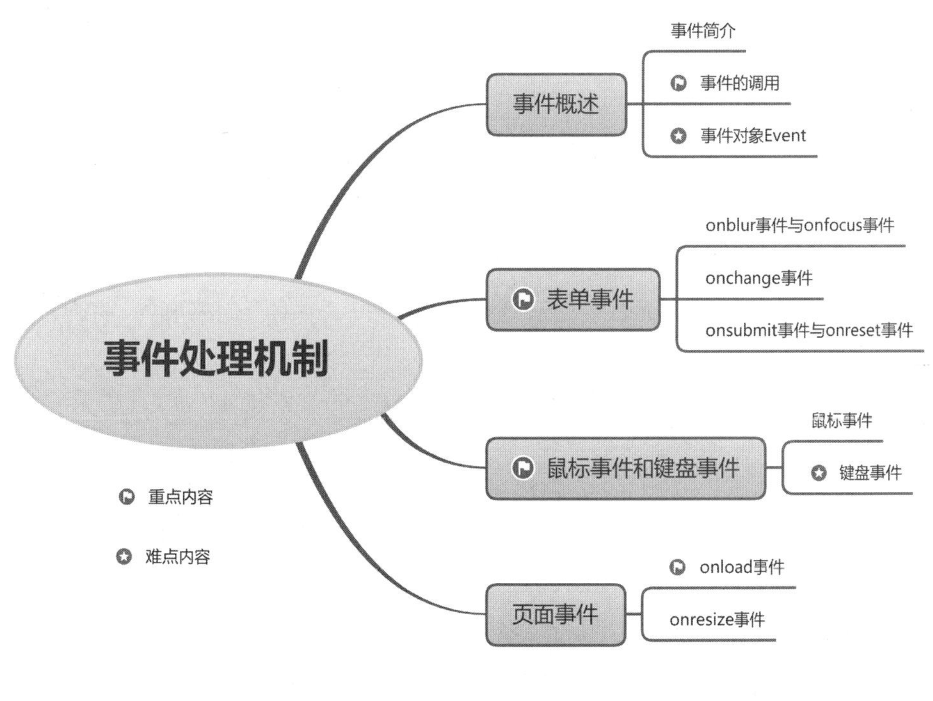

20.1 事 件 概 述

事件处理是对象化编程的一个很重要的环节，它可以使程序的逻辑结构更加清晰，使程序更具有灵活性，从而提高程序的开发效率。事件处理的过程分为三步：发生事件，启动事件处理程序，事件处理程序作出反应。其中，要使事件处理程序能够启动，必须通过指定的对象来调用相应的事件，然后通过该事件调用事件处理程序。事件处理程序可以是任意的 JavaScript 语句，但是我们一般用特定的自定义函数（function）来对事件进行处理。

20.1.1 事件简介

事件是一些可以通过脚本响应的页面动作。当用户按下鼠标键或者提交一个表单，甚至在页面上移动鼠标时，事件就会出现。事件处理是一段 JavaScript 代码，总是与页面中的特定部分以及一定的事件相关联。当与页面特定部分关联的事件发生时，事件处理器就会被调用。

绝大多数事件的命名都是描述性的，很容易理解。如 click、submit、mouseover 等，通过名称就可以猜测其含义。但也有少数事件的名称不易理解，如 blur（英文的字面意思为“模糊”），表示一个域或者一个表单失去焦点。通常，事件处理器的命名原则是，在事件名称前加上前缀 on，例如对于 click 事件，其处理器名为 onClick。

20.1.2 事件的调用

在使用事件处理程序对页面进行操作时，最主要的是如何通过对象的事件来指定事件处理程序。指定方式主要有以下两种。

1．在 HTML 中调用

在 HTML 中分配事件处理程序，只需要在 HTML 标记中添加相应的事件，并在其中指定要执行的代码或函数名即可。例如：

```
<input name="test" type="button" value="测试" onclick="alert('欢迎访问本网站');">
```

在页面中添加如上代码，会在页面中显示“测试”按钮，当单击该按钮时，将弹出“欢迎访问本网站”对话框。上面的示例也可以通过调用函数来实现，代码如下：

```
<input name="test" type="button" value="测试" onclick="clickFunction();">
<script type="text/javascript">
    function clickFunction(){                               //定义 clickFunction()函数
        alert("欢迎访问本网站");                              //弹出对话框
    }
</script>
```

2．在 JavaScript 中调用

在 JavaScript 中调用事件处理程序，首先需要获得要处理对象的引用，然后将要执行的处理函数赋值给对应的事件。例如，当单击“测试”按钮时，将弹出提示对话框，代码如下：

```
<input id="test" name="test" type="button" value="测试">
<script type="text/javascript">
    var b_test=document.getElementById("test");            //获取 id 属性值为 test 的元素
    b_test.onclick=function(){                             //为按钮绑定单击事件
        alert("欢迎访问本网站");                              //弹出对话框
    }
</script>
```

注意

在上面的代码中，一定要将<input id="test" name="test" type="button" value="测试">放在 JavaScript 代码的上方，否则将无法正确弹出对话框。

上面的示例也可以通过以下代码来实现：

```
<form id="form1" name="form1">
    <input id="test" name="test" type="button" value="测试">
</form>
<script type="text/javascript">
    form1.test.onclick=function(){                    //为按钮绑定单击事件
        alert("欢迎访问本网站");                        //弹出对话框
    }
</script>
```

注意

在 JavaScript 中指定事件处理程序时，事件名称必须小写才能正确响应事件。

20.1.3　事件对象 Event

JavaScript 的 Event 对象用来描述 JavaScript 的事件。Event 对象代表事件状态，如事件发生的元素、键盘状态、鼠标位置和鼠标按钮状态。一旦事件发生，就会生成 Event 对象。例如，单击一个按钮，浏览器的内存中就会产生相应的 Event 对象。

在 W3C 事件模型中，需要将 Event 对象作为一个参数传递到事件处理函数中。Event 对象也可自动作为参数传递，这取决于事件处理函数与对象绑定的方式。如果使用原始方法将事件处理函数绑定到对象（通过元素标记的一个属性），则必须把 Event 对象作为参数进行传递，例如：

```
onKeyUp="example(event)"
```

这是 W3C 模型中唯一可像全局引用一样明确引用 Event 对象的方式。这个引用只作为事件处理函数的参数，在其他内容中不起作用。如果有多个参数，则 Event 对象引用可以以任意顺序排列，例如：

```
onKeyUp="example(this,event)"
```

与元素绑定的函数定义中，应该有一个参数变量来“捕获”Event 对象参数，例如：

```
function example(widget,evt){...}
```

还可以通过其他方式将事件处理函数绑定到对象，将这些事件处理函数的引用赋给文档中所需的对象，例如：

```
document.forms[0].someButton.onkeyup=example;
document.getElementById("myButton").addEventListener("keyup",example,false);
```

通过这些方式进行事件绑定，可以防止自己的参数直接到达调用的函数，但是，W3C 浏览器自动传送 Event 对象的引用并将它作为唯一参数，这个 Event 对象是为响应激活事件的用户或系统行为而创建的。也就是说，函数需要用一个参数变量来接收传递的 Event 对象。例如：

```
function example(evt){...}
```

事件对象包含作为事件目标的对象（如包含表单控件对象的表单对象）的引用，以便可以访问该对象的任何属性。

20.2 表 单 事 件

表单事件实际上就是对元素获得或失去焦点的动作进行控制。表单事件可以用于改变获得或失去焦点的元素样式。这里所指的元素可以是同一类型，也可以是多个不同类型的元素。

20.2.1 onblur 事件与 onfocus 事件

onfocus 事件（获得焦点事件）在元素获得焦点时触发事件处理程序。onblur 事件（失去焦点事件）在元素失去焦点时触发事件处理程序。

【例 20.1】文字自动全部选中。（**实例位置：资源包\TM\sl\20\01**）

当单击文本框/文本域（即当页面中的文本框/文本域获得焦点）时，实现文本框/文本域中的文字自动全部选中的功能。代码如下：

```
<form name="form1">
    <div class="title">新闻信息修改</div>
    <div class="one">
      <label>新闻标题：</label>
      <input name="title" type="text" size="20" value="今日新闻头条" onFocus="Myselect_txt()">
    </div>
    <div class="one">
      <label>新闻内容：</label>
      <textarea name="content" cols="30" rows="6" onFocus="Myselect_txtarea()">今日,据相关方面报道,...</textarea>
    </div>
      <div class="two">
        <input name="add" type="submit" id="add" value="添加">
        <input name="Submit" type="reset" value="重置">
      </div>
</form>
<script type="text/javascript">
function Myselect_txt(){
    document.form1.title.select();
}
function Myselect_txtarea(){
    document.form1.content.select();
}
</script>
```

运行程序，当单击文本框或文本域时，文字会自动全部选中，如图 20.1 所示。

图 20.1　文字自动全部选中

20.2.2 onchange 事件

在元素失去焦点并且元素的内容发生改变时，onchange 事件（失去焦点内容改变事件）触发事件处理程序。该事件一般在下拉菜单中使用。

【例 20.2】改变文本框中的字体颜色。（**实例位置：资源包\TM\sl\20\02**）

当用户选择下拉菜单中的颜色时，onchange 事件将改变文本框中的字体颜色。代码如下：

```
<form name="form1">
  <input name="textfield" type="text" size="18" value="书是人类进步的阶梯">
  <select name="menu1" onChange="Fcolor()">
    <option value="black">黑色</option>
    <option value="yellow">黄色</option>
    <option value="blue">蓝色</option>
    <option value="green">绿色</option>
    <option value="red">红色</option>
    <option value="purple">紫色</option>
  </select>
</form>
<script type="text/javascript">
function Fcolor(){
  var obj=event.target;                          //获取触发事件的元素
  form1.textfield.style.color=obj.value;         //设置文本框中的字体颜色
}
</script>
```

运行结果如图 20.2 所示。

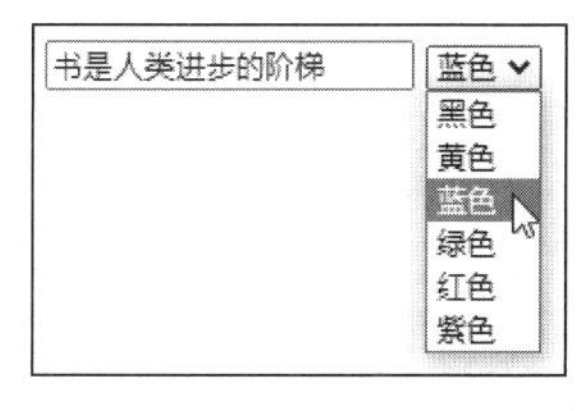

图 20.2　改变文本框中的字体颜色

20.2.3　onsubmit 事件与 onreset 事件

onsubmit 事件（表单提交事件）是在用户提交表单时（通常使用“提交”按钮，也就是将按钮的 type 属性设为 submit），在表单提交之前被触发，因此该事件的处理程序通过返回 false 值来阻止表单的提交。该事件可以用来验证表单输入项的正确性。

onreset 事件（表单重置事件）与表单提交事件的处理过程相同，该事件只是将表单中的各元素的值设置为原始值，一般用于清空表单中的文本框。下面给出这两个事件的使用格式：

```
<form name="formname" onsubmit="return Funname" onreset="return Funname"></form>
```

☑　formname：表单名称。

☑　Funname：函数名或执行语句，如果是函数名，则在函数中必须有布尔型的返回值。

注意

如果在 onsubmit 事件和 onreset 事件中调用的是自定义函数名，那么必须在函数名的前面加 return 语句，否则不论在函数中返回的是 true 还是 false，当前事件返回的值都是 true 值。

【例 20.3】获取选择的房屋信息。（**实例位置：资源包\TM\sl\20\03**）

在房屋出租登记页面对出租房屋的地段、类别和户型等进行选择，在提交页面后弹出所选择的房屋信息。代码如下：

```
<form name="form1" onSubmit="Mycheck()">
    <div class="title">房屋出租登记</div>
    <div class="one">
      <label>地段：</label>
      <select name="address" size="1" class="font1">
          <option>/*****/</option>
          <option value="朝阳区">朝阳区</option>
```

```
            <option value="绿园区">绿园区</option>
            <option value="二道区">二道区</option>
            <option value="宽城区">宽城区</option>
        </select>
    </div>
    <div class="one">
        <label>房源类别：</label>
        <select name="class1" size="1" class="font1">
            <option>/*****/</option>
            <option value="高层">高层</option>
            <option value="别墅">别墅</option>
        </select>
    </div>
    <div class="one">
        <label>房源户型：</label>
        <select name="huxing" size="2" class="font1">
            <option value="二室一厅">二室一厅</option>
            <option value="三室二厅">三室二厅</option>
        </select>
    </div>
      <div class="one">
        <label>小区名称：</label>
        <input name="build_name" type="text" id="build_name">
    </div>
      <div class="two">
          <input type="submit" name="Submit" value="添加">
          <input type="reset" name="Submit2" value="重填">
      </div>
</form>
<script type="text/javascript">
function Mycheck(){
   var val1,val2,val3,val4;
   val1=document.form1.address.value;                    //获取地段
   val2=document.form1.class1.value;                     //获取房源类别
   val3=document.form1.huxing.value;                     //获取房源户型
   val4=document.form1.build_name.value;                 //获取小区名称
   alert("地段："+val1+"\n 房源类别："+val2+"\n 房源户型："+val3+"\n 小区名称："+val4);
}
</script>
```

运行结果如图 20.3 所示。

编程训练（答案位置：资源包\TM\sl\20\编程训练）

【训练 1】改变文本框的背景颜色 当用户选择页面中的文本框时，所选文本框的背景颜色将被改变，当选择其他文本框时，失去焦点的文本框将恢复为其原来的颜色。

【训练 2】选择出生年月 在用户个人信息页面，根据下拉菜单中选择的年份和月份输出用户的出生年月。

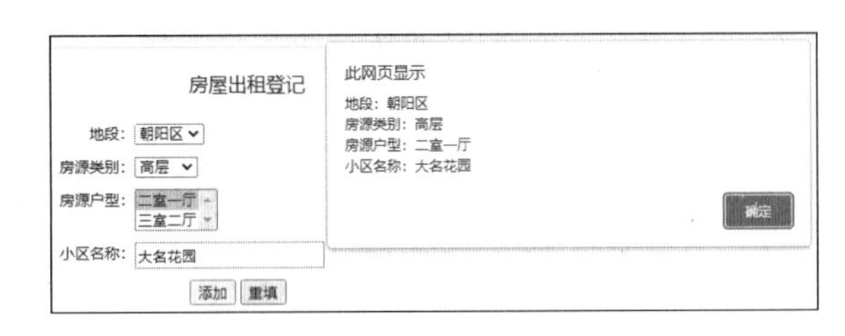

图 20.3 输出选择的房屋信息

20.3 鼠标事件和键盘事件

在页面操作中，鼠标事件和键盘事件是最常用的操作，可以利用鼠标事件在页面中实现鼠标移动、单击时的特殊效果，也可以利用键盘事件来创建页面的快捷键等。

20.3.1　鼠标事件

1. onclick 事件

onclick 事件（单击事件）是在鼠标单击时被触发的事件。单击是指鼠标停留在对象上，按下鼠标键，在没有移动鼠标的同时放开鼠标键的这一完整过程。

单击事件一般应用于 Button 对象、Checkbox 对象、Image 对象、Link 对象、Radio 对象、Reset 对象和 Submit 对象。Button 对象一般只会用到 onclick 事件处理程序，因为该对象不能从用户那里得到任何信息。如果没有 onclick 事件处理程序，按钮对象将不会有任何作用。

注意

在使用对象的单击事件时，如果在对象上按下鼠标键，然后移动鼠标到对象外再松开，单击事件无效，单击事件必须在对象上松开鼠标后，才会执行单击事件的处理程序。

【例 20.4】动态改变页面的背景颜色。（**实例位置：资源包\TM\sl\20\04**）

单击“变换背景”按钮，页面的背景颜色将动态地改变。当用户再次单击该按钮时，页面背景将以不同的颜色进行显示。代码如下：

```
<script type="text/javascript">
var Arraycolor=["blue","teal","red","maroon","navy","lime","fuschia","green"];  //定义颜色数组
var n=0;                                                                        //为变量赋初值
function turncolors(){                                                          //自定义函数
    if (n==Arraycolor.length) n=0;                                              //判断数组下标是否指向最后一个元素
    document.body.style.backgroundColor = Arraycolor[n];                        //设置背景颜色为对应数组元素的值
      n++;                                                                      //变量自加 1
}
</script>
<form name="form1">
<p>
    <input type="button" name="Submit" value="变换背景" onclick="turncolors()">
</p>
</form>
```

运行实例，结果如图 20.4 所示。当单击“变换背景”按钮时，页面的背景颜色就会发生变化，如图 20.5 所示。

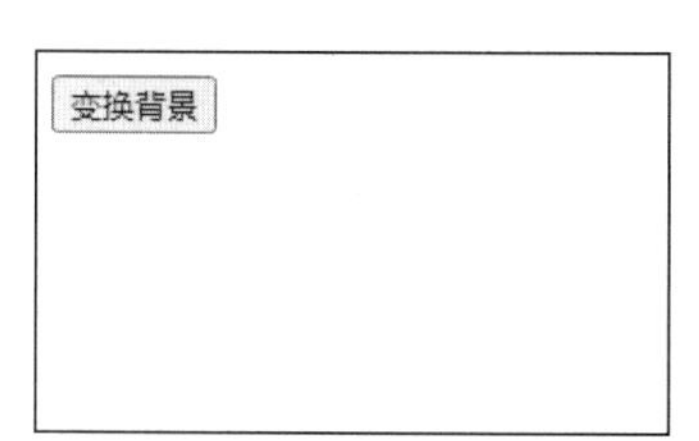

图 20.4　单击按钮前的效果

图 20.5　单击按钮后的效果

2. onmousedown 事件和 onmouseup 事件

onmousedown 事件和 onmouseup 事件分别是鼠标的按下事件和松开事件。其中，onmousedown 事件用于在鼠标按下时触发事件处理程序，onmouseup 事件用于在鼠标松开时触发事件处理程序。在用

鼠标单击对象时，可以用这两个事件实现其动态效果。

【例 20.5】为图片添加或去除边框。（**实例位置：资源包\TM\sl\20\05**）

当在图片上按下鼠标时为图片添加边框，松开鼠标时移除图片的边框。代码如下：

```
<script type="text/javascript">
function mousedown(){
        var obj=event.target;
        obj.style.border="2px solid #000000";                    //添加图片的边框
}
function mouseup(){
        var obj=event.target;
        obj.style.border=0;                                       //移除图片的边框
}
</script>
<img src="images/JavaScript.png" onMouseDown="mousedown()" onMouseUp="mouseup()" />
```

运行实例，在图片上按下鼠标时的结果如图 20.6 所示，在图片上松开鼠标时的结果如图 20.7 所示。

图 20.6　为图片添加边框

图 20.7　移除图片边框

3．onmouseover 事件和 onmouseout 事件

onmouseover 事件和 onmouseout 事件分别是鼠标的移入事件和移出事件。其中，onmouseover 事件用于在鼠标移动到对象上方时触发事件处理程序，onmouseout 事件用于在鼠标移出对象上方时触发事件处理程序。这两个事件可用于在指定的对象上移动鼠标，以实现对象的动态效果。

【例 20.6】动态改变图片的焦点。（**实例位置：资源包\TM\sl\20\06**）

应用 onmouseover 事件和 onmouseout 事件实现动态地改变图片透明度的功能。当鼠标移入图片上时，改变图片的透明度；当鼠标移出图片时，将图片恢复到初始的效果。代码如下：

```
<script type="text/javascript">
function visible(cursor,i){                                    //定义 visible()函数
    if (i==0)                                                  //如果参数 i 的值为 0
        cursor.style.opacity=1;                                //将图片不透明度设置为 1
    else
        cursor.style.opacity=0.3;                              //将图片不透明度设置为 0.3
}
</script>
<img src="images/temp.jpg" width="400" onMouseOver="visible(this,1)"
onMouseOut="visible(this,0)">
```

运行结果如图 20.8 和图 20.9 所示。

图 20.8　鼠标移入时改变透明度

图 20.9　鼠标移出时恢复初始效果

4．onmousemove 事件

onmousemove 事件（鼠标移动事件）在页面上移动鼠标时触发事件处理程序，可以在该事件中用 document 对象实时读取鼠标在页面中的位置。

例如，当鼠标在页面中移动时，在页面中显示鼠标的当前位置，也就是（x,y）值。代码如下：

```
<script type="text/javascript">
var x=0,y=0;                                              //初始化变量的值
function MousePlace(){
    x=window.event.x;                                     //获取横坐标 X 的值
    y=window.event.y;                                     //获取纵坐标 Y 的值
    //输出鼠标的当前位置
    document.getElementById('position').innerHTML="当前位置的横坐标 X："+x+"<br>当前位置的纵坐标 Y："+y;
}
document.onmousemove=MousePlace;                          //鼠标在页面中移动时调用函数
</script>
<span id="position"></span>
```

运行结果如图 20.10 所示。

当前位置的横坐标X：176
当前位置的纵坐标Y：156

图 20.10　在页面中显示鼠标的当前位置

20.3.2　键盘事件

键盘事件包含 onkeypress 事件、onkeydown 事件和 onkeyup 事件，其中 onkeypress 事件是在键盘上的某个字母或数字键被按下时触发事件处理程序，onkeydown 事件在键盘上的任一按键被按下时触发事件处理程序，onkeyup 事件在键盘上的某个键被按下后松开时触发事件处理程序。

为了便于读者对键盘上的按键进行操作，下面以表格的形式给出其键码值（见表 20.1）。

表 20.1　主键盘区字母和数字键的键码值

按　键	键　值	按　键	键　值	按　键	键　值	按　键	键　值
A	65	Q	81	g	103	w	119
B	66	R	82	h	104	x	120
C	67	S	83	i	105	y	121
D	68	T	84	j	106	z	122
E	69	U	85	k	107	0	48
F	70	V	86	l	108	1	49
G	71	W	87	m	109	2	50
H	72	X	88	n	110	3	51

续表

按键	键值	按键	键值	按键	键值	按键	键值
I	73	Y	89	o	111	4	52
J	74	Z	90	p	112	5	53
K	75	a	97	q	113	6	54
L	76	b	98	r	114	7	55
M	77	c	99	s	115	8	56
N	78	d	100	t	116	9	57
O	79	e	101	u	117		
P	80	f	102	v	118		

数字键的键码值如表 20.2 所示。

表 20.2　数字小键盘区和 F1～F12 键的键码值

按键	键值	按键	键值	按键	键值	按键	键值
0	96	8	104	F1	112	F7	118
1	97	9	105	F2	113	F8	119
2	98	*	106	F3	114	F9	120
3	99	+	107	F4	115	F10	121
4	100	Enter	108	F5	116	F11	122
5	101	-	109	F6	117	F12	123
6	102	.	110				
7	103	/	111				

控制键的键码值如表 20.3 所示。

表 20.3　控制键的键码值

按键	键值	按键	键值	按键	键值	按键	键值
Back Space	8	Esc	27	Right Arrow(→)	39	-_	189
Tab	9	Spacebar	32	Down Arrow(↓)	40	.>	190
Clear	12	Page Up	33	Insert	45	/?	191
Enter	13	Page Down	34	Delete	46	`~	192
Shift	16	End	35	Num Lock	144	[{	219
Control	17	Home	36	;:	186	|	220
Alt	18	Left Arrow(←)	37	=+	187	]}	221
Cape Lock	20	Up Arrow(↑)	38	,<	188	'"	222

例如，利用键盘中的 A 键实现对页面进行刷新的功能。代码如下：

```
<script type="text/javascript">
```

```
function Refurbish(){                                    //定义 Refurbish()函数
    if (window.event.keyCode==65){                       //如果按下了键盘上的 A 键
        location.reload();                               //对页面进行刷新
    }
}
document.onkeydown=Refurbish;                            //当按下键盘上的按键时调用函数
</script>
```

编程训练（答案位置：资源包\TM\sl\20\编程训练）

【训练 3】用事件模拟超链接标签的功能　用 onmousedown 事件和 onmouseup 事件将文本制作成类似于<a>（超链接）标签的功能，也就是在文本上按下鼠标时，改变文本的颜色，当在文本上松开鼠标时，恢复文本的默认颜色。

【训练 4】实现文字变色和放大的效果　当鼠标移到文字上时，文字会改变颜色并放大，当鼠标移出文字时，文字将恢复到其原来的样式。

20.4　页　面　事　件

页面事件是在页面加载或改变浏览器大小、位置，以及对页面中的滚动条进行操作时触发的事件处理程序。本节将介绍通过页面事件对浏览器进行相应的控制。

20.4.1　onload 事件

onload 事件（加载事件）在网页加载完毕后触发相应的事件处理程序，它可以在网页加载完成后对网页中的表格样式、字体、背景颜色等进行设置。

在制作网页时，为了便于网页资源的利用，可以在网页加载事件中对网页中的元素进行设置。下面以实例的形式讲解如何在页面中合理利用图片资源。

【例 20.7】动态改变图片大小。（**实例位置：资源包\TM\sl\20\07**）

在网页加载时，将图片缩小成指定的大小，当鼠标移动到图片上时，将图片大小恢复到其原始大小，这样可以避免使用两张图片进行切换。代码如下：

```
<body onload="reduce()">
<img src="demo.jpg" id="img1" onmouseout="reduce()" onmouseover="blowup()">     <!--在图片标签中调用相关事件-->
<script type="text/javascript">
    var h=0;                                              //初始化高度
    var w=0;                                              //初始化宽度
    function reduce(){                                    //缩小图片
        h=img1.height;                                    //获取图片的原始高度
        w=img1.width;                                     //获取图片的原始宽度
        img1.width=w-100;                                 //缩小图片的宽度
    }
    function blowup(){                                    //恢复图片的原始大小
        img1.width=w;                                     //恢复图片到原始宽度
    }
</script>
</body>
```

运行实例，结果如图 20.11 所示。当鼠标移入图片时，图片会恢复到原始大小，结果如图 20.12 所示。

图 20.11　网页加载后的效果

图 20.12　鼠标移入图片时的效果

20.4.2　onresize 事件

onresize 事件（页面大小事件）在用户改变浏览器的大小时触发事件处理程序。

例如，当浏览器窗口被调整大小时，弹出一个对话框。代码如下：

```
<body onresize="showMsg()">
<script type="text/javascript">
function showMsg(){
    alert("浏览器窗口大小被改变");            //弹出对话框
}
</script>
</body>
```

运行上述代码，当用户试图改变浏览器窗口的大小时，将弹出如图 20.13 所示的对话框。

图 20.13　弹出对话框

20.5　实践与练习

（答案位置：资源包\TM\sl\20\实践与练习）

综合练习 1：横向导航菜单　应用鼠标移入事件和移出事件制作一个横向导航菜单的效果。运行结果如图 20.14 所示。

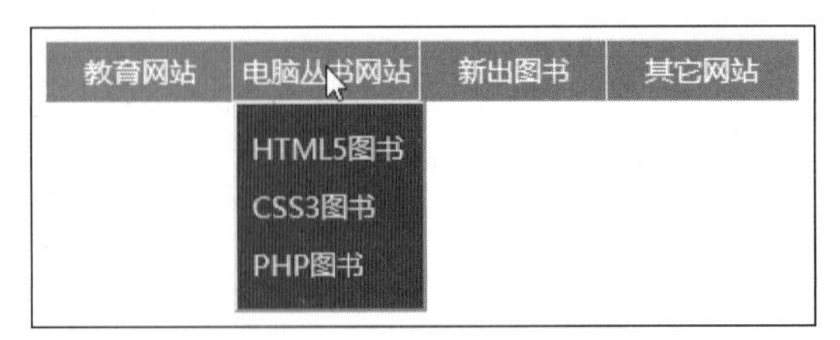

图 20.14　弹出子菜单

综合练习 2：二级联动菜单　在商品信息添加页面制作一个二级联动菜单，通过二级联动菜单选择商品的所属类别，当第一个菜单选项改变时，第二个菜单中的选项也会随之改变。运行结果如图 20.15 所示。

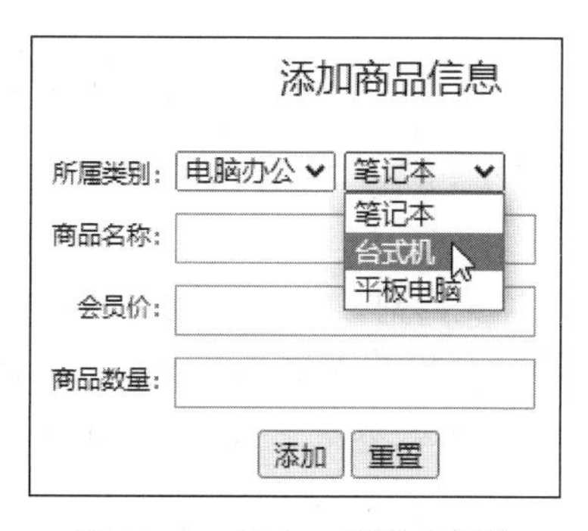

图 20.15　输出二级联动菜单

综合练习 3：实现抽屉风格的滑出菜单　在页面中输出一个竖向的导航菜单，当鼠标移到某个菜单项上时，该菜单项会向右滑出，当鼠标移出菜单项时，该菜单项会恢复为初始状态。运行结果如图 20.16 所示。

图 20.16　抽屉风格的滑出菜单

第 21 章

BOM 编程

BOM（browser object model）是浏览器对象模型，浏览器对象模型能提供独立于内容的，可以与浏览器窗口进行互动的对象结构。BOM 中有多个对象，其中代表浏览器窗口的 Window 对象是 BOM 的顶级对象，其他对象都是该对象的子对象。本章主要对 Window 对象及其子对象 Document 对象进行介绍。

本章知识架构及重难点如下。

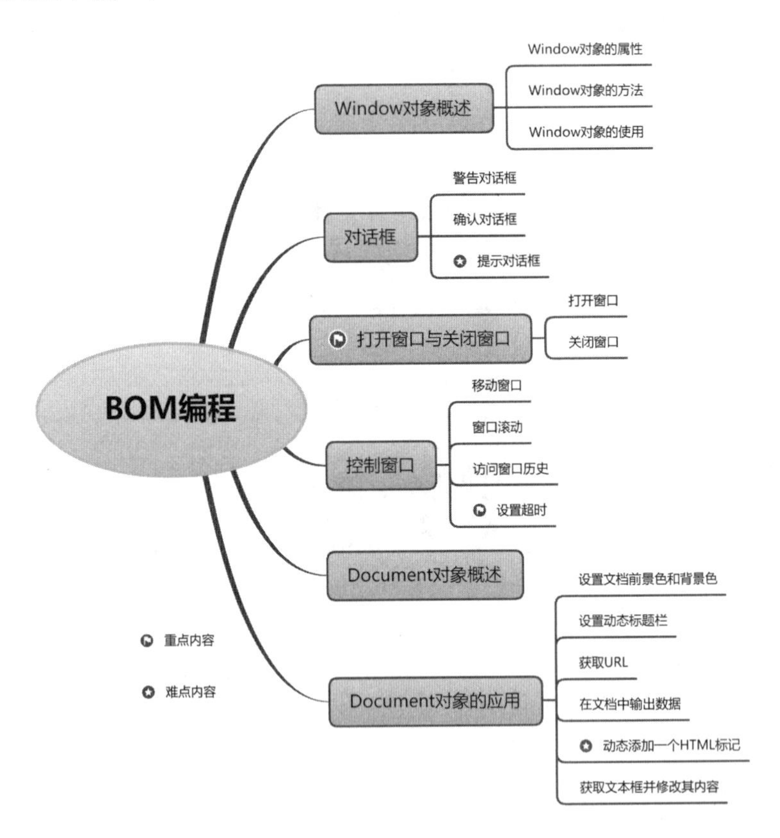

21.1　Window 对象概述

Window 对象代表的是打开的浏览器窗口。Window 对象可以打开窗口或关闭窗口，控制窗口的大小和位置、由窗口弹出的对话框，还可以控制窗口上是否显示地址栏、工具栏和状态栏等栏目。对于窗口中的内容，Window 对象可以控制是否重载网页、返回上一个文档或前进到下一个文档。

在框架方面，Window 对象可以处理框架与框架之间的关系，并通过这种关系在一个框架处理另一个框架中的文档。Window 对象还是所有其他对象的顶级对象，通过对 Window 对象的子对象进行操作，可以实现更多的动态效果。Window 对象作为对象的一种，也有着其自己的方法和属性。

21.1.1　Window 对象的属性

顶层 Window 对象是所有其他子对象的父对象，它出现在每一个页面上，并且可以在单个 JavaScript 应用程序中被多次使用。

为了便于读者学习，本节将以表格的形式对 Window 对象中的属性进行详细说明。Window 对象的属性及其说明如表 21.1 所示。

表 21.1　Window 对象的属性及其说明

属　性	说　明
document	对话框中显示的当前文档
frames	表示当前对话框中所有 frame 对象的集合
location	指定当前文档的 URL
name	对话框的名字
status	状态栏中的当前信息
defaultStatus	状态栏中的默认信息
top	表示最顶层的浏览器对话框
parent	表示包含当前对话框的父对话框
opener	表示打开当前对话框的父对话框
closed	表示当前对话框是否关闭的逻辑值
self	表示当前对话框
screen	表示用户屏幕，提供屏幕尺寸、颜色深度等信息
navigator	表示浏览器对象，用于获得与浏览器相关的信息

21.1.2　Window 对象的方法

除了属性，Window 对象中还有很多方法。Window 对象的方法及其说明如表 21.2 所示。

表 21.2　Window 对象的方法及其说明

方　法	说　明
alert()	弹出一个警告对话框
confirm()	在确认对话框中显示指定的字符串
prompt()	弹出一个提示对话框
open()	打开新浏览器对话框，显示由 URL 或名字引用的文档，并设置创建对话框的属性
close()	关闭被引用的对话框
focus()	将被引用的对话框放在所有打开对话框的前面

续表

方　法	说　明
blur()	将被引用的对话框放在所有打开对话框的后面
scrollTo(x,y)	把对话框滚动到指定的坐标
scrollBy(offsetx,offsety)	按照指定的位移量滚动对话框
setTimeout(timer)	在指定的毫秒数过后，对传递的表达式求值
setInterval(interval)	指定周期性执行代码
moveTo(x,y)	将对话框移动到指定坐标处
moveBy(offsetx,offsety)	将对话框移动到指定的位移量处
resizeTo(x,y)	设置对话框的大小
resizeBy(offsetx,offsety)	按照指定的位移量设置对话框的大小
print()	相当于浏览器工具栏中的“打印”按钮
navigate(URL)	使用对话框显示 URL 指定的页面

21.1.3　Window 对象的使用

Window 对象可以直接调用其方法和属性，例如：

```
window.属性名
window.方法名(参数列表)
```

Window 是不需要使用 new 运算符来创建的对象。因此，在使用 Window 对象时，可以直接使用“Window”来引用 Window 对象，代码如下：

```
window.alert("JavaScript 网页特效");                    //弹出对话框
window.document.write("JavaScript 网页特效");           //输出文字
```

在实际运用中，JavaScript 允许使用一个字符串来给窗口命名，也可以使用一些关键字来代替某些特定的窗口。例如，使用“self”代表当前窗口、使用“parent”代表父级窗口等。对于这种情况，你可以用这些关键字来代表“Window”，代码如下：

```
parent.属性名
parent.方法名(参数列表)
```

21.2　对　话　框

对话框是为了响应用户的某种需求而弹出的小窗口，本节将介绍几种常用的对话框：警告对话框、确认对话框及提示对话框。

21.2.1　警告对话框

在页面中弹出警告对话框主要是在<body>标签中调用 Window 对象的 alert()方法实现的，下面对该方法进行详细说明。

利用 Window 对象的 alert()方法可以弹出一个警告对话框，并且在警告对话框内可以显示提示字符串文本。语法如下：

```
window.alert(str)
```

参数 str 表示要在警告对话框中显示的提示字符串。

用户可以单击警告对话框中的“确定”按钮来关闭该对话框。不同浏览器的警告对话框样式可能会有些不同。

说明

也可以利用 alert()方法对代码进行调试。当不清楚某段代码执行到哪里，或者不知道当前变量的取值情况时，便可以利用该方法显示有用的调试信息。

【例 21.1】弹出警告对话框。（**实例位置：资源包\TM\sl\21\01**）

在页面中定义一个函数，当页面载入时就执行这个函数，应用 alert()方法弹出一个警告对话框。代码如下：

```
<body onLoad="al()">
<script type="text/javascript">
function al(){                                    //自定义函数
    window.alert("成功永远属于马上行动的人!");   //弹出警告对话框
}
</script>
</body>
```

运行结果如图 21.1 所示。

注意

警告对话框是由当前运行的页面弹出的，在对该对话框进行处理之前，不能对当前页面进行操作，并且其后面的代码也不会被执行。只有将警告对话框进行处理后（如单击“确定”按钮关闭对话框），才可以对当前页面进行操作，后面的代码也才能继续执行。

图 21.1　警告对话框的应用

21.2.2　确认对话框

Window 对象的 confirm()方法用于弹出一个确认对话框。该对话框中包含两个按钮（在中文操作系统中显示为“确定”和“取消”，在英文操作系统中显示为“OK”和“Cancel”）。语法如下：

```
window.confirm(question)
```

☑　window：Window 对象。

☑　question：要在对话框中显示的纯文本。通常，应该表达程序想要让用户回答的问题。

返回值：如果用户单击了“确定”按钮，返回值为 true；如果用户单击了“取消”按钮，返回值为 false。

【例 21.2】弹出确认对话框。（**实例位置：资源包\TM\sl\21\02**）

本实例主要应用 confirm()方法实现在页面中弹出“确定要退出登录吗”的对话框，代码如下：

```
<script type="text/javascript">
        var bool = window.confirm("确定要退出登录吗？");            //弹出确认对话框并赋值变量
        if(bool == true){                                            //如果返回值为 true,即用户单击了确定按钮
                alert("您已退出登录！");                             //弹出对话框
        }
</script>
```

运行结果如图 21.2 所示。

图 21.2　弹出确认对话框

21.2.3　提示对话框

利用 Window 对象的 prompt()方法可以在浏览器窗口中弹出一个提示框。与警告框和确认框不同，在提示框中有一个输入框。当显示输入框时，会在输入框内显示提示字符串和缺省文本，并等待用户输入。当用户在该输入框中输入文字并单击“确定”按钮后，会返回用户输入的字符串；当用户单击“取消”按钮时，会返回 null 值。语法如下：

```
window.prompt(str1，str2)
```

☑　str1：为可选项。表示字符串，指定在对话框内要被显示的信息。如果忽略此参数，将不显示任何信息。

☑　str2：为可选项。表示字符串，指定对话框内输入框（input）的值（value）。如果忽略此参数，将被设置为 undefined。

例如，将文本框中的内容显示在提示对话框中，将提示对话框中输入的内容显示在页面中。代码如下：

```
<script type="text/javascript">
    function pro(){
        var message=document.getElementById("message");           //获取指定 id 值的元素
        var word=window.prompt(message.value,"");                 //设置文本框的值
        document.getElementById("show").innerHTML=word;
    }
</script>
<input id="message" type="text" size="20" value="请输入你喜欢的一句话："><p>
<input type="button" value="显示对话框" onClick="pro()"><p>
<div id="show"></div>
```

运行代码，单击“显示对话框”按钮，会弹出一个提示对话框，运行结果如图 21.3 所示。在提示对话框的输入框中输入内容，单击“确定”按钮后将输入的内容显示在页面中，运行结果如图 21.4 所示。

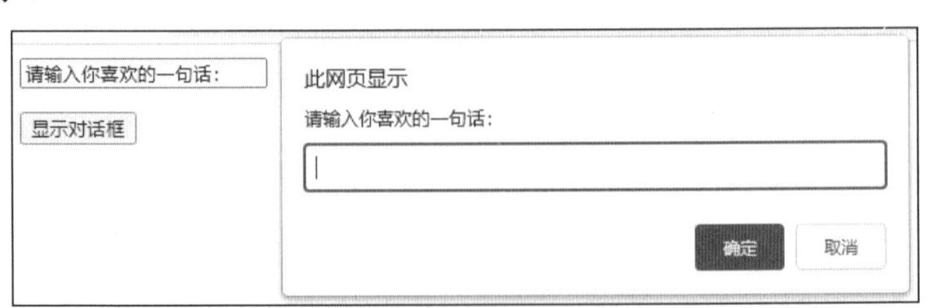

图 21.3　弹出提示对话框

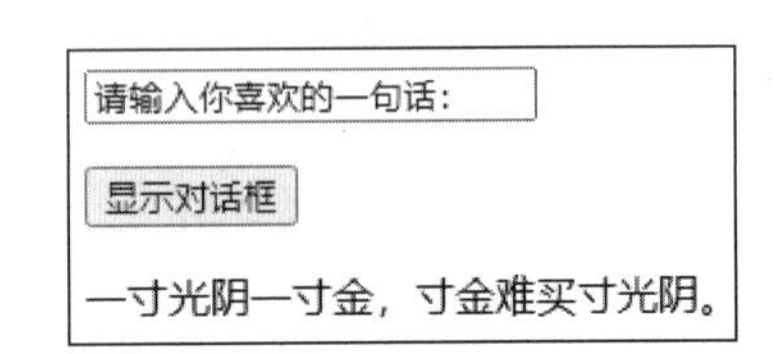

图 21.4　单击“确定”按钮后输出信息

编程训练（答案位置：资源包\TM\sl\21\编程训练）

【训练 1】判断两次输入的密码是否一致　在用户注册页面判断两次输入的密码是否一致，如果不一致，则弹出“两次密码不一致”的警告对话框。

【训练 2】模拟退出游戏房间　模拟象棋对战游戏中的退出游戏房间功能，单击“退出房间”按钮弹出“您确定要退出房间吗”的确认对话框，单击“确定”按钮退出游戏房间。

21.3　打开窗口与关闭窗口

窗口的打开和关闭主要使用 Window 对象中的 open()方法和 close()方法实现，也可以在打开窗口时指定窗口的大小及位置。下面介绍窗口的打开与关闭的实现方法。

21.3.1　打开窗口

打开窗口可以使用 Window 对象的 open()方法。利用 open()方法可以打开一个新的窗口，并在窗口中装载指定 URL 地址的网页，还可以指定新窗口的大小以及窗口中可用的选项，并且可以为打开的窗口定义一个名称。open()方法的语法如下：

```
WindowVar=window.open(url,windowname[,location]);
```

☑ WindowVar：当前打开窗口的句柄。如果 open()方法成功，则 WindowVar 的值为一个 Window 对象的句柄，否则 WindowVar 的值是一个空值。

☑ url：目标窗口的 URL。如果 URL 是一个空字符串，则浏览器将打开一个空白窗口，允许用 write()方法创建动态 HTML。

☑ windowname：Window 对象名称，可以作为属性值在<a>标签和<form>标签的 target 属性中出现。如果指定的名称是一个已经存在的窗口名称，则返回对该窗口的引用，而不再新打开窗口。

☑ location：打开窗口的参数。

location 的可选参数及其说明如表 21.3 所示。

表 21.3　location 的可选参数及其说明

参　　数	说　　明
top	窗口顶部离开屏幕顶部的像素数
left	窗口左端离开屏幕左端的像素数
width	对话框的宽度
height	对话框的高度
scrollbars	是否显示滚动条
resizable	设定对话框大小是否固定
toolbar	浏览器工具条，包括后退及前进按钮等
menubar	菜单条，一般包括有文件、编辑及其他一些条目
location	定位区，也叫地址栏，是可以输入 URL 的浏览器文本区
status	是否添加状态栏

例如，打开一个新窗口，代码如下：

```
window.open("new.html","new");                                //打开一个新窗口
```

打开一个指定大小的窗口，代码如下：

```
window.open("new.html","new","width=360,height=260");          //打开一个指定大小的窗口
```

打开一个指定位置的窗口，代码如下：

```
window.open("new.html","new","top=150,left=200");              //打开一个指定位置的窗口
```

打开一个带滚动条的固定窗口，代码如下：

```
window.open("new.html","new","scrollbars,resizable");          //打开一个带滚动条的固定窗口
```

打开一个新的浏览器对话框，在该对话框中显示 movie.html 文件，设置打开对话框的名称为"movie"，并设置对话框的宽度和高度，代码如下：

```
var win=window.open("movie.html","movie","width=360,height=260");   //定义打开窗口的句柄
```

说明

在实际应用中，除了自动打开新窗口，还可以通过单击图片、单击按钮或单击超链接的方式来打开新窗口。

【例 21.3】 弹出指定大小和位置的新窗口。（**实例位置：资源包\TM\sl\21\03**）

本实例将通过 open()方法在进入首页时弹出一个指定大小及指定位置的新窗口。代码如下：

```
<script type="text/javascript">
//打开指定大小及指定位置的新窗口
window.open("new.html","new","height=321,width=755,top=100,left=200");
</script>
```

运行结果如图 21.5 所示。

图 21.5　打开指定大小及指定位置的新窗口

注意

在使用 open()方法时，需要注意以下几点：

（1）通常，浏览器窗口中总有一个文档是打开的。因此，不需要为输出建立一个新文档。

（2）在完成对 Web 文档的写操作后，要使用或调用 close()方法来实现对输出流的关闭。

（3）在使用 open()方法来打开一个新流时，可为文档指定一个有效的文档类型，有效文档类型包括 text/html、text/plugin 等。

21.3.2　关闭窗口

在对窗口进行关闭时，主要有关闭当前窗口和关闭子窗口两种操作，下面分别对它们进行介绍。

1．关闭当前窗口

利用 Window 对象的 close()方法可以实现关闭当前窗口的功能。语法如下：

```
window.close();
```

关闭当前窗口，可以用下面的任何一种语句来实现：

```
window.close();
close();
this.close();
```

【例 21.4】自动关闭广告窗口。（**实例位置：资源包\TM\sl\21\04**）

当用户浏览网站时，无须关闭弹出的新窗口，在页面运行超过 5 秒之后，使弹出的广告窗口自动关闭。实现步骤如下。

（1）制作用于弹出广告窗口的页面 index.html，使用 open()方法打开一个指定大小的新窗口。关键代码如下：

```
<script type="text/javascript">
	window.open("ad.html","advertise","width=606,height=125,top=100,left=50");
</script>
```

（2）制作广告窗口页面 ad.html，在该页面中添加广告图片，并设置当页面加载完成后，过 5 秒钟调用 close()方法关闭当前窗口，关键代码如下：

```
<body onload="window.setTimeout('window.close()',5000)">
	<a href="#">
		<img src="ad.JPG" width="600" height="120" />
	</a>
</body>
```

运行 index.html 页面，结果如图 21.6 所示。该窗口在 5 秒钟之后会自动关闭。

图 21.6　弹出的窗口

2．关闭子窗口

使用 close()方法可以关闭以前动态创建的窗口，在窗口创建时，将窗口句柄以变量的形式进行保存，然后通过 close()方法关闭创建的窗口。close()方法的语法如下：

```
windowname.close();
```

参数 windowname 表示已打开窗口的句柄。

例如，在主窗口中弹出一个子窗口，当单击主窗口中的按钮时，子窗口会自动关闭。代码如下：

```
<form name="form1">
  <input type="button" name="Button" value="关闭子窗口" onClick="closenew ()">
</form>
<script type="text/javascript">
var win = window.open("new.html","new","width=360,height=200");            //打开指定大小的窗口
function closenew(){
    win.close();                                                           //关闭打开的窗口
}
</script>
```

运行结果如图 21.7 所示。

编程训练（答案位置：资源包\TM\sl\21\编程训练）

【训练 3】打开影片详情页面　在影视网的影片列表页面，单击查看影片详情的图片，按指定的大小及位置打开影片详情页面。

【训练 4】关闭子窗口时自动刷新父窗口　使用 Window 对象的 open()方法打开一个新窗口（子窗口），当用户在该窗口中进行关闭操作后，关闭子窗口时，系统会自动刷新父窗口来实现页面的更新。

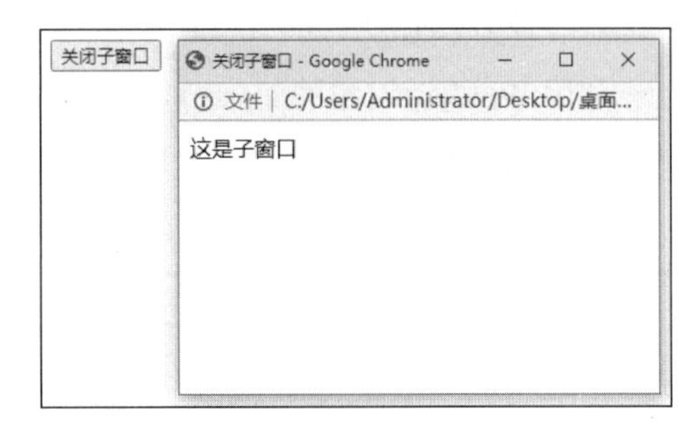

图 21.7　关闭子窗口

21.4　控制窗口

Window 对象可以返回上一个文档或前进到下一个文档，甚至可以停止加载文档。

21.4.1　移动窗口

下面介绍几种移动窗口的方法。

1．moveTo()方法

利用 moveTo()方法可以将窗口移动到指定坐标(x,y)处。语法如下：

```
window.moveTo(x,y)
```

☑　x：窗口左上角的 x 坐标。

☑　y：窗口左上角的 y 坐标。

例如，将窗口移动到指定坐标(500,300)处，代码如下：

```
window.moveTo(500,300);                        //将窗口移动到坐标(500,300)处
```

2．resizeTo()方法

利用 resizeTo()方法可以将当前窗口改变成(x,y)大小，x、y 分别为宽度和高度。语法如下：

```
window.resizeTo(x,y)
```

☑　x：窗口的水平宽度。

☑　y：窗口的垂直高度。

例如，将当前窗口改变成(650,560)大小，代码如下：

```
window.resizeTo(650,560);                      //将当前窗口改变成(650,560)大小
```

3．screen 对象

screen 对象是 JavaScript 中的屏幕对象，反映了当前用户的屏幕设置。该对象的常用属性如表 21.4 所示。

表 21.4　screen 对象的常用属性

属　　性	说　　明
width	用户整个屏幕的水平尺寸，以像素为单位
height	用户整个屏幕的垂直尺寸，以像素为单位
pixelDepth	显示器的每个像素的位数
colorDepth	返回当前颜色设置所用的位数，1 代表黑白；8 代表 256 色；16 代表增强色；24/32 代表真彩色。8 位颜色支持 256 种颜色，16 位颜色（通常叫作“增强色”）支持大概 64000 种颜色，而 24 位颜色（通常叫作“真彩色”）支持大概 1600 万种颜色
availWidth	返回窗口内容区域的水平尺寸，以像素为单位
availHeight	返回窗口内容区域的垂直尺寸，以像素为单位

例如，使用 screen 对象设置屏幕属性，代码如下：

```
document.write(window.screen.width+"<br>");                //输出屏幕宽度
document.write(window.screen.height+"<br>");               //输出屏幕高度
document.write(window.screen.colorDepth);                  //输出屏幕颜色位数
```

运行结果如下：

```
1440
900
24
```

【例 21.5】控制弹出窗口的居中显示。（**实例位置：资源包\TM\sl\21\05**）

本实例将在页面左上方定义一个“TOP”超链接，单击该超链接，弹出居中显示的管理员登录窗口。实现步骤如下。

（1）在页面中添加控制窗口弹出的超级链接，本实例中采用的是图片热点超级链接，关键代码如下：

```
<map name="Map">
  <area shape="rect" coords="82,17,125,39" href="#" onClick="manage()">
  <area shape="circle" coords="49,28,14">
</map>
```

（2）编写自定义的 JavaScript 函数 manage()，用于弹出新窗口并控制其居中显示，代码如下：

```
<script type="text/javascript">
     function manage(){
          var hdc=window.open('Login_M.html','','width=342,height=284');  //打开新窗口
          width=screen.width;                                              //获取屏幕宽度
          height=screen.height;                                            //获取屏幕高度
          hdc.moveTo((width-342)/2,(height-284)/2);                        //移动窗口至屏幕居中
     }
</script>
```

运行结果如图 21.8 所示。

图 21.8　弹出居中显示的窗口

21.4.2 窗口滚动

利用 Window 对象的 scroll()方法可以指定窗口的当前位置，以实现窗口滚动效果。语法如下：

```
scroll(x,y);
```

☑ x：屏幕的横向坐标。

☑ y：屏幕的纵向坐标。

Window 对象中有 3 种方法可以用来滚动窗口中的文档，这 3 种方法的使用如下：

```
window.scroll(x,y);
window.scrollTo(x,y);
window.scrollBy(x,y);
```

以上 3 种方法的具体解释如下。

☑ scroll()：该方法可以将窗口中显示的文档滚动到指定的绝对位置。滚动的位置由参数 x 和 y 决定，其中 x 为要滚动的横向坐标，y 为要滚动的纵向坐标。两个坐标都是相对文档的左上角而言的，即文档的左上角坐标为(0,0)。

☑ scrollTo()：该方法的作用与 scroll()方法完全相同。scroll()方法是 JavaScript 1.1 中规定的，而 scrollTo()方法是 JavaScript 1.2 中规定的。建议使用 scrollTo()方法。

☑ scrollBy：该方法可以将文档滚动到指定的相对位置上，参数 x 和 y 是相对当前文档位置的坐标。如果参数 x 的值为正数，则向右滚动文档；如果参数 x 的值为负数，则向左滚动文档。与此类似，如果参数 y 的值为正数，则向下滚动文档；如果参数 y 的值为负数，则向上滚动文档。

例如，当页面出现纵向滚动条时，页面中的内容将从上向下滚动，当滚动到页面最底端时停止滚动。代码如下：

```
<img src="1.png">
<script type="text/javascript">
var position = 0;                                    //定义滚动的纵向坐标
function scroller(){
    position++;                                      //纵向坐标值加 1
    scrollTo(0,position);                            //窗口滚动
    var timer = setTimeout("scroller()",10);         //设置超时
}
scroller();                                          //调用函数实现窗口滚动
</script>
```

运行结果如图 21.9 所示。

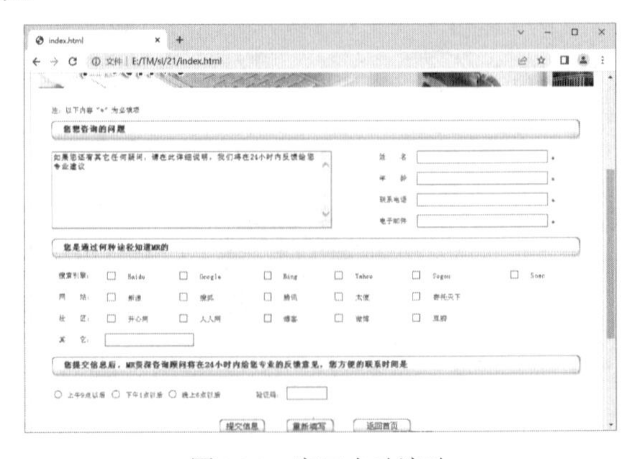

图 21.9　窗口自动滚动

21.4.3　访问窗口历史

利用 history 对象实现访问窗口历史，history 对象是一个只读的 URL 字符串数组，该对象主要用来存储一个最近访问的网页的 URL 地址的列表。语法如下：

```
[window.]history.property|method([parameters])
```

history 对象的常用属性及其说明如表 21.5 所示。

表 21.5　history 对象的常用属性及其说明

属　性	说　明
length	历史列表的长度，用于判断列表中的入口数目
current	当前文档的 URL
next	历史列表的下一个 URL
previous	历史列表的前一个 URL

history 对象的常用方法及其说明如表 21.6 所示。

表 21.6　history 对象的常用方法及其说明

方　法	说　明
back()	退回前一页
forward()	重新进入下一页
go()	进入指定的网页

例如，利用 history 对象中的 back()方法和 forward()方法来引导用户在页面中进行跳转，代码如下：

```
<a href="javascript:window.history.forward();">forward</a>
<a href="javascript:window.history.back();">back</a>
```

还可以使用 history.go()方法指定要访问的历史记录。若该方法的参数为正数，则向前移动；若该方法的参数为负数，则向后移动。例如：

```
<a href="javascript:window.history.go(-1);">向后退一次</a>
<a href="javascript:window.history.go(2);">向前前进两次/a>
```

使用 history.length 属性能够访问 history 数组的长度，通过这个长度可以很容易地转移到列表的末尾。例如：

```
<a href="javascript:window.history.go(window.history.length-1);">末尾</a>
```

21.4.4　设置超时

为一个窗口设置在某段时间后执行何种操作，称为设置超时。

Window 对象的 setTimeout()方法用于设置一个超时，以便在超出这个时间后触发某段代码的运行。基本语法如下：

```
timerId=setTimeout(要执行的代码,以毫秒为单位的时间);
```

其中，“要执行的代码”可以是一个函数，也可以是其他 JavaScript 语句；“以毫秒为单位的时间”指代码执行前需要等待的时间，即超时时间。

在代码未执行前，还可以使用 Window 对象的 clearTimeout()方法来中止该超时设置。其语法格式如下：

```
clearTimeout(timerId);
```

【例 21.6】动态显示日期和时间。（**实例位置：资源包\TM\sl\21\06**）

本实例将实现在页面中的指定位置动态显示当前的日期和时间。实现代码如下：

```
<div id="show"></div>
<script type="text/javascript">
    function ShowTime(){
        var today = new Date();                         //创建日期对象
        var hour = today.getHours();                    //获取小时数
        var minu = today.getMinutes();                  //获取分钟数
        var seco = today.getSeconds();                  //获取秒数
        if(hour < 10)                                   //如果小时数小于 10
            hour ="0" + hour;                           //在小时数前面补 0
        if(minu < 10)                                   //如果分钟数小于 10
            minu ="0" + minu;                           //在分钟数前面补 0
        if(seco < 10)                                   //如果秒数小于 10
            seco ="0" + seco;                           //在秒数前面补 0
        //显示日期时间
        document.getElementById("show").innerHTML="-------"+today.getFullYear()+"年"+
          (today.getMonth()+1)+"月"+today.getDate()+"日"+hour+"时"+minu+"分"+seco+"秒"+"-------";
        window.setTimeout("ShowTime();",1000);          //每隔 1 秒钟调用一次 ShowTime()函数
    }
    ShowTime();                                         //调用函数
</script>
```

运行结果如图 21.10 所示。

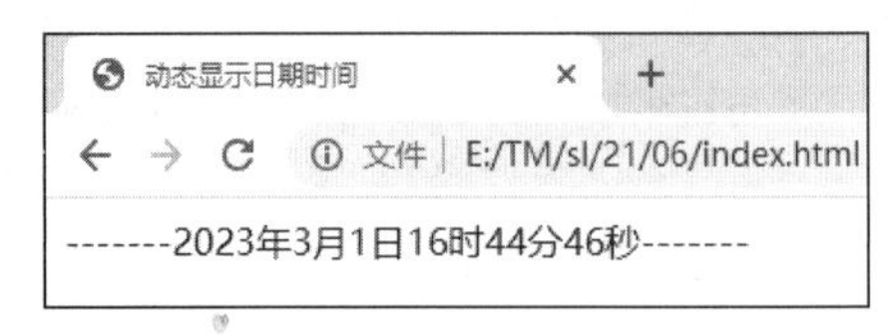

图 21.10　动态显示日期和时间

编程训练（答案位置：资源包\TM\sl\21\编程训练）

【训练 5】下降的窗口　单击“打开窗口”按钮打开一个新窗口。在新窗口被打开时，将窗口放在屏幕的左上角，然后动态地使窗口下移，直到窗口移动到屏幕的左下角为止。

【训练 6】简单计时器　设置一个简单的计时器，当单击“开始计时”按钮后启动计时器，输入框会从 0 开始计时，单击“暂停按钮”后可以暂停计时。

21.5　Document 对象概述

Document 对象代表了一个浏览器窗口或框架中显示的 HTML 文档。JavaScript 会为每个 HTML 文档自动创建一个 Document 对象，通过 Document 对象可以操作 HTML 文档中的内容。

1．文档对象介绍

Document（文档）对象代表浏览器窗口中的文档，它是 Window 对象的子对象。由于 Window 对

象是 DOM 对象模型中的默认对象，因此 Window 对象中的方法和子对象不需要使用 Window 来引用。通过 Document 对象，你可以访问 HTML 文档中包含的任何 HTML 标记，并可以动态地改变 HTML 标记中的内容，如表单、图像、表格和超链接等。该对象在 JavaScript 1.0 版本中就已经存在，在随后的版本中又增加了几个属性和方法。Document 对象层次结构如图 21.11 所示。

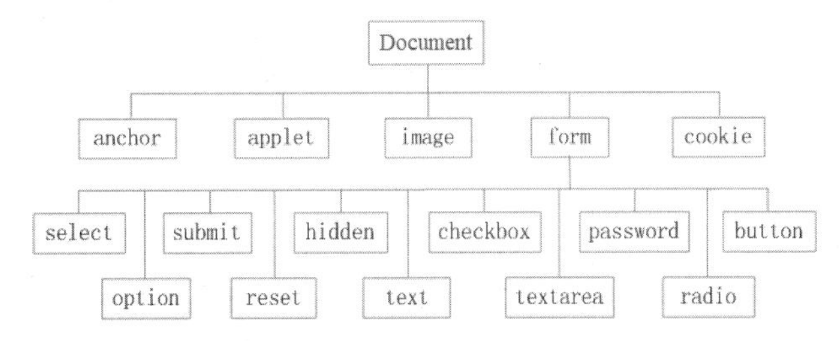

图 21.11　Document 对象层次结构

2. 文档对象的常用属性

Document 对象有很多属性，这些属性主要用于获取和文档有关的一些信息。Document 对象的常用属性及其说明如表 21.7 所示。

表 21.7　Document 对象的常用属性及其说明

属　　性	说　　明
body	提供对<body>元素的直接访问
cookie	获取或设置与当前文档有关的所有 cookie
domain	获取当前文档的域名
lastModified	获取文档被最后修改的日期和时间
referrer	获取载入当前文档的 URL
title	获取或设置当前文档的标题
URL	获取当前文档的 URL
readyState	获取某个对象的当前状态

3. 文档对象的常用方法

Document 对象中包含了一些用来操作和处理文档内容的方法。Document 对象的常用方法及其说明如表 21.8 所示。

表 21.8　Document 对象的常用方法及其说明

方　　法	说　　明
close	关闭文档的输出流
open	打开一个文档输出流并接收 write 和 writeln 方法创建页面内容
write	向文档中写入 HTML 或 JavaScript 语句
writeln	向文档中写入 HTML 或 JavaScript 语句，并以换行符结束
createElement	创建一个 HTML 标记
getElementById	获取指定 id 的 HTML 标记

21.6　Document 对象的应用

本节主要使用 Document 对象的属性和方法完成一些常用的实例，如文档前景色和背景色的设置、

获取文档的 URL 等。下面对 Document 对象常用的应用进行详细介绍。

21.6.1 设置文档前景色和背景色

文档背景色和前景色的设置可以使用 body 属性来实现。

☑ 获取或设置页面的背景颜色。语法格式如下：

```
[color=]document.body.style.backgroundColor[=setColor]
```

- color：可选项。字符串变量，用来获取颜色值。
- setColor：可选项。用于设置颜色的名称或颜色的 RGB 值。

☑ 获取或设置页面的前景色，即页面中文字的颜色。语法格式如下：

```
[color=]document.body.style.color[=setColor]
```

- color：可选项。字符串变量，用来获取颜色值。
- setColor：可选项。用于设置颜色的名称或颜色的 RGB 值。

【例 21.7】背景色和前景色互换。（**实例位置：资源包\TM\sl\21\07**）

在页面中设置一个“交互颜色”按钮，当单击该按钮时实现文档的背景色和前景色互换的功能。代码如下：

```
<script type="text/javascript">
document.body.style.backgroundColor = "#00CCFF";
function change(){
	var fgColor = document.body.style.color;//获取前景色
	var bgColor = document.body.style.backgroundColor;//获取背景色
	document.body.style.backgroundColor=fgColor;//设置背景色
	document.body.style.color=bgColor;//设置前景色
}
</script>
明日科技出品必属佳品
<input type="button" value="交互颜色" onClick="change()">
```

运行实例，文档的前景色和背景色如图 21.12 所示，单击“交互颜色”按钮后，文档的背景色和前景色会进行互换，如图 21.13 所示。

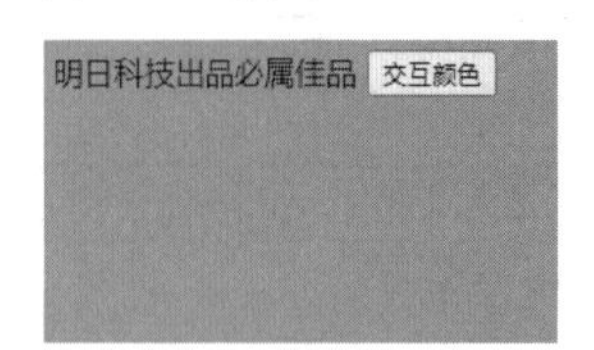

图 21.12　页面初始运行结果

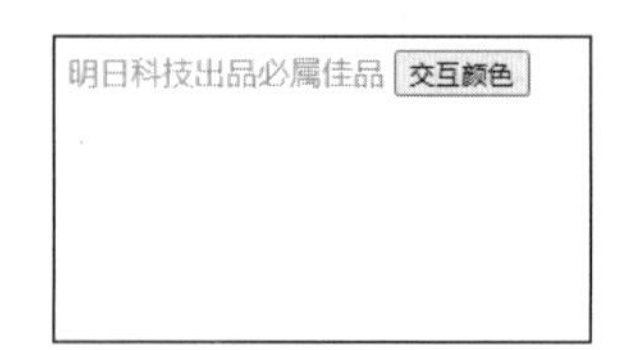

图 21.13　背景色和前景色互换后的结果

21.6.2 设置动态标题栏

动态标题栏可以使用 title 属性来实现。该属性用来获取或设置文档的标题。语法格式如下：

```
[Title=]document.title[=setTitle]
```

☑ Title：可选项。字符串变量，用来存储文档的标题。

☑　setTitle：可选项。它用来设置文档的标题。

【例 21.8】实现动态标题栏。（**实例位置：资源包\TM\sl\21\08**）

在浏览网页时，经常会看到某些标题栏的信息在不停地闪动或变换。本实例将展示在打开页面时，对标题栏中的文字进行不断的变换。代码如下：

```
<img src="1.jpg" >
<script type="text/javascript">
var n=0;
function title(){
        n++;
      if (n==3) {n=1}
      if (n==1) {document.title='☆★动态标题栏★☆'}
      if (n==2) {document.title='★☆个人主页☆★'}
      setTimeout("title()",1000);
}
title();
</script>
```

运行实例，结果如图 21.14 和图 21.15 所示。

图 21.14　标题栏文字改变前的效果

图 21.15　标题栏文字改变后的效果

21.6.3　获取 URL

获取 URL 可以使用 Document 对象的 URL 属性来实现，该属性可以获取当前文档的 URL。语法如下：

```
[url=]document.URL
```

url 是一个字符串表达式，用来存储当前文档的 URL。

【例 21.9】显示当前页面的 URL。（**实例位置：资源包\TM\sl\21\09**）

本实例实现在页面中显示当前页面的 URL，代码如下：

```
<script type="text/javascript">
document.write("<b>当前页面的 URL：</b>"+document.URL);                //获取当前页面的 URL 地址
</script>
```

运行结果如图 21.16 所示。

图 21.16　显示当前页面的 URL

21.6.4　在文档中输出数据

在文档中输出数据可以使用 write()方法和 writeln()方法来实现。

☑ write()方法：该方法用来向 HTML 文档中输出数据，其数据包括字符串、数字和 HTML 标记等。语法如下：

```
document.write(text);
```

参数 text 表示在 HTML 文档中输出的内容。

☑ writeln()方法：该方法与 write()方法作用相同，唯一的区别在于 writeln()方法在所输出的内容后，添加了一个回车换行符。但回车换行符只有在 HTML 文档的<pre>…</pre>标签（此标签可以把文档中的空格、回车、换行等表现出来）内才能被识别。语法如下：

```
document.writeln(text);
```

参数 text 表示在 HTML 文档中输出的内容。

例如，使用 write()方法和 writeln()方法在页面中输出几段文字，注意这两种方法的区别，代码如下：

```
<script type="text/javascript">
    document.write("朝辞白帝彩云间，");
    document.write("千里江陵一日还。<hr>");
    document.writeln("朝辞白帝彩云间，");
    document.writeln("千里江陵一日还。<hr>");
</script>
<pre>
<script type="text/javascript">
   document.writeln("朝辞白帝彩云间，");
   document.writeln("千里江陵一日还。");
</script>
</pre>
```

运行效果如图 21.17 所示。

朝辞白帝彩云间，千里江陵一日还。

朝辞白帝彩云间， 千里江陵一日还。

朝辞白帝彩云间，
千里江陵一日还。

图 21.17　在文档中输出数据

21.6.5　动态添加一个 HTML 标记

动态添加一个 HTML 标记可以使用 createElement()方法来实现。createElement()方法可以根据一个指定的类型来创建一个 HTML 标记。语法如下：

```
sElement=document.createElement(sName)
```

☑ sElement：用来接收该方法返回的一个对象。

☑ sName：用来设置 HTML 标记的类型和基本属性。

【例 21.10】动态添加文本框。（**实例位置：资源包\TM\sl\21\10**）

本实例将在页面中定义一个“添加文本框”按钮，每单击一次该按钮，就在页面中动态添加一个文本框。代码如下：

```
<script type="text/javascript">
      function addInput(){
            var txt=document.createElement("input");      //动态添加一个 input 文本框
            txt.type="text";                              //为添加的文本框 type 属性赋值
            txt.name="txt";                               //为添加的文本框 name 属性赋值
            txt.placeholder="请输入";                      //为添加的文本框 value 属性赋值
            document.form1.appendChild(txt);              //把文本框作为子节点追加到表单中
      }
```

```
</script>
<form name="form1">
<input type="button" name="btn1" value="添加文本框" onClick="addInput()" />
</form>
```

运行实例，结果如图 21.18 所示，当单击“添加文本框”按钮时，在页面中会自动添加一个文本框，结果如图 21.19 所示。

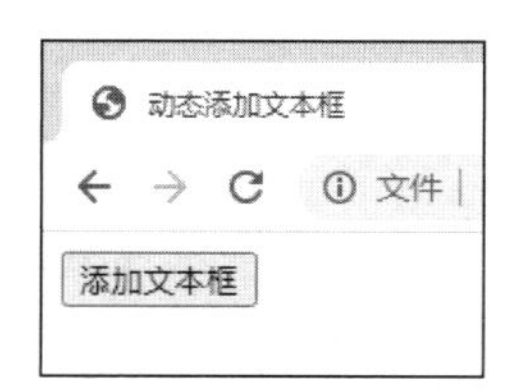

图 21.18　初始运行结果

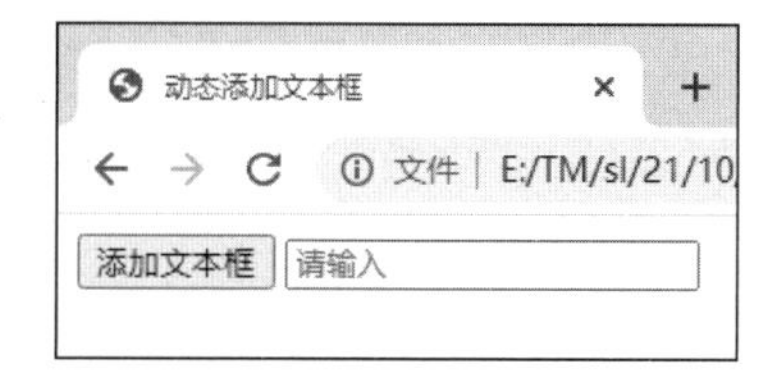

图 21.19　动态添加文本框后的结果

21.6.6　获取文本框并修改其内容

获取文本框并修改其内容可以使用 getElementById()方法来实现。getElementById()方法可以通过指定的 id 来获取 HTML 标记，并将其返回。语法如下：

```
sElement=document.getElementById(id)
```

☑　sElement：用来接收该方法返回的一个对象。

☑　id：用来设置需要获取 HTML 标记的 id 值。

例如，在页面加载后的文本框中显示“书山有路勤为径”，当单击按钮后将会改变文本框中的内容。代码如下：

```
<script type="text/javascript">
function chg(){
    var t=document.getElementById("txt");                    //获取 id 属性值为 txt 的元素
    t.value="学海无涯苦作舟";                                  //设置元素的 value 属性值
}
</script>
<input type="text" id="txt" value="书山有路勤为径"/>
<input type="button" value="更改文本内容" name="btn" onclick="chg()" />
```

程序的初始运行结果如图 21.20 所示，当单击“更改文本内容”按钮后将会改变文本框中的内容，结果如图 21.21 所示。

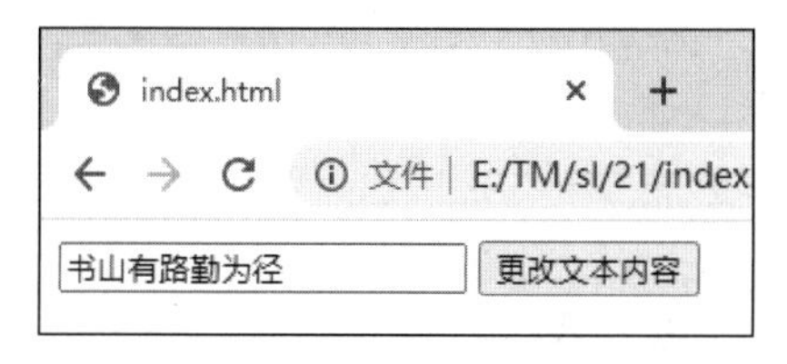

图 21.20　文本框内容修改之前

图 21.21　文本框内容修改之后

编程训练（答案位置：资源包\TM\sl\21\编程训练）

【训练 7】动态改变文档的前景色和背景色　实现动态改变文档的前景色和背景色的功能，每间

隔 1 秒，文档的前景色和背景色就会发生改变。

【训练 8】动态添加文字　在页面中定义一个“添加文字”按钮，当单击该按钮时，可动态地向页面中逐个添加文字。

21.7　实践与练习

（**答案位置：资源包\TM\sl\21\实践与练习**）

综合练习 1：更换页面主题　设置一个选择页面主题的下拉菜单，当选择某个选项时可以更换主题，实现文档的背景色和文本颜色变换的功能。运行结果如图 21.22 所示。

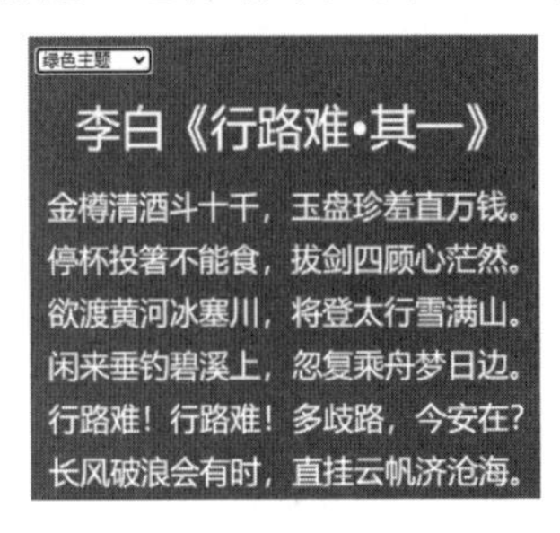

图 21.22　更换页面主题

综合练习 2：弹出和关闭图片对话框　在页面中定义一个超链接，单击该超链接弹出一个包含关闭按钮的图片对话框。单击关闭按钮使图片对话框消失。运行结果如图 21.23 所示。

图 21.23　弹出和关闭图片对话框

综合练习 3：动态添加用户头像　在页面中定义一个“添加用户头像”按钮，当单击该按钮时，可动态地向页面中添加用户头像。运行结果如图 21.24 所示。

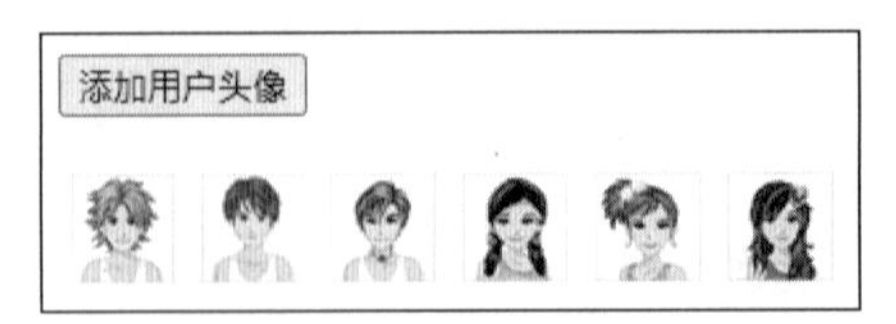

图 21.24　动态添加用户头像

第 22 章

DOM 编程

DOM（document object model）是文档对象模型，它表示 Web 页面（也可以称为文档）中元素的层次关系。通过 DOM 你可以以编程方式访问和操作 Web 页面。学习文档对象模型有助于对 JavaScript 程序的开发和理解。本章将对 DOM 的操作进行介绍。

本章知识架构及重难点如下。

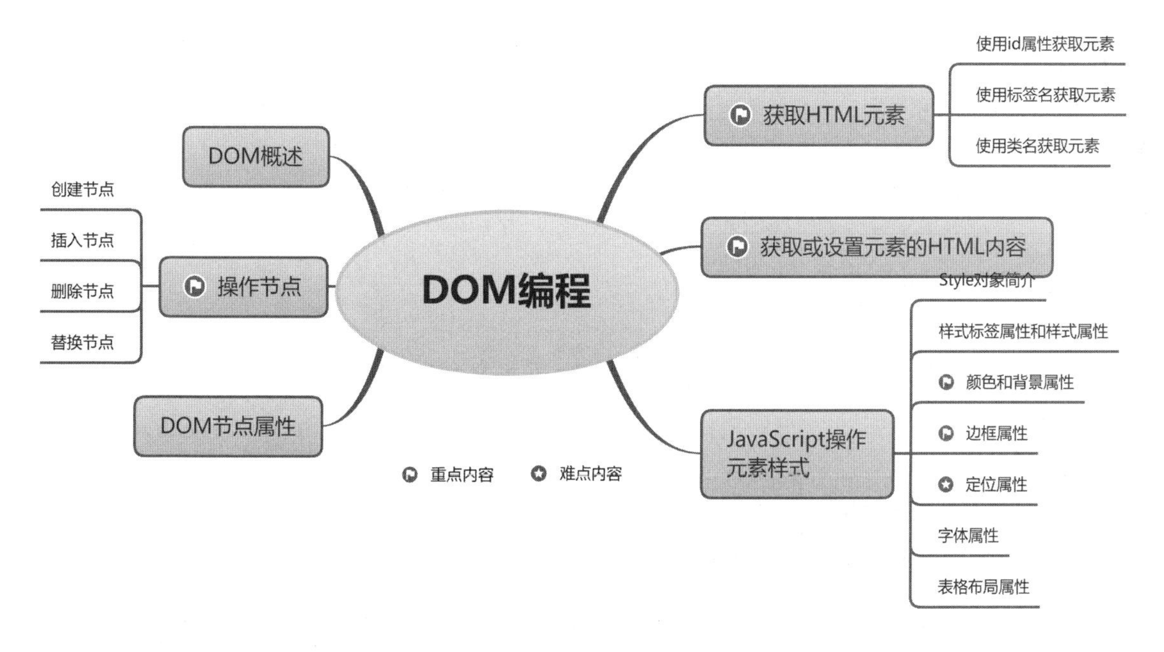

22.1　DOM 概述

DOM 是 document object model（文档对象模型）的缩写，它是由 W3C（World Wide Web consortium）定义的。下面分别介绍每个单词的含义。

☑ document（文档）：创建一个网页并将该网页添加到 Web 中，DOM 就会根据这个网页创建一个文档对象。如果没有 document（文档），DOM 也就无从谈起。

☑ object（对象）：对象是一种独立的数据集合。如文档对象，即文档中元素与内容的数据集合。与某个特定对象相关联的变量被称为这个对象的属性。可以通过某个特定对象调用的函数被称为这个对象的方法。

☑ model（模型）：模型代表将文档对象表示为树状模型。在这个树状模型中，网页中的各个元素与内容表现为一个个相互连接的节点。

DOM 是一种与浏览器或平台无关的接口，它可以访问页面中的其他标准组件。DOM 解决了 JavaScript 与 JScript 之间的冲突，给开发者定义了一个标准的方法，该方法可以使他们访问站点中的数据、脚本和表现层对象。

文档对象模型采用的分层结构为树形结构，以树节点的方式表示文档中的各种内容。先用一个简单的 HTML 文档来说明这一点。代码如下：

```
<html>
<head>
    <title>标题内容</title>
</head>
<body>
<h3>三号标题</h3>
<b>加粗内容</b>
</body>
</html>
```

运行结果如图 22.1 所示。以上文档可以使用图 22.2 对 DOM 的层次结构进行说明。

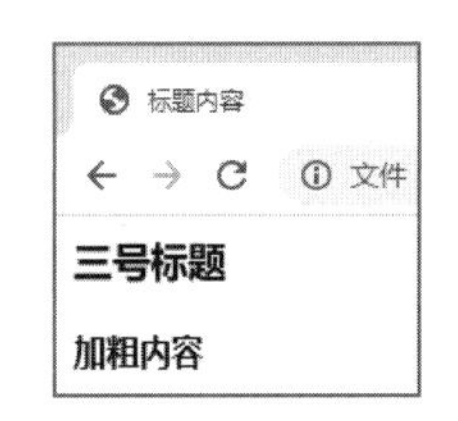

图 22.1　输出标题和加粗的文本

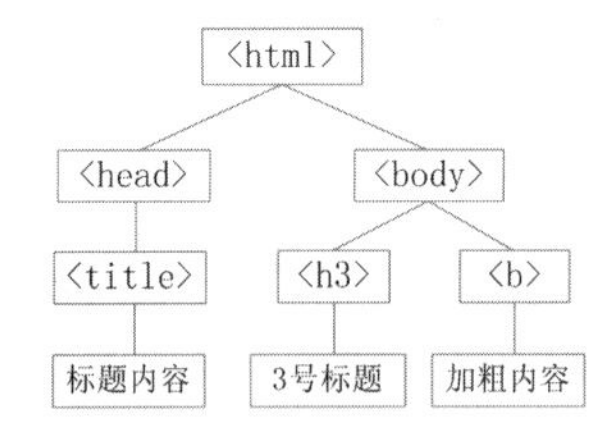

图 22.2　文档的层次结构

通过图 22.2 可以看出，在文档对象模型中，每一个对象都可以称为一个节点（node），下面介绍几种节点的概念。

☑ 根节点：在最顶层的<html>节点，称为根节点。
☑ 父节点：一个节点之上的节点是该节点的父节点（parent）。例如，<html>就是<head>和<body>的父节点，<head>就是<title>的父节点。
☑ 子节点：位于一个节点之下的节点就是该节点的子节点。例如，<head>和<body>就是<html>的子节点，<title>就是<head>的子节点。
☑ 兄弟节点：如果多个节点在同一个层次，并拥有着相同的父节点，则这些节点就是兄弟节点（sibling）。例如，<head>和<body>就是兄弟节点，<he>和<b>就是兄弟节点。
☑ 后代：一个节点的子节点的结合可以称为该节点的后代（descendant）。例如，<head>和<body>就是<html>的后代，<h3>和<b>就是<body>的后代。
☑ 叶子节点：在树形结构最底部的节点称为叶子节点。例如，“标题内容”“3 号标题”和“加粗内容”都是叶子节点。

在了解了节点后，下面介绍文档模型中节点的 3 种类型。

☑ 元素节点：在 HTML 中，<body>、<p>、<a>等一系列标签都是这个文档的元素节点。元素节点组成了文档模型的语义逻辑结构。
☑ 文本节点：包含在元素节点中的内容部分，如<p>标签中的文本等。一般情况下，不为空的文

本节点都是可见的，并呈现于浏览器中。

☑ 属性节点：元素节点的属性，如<a>标签的 href 属性与 title 属性等。一般情况下，大部分属性节点都是隐藏在浏览器背后，并且是不可见的。属性节点总是被包含于元素节点当中。

22.2　获取 HTML 元素

要操作文档中的元素首先需要获取该元素，常见的获取元素的方法有 3 种，分别是使用元素 id、使用元素标签名和使用元素的类名，下面分别进行介绍。

22.2.1　使用 id 属性获取元素

元素的 id 属性使用 Document 对象的 getElementById()方法来获取元素。例如，获取文档中 id 属性值为 username 的元素的代码如下：

```
document.getElementById("username");                    //获取 id 属性值为 username 的元素
```

【例 22.1】在页面的指定位置显示当前日期。（**实例位置：资源包\TM\sl\22\01**）

在浏览网页时，经常会看到在页面的某个位置显示当前日期。这种方式既可填充页面效果，也可以方便用户访问。本实例使用 getElementById()方法实现在页面的指定位置显示当前日期。具体步骤如下。

（1）编写一个 HTML 文件，在该文件的<body>标签中添加一个 id 为 clock 的<div>标签，用于显示当前日期，关键代码如下：

```
<div id="clock">当前日期：</div>
```

（2）编写自定义的 JavaScript 函数，用于获取当前日期，并显示到 id 为 clock 的<div>标签中，具体代码如下：

```
function clockon(){
    var now=new Date();                                                    //创建日期对象
    var year=now.getFullYear();                                            //获取年份
    var month=now.getMonth();                                              //获取月份
    var date=now.getDate();                                                //获取日期
    var day=now.getDay();                                                  //获取星期
    var week;                                                              //声明表示星期的变量
    month=month+1;                                                         //获取实际月份
    var arr_week=["星期日","星期一","星期二","星期三","星期四","星期五","星期六"];   //定义星期数组
    week=arr_week[day];                                                    //获取中文星期
    time=year+"年"+month+"月"+date+"日  "+week;                             //组合当前日期
    document.getElementById("clock").innerHTML+=time;                      //显示当前日期
}
```

（3）编写 JavaScript 代码，在页面载入后调用 clockon()函数，具体代码如下：

```
window.onload=clockon;                    //页面载入后调用函数
```

运行本实例，将显示如图 22.3 所示的效果。

22.2.2 使用标签名获取元素

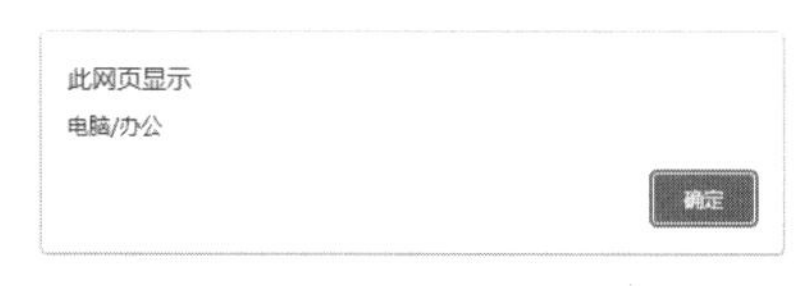

图 22.3 在页面的指定位置显示当前日期

元素的标签名使用 Document 对象的 getElementsByTagName()方法来获取元素。与 getElementById()方法不同的是，使用 getElementsByTagName()方法的返回值为一个数组，而不是一个元素。如果想通过标签名获取页面中唯一的元素，可以通过返回数组的下标 0 进行获取。

例如，页面中有一组单选按钮，通过 getElementsByTagName()方法获取第二个单选按钮的值的代码如下：

```
<input type="radio" value="手机/数码">手机/数码
<input type="radio" value="电脑/办公">电脑/办公
<input type="radio" value="图书/文娱">图书/文娱
<script type="text/javascript">
    alert(document.getElementsByTagName("input")[1].value);                    //获取第二个单选按钮的值
</script>
```

运行结果如图 22.4 所示。

图 22.4 获取第二个单选按钮的值

22.2.3 使用类名获取元素

元素的类名使用 Document 对象的 getElementsByClassName()方法来获取元素。使用该方法返回的同样是一个数组，而不是一个元素。如果想通过类名获取页面中唯一的元素，可以通过返回数组的下标 0 进行获取。

例如，页面中有一个类名是 test 的 div 元素，通过 getElementsByClassName()方法获取该元素的内容的代码如下：

```
<div class="test">成功永远属于马上行动的人</div>
<script type="text/javascript">
    alert(document.getElementsByClassName("test")[0].innerHTML);
</script>
```

运行结果如图 22.5 所示。

此网页显示

成功永远属于马上行动的人

确定

图 22.5 获取 div 的内容

编程训练（答案位置：资源包\TM\sl\22\编程训练）

【训练 1】实现电影图片的轮换效果　在影视网中，使用 Document 对象的 getElementsByTagName()方法和 setInterval()方法实现电影图片的轮换效果。

【训练 2】网站导航菜单　在影视网中，使用 Document 对象的 getElementsByClassName()方法获取页面元素，实现网站导航菜单的功能。

22.3 DOM 节点属性

在 DOM 中，节点属性可用于查询各节点，包括它们的名称、类型、节点值、子节点和兄弟节点

等。DOM 常用的节点属性如表 22.1 所示。

表 22.1　DOM 常用的节点属性

属　　性	说　　明
nodeName	节点的名称
nodeValue	节点的值，通常只应用于文本节点
nodeType	节点的类型
parentNode	返回当前节点的父节点
childNodes	子节点列表
firstChild	返回当前节点的第一个子节点
lastChild	返回当前节点的最后一个子节点
previousSibling	返回当前节点的前一个兄弟节点
nextSibling	返回当前节点的后一个兄弟节点
attributes	元素的属性列表

在对节点进行查询时，首先使用 getElementById()方法来访问指定 id 的节点，然后使用 nodeName 属性、nodeType 属性和 nodeValue 属性来获取该节点的名称、节点类型和节点的值。另外，可以通过使用 parentNode 属性、firstChild 属性、lastChild 属性、previousSibling 属性和 nextSibling 属性来遍历文档树。

22.4　操 作 节 点

对节点的操作主要有创建节点、插入节点、删除节点和替换节点。下面分别对这些操作进行详细介绍。

22.4.1　创建节点

要创建节点，首先需要使用文档对象中的 createElement()方法和 createTextNode()方法生成一个新元素和文本节点，然后通过使用 appendChild()方法将创建的新节点添加到当前节点的末尾处。

使用 appendChild()方法将新的子节点添加到当前节点的末尾。语法如下：

```
obj.appendChild(newChild)
```

其中，newChild 表示新的子节点。

【例 22.2】动态添加文本。（**实例位置：资源包\TM\sl\22\02**）

在页面中定义一个文本框、一个下拉菜单和一个“添加”按钮，在文本框中输入文本，并选择下拉菜单中的颜色，单击“添加”按钮后将文本添加到页面中。实现步骤如下。

（1）在页面中首先定义一个 div 元素，其 id 属性值为 show，然后创建一个表单，在表单中添加一个文本框、一个下拉菜单和一个“添加”按钮，代码如下：

```
<div id="show"></div>
```

```
<p>
<form name="myform">
  请输入文本：<input type="text" name="text">
  <select name="color">
    <option value="red">红色</option>
      <option value="green">绿色</option>
      <option value="blue">蓝色</option>
  </select>
  <input type="button" value="添加" onClick="addText()">
</form>
```

（2）编写 JavaScript 代码，定义函数 addText()，在函数中分别应用 createElement()方法、createTextNode()方法和 appendChild()方法将创建的节点添加到指定的 div 元素中，代码如下：

```
<script type="text/javascript">
function addText(){                                          //定义 addText()函数
      var div = document.createElement('div');               //创建 div 元素
      var text = myform.text.value;                          //获取用户输入的文本
      txt=document.createTextNode(text);                     //创建文本节点
      div.style.color=myform.color.value;                    //为文本添加颜色
      div.appendChild(txt);                                  //将文本节点添加到创建的 div 元素中
      //将创建的 div 元素添加到 id 为 show 的 div 元素中
      document.getElementById('show').appendChild(div);
}
</script>
```

运行结果如图 22.6 和图 22.7 所示。

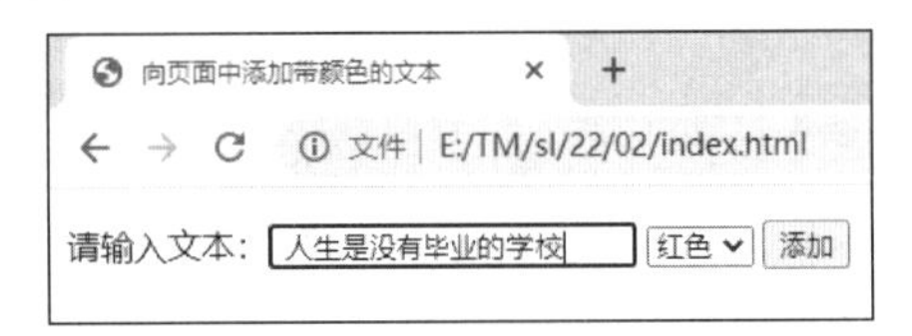

图 22.6　输入文本

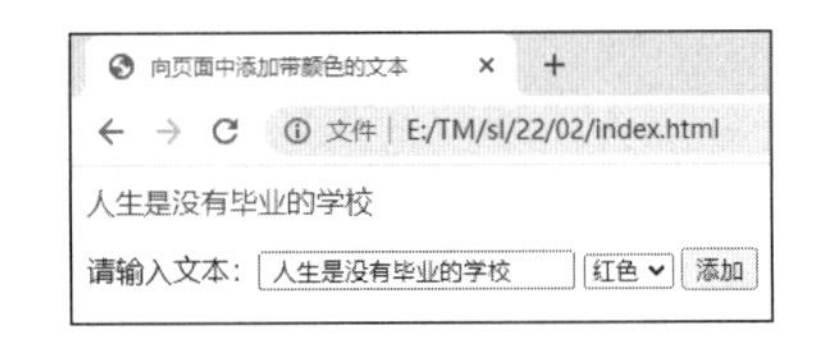

图 22.7　输出添加的文本

22.4.2　插入节点

要插入节点，需要使用 insertBefore()方法。insertBefore()方法可以在指定子节点的前面添加新的子节点。语法如下：

```
obj.insertBefore(new,ref)
```

☑　new：表示新的子节点。

☑　ref：指定一个节点，在这个节点前插入新的节点。

【例 22.3】向页面中插入文本。（**实例位置：资源包\TM\sl\22\03**）

在页面的文本框中输入需要插入的文本，然后通过单击“插入”按钮将文本插入页面中。程序代码如下：

```
<script type="text/javascript">
   function crNode(str){                                     //创建节点的函数
      var newP=document.createElement("p");                  //创建 p 元素
      var newTxt=document.createTextNode(str);               //创建文本节点
      newP.appendChild(newTxt);                              //将文本节点添加到创建的 p 元素中
```

```
        return newP;                                        //返回创建的 p 元素
    }
    function insetNode(nodeId,str){                         //插入节点的函数
        var node=document.getElementById(nodeId);           //获取指定 id 的元素
        var newNode=crNode(str);                            //创建节点
        if(node.parentNode)                                 //判断是否拥有父节点
            node.parentNode.insertBefore(newNode,node);     //将创建的节点插入指定元素的前面
    }
</script>
<body>
    <p id="h">寸金难买寸光阴。</p>
    <form id="frm" name="frm">
    输入文本：<input type="text" name="txt" />
   <input type="button" value="插入" onclick="insetNode('h',document.frm.txt.value);" />
    </form>
</body>
```

运行结果如图 22.8 和图 22.9 所示。

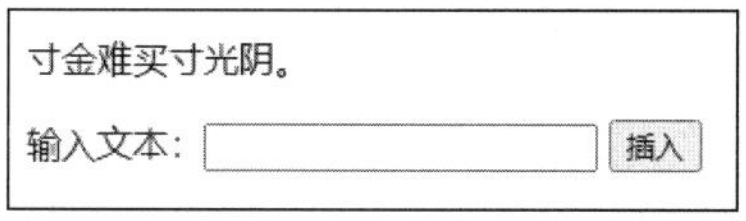

图 22.8　插入节点前

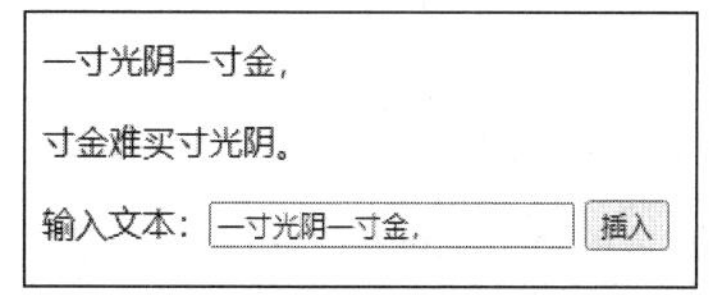

图 22.9　插入节点后

22.4.3　删除节点

要删除节点，需要使用 removeChild()方法。removeChild()方法用来删除一个子节点。语法如下：

```
obj.removeChild(oldChild)
```

其中，oldChild 表示需要删除的节点。

【例 22.4】动态删除选中的文本。（**实例位置：资源包\TM\sl\22\04**）

DOM 对象的 removeChild()方法可以动态地删除页面中所选中的文本。程序代码如下：

```
<script type="text/javascript">
    function delNode(){
        var deleteN=document.getElementById('di');          //获取指定 id 的元素
        if(deleteN.hasChildNodes()){                        //判断是否有子节点
            deleteN.removeChild(deleteN.lastChild);         //删除节点
        }
    }
</script>
<h2>删除节点</h2>
<div id="di"><p>前端从入门到精通系列</p><p>数据库从入门到精通系列</p><p>Java 从入门到精通系列</p></div>
<form>
    <input type="button" value="删除" onclick="delNode()" />
</form>
```

运行结果如图 22.10 和图 22.11 所示。

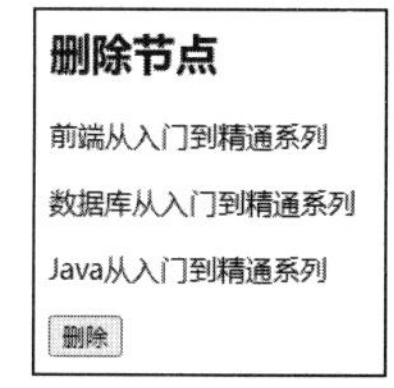

图 22.10　删除节点前

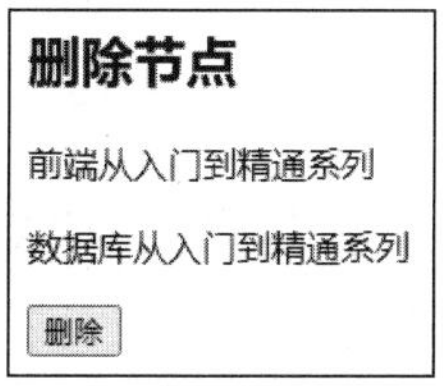

图 22.11　删除节点后

22.4.4 替换节点

要替换节点，需要使用 replaceChild()方法。replaceChild()方法用来将旧的节点替换成新的节点。语法如下：

```
obj.replaceChild(new,old)
```

☑ new：替换后的新节点。

☑ old：需要被替换的旧节点。

【例 22.5】选择头像。（**实例位置：资源包\TM\sl\22\05**）

将用户头像定义在下拉菜单中，通过改变下拉菜单中的头像选项实现更换头像的功能，程序代码如下：

```
<script type="text/javascript">
    function changeface(){
        var oldface = document.getElementById('myface');                    //获取指定 id 的元素
        var face = myform.face.value;                                       //获取选择选项的值
        var img = document.createElement('img');                            //创建节点
        img.id = 'myface';                                                  //设置节点的 id 属性值
        img.src = face;                                                     //设置节点的 src 属性值
        document.body.replaceChild(img,oldface);                            //替换节点
    }
</script>
<img id="myface" src="pic/1.png"><p>
<form name="myform">
    选择头像：<select name="face" onChange="changeface()">
    <option value="pic/1.png">头像 1</option>
    <option value="pic/2.png">头像 2</option>
    <option value="pic/3.png">头像 3</option>
</select>
</form>
```

运行结果如图 22.12 和图 22.13 所示。

图 22.12　更换头像前

图 22.13　更换头像后

编程训练（答案位置：资源包\TM\sl\22\编程训练）

【训练 3】补全古诗　补全古诗《黄鹤楼送孟浩然之广陵》的最后一句。

【训练 4】删除影片资讯　在最新电影资讯的列表中，通过输入的影片资讯编号删除对应的影片资讯。

22.5 获取或设置元素的 HTML 内容

获取或设置元素的 HTML 内容使用的是 innerHTML 属性。该属性声明了元素含有的 HTML 文本，

不包括元素本身的开始标记和结束标记。

例如，通过 innerHTML 属性设置<div>标签的内容的代码如下：

```
<div id="word"></div>
<script type="text/javascript">
    //修改<div>标签的内容
    document.getElementById("word").innerHTML="<h3>DOM 编程</h3><p>DOM 是 document object model（文档对象模型）的缩写</p>";
</script>
```

运行结果如图 22.14 所示。

DOM编程

DOM 是 document object model（文档对象模型）的缩写

图 22.14　输出元素的 HTML 内容

【例 22.6】显示时间和问候语。（**实例位置：资源包\TM\sl\22\06**）

在网页的合适位置显示当前的时间和分时问候语。实现步骤如下。

（1）在页面的适当位置添加两个<div>标签，这两个标签的 id 属性值分别为 time 和 greet，代码如下：

```
<div id="time">显示当前时间</div>
<div id="greet">显示问候语</div>
```

（2）编写自定义函数 ShowTime()，用于在 id 为 time 的<div>标签中显示当前时间，在 id 为 greet 的<div>标签中显示问候语。ShowTime()函数的具体代码如下：

```
function ShowTime(){
    var strgreet = "";
    var datetime = new Date();                              //获取当前时间
    var hour = datetime.getHours();                         //获取小时
    var minu = datetime.getMinutes();                       //获取分钟
    var seco = datetime.getSeconds();                       //获取秒钟
    strtime =hour+":"+minu+":"+seco+" ";                    //组合当前时间
    if(hour >= 0   && hour < 8){                            //判断是否为早上
        strgreet ="早上好，美好的一天开始了";
    }
    if(hour >= 8   && hour < 11){                           //判断是否为上午
        strgreet ="上午好，努力工作，每天进步一点点";
    }
    if(hour >= 11   && hour < 13){                          //判断是否为中午
        strgreet = "中午好，到吃饭时间了";
    }
    if(hour >= 13   && hour < 17){                          //判断是否为下午
        strgreet ="下午好，打起精神继续努力工作";
    }
    if(hour >= 17   && hour < 24){                          //判断是否为晚上
        strgreet ="晚上好，一天要结束了，早点休息";
    }
    document.getElementById("time").innerHTML="现在是：<b>"+strtime+"</b>";
    document.getElementById("greet").innerHTML=strgreet;
}
```

（3）在页面的载入事件中调用 ShowTime()函数，显示当前时间和问候语，具体代码如下：

```
window.onload=ShowTime;                                     //在页面载入后调用 ShowTime()函数
```

运行本实例，将显示如图 22.15 所示的结果。

编程训练（答案位置：资源包\TM\sl\22\编程训练）

现在是：**16:11:56**
下午好，打起精神继续努力工作

图 22.15　分时问候

【训练 5】 修改超链接的文本和链接地址　在页面中定义一个超链接和一个“修改”按钮，单击“修改”按钮后重新设置超链接的文本和链接地址。

【训练 6】 动态添加图片　在页面中设置一个“添加”按钮，单击该按钮向页面中添加一张图片，要求使用 innerHTML 属性。

22.6　JavaScript 操作元素样式

JavaScript 提供了 Style 对象，用于操作 CSS 样式。本节主要介绍如何使用 Style 对象操作元素样式。

22.6.1　Style 对象简介

Style 对象是 HTML 对象的一个属性。Style 对象提供了一组对应于 CSS 样式的属性（如 background、fontSize 和 borderColor 等）。每个 HTML 对象都有一个 style 属性，可以使用该属性访问 CSS 样式属性。

内联样式使用 style 对象属性为单个 HTML 元素指派应用的 CSS 样式，使用 Style 对象可以检查这些指派，并做新的指派或更改已有的指派。要使用 Style 对象，需要在 HTML 元素上使用 style 关键字。要获得内联样式的当前设置，需要在 Style 对象上使用对应的 Style 对象的属性。

要使用 Style 对象，首先需要了解如何检索样式表中的属性值。使用 Style 对象检索属性值的语法格式如下：

```
document.getElementById(对象名称).style.属性
```

22.6.2　样式标签属性和样式属性

在 Style 对象中，样式标签属性和样式属性基本上是相互对应的，两种属性的用法也基本相同。唯一的区别是样式标签属性用于设置对象的属性，而样式属性用于检索或更改对象的属性。也可以说，样式标签属性是静态属性，样式属性是动态属性。本节将对样式标签属性和样式属性进行讲解。

例如，利用 Style 对象改变字体的大小，代码如下：

```
<style type="text/css">
    p { font-size: 12px; text-indent: 0.5in;}
</style>
<p id="pid">HTML5+CSS3+JavaScript 从入门到精通</p>
<script type="text/javascript">
    document.getElementById("pid").style.fontSize = "36px";
</script>
```

Style 对象的常用样式标签属性和样式属性如表 22.2 所示。

表 22.2　Style 对象的常用样式标签属性和样式属性

属　性	说　明
background	设置或检索对象最多 5 个独立的背景属性
backgroundColor	设置或检索对象的背景颜色
backgroundImage	设置或检索对象的背景图像
backgroundPosition	设置或检索对象的背景位置
backgroundPositionX	设置或检索 backgroundPosition 属性的 X 坐标
backgroundPositionY	设置或检索 backgroundPosition 属性的 Y 坐标
behavior	设置或检索 DHTML 行为的位置
border	设置或检索对象边框的绘制属性
borderBottom	设置或检索对象下边框的属性
borderBottomColor	设置或检索对象下边框的颜色
borderBottomStyle	设置或检索对象下边框的样式
borderBottomWidth	设置或检索对象下边框的宽度
borderColor	设置或检索对象的边框颜色
borderLeft	设置或检索对象左边框的属性
borderLeftColor	设置或检索对象左边框的颜色
borderLeftStyle	设置或检索对象左边框的样式
borderLeftWidth	设置或检索对象左边框的宽度
borderRight	设置或检索对象右边框的属性
borderRightColor	设置或检索对象右边框的颜色
borderRightStyle	设置或检索对象右边框的样式
borderRightWidth	设置或检索对象右边框的宽度
borderStyle	设置或检索对象上、下、左、右边框的样式
borderTop	设置或检索对象上边框的属性
borderTopColor	设置或检索对象上边框的颜色
borderTopStyle	设置或检索对象上边框的样式
borderTopWidth	设置或检索对象上边框的宽度
borderWidth	设置或检索对象上、下、左、右边框的宽度
bottom	设置或检索对象相对于文档层次中下一个定位对象底部的位置
color	设置或检索对象文本的颜色
cursor	设置或检索当鼠标指针指向对象时使用的形状
direction	设置或检索对象的文本方向
display	设置或检索对象是否需要渲染
font	设置或检索对象最多 6 个独立的字体属性
fontFamily	设置或检索对象文本使用的字体名称
fontSize	设置或检索对象文本使用的字体大小
fontStyle	设置或检索对象的字体样式，如斜体、常规或倾斜体
fontVariant	设置或检索对象文本是否以小型大写字母显示
fontWeight	设置或检索对象的字体宽度
height	设置或检索对象的高度

续表

属　　性	说　　明
left	设置或检索对象相对于文档层次中下一个定位对象左边界的位置
letterSpacing	设置或检索对象的字符间附加空间的总和
lineHeight	设置或检索对象两行间的距离
listStyle	设置或检索对象最多 3 个独立的 listStyle 属性
listStyleImage	检索要为对象应用的列表项目符号的图像
listStylePosition	检索要为对象应用的列表项目符号的位置
listStyleType	检索对象预定义的项目符号类型
margin	设置或检索对象的上、下、左、右边距
marginBottom	设置或检索对象的下边距宽度
marginLeft	设置或检索对象的左边距宽度
marginRight	设置或检索对象的右边距宽度
marginTop	设置或检索对象的上边距宽度
padding	设置或检索要在对象和其边距（若存在边框）之间插入的全部空间
paddingBottom	设置或检索要在对象下边框和内容之间插入的空间总量
paddingLeft	设置或检索要在对象左边框和内容之间插入的空间总量
paddingRight	设置或检索要在对象右边框和内容之间插入的空间总量
paddingTop	设置或检索要在对象上边框和内容之间插入的空间总量
right	设置或检索对象相对于文档层次中下一个定位对象右边界的位置
scrollbar3dLightColor	设置或检索滚动条上滚动按钮和滚动滑块的左上颜色
scrollbarArrowColor	设置或检索滚动箭头标识的颜色
scrollbarBaseColor	设置或检索滚动条的主要颜色，其中包含滚动按钮和滚动滑块
scrollbarDarkShadowColor	设置或检索滚动条上滑槽的颜色
scrollbarFaceColor	设置或检索滚动条和滚动条的滚动箭头的颜色
scrollbarHighlightColor	设置或检索滚动框和滚动条滚动箭头的左上边缘颜色
scrollbarShadowColor	设置或检索滚动框和滚动条滚动箭头的右下边缘颜色
scrollbarTrackColor	设置或检索滚动条上轨迹元素的颜色
styleFloat	设置或检索文本要绕排到对象的哪一侧
tableLayout	检索表明表格布局是否固定的字符串
textAlign	设置或检索对象中的文本是左对齐、右对齐、居中对齐还是两端对齐
textDecoration	设置或检索对象中的文本是否有闪烁、删除线、上画线或下画线样式
top	设置或检索对象相对于文档层次中下一个定位对象上边界的位置
verticalAlign	设置或检索对象的垂直排列
visibility	设置或检索对象的内容是否显示
whiteSpace	设置或检索对象中是否自动换行
width	设置或检索对象的宽度
wordBreak	设置或检索单词内的换行行为，特别是对象中出现多语言的情况下
wordSpacing	设置或检索对象中单词间的附加空间总量
wordWrap	设置或检索当内容超过其容器边界时是否断词
zIndex	设置或检索定位对象的堆叠次序
zoom	设置或检索对象的放大比例

22.6.3　颜色和背景属性

1. backgroundColor 属性

backgroundColor 属性用于设置或检索对象的背景颜色，其对应的样式标签属性为 background-color 属性。语法格式如下：

```
Object.style.backgroundColor=color
```

参数 color 用于指定颜色。

2. color 属性

color 属性用于设置或检索对象文本的颜色，无默认值，其对应的样式标签属性为 color 属性。语法格式如下：

```
Object.style.color=color
```

参数 color 用于指定颜色。

【例 22.7】选中的行背景变色。（**实例位置：资源包\TM\sl\22\07**）

当鼠标指针指向表格中的任意一个单元格时，该单元格所在行的背景颜色及字体颜色发生改变。

本实例主要是通过 Style 对象的 backgroundColor 和 color 属性来改变行的背景色和前景色。当鼠标指针指向表中的单元格时，onmouseover 事件将调用自定义函数 over()，改变单元格所在行的前景色和背景色；当鼠标指针离开单元格时，onmouseout 事件将所选行的前景色和背景色改变为初始状态。代码如下：

```
<table>
  <tr id="tr1" onMouseOver="over(this.id)" onMouseOut="out(this.id)">
    <td style="width: 82px;">商品名称</td>
    <td style="width: 85px;">商品价格</td>
    <td style="width: 95px;">商品数量</td>
  </tr>
  <tr id="tr2" onMouseOver="over(this.id)" onMouseOut="out(this.id)">
    <td>数码相机</td>
    <td>399</td>
    <td>6</td>
  </tr>
  <tr id="tr3" onMouseOver="over(this.id)" onMouseOut="out(this.id)">
    <td>无线鼠标</td>
    <td>69</td>
    <td>3</td>
  </tr>
</table>
<script type="text/javascript">
function over(trname){
     eval(trname).style.backgroundColor="#0000FF";
     eval(trname).style.color="#FFFFFF";
}
function out(trname){
     eval(trname).style.backgroundColor="#FFFFFF";
     eval(trname).style.color="#000000";
}
</script>
```

运行结果如图 22.16 所示。

商品名称	商品价格	商品数量
数码相机	399	6
无线鼠标	69	3

图 22.16　选中的行背景变色

3．backgroundImage 属性

backgroundImage 属性用来设置或检索对象的背景图像，其对应的样式标签属性为 background-image 属性。语法格式如下：

```
Object.style.backgroundImage = "none | url(url)"
```

☑ none：无背景图。
☑ url：使用绝对或相对地址指定背景图像。

4．backgroundPosition 属性

backgroundPosition 属性用来设置或检索对象的背景图像位置。在使用 backgroundPosition 属性之前，必须指定 background-image 属性。其对应的样式标签属性为 background-position 属性。语法格式如下：

```
Object.style.backgroundPosition = "x% y% | xpos ypos"
Object.style.backgroundPosition = "top left | top center | top right | center left | center center | center right | bottom left | bottom center | bottom right"
```

☑ x% y%：用百分数表示的背景图像位置。x 值表示水平位置，y 值表示垂直位置。左上角是 0% 0%。右下角是 100% 100%。如果仅指定一个值，则其他值默认是 50%。
☑ xpos ypos：由数字和单位标识符组成的长度值。x 值表示水平位置，y 值表示垂直位置。左上角是 0 0。单位可以是像素（0px 0px）或任何的 CSS 单位。如果仅指定一个值，则其他值默认是 50%。
☑ top left | top center | top right | center left | center center | center right | bottom left | bottom center | bottom right：用两个英文关键字设置的背景图像位置。如果仅指定一个关键字，则其他值默认是“center”。

5．backgroundRepeat 属性

backgroundRepeat 属性用来设置或检索对象的背景图像如何铺排。在使用 backgroundRepeat 属性之前，必须指定对象的背景图像。其对应的样式标签属性为 background-repeat 属性。语法格式如下：

```
Object.style.backgroundRepeat = "repeat | no-repeat | repeat-x | repeat-y"
```

☑ repeat：背景图像在纵向和横向上平铺。
☑ no-repeat：背景图像不平铺。
☑ repeat-x：背景图像在横向上平铺。
☑ repeat-y：背景图像在纵向上平铺。

6．backgroundAttachment 属性

backgroundAttachment 属性用来设置或检索背景图像是随对象内容滚动还是固定的，其对应的样式标签属性为 background-attachment 属性。语法格式如下：

```
Object.style.backgroundAttachment = "scroll | fixed"
```

☑ scroll：背景图像随对象内容滚动。

☑ fixed：背景图像固定。

【例 22.8】背景固定居中。（**实例位置：资源包\TM\sl\22\08**）

在制作网页时，为了使网页更加美观，通常会在页面背景中添加一个图片。有时因图片过小，在页面中会重复显示图片，反而破坏了页面的美观性。本实例将使页面中的背景固定居中，当页面内容过多时，无论怎样移动滚动条，背景图片始终固定在居中位置。

本实例主要通过 Style 对象中的 backgroundImage、backgroundPosition、backgroundRepeat 和 backgroundAttachment 属性在页面中添加背景图片，并对图片进行居中显示，代码如下：

```
<body style="width: 1200px; height: 900px">
<script type="text/javascript">
document.body.style.backgroundImage="URL(1.jpg)";
document.body.style.backgroundPosition="center";
document.body.style.backgroundRepeat="no-repeat";
document.body.style.backgroundAttachment="fixed";
</script>
</body>
```

运行结果如图 22.17 所示。

图 22.17　背景固定居中

22.6.4　边框属性

1．borderColor 属性

borderColor 属性用于设置或检索对象的边框颜色，其对应的样式标签属性为 border-color 属性。语法格式如下：

```
Object.style.borderColor = color
```

例如，定义元素边框颜色属性值。代码如下：

```
border-top-color:#3333FF;
border-left-color:#3333FF;
border-right-color:#CCFF00;
border-bottom-color:#CCFF00;
```

边框颜色属性用于设置元素的边框颜色，可以使用 1～4 个关键字来设置。如果给出了 4 个值，则

它们分别应用于上、右、下和左边框的式样。如果只给出一个值，则它将被运用到各边上。如果给出了 2 个或 3 个值，则省略的值与对边相等。此外，也可以使用略写的边框属性来设置元素的边框颜色。

【例 22.9】单元格边框变色。（**实例位置：资源包\TM\sl\22\09**）

将表格中每个单元格外边框的颜色按一定的时间间隔进行改变。本实例主要通过 setTimeout()方法按一定的时间改变表格中单元格的外边框颜色。表格单元格颜色是用单元格 Style 对象的 borderColor 属性来进行修改的，该属性通过一个布尔型的变量来选择变化的两种颜色，代码如下：

```
<table id="table1" width="380">
  <tr>
    <td width="60" id="Ttd0">种类</td>
    <td width="158" id="Ttd1">书名</td>
    <td width="56" id="Ttd2">单价</td>
  </tr>
  <tr>
    <td id="Ttd3">JavaScript</td>
    <td id="Ttd4">JavaScript 从入门到精通</td>
    <td id="Ttd5">50</td>
  </tr>
  <tr>
    <td id="Ttd6">HTML</td>
    <td id="Ttd7">HTML5 从入门到精通</td>
    <td id="Ttd8">50</td>
  </tr>
</table>
<script type="text/javascript">
var tt=true;
table1.cellSpacing="0";
table1.border="2";
function changcolor(){
        for (var i=0;i<9;i++){
                if (tt==true){eval("Ttd"+i).style.borderColor="#00FF00";}
                if (tt==false){eval("Ttd"+i).style.borderColor="#6666FF";}
        }
        tt=!tt;
        setTimeout("changcolor()",200);
}
changcolor();
</script>
```

运行结果如图 22.18 和图 22.19 所示。

种类	书名	单价
JavaScript	JavaScript从入门到精通	50
HTML	HTML5从入门到精通	50

图 22.18　单元格边框变色前

种类	书名	单价
JavaScript	JavaScript从入门到精通	50
HTML	HTML5从入门到精通	50

图 22.19　单元格边框变色后

2．borderWidth 属性

borderWidth 属性用于设置或检索对象上、下、左、右边框的宽度。其对应的样式标签属性为 border-width 属性。语法格式如下：

```
Object.style.borderWidth = border-top-width border-left-width border-bottom-width border-right-width
```

☑　如果只提供一个参数值，将作用于全部的 4 条边。

☑　如果提供两个参数值，第一个作用于上、下边框，第二个作用于左、右边框。

☑　如果提供 3 个参数值，第一个作用于上边框，第二个用于左、右边框，第三个作用于下边框。

☑　如果提供 4 个参数值，将按上、右、下、左的顺序作用于 4 个边框。

说明

要使用该属性，必须先设定对象 height 或 width 属性，或者设定 position 属性为 absolute。

3. borderStyle 属性

borderStyle 属性用于设置或检索对象上、下、左、右边框的样式。其对应的样式标签属性为 border-style 属性。语法格式如下：

```
Object.style.borderStyle = none|hidden|dotted|dashed|solid|double|inset|outset|ridge|groove
```

borderStyle 属性参数值如表 22.3 所示。

表 22.3　borderStyle 属性参数值

参　数　值	说　　明	参　数　值	说　　明
none	无边框	double	边框为双实线
hidden	隐藏边框	groove	边框为带有立体感的沟槽
dotted	边框由点组成	ridge	边框呈脊形
dashed	边框由短线组成	inset	边框内嵌一个立体边框
solid	边框为实线	outset	边框外嵌一个立体边框

注意

如果 borderStyle 被设置为 none，则 borderWidth 属性将失去作用。

【例 22.10】 立体窗口。（**实例位置：资源包\TM\sl\22\10**）

在浏览网页时，经常会看到带有特殊效果的页面，本实例将通过对窗口样式的设置，使窗口具有立体效果。本实例主要应用了 Style 对象的 borderWidth（边框的宽度）、borderColor（边框的颜色）和 borderStyle（边框的样式）属性，对页面的边框进行设置。编写用于实现立体窗口的 JavaScript 代码，代码如下：

```
<img src="1.png">
<script type="text/javascript">
document.body.style.borderWidth="5px";
document.body.style.borderColor="#CCCCFF";
document.body.style.borderStyle="groove";
</script>
```

运行结果如图 22.20 所示。

图 22.20　立体窗口

22.6.5 定位属性

1. top 属性

top 属性用于设置或检索对象相对于文档层次中下一个定位对象的上边界的位置。其对应的样式标签属性为 top 属性。语法格式如下：

```
Object.style.top = "auto | length"
```

☑ auto：默认值。无特殊定位，根据 HTML 定位规则在文档流中分配。

☑ length：由浮点数字和单位标识符组成的长度值/百分数。必须定义 position 属性值为 absolute 或者 relative，此取值方可生效。

该属性仅仅在对象的定位（position）属性被设置时可用，否则该属性设置会被忽略。该属性对于 currentStyle 对象而言是只读的，对于其他对象而言是可读写的。该属性对应的脚本特性为 top，其值为字符串，因此不可用于脚本中的计算。

2. left 属性

left 属性用于设置或检索对象相对于文档层次中下一个定位对象的左边界的位置。其对应的样式标签属性为 left 属性。语法格式如下：

```
Object.style.left = "auto | length"
```

☑ auto：默认值。无特殊定位，根据 HTML 定位规则在文档流中分配。

☑ length：由浮点数字和单位标识符组成的长度值/百分数。必须定义 position 属性值为 absolute 或者 relative，此取值方可生效。

left 属性仅仅在对象的定位（position）属性被设置时可用，否则该属性设置会被忽略。该属性对于 currentStyle 对象而言是只读的，对于其他对象而言是可读写的。该属性对应的脚本特性为 left，其值为字符串，因此不可用于脚本中的计算。

3. paddingTop 属性

paddingTop 属性用于设置对象与其最近一个定位的父对象顶部的相关位置。其对应的样式标签属性为 padding-top 属性。语法格式如下：

```
Object.style.paddingTop = "length"
```

参数 length 是由浮点数和单位标识符组成的长度值或者百分数。其百分数取值应基于父对象的宽度。

4. position 属性

position 属性用于检索对象的定位方式。语法格式如下：

```
Object.style.position = "static | absolute | fixed | relative"
```

☑ static：无特殊定位，对象遵循 HTML 定位规则。

☑ absolute：将对象从文档流中拖出，使用 left、right、top、bottom 等属性进行绝对定位，而其层叠通过 z-index 属性定义。此时对象不具有边距，但仍有补白和边框。

☑　fixed：生成固定定位的元素，相对于浏览器窗口进行定位。

☑　relative：对象不可层叠，但将依据 left、right、top、bottom 等属性在正常文档流中偏移位置。

【例 22.11】跟随鼠标指针移动的图片。（**实例位置：资源包\TM\sl\22\11**）

在浏览某些网站时，经常会看到图标跟随着鼠标的移动而移动，这些跟随鼠标移动的图标有的是 CUR 鼠标文件，而有的是一些图片。在本实例中将使用一个 GIF 格式的图片作为鼠标光标，然后通过 JavaScript 实现图片跟随鼠标移动。

本实例图片放在了一个层中，使层的位置与鼠标的位置相同，当层改变位置时，图片也会随之改变位置，代码如下：

```
<script type="text/javascript">
//实现跟随鼠标移动图片的 JavaScript 代码
var x,y;
function handlerMM(){
    x =   window.event.x + document.body.clientLeft;
    y =        window.event.y + document.body.clientTop;
}
function makesnake() {
          var ob = document.getElementById("tdiv");
          ob.style.left=x+"px";                              //设置图片到左端的距离
        ob.style.top=y+"px";                                 //设置图片到顶部的距离
        var timer=setTimeout("makesnake()",10);
}
document.onmousemove = handlerMM;                            //鼠标移动时调用函数
</script>
```

添加页面设置代码，当页面加载时调用 makesnake()函数，代码如下：

```
<body onload="makesnake()">
<div id="tdiv" style='position:absolute'>
    <img src='mouse.gif'>
</div>
</body>
```

运行结果如图 22.21 所示。

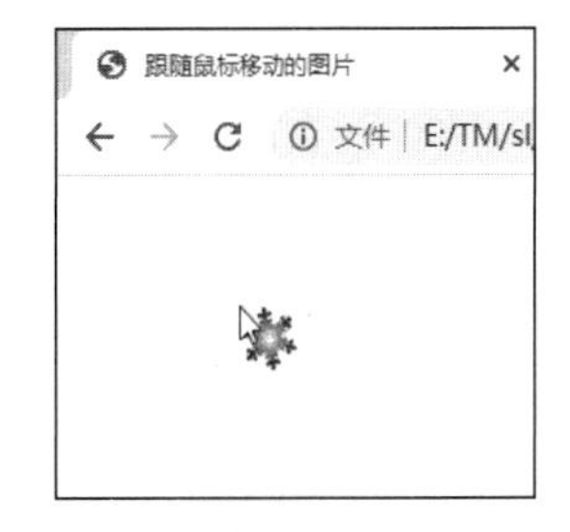

图 22.21　跟随鼠标指针移动的图片

22.6.6　字体属性

1．fontStyle 属性

fontStyle 属性用于设置或检索对象中的字体样式。其对应的样式标签属性为 font-style 属性。语法格式如下：

```
Object.style.fontStyle = "normal | italic | oblique"
```

☑　normal：默认值，正常的字体。

☑　italic：斜体。没有斜体变量的特殊字体可应用 oblique。

☑　oblique：倾斜的字体。

2．fontVariant 属性

fontVariant 属性用于设置或检索对象中的文本是否为小型的大写字母。其对应的样式标签属性为

font-variant 属性。语法格式如下：

```
Object.style.fontvariant = "normal | small-caps"
```

☑ normal：默认值。正常的字体。

☑ small-caps：小型的大写字母字体。

3. fontWeight 属性

fontWeight 属性用于设置或检索对象中文本字体的粗细。其作用由用户端系统安装的字体的特定字体变量映射决定，系统选择最近的匹配。也就是说，用户可能看不到不同值之间的差异。其对应的样式标签属性为 font-weight 属性。语法格式如下：

```
Object.style.fontWeight = "normal | bold | bolder | lighter | 100 | 200 | 300 | 400 | 500 | 600 | 700 | 800 | 900"
```

fontWeight 属性的参数值如表 22.4 所示。

表 22.4　fontWeight 属性的参数值

参　数　值	说　　明
normal	默认值，表示正常的字体，相当于 400。声明该值，将取消之前的任何设置
bold	粗体，相当于 700，也相当于 b 对象的作用
bolder	比 normal 略粗
lighter	比 normal 略细
100	字体至少像 200 那样细
200	字体至少像 100 那样粗，像 300 那样细
300	字体至少像 200 那样粗，像 400 那样细
400	相当于 normal
500	字体至少像 400 那样粗，像 600 那样细
600	字体至少像 500 那样粗，像 700 那样细
700	相当于 bold
800	字体至少像 700 那样粗，像 900 那样细
900	字体至少像 800 那样粗

4. fontSize 属性

fontSize 属性用于设置或检索对象中的字体尺寸。其对应的样式标签属性为 font-size 属性。语法格式如下：

```
Object.style.fontSize = "xx-small | x-small | small | medium | large | x-large | xx-large | larger | smaller | length"
```

fontSize 属性的参数值如表 22.5 所示。

表 22.5　fontSize 属性的参数值

参　数　值	说　　明
xx-small	绝对字体尺寸，根据对象字体进行调整，最小
x-small	绝对字体尺寸，根据对象字体进行调整，较小
small	绝对字体尺寸，根据对象字体进行调整，小
medium	默认值，绝对字体尺寸，根据对象字体进行调整，正常

续表

参　数　值	说　　明
large	绝对字体尺寸，根据对象字体进行调整，大
x-large	绝对字体尺寸，根据对象字体进行调整，较大
xx-large	绝对字体尺寸，根据对象字体进行调整，最大
larger	相对字体尺寸，相对于父对象中字体尺寸进行相对增大，使用成比例的 em 单位计算
smaller	相对字体尺寸，相对于父对象中字体尺寸进行相对减小，使用成比例的 em 单位计算
length	百分数|由浮点数字和单位标识符组成的长度值，不可为负值。其百分比取值应基于父对象中字体的尺寸

5．lineHeight 属性

lineHeight 属性用于检索或设置对象的行高，即字体最底端与字体内部顶端之间的距离。其对应的样式标签属性为 line-height 属性。语法格式如下：

```
Object.style.lineHeight = "normal | length"
```

☑ normal：默认值，表示默认行高。

☑ length：可以是百分比数字，也可以是由浮点数字和单位标识符组成的长度值，允许为负值。其百分比取值应基于字体的高度尺寸。

说明

行高是字体下沿与字体内部高度的顶端之间的距离。为负值的行高可用来实现阴影效果。假如一个格式化的行包括不止一个对象，则最大行高会被应用。在这种情况下，该属性不可为负值。

6．fontFamily 属性

fontFamily 属性用于设置或检索对象中文本的字体名称序列，默认值为 Times New Roman。其对应的样式标签属性为 font-family 属性。语法格式如下：

```
Object.style.fontFamily = "name"
Object.style.fontFamily = "ncursive | fantasy | monospace | serif | sans-serif"
```

参数 name 表示字体名称。按优先顺序排列，以逗号隔开。如果字体名称包含空格，则应使用引号括起。

第二种声明方式使用所列出的字体序列名称。如果使用 fantasy 序列，则将提供默认字体序列。

7．textDecoration 属性

textDecoration 属性用于设置或检索对象中的文本装饰。其对应的样式标签属性为 text-decoration 属性。语法格式如下：

```
Object.style.textDecoration = "none | underline | blink | overline | line-through"
```

textDecoration 属性的参数值如表 22.6 所示。

表 22.6　textDecoration 属性的参数值

参　数　值	说　　明	参　数　值	说　　明
none	无装饰	line-through	贯穿线

续表

参 数 值	说 明	参 数 值	说 明
blink	闪烁	overline	上画线
underline	下画线		

【例 22.12】改变超链接字体样式。（**实例位置：资源包\TM\sl\22\12**）

一般网站中都有很多超链接，有时当将鼠标指针移动到某一超链接上时，此超链接就会以不同的字体样式显示。例如，超链接的字体样式显示为斜体、粗体、下画线、删除线或是粗斜体等。本实例将通过 JavaScript 改变超链接字体的样式。

本实例使用了字体样式中的 fontWeight、fontStyle 以及 textDecoration 属性。超链接的字体样式可以通过设置其属性值来改变，代码如下：

```
<script type="text/javascript">
function over(v){
  if (v=="a"){a.style.fontWeight = "bold";}                    //粗体
  if (v=="b"){ b.style.fontStyle = "italic";}                  //斜体
  if (v=="c"){c.style.textDecoration = "underline";}           //下画线
  if (v=="d"){d.style.textDecoration = "line-through";}        //删除线
  if (v=="e"){
    e.style.fontWeight = "bold";                               //粗体
    e.style.fontStyle = "italic";                              //斜体
  }
}
function out(){
   //恢复默认样式
   a.style.fontWeight = "normal";
   b.style.fontStyle = "normal";
   c.style.textDecoration = "none";
   d.style.textDecoration = "none";
    e.style.fontStyle = "normal";
   e.style.fontWeight = "normal";
}
</script>
```

在超链接的 onmouseover 事件和 onmouseout 事件中调用自定义的 JavaScript 函数 over()和 out()，代码如下：

```
<table>
    <tr>
        <td>
          <a href="#" id="a" onmouseover="over('a');" onmouseout="out();">粗体文字</a> ¦
          <a href="#" id="b" onmouseover="over('b');" onmouseout="out();">斜体文字</a> ¦
          <a href="#" id="c" onmouseover="over('c');" onmouseout="out();">下画线文字</a> ¦
          <a href="#" id="d" onmouseover="over('d');" onmouseout="out();">删除线文字</a> ¦
          <a href="#" id="e" onmouseover="over('e');" onmouseout="out();">粗斜体文字</a>
        </td>
    </tr>
</table>
```

运行实例，结果如图 22.22 所示。

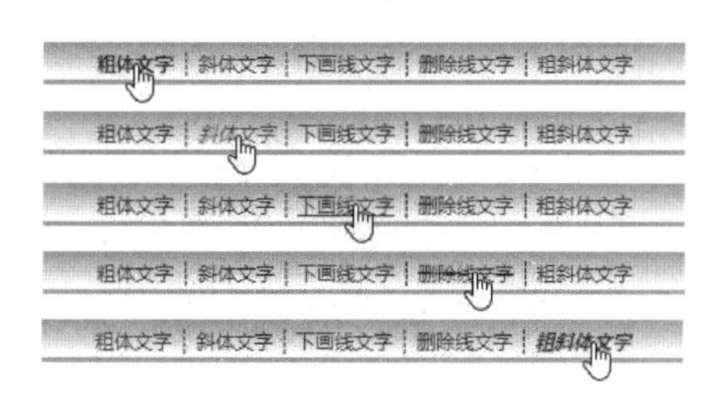

图 22.22　改变超链接字体样式

22.6.7　表格布局属性

tableLayout 属性用于设置或检索表格的布局算法。其对应的样式标签属性为 table-layout 属性。语法格式如下：

```
Object.style.tableLayout = "auto | fixed"
```

☑ auto：默认的自动算法。布局将基于各单元格的内容，表格在每一单元格读取计算之后才会显示出来。

☑ fixed：固定布局的算法。在这种算法中，水平布局将仅仅基于表格的宽度、表格边框的宽度、单元格间距和列的宽度，和表格内容无关。也就是说，内容可以被剪切。

【例 22.13】限制表格的宽度。（**实例位置：资源包\TM\sl\22\13**）

在向表格输入信息时，当信息大于单元格的宽度时，单元格的宽度将自动向右扩展，使表格看上去极不美观。本实例将限制单元格的宽度，当信息超出单元格的宽度时，单元格的高度将增大。

在本实例中，主要是应用表格 Style 对象的 tableLayout 属性的 fixed 值来固定表格的大小。在用 tableLayout 属性之前，要用表格的 width 和 height 属性来设置表格的宽度和高度，代码如下：

```
<!--在页面中添加一个表格，并设置表格的 id 名称-->
<table id="table1">
  <tr>
    <td> “读书”是明日科技新上线的模块，也是明日科技多年编程项目、编程经验的积累，适应各种用户学习，更有不断更新的电子书资源将陆续上线。 </td>
  </tr>
</table>
<script type="text/javascript">
  //编写用于固定单元格宽度的 JavaScript 代码
  var w=180;
  var h=5;
  table1.style.width=w;                                    //设置表格宽度
  table1.style.height=h;                                   //设置表格高度
  table1.style.tableLayout="fixed";                        //固定布局
</script>
```

运行结果如图 22.23 所示。

“读书”是明日科技新上线的模块，也是明日科技多年编程项目、编程经验的积累，适应各种用户学习，更有不断更新的电子书资源将陆续上线。

图 22.23　限制表格的宽度

编程训练（答案位置：资源包\TM\sl\22\编程训练）

【训练 7】*放大文本并设置颜色*　定义一行文本和一个“放大”按钮，每次单击“放大”按钮都使文本大小增加两个像素，并为文本随机设置一个颜色。

【训练 8】为图片添加和去除特殊边框　实现为图片添加特殊边框的效果。当鼠标移入图片上时，为图片添加一个宽度为 5 像素、颜色为蓝色的双实线边框，当鼠标移出时去除图片的边框。

22.7　实践与练习

（答案位置：资源包\TM\sl\22\实践与练习）

综合练习 1：年月日的联动　实现年月日的联动的功能。当改变“年”菜单和“月”菜单的值时，“日”菜单的值的范围也会相应改变。运行结果如图 22.24 所示。

图 22.24　年月日的联动

综合练习 2：复选框的全选、反选和全不选　在页面中添加多个复选框，并添加“全选”“反选”和“全不选”按钮，实现复选框的全选、反选和全不选操作。运行结果如图 22.25 所示。

图 22.25　复选框的全选、反选和全不选

综合练习 3：随意摆放的图片　实现图片在页面中随意摆放的功能。在页面中显示 3 张旋转一定角度的图片，拖动图片，可以在页面中随意摆放它们。运行结果如图 22.26 所示。

图 22.26　随意摆放的图片

第 4 篇

高级开发

本篇详解文件与拖放、本地存储、离线应用、线程的使用、通信API、Vue.js编程、Bootstrap应用等内容。通过本篇，读者不仅可以学习一些前端开发中的高级技术，而且会初步接触当今最流行的前端框架，进一步提升前端开发技能。

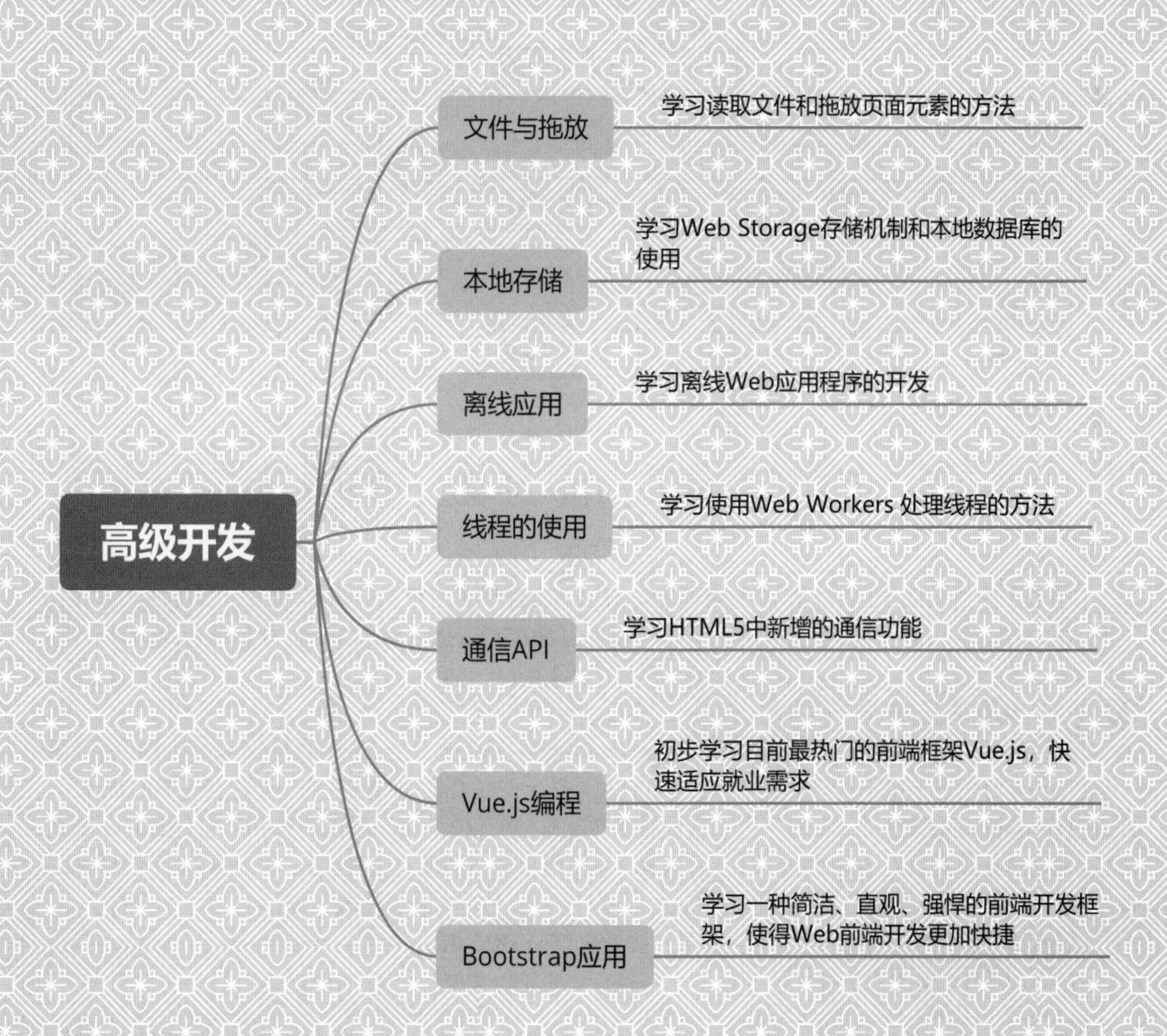

第 23 章

文件与拖放

HTML5 中新增了两个与表单元素相关的 API——文件 API 和拖放 API。通过使用文件 API，从 Web 页面上访问本地文件系统或服务器端文件系统的相关处理将会变得十分简单。拖放 API 可以实现一些有趣的功能：允许我们拖动元素并将其放置到浏览器中的任何位置。这两个强大的 API 可以帮助我们通过少量的 JavaScript 代码实现更多有趣的功能。

本章知识架构及重难点如下。

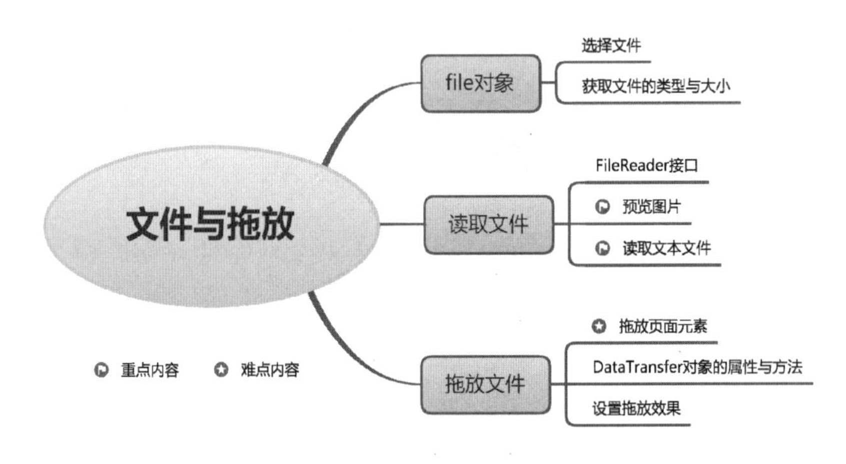

23.1 file 对象

HTML5 中的 FileAPI 使得从 Web 网页上访问本地文件系统变得十分简单。File 规范说明中提供了一个 API 来表现 Web 应用里的文件对象，你可以通过编程来选择它们，并访问它们的信息。

23.1.1 选择文件

FileList 对象表示用户选择的文件列表。HTML4 只允许在 file 控件内放置一个文件，但 HTML5 允许通过添加 multiple 属性在 file 控件内一次放置多个文件。控件内的每一个用户选择的文件都是一个 file 对象，而 FileList 对象则为这些 file 对象的列表，代表用户选择的所有文件。file 对象有两个属性，name 属性表示文件名，不包括路径，lastModifiedDate 属性表示文件的最后修改日期。

【例 23.1】获取头像名称。（**实例位置：资源包\TM\sl\23\01**）

在本实例中，当用户选择文件并单击上传以后，页面会自动弹出提问用户是否提交的对话框，对话框中会显示用户所选文件的文件名，具体操作如下。

在 HTML 页面中添加两个<input>标签，分别用于选择文件和上传文件。代码如下：

```
<div class="mr-cont">
<h2>用户信息注册</h2>
    <div class="mr-head">
        <input type="file" id="file">
        <input type="button" value="上传" onclick="sure()">
    </div>
</div>
```

在 JavaScript 页面中添加代码，以获取所选文件的文件名并弹出确定上传的对话框。代码如下：

```
function sure(){
     var file;
    //返回 FileList 文件列表对象
     for(var i=0;i<document.getElementById("file").files.length;i++)   {
          file = document.getElementById("file").files[i];                    //file 对象是用户选择的单个文件
          if (confirm("确定上传图片  " + file.name + "  作为头像？ ")) {          //弹出文件名
             alert("已上传");
        }
        else {
             alert("已取消上传");
        }
     }
}
```

在浏览器中运行 HTML 页面，首先单击“选择文件”按钮选择要上传的文件，然后单击“上传”按钮，将会弹出一个确定上传该文件的对话框，在该对话框中显示所选文件的名称，效果如图 23.1 所示。

图 23.1　实现确定上传该头像的运行效果

23.1.2　获取文件的类型与大小

Blob 表示二进制原始数据，它提供一个 slice 方法，可以通过该方法访问到字节内部的原始数据块。Blob 对象有两个属性，分别是 size 属性和 type 属性。size 属性表示一个 Blob 对象的字节长度，type 属性表示 Blob 对象的 MIME 类型，如果是未知类型，则返回一个空字符串。

【例 23.2】获取文件信息。（**实例位置：资源包\TM\sl\23\02**）

本实例主要实现当单击上传头像时，判断所上传文件的大小和类型是否符合条件，并且以对话框的形式告知用户文件是否可以上传，具体步骤如下。

在 HTML 页面中，编写页面的基本内容，其中有关上传文件部分的代码如下：

```
<div class="mr-cont">
<h2>用户信息注册</h2>
    <div class="mr-head">
        <input type="file" id="file">
        <span>****允许的上传格式有 JPG、PNG 和 JPEG。****</span>
        <span>******图片大小不能超过 222550 字节。******</span>
        <input type="button" value="上传" onclick="Show()">
    </div>
</div>
```

在 JavaScript 页面中，通过 if 判断语句判断所选择文件的大小和文件类型，并且弹出对应的对话框。具体代码如下：

```
function Show() {
    var file = document.getElementById("file").files[0];
    //判断并显示图片大小和格式
    if ((file.size > 22250) ||(!/image\/\w+/.test(file.type))) {
        alert("当前文件大小为" + file.size + '\n'+"当前文件格式为" + file.type + "请重新选择文件")
    } else {
        alert("当前文件长度为" + file.size + '\n'+"类型为" + file.type + "符合上传条件")
    }
}
```

在浏览器中运行 HTML 文件，效果如图 23.2 所示。

图 23.2　判断所上传文件是否符合要求

对于图像类型的文件，Blob 对象的 type 属性都是以“image/”开头的，后面紧跟该图像的类型。利用此特性，我们可以在 JavaScript 中判断用户选择的文件是否为图像文件。如果在批量上传时只允许上传图像文件，则可以利用该属性。如果用户选择的多个文件中存在非图像的文件，则可以弹出错误提示信息并停止后面的文件上传，或者跳过这个文件而不上传。

编程训练（答案位置：资源包\TM\sl\23\编程训练）

【训练 1】输出文件名称　结合使用 file 对象和 alert()提示框，实现用户选择文件后在网页中输出文件名称。

【训练 2】选择多个文件　结合使用 Blob 接口和节点相关属性，实现在网页中选择多个文件，然后依次以表格形式陈列文件信息。

23.2 读取文件

23.2.1 FileReader 接口

FileReader 接口主要用来把文件读入内存中，并且读取文件中的数据。FileReader 接口提供了一个异步 API，使用该 API 可以在浏览器主线程中异步访问文件系统，读取文件中的数据。

1. FileReader 接口的方法

在介绍 FileReader 接口的方法之前，需要了解如何检测浏览器对 FileReader 接口的支持性。支持这一接口的浏览器有一个位于 Window 对象下的 FileReader 构造函数，如果浏览器有这个构造函数，则可以使用 new 关键字创建一个 FileReader 的实例。具体的 JavaScript 代码如下：

```
if ( typeof FileReader === 'undefined' ){
    alert( " 您的浏览器未实现 FileReader 接口 " );
}
else{
    var reader = new FileReader();                                    //正常使用浏览器
}
```

FileReader 接口的实例拥有 4 个方法，其中 3 个用以读取文件，一个用来中断读取。表 23.1 列出了这些方法以及它们的参数和功能。需要注意的是，无论读取成功或失败，方法并不会返回读取结果，这一结果被存储在 result 属性中。

表 23.1　FileReader 接口的方法

方　法　名	参　　数	描　　述
abort	none	中断读取
readAsBinaryString	file	将文件读取为二进制码
readAsDataURL	file	将文件读取为 DataURL
readAsText	file, [encoding]	将文件读取为文本

- ☑ readAsBinaryString：它将文件读取为二进制字符串，通常我们将它传送到后端，后端可以通过这段字符串存储文件。
- ☑ readAsDataURL：该方法将文件读取为一段以 data 开头的字符串，这段字符串的实质就是 DataURI。DataURI 是一种将小文件直接嵌入文档的方案。这里的小文件通常是指图像与 HTML 等格式的文件。

☑ readAsText：该方法有两个参数，其中第二个参数是文本的编码方式，默认值为 UTF-8。这个方法非常容易理解，将文件以文本方式读取，读取的结果就是这个文本文件中的内容。

2. FileReader 接口的事件

FileReader 包含了一套完整的事件模型，用于捕获读取文件时的状态。表 23.2 归纳了这些事件。

表 23.2　FileReader 接口的事件

事　　件	描　　述
onabort	中断时触发
onerror	出错时触发
onload	文件读取成功完成时触发
onloadend	读取完成触发，无论成功或失败
onloadstart	读取开始时触发
onprogress	读取中

当 FileReader 对象读取文件时，会伴随着一系列事件，表 23.2 中的事件表示读取文件时不同的读取状态。

23.2.2　预览图片

本节将介绍使用 FileReader 接口的 readAsDataURL 方法，实现图片的预览。

【例 23.3】实现头像预览。（**实例位置：资源包\TM\sl\23\03**）

本实例主要实现头像的预览，当用户选择文件后，单击“预览”按钮，页面中“照片”位置就会显示所选择的图片，具体实现步骤如下。

在 HTML 页面中编辑页面内容，其中预览照片部分的关键代码如下：

```
<div class="mr-cont">
  <h2>个人简历</h2>
  <div>
    <div class="mess">
      <div>
        <p> <span>姓名:</span>
          <input type="text">
        </p>
        <p><span>性别:</span>
          <input type="text">
        </p>
      </div>
      <div>
        <p><span>生日:</span>
          <input type="text">
        </p>
        <p><span>年龄:</span>
          <input type="text">
        </p>
      </div>
      <div>
        <p><span>专业:</span>
          <input type="text">
        </p>
        <p><span>学历:</span>
```

```
                <input type="text">
            </p>
        </div>
    </div>
    <div class="photo" id="result"></div>                                                    <!--预览头像-->
</div>
<div class="expr">
    <h3>校内经历和所获荣誉</h3>
    <div class="border"><textarea cols="84" rows="11"></textarea></div>
</div>
<div class="expr">
    <h3>社会经历</h3>
    <div><textarea cols="84" rows="11"></textarea></div>
</div>
<div class="btn">
<input type="button"   value="选择头像">
  <input type="file" id="file">
  <input type="button" value="预览" onClick="readFile ()">
</div>
</div>
```

在 JavaScript 页面中编辑预览头像的代码，代码如下：

```
function readFile (){
      //检查是否为图像文件
      var file = document.getElementById("file").files[0];
      if(!/image\/\w+/.test(file.type))       {
            alert("请确保文件为图像类型");
            return false;
      }
var reader = new FileReader();
      //将文件以 Data URL 形式读入页面中
      reader.readAsDataURL(file);
      reader.onload = function(e) {
          var result=
               document.getElementById("result");
          //在页面上显示文件
          result.innerHTML=
               '<img src="'+this.result+'" alt=""/>'
      }
}
```

在浏览器中运行 HTML 文件，在弹出的界面中选择头像以后，单击“预览”按钮，页面右上角即可显示图片内容，运行效果如图 23.3 所示。

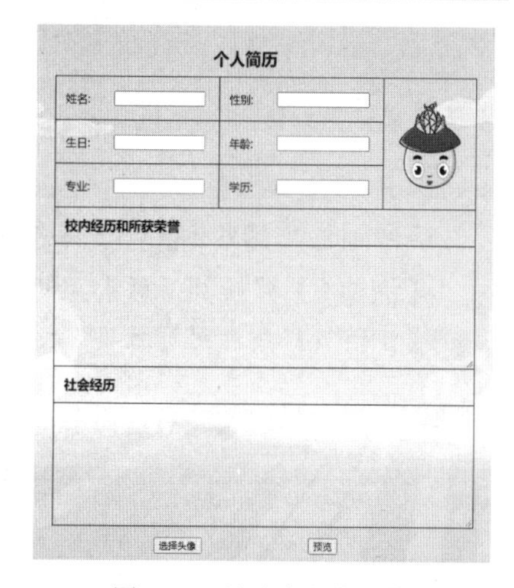

图 23.3　显示读取的图像

23.2.3　读取文本文件

本节将介绍使用 FileReader 接口的 readAsText 方法，实现文本文件的预览。

【例 23.4】实现文件预览。（**实例位置：资源包\TM\sl\23\04**）

在本例中，单击“选择文件”按钮选择文件以后，再单击“文件预览”按钮，文本文件的内容将显示在页面中。具体步骤如下。

在 HTML 页面编辑页面内容，并且为相关标签设置 id。具体代码如下：

```
<div class="mr-cont">
```

```
  <label>收件人：<input type="text"></label>
  <label> 主 题：<input type="text" id="namee"></label>
  <div class="btn">
    <input type="button" value="选择文件">
    <input type="file" id="file">
    <input type="button" value="文件预览" onClick="readAsText()">
  </div>
  <div class="readd"><span>预览窗口:</span>
    <textarea id="result"></textarea>
  </div>
</div>
```

在 JavaScript 页面中首先通过 id 获取相应标签，然后使用 readAsText 方法读取文本文件，最后将文本文件的内容显示在<textarea>标签中，具体代码如下：

```
var result=document.getElementById("result");
function readAsText(){
   var namee=document.getElementById("namee");                    //用以存储文件名称
    var file = document.getElementById("file").files[0];          //获取文件
   namee.value=file.name;                                          //将文件名称赋值给 namee
    var reader = new FileReader();
    reader.readAsText(file,"GB2312");                              //readAsText(文件,"文件的编码格式")
    reader.onload = function(f){
         var result=document.getElementById("result");
         result.innerHTML=this.result;                             //在页面上显示读入文本
    }
}
```

在浏览器中打开 HTML 文件，单击“选择文件”按钮，在选择文件后单击“文件预览”按钮即可在下方的文本域中显示文件中的文字内容。运行效果如图 23.4 所示。

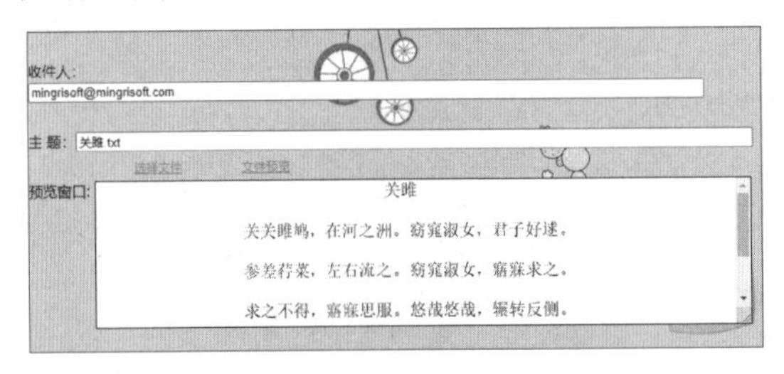

图 23.4　显示浏览的文本文件内容

编程训练（答案位置：资源包\TM\sl\23\编程训练）

【训练 3】修改页面背景　使用 readAsDataURL()方法实现选择动态修改页面背景图片功能。

【训练 4】查看网页源码　使用 readAsText()方法查看网页源码功能。

23.3　拖 放 文 件

23.3.1　拖放页面元素

HTML5 提供了直接支持拖放操作的 API。虽然在 HTML5 之前已经可以使用 mousedown、

mousemove、mouseup 来实现拖放操作，但是它们只支持在浏览器内部的拖放操作；而 HTML5 支持在浏览器与其他应用程序之间的数据的互相拖动，同时大大简化了与拖放相关的代码。

在 HTML5 中要想实现拖放操作，至少要经过如下两个步骤。

（1）将想要拖放的对象元素的 draggable 属性设为 true（draggable="true"），这样才能对该元素进行拖放。另外，img 元素与 a 元素（必须指定 href）默认允许拖放。

（2）编写与拖放有关的事件处理代码。关于拖放的几个事件如表 23.3 所示。

表 23.3　有关拖放的事件及其描述

事　　件	产生事件的元素	描　　述
dragstart	被拖放的元素	开始拖放操作
drag	被拖放的元素	拖放过程中
dragenter	拖放过程中鼠标经过的元素	被拖放的元素开始进入本元素的范围内
dragover	拖放过程中鼠标经过的元素	被拖放的元素正在本元素范围内移动
dragleave	拖放过程中鼠标经过的元素	被拖放的元素离开本元素的范围
drop	拖放的目标元素	有其他元素被拖放到本元素中
dragend	拖放的对象元素	拖放操作结束

【例 23.5】实现拖动图片。（**实例位置：资源包\TM\sl\23\05**）

使用拖放 API 实现随意拖曳表情图片，并且当图片被拖放至右边矩形中时，右边矩形中显示提示文字。实现的步骤如下。

在 HTML 页面中添加提示文字和图片等信息，具体代码如下：

```
<div class="mr-cont">
  <h1>拖放图片和文字效果</h1>
  <!--设置 draggable 属性为 true -->
  <div id="box">
   <img src="img/face.png" title="我是可以被拖走的"id="dragme">
  </div>
  <div id="text1" ></div>
</div>
```

在 JavaScript 页面中添加实现拖放效果的代码，具体代码如下：

```
function init() {
    var source = document.getElementById("dragme");
    var dest1 = document.getElementById("text1");
    //（1）拖放开始
    source.addEventListener("dragstart", function (ev) {
        var dt = ev.dataTransfer;                                    //追加数据
        dt.effectAllowed = 'all';
        //（2）拖动元素为 dt.setData("text/plain", this.id);
        dt.setData("text/plain", "哟吼，我进来了");
    }, false);
    //（3）drop:被拖放
    dest1.addEventListener("drop", function (ev) {
        var dt = ev.dataTransfer;                                    //从 DataTransfer 对象那里取得数据
        var text = dt.getData("text/plain");
        dest1.textContent += text;
    }, false);
    //（4）dragend：拖放结束
    source.addEventListener("dragend", function (ev) {
```

```
            source.style.position="absolute";
            source.style.top=event.clientY-75+'px';
            source.style.left=event.clientX-75+'px';
            ev.preventDefault();                                    //不执行默认处理（拒绝被拖放）
        }, false);
}
//（5）设置页面属性，不执行默认处理（拒绝被拖放）
document.ondragover = function (e) {
    e.preventDefault();
};
document.ondrop = function (e) {
    e.preventDefault();
}
```

运行 HTML 文件，结果如图 23.5 所示。用鼠标将图片拖放到另一个矩形中，结果如图 23.6 所示。

图 23.5　页面运行初始效果

图 23.6　实现拖放图片效果

23.3.2　DataTransfer 对象的属性与方法

表 23.4 提供了一些常用的 DataTransfer 对象的属性与方法。

表 23.4　DataTransfer 对象的属性与方法

属　　性	对属性的解释	属　性　值
dropEffect	如果该操作效果与起初设置的 effectAllowed 效果不符，则拖曳操作失败	None、copy、link、move
effectAllowed	返回允许执行的拖曳操作效果，可以设置修改	None、copy、copyLink、copyMove、link、linkMove、move、all、uninitialized、
types	返回在 dragstart 事件出发时为元素存储数据的格式，如果是外部文件的拖曳，则返回“files”	
clearData(DOMStringformat)	删除指定格式的数据，如果未指定格式，则删除当前元素的所有携带数据	
setData(DOMStringformat, DOMString data)	为元素添加指定数据	
DOMString getData(DOMStringformat)	返回指定数据，如果数据不存在，则返回空字符串	
setDragImage(Element image, x, y)	制定拖曳元素时跟随鼠标移动的图片，x、y 分别是相对于鼠标的坐标（部分浏览器中可以用 canvas 等其他元素来设置）	

对于 getData、setData 两个方法，setData()方法在拖曳开始时向 dataTransfer 对象中存入数据，用 types 属性来指定数据的 MIME 类型，而 getData()方法在拖曳结束时读取 dataTransfer 对象中的数据。

clearData 方法可以用来清除 DataTransfer 对象内的数据。例如在例 23.5 中的 getData()方法前加上“dt.clearData();”语句，目标元素内就不会被放入任何数据了。

23.3.3　设置拖放效果

dropEffect 属性与 effectAllowed 属性结合起来可以设定拖放时的视觉效果。effectAllowed 属性表示当一个元素被拖曳时所允许的视觉效果，一般在 ondragstart 事件中设定，允许设定的值为 none、copy、copyLink、copyMove、link、linkMove、move、all、unintialize。dropEffect 属性表示实际拖放时的视觉效果，一般在 ondragover 事件中指定，允许设定的值有 none、copy、link、move。dropEffect 属性表示的实际视觉效果必须在 effectAllowed 属性表示的允许的视觉效果范围内。规则如下：

☑ effectAllowed 属性如果被设定为 none，则不允许拖放要拖放的元素。

☑ dropEffect 属性如果被设定为 none，则不允许被拖放到目标元素中。

☑ 如果 effectAllowed 属性设定为 all 或不设定，则 dropEffect 属性允许被设定为任何值，并且按指定的视觉效果进行显示。

☑ 如果 effectAllowed 属性被设定为具体效果（不为 none 或 all），并且 dropEffect 属性也被设定为具体视觉效果，则两个具体效果值必须完全相等，否则不允许将要拖放元素拖放到目标元素中。

拖放图标是指拖动元素时在鼠标旁边显示的图标，在 dragstart 事件中，可以使用 setDragImage 方法设定拖放图标，该语法如下：

```
setDragImage(image, x, y);
```

☑ image：为设定为拖放图标的图标元素。

☑ x：为拖放图标离鼠标指针的 x 轴方向的位移量。

☑ y：为拖放图标离鼠标指针的 y 轴方向的位移量。

【例 23.6】设置拖放图标。（**实例位置：资源包\TM\sl\23\06**）

本实例使用 setDragImage()方法设置拖放图片时的拖放图标。

本实例的实现代码与例 23.5 基本相同，只是在实现“开始拖放”的代码中需要添加设置拖放图标的代码，这部分代码如下：

```
var dragIcon = document.createElement('img');
dragIcon.src = 'img/small.png';                                    //设定图标来源
//（1）拖放开始
source.addEventListener("dragstart", function (ev) {
    var dt = ev.dataTransfer;                                      //追加数据
    dt.effectAllowed = 'all';
    dt.setDragImage(dragIcon, 20, 20);
    //（2）拖动元素为 dt.setData("text/plain", this.id);
    dt.setData("text/plain", "哟吼，我进来了");
}, false);
```

完成代码以后，运行 HTML 文件，页面效果如图 23.7 所示，当使用鼠标拖放图片时，页面效果如图 23.8 所示。

图 23.7　页面初始效果

图 23.8　设置拖放图标后，拖放时的效果

编程训练（答案位置：资源包\TM\sl\23\编程训练）

【训练 5】拖曳文件预览　使用拖放 API 实现将文件从文件夹中拖曳至网页中并预览文件的功能。

【训练 6】通过鼠标拖曳实现欢迎语　设置一个显示“请拖放”文字的 div 元素，可以把它拖放到位于它下部的 div 元素中，每次被拖放时，在下部的 div 元素中会追加一次“明日科技欢迎你”的文字。

23.4　实践与练习

（答案位置：资源包\TM\sl\23\实践与练习）

综合练习 1：编辑照片墙　使用 readAsDataURL()方法实现编辑照片墙中上传图片的功能，效果如图 23.9 所示。

图 23.9　照片墙

综合练习 2:随意拖曳图片　使用拖放 API 实现在页面中随意拖曳图片的功能,效果如图 23.10 所示。

综合练习 3：选择拖放图标和拖放图片　实现动态选择图片文件作为拖放文件的图标，然后实现随意拖曳图片的功能，效果如图 23.11 所示。

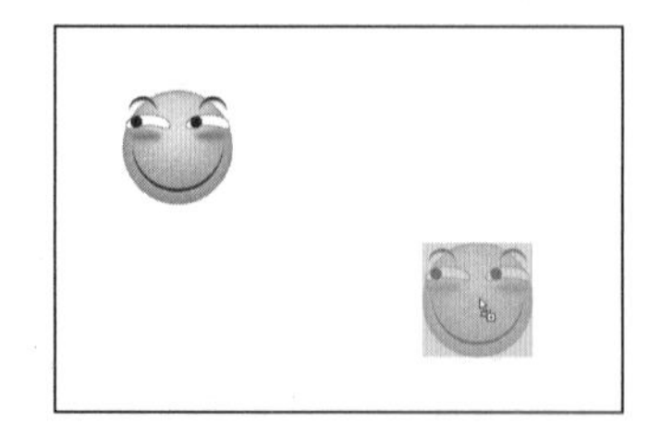

图 23.10　随意拖曳图片

图 23.11　选择拖放图标

第24章

本 地 存 储

本章介绍HTML5中与本地存储相关的两个重要内容——Web Storage与本地数据库。其中，Web Storage存储机制是对HTML4中Cookie存储机制的一个改善。由于Cookie存储机制有很多缺点，HTML5中不再使用它，转而使用改良后的Web Storage存储机制。本地数据库是HTML5中新增的一个功能，使用它可以在客户端本地建立一个数据库——原本必须保存在服务器端数据库中的内容现在可以直接保存在客户端本地了，这大大减轻了服务器端的负担，同时加快了访问数据的速度。

本章知识架构及重难点如下。

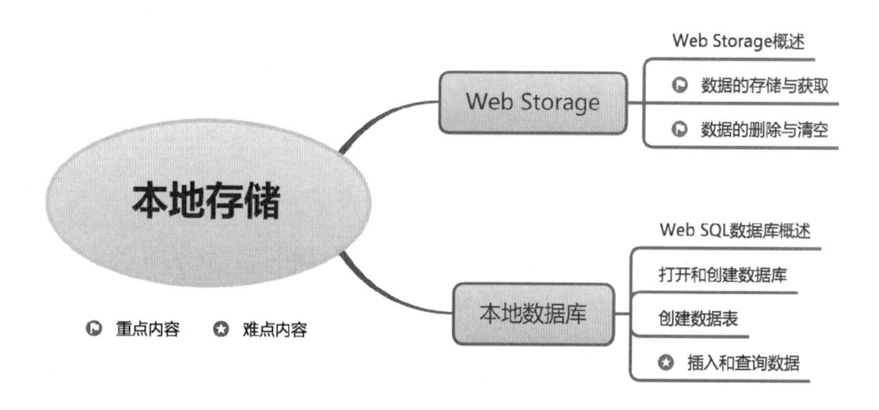

24.1 Web Storage

24.1.1 Web Storage 概述

在HTML5中，除了Canvas元素，另一个新增的非常重要的功能是可以在客户端本地保存数据的Web Storage功能。Web应用的发展使得客户端存储使用也越来越多，而实现客户端存储的方式则是多种多样。最简单且兼容性最佳的方案是Cookie，但是作为真正的客户端存储，Cookie还是有些不足。

☑ 大小：Cookie的大小被限制在4KB。

☑ 带宽：Cookie是随HTTP事务一起发送的，因此会浪费一部分发送Cookie时使用的带宽。

☑ 复杂性：Cookie操作起来比较麻烦；所有的信息要被拼到一个长字符串里面。

☑ 对Cookie来说，在相同的站点与多事务处理保持联系并不容易。

在这种情况下，HTML5重新提供了一种在客户端本地保存数据的功能，它就是Web Storage功能。

Web Storage功能就是在Web上存储数据的功能，而这里的存储是针对客户端本地而言的。它包含两种不同的存储类型：sessionStorage和localStorage。不管是sessionStorage还是localStorage，它们都能支持在同一域中存储5MB的数据，这相比Cookie有着明显的优势。

☑ sessionStorage：将数据保存在Session对象中。Session的作用时间就是从用户进入这个网站到浏览器关闭所经过的这段时间，也就是用户浏览这个网站所花费的时间。Session对象可以用来保存在这段时间内要保存的任何数据。

☑ localStorage：将数据保存在客户端本地的硬件设备中，即使浏览器被关闭了，该数据仍然存在，下次打开浏览器访问网站时仍然可以继续使用。

通过目前Web Storage的API，用户可以对本地数据进行如下操作。

☑ Length：获得当前Web Storage中的数目。

☑ key(n)：返回Web Storage中的第*n*个存储条目。

☑ getItem(key)：返回指定key的存储内容，如果不存在则返回null。注意，返回的类型是String字符串类型。

☑ setItem(key, value)：设置指定key的内容的值为value。

☑ removeItem(key)：根据指定的key，删除键值为key的内容。

☑ clear：清空Web Storate中的内容。

可以看到，Web Storage API的操作机制实际上是对键值对进行的操作。下面讲解一些相关的应用。

24.1.2 数据的存储与获取

HTML5中，sessionStorage和localStorage两种方式的存储和获取数据的方法类似，例如，它们都使用setItem()方法来设置键值的数据，在sessionStorage中设置键值的数据的语法如下：

```
sessionStorage.setItem("key", "value");
```

在localStorage中设置键值的数据的语法如下：

```
localStorage.setItem("key", "value");
```

获取数据时，sessionStorage和localStorage两种方式都可以应用getItem()方法，在该方法中通过key值获取对应的数据，以sessionStorage存储方式的获取数据为例，代码如下：

```
var val = sessionStorage.getItem("key");
```

当然也可以直接使用sessionStorage的key方法，而不使用setItem()和getItem()方法，代码如下：

```
sessionStorage.key = "value";
var val = sessionStorage.key;
```

HTML5存储是基于键值对（key-value）的形式存储的，每个键值对称为一个项（item）。

存储和检索数据都需要通过指定的键名，键名的类型是字符串类型。值可以是包括字符串、布尔值、整数或者浮点数在内的任意JavaScript支持的类型。但是，最终数据是以字符串类型存储的。

调用结果是将字符串value设置到sessionStorage中，这些数据随后可以通过key获取。调用setItem()方法时，如果指定的键名已经存在，那么新传入的数据会覆盖原先的数据。调用getItem()方法时，如果传入的键名不存在，那么会返回null，而不会抛出异常。

24.1.3　数据的删除与清空

要从 Storage 列表中删除数据，需要使用 removeItem()方法，代码如下：

```
var val = sessionStorage.removeItem(key);
```

clear()方法用于清空整个列表中的所有数据，代码如下：

```
sessionStorage.clear();
```

同时，可以通过使用 length 属性获取 Storage 中存储的键值对的个数：

```
var val = sessionStorage.length;
```

注意

（1）removeItem 可以清除给定的 key 对应的项，如果 key 不存在，则“什么都不做”；clear 会清除所有的项，如果列表本来就是空的，则“什么都不做”。

（2）上面仅讲解了 sessionStorage 存储方式的应用，而 localStorage 与 sessionStorage 具有相同的操作方法，以使用 localStorage 方式设置键值的数据为例，语法如下：

```
localStorage.setItem("key", "value");
```

下面看一个简单 Web 留言本的实例。

【例 24.1】制作留言本。（**实例位置：资源包\TM\sl\24\01**）

使用一个多行文本框输入数据，单击按钮时将文本框中的数据保存到 localStorage 中，在表单下部放置一个 p 元素来显示保存后的数据。如果只保存文本框中的内容，并不能知道该内容是什么时候写好的，因此保存该内容的同时，也保存了当前日期和时间，并将该日期和时间一并显示在 p 元素中。

利用 Web Storage 保存数据时，数据必须是“键名/键值”的格式，因此将文本框的内容作为键值，将日期和时间作为键名来进行保存。计算机中对于日期和时间的值是以时间戳的形式进行管理的，因此保存时不可能存在重复的键名。本例实现的主要过程如下。

（1）编写显示页面用的 HTML 代码部分。在该页面中，除了输入数据用的文本框与显示数据用的 p 元素，还放置了“添加”按钮与“全部清除”按钮，单击“添加”按钮来保存数据，单击“全部清除”按钮来消除全部数据，实现的代码如下：

```
<h1>简单 Web 留言本</h1>
<textarea id="memo" cols="60" rows="10"></textarea><br>
<input type="button" value="添加" onclick="saveStorage('memo');">
<input type="button" value="全部清除" onclick="clearStorage('msg');">
<p id="msg"></p>
```

（2）在 JavaScript 脚本中，编写单击“添加”按钮时调用的 saveStorage()函数，在这个函数中使用 new Date().getTime()语句获取当前的日期和时间戳，然后调用 localStorage.setItem()方法，将得到的时间戳作为键值，并将文本框中的数据作为键名进行保存。保存完毕后，重新调用脚本中的 loadStorage()函数，在页面上重新显示保存后的数据。实现的代码如下：

```
function saveStorage(id){
```

```
    var data = document.getElementById(id).value;
    var time = new Date().getTime();
    localStorage.setItem(time,data);
    alert("数据已保存。");
    loadStorage('msg');
}
```

（3）在添加完数据后，数据将以表格的形式进行显示。取得全部数据时，需要使用 loadStorage 的两个比较重要的属性。

☑ loadStorage.length：所有保存在 loadStorage 中的数据的条数。

☑ loadStorage.key(index)：将想要得到数据的索引号作为 index 参数传入，可以得到 loadStorage 中与这个索引号对应的数据。例如想要得到第 6 条数据，传入的 index 为 5（index 是从 0 开始计算的）。

在本实例中获取保存数据主要是先用 loadStorage.length 属性获取保存数据的条数，然后做一个循环，在循环内用一个变量，从 0 开始将该变量作为 index 参数传入 loadStorage.key(index)属性中，每次循环时该变量加 1，以此取得保存在 loadStorage 中的所有数据。实现的代码如下：

```
function loadStorage(id){
    var result = '<table border="1">';
    for(var i = 0;i < localStorage.length;i++){
        var key = localStorage.key(i);
        var value = localStorage.getItem(key);
        var date = new Date();
        date.setTime(key);
        var datestr = date.toGMTString();
        result += '<tr><td>' + value + '</td><td>' + datestr + '</td></tr>';
    }
    result += '</table>';
    var target = document.getElementById(id);
    target.innerHTML = result;
}
```

（4）单击“全部清除”按钮时，会调用 clearStorage 函数对数据进行全部清除。在这个函数中只有一条语句 localStorage.clear()。调用 localStorage 的 clear 方法时，所有保存在 localStorage 中的数据会全部被清除，实现代码如下：

```
function clearStorage(){
    localStorage.clear();
    alert("全部数据被清除。");
    loadStorage('msg');
}
```

运行结果如图 24.1 所示。

图 24.1　显示留言

编程训练（答案位置：资源包\TM\sl\24\编程训练）

【训练 1】使用本地存储实现简易日记本　使用 Web Storage 实现保存日记，并且通过输入日记标题查看日记的功能。

【训练 2】实现本地存储和查询学生信息　实现学生信息录入功能，并且通过学生学号可以查询学生信息。

24.2　本地数据库

24.2.1　Web SQL 数据库概述

Web SQL 数据库是存储和访问数据的另一种方式。从其名称可以看出，这是一个真正的数据库，可以查询和加入结果。HTML5 大大丰富了客户端本地可以存储的内容，添加了很多功能来将原本必须要保存在服务器上的数据转为保存在客户端本地，从而大大提高了 Web 应用程序的性能，减轻了服务器端的负担。

HTML5 中内置了一个可以通过 SQL 语言来访问的数据库。在 HTML4 中，数据库只能放在服务器端，只能通过服务器进行访问，但是在 HTML5 中，你可以像访问本地文件那样轻松地对内置数据库直接进行访问。

现在，像这种不需要存储在服务器上的，被称为“SQLLite”的文件型 SQL 数据库已经得到了很广泛的应用，HTML5 也采用了这种数据库来作为本地数据库。因此，先掌握了 SQLLite 数据库的基本知识，再学习如何使用 HTML5 的数据库也就不是很难了。

典型的数据库 API 的用法涉及打开数据库，然后执行一些 SQL。但是需要注意的是，如果使用服务器端的一个数据库，通常还要关闭数据库连接。

24.2.2　打开和创建数据库

通过初次打开一个数据库，就会创建数据库。在任何时间，在该域上只能拥有指定数据库的一个版本，因此如果你创建了版本 1.0，那么应用程序在没有特定地改变数据库的版本时，将无法打开 1.1 的版本。

要打开和创建数据库，必须使用 openDatabase 方法创建一个访问数据库的对象。语法如下：

```
var db=openDatabase( 'db', '1.0' , 'first database',2*1024*1024);
```

☑　db：数据库名。
☑　1.0：版本号。
☑　first database：数据库的描述。
☑　2*1024*1024：数据库的大小。

24.2.3　创建数据表

在实际访问数据库时，还需要使用 transaction()方法来执行事务处理。因为在 Web 上，同时会有许多人在对页面进行访问。如果在访问数据库的过程中，正在操作的数据被其他用户修改了，则会引起很多意想不到的后果。因此，使用事务处理可以防止在对数据库进行访问和执行有关操作时受到外界的干扰，代码如下：

```
db.transaction(function(tx)){
    tx.executeSql('CREATE TABLE tweets(id,date,tweet)');
});
```

transaction()方法使用一个回调函数作为参数。在这个函数中，执行访问数据库的语句。

要创建数据表（以及数据库上的其他事务），必须启动一个数据库“事务”，并且在回调中创建该表。事务回调接收一个参数，其中包含了事务对象，这就是允许运行 SQL 语句并且运行 executeSql()方法中的内容。这通过使用从 openDatabase 中返回的数据库对象来完成，代码如下：

```
var db;
if(window.openDatabase){
    db = openDatabase('mydb', '1.0' , 'My first database',2*1024*1024);
    db.transaction(function(tx)){
        tx.executeSql('CREATE TABLE tweets(id,date,tweet)');
    });
}
```

24.2.4 插入和查询数据

接下来，我们来看在 transaction 的回调函数内，到底是怎样访问数据库的。这里，使用了作为参数传递给回调函数的 transaction 对象的 executeSql()方法。定义 executeSql()方法的语法如下：

```
transaction.executeSql(sqlquery,[],dataHandler,errorHandler);
```

该方法中含有 4 个参数，其解释如下。

☑ 第一个参数为需要执行的 SQL 语句。

☑ 第二个参数为 SQL 语句中所有使用到的参数的数组。在 executeSql()方法中，将 SQL 语句中使用到的参数先用“？”代替，然后依次将这些参数组成数组放在第二个参数中，语法如下：

```
transaction.executeSql("UPDATE user set age=? where name=?;",[age,name]);
```

☑ 第三个参数为执行 SQL 语句成功时调用的回调函数。该回调函数的传递方法如下：

```
function dataHandler(transaction,results){
    ...                                  //执行 SQL 语句成功时的处理
}
```

该回调函数使用两个参数，第一个参数为 transaction 对象，第二个参数为执行查询操作时返回的查询到的结果数据集对象。

☑ 第四个参数为执行 SQL 语句出错时调用的回调函数。该回调函数的传递方法如下：

```
function errorHandler(transaction,errmsg){
    ...                                  //执行 SQL 语句出错时的处理
}
```

该回调函数使用两个参数，第一个参数为 transaction 对象，第二个参数为执行发生错误时的错误信息文字。

当执行查询操作时，把查询到的结果数据集中的数据依次显示到页面上，最简单的方法是使用 for 循环语句。结果数据集对象有一个 rows 属性，其中保存了查询到的每条记录，记录的条数可以用 rows.length 来获取。可以用 for 循环，用 row[index]或 rows.Item（[index]）的形式来依次取出每条数据。

在 JavaScript 脚本中，一般采用 row[index]的形式。

【例 24.2】使用本地数据库实现用户登录。（**实例位置：资源包\TM\sl\24\02**）

在页面中输入用户名和密码，单击“登录”按钮进行登录，登录成功后，用户名、密码、登录时间将显示在页面上，单击“注销”按钮，将清除已经登录的用户名、密码、登录时间。实现步骤如下。

（1）设计登录界面。界面中存在一个输入用户名的文本框、一个输入密码的密码框，以及两个按钮，分别是“登录”按钮和“注销”按钮。将“登录”按钮的 id 设置为 save，将“注销”按钮的 id 设置为 clear。实现的代码如下：

```
<form action="#" method="get" accept-charset="utf-8">
<p class="form_item">
用户名：<input type="text" name="" value="" id="name" required/>
</p>
<p class="form_item">
密码：<input type="password" name="" value="" id="msg" required></textarea>
</p>
<p class="form_item">
<input type="submit" id="save" value="登录"/>
<input type="submit" id="clear" value="注销"/>
</p>
<hr>
</form>
```

（2）打开数据库，代码如下：

```
var db = openDatabase('myData','1.0','test database',1024*1024);
```

db 变量代表使用 openDatabase()方法创建的数据库来访问对象。在这个实例中，创建了 MyData 这个数据库并对其进行访问。

（3）创建数据表，代码如下：

```
db.transaction(function(tx){tx.executeSql('CREATE TABLE IF NOT EXISTS MsgData(name TEXT,msg TEXT,time
INTEGER)',[]);
```

这条语句的作用是在数据库中创建一张数据表。本例中，在数据库里创建了一个带有 3 个字段的数据表 MsgData：第一个字段为 TEXT 类型的 name 字段，第二个字段为 TEXT 类型的 msg 字段，第三个字段为 INTEGER 类型的 time 字段。需要注意的是，如果已经存在数据表，重复创建该数据表时会引发错误，因此前面必须加上“IF NOT EXISTS”条件判断语句。这样，当想创建的表在数据库中已经存在时，就不会重复创建了。

（4）调用两个按钮的 id，分别为这两个 id 添加 onclick 事件，“注销”按钮是调用 transaction()方法实现数据表中数据的清除，而“登录”按钮是调用 saveData()函数来实现数据的保存。实现代码如下：

```
getE('clear').onclick = function(){
  db.transaction(function(tx){
      tx.executeSql('DROP TABLE MsgData',[]);
  })
      showAllData()
}
getE('save').onclick = function(){
     saveData();
     return false;
}
```

（5）调用 removeAllData()函数，清除当前显示的数据，以便重新读取数据，代码如下：

```
function removeAllData(){
    for (var i = datalist.children.length-1; i >= 0; i--){
        datalist.removeChild(datalist.children[i]);
    }
}
```

（6）调用 showData()函数，该函数使用一个 row 参数。该参数表示从数据库中读取到的一行数据。将读取后的数据输出到页面中，代码如下：

```
function showData(row){
    var dt = document.createElement('dt');
    dt.innerHTML = row.name;
    var dd = document.createElement('dd');
    dd.innerHTML = row.msg;
    var tt = document.createElement('tt');
    var t = new Date();
    t.setTime(row.time);
    tt.innerHTML =t.toLocaleDateString()+" "+ t.toLocaleTimeString();
    datalist.appendChild(dt);
    datalist.appendChild(dd);
    datalist.appendChild(tt);
}
```

（7）调用 showAllData()函数，在该函数中使用 Transaction()方法，在该方法的回调函数中执行 executeSql()方法获取全部数据。获取到数据之后，首先调用 removeAllData()函数初始化页面，将页面中的数据清除后，执行循环，将获取到的所有数据都以 result.rows.item(i)的形式作为参数传入 showData()函数中进行显示。result.rows 代表了获取到的数据的所有行，而 result.rows.item(i)则代表了第 i 行中的数据，这些数据都以属性和属性值的形式存放在 result.rows.item(i)对象中，并通过访问属性的方法来获取每个字段的内容。本例中通过 result.rows.item(i).name、result.rows.item(i).lengh、result.rows.item(i).time 三个属性来获取每行数据的 name 字段、lengh 字段、time 字段中的内容。实现代码如下：

```
function showAllData(){
    db.transaction(function(tx){
        tx.executeSql('CREATE TABLE IF NOT EXISTS MsgData(name TEXT,msg TEXT,time INTEGER)',[]);
        tx.executeSql('SELECT * FROM MsgData',[],function(tx,result){
            removeAllData();
            for(var i=0; i < result.rows.length; i++){
                showData(result.rows.item(i));
            }
        });
    });
}
```

（8）调用 addData()函数，在这个函数中使用 transaction()方法，在该方法的回调函数中执行 executeSql()方法，将作为参数传入进来的数据保存在数据库中。代码如下：

```
function addData(name,msg,time){
    db.transaction(function(tx){
        tx.executeSql('INSERT INTO MsgData VALUES(?,?,?)',[name,msg,time],function(tx,result){
            alert("登录成功");
        },
        function(tx,error){
            alert(error.source + ':' + error.message);
        });
    });
}
```

（9）调用 saveData()函数，在该函数中首先调用 addData()函数追加数据，然后调用 showAllData()函数重新显示页面中的全部数据。代码如下：

```
function saveData(){
    var name =getE('name').value;
    var msg = getE('msg').value;
    var time = new Date().getTime();
    addData(name,msg,time);
    showAllData();
}
```

运行结果如图 24.2 所示。

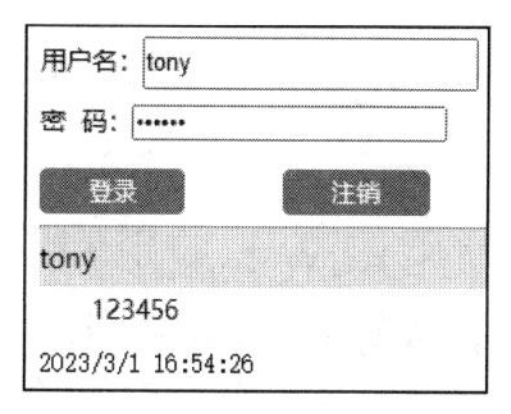

图 24.2　显示用户登录信息

编程训练（答案位置：资源包\TM\sl\24\编程训练）

【训练 3】本地数据库实现用户账号信息　使用 Web SQL 实现保存多个用户的用户名和密码功能。

【训练 4】实现通过学号查询学生信息的功能　使用 Web SQL 实现学生信息注册，并且通过学号查询学生信息的功能。

24.3　实践与练习

（答案位置：资源包\TM\sl\24\实践与练习）

综合练习 1：实现本地存储商品信息　在本地创建一个数据库，存储商品的编号、名称、价格和产地，每存储一条商品信息，就在页面中更新商品的信息。

综合练习 2：使用 Web SQL 实现网页版简易留言本　留言本中包含留言者的姓名、留言内容和留言时间，如图 24.3 所示。

综合练习 3：实现离线查看问题答案　实现在网页中保存问题和答案的功能，运行结果如图 24.4 和图 24.5 所示。

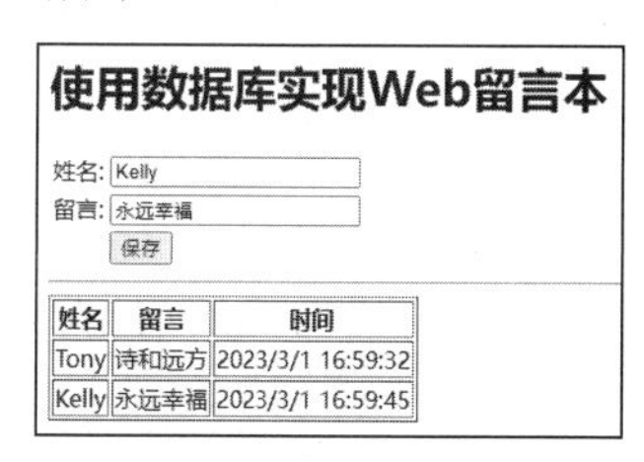

图 24.3　实现简易留言本

图 24.4　保存问题答案

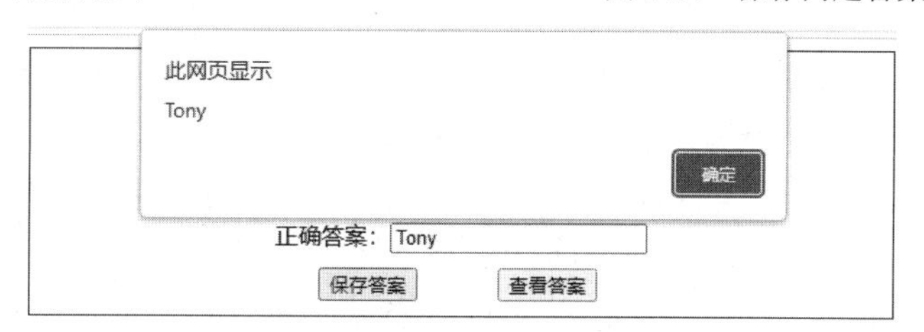

图 24.5　查看答案

第25章 离线应用

HTML5 提供了一个供本地缓存使用的 API。使用这个 API 可以实现离线 Web 应用程序的开发。离线 Web 应用程序指的是当客户端本地与 Web 应用程序的服务器没有建立连接时，也能正常在客户端本地使用该 Web 应用程序进行有关操作。本章将对这个 API 做详细介绍。

本章知识架构及重难点如下。

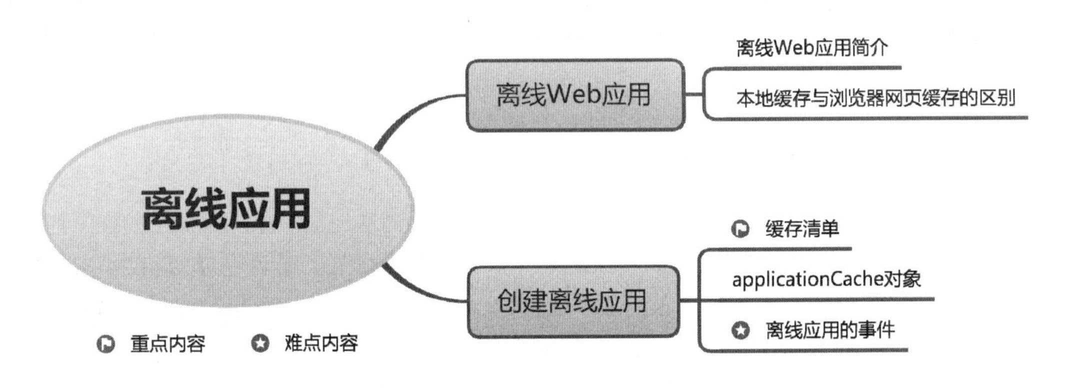

25.1 离线 Web 应用

想象一下，如果没有网络的话，是否可以继续使用网页应用呢？答案是不能。使用网页应用的前提是需要网络连接的支持，因此“网络连接正常”是一个网页应用的必要条件。但是，HTML5 的出现打破了传统网页应用的规则，通过缓存技术，在离线（无网络）条件下，仍旧可以使用离线 Web 应用。

25.1.1 离线 Web 应用简介

离线 Web 应用是 HTML5 引入的新功能之一。如果 Web 应用能够提供离线的功能，让用户在没有网络的情况（如在飞机上）也能撰写内容，等到有网络的时候，再同步到 Web 上，这就大大提升了用户的使用体验。HTML5 作为新一代的 HTML 标准，包含了对离线功能的支持。

HTML5 的离线应用缓存使得在无网络连接状态下运行应用程序成为可能。这类应用程序用处很多，如在书写电子邮件草稿时无须连接互联网。HTML5 中引入了离线应用缓存，有了它，Web 应用程序就可以在没有网络连接的情况下运行。

应用程序开发人员可以指定 HTML5 应用程序中，具体哪些资源（HTML、CSS、JavaScript 和图像）脱机时可用。离线应用的适用场景很多，例如：

☑ 阅读和撰写电子邮件。

☑ 编辑文档。

☑ 编辑和显示演示文档。

☑ 创建待办事宜列表。

使用离线存储避免了加载应用程序时所需的常规网络请求。如果缓存清单文件是最新的，浏览器就知道自己无须检查其他资源是否最新。大部分应用程序可以非常迅速地从本地应用缓存中加载完成。此外，从缓存中加载资源（而不必用多个 HTTP 请求确定资源是否已经更新）可节省带宽，这对于移除 Web 应用是至关重要的。

在开发支持离线的 Web 应用程序时，开发者通常需要使用以下 3 个方面的功能。

☑ 离线资源缓存：需要一种方式来指明应用程序离线工作时所需的资源文件。这样，浏览器才能在在线状态时，把这些文件缓存到本地。此后，当用户离线访问应用程序时，这些资源文件会自动加载，从而让用户正常使用。HTML5 中，通过 cache manifest 文件可以指明需要缓存的资源，并支持自动和手动两种缓存更新方式。

☑ 在线状态检测：开发者需要知道浏览器是否在线，以便对在线或离线状态进行对应的处理。

☑ 本地数据存储：离线时，需要能够把数据存储到本地，以便在线时同步到服务器上。为了满足不同的存储需求，HTML5 提供了 DOM Storage 和 Web SQL Database 两种存储机制。前者提供了易用的键值对存储方式，而后者提供了基本的关系数据库存储功能。

25.1.2　本地缓存与浏览器网页缓存的区别

Web 应用程序的本地缓存与浏览器网页缓存在许多方面都存在明显的区别。

☑ 本地缓存是为整个 Web 应用程序服务的，而浏览器的网页缓存只服务于单个网页。任何网页都具有网页缓存，而本地缓存只缓存那些用户指定缓存的网页。

☑ 网页缓存是不安全、不可靠的，因为不知道在网站中到底缓存了哪些网页，以及缓存了网页上的哪些资源。本地缓存是可靠的，用户可以控制对哪些内容进行缓存，不对哪些内容进行缓存，开发人员还可以用编程的手段来控制缓存的更新，缓存对象的各种属性、状态和事件来开发出更强大的离线应用程序。

25.2　创建离线应用

Web 应用程序的本地缓存是通过每个页面的 manifest 文件来管理的。manifest 文件是一个简单的文本文件，在该文件中以清单的形式列举了需要被缓存或不需要被缓存的资源文件的文件名称，以及资源文件的访问路径。可以为每一个页面单独指定一个 manifest 文件，也可以对整个 Web 应用程序指定一个总的 manifest 文件。

25.2.1 缓存清单

缓存清单（cache manifest）是操作 Web 应用缓存的核心文件。如果想使用应用缓存技术，必须掌握缓存清单的特性及使用方法。实际上，缓存清单文件定义了需要缓存的页面元素，浏览器读取缓存清单文件便可进行相应的缓存处理。语法如下：

```
CACHE MANIFEST
#version 1.0.0
CACHE:
a.html
a.js
a.css
NETWORK:
a.jpg
FallBack
b.js
```

在 manifest 文件中，第一行必须是“CACHE MANIFEST”，以把本文件的作用告知给浏览器，即对本地缓存中的资源文件进行具体设置。在 manifest 文件中，可以加上注释来进行一些必要的说明或解释，注释行以“#”字符开头。注释里面可以有空格，但是必须是单独的一行。

在 manifest 文件中最好加上一个版本号，以表示这个 manifest 文件的版本。版本号可以是任何形式的，如“version20170427”，更新 manifest 文件的时候一般也会对版本号进行更新。

指定资源文件时，可以把资源文件分成 3 类，分别是 CACHE、NETWORK 和 FALLBACK。

☑ 在 CACHE 类别中指定需要被缓存在本地的资源文件。为某个页面指定需要本地缓存的资源文件时，不需要把这个页面本身指定在 CACHE 类别中，因为如果一个页面具有 manifest 文件，浏览器会自动对这个页面进行本地缓存。

☑ NETWORK 类别为显示指定不进行本地缓存的资源文件，这些资源文件只有当客户端与服务器建立连接的时候才能访问。

☑ FALLBACK 类别中的每行中指定两个资源文件：第一个资源文件为能够在线访问时使用的资源文件，第二个资源文件为不能在线访问时使用的备用资源文件。

说明

每个类别都是可选的，如果文件开头没有指定类别，而是直接书写资源文件，则浏览器会把这些资源文件视为 CACHE 类别，直到在文件中看到第一个被明确书写出来的类别。

【例 25.1】离线时显示网络图片。（**实例位置：资源包\TM\sl\25\01**）

本实例实现了一个简单的离线 Web 应用，在离线时，浏览页面仍旧显示图片。具体操作步骤如下。

（1）准备测试文件。文件组织构成如下：test-2.jpg 文件指定了 NETWORK 选项，说明仅在“有网络的情况”下才能访问到。打开 cache.manifest 文件，编写如下代码：

```
a.html:HTML 文件 (引入 manifest 属性)
a.js:JavaScript 文件
a.css:CSS 文件(指定文本样式)
test-1.jpg:测试图片 1
test-2.jpg: 测试图片 2(指定为 NETWORK 选项)
```

（2）创建一个 cache.manifest 文件。首先通过 CACHE MANIFEST 选项，确定应用缓存的版本号，然后使用 CACHE 选项，指定需要缓存的文件，最后利用 NETWORK 选项，确认需要在线访问的文件，具体代码如下：

```
CACHE MANIFEST
# Version 1.0.0.0

CACHE:
a.html
a.js
a.css
test-1.jpg

NETWORK:
Test-2.jpg
```

（3）创建 index.html 文件。首先在<html>标签中添加 manifest 属性，引入 cache.manifest 文件，然后通过<img>标签引入对应的图片，最后利用<link>标签编写对应的 CSS 样式代码。具体代码如下：

```
<!DOCTYPE html>
<!--在 html 标签中添加 manifest 属性，引入 cache.manifest 文件-->
<html manifest="cache.manifest">
<head>
<meta charset="UTF-8">
<title>hello,Application Cache!</title>
<!--引入 a.css 文件-->
<link rel="stylesheet" type="text/css" href="a.css">
<!--引入 a.js 文件-->
<script type="text/JavaScript" src="a.js"></script>
</head>
<body class='boxStyle'>
<div class='fontStyle'> Hello, Application Cache !</div>
<!--需要缓存的文件-->
<img src="test-1.jpg">
<!--不需要缓存的文件-->
<img src="test-2.jpg">
</body>
</html>
```

运行效果如图 25.1 和图 25.2 所示。

图 25.1　在线时的页面效果

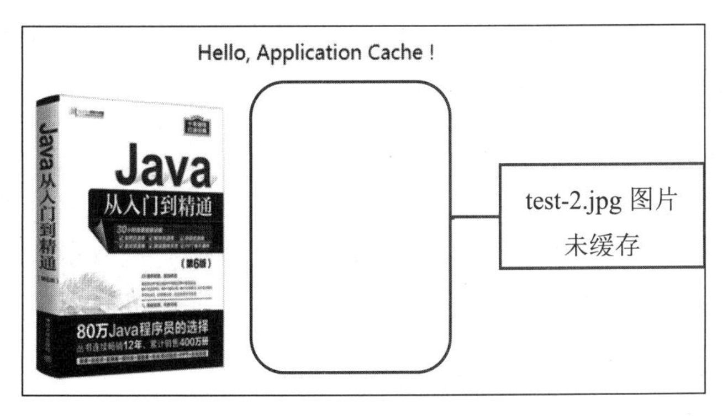

图 25.2　离线时的页面效果

25.2.2 applicationCache 对象

applicationCache 对象代表了本地缓存，可以用它来通知用户本地缓存已被更新，也允许用户手动更新本地缓存。只有在清单已经被修改时，applicationCache 才会接收一个事件表明它已经更新。

在 25.2.1 节中我们讲到了缓存清单。一旦浏览器使用清单中的文件完成缓存载入，applicationCache 就会触发更新事件。我们可以利用这个事件告诉用户，他们正在使用的应用程序已经升级，应该重新载入浏览器窗口以获得应用程序最新的版本。代码如下：

```
<script>
    applicationCache.onUpdateReady=function(){
            //本地缓存已被更新，通知用户。
            alert("本地缓存已被更新，您可以刷新页面来得到本程序的最新版本。");
    };
</script>
```

另外，可以使用 applicationCache 的 swapCache()方法来控制本地缓存的更新方式及时机。

swapCache()方法用于手动执行本地缓存的更新，它只能在 applicationCache 对象的 updateReady 事件被触发时调用，updateReady 事件只有在服务器上的 manifest 文件被更新，并且把 manifest 文件中所要求的资源文件下载到本地后才能被触发。顾名思义，这个事件的含义是“本地缓存准备被更新”。这个事件被触发后，可以用 swapCache()方法来手动更新本地缓存。接下来看在什么场合应用该方法。

首先，如果本地缓存的容量非常大，则本地缓存的更新工作将需要相对较长的时间，而且会把浏览器锁住。这时，就需要一个提示，告诉用户正在进行本地缓存的更新，代码如下：

```
<script>
    applicationCache.onUpdateReady=function(){
        // 本地缓存已被更新，通知用户。
        alert("正在更新本地缓存");
        applicationCache.swapCache();
        alert("本地缓存已被更新，您可以刷新页面来得到本程序的最新版本。");
    };
</script>
```

在上面的代码中，如果不调用 swapCache()方法也能实现更新，但是更新的时间不一样。如果不调用 swapCache()方法，则本地缓存将在下次打开本页面时被更新；如果调用 swapCache()方法，则本地缓存将会被立刻更新。因此，可以使用 confirm()方法让用户自己选择更新的时间，可以立刻更新，也可以在下次打开画面时更新。

注意

尽管使用 swapCache()方法能立刻更新本地缓存，但是并不意味着页面上的图像和脚本文件也会被立刻更新，更新在重新打开本页面时才会生效。

25.2.3 离线应用的事件

applicationCache 对象除了具有 update 方法与 swapCache 方法，还具有一系列的事件。下面通过一

个网站的交互过程来说明如何触发 applicationCache 的对象事件，步骤如下。

（1）浏览器（客户端）：访问 http://www.mingrisoft.com/index.html（明日学院网站）。

（2）服务器（服务端）：返回 index.html 网页。

（3）浏览器：发现该网页具有 manifest 属性，触发 checking 事件，检查 manifest 文件是否存在。不存在时，触发 error 事件，表示 manifest 文件未找到，同时不执行步骤（6）开始的交互过程。

（4）浏览器：解析 index.html 网页，请求页面上的所有资源文件。

（5）服务器：返回所有资源文件。

（6）浏览器：处理 manifest 文件，请求 manifest 中所有要求本地缓存的文件，包括 index.html 页面，即使刚才已经请求过该文件。如果要求本地缓存所有文件，这将是一个比较复杂的重复的请求过程。

（7）服务器：返回所有要求本地缓存的文件。

（8）浏览器：触发 downloading 事件，然后开始下载这些资源。在下载的同时，周期性地触发 progress 事件，开发人员可以使用编程的手段获取多少文件已被下载，多少文件仍然处于下载队列中等信息。

（9）下载结束后触发 cached 事件，表示首次缓存成功，存入所有要求本地缓存的资源文件。

再次访问 http://www.mingrisoft.com/index.html，步骤（1）～（5）同上，在步骤（5）执行完之后，浏览器将核对 manifest 文件是否被更新，若没有被更新，触发 noupdate 事件，步骤（6）开始的交互过程不会被执行。如果被更新了，将继续执行后面的步骤。在步骤（9）中不触发 cached 事件，而是触发 updateReady 事件，这表示下载结束，可以通过刷新页面来使用更新后的本地缓存，或调用 swapCache() 方法来立刻使用更新后的本地缓存。

【例 25.2】演示 applicationCache 对象事件的流程。（**实例位置：资源包\TM\sl\25\02**）

本实例演示了 applicationCache 对象事件的流程。将浏览器与服务器在交互过程中触发的一系列事件用文字的形式显示在页面上，从这个页面中可以看出这些事件发生的先后顺序。关键代码如下：

```
<!DOCTYPE HTML>
<html manifest="applicationCacheEvent.manifest">
<head>
<meta charset="UTF-8">
<title>applicationCache 事件流程示例</title>
<script>
function drow() {
    var msg=document.getElementById("mr");
    applicationCache.addEventListener("checking", function() {
        mr.innerHTML+="checking<br/>";
    }, true);
    applicationCache.addEventListener("noupdate", function() {
        mr.innerHTML+="noupdate<br/>";
    }, true);
    applicationCache.addEventListener("downloading", function() {
        mr.innerHTML+="downloading<br/>";
    }, true);
    applicationCache.addEventListener("progress", function() {
        mr.innerHTML+="progress<br/>";
    }, true);
    applicationCache.addEventListener("updateready", function() {
        mr.innerHTML+="updateready<br/>";
    }, true);
    applicationCache.addEventListener("cached", function() {
        mr.innerHTML+="cached<br/>";
    }, true);
```

```
        applicationCache.addEventListener("error", function() {
            mr.innerHTML+="error<br/>";
        }, true);
}
</script>
</head>
<body onload="drow()">
<h1>applicationCache 事件流程示例</h1>
<p id="mr"></p>
</body>
</html>
```

运行效果如图 25.3 和图 25.4 所示。

图 25.3　applicationCache 事件流程（首次打开）

图 25.4　applicationCache 事件流程（manifest 文件更新）

编程训练（答案位置：资源包\TM\sl\25\编程训练）

【训练 1】测试 applicationcatch 事件　测试 applicationcatch 事件的检测结果。

【训练 2】测试 applicationcatch 事件的流程　使用 alert()对话框显示 applicationcatch 事件的当前状态。

25.3　实践与练习

（答案位置：资源包\TM\sl\25\实践与练习）

综合练习 1：实现离线状态生成 100 个随机数　实现离线状态下，每过 2 秒便生成一个随机数，直到生成 100 个随机数。

综合练习 2：实现离线状态下显示当前日期　配置 manifest 文件，实现离线状态下获取当前的日期。

第 26 章

线程的使用

使用 Web Workers 可以实现 Web 平台上的多线程处理功能。通过 Web Workers，用户可以创建一个不会影响前台处理的后台线程，并在这个后台线程中创建多个子线程。Web Workers 可以将耗时较长的处理交给后台线程来运行，从而解决了 HTML5 之前因为某个处理耗时过长而导致用户脚本运行时间过长，甚至不得不结束这个处理的尴尬状况。

本章知识架构及重难点如下。

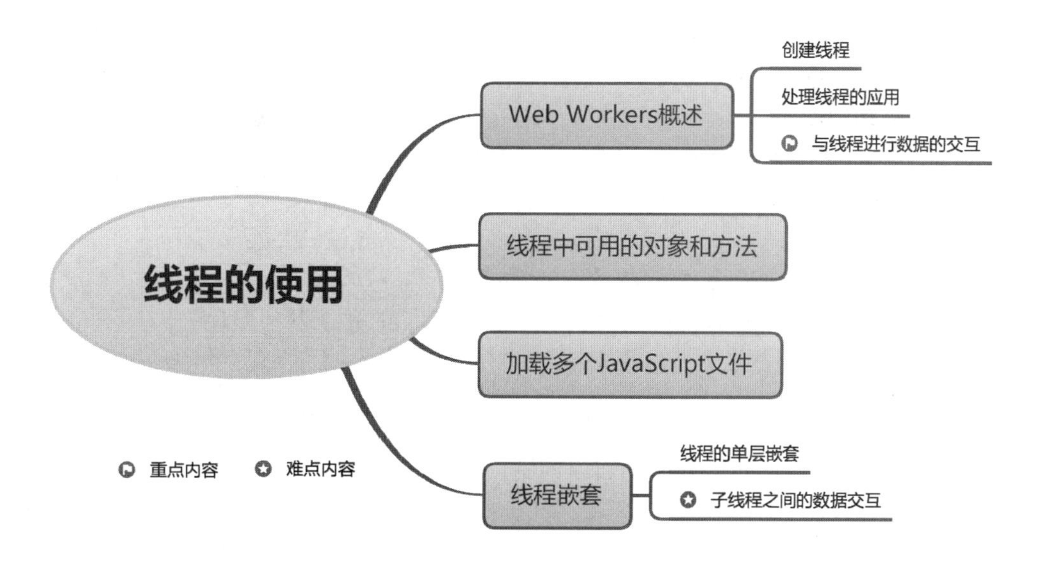

26.1 Web Workers 概述

26.1.1 创建线程

Web Workers 是 HTML5 中新增的一项技术，用于在 Web 应用程序中实现后台处理。使用这个 API，用户可以很容易地创建在后台运行的线程（在 HTML5 中称为 worker）。如果将可能耗费较长时间的处理交给后台执行，就不会对用户在前台页面中执行的操作造成任何影响了。

创建后台线程的步骤很简单，只要在 Worker 类的构造器中，将需要在后台线程中执行的脚本文件的 URL 作为参数，然后创建 Worker 对象就可以了，代码如下：

```
var worker = new Worker("worker.js");
```

注意

在后台线程中是不能访问页面或窗口对象的。如果在后台线程的脚本文件中使用了 Window 对象或 Document 对象，则会引起错误的发生。

另外，可以通过发送消息和接收消息来与后台线程互相传递数据。通过对 Worker 对象的 onmessage 事件句柄的获取可以在后台线程之中接收消息，使用方法如下：

```
worker. onmessage=function(event) {
    …                                                    //处理接收的消息
}, false);
```

使用 Worker 对象的 postMessage()方法来对后台线程发送消息，发送的消息可以是文本数据，也可以是任何 JavaScript 对象（需要通过 JSON 对象的 stringify()方法将其转换成文本数据）。代码如下：

```
worker.postMessage(message);
```

另外，同样可以通过获取 Worker 对象的 onmessage 事件句柄及 Worker 对象的 postMessage()方法在后台线程内部进行消息的接收和发送。

Web Worker 简单的操作流程如图 26.1 所示。

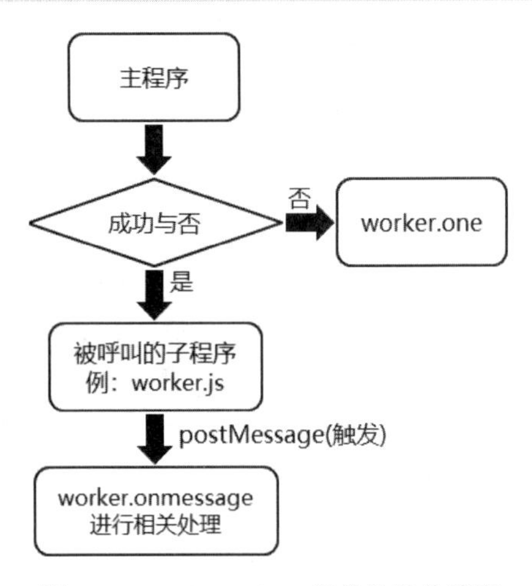

图 26.1　Web Workers 简单的操作流程

说明

Google Chrome 浏览器不允许通过本地加载 Web Workers，如果要在 Google Chrome 浏览器中运行本章程序，可以将文件放在服务器环境中。

【例 26.1】通过 Worker 后台线程显示对象内容。（**实例位置：资源包\TM\sl\26\01**）

在页面加载时创建一个 Worker 后台线程，该线程将返回给前台页面一个 JSON 对象，前台获取该 JSON 对象后，可利用遍历的方式显示对象中的全部内容。本例实现的具体过程如下。

（1）首先定义一个 p 元素，用于显示返回的 JSON 对象中的数据，然后在<body>标签中定义当页面载入时调用 jiazai()函数，最后在页面中导入 CSS 文件和 JavaScript 文件。代码如下：

```
<!DOCTYPE html>
<html>
<head>
    <meta charset="utf-8" />
    <title>使用线程传递 JSON 对象</title>
    <link href="Css/css1.css" rel="stylesheet" type="text/css">
    <script type="text/javascript" src="Js/js1.js">
    </script>
</head>
<body onLoad="jiazai();">
<fieldset>
    <legend>线程传递 JSON 对象</legend>
    <p id="p"></p>
</fieldset>
```

```
</body>
</html>
```

（2）创建 JavaScript 文件 js1.js，在文件中创建一个 Worker 后台线程，然后编写自定义函数 jiazai()，在该函数中添加一个 message 事件，用来获取后台线程返回的数据。具体代码如下：

```
function $$(id) {
    return document.getElementById(id);
}
var objWorker = new Worker("../Js/js1_1.js");
//自定义页面加载时调用的函数
function jiazai() {
    objWorker.addEventListener('message',
    function(event) {
        var strHTML = "";
        var ev = event.data;
        for (var i in ev) {
            strHTML +="<span>"+ i + " :";
            strHTML +="<b> " + ev[i] + " </b></span><br>";
        }
        $$("p").style.display = "block";
        $$("p").innerHTML = strHTML;
    },
    false);
    objWorker.postMessage("");
}
```

（3）把线程单独书写于 js1_1.js 文件中，在该文件中先自定义一个 JSON 对象“json”，然后通过 message 事件监测前台页面请求后，调用方法 self.postMessage()向前台传递 JSON 对象，并使用 close 语句关闭后台线程。代码如下：

```
var json = {
    姓名: "张三",
    性别: "男",
    年龄: 25,
    兴趣爱好: "运动、唱歌、看电影"
};
self.onmessage = function(event) {
    self.postMessage(json);
    close();
}
```

运行结果如图 26.2 所示。

线程传递JSON对象
姓名 : 张三
性别 : 男
年龄 : 25
兴趣爱好 : 运动、唱歌、看电影

图 26.2　使用线程传递 JSON 对象

26.1.2　处理线程的应用

【例 26.2】使用 Web Workers 实现求和运算。（**实例位置：资源包\TM\sl\26\02**）

来看一个使用后台线程的实例。在该实例中，放置了两个文本框，即初始文本框与终极文本框，当用户在这两个文本框中输入数字，然后单击旁边的“计算”按钮时，后台将计算从初始文本框中输入的值到终极文本框中输入的值之间的所有数值的和。假如在初始文本框中输入数字 2，在终极文本框中输入数字 4，则执行的运算就是 2+3+4 的运算。当在初始文本框中输入的值大于终极文本框中的值时，则弹出“提交的运算不符合要求”的提示。本例实现的具

体过程如下。

（1）在页面中添加两个文本框用于输出要计算的数字，以及一个“计算”按钮，并为“计算”按钮添加 onclick 事件，当单击“计算”按钮时，将触发该事件，同时调用自定义 kwb()函数。代码如下：

```
<h2>对给定 2 个数字之间所有整数求和</h2>
<hr color="#FF0000"><br>
起始数值：<input type="text1" id="num1"><br><br>
最终数值：<input type="text" id="num"><br><br>
<button onClick="kwb()">计算</button>
```

（2）创建后台线程，实现代码如下：

```
var worker = new Worker("kwb.js");
```

（3）通过 Worker 对象的 onmessage 事件句柄来获取在后台线程之中接收信息并输出，代码如下：

```
worker.onmessage = function(event) {
    //消息文本放置在 data 属性中，可以是任何 JavaScript 对象
    alert("合计值为" + event.data + "。");
};
```

（4）调用 kwb()函数，首先在这个函数中对两个文本框中输入的值进行解析，以此保证从文本框输入后台线程中的值是数字，如果输入的数据是非数字，单击“计算”按钮，则显示运算结果为 0。然后判断输入初始文本框中的值是否小于输入终极文本框中的值，如果输入初始文本框中的值大于输入终极文本框中的值，则弹出“提交的运算不符合要求”。最后使用 Worker 对象的 postMessage 方法来对后台线程发送信息。代码如下：

```
function kwb() {
        //获取文本框的值
        var num1 = parseInt(document.getElementById("num1").value);
        var num = parseInt(document.getElementById("num").value);
        //对两个文本框提交的值进行判断
        if(num<num1){
            alert('提交的运算不符合要求');
            return false;
        }
        //将获取的文本框的值用@拼接成字符串
        var subs=num1+'@'+num;
        //将数值传给线程
        worker.postMessage(subs);
}
```

（5）把对于给定两个值之间的求和运算的处理放到线程中单独执行，并且把线程代码单独书写在 kwb.js 这个脚本文件中。kwb.js 文件的代码如下：

```
onmessage = function(event){
        var num = event.data;
        var intarray=num.split('@');                              //返回字符串中数字分隔符为@
        var result = 0;
        for (var i = parseInt(intarray[0]); i <= intarray[1]; i++) {    //执行求和运算
                result += i;
        }
        postMessage( result);                                    //返回运算结果拼接成的字符串
}
```

运行结果如图 26.3 所示。

图 26.3　应用 Web Workers 实现的求和运算

26.1.3　与线程进行数据的交互

前面介绍过使用后台线程时不能访问页面或窗口对象，但是并不代表后台线程不能与页面之间进行数据交互。接下来看一个后台线程与前台页面进行数据交互的示例。在该示例中，在页面上随机生成了一个整数的数组，然后将该整数数组传入线程，挑选出该数组中可以被 5 整除的数字，再显示在页面的表格中，如果能够把数组显示在页面的表格中，那么就能够把字符串、数组、列表中的数据都采取同样的方法显示在页面的表格、表单控件甚至统计图中。

【例 26.3】随机生成 5 的倍数的数字。（**实例位置：资源包\TM\sl\26\03**）

本实例通过后台线程与前台页面进行数据交互，实现从随机生成的数字中抽取 5 的倍数并显示在页面中。具体过程如下。

（1）创建前台页面 index.html，在该页面中创建一个空白表格，在前台脚本中随机生成整数数组，然后送到后台线程挑选出能够被 5 整除的数字，再传回前台脚本，在前台脚本中根据挑选结果动态创建表格中的行、列，并将挑选出来的数字显示在表格中。代码如下：

```
<!DOCTYPE html>
<head>
<meta charset="UTF-8">
<title>与线程进行数据交互</title>
<script type="text/javascript">
var intArray=new Array(100);                          //随机数组
var intStr="";
//生成 100 个随机数
for(var i=0;i<100;i++){
      intArray[i]=parseInt(Math.random() * 100);
      if(i!=0)
            intStr+=";";                              //用分号作为随机数组的分隔符
      intStr+=intArray[i];
}
var worker = new Worker("script.js");                 //创建线程
worker.postMessage(intStr);                           //向后台线程提交随机数组
//从线程中取得计算结果
worker.onmessage = function(event) {
    if(event.data!=""){
        var j;                                        //行号
        var k;                                        //列号
        var tr;
        var td;
        var intArray=event.data.split(";");
        var table=document.getElementById("table");
        for(var i=0;i<intArray.length;i++){
            j=parseInt(i/10,0);
            k=i%10;
```

```
                if(k==0) {                                          //该行不存在
                    //添加行
                    tr=document.createElement("tr");
                    tr.id="tr"+j;
                    tr.style.backgroundColor="orange";
                    table.appendChild(tr);
                }
                else{                                               //该行已存在
                    tr=document.getElementById("tr"+j);
                }
                //添加列
                td=document.createElement("td");
                tr.appendChild(td);
                //设置该列内容
                td.innerHTML=intArray[j*10+k];
                if((intArray[j*10+k])%2==0){
                //设置该列背景色
                    td.style.backgroundColor="red";
                }
                //设置该列字体颜色
                td.style.color="black";
                //设置列宽
                td.width="30";
            }
        }
};
</script>
</head>
<body>
<h2>从随机生成的数字中抽取 5 的倍数</h2>
<table id="table">
</table>
</body>
```

（2）创建后台线程脚本文件 script.js，实现代码如下：

```
onmessage = function(event) {
    var data=event.data;
    var returnStr;
    var intArray=data.split(";");
    returnStr="";
    for(var i=0;i<intArray.length;i++) {
        //能否被 5 整除
        if(parseInt(intArray[i])%5==0) {
            if(returnStr!="")
                returnStr+=";";
            //将能被 5 整除的数字拼接成字符串
            returnStr+=intArray[i];
        }
    }
    //返回拼接字符串
    postMessage(returnStr);
}
```

运行结果如图 26.4 所示。

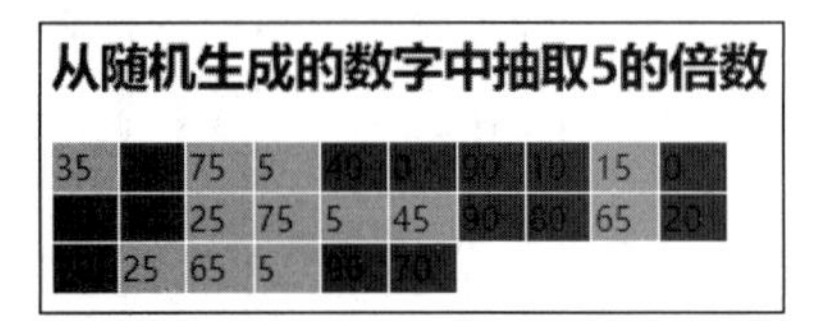

图 26.4　与线程进行数据交互

编程训练（答案位置：资源包\TM\sl\26\编程训练）

【训练 1】动态显示某区间的所有素数　运用 Worker 对象处理线程的方法，实现逐渐显示指定区间的所有素数。

【训练 2】动态显示数据加载过程　实现某区间的所有素数并在加载过程中显示当前加载进度。

26.2　线程中可用的对象和方法

我们先来总体看看在线程中应用的 JavaScript 脚本文件中所有可用的对象和方法，具体内容如下。

☑ self：self 关键词用来表示本线程范围内的作用域。

☑ postMessage(message)：向创建线程的源窗口发送消息。

☑ onmessage：获取接收消息的事件句柄。

☑ importScripts(urls)：导入其他 JavaScript 脚本文件。参数为该脚本文件的 URL 地址，可以导入多个脚本文件，如下所示：

```
importScripts('script1.js','scripts\script2.js','scripts\script3.js');
```

注意

导入的脚本文件必须与使用该线程文件的页面在同一个域中，并在同一个端口中。

☑ navigator 对象：与 window.navigator 对象类似，具有 appName、platform、userAgent、appVersion 等属性。

☑ sessionStorage、localStorage：可以在线程中使用 Web Storage。

☑ XMLHttpRequest：可以在线程中处理 Ajax 请求。

☑ Web Workers：可以在线程中嵌套线程。

☑ setTimeout()、setInterval()：可以在线程中实现定时处理。

☑ close()：结束本线程。

☑ eval()、isNaN()、escape()等：可以使用所有 JavaScript 核心函数。

☑ object：可以创建和使用本地对象。

☑ WebSockets：可以使用 WebSockets API 来向服务器发送信息和接收信息。

26.3　加载多个 JavaScript 文件

由多个 JavaScript 文件组成的应用程序可以通过包含<script>元素的方式，在页面加载时同步加载 JavaScript 文件。然而，由于 Web Workers 没有访问 document 对象的权限，因此在 Worker 中必须使用另一种方法导入其他的 JavaScript 文件——importScripts。使用方法如下：

```
importScripts("mr.js");
```

导入的 JavaScript 文件只会在某一个已有的 Workers 中加载和执行。多个脚本的导入同样可以使用 importScripts()函数，它们会按顺序执行，代码如下：

```
importScripts("mr.js","mrsoft.js");
```

26.4 线程嵌套

线程中可以嵌套子线程，这样的话我们可以把一个较大的后台线程切分成几个子线程，每个子线程各自完成相对独立的一部分工作。

26.4.1 线程的单层嵌套

【例 26.4】单层嵌套的使用。（**实例位置：资源包\TM\sl\26\04**）

下面通过一个实例来演示单层嵌套，在该实例中随机生成一个整数的数组，并把生成随机数组的工作也放到后台线程中，然后使用一个子线程在随机数组中挑选可以被 5 整除的数字。最后，在一个表格中输出可以被 5 整除的数字，并且把输出既能被 5 整除也能被 2 整除的数字的单元格在表格中进行描红处理。同时，本实例中对于数组的传递以及挑选结果的传递均采用 JSON 对象来进行转换，以验证是否能在线程之间进行 JavaScript 对象的传递工作。本实例的具体实现步骤如下。

（1）在 HTML5 页面中将符合要求的数字以表格的形式输出，具体代码如下：

```
<!DOCTYPE html>
<head>
<meta charset="UTF-8">
<script type="text/javascript">
var worker = new Worker("script.js");
worker.postMessage("");
worker.onmessage = function(event) {                              //从线程中取得计算结果
    if(event.data!=""){
        var j;                                                    //行号
        var k;                                                    //列号
        var tr;
        var td;
        var intArray=event.data.split(";");
        var table=document.getElementById("table");
        for(var i=0;i<intArray.length;i++) {
            j=parseInt(i/10,0);
            k=i%10;
            if(k==0) {                                            //该行不存在
                tr=document.createElement("tr");                  //添加行
                tr.id="tr"+j;
                tr.style.backgroundColor="orange";
                table.appendChild(tr);
            }
            else {                                                //该行已存在
                tr=document.getElementById("tr"+j);
            }
                td=document.createElement("td");                  //添加列
            tr.appendChild(td);
          td.innerHTML=intArray[j*10+k];                          //设置该列内容
          if((intArray[j*10+k])%2==0){                            //如果所选的整数既能被 5 整除也能被 2 整除
              td.style.backgroundColor="red";                     //输出该整数的列背景色为红色
           }
              td.style.color="black ";                            //设置该列字体颜色
```

```
            td.width="30";                                    //设置列宽
        }
    }
};
</script>
</head>
<body>
<h2>从随机生成的数字中抽取 5 的倍数</h2>
<table id="table">
</table>
</body>
```

（2）在 script.js 文件中实现后台线程的主线程代码部分，在主线程中随机生成 100 个整数构成的数组，然后把这个数组提交到子线程中，在子线程中把可以被 5 整除的数字挑选出来，再送回主线程，主线程再把挑选结果送回页面进行显示。代码如下：

```
onmessage=function(event){
    var intArray=new Array(100);                              //随机数组
        for(var i=0;i<100;i++)                                //生成 100 个随机数
        intArray[i]=parseInt(Math.random()*100);
    var worker;
    worker=new Worker("worker.js");                           //创建子线程
    worker.postMessage(JSON.stringify(intArray));             //把随机数组提交给子线程进行挑选工作
    worker.onmessage = function(event) {
        postMessage(event.data);                              //把挑选结果返回主页面
    }
}
```

（3）在 worker.js 文件中实现子线程部分的代码，子线程在接收到的随机数组中挑选能被 5 整除的数字，然后拼接成字符串并返回。主要代码如下：

```
onmessage = function(event) {
    var intArray= JSON.parse(event.data);                     //还原整数数组
    var returnStr;
    returnStr="";
    for(var i=0;i<intArray.length;i++) {
        if(parseInt(intArray[i])%5==0) {                      //能否被 5 整除
            if(returnStr!="")
                returnStr+=";";
            returnStr+=intArray[i];                           //将能被 5 整除的数字拼接成字符串
        }
    }
        postMessage(returnStr);                               //返回拼接字符串
    close();                                                  //关闭子线程
}
```

运行效果如图 26.5 所示。

图 26.5　使用线程的单层嵌套的实例

26.4.2　子线程之间的数据交互

本节将介绍当主线程使用到多个子线程时，多个子线程之间如何实现数据的交互。要实现子线程与子线程之间的数据交互，大致需要如下几个步骤：

☑　先创建发送数据的子线程。

☑　执行子线程中的任务，然后把要传递的数据发送给主线程。

☑ 在主线程接收到子线程传回来的消息时，创建接收数据的子线程，然后把发送数据的子线程中返回的消息传递给接收数据的子线程。

☑ 执行接收数据子线程中的代码。

【例 26.5】在多个子线程中进行数据交互。（**实例位置：资源包\TM\sl\26\05**）

接下来看一个在多个子线程中进行数据交互的实例，本实例与 26.4.1 节中实现的效果相同，同样是随机生成一个整数的数组，把数组中能被 5 整除的数字以表格形式输出，并且把输出既能被 5 整除也能被 2 整除的数字的单元格进行描红处理。本实例实现的主要步骤如下。

（1）创建 worker1.js 文件，将创建随机数组的工作放到一个单独的子线程（即发送数据子线程）中，在该线程中创建随机数组，代码如下：

```
onmessage = function(event) {
var intArray=new Array(100);                    //随机数组
for(var i=0;i<100;i++)
    intArray[i]=parseInt(Math.random()*100);
postMessage(JSON.stringify(intArray));          //发送回随机数组
close();                                        //关闭子线程
}
```

（2）创建 script.js 文件，在文件中创建主线程，在主线程接收到子线程传回来的消息时，创建接收数据的子线程，然后把发送数据的子线程中返回的消息传递给接收数据的子线程，代码如下：

```
onmessage=function(event){
    var worker;
    worker=new Worker("worker1.js");            //创建发送数据的子线程
    worker.postMessage("");
    worker.onmessage = function(event) {
        var data=event.data;                    //接收子线程中的数据，本实例中为创建好的随机数组
        worker=new Worker("worker2.js");        //创建接收数据子线程
        worker.postMessage(data);               //把从发送数据子线程中返回的消息传递给接收数据的子线程
            worker.onmessage = function(event) {
                var data=event.data;            //获取从接收数据的子线程中传回的数据，本实例中为挑选结果
                postMessage(data);              //把挑选结果发送回主页面
            }
    }
}
```

（3）创建 worker2.js 文件，在文件中再创建一个子线程（接收数据的子线程），在该线程中进行能够被 5 整除的数字挑选工作，最后把挑选结果传递回主页面进行显示。代码如下：

```
onmessage = function(event) {
    var intArray= JSON.parse(event.data);       //还原整数数组
    var returnStr;
    returnStr="";
    for(var i=0;i<intArray.length;i++) {
        if(parseInt(intArray[i])%5==0) {        //能否被 5 整除
            if(returnStr!="")
                returnStr+=";";
            returnStr+=intArray[i];             //将能被 5 整除的数字拼接成字符串
        }
    }
    postMessage(returnStr);                     //返回拼接字符串
    close();                                    //关闭子线程
}
```

（4）在主页面 index.html 中将挑选的结果以表格的形式显示在页面中，代码如下：

```
<!DOCTYPE html>
<head>
<meta charset="UTF-8">
<script type="text/javascript">
var worker = new Worker("script.js");
worker.postMessage("");
worker.onmessage = function(event) {                           //从线程中取得计算结果
    if(event.data!="") {
        var j;                                                 //行号
        var k;                                                 //列号
        var tr;
        var td;
        var intArray=event.data.split(";");
        var table=document.getElementById("table");
        for(var i=0;i<intArray.length;i++) {
            j=parseInt(i/10,0);
            k=i%10;
            if(k==0) {                                         //该行不存在
                tr=document.createElement("tr");               //添加行
                tr.id="tr"+j;
                tr.style.backgroundColor="orange";
                table.appendChild(tr);
            }
            else {                                             //该行已存在
                tr=document.getElementById("tr"+j);
            }
                td=document.createElement("td");               //添加列
            tr.appendChild(td);
            td.innerHTML=intArray[j*10+k];                     //设置该列内容
         if((intArray[j*10+k])%2==0){                          //如果所选的整数既能被 5 整除也能被 2 整除
            td.style.backgroundColor="red";                    //输出该整数的列背景色为红色
           }
            td.style.color="black ";                           //设置该列字体颜色
            td.width="30";                                     //设置列宽
        }
    }
};
</script>
</head>
<body>
<h2>从随机生成的数字中抽取 5 的倍数</h2>
<table id="table">
</table>
</body>
```

运行效果如图 26.6 所示。

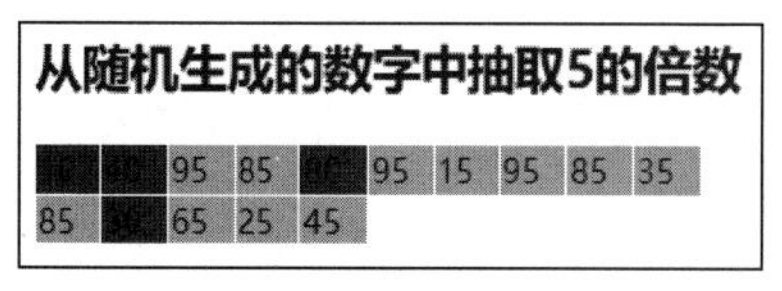

图 26.6　使用多线程进行数据的交互

编程训练（答案位置：资源包\TM\sl\26\编程训练）

【训练 3】 实现计数器　试着运用 Worker 制作一个简单的计数器。当单击“开始计数”按钮时开始计数，当单击“停止计数”按钮时停止计数。

【训练 4】 列举某区间所有能被 7 整除的数　试着使用 Worker 列举出某个区间所有能被 7 整除的数值。

26.5　实践与练习

（答案位置：资源包\TM\sl\26\实践与练习）

综合练习 1：运用 Worker 实现计时器　试着运用 Worker 对象制作一个简单的计时器，当单击“计时开始”按钮时开始计时，当单击“计时结束”按钮时停止计时，再次单击“计时开始”按钮时，计时器从头开始计时。结果如图 26.7 所示。

综合练习 2：计算从 1 到指定数值的累加和　在网页中输入一个数字，计算从 1 到该数字的累加和。结果如图 26.8 所示。

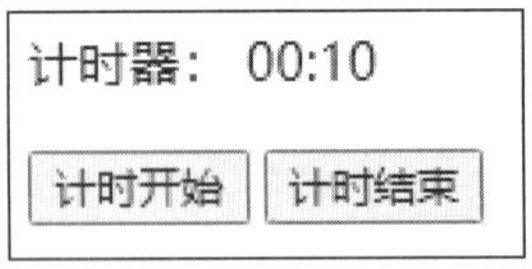

图 26.7　简单计时器

图 26.8　从 1 到指定数字的累加和

第 27 章

通信 API

本章介绍 HTML5 中新增的与通信相关的两个功能——跨文档消息传输功能与使用 Web Sockets API 来通过 Socket 端口传递数据的功能。跨文档消息传输可以在不同网页文档、不同端口、不同域之间进行消息的传递。Web Sockets 是 HTML5 中最强大的通信功能，它定义了一个全双工通信信道，仅通过 Web 上的一个 Socket 即可进行通信。Web Sockets 不仅仅是对常规 HTTP 通信的一种增量加强，它更代表着一次巨大的进步，对实时的、事件驱动的 Web 应用程序而言更是如此。

本章知识架构及重难点如下。

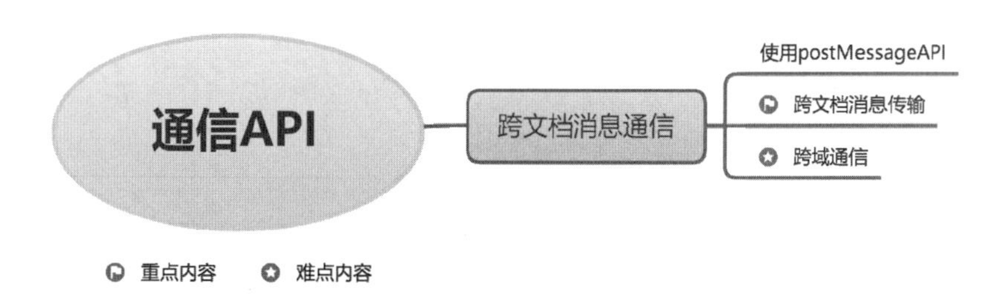

27.1 跨文档消息通信

先来介绍 Messaging API，因为 Web Workers 和 Web Sockets 都使用这一共同的通信方法，所以将此作为通信的基本知识。

HTML5 提供了在网页文档之间互相接收与发送信息的功能。使用这个功能，只要获取到网页所在窗口对象的实例，同源（域+端口号）的 Web 网页之间可以互相通信，甚至可以实现跨域通信。

27.1.1 使用 postMessageAPI

要想接收从其他窗口中发送的信息，就必须对窗口对象的 message 事件进行监视，代码如下：

```
window.addEventListener("message",function(){...},false);
```

使用 Window 对象的 postMessage()方法向其他窗口发送信息，该方法的定义如下：

```
otherWindow.postMessage(message,targetOrigin);
```

该方法使用两个参数：第一个参数为所发送的消息文本，也可以是任何 JavaScript 对象（通过 JSON 转换对象为文本）；第二个参数为接收信息的对象窗口的 URL 地址（如 http://localhost:8080/）。可以在

URL 地址字符串中使用通配符“*”指定全部地址，不过建议使用准确的 URL 地址。otherWindow 为要发送窗口对象的引用，可以通过 window.open 返回该对象，或通过对 window.iframes 数组指定序号（index）或名字的方式来返回单个 iframe 所属的窗口对象。

27.1.2 跨文档消息传输

HTML5 提供了在网页文档之间互相接收与发送信息的功能。下面通过一个实例来理解跨文档消息传输的功能。

【例 27.1】跨文档传输数据。（**实例位置：资源包\TM\sl\27\01**）

实现主页面与子页面中框架之间的相互通信，实现跨文档传输数据的功能。具体步骤如下。

（1）首先创建 index.html 文件，在该文件中创建一个文本框和一个“请求”按钮；然后添加一个 <iframe>标签，并通过 src 属性导入一个名称为 message.html 的子页面；接着设置当页面加载时调用 pageload()函数；最后在页面头部载入 CSS 文件和 JavaScript 文件。具体代码如下：

```
<html>
<head>
<meta charset="utf-8" />
<title>跨文档传输数据</title>
<link href="../Css/css1.css" rel="stylesheet" type="text/css">
<script type="text/javascript" language="jscript" src="../Js/js1.js"/>
</script>
</head>
<body onLoad="pageload();">
  <fieldset>
    <legend>跨文档传输数据</legend>
    <p id="pStatus"></p>
    <input id="txtNum" type="text" class="inputtxt">
    <input id="btnAdd" type="button" value="请求" class="inputbtn" onClick="btnSend_Click();">
    <iframe id="ifrA" src="message.html" width="0px" height="0px" frameborder="0"/>
  </fieldset>
</body>
</html>
```

（2）创建 message.html 文件，设置当页面加载时调用 PageLoadForMessage()函数，在页面头部载入 CSS 文件和 JavaScript 文件。具体代码如下：

```
<html>
<head>
<meta charset="utf-8" />
<title></title>
<link href="../Css/css1.css" rel="stylesheet" type="text/css">
<script type="text/javascript" language="jscript" src="../Js/js1.js"/>
</script>
</head>
<body onLoad="PageLoadForMessage();">
</body>
</html>
```

（3）创建 js1.js 文件，并在该文件中编写自定义函数，这些函数在加载主页面、子页面以及单击“请求”按钮时调用。具体代码如下：

```
function $$(id) {
```

```
    return document.getElementById(id);
}
var strOrigin="http://localhost";
//自定义页面加载函数
function pageload(){
        window.addEventListener('message',
        function(event){
                if(event.origin==strOrigin){
                        $$("pStatus").style.display="block";
                        $$("pStatus").innerHTML+=event.data;
                }
        },false);
}
//单击“请求”按钮时调用的函数
function btnSend_Click(){
        //获取发送内容
        var strTxtValue=$$("txtNum").value;
        if(strTxtValue.length>0){
                var targetOrigin=strOrigin;
                $$("ifrA").contentWindow.postMessage(strTxtValue,targetOrigin);
                $$("txtNum").value="";
        }
}
//在 iframe 中加载子页面时调用的函数
function PageLoadForMessage(){
        window.addEventListener('message',
        function(event){
                if(event.origin==strOrigin){
                        var strRetHTML="<span><b>";
                        strRetHTML+=event.data+"</b>位随机数为：<b>";
                        strRetHTML+=RetRndNum(event.data);
                        strRetHTML+="</b></span><br>";
                        event.source.postMessage(strRetHTML,event.origin);
                }
        },false);
}
//生成指定长度的随机数
function RetRndNum(n){
        var strRnd="";
        for(var i=0;i<n;i++){
                strRnd+=Math.floor(Math.random()*10);
        }
        return strRnd;
}
```

在浏览器中运行本实例，在主页面的文本框中输入生成随机数的位数，单击“请求”按钮后，子页面将接收该位数信息，并向主页面返回根据该位数生成的随机数。主页面接收指定位数的随机数，并显示在页面中，其运行效果如图 27.1 所示。

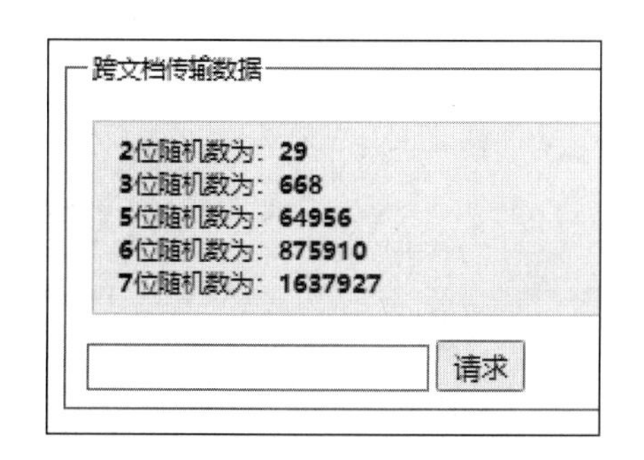

图 27.1　生成指定位数的随机数

27.1.3　跨域通信

【例 27.2】跨域通信的实现。（**实例位置：资源包\TM\sl\27\02**）

下面编写一个跨域通信的示例。其基本思路是：首先，创建主页面，该主页面向 iframe 子页面发送消息，iframe 子页面接收消息，在该子页面中显示消息；然后，向主页面返回消息；最后，主页面接收并输出消息。

注意

要完成这个示例，必须先建立两个虚拟的网站，将主页面与子页面分别放置于不同的网站中，才能够达到跨域通信的效果。

这里介绍一种在 Apache 服务器下创建虚拟主机的方法，并将主页面和子页面分别存储于这两个虚拟主机下，以此完成跨域通信的示例。

（1）安装配置 Apache 服务器（建议采用 AppServ 集成化安装包来搭建一个 PHP 的开发环境，通过其中的 Apache 服务器来测试程序）。

（2）定位到 Apache2.2\conf\httpd.conf 文件，打开该文件，并在其最后的位置添加如下内容，完成虚拟主机的配置。其代码如下：

```
<VirtualHost *:80>
    ServerAdmin any@any.com
    DocumentRoot "F:\wamp\webpage\cxkfzyk\html"
    ServerName 192.168.1.59
    ErrorLog "logs/phpchina1.com-error.log"
    CustomLog "logs/phpchina1.com-access.log" common
</VirtualHost>
```

第 1 行，定义虚拟服务器的标签，指定端口号。第 2 行，指定一个邮箱地址，可以随意指定。第 3 行，定义要访问的项目在 Apache 服务器中的具体路径。第 4 行，指定服务器的访问名称，即与项目绑定的域名。第 5、6 行，定义 Apache 中日志文件的存储位置。第 7 行，定义虚拟服务器的结束标签。

上述 7 行代码即完成一个虚拟服务器的配置操作，如果存在多个域名，并且需要绑定 Apache 服务器下的多个项目，那么就以此类推，重复上述操作，为每个域名绑定不同的项目文件，即可修改 DocumentRoot 和 ServerName 指定的值。

（3）在完成虚拟主机的配置之后，需要保存 httpd.conf 文件，重新启动 Apache 服务器。

（4）编写示例内容，首先创建一个 index.html 文件，其代码如下：

```
<!DOCTYPE html>
<html>
<head>
<meta charset="UTF-8">
<title>跨域通信示例</title>
<script type="text/javascript">
//监听 message 事件
window.addEventListener("message", function(ev) {
    //忽略从指定 URL 地址之外的页面传来的消息
    if(ev.origin != "http://192.168.1.189") {
        return;
    }
    //显示消息
    alert("从"+ev.origin + "那里传来的消息:\n\"" + ev.data + "\"");
}, false);
function hello(){
    var iframe = window.frames[0];
    //传递消息
    iframe.postMessage("您好！", "http://192.168.1.189");
}
```

```
</script>
</head>
<body>
<h1>跨域通信示例</h1>
<iframe width="400" src="http://192.168.1.189" onload="hello()">
</iframe>
</body>
</html>
```

将其存储于服务器的访问名称为 192.168.1.59 的虚拟主机下，具体位置由 DocumentRoot 的值决定。

（5）在 IP 为 192.168.1.189 的主机下，重新创建一个虚拟主机，设置其服务器访问地址为 192.168.1.189，将子页面 2.html 存储于该服务器指定的位置。2.html 的完整代码如下：

```
<!DOCTYPE html>
<html>
<head>
<meta charset="UTF-8">
<script type="text/javascript">
window.addEventListener("message", function(ev){
        if(ev.origin != "http://192.168.1.59"){
                return;
        }
document.body.innerHTML = "从"+ev.origin +
          "那里传来的消息。<br>\""+ ev.data + "\"";
    //向主页面发送消息
ev.source.postMessage("明日科技欢迎您！这里是" +
     this.location, ev.origin);
}, false);
</script>
</head>
<body></body>
</html>
```

至此，已经完成虚拟主机的配置和跨域通信示例内容的创建，现在可以通过指定的浏览器访问主页面（http://192.168.1.59/），其运行效果如图 27.2 所示。

跨域通信示例

从http：192.168.1.59那里传来的消息。
您好！

图 27.2　跨域通信示例

编程训练（答案位置：资源包\TM\sl\27\编程训练）

【训练 1】跨域通信实现两个数值的和　实现在主页面中输入两个数字，然后向子页面中发送请求，子页面收到两个数值后，进行求和，然后把结果返回主页面，主页面收到结果后显示在页面中。

【训练 2】实现生成指定大小的随机数　在主页面中输入两个数字并向子页面发送请求，然后在子页面中接收到两个数值后，获取这两个数值之间的随机数，并将结果返回主页面。

27.2　实践与练习

（答案位置：资源包\TM\sl\27\实践与练习）

综合练习 1：跨文本实现访问子页面的内容　创建主页面 index1.html 和子页面 index2.html，然后在主页面通过跨文本传输实现访问子页面的内容。

综合练习 2：实现寻找 1～50 的所有能被 5 整除的数　在子页面中寻找 1～50 的所有能被 5 整除的数，然后把寻找的结果返回主页面。

第 28 章

Vue.js 编程

为了改变传统的前端开发方式，进一步提升用户体验，越来越多的前端开发者开始使用框架来构建前端页面。本章将要介绍的 Vue.js 就是一款目前比较受欢迎的前端框架。与其他重量级框架不同的是，它只关注视图层，采用自底向上增量开发的设计。Vue.js 的目标是通过尽可能简单的 API 实现响应的数据绑定和组合的视图组件。它不仅容易上手，还非常容易与其他库或已有项目进行整合。本章将对 Vue.js 3.0 做简单的介绍。

本章知识架构及重难点如下。

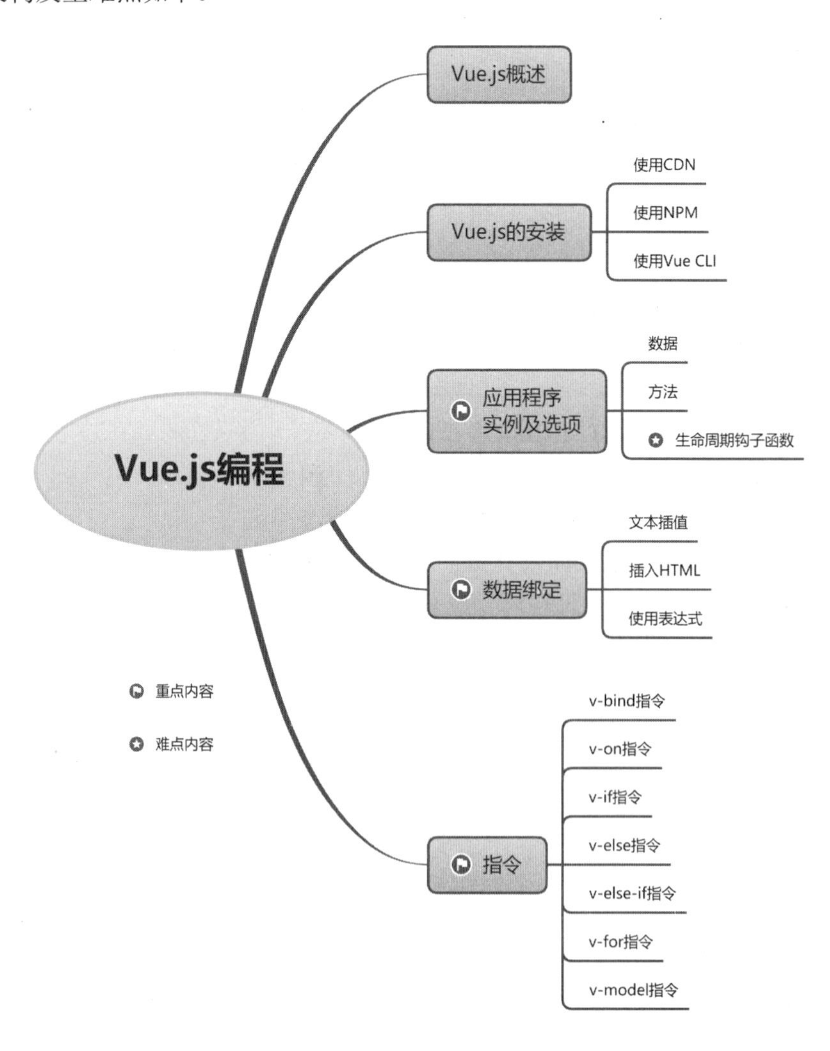

28.1　Vue.js 概述

Vue.js 是一套用于构建用户界面的渐进式框架。它实际上是一个用于开发 Web 前端界面的库，其本身具有响应式编程和组件化的特点。所谓响应式编程，即保持状态和视图的同步。响应式编程允许将相关模型的变化自动反映到视图上，反之亦然。Vue.js 采用的是 MVVM（model-view-ViewModel）的开发模式。与传统的 MVC 开发模式不同，MVVM 将 MVC 中的 Controller 改成了 ViewModel。在这种模式下，View 的变化会自动更新到 ViewModel，而 ViewModel 的变化也会自动同步到 View 上进行显示。ViewModel 模式的示意图如图 28.1 所示。

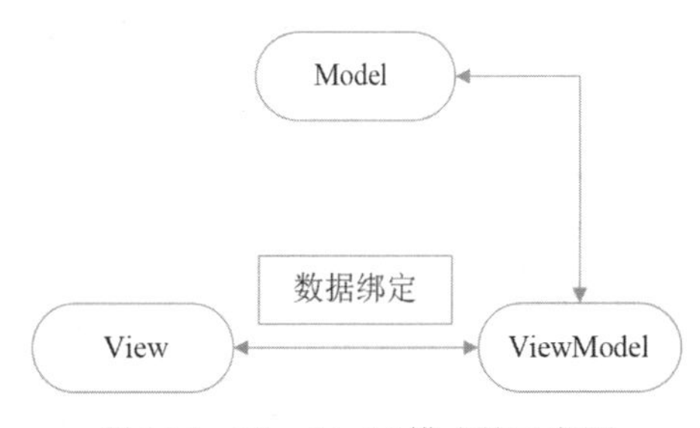

图 28.1　ViewModel 模式的示意图

下面来看看 Vue.js 的主要特性。

☑ 轻量级：相比较 ReactJS 而言，Vue.js 是一个更轻量级的前端库，不但容量非常小，而且没有其他的依赖。

☑ 数据绑定：Vue.js 最主要的特点就是双向的数据绑定。在传统的 Web 项目中，将数据在视图中展示出来后，如果需要再次修改视图，需要通过获取 DOM 的方法进行修改，这样才能维持数据和视图相一致。Vue.js 是一个响应式的数据绑定系统，在建立绑定后，DOM 将和 Vue 对象中的数据保持同步，这样就无须手动获取 DOM 的值再同步到 JavaScript 中。

☑ 应用指令：Vue.js 提供了指令这一概念。指令用于在表达式的值发生改变时，将某些行为应用到绑定的 DOM 上，通过对应表达式值的变化就可以修改对应的 DOM。

☑ 插件化开发：Vue.js 可以用来开发一个完整的单页应用。在 Vue.js 的核心库中并不包含路由、Ajax 和状态管理等功能，但都可以非常方便地加载对应的插件来实现这样的功能。例如，vue-router 插件提供了路由管理的功能，Vuex 插件提供了状态管理的功能。

28.2　Vue.js 的安装

28.2.1　使用 CDN

CDN 的全称是 content delivery network，即内容分发网络。它是构建在现有的互联网基础之上的一层智能虚拟网络。它依靠部署在各地的边缘服务器，通过中心平台的负载均衡、内容分发和调度等功能模块，使用户可就近获取所需内容，解决 Internet 网络拥挤的状况，提高用户访问网站的响应速度。

在项目中使用 Vue.js 时，可以使用 CDN 的方式。这种方式很简单，只需要选择一个提供稳定 Vue.js 链接的 CDN 服务商即可。Vue 3.0 的官网中提供了一个 CDN 链接“https://unpkg.com/vue@next”，在项目中直接通过<script>标签引入即可，代码如下：

```
<script src="https://unpkg.com/vue@next"></script>
```

28.2.2 使用 NPM

NPM 是一个 Node.js 包管理和分发工具，它支持很多第三方模块。在安装 Node.js 环境时，由于安装包包含了 NPM，因此不需要再额外安装 NPM。在使用 Vue.js 构建大型应用时，推荐使用 NPM 方法进行安装。使用 NPM 安装 Vue.js 3.0 的命令如下：

```
npm install vue@next
```

NPM 的官方镜像是从国外的服务器下载的。为了节省安装时间，推荐使用淘宝 NPM 镜像 CNPM。将 NPM 镜像切换为 CNPM 镜像的命令如下：

```
npm install -g cnpm --registry=https://registry.npm.taobao.org
```

之后就可以直接使用 cnpm 命令安装模块。命令格式如下：

```
cnpm install 模块名称
```

说明

在开发 Vue 3.0 的前端项目时，一般会使用 Vue CLI 工具搭建应用，此时会自动安装 Vue.js 的各个模块，不需要使用 NPM 再单独安装 Vue.js。

28.2.3 使用 Vue CLI

Vue CLI 是 Vue 官方提供的一个脚手架工具，使用该工具可以快速搭建一个应用。Vue CLI 工具需要用户对 Node.js 和相关构建工具有一定的了解。对于初学者，建议你在熟悉 Vue 的基础知识之后再使用 Vue CLI 工具。

28.3 应用程序实例及选项

每个 Vue.js 的应用都需要创建一个应用程序的实例对象并挂载到指定 DOM 上。在 Vue 3.0 中，创建一个应用程序实例的语法格式如下：

```
Vue.createApp(App)
```

createApp()是一个全局 API，它接收一个根组件选项对象作为参数。选项对象中包括数据、方法、生命周期钩子函数等选项。创建应用程序实例后，可以调用实例的 mount()方法，将应用程序实例的根组件挂载到指定的 DOM 元素上。这样，该 DOM 元素中的所有数据变化都会被 Vue 监控，从而实现数据的双向绑定。例如，要绑定的 DOM 元素的 id 属性值为 app，创建一个应用程序实例并绑定到该 DOM 元素的代码如下：

```
Vue.createApp(App).mount('#app')
```

下面分别对组件选项对象中的几个选项进行介绍。

28.3.1 数据

在组件选项对象中有一个 data 选项，该选项是一个函数，Vue 在创建组件实例时会调用该函数。data()函数可以返回一个数据对象，应用程序实例本身会代理数据对象中的所有数据。例如，创建一个根组件实例 vm，在实例的 data 选项中定义一个数据。代码如下：

```
<div id="app"></div>
<script src="https://unpkg.com/vue@next"></script>
<script type="text/javascript">
	//创建应用程序实例
	var vm = Vue.createApp({
		//返回数据对象
		data : function(){
		return {
				text : '书是人类进步的阶梯'
			}
		}
	//挂载应用程序实例的根组件
	}).mount('#app');
	document.write('<h2>'+vm.text+'</h2>');
</script>
```

运行结果如图 28.2 所示。

在上述代码中将创建的根组件实例赋值给变量 vm，并且在实例的 data 选项中定义了一个属性 text。这个属性可以通过 vm.text 访问。

书是人类进步的阶梯

图 28.2 输出定义的数据

28.3.2 方法

在创建的应用程序实例中，通过 methods 选项可以定义方法。应用程序实例本身也会代理 methods 选项中的所有方法，因此也可以像访问 data 数据那样来调用方法。示例代码如下：

```
<div id="app"></div>
<script src="https://unpkg.com/vue@next"></script>
<script type="text/javascript">
	//创建应用程序实例
	var vm = Vue.createApp({
		//返回数据对象
		data : function(){
		return {
				bookname : 'HTML5+CSS3+JavaScript 从入门到精通',
				author : ' —— 明日科技'
			}
		},
		methods : {
		  showInfo : function(){
			return this.bookname + this.author;				//连接字符串
		  }
	  }
	//挂载应用程序实例的根组件
	}).mount('#app');
```

```
    document.write('<h2>'+vm.showInfo()+'</h2>');
</script>
```

运行结果如图 28.3 所示。

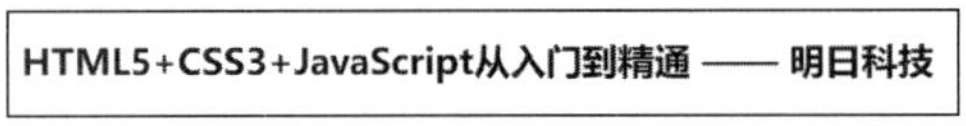

HTML5+CSS3+JavaScript从入门到精通 —— 明日科技

图 28.3 输出方法的返回值

在上述代码中，在实例的 methods 选项中定义了一个 showInfo()方法，该方法可以通过 vm.showInfo()调用，以输出 data 选项中的属性值。

28.3.3 生命周期钩子函数

每个应用程序实例在创建时都有一系列的初始化步骤，如创建数据绑定、编译模板、将实例挂载到 DOM 并在数据变化时触发 DOM 更新、销毁实例等。在这个过程中，会运行一些叫作生命周期钩子的函数，这些函数可用于定义业务逻辑。应用程序实例中几个主要的生命周期钩子函数说明如下。

☑ beforeCreate：在实例初始化之后、数据观测和事件/监听器配置之前调用。

☑ created：在实例创建之后进行调用，此时尚未开始 DOM 编译。在需要初始化处理一些数据时会比较有用。

☑ beforeMount：在挂载开始之前进行调用，此时 DOM 还无法操作。

☑ mounted：在 DOM 文档渲染完毕之后进行调用。相当于 JavaScript 中的 window.onload()方法。

☑ beforeUpdate：在数据更新时进行调用，适合在更新之前访问现有的 DOM，如手动移除已添加的事件监听器。

☑ updated：在数据更改导致的虚拟 DOM 被重新渲染时进行调用。

☑ beforeDestroy：在销毁实例前进行调用，此时实例仍然有效。此时可以解绑一些使用 addEventListener 监听的事件等。

☑ destroyed：在实例被销毁之后进行调用。

下面通过一个示例来了解 Vue.js 内部的运行机制。代码如下：

```
<div id="app">
    <p>{{text}}</p>
</div>
<script src="https://unpkg.com/vue@next"></script>
<script type="text/javascript">
    //创建应用程序实例
    const vm = Vue.createApp({
        //返回数据对象
        data(){
            return {
                text : '不积跬步，无以至千里；'
            }
        },
        beforeCreate : function(){
            console.log('beforeCreate');
        },
        created : function(){
            console.log('created');
```

```
        },
        beforeMount : function(){
            console.log('beforeMount');
        },
        mounted : function(){
            console.log('mounted');
        },
        beforeUpdate : function(){
            console.log('beforeUpdate');
        },
        updated : function(){
            console.log('updated');
        }
    //挂载应用程序实例的根组件
    }).mount('#app');
    setTimeout(function(){
        vm.text = "不积小流，无以成江海。";
    },2000);
</script>
```

在浏览器控制台中运行上述代码，页面渲染完成后，结果如图 28.4 所示。经过 2 秒钟后调用 setTimeout()方法，修改 text 的内容，触发 beforeUpdate 和 updated 钩子函数，结果如图 28.5 所示。

```
beforeCreate
created
beforeMount
mounted
```

图 28.4　页面渲染后的效果

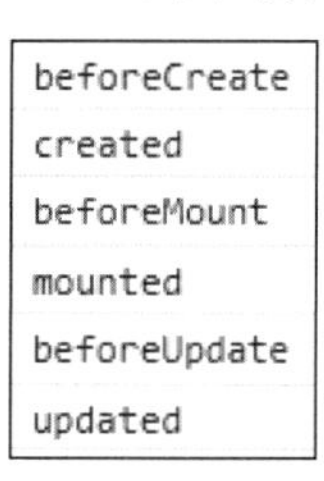

图 28.5　页面最终效果

28.4　数 据 绑 定

数据绑定是 Vue.js 最核心的一个特性。建立数据绑定后，数据和视图会相互关联，当数据发生变化时，视图会自动进行更新。这样就无须手动获取 DOM 的值，从而使代码更加简洁，开发效率更高。下面介绍 Vue.js 中数据绑定的语法。

28.4.1　文本插值

文本插值是数据绑定最基本的形式，使用的是双大括号标签{{}}。它会自动将绑定的数据实时显示出来。

【例 28.1】插入文本。（**实例位置：资源包\TM\sl\28\01**）

使用双大括号标签将文本插入 HTML 中。代码如下：

```
<div id="app">
    <h3>{{text}}</h3>
</div>
```

```
<script src="https://unpkg.com/vue@next"></script>
<script type="text/javascript">
	//创建应用程序实例
	var vm = Vue.createApp({
		//返回数据对象
		data : function(){
		return {
				text : '先相信自己，然后别人才会相信你。'				//定义数据
			}
		}
	//挂载应用程序实例的根组件
	}).mount('#app');
</script>
```

运行结果如图 28.6 所示。

先相信自己，然后别人才会相信你。

图 28.6　输出插入的文本

上述代码中，{{text}}标签将会被相应的数据对象中 text 属性的值所替代，而且将 DOM 中的 text 与 data 中的 text 属性进行了绑定。当数据对象中的 text 属性值发生改变时，文本中的值也会相应地发生变化。

28.4.2　插入 HTML

双大括号标签会将里面的值当作普通文本来处理。如果要输出真正的 HTML 内容，则需要使用 v-html 指令。

【例 28.2】插入 HTML 内容。(**实例位置：资源包\TM\sl\28\02**)

使用 v-html 指令将 HTML 内容插入标签中。代码如下：

```
<div id="app">
	<p v-html="message"></p>
</div>
<script src="https://unpkg.com/vue@next"></script>
<script type="text/javascript">
	//创建应用程序实例
	var vm = Vue.createApp({
		//返回数据对象
		data : function(){
		return {
				message : `<h2>Vue.js</h2>
				<p>Vue.js 是一套用于构建用户界面的渐进式框架。</p>`	//定义数据
			}
		}
	//挂载应用程序实例的根组件
	}).mount('#app');
</script>
```

运行结果如图 28.7 所示。

Vue.js

Vue.js是一套用于构建用户界面的渐进式框架。

图 28.7　输出插入的 HTML 内容

上述代码中，将 v-html 指令应用于<p>标签后，数据对象中 message 属性的值将作为 HTML 元素插入<p>标签中。

28.4.3　使用表达式

在双大括号标签中进行数据绑定，标签中可以是一个 JavaScript 表达式。这个表达式可以是常量

或者变量，也可以是常量、变量、运算符组合而成的式子。表达式的值是其运算后的结果。示例代码如下：

```
<div id="app">
    {{number + 30}}<br>
    {{isShow ? "显示" : "隐藏"}}<br>
    {{str.toLowerCase()}}
</div>
<script src="https://unpkg.com/vue@next"></script>
<script type="text/javascript">
        //创建应用程序实例
        var vm = Vue.createApp({
                //返回数据对象
                data : function(){
                        return {
                                number : 20,
                                isShow : true,
                                str : 'HTML5+CSS3+JavaScript'
                        }
                }
        //挂载应用程序实例的根组件
        }).mount('#app');
</script>
```

运行结果如图 28.8 所示。

50
显示
html5+css3+javascript

图 28.8　输出绑定的表达式的值

编程训练（答案位置：资源包\TM\sl\28\编程训练）

【训练 1】插入励志语句　使用 v-html 指令向页面中插入两段励志语句。

【训练 2】获取当前的日期、星期和时间　定义一个方法，获取当前的日期、星期和时间并输出。

28.5　指　　令

指令是 Vue.js 的重要特性之一，它是带有“v-”前缀的特殊属性。从写法上来说，指令的值限定为绑定表达式。指令用于在绑定表达式的值发生改变时，将这种数据的变化应用到 DOM 上。当数据发生变化时，指令会根据指定的操作对 DOM 进行修改，这样就无须手动管理 DOM 的变化和状态，提高了程序的可维护性。下面介绍几个 Vue.js 中的常用指令。

28.5.1　v-bind 指令

v-bind 指令可以为 HTML 元素绑定属性。示例代码如下：

```
<img v-bind:src="imageSrc">
```

上述代码使用 v-bind 指令将 img 元素的 src 属性与表达式 imageSrc 的值进行绑定。

【例 28.3】设置文字样式。（**实例位置：资源包\TM\sl\28\03**）

使用 v-bind 指令为 HTML 元素绑定 class 属性，设置元素中文字的样式。代码如下：

```
<style type="text/css">
```

```
.title{
        font-size:26px;
                color:#0000CC;
                border:1px solid #FF00FF;
                display:inline-block;
                padding:10px;
}
</style>
<div id="app">
    <span v-bind:class="value">成功永远属于马上行动的人</span>
</div>
<script src="https://unpkg.com/vue@next"></script>
<script type="text/javascript">
        var vm = Vue.createApp({
                data : function(){
                return {
                                value : 'title'                                    //定义绑定的属性值
                        }
                }
        }).mount('#app');
</script>
```

运行结果如图 28.9 所示。

成功永远属于马上行动的人

图 28.9　通过绑定属性设置元素样式

上述代码中，v-bind 指令应用于<span>标签，将该标签的 class 属性与数据对象中的 value 属性进行绑定。这样，数据对象中 value 属性的值将作为<span>标签的 class 属性值。

28.5.2　v-on 指令

v-on 指令用于监听 DOM 事件。该指令通常在模板中直接使用，在触发事件时会执行一些 JavaScript 代码。在 HTML 中使用 v-on 指令，其后面可以是所有的原生事件名称。代码如下：

```
<button v-on:click="cal">计算</button>
```

上述代码将 click 单击事件绑定到了 cal()方法中。当单击“计算”按钮时，将执行 cal()方法，该方法在 Vue 实例中进行定义。

【例 28.4】动态改变图片透明度。（**实例位置：资源包\TM\sl\28\04**）

实现动态改变图片透明度的功能。当鼠标移入图片上时，改变图片的透明度；当鼠标移出图片时，将图片恢复为初始的效果。代码如下：

```
<div id="app">
    <img id="pic" v-bind:src="url" v-on:mouseover="visible(1)" v-on:mouseout="visible(0)">
</div>
<script src="https://unpkg.com/vue@next"></script>
<script type="text/javascript">
        var vm = Vue.createApp({
                data : function(){
                return {
                                url : 'images/banner.jpg'                          //图片 URL
                        }
                },
                methods : {
                        visible : function(i){
```

```
                        var pic = document.getElementById('pic');
                        if(i == 1){
                                pic.style.opacity = 0.5;
                        }else{
                                pic.style.opacity = 1;
                        }
                }
        }
    }).mount('#app');
</script>
```

运行结果如图 28.10 和图 28.11 所示。

图 28.10　图片初始效果

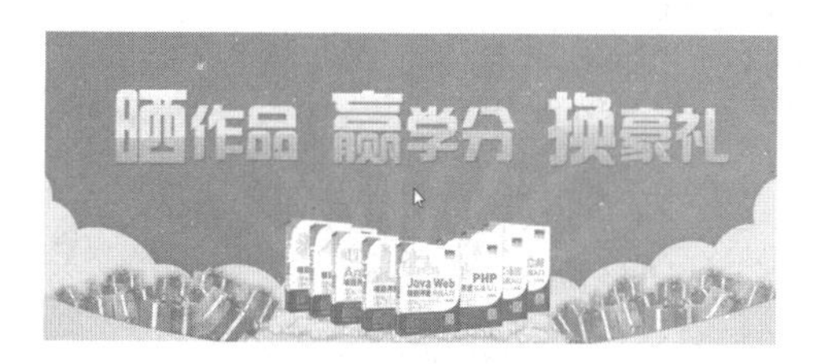

图 28.11　移入鼠标时改变图片透明度

28.5.3　v-if 指令

v-if 指令可以根据表达式的值来判断是否输出 DOM 元素及其包含的子元素。如果表达式的值为 true，就输出 DOM 元素及其包含的子元素；否则，就移除 DOM 元素及其包含的子元素。

例如，输出数据对象中的属性 a 和 b 的值，并根据比较两个属性的值，判断是否输出比较结果。代码如下：

```
<div id="app">
    <p>a 的值是{{a}}</p>
    <p>b 的值是{{b}}</p>
    <p v-if="a>b">a 大于 b</p>
</div>
<script src="https://unpkg.com/vue@next"></script>
<script type="text/javascript">
    //创建应用程序实例
    var vm = Vue.createApp({
        //返回数据对象
        data : function(){
        return {
                a : 30,
            b : 20
            }
        }
    //挂载应用程序实例的根组件
    }).mount('#app');
</script>
```

运行结果如图 28.12 所示。

a的值是30

b的值是20

a大于b

图 28.12　输出比较结果

v-if 是一个指令，必须将它添加到一个元素上，根据表达式的结果判断是否输出该元素。如果需要对一组元素进行判断，需要使用 <template>元素作为包装元素，并在该元素上使用 v-if，最后的渲染结果里不会包含<template>元素。

例如，根据表达式的结果判断是否输出一组复选框。代码如下：

```
<div id="app">
    <template v-if="show">
        <input type="checkbox" value="篮球">篮球
        <input type="checkbox" value="足球">足球
          <input type="checkbox" value="排球">排球
          <input type="checkbox" value="乒乓球">乒乓球
          <input type="checkbox" value="羽毛球">羽毛球
    </template>
</div>
<script src="https://unpkg.com/vue@next"></script>
<script type="text/javascript">
        //创建应用程序实例
        var vm = Vue.createApp({
                //返回数据对象
                data : function(){
                return {
                                show : true
                        }
                }
        //挂载应用程序实例的根组件
        }).mount('#app');
</script>
```

运行结果如图 28.13 所示。

☐篮球 ☐足球 ☐排球 ☐乒乓球 ☐羽毛球

图 28.13　输出一组复选框

28.5.4　v-else 指令

v-else 指令的作用相当于 JavaScript 中的 else 语句部分。v-else 指令可以与 v-if 指令一起使用。

例如，输出数据对象中的属性 a 和 b 的值，并根据比较两个属性的值，输出比较的结果。代码如下：

```
<div id="app">
    <p>a 的值是{{a}}</p>
    <p>b 的值是{{b}}</p>
    <p v-if="a>b">a 大于 b</p>
    <p v-else>a 小于 b</p>
</div>
<script src="https://unpkg.com/vue@next"></script>
<script type="text/javascript">
        //创建应用程序实例
        var vm = Vue.createApp({
                //返回数据对象
                data : function(){
                return {
                                a : 20,
                        b : 30
                        }
                }
```

```
        //挂载应用程序实例的根组件
        }).mount('#app');
</script>
```

运行结果如图 28.14 所示。

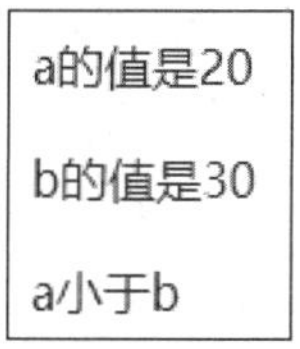

a的值是20

b的值是30

a小于b

图 28.14　输出比较结果 1

28.5.5　v-else-if 指令

v-else-if 指令的作用相当于 JavaScript 中的 else if 语句部分。应用该指令可以进行更多的条件判断，不同的条件对应不同的输出结果。

例如，输出数据对象中的属性 a 和 b 的值，并根据比较两个属性的值，输出比较的结果。代码如下：

```
<div id="app">
    <p>a 的值是{{a}}</p>
    <p>b 的值是{{b}}</p>
    <p v-if="a<b">a 小于 b</p>
    <p v-else-if="a==b">a 等于 b</p>
    <p v-else>a 大于 b</p>
</div>
<script src="https://unpkg.com/vue@next"></script>
<script type="text/javascript">
        //创建应用程序实例
        var vm = Vue.createApp({
                //返回数据对象
                data : function(){
                return {
                                a : 200,
                        b : 200
                        }
                }
        //挂载应用程序实例的根组件
        }).mount('#app');
</script>
```

运行结果如图 28.15 所示。

【例 28.5】判断考试成绩。(**实例位置：资源包\TM\sl\28\05**)

将某学校的学生成绩转换为不同等级，划分标准如下：

☑　“优秀”，大于或等于 90 分。

☑　“良好”，大于或等于 75 分。

☑　“及格”，大于或等于 60 分。

☑　“不及格”，小于 60 分。

a的值是200

b的值是200

a等于b

图 28.15　输出比较结果 2

假设某学生的考试成绩是 86 分，输出该学生的考试成绩对应的等级。代码如下：

```
<div id="app">
    <div v-if="score>=90">
        该学生的考试成绩优秀
    </div>
    <div v-else-if="score>=75">
        该学生的考试成绩良好
    </div>
```

```
    <div v-else-if="score>=60">
        该学生的考试成绩及格
    </div>
    <div v-else>
        该学生的考试成绩不及格
    </div>
</div>
<script src="https://unpkg.com/vue@next"></script>
<script type="text/javascript">
        var vm = Vue.createApp({
                data : function(){
                return {
                                score : 86
                        }
                }
        }).mount('#app');
</script>
```

运行结果如图 28.16 所示。

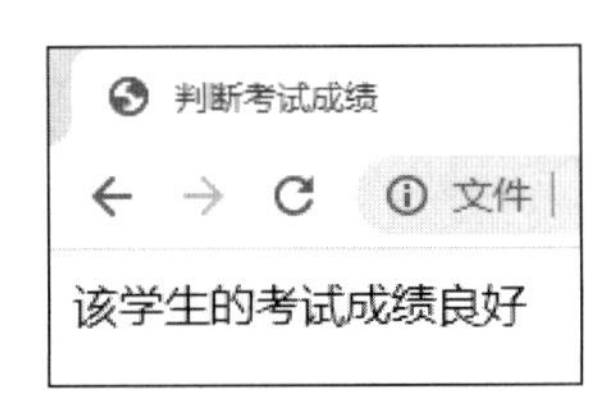

图 28.16　输出考试成绩对应的等级

注意

v-else 指令必须紧跟在 v-if 指令或 v-else-if 指令的后面，否则 v-else 指令将不起作用。同样，v-else-if 指令也必须紧跟在 v-if 指令或 v-else-if 指令的后面。

28.5.6　v-for 指令

Vue.js 提供了列表渲染功能，可将数组或对象中的数据循环渲染到 DOM 中。在 Vue.js 中，列表渲染使用的是 v-for 指令，其效果类似于 JavaScript 中的遍历。

使用 v-for 指令遍历数组时，可以使用 item in items 形式的语法，其中，items 为数据对象中的数组名称，item 为数组元素的别名，该别名可以获取当前数组遍历的每个元素。

例如，应用 v-for 指令输出数组中存储的小说名称。代码如下：

```
<div id="app">
    <ul>
        <li v-for="item in items">{{item.novel}}</li>
    </ul>
</div>
<script src="https://unpkg.com/vue@next"></script>
<script type="text/javascript">
        //创建应用程序实例
        var vm = Vue.createApp({
                //返回数据对象
                data : function(){
                return {
                                items : [                                    //定义小说信息数组
                                        {novel: '水浒传', author: '施耐庵'},
                                        {novel: '三国演义', author: '罗贯中'},
                                        {novel: '西游记', author: '吴承恩'},
                                        {novel: '红楼梦', author: '曹雪芹'}
                                ]
```

```
                }
            }
        //挂载应用程序实例的根组件
        }).mount('#app');
</script>
```

运行结果如图 28.17 所示。

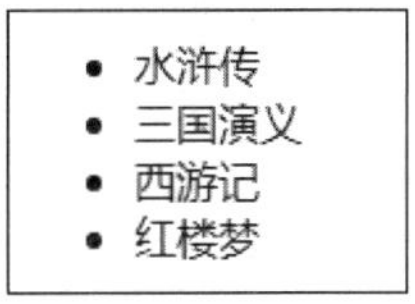

- 水浒传
- 三国演义
- 西游记
- 红楼梦

图 28.17　输出小说名称

在应用 v-for 指令遍历数组时，还可以指定一个参数作为当前数组元素的索引，语法格式为(item,index) in items。其中，items 为数组名称，item 为数组元素的别名，index 为数组元素的索引。

例如，应用 v-for 指令输出数组中存储的小说名称和相应的索引。代码如下：

```
<div id="app">
    <ul>
        <li v-for="(item,index) in items">{{index}} - {{item.novel}}</li>
    </ul>
</div>
<script src="https://unpkg.com/vue@next"></script>
<script type="text/javascript">
        //创建应用程序实例
        var vm = Vue.createApp({
            //返回数据对象
            data : function(){
            return {
                    items : [                                   //定义小说信息数组
                        {novel: '水浒传', author: '施耐庵'},
                        {novel: '三国演义', author: '罗贯中'},
                        {novel: '西游记', author: '吴承恩'},
                        {novel: '红楼梦', author: '曹雪芹'}
                    ]
                }
            }
        //挂载应用程序实例的根组件
        }).mount('#app');
</script>
```

运行结果如图 28.18 所示。

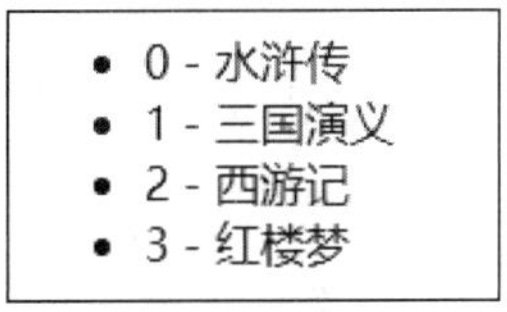

- 0 - 水浒传
- 1 - 三国演义
- 2 - 西游记
- 3 - 红楼梦

图 28.18　输出小说名称和索引

与 v-if 指令类似，如果需要对一组元素进行循环，可以使用<template>元素作为包装元素，并在该元素上使用 v-for 指令。

28.5.7　v-model 指令

v-model 指令可以对表单元素进行双向数据绑定，在修改表单元素值的同时，Vue 实例中对应的属性值也会随之更新，反之亦然。v-model 会根据控件类型自动选取正确的方法来更新元素。

应用 v-model 指令对单行文本框进行数据绑定的示例代码如下：

```
<div id="app">
    <input v-model="message" placeholder="单击此处进行编辑">
    <p>当前输入：{{message}}</p>
</div>
<script src="https://unpkg.com/vue@next"></script>
<script type="text/javascript">
```

```
	//创建应用程序实例
	var vm = Vue.createApp({
		//返回数据对象
		data : function(){
		return {
				message : ''
			}
		}
	//挂载应用程序实例的根组件
	}).mount('#app');
</script>
```

运行结果如图 28.19 所示。

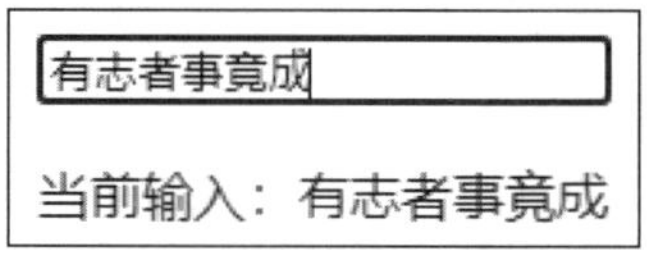

上述代码中，应用 v-model 指令将单行文本框的值和 Vue 实例中的 message 属性值进行了绑定。当单行文本框中的内容发生变化时，message 属性值也会相应地进行更新。

图 28.19　单行文本框数据绑定

编程训练（答案位置：资源包\TM\sl\28\编程训练）

【训练 3】　判断 2023 年 2 月份的天数　应用 v-if 指令和 v-else 指令判断 2023 年 2 月份的天数。

【训练 4】　输出网站导航菜单　在<template>元素中使用 v-for 指令，实现输出网站导航菜单的功能。

28.6　实践与练习

（答案位置：资源包\TM\sl\28\实践与练习）

综合练习 1：改变文档的背景色和文本颜色　设置一个选择页面主题的下拉菜单，当选择某个选项时可以更换主题，实现文档的背景色和文本颜色变换的功能。运行结果如图 28.20 所示。

综合练习 2：选择职位　制作一个简单的选择职位的程序，用户可以在“可选职位”列表框和“已选职位”列表框之间移动选项。运行结果如图 28.21 所示。

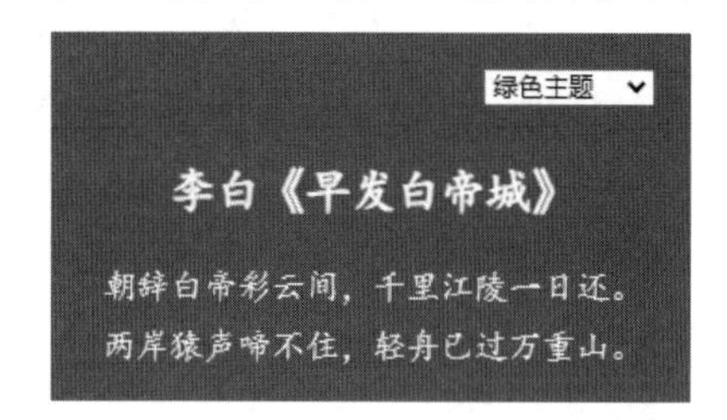

图 28.20　改变文档的背景色和文本颜色

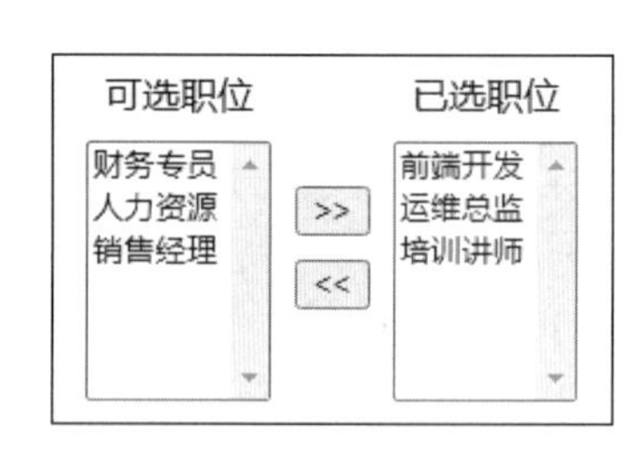

图 28.21　选择职位

第 29 章

Bootstrap 应用

Bootstrap 是目前比较流行的前端框架，它封装了许多常用的组件以及样式，并且包含了移动端的优先响应式布局。借助 Bootstrap，开发者在制作网页时，只需要在 HTML 中添加相应的类名或者几行 JavaScript 代码，就可以实现原本需要几十行代码才能实现的功能或样式。本章主要介绍 Bootstrap 的概述、Bootstrap 的下载和使用、Bootstrap 通用样式以及网格布局。

本章知识架构及重难点如下。

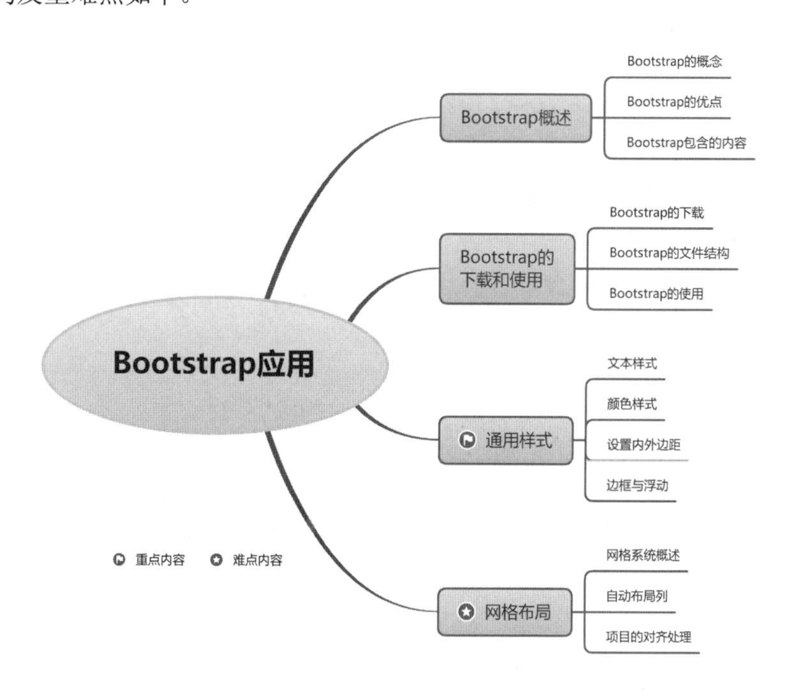

29.1 Bootstrap 概述

29.1.1 Bootstrap 的概念

Bootstrap 是全球最受欢迎的前端框架之一，用于开发响应式、移动设备优先的 Web 项目。Bootstrap 于 2011 年 8 月在 GitHub 上发布，一经推出就颇受欢迎。

Bootstrap 中预定义了一套 CSS 样式和与样式对应的 jQuery 代码，在应用该框架时，只需提供固定的 HTML 结构，并且为各元素添加 Bootstrap 中提供的 class 名称，即可实现指定的效果。

29.1.2 Bootstrap 的优点

众所周知，随着移动设备的普及，响应式网页设计变得越来越流行。然而，通过媒体查询为每种终端设计相应的网页布局，需要编写大量代码，开发和维护起来比较麻烦。而 Bootstrap 使响应式设计变得简单化，因为 Bootstrap 中包含很多现成的带有各种样式和功能的代码片段，并且这些代码都是已经封装好的，所以进行响应式设计时，仅需引入 Bootstrap 文件，然后通过添加 class 属性或者添加几行代码就可以实现某个功能，这大大提高了 Web 开发的效率。使用 Bootstrap 可以构建出非常美观的前端界面，并且占用的资源非常小。当然，Bootstrap 框架的优势不仅如此，它还有以下优点。

☑ 移动设备优先：自 Bootstrap3 起，框架包含了贯穿于整个库的移动设备优先的样式。
☑ 浏览器支持：所有的主流浏览器（包括 IE、Chrome、Safari、Firefox、opera）都支持 Bootstrap。
☑ 容易上手：要使用 Bootstrap 框架，你只需具备 HTML、CSS 的基础知识就可以。
☑ 响应式设计：Bootstrap 的响应式 CSS 能够自适应于台式计算机、平板计算机和手机等设备的屏幕。
☑ 易于定制：它包含了功能强大的内置组件，易于定制。

29.1.3 Bootstrap 包含的内容

Bootstrap 既然这么强大，那么究竟包含哪些内容呢？Bootstrap 包含的内容有重置 CSS、CSS 样式、工具、布局以及组件等。具体如下。

☑ 重置样式：HTML 中的标签都有自己的样式，而 Bootstrap 则重置了这些标签的样式。
☑ CSS 样式：除了设置各标签的默认样式，Bootstrap 还提供了一些可选样式，以及设置组件样式，这些样式都可以在自己的网站中使用。
☑ 工具：Bootstrap 自带边框、颜色等工具，这些工具可以快速应用于图像、按钮或者其他元素。
☑ 布局：包括包装容器、强大的栅格系统、灵活的媒体查询以及多个响应式工具。
☑ 组件：Bootstrap 提供了 20 多个组件，开发者可以根据需要将这些组件应用到自己的网站中。

29.2 Bootstrap 的下载和使用

29.2.1 Bootstrap 的下载

（1）打开浏览器，在地址栏中输入 Bootstrap 官方网址 http://getbootstrap.com，进入 Bootstrap 官方网站主页，具体页面如图 29.1 所示。

（2）此时页面中显示的是当前最新版本（5.3.0）。读者如果要使用最新版本，则需要单击底部的 Download 按钮，进入下载选择页面，具体如图 29.2 所示。

（3）该页面用于让读者选择适合自己的 Bootstrap。位于该上面的“Compiled CSS and JS”表示编

译后的 Bootstrap，该文件中包含了编译并经过压缩的 CSS 文件以及 JavaScript 文件，这些文件我们下载后就可以直接使用。位于该下面的“Source files”表示 Bootstrap 的源码文件，在使用这些源码文件时，程序员需要利用下载的 sass、JavaScript 源码以及文档文件，通过自己的资源编译流程编译 Bootatrap。然后单击对应的 Download 按钮即可下载。

图 29.1　Bootstrap 官网主页

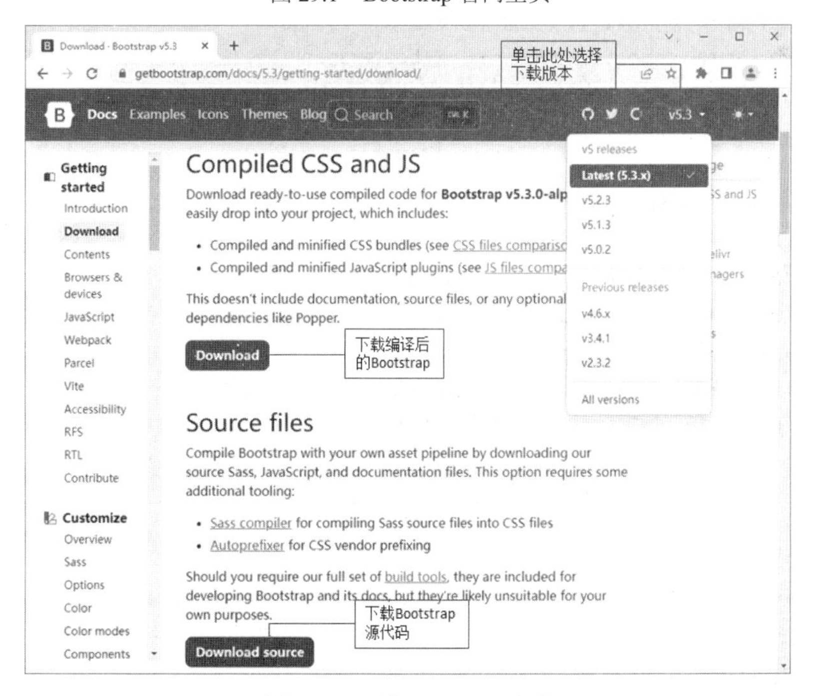

图 29.2　下载 Bootstrap 文件

（4）当然，用户如果下载的不是当前最新版本，如本章讲解使用的是 4.3 版本，那么需要单击右上角的下拉菜单，选择下载版本，然后选择下载编译后的 Bootstrap 或者源码文件。

29.2.2 Bootstrap 的文件结构

在选择要下载的文件时，我们看到有编译后的文件和源码文件供选择，那么这两个文件有什么区别呢？接下来我们来看这两个文件具体有哪些不同。

1. 编译后的 Bootstrap 源码的文件结构

将下载好的编译后的 Bootstrap 文件进行解压后，打开文件夹，读者可以看到 Bootstrap 框架的文件结构，如图 29.3 所示。

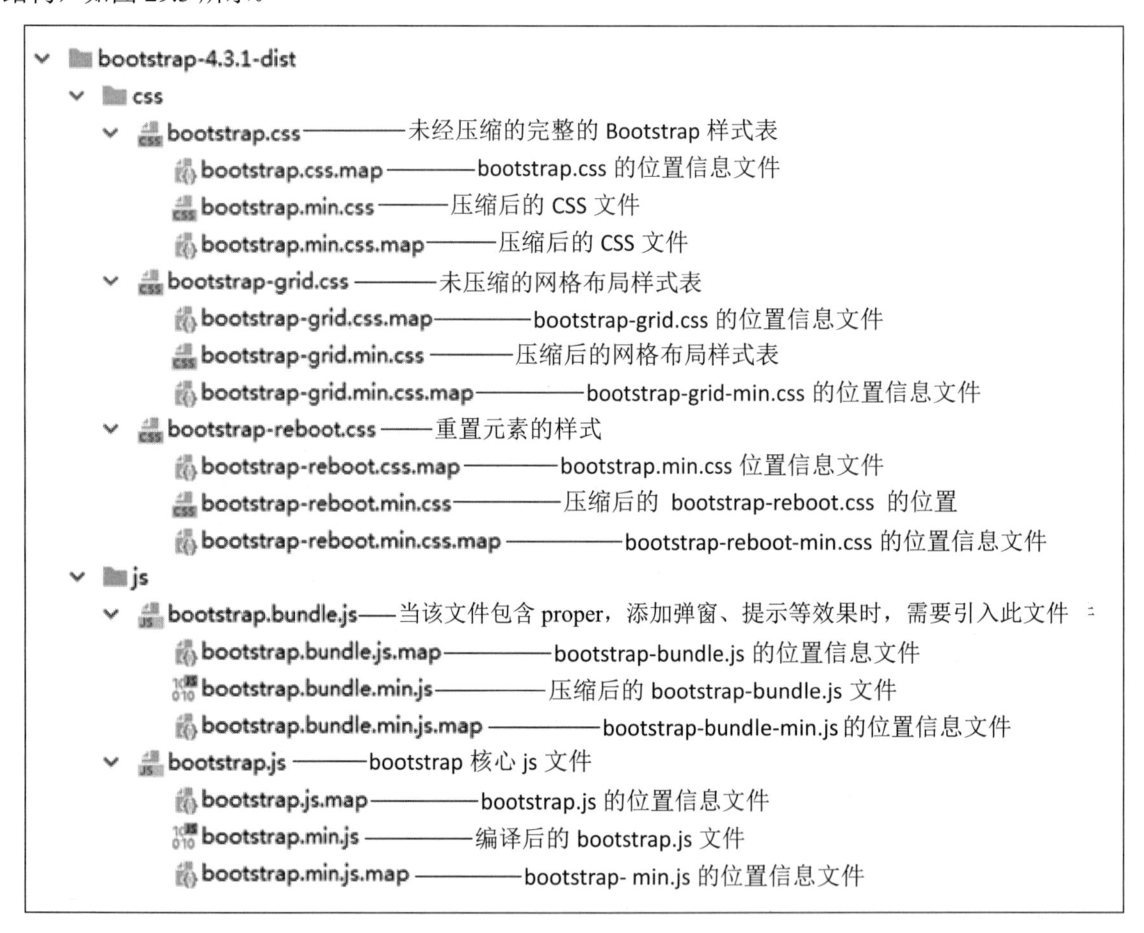

图 29.3　Bootstrap 文件结构

在图 29.3 所示的 Bootstrap 文件结构中，所有的 bootstrap.*.map 文件都是源映射文件，这些文件可用于某些浏览器的开发人员工具中。bootstrap.min.*文件是经过编译且压缩后的文件，用户可以根据自己的需要引用它。Bootstrap 中还包含一些选项，用于包含部分或全部编译的 CSS 以及 JavaScript，具体如表 29.1 和表 29.2 所示。

表 29.1　Bootstrap 中用于包含部分或全部编译的 CSS 的选项

文　件	布　局	内　容	组　件	工　具
bootstrap.css bootstrap.min.css	包含	包含	包含	包含
bootstrap-grid.css bootstrap-grid.min.css	只在栅格系统	不包含	不包含	只在工具
bootstrap-reboot.css bootstrap-reboot.min.css	不包含	只在重置（reboot）	不包含	不包含

表 29.2　Bootstrap 中用于包含部分或全部编译的 JavaScript 的选项

文　件	proper	jquery
bootstrap.bundle.js bootstrap.bundle.min.js	包含	不包含
bootstrap.js bootstrap.min.js	不包含	不包含

2．Bootstrap 源码文件结构

图 29.4 为源码版的 Bootstrap 文件结构，在该文件的 dist 文件夹中放置预编译的 Bootstrap 下载文件，在 js 文件夹和 scss 文件夹中放置 JavaScript 和 CSS 的源码，而 site 文件夹中的 docs 文件夹为开发者文件夹，其他文件夹中放置的文件是为整个 Bootstrap 开发、编译提供支持的文件以及授权信息、支持文档等。

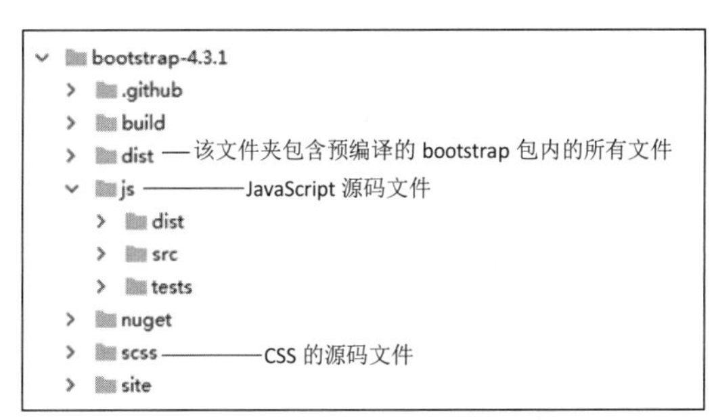

图 29.4　源码版 Bootstrap 文件结构

29.2.3　Bootstrap 的使用

使用 Bootstrap 插件，首先需要将 Bootstrap 引入自己的文档中，然后才能使用 Bootstrap 中的组件等内容。一个使用 Bootstrap 插件的基本的 HTML 模板如下：

```
<!DOCTYPE html>
<html lang="en">
<head>
    <meta charset="UTF-8">
    <meta name="viewport" content="width=device-width,initial-scale=1.0">
    <title>Title</title>
    <link href="css/bootstrap.min.css" type="text/css" rel="stylesheet">
</head>
```

```
<body>
<div class="container">
    <div class="row">
        <div class="col-12 col-sm-10 col-md-6 offset-sm-1 offset-md-3 cont">
            <h2 class="text-warning text-center">联系人</h2>
            <form class=" text-left">
                <div class="form-group">
                    <label for="name">姓名：</label>
                    <input type="text" class="form-control" id="name">
                </div>
                <div class="form-group">
                    <label for="address">地址：</label>
                    <input type="text" class="form-control" id="address">
                </div>
                <div class="form-group">
                    <label for="tel">电话：</label>
                    <input type="text" class="form-control" id="tel">
                </div>
            </form>
        </div>
    </div>
</div>
    <script type="text/javascript" src="js/bootstrap.bundle.min.js"></script>
    <script type="text/javascript" src="js/bootstrap.min.js"></script>
</body>
</html>
```

通过上面的示例代码，读者不难看出，使用 Bootstrap 框架时，我们首先需要在 HTML 页面中引入 Bootstrap 文件，然后在 HTML 页面中添加网页内容，最后通过添加 class 属性，就可以调用 Bootstrap 中对应的标签样式。上面代码的运行效果如图 29.5 所示。

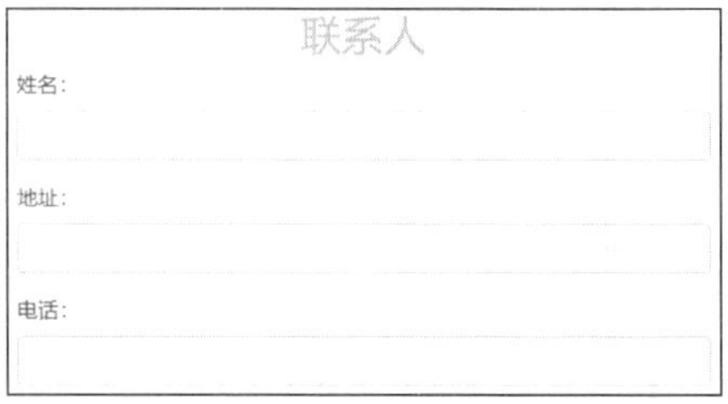

图 29.5 调用 Bootstrap 框架

29.3 通用样式

29.3.1 文本样式

文本是网页的基本内容之一。Bootstrap 中预设了很多文本样式，使用这些样式时，仅需要为标签添加对应的类名即可。

1．标题样式

Bootstrap 中重置了标题标签的样式，并且添加了 4 个显式标题样式。开发者使用标题标签样式时，

可以直接添加标题标签，或者使用类名 h1～h6；如果使用显式标题，那么可以使用类名 display-1～display-4。具体类名及其含义如表 29.3 所示。

表 29.3　标题样式相关的类名及其含义

类　　名	表示的含义	类　　名	表示的含义
h1	一级标题样式	h2	二级标题样式
h3	三级标题样式	h4	四级标题样式
h5	五级标题样式	h6	六级标题样式
display-1	一级显式标题样式	display-2	二级显式标题样式
display-3	三级显式标题样式	display-4	四级显式标题样式

【例 29.1】输出古诗《题西林壁》。（**实例位置：资源包\TM\sl\29\01**）

使用标题以及显式标题实现古诗《题西林壁》。关键代码如下：

```
<body style="background-color: #ffe0b2">
<p class="text-center">
    <span class="display-4">题西林壁</span>
    <span class="display-4">（苏轼）</span>
</p>
<p class="h1 text-center">横看成岭侧成峰，远近高低各不同。</p>
<p class="h1 text-center">不识庐山真面目，只缘身在此山中。</p>
</body>
```

运行结果如图 29.6 所示。

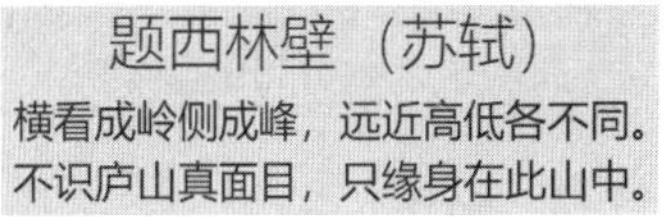

题西林壁（苏轼）
横看成岭侧成峰，远近高低各不同。
不识庐山真面目，只缘身在此山中。

图 29.6　标题样式的使用

2．普通文本样式

前面介绍了一些标题的样式，这里继续介绍一些对文本进行的常规处理，包括粗细、换行、斜体等处理，具体如表 29.4 所示。

表 29.4　设置文本样式的类名

类　　名	含　　义
font-weight-light	设置文本比默认更细
font-weight-bold	设置文本比默认加粗
font-weight-bolder	设置文本比 font-weight-bolder 更粗
text-wrap	文本换行方式（空白被浏览器忽略）
text-break	文本换行方式（恰当的断字点进行换行）
text-uppercase	将英文转换为大写
text-lowercase	将英文转换为小写
font-italic	设置文本为斜体
text-left	设置文字水平向左对齐
text-center	设置文字水平居中对齐
text-right	设置文字水平向右对齐
text-justify	设置文字两端对齐
small	设定小文本（设置为父文本的 85%大小）
lead	使段落突出显示

【例 29.2】 实现 OPPO Reno9 Pro 手机简介。(**实例位置：资源包\TM\sl\29\02**)

在页面中实现 OPPO Reno9 Pro 手机的简介，并且使用 Bootstrap 设置页面中的文字样式。具体代码如下：

```
<div class="mr-box pt-4" style="width: 970px">
    <div class="text w-50 float-left text-center pr-2 rounded">
        <h1 class="font-weight-bolder text-uppercase">OPPO Reno9 Pro</h1>
        <p class="text-right font-weight-bold">双芯人像，迎光而拍</p>
        <p class="font-italic text-uppercase font-weight-bold">16GB+128GB / 16GB+256GB / 16GB+512GB</p>
        <h2 class="font-weight-bold"><span class="h6">￥</span>3699<span class="h5">起</span></h2>
        <p class="initialism">微醺 7.19mm 轻薄机身 双芯人像摄影系统 120Hz OLED 超清屏</p>
        <hr class="w-25 bg-dark text-center">
        <p class="text-danger text-right">限时赠 1 年碎屏保</p>
        <p>
            <button class="btn btn-dark initialism">立即购买</button>
            <button class="btn btn-dark initialism">老用户专享通道</button>
        </p>
    </div>
</div>
```

运行效果如图 29.7 所示。

图 29.7 Bootstrap 对文字的处理

29.3.2 颜色样式

Bootstrap 中预设了一些颜色，通过这些颜色词，程序员可以快速设置元素的文字颜色、背景颜色以及边框颜色等样式。

1. 文本颜色

设置文本的颜色，通常需要为文本添加的类名为“text-”+具体颜色词，如 text-primary、text-danger 等。Bootstrap 中用于设置文字颜色的类名如表 29.5 所示。

表 29.5 设置文字颜色的类名及其含义

类　名	含　义
text-primary	该属性值表示设置文字颜色为#007bff
text -secondary	该属性值表示设置文字颜色为#6c757d
text -success	该属性值表示设置文字颜色为#28a745
text -danger	该属性值表示设置文字颜色为#dc3545
text -warning	该属性值表示设置文字颜色为#ffc107
text -info	该属性值表示设置文字颜色为#17a2b8
text -light	该属性值表示设置文字颜色为#f8f9fa
text -dark	该属性值表示设置文字颜色为#343a40
text -white	该属性值表示设置文字颜色为#fff（白色）
text -black-50	该属性值表示设置文字颜色为 rgba(0,0,0,0.5)
text -white-50	该属性值表示设置文字颜色为 rgba(255,255,255,0.5)
text -muted	该属性值表示设置文字颜色为#6c757d
text -body	该属性值表示设置文字颜色为#212529

例如，使用 Bootstrap 显示手机上电量信息提示内容的文字颜色，代码如下：

```
<!DOCTYPE html>
<html lang="en">
<head>
    <meta charset="UTF-8">
    <meta name="viewport"content="width=device-width,initial-scale=1,shrink-to-fit=no">
    <link href="css/bootstrap.min.css" type="text/css" rel="stylesheet">
    <title>设置文本颜色</title>
</head>
<body>
<p class="text-warning">电量低至 15%，请及时充电</p>
<p class="text-danger">电量不足，即将关机</p>
<p class="text-success">充电已完成，请及时拔掉充电器</p>
</body>
</html>
```

其运行结果如图 29.8 所示。

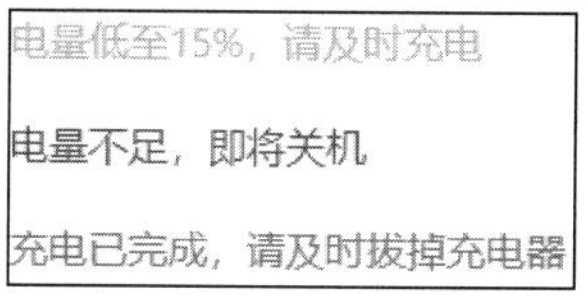

电量低至15%，请及时充电

电量不足，即将关机

充电已完成，请及时拔掉充电器

图 29.8　设置文本颜色

2. 背景颜色

Bootstrap 中也预设了一些背景颜色，如果要使用这些背景颜色，那么就需要使用类名“bg-”+颜色词，Bootstrap 中预设的背景颜色的类名及其对应的颜色值如表 29.6 所示。

表 29.6　Bootstrap 中预设的背景颜色的类名及其对应的颜色值

类　名	背景颜色值
bg-primary	#007bff
bg-secondary	#6c757d
bg-success	#28a745
bg-danger	#dc3545
bg-warning	#ffc107
bg-info	#17a2b8
bg-light	#f8f9fa
bg-dark	#343a40
bg-white	#fff（白色）
bg-transparent	transparent（透明）

例如，使用 Bootstrap 为电量信息设置不同的背景颜色，具体代码如下：

```
<!DOCTYPE html>
<html lang="en">
<head>
    <meta charset="UTF-8">
    <meta name="viewport"content="width=device-width,initial-scale=1,shrink-to-fit=no">
    <link href="css/bootstrap.min.css" type="text/css" rel="stylesheet">
    <title>设置背景颜色</title>
</head>
<body>
<div class="container">
    <p class="bg-warning">电量低至 15%，请及时充电</p>
    <p class="bg-danger">电量不足，即将关机</p>
```

```
    <p class="bg-success">充电已完成，请及时拔掉充电器</p>
</div>
</body>
</html>
```

其运行结果如图 29.9 所示。

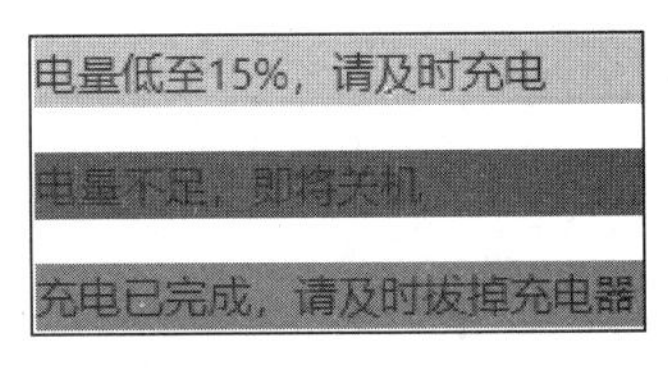

图 29.9　设置背景颜色

> **说明**
>
> Bootstrap 中关于颜色样式的使用并不只有文本颜色和背景颜色，还包括导航菜单的颜色、弹出框的颜色、按钮的样式等，而这些样式的使用与上面的类似，即添加类名（即组件/工具名）+颜色词，如 alert-danger、btn-dark、

【例 29.3】实现明日科技体系课程模块。（**实例位置：资源包\TM\sl\29\03**）

使用 Bootstrap 实现明日科技体系课程模块。具体代码如下：

```
<style type="text/css">
    body {background-color: #c6e5c7;}
    .rect1 {
        height: 320px;
        width: 220px;
    }
    .rect2, .rect3, .rect4, .rect5, .rect6, .rect7, .rect8 {height: 150px;}
    .rect2, .rect3, .rect4, .rect5 {
        width: 190px;
        margin-left: 20px;
    }
    .rect6 {clear: left;}
    .rect6, .rect7, .rect8 {
        width: 260px;
        margin-left: 20px;
    }
</style>
<div class="text-center">
    <div class="float-left bg-primary rect1 p-5"><h2 class="pt-5">Java</h2>
        <p class="initialism">Java 入门第四季</p></div>
    <div class="float-left">
        <div class="bg-success float-left rect2 p-3 mb-2"><h2 class="pt-3">C#</h2>
            <p class="initialism">C#入门第一季</p></div>
        <div class="bg-info float-left   rect3 p-3 mb-2"><h2 class="pt-3">Oracle</h2>
            <p class="initialism">Oracle 入门第一季</p></div>
        <div class="bg-warning float-left rect4 p-3 mb-2"><h2 class="pt-3">Python</h2>
            <p class="initialism">Python 入门第一季</p></div>
        <div class="bg-danger float-left rect5   p-3 mb-2"><h2 class="pt-3">C++</h2>
            <p class="initialism">C++入门第一季</p></div>
        <div class="bg-secondary float-left rect6 p-3 mt-2"><h2 class="pt-3">Android</h2>
            <p class="initialism">Android 入门第一季</p></div>
        <div class="bg-white float-left rect7 p-3 mt-2"><h2 class="pt-3">PHP</h2>
            <p class="initialism">PHP 入门第一季</p></div>
        <div class="bg-light float-left rect8 p-3 mt-2"><h2 class="pt-3">JavaScript</h2>
            <p class="initialism">JavaScript 入门第一季</p></div>
    </div>
</div>
```

运行效果如图 29.10 所示。

图 29.10　Bootstrap 中的背景样式

29.3.3　设置内外边距

1．设置内外边距的类型

Bootstrap 中通过添加对象的所有内外边距也可以设置单独某个方向的内外边距，以设置内边距为例，若设置对象的上、下、左、右四个方向的内边距，仅需添加类名为 p-*即可，而设置单独某个方向的内间距的方式如下。

☑　.pl-*：该属性值表示设置对象的左边内边距。
☑　.pt-*：该属性值表示设置对象的顶部内边距。
☑　.pr-*：该属性值表示设置对象的右边内边距。
☑　.pb-*：该属性值表示设置对象的底部内边距。
☑　.px-*：该属性值表示设置对象的左右两侧的内边距。
☑　.py-*：该属性值表示设置对象的上下两侧的内边距。

设置外边距与设置内边距类似，只是需要将上文类名中的“p”修改为“m”，如 mr-*、mx-*等。

2．设置内外边距的尺寸

上面介绍了设置内外边距的类型，接下来介绍设置内外边距的尺寸。Bootstrap 中预定义的内外边距的尺寸如下。

☑　*-0：该属性值表示设置对象的边距为 0。
☑　*-1：该属性值表示设置对象的边距为 0.25rem。
☑　*-2：该属性值表示设置对象的边距为 0.5rem。
☑　*-3：该属性值表示设置对象的边距为 1rem。
☑　*-4：该属性值表示设置对象的左右两侧的内边距为 1.5rem。
☑　*-5：该属性值表示设置对象的上下两侧的内边距为 3rem。
☑　*-auto：该属性值表示设置 margin 值为 auto，即按浏览器的默认值自由展现。

例如，如果目标元素的顶部外边距被设置为 1rem，则只需要将类名设置为.mt-3。

【例 29.4】 实现优秀员工荣誉证书页面。（**实例位置：资源包\TM\sl\29\04**）

使用 Bootstrap 实现优秀员工荣誉证书的页面效果，关键代码如下：

```
<style type="text/css">
    .cont {
        background: url("images/53.jpg");
```

```
            background-size: 100% 100%;
            width: 620px;
            height: 420px;
        }

        .cont > :nth-child(2) {
            text-indent: 34px;
        }
</style>
<div class="p-1 cont bg-info pt-5">
    <h2 class="text-center mt-2 text-danger font-weight-bold">荣誉证书</h2>
    <p class=" font-weight-bold m-5">经年度工作考核和综合评议，公司决定授予 张三 同志 2022 年度“优秀员工”称号，以表彰您在本年度取得的优异成绩。</p>
    <h3 class="font-weight-bolder text-center text-danger">特此发证，以资鼓励。</h3>
    <p class="text-right mt-3 mr-5">XX 信息技术有限公司</p>
    <p class="text-right mr-5">2023 年 1 月 10 日</p>
</div>
```

实现效果如图 29.11 所示。

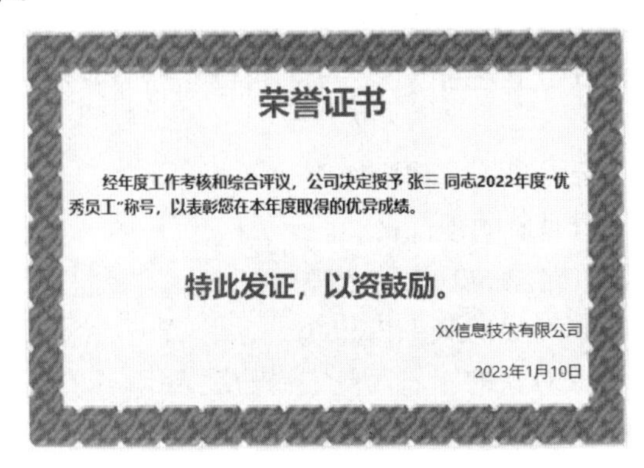

图 29.11　设置内容间距

29.3.4　边框与浮动

1．边框样式

☑ 添加边框：Bootstrap 还提供了边框样式，这些样式可以用于图像、按钮或者其他元素，而这些样式仅需要添加类名即可实现。添加边框样式时需要分别定义添加的边框方向，即上边框、右边框、下边框、左边框或者所有边框等。定义要添加的边框可以通过表 29.7 中所示的类名来实现。

表 29.7　各类名对应的添加的边框的方向

类　名	含　义
.border	为元素的上、右、下、左四个方向都添加边框
.border-top	为元素添加上边框
.border-right	为元素添加右边框
.border-bottom	为元素添加下边框
.border-left	为元素添加左边框

说明

为元素设置边框时，需要设置边框的方向以及边框的颜色。若仅设置边框方向而未设置颜色，则其边框的颜色为#dee2e6；若仅设置边框颜色而未设置边框方向，则设置边框无效。

☑ 清除边框：使用 Bootstrap 不仅可以添加边框，还可以为元素清除某个方向的边框，具体方法就是在需要清除的边框的类名后面添加“-0”，如清除元素的上边框，则可以为元素添加类名.border-top-0，表 29.8 列举了清除各方向的边框需要添加的类名。

表 29.8　各类名对应的清除的边框的方向

类　　名	含　　义
.border-0	为元素清除所有边框
.border-top-0	为元素清除上边框
.border-right-0	为元素清除右边框
.border-bottom-0	为元素清除下边框
.border-left-0	为元素清除左边框

☑ 设置边框颜色：添加了边框方向后，继续设置边框的颜色。边框颜色的类名由单词 border 和 Bootstrap 预设的颜色词（如 secondary）组成，如类名.border-secondary。表 29.9 列举了 Bootstrap 中预设的边框颜色对应的十六进制颜色。

表 29.9　Bootstrap 预设的边框颜色对应的十六进制颜色

类　　名	十六进制颜色词
.border-primary	#007bff
.border-secondary	#6c757d
.border-success	#28a745
.border-danger	#dc3545
.border-warning	#ffc107
.border-info	#17a2b8
.border-light	#f8f9fa
.border-dark	#343a40
.border-white	#dee2e6

【例 29.5】仿制简易密码输入器页面。（**实例位置：资源包\TM\sl\29\05**）

使用 Bootstrap 制作一个简易密码输入器页面，密码输入器包含数字 0～9 的按钮以及 OK 按钮和 Back 按钮。具体代码如下：

```
<style>
    .keyboard{
        width: 200px;
        height: 250px;
        padding: 15px;
        background-color: #e8f5e9;
    }
    .scr{
```

```
            height: 40px;
        }
        .keyboard>div>div{
            width: 40px;
            height: 30px;
        }
    </style>
<div class="keyboard m-auto border-success border">
    <div class="border border-info scr w-100"></div>
    <div class="clearfix">
        <div class="border border-secondary float-left m-2 text-center">7</div>
        <div class="border border-secondary float-left m-2 text-center">8</div>
        <div class="border border-secondary float-left m-2 text-center">9</div>
    </div>
    <div class="clearfix">
        <div class="border border-secondary float-left m-2 text-center">4</div>
        <div class="border border-primary float-left m-2 text-center">5</div>
        <div class="border border-secondary float-left m-2 text-center">6</div>
    </div>
    <div class="clearfix">
        <div class="border border-secondary float-left m-2 text-center">1</div>
        <div class="border border-secondary float-left m-2 text-center">2</div>
        <div class="border border-secondary float-left m-2 text-center">3</div>
    </div>
    <div class="clearfix">
        <div class="border border-danger float-left m-2 text-center small">OK</div>
        <div class="border border-info float-left m-2 text-center">0</div>
        <div class="border border-warning float-left m-2 text-center small">Back</div>
    </div>
</div>
```

程序运行效果如图 29.12 所示。

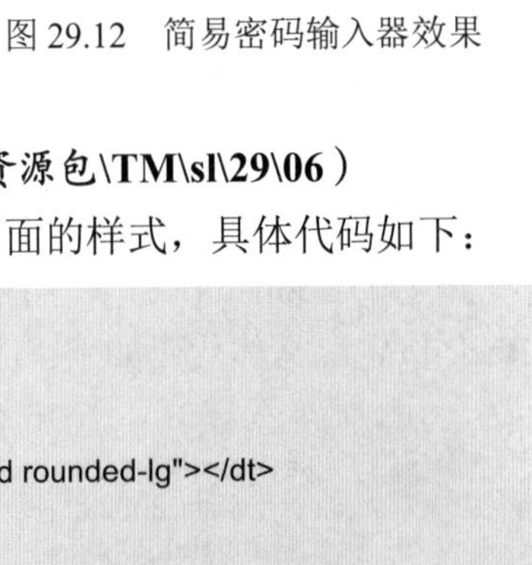

图 29.12　简易密码输入器效果

2．元素的浮动

Bootstrap 中可以通过类名来快速添加和取消元素的浮动效果，具体的类名如下。

☑　.float-left：设置项目向左浮动显示。

☑　.float-right：设置项目向右浮动显示。

☑　.float-none：设置项目不浮动显示。

☑　.clearfix：清除元素的浮动。

【例 29.6】仿制电商网站首页中“用券爆款”页面。（**实例位置：资源包\TM\sl\29\06**）

实现电商网站中“用券爆款”功能页面，并且使用 Bootstrap 设置页面的样式，具体代码如下：

```
<div class="container px-5 pt-2" style="background: #ffd4cd;min-height: 420px">
    <h3 class="text-center font-weight-bold pb-2">用券爆款</h3>
    <div>
        <dl class="rounded-lg bg-light float-left" style="width: 23%;margin:10px 1%">
            <dt class="float-left w-50"><img src="images/1.png" alt="" class="img-fluid rounded-lg"></dt>
            <dd class="float-left initialism w-50 font-weight-bold">
                <p class="pt-2">HTML5+CSS3 精彩编程 200 例</p>
                <p class="pt-2 text-danger">￥39.90</p>
                <button class="btn btn-danger rounded-pill btn-sm">立即购买</button>
            </dd>
        </dl>
```

```
        <dl class="rounded-lg bg-light  float-left" style="width: 23%;margin:10px 1%">
            <dt class="float-left w-50"><img src="images/2.png" alt="" class="img-fluid rounded-lg"></dt>
            <dd class="float-left initialism w-50 font-weight-bold">
                <p class="pt-2">JavaScript 精彩编程 200 例</p>
                <p class="pt-2 text-danger">¥39.90</p>
                <button class="btn btn-danger rounded-pill btn-sm">立即购买</button>
            </dd>
        </dl>
        <!--此处省略其余商品代码，省略部分与上面商品代码类似-->
    </div>
</div>
```

程序运行结果如图 29.13 所示。

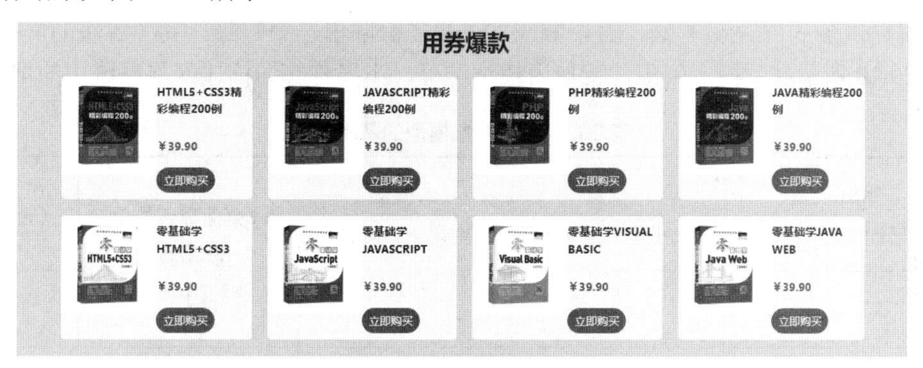

图 29.13　特惠爆款页面效果

编程训练（答案位置：资源包\TM\sl\29\编程训练）

【训练 1】实现会议通知页面　使用 Bootstrap 实现会议通知的页面效果。

【训练 2】实现拼多多中的获取水滴页面　使用 Bootstrap 实现拼多多中多多果园获取水滴页面。

29.4　网格布局

网格布局是 Bootstrap 中响应式布局的核心布局方式，本节主要介绍 Bootstrap 中网格布局的基本使用方法。

29.4.1　网格系统概述

网格系统又叫栅格系统（也被称作网格化），是通过规则的网格来指导和规范网页中的版面布局及信息分布的。

具体来说，就是将网页的总宽度分为 12 等份，开发人员可以自由地分配项目中的列数。例如，开发人员自定义每一列的宽度为 2 格，则该行显示 6 列项目，若定义每一列宽度为 3 格，则一行显示 4 列项目，以此类推，如图 29.14 所示。当然，这并不表示项目中的所有列的总宽度必须完全填充 12 列，只要不超过 12 列就可以，如果超过 12 列，则自动对项目进行换行处理，其具体换行规则后面将继续讲解。

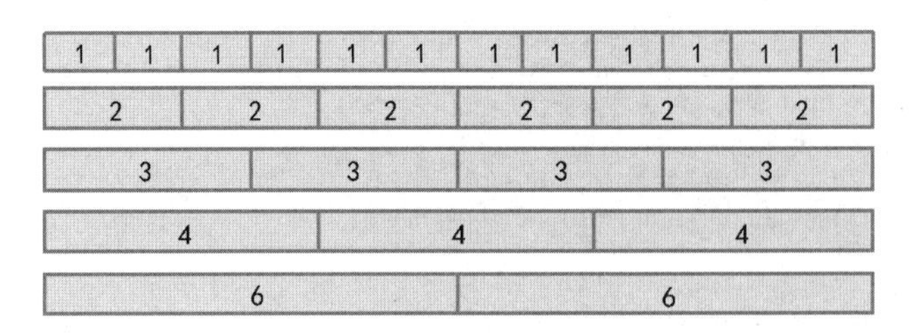

图 29.14　网格系统

1. 网格化选项

网格系统提供了 5 个网格等级，每个响应式分界点分隔出一个等级。其各等级的屏幕尺寸及其类名前缀如表 29.10 所示（后面实例中，将使用超小屏幕、小屏幕等词描述网格系统中的屏幕的尺寸）。

表 29.10　弹性盒模型的基本属性

	超小屏幕（新增规格<576px）	小屏幕（次小屏≥576px）	中等屏（窄屏≥768px）	大屏幕（桌面显示器≥992px）	超大屏幕（大桌面显示器≥1200px）
.container 最大宽度	None(auto)	540px	720px	960px	1140px
类前缀	.col-	.col-sm-	.col-md-	.col-lg-	.col-md-

当然，需要说明的是，网格布局的断点媒体查询都基于宽度的最小值（min-width），这意味着它们适用于该等级之上的所有设备。例如.col-md-4 的定义可以在中等屏幕、大屏幕以及超大屏幕上呈现效果，但是在小屏幕和超小屏幕上是不会起作用的。这也意味着，我们如果想要一次性定义从最小设备到最大设备都相同的网格系统布局表现，则直接使用.col 或.col-*来实现，而不必依次设置.col、.col-sm-*、.col-md-*等。

2. 固定网格与流式网格

网格系统提供了集中内容居中、水平填充网页内容的方法，使用.container 可以实现在所设置屏幕断点范围内，网页的内容始终在浏览器中以固定的大小在网页中居中显示，这种网格布局被称为固定网格布局。有关各设备类型中的.container 的尺寸大小可参见表 29.10。当然，用户如果不希望以这种方式呈现网页效果，而希望总是全屏显示网页的话，则可以通过.container-fluid 来实现。

例如，下面代码可以简单地对比出.container 与.container-fluid 的区别。

```
<div class="container mt-5" style="background: #7be1e9;border:3px solid #ff5546">
    <div class="row">
        <div class="col" style="border-right:3px solid #ff5546 ">col</div>
        <div class="col">col</div>
    </div>
</div>
<div class="container-fluid mt-5" style="background: #7be1e9;border:3px solid #ff5546">
    <div class="row">
        <div class="col" style="border-right:3px solid #ff5546 ">col</div>
        <div class="col">col</div>
    </div>
</div>
```

运行效果如图 29.15 所示。

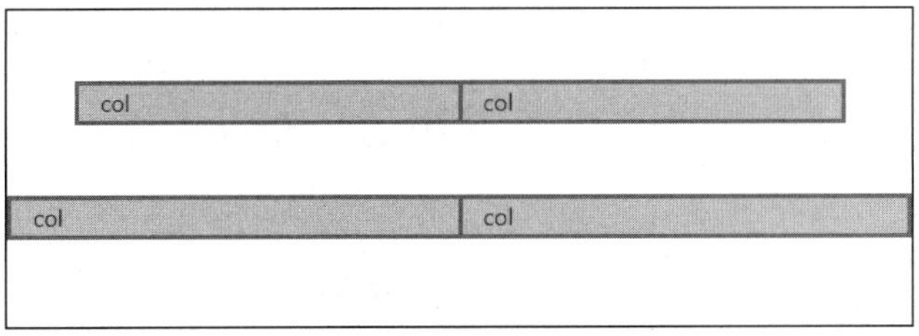

图 29.15　固定网格与流式网格

3．间距的处理

在使用网格布局时，默认情况下网格的列之间一般会有大约 15px 的 margin 或 padding 来处理，如果不需要这些间隙（无边缝设计），则可以通过类名.no-gutters 来清除，但是，在设置该类名时，父元素中必须删除类名.container 或 container-fluid。下面代码可以简单演示间隙的清除：

```
<div class="container-fluid">
    <div class="row">
        <div class="col border border-danger">HTML5+CSS3+JavaScript</div>
        <div class="col border border-danger">Bootstrap</div>
    </div>
</div>
<div class="row no-gutters mt-2">
    <div class="col border border-danger">HTML5+CSS3+JavaScript</div>
    <div class="col border border-danger">Bootstrap</div>
</div>
```

上述代码的运行效果如图 29.16 所示。

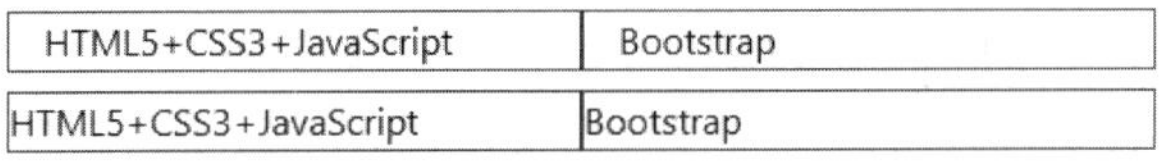

图 29.16　间距的处理

29.4.2　自动布局列

在 Bootstrap3 的网格系统中，需要严格定义列的宽度，但是 Bootstrap4 中仅需要简单设置一些类名即可自动设置列的宽度。设置列的宽度时，有以下几种情况。

1．等宽布局

在 Bootstrap3 中，我们如果要实现一行中的各列元素等宽布局，则需要严格定义各列的宽度，而 Bootstrap4 的网格布局与 flexbox 相结合，因此要实现等宽布局，只需要为各列添加类名.col。

例如：如果在一个 div.row 中有 4 个 div.col，那么每一个 div.col 的宽度都为 div.row 的 25%；如果一个 div.row 中有 5 个 div.col，那么每一个 div.col 的宽度都为 div.row 的 20%。

例如，在一个页面中添加 3 个 div.row，分别向 div.row 中添加 2、3、4 个 div.col，示例代码如下：

```
<div class="container">
    <div class="row">
        <div class="col border border-success">第 1 行第 1 列</div>
```

```
            <div class="col border border-success">第 1 行第 2 列</div>
        </div>
        <div class="row">
            <div class="col border border-danger">第 2 行第 1 列</div>
            <div class="col border border-danger">第 2 行第 2 列</div>
            <div class="col border border-danger">第 2 行第 3 列</div>
        </div>
        <div class="row">
            <div class="col border border-primary">第 3 行第 1 列</div>
            <div class="col border border-primary">第 3 行第 2 列</div>
            <div class="col border border-primary">第 3 行第 3 列</div>
            <div class="col border border-primary">第 3 行第 4 列</div>
        </div>
</div>
```

程序运行结果如图 29.17 所示。

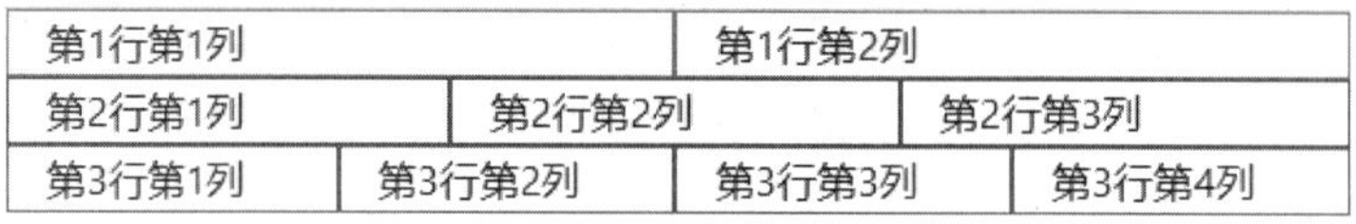

<table>
<tr><td colspan="6">第1行第1列</td><td colspan="6">第1行第2列</td></tr>
<tr><td colspan="4">第2行第1列</td><td colspan="4">第2行第2列</td><td colspan="4">第2行第3列</td></tr>
<tr><td colspan="3">第3行第1列</td><td colspan="3">第3行第2列</td><td colspan="3">第3行第3列</td><td colspan="3">第3行第4列</td></tr>
</table>

图 29.17　等宽布局示例

注意

在使用网格布局时需要注意，列(.col-*)是行(.row)的直接子元素，所有的布局内容都必须放置在列(.col)中。

2．自定义宽度

网格布局中可以使用.col-*来自定义某一列的宽度，而*表示具体占用了该行中的几格，如 col-6 表示占用了网格系统中的 6 格，那么它的宽度为该行的 50%，其余未指定宽度的列平分该行剩余的宽度，如图 29.18 所示。

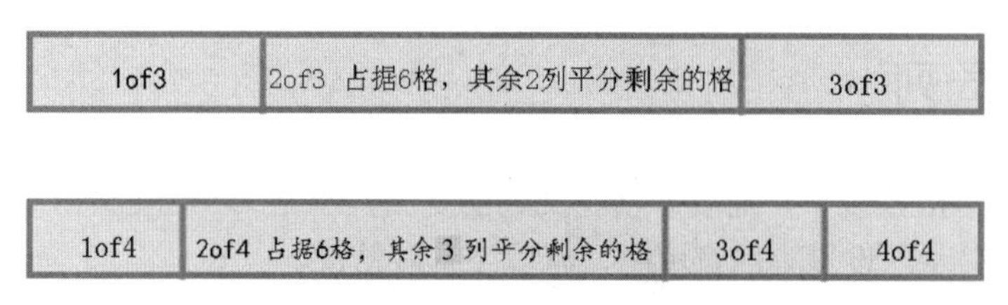

图 29.18　自定义列的宽度

说明

使用网格布局时，如果一行中定义的网格总数超过 12 格，那么 Bootstrap 会在保留列完整的前提下，将不能显示一行里的多余列重置到下一行，并且占用完整的一行。

3．设置项目为宽度可变的弹性空间

前面介绍了设置项目的宽度，而这里介绍的则是设置项目为宽度可变的弹性空间，即无论放大或

缩小屏幕尺寸，项目的宽度始终能够适应内容。设置其宽度正好能适应内容是通过类名.col-auto 来实现的。

4．混合布局

当然，如果使用 Bootstrap 只能简单地使各屏幕下的网格系统都相同，那将是非常单调乏味的，并且无法满足设计师的需求，因此我们可以根据需要将对每一个列进行不同的设备定义。简单地说，就是在不同设备中使用不同的布局方式。

在同一个 div 中添加多个.col-类名可以实现在多个设备中使用不同的布局方式。例如：下面代码可以实现：在小屏幕上时，一行显示 2 列项目（因为添加了类名.col-sm-6）；在中等屏幕上时，一行显示 3 列项目（因为添加了类名.col-md-4）；在大尺寸屏幕上时，一行显示 4 列项目（因为添加了类名.col-lg-3）。

```
<div class="row">
    <div class="col-sm-6 col-lg-3 col-md-4"></div>
    <div class="col-sm-6 col-lg-3 col-md-4"></div>
    <div class="col-sm-6 col-lg-3 col-md-4"></div>
    <div class="col-sm-6 col-lg-3 col-md-4"></div>
</div>
```

上面代码的布局方式类似图 29.19 所示。

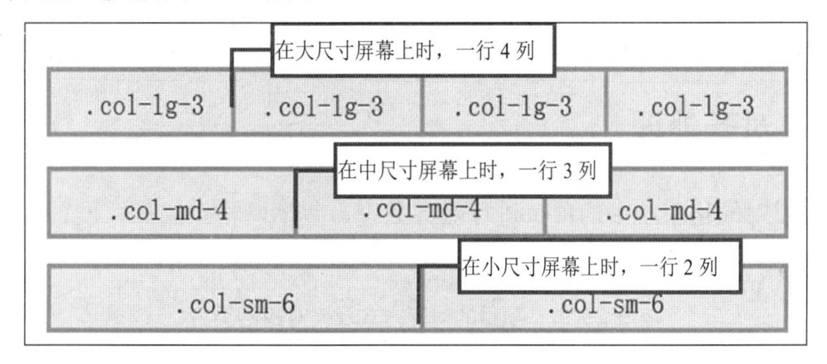

图 29.19　混合布局

【例 29.7】实现游戏列表页面的响应式布局。（**实例位置：资源包\TM\sl\29\07**）

使用网格系统实现游戏列表页面，要求：在大屏幕和超大屏幕上显示本实例时，每行显示 6 列游戏；在中等屏幕上显示本实例时，每行显示 4 列游戏；在小屏幕上显示本实例时，每行显示 3 列游戏；在超小屏幕上显示本实例时，每行显示 2 列游戏。具体代码如下：

```
<div class="container-fluid border border-primary">
    <div class="row">
        <p class="col-auto text-left text-primary font-weight-bold h4">精品游戏</p>
        <p class="col text-muted text-right">更多</p>
    </div>
    <div class="row">
        <dl class="col-6 col-sm-4 col-md-3 col-lg-2">
            <dt class=""><img src="images/13.jpg" alt="" class="img-fluid"></dt>
            <dd class="text-muted text-center">血饮传说</dd>
        </dl>
        <dl class="col-6 col-sm-4 col-md-3 col-lg-2">
            <dt class=""><img src="images/14.jpg" alt="" class="img-fluid"></dt>
            <dd class="text-muted text-center">休闲游戏</dd>
        </dl>
```

```
        <!--省略其余游戏列表-->
    </div>
</div>
```

在浏览器上运行本实例，超大屏幕上的运行效果如图 29.20 所示，超小屏幕上的运行效果如图 29.21 所示。

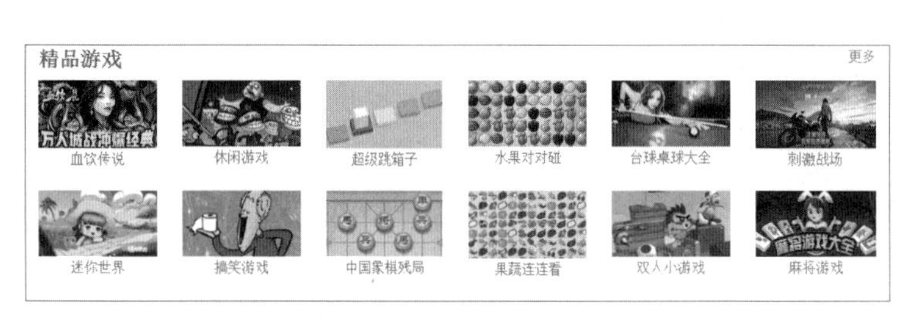

图 29.20　超大屏幕上每行显示 6 列

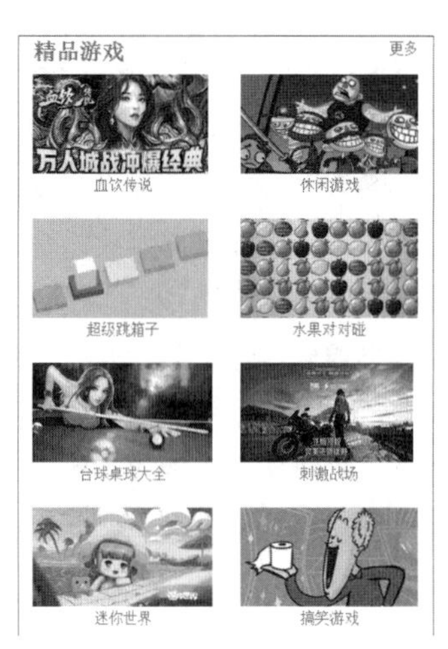

图 29.21　超小屏幕上每行显示 2 列

29.4.3　项目的对齐处理

Bootstrap 还可以对网格系统中的项目进行对齐处理，包括网格布局可以设置项目在水平方向和垂直方向上的对齐方式，具体项目的对齐方式及其对应的类名如表 29.11 所示。

表 29.11　项目的对齐方式及其对应的类名

类　名	对 齐 方 式
justify-content-start	项目与起始位置对齐
justify-content-center	项目居中对齐
justify-content-end	项目与结束位置对齐
justify-content-between	项目之间等间距对齐
justify-content-around	项目两端等间距

各对齐方式的作用效果如图 29.22 所示。

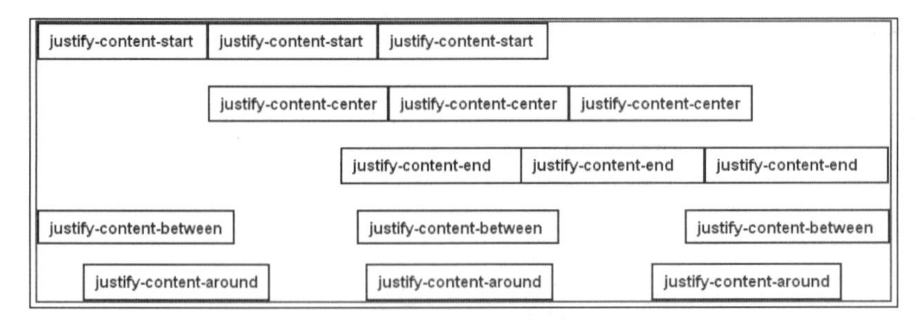

图 29.22　网格布局中项目的水平对齐方式

如果要设置项目在不同的设备中显示为不同的对齐方式，那么需要将上述类名修改为 justify-content{-sm | md |lg | md}-start | center | end | between | around。例如设置项目在小屏幕上居中对齐，那么设置类名为 justify-content-sm-center。

【例 29.8】实现游戏列表的响应式水平对齐方式。（**实例位置：资源包\TM\sl\29\08**）

使用网格系统实现游戏列表页面，要求在超小屏幕和小型屏幕上运行本实例时，网页中第一行游戏列表左对齐，第二行游戏列表右对齐，而在中等屏幕、大屏幕以及超大屏幕上运行本实例时，第一行游戏列表居中对齐，第二行列表等间距对齐。具体代码如下：

```
<div class="container text-center border border-secondary">
    <div class="row justify-content-between">
        <p class="text-left float-left text-primary font-weight-bold h3">精品游戏</p>
        <p class="text-right float-right text-muted">查看更多</p>
    </div>
    <div class="row justify-content-start justify-content-md-center">
        <!--游戏列表-->
        <dl class="col-3 border border-primary m-2 p-2">
            <dt class=""><img src="images/13.jpg" alt="" class="img-fluid"></dt>
            <dd class="text-muted text-center">血饮传说</dd>
        </dl>
        <dl class="col-3 border border-primary m-2 p-2">
            <dt class=""><img src="images/14.jpg" alt="" class="img-fluid"></dt>
            <dd class="text-muted text-center">休闲游戏</dd>
        </dl>
        <dl class="col-3 border border-primary m-2 p-2">
            <dt class=""><img src="images/3.jpg" alt="" class="img-fluid"></dt>
            <dd class="text-muted text-center">超级跳箱子</dd>
        </dl>
    </div>
    <div class="row justify-content-end justify-content-md-around">
        <!--省略其余游戏列表，省略代码与上面游戏列表代码类似-->
    </div>
</div>
```

编写完代码后，在浏览器中运行本实例，图 29.23 为小型屏幕上显示的本实例效果，图 29.24 为中等屏幕上显示的本实例效果。

图 29.23　小型屏幕上的实例效果

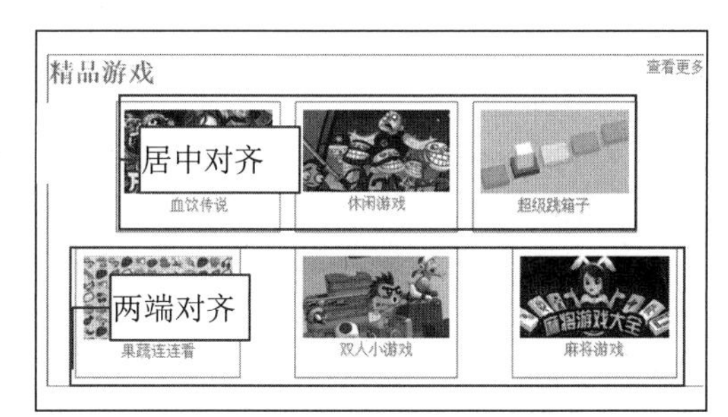

图 29.24　中等屏幕上的实例效果

说明

网格布局中若要对项目进行垂直方向的对齐，需要使用.align-items-*来实现，具体方法与设置项目的水平对齐方式类似，在父元素（.row）上添加类名.align-items-*。

编程训练（答案位置：资源包\TM\sl\29\编程训练）

【训练 3】使用网格系统来布局一则 360 每日趣玩消息　使用网格系统来布局一则 360 每日趣玩消息。要求无论缩小或放大浏览器尺寸，页面内容始终整齐地展示。

【训练 4】实现游戏列表的响应式垂直对齐方式　实现游戏列表布局，要求在超小屏幕上浏览本实例时，第一行列表与顶部对齐，第二行列表与底部对齐，而在中等及以上屏幕上运行本实例时，两行游戏列表垂直居中对齐。

29.5　实践与练习

（答案位置：资源包\TM\sl\29\实践与练习）

综合练习 1：响应式登录注册页面　使用 Bootstrap 实现一个响应式登录注册页面，当浏览器宽度变化时，表单页面也随之放大或缩小，该页面中可以切换登录、注册以及重置的功能。

综合练习 2：制作音乐网站的热门推荐列表　实现音乐网站的热门推荐列表页面。该页面内容主要分为两部分，即导航菜单和播放列表。导航菜单部分使用 Bootstrap 中的弹性布局，并且设置最后一项菜单项向右偏移；而播放列表选择页面中则使用网格布局，将列表设置为两行，每行设置为 4 列。

第 5 篇

项目实战

本篇使用HTML5、CSS3和JavaScript技术开发一个具有时代气息的购物类网站——51购商城。它可使读者一步一步地体验Web前端项目开发的实际过程，加深对本书所讲基础技术的理解，积累开发经验。

项目实战 — 51购商城 — 设计一个功能相对完整的电子商务网站，体验Web前端页面的开发过程

第 30 章

51 购商城

网络购物已经不再是什么新鲜事物，当今，无论是企业还是个人，都可以方便地在网上交易商品，进行批发零售，如在淘宝上开网店，在微信上做微店等。本章将设计并制作一个综合的电子商城项目——51 购商城。该项目由浅入深逐步实现传统计算机端的页面功能，并且适配移动端（手机和平板设备等），为用户提供更好的界面布局和购物体验。

本章知识架构及重难点如下。

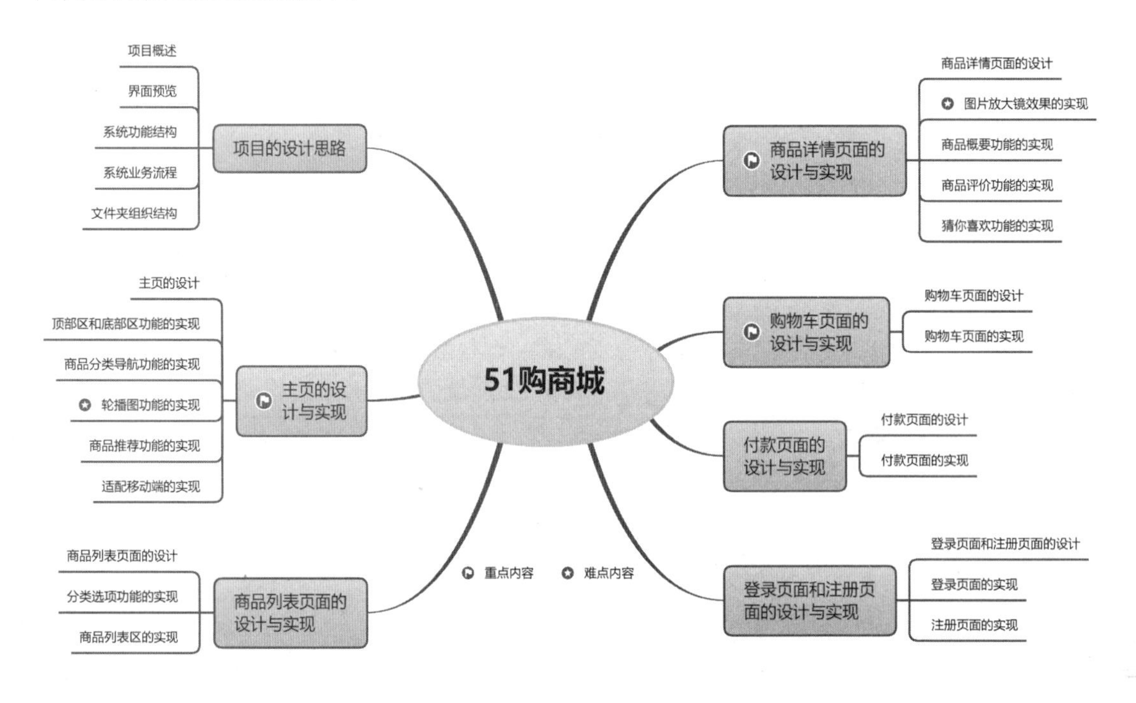

30.1 项目的设计思路

良好的项目设计是一个优秀网页项目成功的前提条件。接下来，项目的设计思路将从项目概述、界面预览、功能结构、业务流程和文件夹组织结构 5 个方面进行说明。

30.1.1 项目概述

51 购商城，从整体设计上看，具有通用电子商城的购物功能流程，如商品的推荐、商品详情的展示、购物车等功能。网站的功能具体划分如下。

☑ 商城主页：是用户访问网站的入口页面，重点介绍推荐商品和促销商品等信息。它具有分类导航功能，方便用户继续搜索商品。

☑ 商品列表页面：根据某种分类商品，如手机类商品，可以将商城所有的手机以列表的方式进行展示。按照商品的某种属性特征，如手机内存或手机颜色等，可以进一步检索感兴趣的手机信息。

☑ 商品详情页面：全面详情地展示具体某一种商品信息，包括商品本身的介绍，如商品产地、购买商品后的评价、相似商品的推荐等内容。

☑ 购物车页面：对某种商品产生消费意愿后，则可以将商品添加到购物车页面。购物车页面详细记录了已添加商品的价格和数量等内容。

☑ 付款页面：真实模拟付款流程，包含用户常用收货地址、付款方式的选择和物流的挑选等内容。

☑ 登录注册页面：包括用户登录或注册时，表单信息提交的验证，如账户密码不能为空、数字验证和邮箱验证等内容。

30.1.2　界面预览

☑ 主页：主页界面效果如图 30.1 所示，包括计算机端和移动端。用户可以浏览商品分类信息、选择商品和搜索商品，也可以在自己的移动端浏览查询。

图 30.1　51 购商城主页界面（计算机端和移动端）

☑ 商品列表页面：商品列表页面展示同类别商品信息，效果如图 30.2 所示。根据商品的具体类别，如手机运行内存、屏幕尺寸和颜色等，可对手机商品进行更加细分的搜索。商品列表页面支持兼容移动端展示，方便手持设备用户浏览查询。

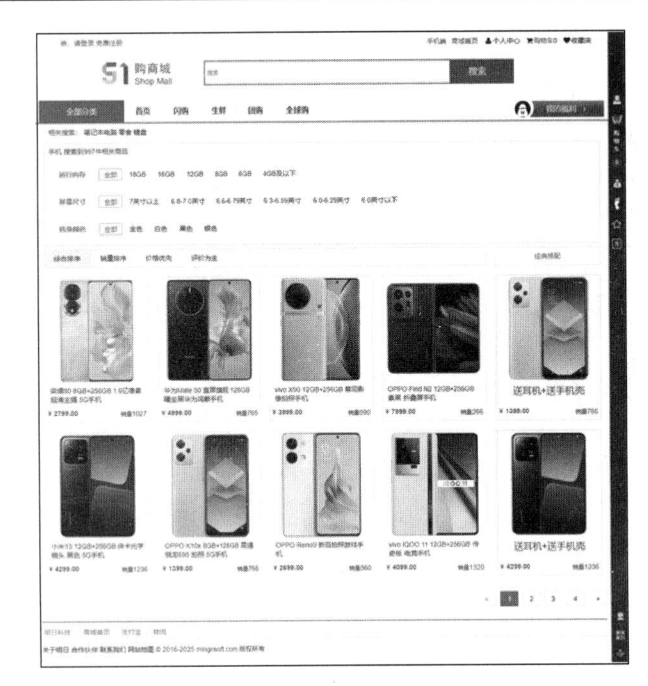

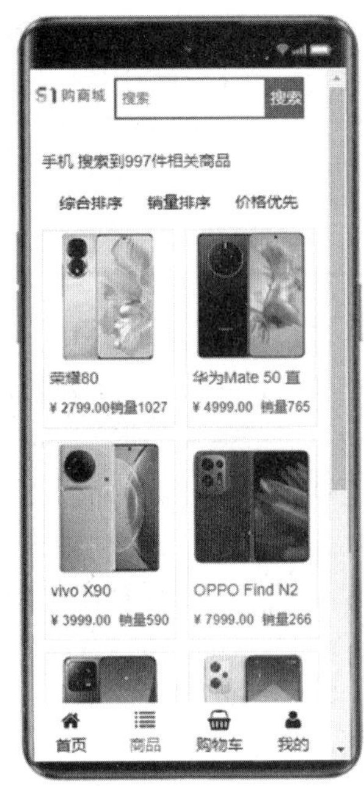

图 30.2　商品列表页面效果（计算机端和移动端）

☑ 付款页面：付款页面效果如图 30.3 所示。用户选择完商品并将其加入购物车后，则进入付款页面。付款页面包含收货地址、物流方式和支付方式等内容，符合通用电商网站的付款流程，同时支持移动端的付款体验。

图 30.3　付款页面效果（计算机端和移动端）

30.1.3　系统功能结构

51 购商城从功能上划分，由主页、商品、购物车、付款、登录和注册 6 个功能组成。其中，登录和注册的页面布局基本相似，可以当作一个功能。详细的功能结构如图 30.4 所示。

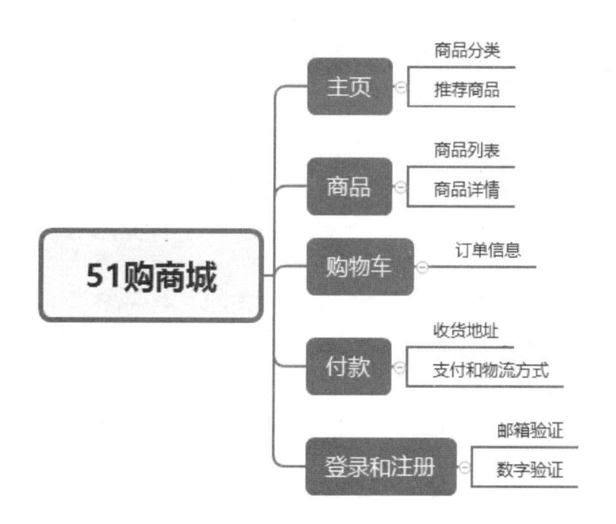

图 30.4　网站功能结构图

30.1.4　系统业务流程

在开发 51 购商城之前，需要了解网站的业务流程。根据 51 购商城的需求及功能结构，设计出如图 30.5 所示的系统业务流程。

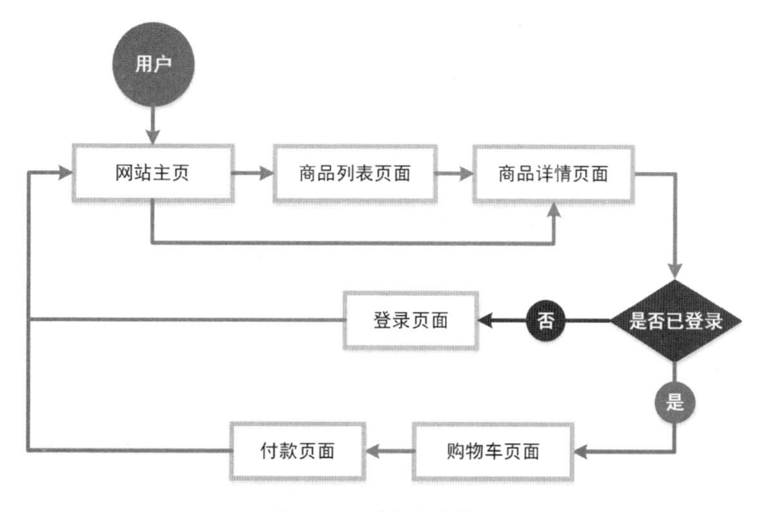

图 30.5　系统业务流程

30.1.5 文件夹组织结构

设计规范合理的文件夹组织结构，可以方便日后的维护和管理。对于 51 购商城，我们首先新建 51shop 作为项目根目录文件夹，然后新建 css 文件夹、fonts 文件夹和 images 文件夹，分别保存 CSS 样式类文件、字体文件和图片资源文件，最后新建各个功能页面的 HTML 文件，如 login.html 文件，表示登录页面。具体文件夹组织结构如图 30.6 所示。

图 30.6 51 购商城的文件夹组织结构

在本项目中，JavaScript 的代码是以页面内嵌入的方式编写的，因此没有新建 js 文件夹。

30.2 主页的设计与实现

主页是一个网站的脸面，打开一个网站，首先看到的是主页的页面，因此主页的设计与实现对于一个网站的成功与否至关重要。下面将从主页的设计、顶部区和底部区功能的实现、商品分类导航功能的实现、轮播图功能的实现、商品推荐功能的实现和适配移动端的实现分别进行讲解。

30.2.1 主页的设计

在越来越重视用户体验的今天，主页的设计非常关键。视觉效果优秀的界面设计和个性化的使用体验会让用户印象深刻，流连忘返。因此，51 购商城的主页特别设计了推荐商品和促销活动两个功能，它们为用户推荐最新、最好的商品和活动。主页的界面效果如图 30.7 和图 30.8 所示。

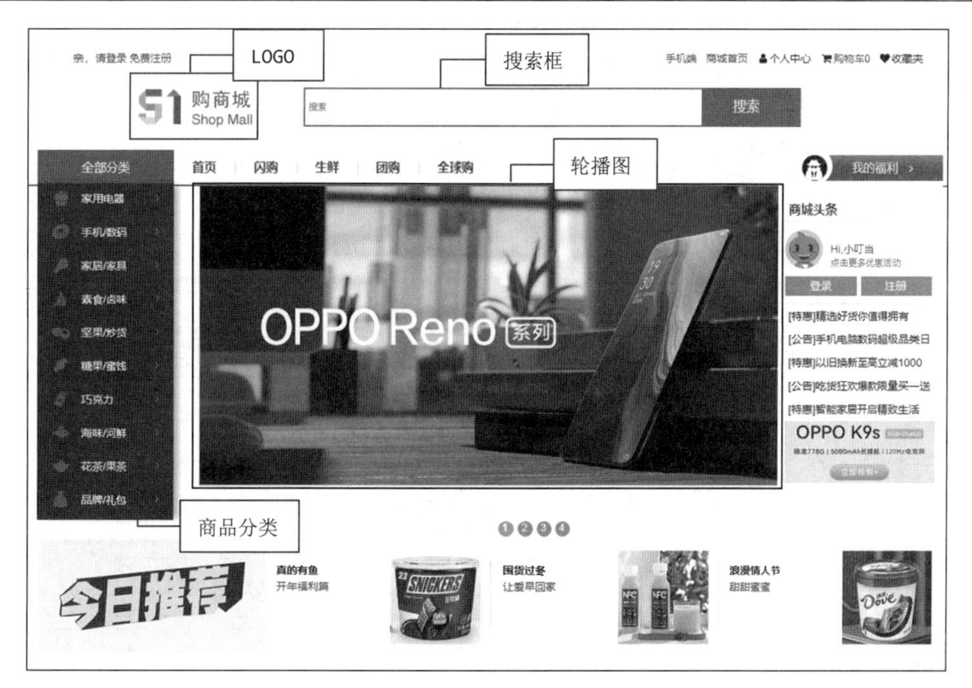

图 30.7　主页顶部区域的各个功能

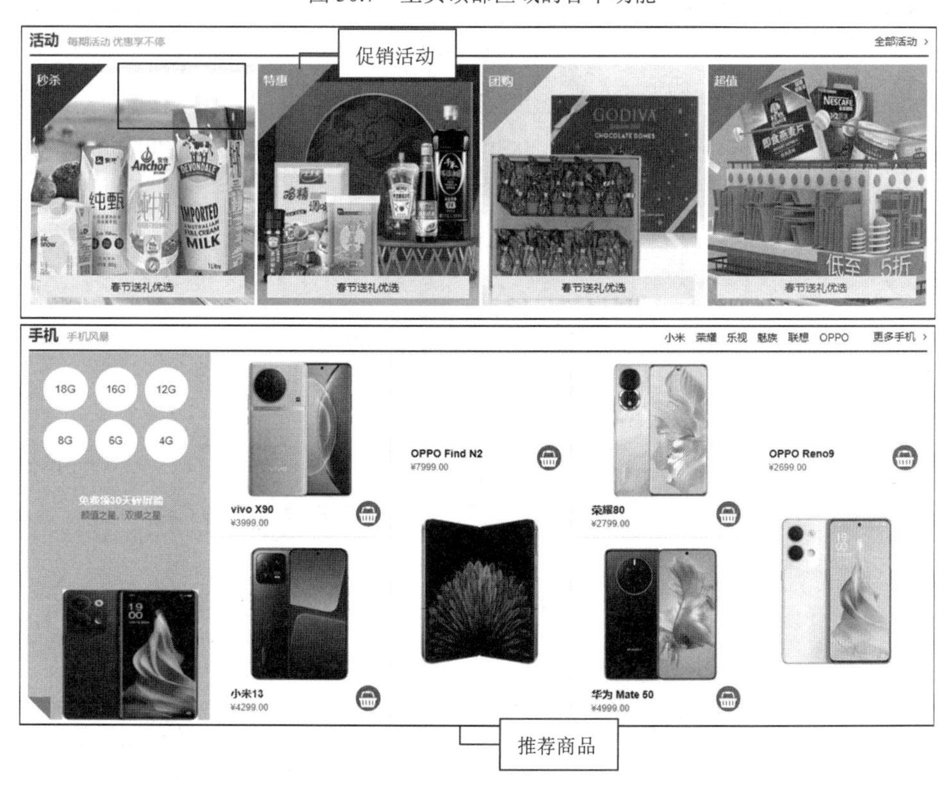

图 30.8　主页的促销活动区域和推荐商品区域

30.2.2 顶部区和底部区功能的实现

根据由简到繁的原则，首先实现网站顶部区和底部区的功能。顶部区主要由网站的 LOGO 图片、搜索框和导航菜单（登录、注册、手机端和商城首页等链接）组成，方便用户跳转到其他页面。底部区由制作公司和导航栏组成，它们链接到技术支持的官网。功能实现后的界面如图 30.9 所示。

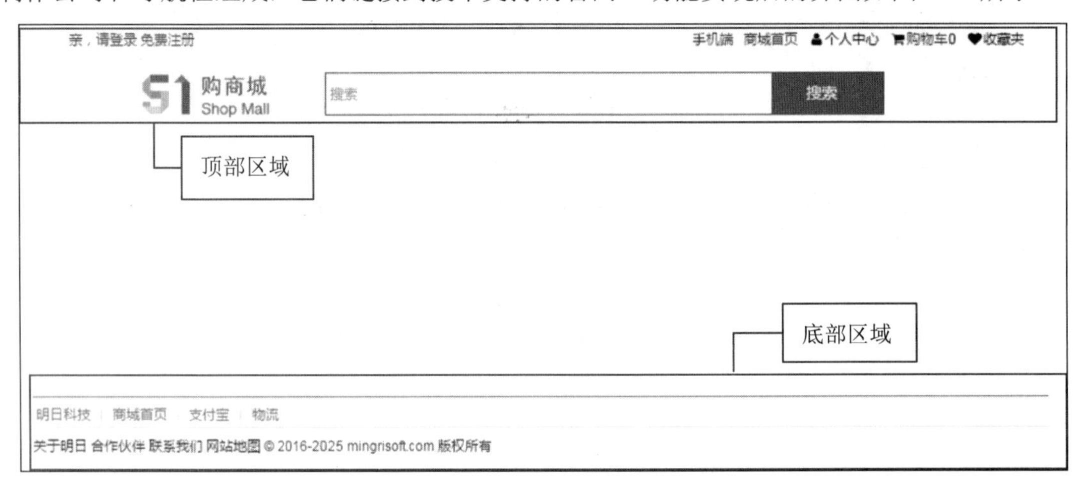

图 30.9 主页的顶部区和底部区

实现网站顶部区和底部区功能的具体实现步骤如下。

（1）新建一个 HTML 文件，将其命名为 index.html。引入 bootstrap.css 文件、admin.css 文件、demo.css 文件和 hmstyle.css 文件，构建页面整体布局。关键代码如下：

```
<!DOCTYPE html>
<html lang="en">
<head>
    <meta http-equiv="Content-Type" content="text/html; charset=utf-8"/>
    <meta name="viewport" content="width=device-width, initial-scale=1.0,
      minimum-scale=1.0, maximum-scale=1.0, user-scalable=no">
    <title>首页</title>
    <link rel="stylesheet" type="text/css" href="css/basic.css"/>
    <link rel="stylesheet" type="text/css" href="css/admin.css"/>
    <link rel="stylesheet" type="text/css" href="css/demo.css"/>
    <link rel="stylesheet" type="text/css" href="css/hmstyle.css"/>
</head>
<body>
</body>
</html>
```

说明

在<meta>标签中，name 属性值为 viewport，表示页面的浏览模式会根据浏览器的大小进行动态调节，即适配移动端的浏览器大小。

（2）实现顶部区的功能。重点说明搜索框的布局技巧，首先新建一个<div>标签，添加 class 属性，该属性值为 search-bar，并确定搜索框的定位。然后使用<form>标签，分别新建搜索框、文本框和搜索

按钮。关键代码如下：

```
<div class="nav white">
    <!--网站 LOGO-->
    <div class="logo"><a href="index.html"><img src="images/logo.png"/></a></div>
    <div class="logoBig">
        <li><img src="images/logobig.png"/></li>
    </div>
    <!--搜索框-->
    <div class="search-bar pr">
        <a name="index_none_header_sysc" href="#"></a>
        <form>
            <input id="searchInput" name="index_none_header_sysc"
                   type="text" placeholder="搜索" autocomplete="off">
            <input id="ai-topsearch" class="submit mr-btn" value="搜索"
                   index="1" type="submit">
        </form>
    </div>
</div>
```

（3）实现底部区的功能。首先通过<p>标签和<a>标签，实现底部的导航栏。然后为<a>标签添加 href 属性，链接到商城主页页面。最后使用<p>段落标签，显示关于明日、合作伙伴和联系我们等网站制作团队相关信息。代码如下：

```
<div class="footer">
    <div class="footer-hd ">
        <p>
            <a href="http://www.mingrisoft.com/" target="_blank">明日科技</a>
            <b>|</b>
            <a href="index.html">商城首页</a>
            <b>|</b>
            <a href="#">支付宝</a>
            <b>|</b>
            <a href="#">物流</a>
        </p>
    </div>
    <div class="footer-bd ">
        <p>
            <a href="http://www.mingrisoft.com/Index/ServiceCenter/aboutus.html"
               target="_blank">关于明日</a>
            <a href="#">合作伙伴</a>
            <a href="#">联系我们</a>
            <a href="#">网站地图</a>
            <em>© 2016-2025 mingrisoft.com 版权所有</em>
        </p>
    </div>
</div>
```

30.2.3　商品分类导航功能的实现

主页商品分类导航功能对商品进行分类，便于用户检索查找。用户使用鼠标滑入某一商品分类中时，界面会继续弹出商品的子类别内容，鼠标滑出时，子类别内容消失。因此，商品分类导航功能可以使商品信息更清晰易查，井井有条。实现后的界面效果如图 30.10 所示。

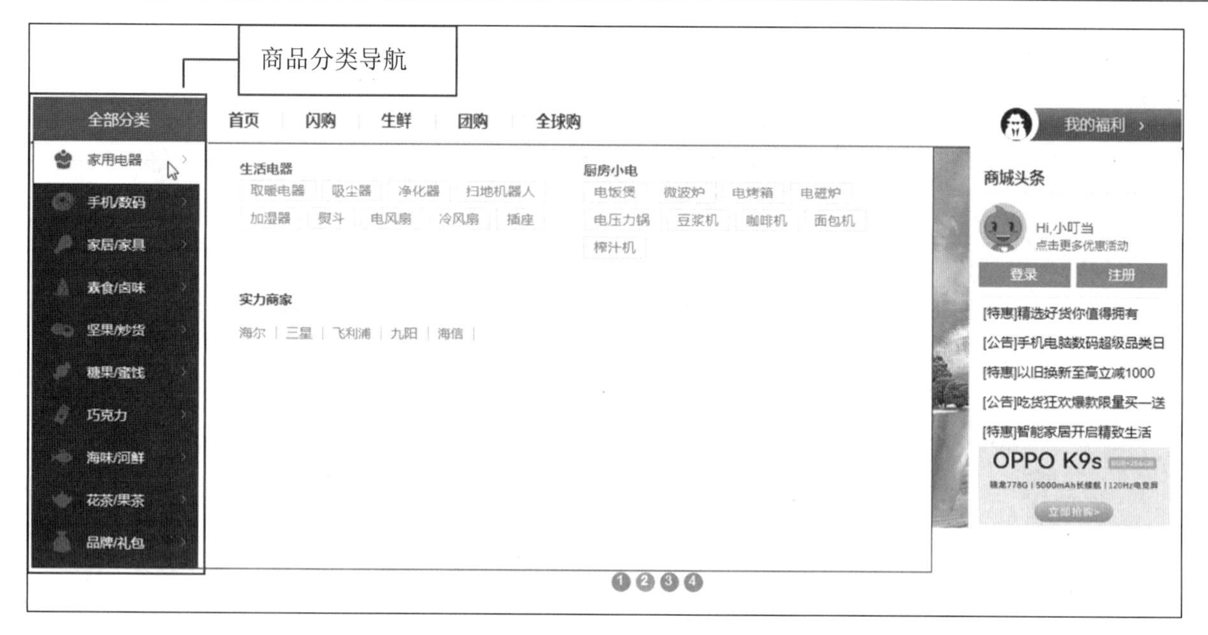

图 30.10　商品分类导航功能的界面效果

主页商品分类导航功能的具体实现步骤如下。

（1）编写 HTML 的布局代码。<li>标签用于显示商品分类信息。在<li>标签中，分别添加 onmouseover 属性和 onmouseout 属性，以便向<li>标签中增加鼠标滑入事件和鼠标滑出事件。关键代码如下：

```
<li class="appliance js_toggle relative"
    onmouseover="mouseOver(this)" onmouseout="mouseOut(this)">
    <div class="category-info">
        <h3 class="category-name b-category-name">
            <i><img src="images/cake.png"></i>
            <a class="ml-22" title="家用电器">家用电器</a></h3>
        <em>&gt;</em></div>
    <div class="menu-item menu-in top" >
        <div class="area-in">
            <div class="area-bg">
                <div class="menu-srot">
                    <div class="sort-side">
                        <dl class="dl-sort">
                            <dt><span >生活电器</span></dt>
                            <dd><a   href="shopInfo.html"><span>取暖电器</span></a></dd>
                            <dd><a   href="shopInfo.html"><span>吸尘器</span></a></dd>
                            <dd><a   href="shopInfo.html"><span>净化器</span></a></dd>
                            <dd><a   href="shopInfo.html"><span>扫地机器人</span></a></dd>
                            <dd><a   href="shopInfo.html"><span>加湿器</span></a></dd>
                            <dd><a   href="shopInfo.html"><span>熨斗</span></a></dd>
                            <dd><a   href="shopInfo.html"><span>电风扇</span></a></dd>
                            <dd><a   href="shopInfo.html"><span>冷风扇</span></a></dd>
                            <dd><a   href="shopInfo.html"><span>插座</span></a></dd>
                        </dl>
                    </div>
                </div>
            </div>
        </div>
```

```
        </div>
        <b class="arrow"></b>
</li>
```

（2）编写鼠标滑入事件和滑出事件的 JavaScript 逻辑代码。mouseOver()方法和 mouseOut()方法分别为鼠标滑入事件和滑出事件方法，二者实现逻辑相似。以 mouseOver()方法为例，首先当鼠标滑入<li>标签节点时，触发 mouseOver()事件方法。然后获取事件对象 obj，设置 obj 对象的样式，找到 obj 对象的子节点（子分类信息），最后将子节点内容显示到页面上。关键代码如下：

```
<script>
    //鼠标滑出事件
    function mouseOver(obj){
        obj.className="appliance js_toggle relative hover";        //设置当前事件对象样式
        var menu=obj.childNodes;                                    //寻找该事件子节点（商品子类别）
        menu[3].style.display='block';                              //设置子节点显示
    }
    //鼠标滑入事件
    function mouseOut(obj){
        obj.className="appliance js_toggle relative";               //设置当前事件对象样式
        var menu=obj.childNodes;                                    //寻找该事件子节点（商品子类别）
        menu[3].style.display='none';                               //设置子节点隐藏
    }
</script>
```

30.2.4　轮播图功能的实现

轮播图功能，根据固定的时间间隔，动态地显示或隐藏轮播图片，以引起用户的关注和注意。轮播图片一般都是系统推荐的最新商品内容。界面的效果如图 30.11 所示。

轮播图功能的具体实现步骤如下。

（1）编写 HTML 的布局代码。使用<ul>标签和<li>标签引入 4 张轮播图，同时新建 1、2、3、4 的轮播顺序节点。关键代码如下：

```
<!--轮播图-->
<div class="mr-slider mr-slider-default scoll"
     data-mr-flexslider id="demo-slider-0">
    <div id="box">
        <ul id="imagesUI" class="list">
            <li class="current" style="opacity: 1;"><img src="images/ad1.png"></li>
            <li style="opacity: 0;"><img src="images/ad2.png" ></li>
            <li style="opacity: 0;"><img src="images/ad3.png" ></li>
            <li style="opacity: 0;"><img src="images/ad4.png" ></li>
        </ul>
        <ul id="btnUI" class="count">
            <li class="current">1</li>
            <li class="">2</li>
            <li class="">3</li>
            <li class="">4</li>
        </ul>
    </div>
</div>
<div class="clear"></div>
```

图 30.11　主页轮播图的界面效果

（2）编写播放轮播图的 JavaScript 代码。首先新建 autoPlay()方法，用于自动轮播图片。然后在 autoPlay()方法中，调用图片显示或隐藏的 show()方法。最后编写 show()方法的逻辑代码，根据设置图片的透明度，显示或隐藏对应的图片。关键代码如下：

```
<script>
    //自动轮播方法
    function autoPlay(){
        play=setInterval(function(){                                   //定时器处理
            index++;
            index>=imgs.length&&(index=0);
            show(index);
        },3000)
    }
    //图片切换方法
    function show(a){
        for(i=0;i<btn.length;i++ ){
            btn[i].className='';                                       //显示当前设置按钮
            btn[a].className='current';
        }
        for(i=0;i<imgs.length;i++){                                    //把图片的效果设置为与按钮的效果相同
            imgs[i].style.opacity=0;
            imgs[a].style.opacity=1;
        }
    }
    //切换按钮功能
    for(i=0;i<btn.length;i++){
        btn[i].index=i;
        btn[i].onmouseover=function(){
            show(this.index);                                          //触发 show()方法
            clearInterval(play);                                       //停止播放
        }
    }
</script>
```

30.2.5　商品推荐功能的实现

商品推荐功能是 51 购网站主要的商品促销形式，此功能可以动态地显示推荐的商品信息，包括商品的缩略图、价格和打折信息等内容。商品推荐功能还可以对众多商品信息进行精挑细选，提高商品的销售率。界面效果如图 30.12 所示。

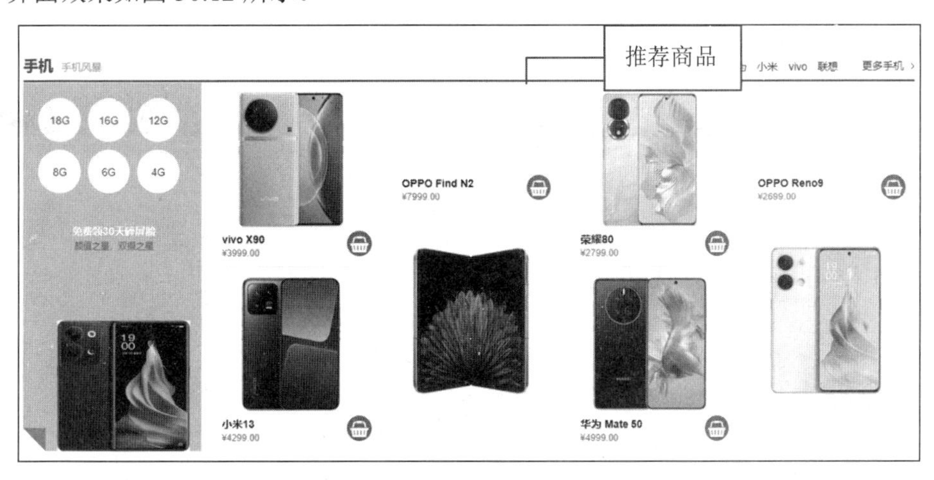

图 30.12　商品推荐功能的界面效果

商品推荐功能的具体实现步骤如下。

编写 HTML 的布局代码。首先新建一个<div>标签，添加 class 属性，该属性值为 word，并布局商品的类别内容。然后通过<div>标签显示具体的商品信息，包括商品名称和商品价格等内容。关键代码如下：

```
<div class="mr-u-sm-5 mr-u-md-3 text-one list">
    <div class="word">
        <a class="outer" href="#"><span class="inner"><b class="text">18G</b></span></a>
        <a class="outer" href="#"><span class="inner"><b class="text">16G</b></span></a>
        <a class="outer" href="#"><span class="inner"><b class="text">12G</b></span></a>
        <a class="outer" href="#"><span class="inner"><b class="text">8G</b></span></a>
        <a class="outer" href="#"><span class="inner"><b class="text">6G</b></span></a>
        <a class="outer" href="#"><span class="inner"><b class="text">4G</b></span></a>
    </div>
    <a href="# ">
        <img src="images/tel.png " width="100px" height="170px"/>
        <div class="outer-con ">
            <div class="title ">
                免费领 30 天碎屏险
            </div>
            <div class="sub-title ">
                颜值之星，双摄之星
            </div>
        </div>
    </a>
    <div class="triangle-topright"></div>
</div>
<div class="mr-u-sm-7 mr-u-md-5 mr-u-lg-2 text-two">
    <div class="outer-con ">
```

```
            <div class="title ">
                vivo X90
            </div>
            <div class="sub-title ">
                ¥3999.00
            </div>
            <i class="mr-icon-shopping-basket mr-icon-md    seprate"></i>
        </div>
        <a href="shopInfo.html "><img src="images/phone1.jpg "/></a>
</div>
```

鼠标滑入某具体商品图片中时，图片会呈现闪动效果，引起读者的注意和兴趣。

30.2.6 适配移动端的实现

当前，手机用户越来越多，而且大多已养成用手机浏览网站的习惯。为此，51 购商城设计并实现了适配移动终端的功能页面。实现的方式采用了第 15 章讲解的知识内容，使用 CSS3 的@media 关键字，根据移动终端浏览器的不同宽度，适配不同的功能页面。界面效果如图 30.13 所示。

图 30.13　商品推荐功能的界面效果

适配移动端的功能页面具体实现步骤如下。

（1）添加适配浏览器大小的<meta>标签。首先添加 name 属性，该属性值为 viewport，表示浏览器在读取此页面代码时，会适配当前浏览器的大小。然后添加 content 属性，该属性的值为 width=device-width，表示页面内容的宽度等于当前浏览器的宽度。代码如下：

```
<meta name="viewport" content="width=device-width,
initial-scale=1.0, minimum-scale=1.0,
maximum-scale=1.0, user-scalable=no">
```

（2）根据 CSS3 的@media 关键字，动态调整页面大小。例如针对<body>标签，@media 关键字会检测当前浏览器的宽度，根据宽度的不同，动态调整<body>标签的 CSS 属性值。关键代码如下：

```
<style>
    /*适配移动端*/
    @media only screen and (max-width: 640px) {
        /*
        * 如果当前浏览器的宽度小于或等于 640px，则 body<标签>
        * 的 word-wrap 属性值为 break-word
        */
        body {
            word-wrap: break-word;
            hyphens: auto;
        }
    }
</style>
```

请参考 css 文件夹内的 basic.css 文件，包含适配移动端的 CSS3 样式代码。

30.3　商品列表页面的设计与实现

商品列表页面对商品进行分类和分组，以更好地展示商品信息。下面，将从商品列表页面的设计、分类选项功能的实现和商品列表区的实现分别进行讲解。

30.3.1　商品列表页面的设计

商品列表页面是一般电子商城通用的功能页面。该页面可以根据销量、价格和评价检索商品信息。可根据某种分类商品（如手机类商品），按照商品的某种属性特征（如手机内存或手机颜色等），进一步检索手机信息。界面效果如图 30.14 所示。

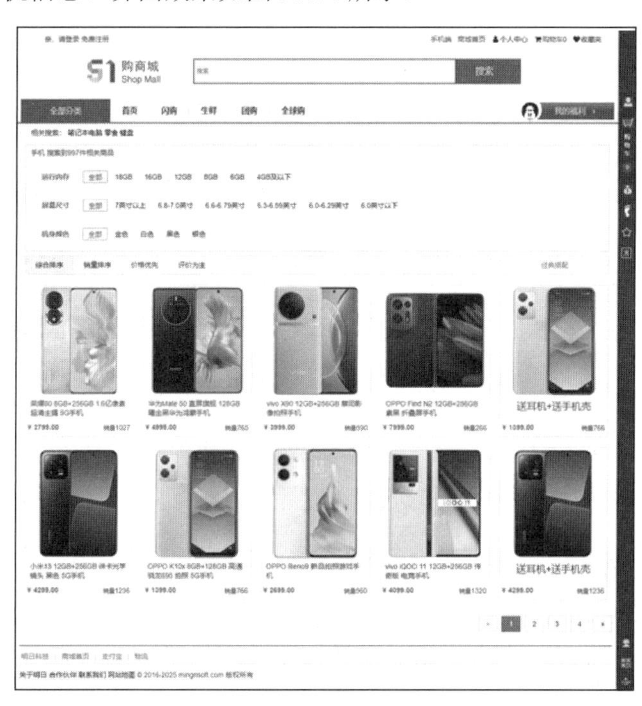

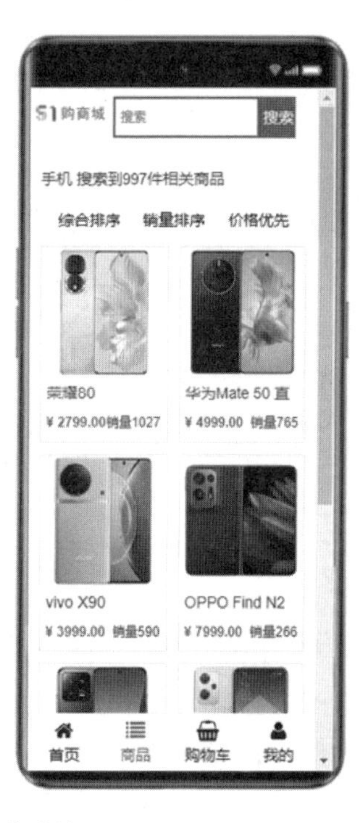

图 30.14　商品列表页面效果（计算机端和移动端）

关于适配移动端的部分，请参考 30.2.6 小节的内容，本节不再讲解。

30.3.2　分类选项功能的实现

商品分类选项功能是电商网站通用的一个功能。可以进一步检索商品的分类范围，如手机的颜色，分成金色、白色和黑色等颜色分类，方便用户快速挑选商品，提升用户使用体验。界面效果如图 30.15 所示。

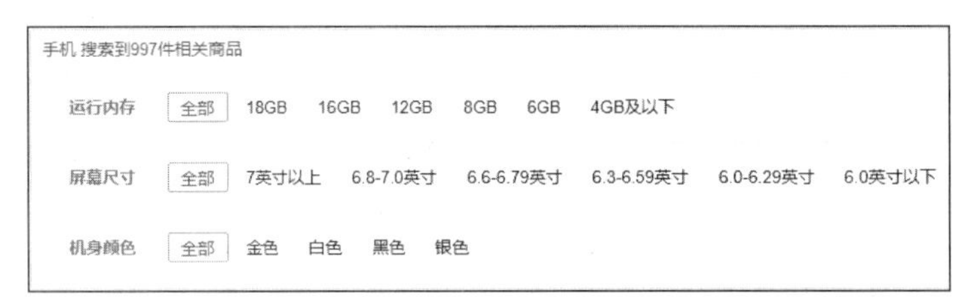

图 30.15　分类选项功能的界面效果

商品分类选项功能的具体实现步骤如下。

使用<li>标签显示细分的分类选项。其中，class 属性值为 selected，表示当前选中项目的样式为白底红色。关键代码如下：

```
<li class="select-list">
    <dl id="select1">
        <dt class="mr-badge mr-round">
            运行内存
        </dt>
        <div class="dd-conent">
            <dd class="select-all selected"><a href="#">全部</a></dd>
            <dd><a href="#">18GB</a></dd>
            <dd><a href="#">16GB</a></dd>
            <dd><a href="#">12GB</a></dd>
            <dd><a href="#">8GB</a></dd>
            <dd><a href="#">6GB </a></dd>
            <dd><a href="#">4GB 及以下</a></dd>
        </div>
    </dl>
</li>
```

30.3.3　商品列表区的实现

商品列表区由商品列表内容区、组合推荐区域和分页组件区域构成。商品列表内容区可以根据销量、价格和评价等参数动态检索商品信息；组合推荐区域方便用户购买配套商品，而且布局美观；分页组件区域是商品列表必备功能，显示商品列表的分页信息。界面效果如图 30.16 所示。

商品列表区的具体实现步骤如下。

（1）编写商品列表区域的 HTML 布局代码。使用<ul>标签和<li>标签，显示单个手机商品的信息，包括手机名称、价格和销量等内容。关键代码如下：

```
<ul class="mr-avg-sm-2 mr-avg-md-3 mr-avg-lg-4 boxes">
    <li>
        <div class="i-pic limit">
            <a href="shopInfo.html"><img src="images/phone4.jpg" /></a>
            <p class="title fl">荣耀 80 8GB+256GB 1.6 亿像素超清主摄 5G 手机</p>
```

```
                <p class="price fl"> <b>&yen;</b> <strong>2799.00</strong> </p>
                <p class="number fl"> 销量<span>1027</span> </p>
            </div> </li>
    <li>
            <div class="i-pic limit">
                <a href="shopInfo.html"><img src="images/phone3.jpg" /></a>
                <p class="title fl">华为 Mate 50 直屏旗舰 128GB 曜金黑华为鸿蒙手机</p>
                <p class="price fl"> <b>&yen;</b> <strong>4999.00</strong> </p>
                <p class="number fl"> 销量<span>765</span> </p>
            </div> </li>
</ul>
```

（2）编写组合推荐区域的 HTML 布局代码。使用<li>标签显示组合推荐功能的图片、内容和价格等信息，以方便用户购买相关配套商品，同时布局效果美观。关键代码如下：

```
<li>
    <div class="i-pic check">
        <a href="shopInfo.html"><img src="images/phone7.jpg" /></a>
        <p class="check-title">送耳机+送手机壳</p>
        <p class="price fl"> <b>&yen;</b> <strong>1399.00</strong> </p>
        <p class="number fl"> 销量<span>766</span> </p>
    </div> </li>
<li>
```

（3）编写分页组件的 HTML 布局代码。使用<ul>标签和<li>标签，显示商品分页数。class 属性值为 mr-pagination-right，表示分组组件的定位信息。代码如下：

```
<ul class="mr-pagination mr-pagination-right">
    <li class="mr-disabled"><a href="#">&laquo;</a></li>
    <li class="mr-active"><a href="#">1</a></li>
    <li><a href="#">2</a></li>
    <li><a href="#">3</a></li>
    <li><a href="#">4</a></li>
    <li><a href="#">&raquo;</a></li>
</ul>
```

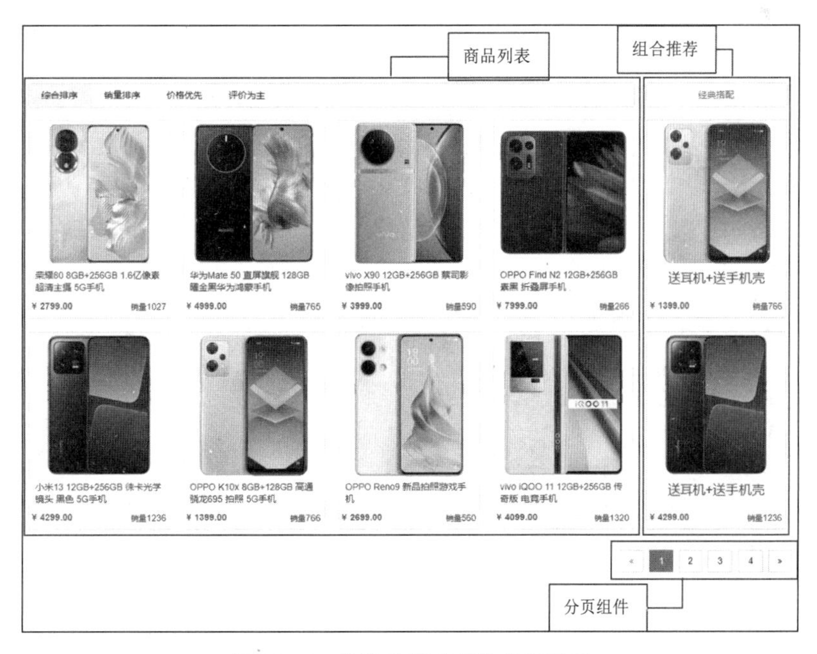

图 30.16　分类选项功能的界面效果

30.4　商品详情页面的设计与实现

在商品详情页面里，用户可以查看商品的详细信息。商品详情页面设计的好坏直接关系到商品转换率（下单率）的高低。下面将从商品详情页面的设计、图片放大镜效果的实现、商品概要功能的实现、商品评价功能的实现和猜你喜欢功能的实现分别进行讲解。

30.4.1　商品详情页面的设计

商品详情页面是商品列表的子页面。用户单击商品列表的某一项商品后，则进入商品详情页面。商品详情页面对用户而言，是至关重要的功能页面。商品详情页面的界面和功能直接影响用户的购买意愿。为此，51 购商城设计并实现了一系列的功能，包括商品概要信息、宝贝详情和评价等功能模块。商品详情页面可以方便用户消费决策。商品详情的界面效果如图 30.17 和图 30.18 所示。

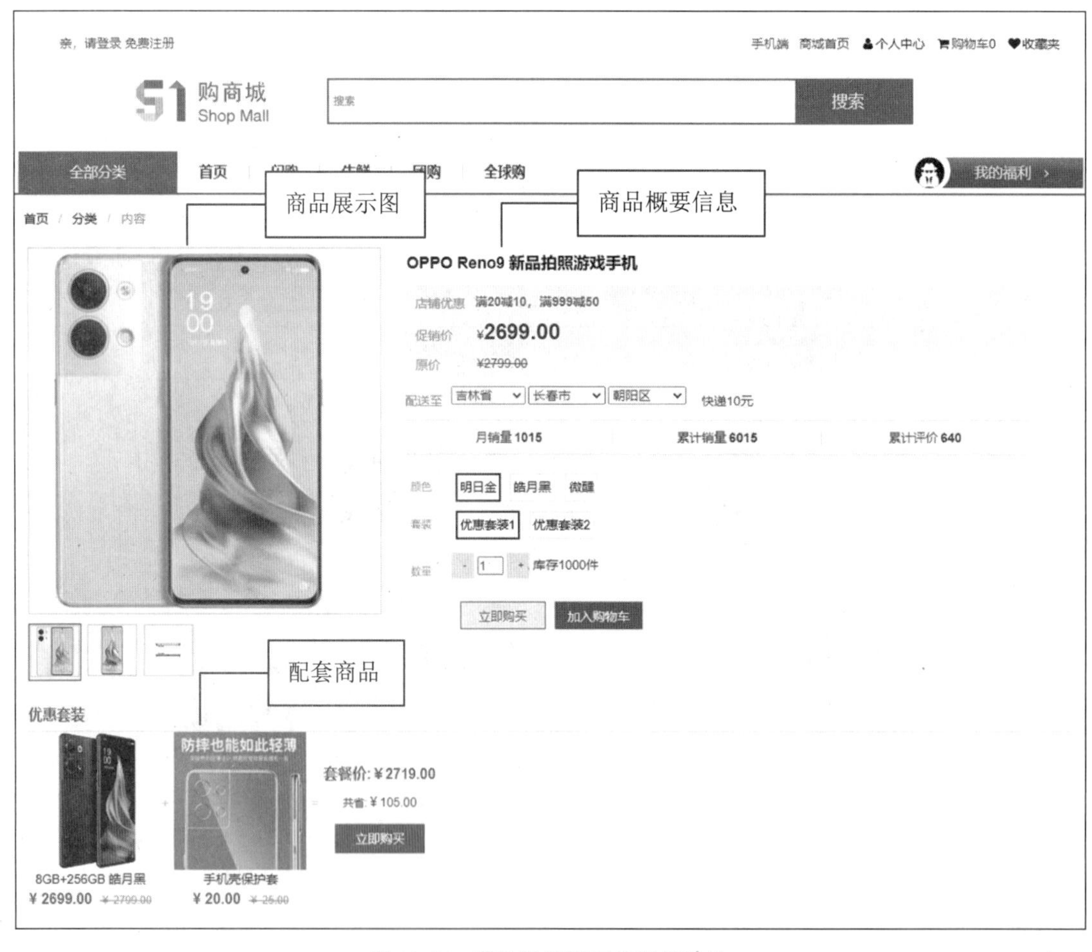

图 30.17　商品详情页面的顶部效果

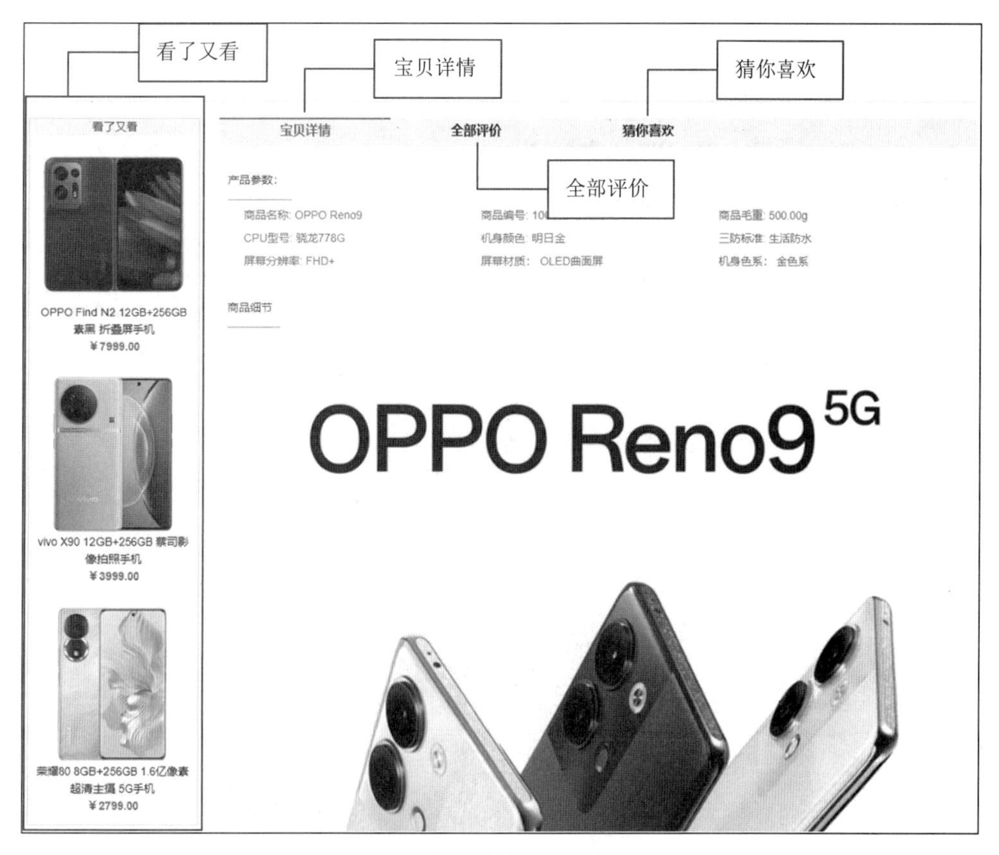

图 30.18　商品详情页面的底部效果

30.4.2　图片放大镜效果的实现

在商品展示图区域底部有一个缩略图列表，当鼠标指向某个缩略图时，上方会显示对应的商品图片，当鼠标移入图片中时，右侧会显示该图片对应区域的放大效果。界面的效果如图 30.19 所示。

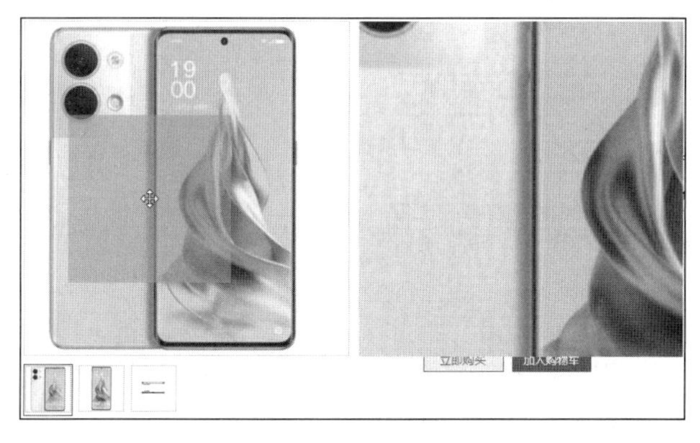

图 30.19　图片放大镜效果

图片放大镜效果的具体实现步骤如下。

（1）在<div>标签中分别定义商品图片、图片放大工具、放大的图片和商品缩略图，并通过在商品图片上触发 mouseenter 事件、mouseleave 事件和 mousemove 事件来执行相应的方法。关键代码如下：

```
<div class="clearfixLeft" id="clearcontent">
    <div class="box">
        <div class="enlarge" onmouseenter="mouseEnter()"
          onmouseleave="mouseLeave()" onmousemove="mouseMove()">
            <img width="398" id="bigImg" src="images/01.jpg" title="细节展示放大镜特效">
            <span class="tool"></span>
            <div class="bigbox">
                <img src="images/01.jpg" class="bigimg">
            </div>
        </div>
        <ul class="tb-thumb" id="thumblist">
            <li class="selected">
                <div class="tb-pic">
                    <a href="javascript:void(0)"><img src="images/01_small.jpg"></a>
                </div>
            </li>
            <li>
                <div class="tb-pic">
                    <a href="javascript:void(0)"><img src="images/02_small.jpg"></a>
                </div>
            </li>
            <li>
                <div class="tb-pic">
                    <a href="javascript:void(0)"><img src="images/03_small.jpg"></a>
                </div>
            </li>
        </ul>
    </div>
    <div class="clear"></div>
</div>
```

（2）在<script>标签中编写鼠标在商品图片上移入、移出和移动时调用的函数。在 mouseEnter()函数中，设置图片放大工具和放大的图片显示；在 mouseLeave()函数中，设置图片放大工具和放大的图片隐藏；在 mouseMove()函数中，通过元素的定位属性设置图片放大工具和放大的图片的位置，以实现图片的放大效果。关键代码如下：

```
<script>
    var n = 0;                                                  //缩略图索引
    var bigImgUrl = [                                           //商品图片数组
        'images/01.jpg',
        'images/02.jpg',
        'images/03.jpg'
    ];
    var thumblist = document.getElementById("thumblist");
    var oLi = thumblist.getElementsByTagName("li");
    for(var i = 0; i < oLi.length; i++){
        oLi[i].index = i;
        oLi[i].onmouseover = function(){
            for(var j = 0; j < oLi.length; j++){
                if(this.index == j){
                    oLi[this.index].className = "selected";
                }else{
                    oLi[j].className = "";
                }
            }
            document.getElementById("bigImg").src = bigImgUrl[this.index];
```

```
        }
    }
    function mouseEnter() {                                    //鼠标进入图片中的效果
        document.querySelector('.tool').style.display='block';
        document.querySelector('.bigbox').style.display='block';
    }
    function mouseLeave() {                                    //鼠标从图片中移出的效果
        document.querySelector('.tool').style.display='none';
        document.querySelector('.bigbox').style.display='none';
    }
    function mouseMove(e) {
        var enlarge=document.querySelector('.enlarge');
        var tool=document.querySelector('.tool');
        var bigimg=document.querySelector('.bigimg');
        var ev=window.event || e;                              //获取事件对象
        //获取图片放大工具到商品图片左端距离
        var x=ev.clientX-enlarge.offsetLeft-tool.offsetWidth/2+document.documentElement.scrollLeft;
        //获取图片放大工具到商品图片顶端距离
        var y=ev.clientY-enlarge.offsetTop-tool.offsetHeight/2+document.documentElement.scrollTop;
        if(x<0) x=0;
        if(y<0) y=0;
        if(x>enlarge.offsetWidth-tool.offsetWidth){
            x=enlarge.offsetWidth-tool.offsetWidth;            //图片放大工具到商品图片左端最大距离
        }
        if(y>enlarge.offsetHeight-tool.offsetHeight){
            y=enlarge.offsetHeight-tool.offsetHeight;          //图片放大工具到商品图片顶端最大距离
        }
        //设置图片放大工具定位
        tool.style.left = x+'px';
        tool.style.top = y+'px';
        //设置放大图片定位
        bigimg.style.left = -x * 2+'px';
        bigimg.style.top = -y * 2+'px';
    }
</script>
```

30.4.3　商品概要功能的实现

商品概要功能包含商品的名称、价格和配送地址等信息。用户快速浏览商品概要信息，可以了解商品的销量、可配送地址和库存等内容。商品概要功能可以方便用户快速决策，节省浏览时间。界面的效果如图 30.20 所示。

商品概要功能的具体实现步骤：首先使用<li>标签显示价格信息，class 属性值为 sys_item_price，表示对价格加粗处理。然后通过<select>标签和<option>标签，读取配送地址信息。关键代码如下：

```
<div class="tb-detail-price">
    <!--价格-->
    <li class="price iteminfo_price">
        <dt>促销价</dt>
        <dd><em>¥</em><b class="sys_item_price">2699.00</b></dd>
    </li>
    <li class="price iteminfo_mktprice">
        <dt>原价</dt>
        <dd><em>¥</em><b class="sys_item_mktprice">2799.00</b></dd>
    </li>
    <div class="clear"></div>
```

```
</div>
<!--地址-->
<dl class="iteminfo_parameter freight">
    <dt>配送至</dt>
    <div class="iteminfo_freprice">
        <div class="mr-form-content address">
            <select data-mr-selected>
                <option value="a">吉林省</option>
                <option value="b">吉林省</option>
            </select>
            <select data-mr-selected>
                <option value="a">长春市</option>
                <option value="b">长春市</option>
            </select>
            <select data-mr-selected>
                <option value="a">朝阳区</option>
                <option value="b">高新区</option>
            </select>
        </div>
        <div class="pay-logis">
            快递<b class="sys_item_freprice">10</b>元
        </div>
    </div>
</dl>
<div class="clear"></div>
```

图 30.20　商品概要的页面效果

30.4.4　商品评价功能的实现

用户通过浏览商品评价列表信息，可以了解第三方买家对商品的印象和评价内容等信息。如今的消费者越来越看重评价信息，因此评价功能的设计和实现十分重要。51 购商城设计了买家印象和买家评价列表两项功能。界面效果如图 30.21 所示。

图 30.21　商品评价的页面效果

商品评价功能的具体实现步骤如下。

（1）编写买家印象的 HTML 布局代码。使用<dl>标签和<dd>标签显示买家印象内容，包括性价比高、系统流畅和外观漂亮等内容。关键代码如下：

```
<dl>
    <dt>买家印象</dt>
    <dd class="p-bfc">
        <q class="comm-tags"><span>性价比高</span><em>(2177)</em></q>
        <q class="comm-tags"><span>系统流畅</span><em>(1860)</em></q>
        <q class="comm-tags"><span>外观漂亮(</span><em>(1823)</em></q>
        <q class="comm-tags"><span>功能齐全</span><em>(1689)</em></q>
        <q class="comm-tags"><span>支持国产机</span><em>(1488)</em></q>
        <q class="comm-tags"><span>反应快</span><em>(1392)</em></q>
        <q class="comm-tags"><span>照相不错</span><em>(1119)</em></q>
        <q class="comm-tags"><span>通话质量好</span><em>(865)</em></q>
        <q class="comm-tags"><span>国民手机</span><em>(831)</em></q>
    </dd>
</dl>
```

（2）编写评价列表的 HTML 布局代码。首先新建一个<header>标签，显示评论者和评论时间。然后新建一个<div>标签，将 class 属性值增加到 mr-comment-bd，并布局评论内容区域。关键代码如下：

```
<div class="mr-comment-main">
    <!-- 评论内容容器 -->
    <header class="mr-comment-hd">
        <!--<h3 class="mr-comment-title">评论标题</h3>-->
        <div class="mr-comment-meta">
            <!-- 评论数据 -->
            <a href="#link-to-user" class="mr-comment-author">b***1 (匿名)</a>
            <!-- 评论者 -->
            评论于
            <time datetime="">2023 年 03 月 31 日  10:20</time>
        </div>
    </header>
    <div class="mr-comment-bd">
        <div class="tb-rev-item " data-id="255776406962">
            <div class="J_TbcRate_ReviewContent tb-tbcr-content ">
                帮朋友买的，没拆开来看，据说还不错，很满意！
            </div>
            <div class="tb-r-act-bar">
```

```
                颜色分类：金  电信 4G
            </div>
        </div>
    </div>
    <!-- 评论内容 -->
</div>
```

30.4.5 猜你喜欢功能的实现

猜你喜欢功能为用户推荐最佳相似商品。实现的方式与商品列表页面相似，不仅方便用户立即挑选商品，也增加了商品详情页面内容的丰富性。界面效果如图 30.22 所示。

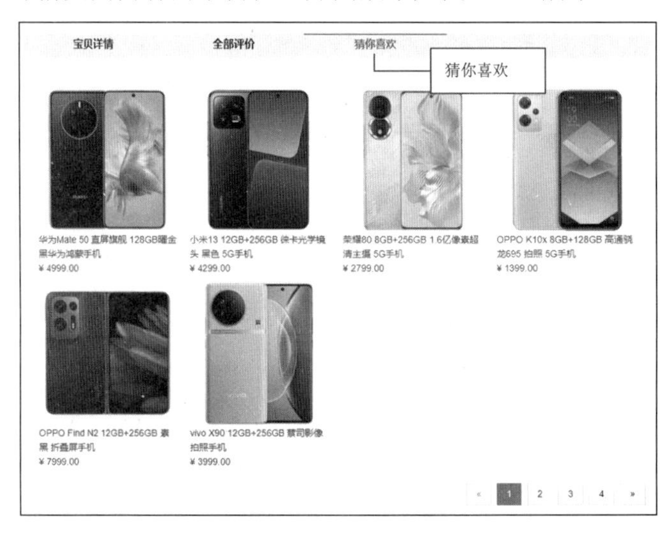

图 30.22　猜你喜欢的页面效果

猜你喜欢功能的具体实现步骤如下。

（1）编写商品列表区域的 HTML 布局代码。使用<li>标签显示商品概要信息，包括商品缩略图、商品价格和商品名称等内容。关键代码如下：

```
<li>
    <div class="i-pic limit">
        <img src="images/phone3.jpg" />
        <p>华为 Mate 50 直屏旗舰 128GB 曜金黑华为鸿蒙手机</p>
        <p class="price fl">
            <b>¥</b>
            <strong>4999.00</strong>
        </p>
    </div>
</li>
```

（2）编写控制动画效果的 JavaScript 代码。用户单击顶部的“宝贝详情”“全部评价”或“猜你喜欢”页面节点时，页面会动态显示和隐藏对应的页面节点内容。如单击“猜你喜欢”节点，则会显示“猜你喜欢”页面的内容。

因此，新建 goToYoulike()方法，首先获取对应的页面节点元素，然后设置节点元素的样式属性，当单击“猜你喜欢”页面节点时，触发 goToYoulike()方法，会显示“猜你喜欢”内容，隐藏其他节点。关键代码如下：

```
<script>
    //显示猜你喜欢内容区域
    function goToYoulike(){
        var info=document.getElementById("info");                          //获取宝贝详情节点
        var comment=document.getElementById("comment");                    //获取全部评论节点
        var youLike=document.getElementById("youLike");                    //获取猜你喜欢节点
        var infoTitle=document.getElementById("infoTitle");
        var commentTitle=document.getElementById("commentTitle");
        var youLikeTitle=document.getElementById("youLikeTitle");
        infoTitle.className="";
        commentTitle.className="";
        youLikeTitle.className="mr-active";
        info.className="mr-tab-panel mr-fade ";                            //隐藏宝贝详情节点
        comment.className="mr-tab-panel mr-fade ";                         //隐藏全部评价节点
        youLike.className="mr-tab-panel mr-fade mr-in mr-active";          //显示猜你喜欢节点
</script>
```

说明

宝贝详情、全部评价和猜你喜欢的动画效果类似菜单栏的页面切换，由于篇幅的限制，不再详细讲解。具体内容请参考源代码部分。

30.5　购物车页面的设计与实现

购物车页面实现用户可以对所选择的商品进行归类和汇总的功能。下面将对购物车页面的设计和购物车页面的实现进行详细讲解。

30.5.1　购物车页面的设计

电商网站都具有购物车的功能。用户一般先将自己挑选好的商品放到购物车中，然后进行统一付款，交易结束。购物车的界面要求包含订单商品的型号、数量和金额等信息内容，以方便用户统一确认购买。购物车的界面效果如图 30.23 所示。

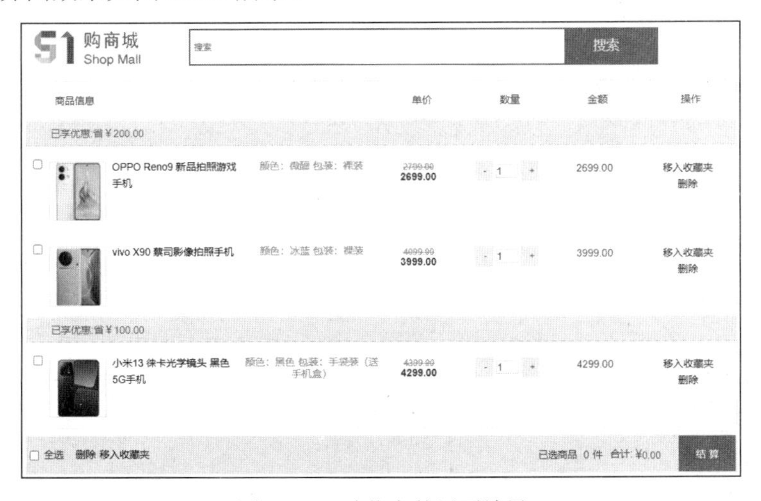

图 30.23　购物车的界面效果

说明

在该网站中，用户只有登录网站之后才可以访问购物车页面。

30.5.2 购物车页面的实现

购物车页面的顶部和底部布局可参考 30.2.2 节的内容，它们的实现方法相同。下面重点讲解购物车页面中的商品订单信息的布局技巧。界面效果如图 30.24 所示。

图 30.24 商品订单明细的界面效果

购物车页面的具体实现步骤如下。

（1）编写商品类型和价格信息的 HTML 代码。使用<li>标签显示商品类型信息，如颜色和包装等内容。新建<div>标签并读取商品价格信息。关键代码如下：

```
<!--商品类型-->
<li class="td td-info">
    <div class="item-props item-props-can">
        <span class="sku-line">颜色：微醺</span>
        <span class="sku-line">包装：裸装</span>
        <span tabindex="0" class="btn-edit-sku theme-login">修改</span>
        <i class="theme-login mr-icon-sort-desc"></i>
    </div>
</li>
<!--价格信息-->
<li class="td td-price">
    <div class="item-price price-promo-promo">
        <div class="price-content">
            <div class="price-line">
                <em class="price-original">2799.00</em>
            </div>
            <div class="price-line">
                <em class="J_Price price-now" tabindex="0">2699.00</em>
            </div>
        </div>
    </div>
</li>
```

（2）实现增减商品数量的 HTML 代码。使用 3 个<input>标签，第一个和第三个<input>标签用于定义实现增减商品数量的按钮，value 属性值分别为-和 + ，第二个<input>标签用于输入商品数量。关键代码如下：

```
<li class="td td-amount">
    <div class="amount-wrapper ">
        <div class="item-amount ">
            <div class="sl">
                <input class="min mr-btn" name="" type="button" value="-" />
                <input class="text_box" name="" type="text"
```

```
                    value="1" style="width:30px;" />
                <input class="add mr-btn" name="" type="button" value="+" />
            </div>
        </div>
    </div>
</li>
```

30.6　付款页面的设计与实现

付款页面实现用户编辑收货地址、选择物流公司等功能。下面将对付款页面的设计和付款页面的实现分别进行讲解。

30.6.1　付款页面的设计

用户在购物车页面单击“结算”按钮后，则进入付款页面。付款页面包括收货人姓名、手机号、收货地址、物流方式和支付方式等内容。用户需要再次确认上述内容后，单击“提交订单”按钮，完成交易。付款页面的界面效果如图 30.25 所示。

图 30.25　付款页面效果（计算机端和移动端）

30.6.2　付款页面的实现

付款页面的顶部和底部布局可参考 30.2.2 节的内容，它们的实现方法相同。下面重点讲解付款页

面中的用户收货地址、物流方式和支付方式的布局技巧。界面效果如图 30.26 所示。

图 30.26　付款功能的界面效果

付款页面的具体实现步骤如下。

（1）编写收货地址的 HTML 代码。使用<li>标签显示与用户收货相关的信息，包括用户的收货地址、用户的手机号码和用户姓名等内容。关键代码如下：

```
<li class="user-addresslist">
    <div class="address-left">
        <div class="user DefaultAddr">
            <span class="buy-address-detail">
                <span class="buy-user">赵**   </span> <span class="buy-phone">15*****5676</span>
            </span>
        </div>
        <div class="default-address DefaultAddr">
            <span class="buy-line-title buy-line-title-type">收货地址：</span>
            <span class="buy--address-detail">
                            <span class="province">吉林</span>省
                            <span class="city">长春</span>市
                            <span class="dist">朝阳</span>区
              <span class="street">**花园****号</span>
            </span>
            </span>
        </div>
        <ins class="deftip hidden">默认地址</ins>
    </div>
    <div class="address-right"><span class="mr-icon-angle-right mr-icon-lg"></span></div>
    <div class="clear"></div>
    <div class="new-addr-btn">
        <a href="#">设为默认</a>
        <span class="new-addr-bar">|</span>
        <a href="#">编辑</a>
        <span class="new-addr-bar">|</span>
        <a href="javascript:void(0);" onclick="delClick(this);">删除</a>
    </div>
</li>
```

（2）编写物流信息的 HTML 代码。使用<ul>标签和<li>标签显示物流公司的 LOGO 和名称，关键代码如下：

```
<div class="logistics">
    <h3>选择物流方式</h3>
    <ul class="op_express_delivery_hot">
        <li data-value="yuantong" class="OP_LOG_BTN   ">
            <i class="c-gap-right"style="background-position:0px -468px"></i>圆通<span></span>
        </li>
```

```
        <li data-value="shentong" class="OP_LOG_BTN   ">
            <i class="c-gap-right"style="background-position:0px -1008px"></i>申通<span></span>
        </li>
        <li data-value="yunda" class="OP_LOG_BTN   ">
            <i class="c-gap-right" style="background-position:0px -576px"></i>韵达<span></span>
        </li>
    </ul>
</div>
```

（3）编写支付方式的 HTML 代码。使用<ul>标签和<li>标签显示支付方式的 LOGO 和名称，关键代码如下：

```
<div class="logistics">
    <h3>选择支付方式</h3>
    <ul class="pay-list">
        <li class="pay card"><img src="images/wangyin.jpg"/>银联<span></span></li>
        <li class="pay qq"><img src="images/weizhifu.jpg"/>微信<span></span></li>
        <li class="pay taobao"><img src="images/zhifubao.jpg"/>支付宝<span></span></li>
    </ul>
</div>
```

30.7　登录页面和注册页面的设计与实现

登录和注册功能是电商网站最常用的功能。下面将对登录注册页面的设计、登录页面的实现和注册页面的实现分别进行讲解。

30.7.1　登录页面和注册页面的设计

登录和注册页面是网站通用的功能页面。51 购商城在设计登录和注册页面时，考虑计算机端和移动端的适配兼容，同时使用简单的 JavaScript 方法，验证邮箱和数字的格式。登录页面和注册页面的效果分别如图 30.27（计算机端登录页面）、图 30.28（计算机端注册页面）和图 30.29（移动端的登录页面和注册页面）所示。

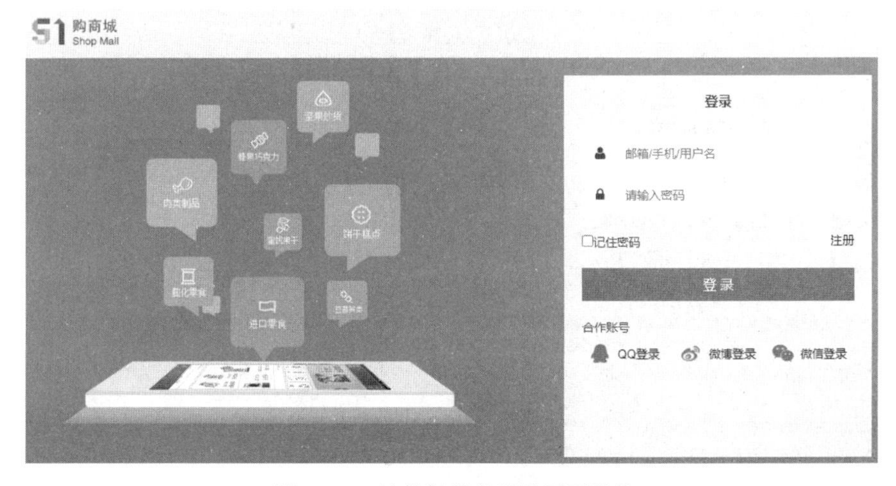

图 30.27　计算机端的登录页面效果

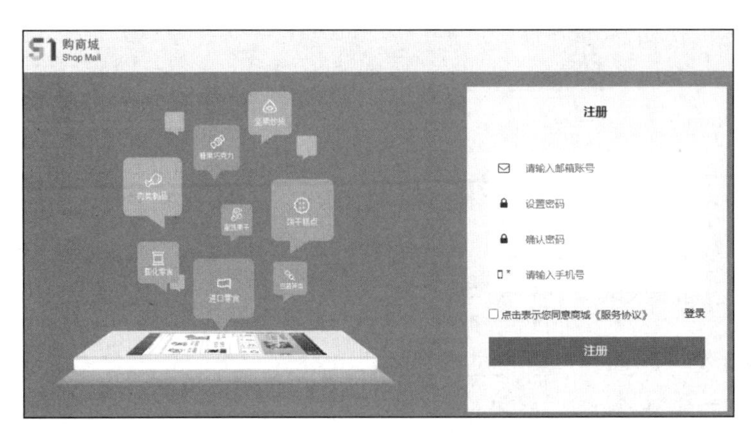

图 30.28　计算机端的注册页面效果

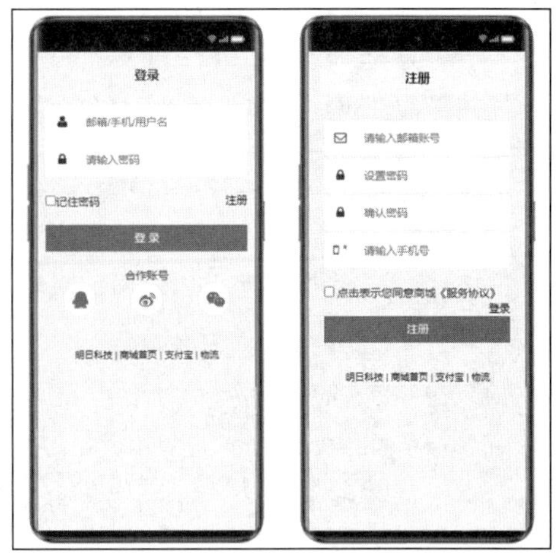

图 30.29　移动端的登录和注册页面效果

30.7.2　登录页面的实现

登录页面由<form>标签组成的表单和 JavaScript 验证技术实现的非空验证组成。登录界面效果如图 30.30 所示。

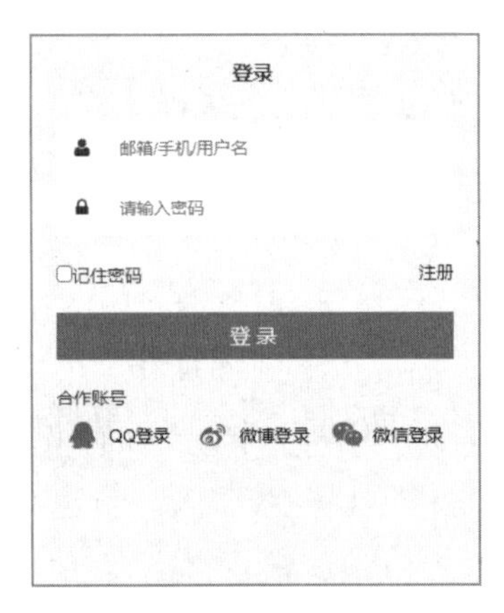

图 30.30　登录页面效果

登录页面的具体实现步骤如下。

（1）编写登录页面的 HTML 代码。首先使用<form>标签显示用户名和密码的表单信息。然后通过<input>标签设置一个登录按钮，并提交用户名和密码信息。关键代码如下：

```
<div class="login-form">
    <form>
        <div class="user-name">
            <label for="user"><i class="mr-icon-user"></i></label>
            <input type="text" name="" id="user" placeholder="邮箱/手机/用户名">
        </div>
        <div class="user-pass">
            <label for="password"><i class="mr-icon-lock"></i></label>
            <input type="password" name="" id="password" placeholder="请输入密码">
        </div>
```

```
        </form>
</div>
<div class="login-links">
        <label for="remember-me"><input id="remember-me" type="checkbox">记住密码
        </label>
        <a href="register.html" class="mr-fr">注册</a>
        <br/>
</div>
<div class="mr-cf">
        <input type="submit" name="" value="登录" onclick="login()"
                class="mr-btn mr-btn-primary mr-btn-sm">
</div>
```

（2）编写验证提交信息的 JavaScript 代码。首先新建 login()方法，用于验证表单信息。然后分别获取用户名和密码的页面节点信息。最后根据 value 的属性值条件进行判断，并弹出提示信息，如果登录成功，则跳转到主页，代码如下：

```
<script>
    function login(){
        var user=document.getElementById("user");                    //获取用户名信息
        var password=document.getElementById("password");            //获取密码信息
        if(user.value == ''){
            alert('请输入用户名！');
            return false;
        }
        if(password.value == ''){
            alert('请输入密码！');
            return false;
        }
        if(user.value!=='mr' || password.value!=='mrsoft' ){
            alert('您输入的账户或密码错误！');
        }else{
            sessionStorage.setItem('user',user.value);               //保存用户名
            alert('登录成功！');
            window.location.href = 'index.html';                     //跳转到主页
        }
    }
</script>
```

说明

默认正确账户名为 mr，密码为 mrsoft。若输入错误，则提示“您输入的账户或密码错误！”，否则提示“登录成功”。

30.7.3　注册页面的实现

注册页面的实现过程与登录页面相似，在验证表单信息的部分稍复杂些，需要验证邮箱格式、手机格式是否正确等。注册页面的界面效果如图 30.31 所示。

注册页面的具体实现步骤如下。

（1）编写登录页面的 HTML 代码。首先使用<form>标签显示用户名和密码的表单信息。然后通过<input>标签设置一个注册按钮，用于提交用户名和密码信息。关键代码如下：

```
<form method="post">
    <div class="user-email">
        <label for="email"><i class="mr-icon-envelope-o"></i></label>
        <input type="email" name="" id="email" placeholder="请输入邮箱账号">
    </div>
    <div class="user-pass">
        <label for="password"><i class="mr-icon-lock"></i></label>
        <input type="password" name="" id="password" placeholder="设置密码">
    </div>
    <div class="user-pass">
        <label for="passwordRepeat"><i class="mr-icon-lock"></i></label>
        <input type="password" name="" id="passwordRepeat" placeholder="确认密码">
    </div>
</form>
```

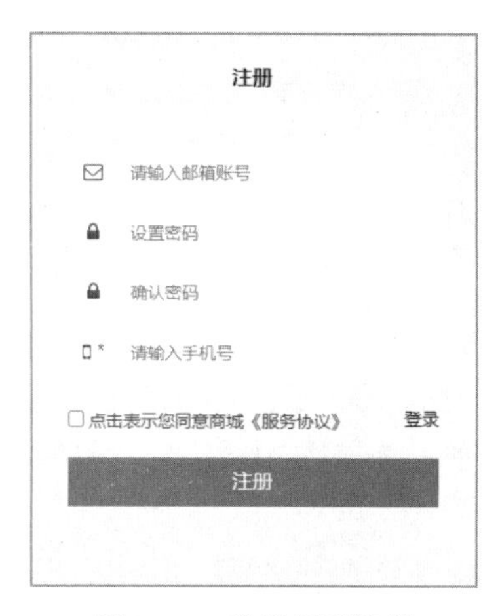

图 30.31　注册页面效果

（2）编写验证提交信息的 JavaScript 代码。首先新建 mr_verify ()方法，用于验证表单信息。然后分别获取邮箱、密码、确认密码和手机号码的页面节点信息。最后根据 value 的属性值条件进行判断，并弹出提示信息，代码如下：

```
<script>
    function mr_verify(){
        //获取表单对象
        var email=document.getElementById("email");
        var password=document.getElementById("password");
        var passwordRepeat=document.getElementById("passwordRepeat");
        var tel=document.getElementById("tel");
        //验证项目是否为空
        if(email.value==='' || email.value===null){
            alert("邮箱不能为空！");
            return;
        }
        if(password.value==='' || password.value===null){
            alert("密码不能为空！");
            return;
        }
        if(passwordRepeat.value==='' || passwordRepeat.value===null){
            alert("确认密码不能为空！");
            return;
        }
        if(tel.value==='' || tel.value===null){
            alert("手机号码不能为空！");
            return;
```

```
        }
        if(password.value!==passwordRepeat.value ){
            alert("密码设置前后不一致！");
            return;
        }
        //验证邮件格式
        apos = email.value.indexOf("@")
        dotpos = email.value.lastIndexOf(".")
        if (apos < 1 || dotpos - apos < 2) {
            alert("邮箱格式错误！");
        }
        else {
            alert("邮箱格式正确！");
        }
        //验证手机号格式
        if(isNaN(tel.value)){
            alert("手机号请输入数字！");
            return;
        }
        if(tel.value.length!==11){
            alert("手机号是 11 个数字！");
            return;
        }
        alert('注册成功！');
    }
</script>
```

说明

JavaScript 验证手机号格式是否正确的原理是：通过 isNaN()方法验证数字格式，通过 length 属性值验证数字长度是否等于 11。

30.8　小　　结

51 购商城使用 HTML5、CSS3 和 JavaScript 技术，设计并完成了一个功能相对完整的电子商务网站。下面总结各个功能使用的关键技术点，希望对你日后的工作实践有所帮助。

☑ 主页：轮播图使用 HTML5 结合 JavaScript 技术，以内嵌 JavaScript 代码的方式，动态控制轮播图片的显示和隐藏。商品分类导航功能使用 onmouseover 属性和 onmouseout 属性，动态控制鼠标滑入和滑出的动画效果。

☑ 商品列表页面：设计并实现了智能排序（根据销量、评价和综合排序）、推荐组合商品和分页组件等电商网站必备功能模块。

☑ 商品详情页面：设计并实现了商品概览功能、宝贝详情功能、评价功能和猜你喜欢功能。使用类似 Tab 组件（JavaScript+CSS3）的方式，控制各功能内容的动态显示和隐藏。

☑ 购物车和付款页面：实现了订单详情、收货地址、物流方式和支付方式等通用交易流程的布局和功能。

☑ 登录注册页面：兼容计算机端和移动端登录注册。使用 JavaScript 的方式，验证表单内容的格式，如邮箱、手机号码和数字等。